Strobl: Physik kondensierter Materie

Springer-Verlag Berlin Heidelberg GmbH

Gert Strobl

Physik kondensierter Materie

Kristalle, Flüssigkeiten, Flüssigkristalle und Polymere

Mit 169 Abbildungen

Springer

Professor Dr. Gert Strobl
Fakultät für Physik
Albert-Ludwigs-Universität
79104 Freiburg, Deutschland
e-mail: gert.strobl@physik.uni-freiburg.de

ISBN 978-3-540-43217-3

Die Deutsche Bibliothek – CIP-Einheitsaufnahme:
Strobl, Gert: Physik kondensierter Materie :
Kristalle, Flüssigkeiten, Flüssigkristalle und Polymere / Gert Strobl. -
Berlin ; Heidelberg ; New York ; Barcelona ; Hongkong ; London ; Mailand ; Paris ; Tokio :
Springer, 2002
ISBN 978-3-540-43217-3   ISBN 978-3-642-55986-0 (eBook)
DOI 10.1007/978-3-642-55986-0

http://www.springer.de

© Springer-Verlag Berlin Heidelberg 2002

Datenkonvertierung durch Fa. LE-TeX, Leipzig
Einbandgestaltung: *design & production*, Heidelberg
SPIN: 10834956   02/3141/ba - 5 4 3 2 1 0 – Gedruckt auf säurefreiem Papier

Vorwort

Während zum Studium der Physik immer als ein wichtiger Teil eine Einführung in die Festkörperphysik gehört, lernen die Studierenden, wenn überhaupt, nur sehr wenig über die Physik flüssiger und nichtkristalliner fester Systeme. Blickt man auf die Bedeutung dieser Materialien in der heutigen Welt, so ist dies schwer zu verstehen. Zwar stehen kristalline Festkörper sicher im Zentrum der technischen Anwendungen, doch sind insbesonders polymere Werkstoffe und Flüssigkristalle inzwischen in ihren physikalischen Eigenschaften so gut zu kontrollieren, daß sie ganz neue Möglichkeiten eröffnet haben und wirklich unverzichtbar geworden sind. Man könnte vielleicht meinen, daß die Ursache für das Fehlen der Ausbildung in diesem Bereich ein Defizit im Grundverständnis der physikalischen Eigenschaften dieser Systeme sei, doch ist dies nicht richtig. Tatsächlich gibt es für Flüssigkristalle und Polymere ein abgerundetes physikalisches Grundlagenwissen, basierend auf eigenständigen, tragfähigen Konzepten. Als Grund für die Vernachlässigung dieser Gebiete in der Lehre bleibt also nur etwas sehr Einfaches übrig: Die Physik der Polymere und der Flüssigkristalle wurde erst spät entwickelt, wohl zu spät, um noch einen verbreiteten Eingang in Physik-Fakultäten zu finden. Freiburg gehört da zu den wenigen Ausnahmen. Hier gibt es Forschung und Entwicklung im Bereich Festkörperphysik, vertreten durch Hochschullehrer, die an hiesigen Fraunhofer-Instituten arbeiten, Forschung im Bereich Polymerphysik, dies als Teil der hier traditionsreichen, auf Staudinger's Wirken zurückgehenden Polymerwissenschaften, und auch erfolgreiche Aktivitäten in der Forschung an Flüssigkristallen. Diesen Gegebenheiten entsprechend, ist bei uns seit fast zwanzig Jahren eine Vorlesung „Physik der kondensierten Materie", welche gleichermaßen in die Festkörperphysik wie auch die Physik von Flüssigkeiten, Flüssigkristallen und Polymeren einführt, fester Bestandteil des Curriculums. Das von mir jetzt geschriebene Lehrbuch gründet auf dieser Vorlesung. Es befaßt sich, der Vorlesung entsprechend, etwa zur Hälfte mit der Physik kristalliner Festkörper und zur Hälfte mit den anderen Materialien. Die Erfahrung in der Vorlesung hat mir gezeigt, daß die beiden Hälften nicht voneinander abgesetzt sind, sondern sich ohne weiteres von gemeinsamen Zugängen her behandeln lassen. Mit dem Buch unternehme ich nun den Versuch, dies auch einem breiteren Kreis von Lesern vorzuführen.

Wie die zwischen dem 4. und 6. Semester zu hörende Vorlesung ist das Buch an Studierende der Physik am Übergang zwischen Grund- und Hauptstudium gerichtet. Im Niveau und bei den Voraussetzungen ist es Standardlehrbüchern wie dem „Kittel" vergleichbar. Ich habe den Text immer nach gehaltenen Vorlesungen diktiert, und so ergab sich die manchmal „wie gesprochen" wirkende Ausdrucksform. Intention von Vorlesung und Buch ist die zusammenhängende Darstellung von Begriffen und Konzepten, die bei der Erfassung der Eigenschaften kondensierter Materie einzuführen sind, dies unter Verzicht auf eine Vertiefung in die vielen Einzelheiten hinein. Ziel ist dabei die Schaffung einer breiten Grundlage des Verständnisses, von dem ausgehend dann ein einfaches Weitergehen in die unterschiedlichen Richtungen ermöglicht werden sollte. Inhaltlich enthält das Buch nichts, was nicht schon in Einzeldarstellungen behandelt worden wäre, neuartig ist allein die Zusammenführung mit der Herausstellung übergreifender Zusammenhänge. Vielleicht eröffnet diese gemeinsame Behandlung nun einen Weg, mehr Studierende auch an die Physik nichtkristalliner fester und flüssiger Materialien heranzuführen. Ich würde ich mich freuen, wenn dies gelänge.

Wie manche andere „Monographie" ist auch dieses Buch in Wahrheit eine Gemeinschaftsarbeit:

Ohne meine Sekretärin Christina Skorek, die den TEX-File aus diktiertem Text und Gleichungen immer in für mich unglaublich kurzer Zeit erstellte und darüber hinaus auch fast alle Abbildungen erzeugte, wäre das Buch jetzt noch nicht entstanden,

ohne die Mitwirkung von Dr. Werner Stille und Privatdozent Thomas Thurn-Albrecht gäbe es die Übungsaufgaben samt Lösungen nicht und wären manche Darstellungen mißverständlich und fehlerbehaftet geblieben,

und ohne die Erläuterungen und Hinweise von Professor Jürgen Heinze hätte ich das Kapitel über Elektrolyte wohl nicht verfaßt.

Bei ihnen allen möchte ich mich hier noch einmal in aller Form ganz herzlich für die mir so selbstverständlich gewährte, wirksame Unterstützung bedanken.

Freiburg, im Dezember 2001   *Gert Strobl*

Inhaltsverzeichnis

1 Strukturen

Was ist „kondensierte Materie"? Woher kommt der Name? Was zeichnet diesen Zustand aus? Die Antworten sind leicht zu geben: Kondensierte Materie ist die allgemeine Bezeichnung für atomare und molekulare Substanzen im flüssigen und festen Zustand, und der Name weist darauf hin, daß dieser Zustand, wenn von der Gasphase ausgegangen wird, durch einen Kondensationsprozeß entsteht. Die Kondensation führt zu einer Erhöhung der Dichte um viele Größenordnungen. Dabei ist festzustellen, daß im Unterschied zu dem nach unten hin praktisch unbegrenzten Bereich der Dichten von Gasen derjenige kondensierter Phasen, ob flüssig oder fest, eingeschränkt ist und für eine gegebene Substanz als Funktion von Druck und Temperatur nur geringe Variationen zeigt. Die Verdichtung führt zu einer völligen Veränderung der mikroskopischen Bewegung. Während diese bei Gasen weitgehend unbehindert ist und die gleichförmige Translationsbewegung der Moleküle sich nur durch Stöße ändert, werden bei den viel höheren Dichten im kondensierten Zustand die attraktiven Wechselwirkungskräfte wirksam, schränken die Beweglichkeit ein und stabilisieren in ihrer Gesamtheit dann Zustände, in denen Materie sich selbst zusammenhält. Dabei treten mit **fest** und **flüssig** zwei Grundformen auf. „Fest" ist gleichbedeutend mit formstabil, „flüssig" sind Materialien dann, wenn sie die Form eines Gefäßes übernehmen. Neben diesen beiden Grundklassen gibt es Zwischenzustände, so zum Beispiel hochviskose Flüssigkeiten, welche für eine gewisse Zeit durchaus ihre Form erhalten können, oder leicht verformbare Festkörper, die schon auf geringe äußere Kräfte mit Gestaltsveränderungen reagieren. Wie unterscheiden sich Flüssigkeiten und Festkörper in ihrer mikroskopischen Struktur und Dynamik? Hier ist als erstes festzustellen, daß Struktur und innerer Bewegungszustand immer in einem wechselseitigen Verhältnis stehen und sich deshalb nur gemeinsam verändern. Ist die Beweglichkeit stark eingeschränkt, so ist der Körper fest, sind langreichweitige Bewegungen möglich, liegt der flüssige Zustand vor. Zum kristallinen Zustand, in dem Ordnung über makroskopische Distanzen hinweg besteht, gehört die Beschränkung der Bewegung der Atome auf Schwingungen um die Gleichgewichtslagen im Gitter. Die viel höhere, uneingeschränkte Beweglichkeit in Flüssigkeiten erlaubt dagegen nur noch eine gewisse Nahordnung, die dauernden Veränderungen ausgesetzt ist. Im flüssigen Zustand ist die zwischenatomare Wechselwirkung zwar stark genug, um ein für alle

Moleküle gemeinsames attraktives **Molekularfeld** zu schaffen, aber nicht so kräftig, daß die Moleküle an ihren Plätzen festgehalten werden können.

Neben den **einfachen Flüssigkeiten** aus Atomen oder quasi-sphärischen Molekülen gibt es als wichtige weitere Gruppe die **komplexen Fluide**. Diese bestehen aus strukturierten Molekülen, welche, abhängig von der inneren konformativen Beweglichkeit, sowohl steif als auch formveränderlich sein können. Zwei dieser Materialklassen besitzen aufgrund ihrer spezifischen Eigenschaften und den daraus folgenden Anwendungsmöglichkeiten eine große Bedeutung in der heutigen Welt: Dies sind die Polymere und die Flüssigkristalle. **Flüssigkristalle** sind unverzichtbar für den Bau von Anzeigeelementen. Sie bestehen aus stäbchenförmigen Molekülen, die zwischen der kristallinen und der isotrop-flüssigen Phase einen weiteren Zustand bilden, in dem sie zwar schon flüssigkeitsartig beweglich sind, dabei aber noch eine gemeinsame Vorzugsorientierung bewahren. Auf diese Art sind sie in einem flüssigen Zustand optisch anisotrop. **Polymere** sind Werkstoffe mit über weite Bereiche hinweg variablen, kontrolliert einstellbaren mechanischen Eigenschaften. Sie werden im allgemeinen in der flüssigen Phase bei erhöhten Temperaturen verarbeitet und besitzen dort aufgrund des Kettencharakters der Moleküle langreichweitige Kopplungen, welche die Fließeigenschaften stark beeinflussen. Die Viskosität ist hoch, und es entstehen bei den üblichen Verformungsgeschwindigkeiten auch elastische Rückstellkräfte. Beim Abkühlen tritt eine Verfestigung ein, entweder durch glasige Erstarrung oder den Übergang in einen teilkristallinen Zustand, in dem Kristalle und flüssigkeitsartige Bereichen nebeneinander existieren.

Wir werden in diesem Kapitel die Hauptmerkmale der Struktur von Kristallen, einfachen Flüssigkeiten, Flüssigkristallen, sowie Polymeren genauer besprechen. Es gibt eine Fülle von Methoden, um Strukturen in kondensierter Materie zu analysieren, so wie sie auf verschiedenen Längenskalen, vom Å- bis zum mm-Bereich, anzutreffen sind. Die wichtigste Technik, da allgemein anwendbar, ohne den Probekörper zu beeinflussen, sind Streuexperimente. Sie können mit elektromagnetischer Strahlung, vor allem Röntgen- bzw. Synchrotron-Strahlung, oder auch mit Neutronen durchgeführt werden. Der letzte Abschnitt dieses Kapitels führt in die allgemeinen Grundlagen dieses Verfahrens ein.

1.1 Kristalle

1.1.1 Kristallaufbau

Kristalle besitzen im Raum eine periodische Struktur. Die Wiederholungseinheit ist dabei die **Elementarzelle**, die bei konstanter Größe immer in der gleichen Art mit denselben Atomen besetzt ist. Die nächsten Abbildungen zeigen einige typische Beispiele von Elementarzellen, und wir wollen sie nutzen, um eine Reihe von Begriffen einzuführen.

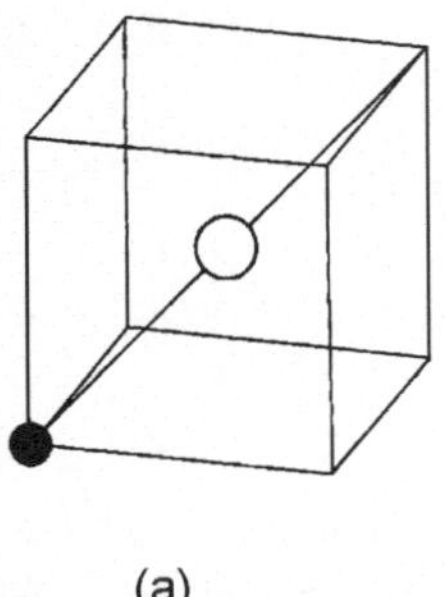 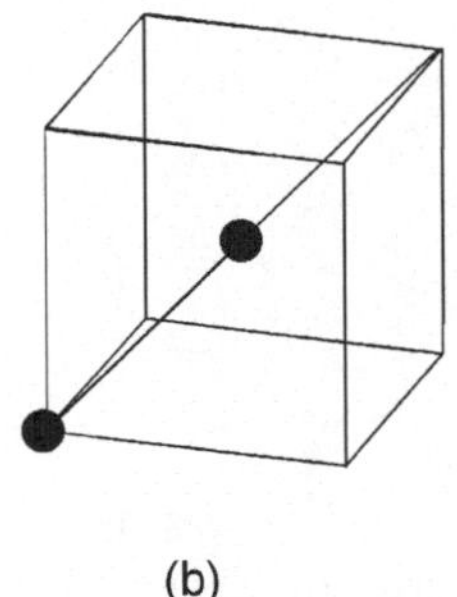 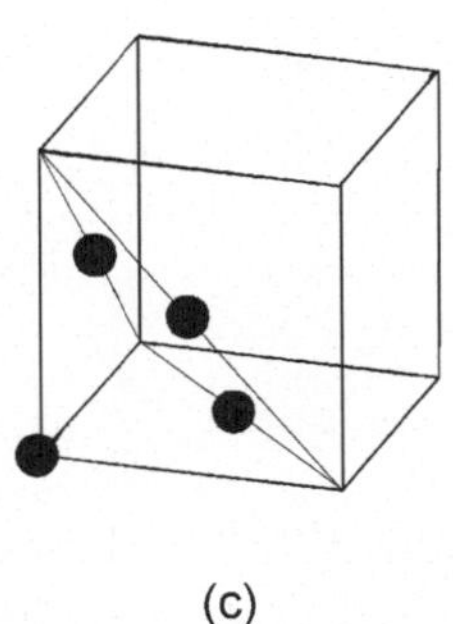

Abb. 1.1. Drei kubische Elementarzellen: Elementarzelle von Cäsiumchlorid, besetzt durch ein Cäsium- und ein Chloratom (a). Kubisch-raumzentrierte Elementarzelle (b). Kubisch-flächenzentrierte Elementarzelle. In der eingezeichneten Ebene sind die Atome hexagonal-dicht gepackt (c).

Abb. 1.1a zeigt die Elementarzelle von Cäsiumchlorid. Sie ist würfelförmig, d. h. **kubisch**, und von einem Cäsium- und einem Chlor-Atom besetzt. Die beiden Atome befinden sich im Abstand einer halben Raumdiagonalen. Besetzt man beide Positionen, also Ecke und Würfelzentrum, mit dem gleichen Atom, so entsteht eine **kubisch-raumzentrierte** Elementarzelle. Diese ist in Abb. 1.1b dargestellt. Abb. 1.1c zeigt eine dritte Form kubischer Elementarzellen, bekannt als **kubisch-flächenzentriert**. Die Zelle enthält jetzt vier gleichartige Atome, positioniert im Eck und den Mitten der drei Außenflächen des Würfels. Auch die drei anderen Außenflächen des Würfels sind natürlich von Atomen besetzt, doch zählen diese schon zu den benachbarten Elementarzellen.

Die zwei bzw. vier Atome, welche die kubisch-raumzentrierte bzw. kubisch-flächenzentrierte Elementarzelle besetzen, nehmen alle äquivalente Lagen ein; jedes von ihnen könnte als Eckatom gewählt werden. Im Falle der Cäsiumchlorid-Struktur ist dies nicht der Fall. Hier gibt es pro Zelle immer nur eine äquivalente Lage. Zellen der letzteren Art bezeichnet man allgemein als **primitiv**.

Die kubisch-flächenzentrierte Elementarzelle besitzt eine besondere Eigenschaft. Die in Abb. 1.1c eingezeichnete Ebene enthält die Atome in einer **hexagonal-dichten** Packung. Abb. 1.2 zeigt die Struktur, wie sie bei einem Blick senkrecht auf diese Ebene erscheint. Die Atome sind jetzt größer gezeichnet, um deutlich zu machen, daß es sich um eine dichte Packung handelt. Die Abbildung zeigt gleichzeitig, wie diese Ebenen aufeinander gesetzt sind. Es gibt drei verschiedene Stellungen der Ebenen, bezeichnet als A, B, C, und sie folgen bei der kubisch-flächenzentrierten Struktur immer regelmäßig als ABCABC... aufeinander. Hexagonal-dichte Strukturen werden in atomaren Kristallen häufig gefunden, so z.B. bei vielen Metallen. Die Stapelfolge muß dabei aber nicht diejenige des kubisch-flächenzentrierten Gitters sein, sie kann beispielsweise auch ABAB... lauten. Die Elementarzelle hat dann

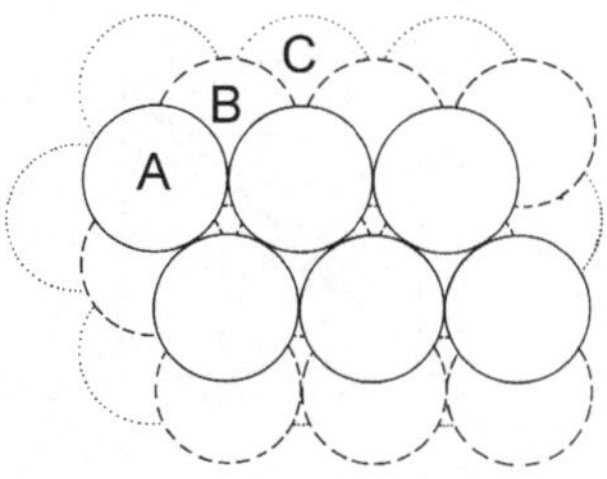

Abb. 1.2.   Blick senkrecht zu der in die kubisch-flächenzentrierte Zelle von Abb. 1.1c eingezeichneten schrägen Ebene: Es tritt eine Stapelfolge AB-CABC... auf.

die Form einer Säule mit hexagonaler Grundfläche und nicht mehr diejenige eines Würfels.

Abb. 1.3a zeigt als nächstes Beispiel die Elementarzelle eines Diamants. Sie ist ebenfalls kubisch, nun aber auf spezielle Art von 8 Atomen in äquivalenten Lagen besetzt. Wie man sieht, befindet sich jedes Kohlenstoffatom in einer **tetraedrischen** Umgebung, mit kovalenten Bindungen zu den vier nächsten Nachbarn.

Als letztes Beispiel ist in Abb. 1.3b die Elementarzelle von Natriumchlorid (Kochsalz) wiedergegeben. Sie ist ebenfalls kubisch-flächenzentriert und jetzt von vier Natrium- und vier Chlor-Atomen besetzt.

Die Atome, welche zu einer Elementarzelle gehören, bilden deren **Basis**. Beim Kochsalz besteht die Basis also aus vier Natrium- und vier Chlor-Atomen, beim Diamant aus acht Kohlenstoffatomen und beim Cäsiumchlorid aus einem Cäsium- und einem Chlor-Atom.

Wie läßt sich die periodische Struktur des Kristalls formal beschreiben? Es liegt nahe, sich dabei auf eine Eigenschaft zu beziehen, welche sich im Kri-

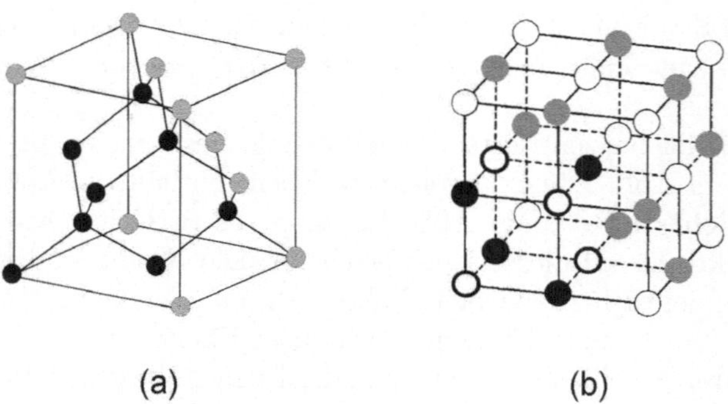

(a)   (b)

Abb. 1.3.   Zwei weitere kubische Elementarzellen: Diamantstruktur mit tetraedrischer Bindung. Sie gleicht zwei ineinandergesteckten, kubisch-flächenzentrierten Gittern (a). Elementarzelle von Natriumchlorid: kubisch-flächenzentriert, besetzt von vier Natrium- und vier Chlor-Atomen (b).

stall regelmäßig ändert und gleichzeitig die Struktur innerhalb der Zelle gut wiedergibt. Die mikroskopische Elektronendichte erfüllt diese Forderungen, da sie schon für jedes Atom aufgrund der Dichteverteilung in der Elektronenhülle, dementsprechend innerhalb jeder Zelle und dann periodisch durch den Kristall hindurch variiert. Die Elementarzelle, geometrisch ein Parallelepiped, läßt sich durch drei Grundvektoren vollständig beschreiben, und wir nennen sie a_1, a_2, a_3. Durch das Aneinanderfügen der Elementarzellen entsteht aus deren Eckpunkten ein **Gitter**. Die Gitterpunkte, als R_{uvw} bezeichnet, sind als

$$R_{uvw} = u a_1 + v a_2 + w a_3 \tag{1.1}$$

gegeben. Dabei legt jedes Tripel u, v, w ganzer Zahlen jeweils einen Gitterpunkt fest. Periodisch im Gitter zu sein, bedeutet für die Elektronendichte $\rho_e(r)$ die Eigenschaft

$$\rho_e(r) = \rho_e(r + R_{uvw}) \ . \tag{1.2}$$

Die periodische Struktur eines Kristalls wird somit durch das Gitter der Vektoren R_{uvw} aus Gl. (1.1) beschrieben. Dieses Gitter trägt den Namen **Bravais-Gitter**. Jedem Kristall ist zur Kennzeichnung seiner räumlichen Periodizität ein Bravais-Gitter zugeordnet. Es ist Ausdruck seiner **Translationssymmetrie** . Wir werden im folgenden noch ausführlicher darüber sprechen, wie man durch die Benennung von **Symmetrieoperationen** die Symmetrie von Objekten charakterisieren kann. Das Bravais-Gitter liefert das erste Beispiel. Es besteht aus der Menge der Translationsvektoren, welche einen Kristall wieder auf sich selbst abbilden. Streng genommen gilt dies natürlich nur für einen unendlich ausgedehnten Kristall, und hierauf bezieht sich auch die Aussage.

Wenn das Bravais-Gitter eines Kristalls festgelegt ist, muß man zur vollständigen Beschreibung seiner Struktur noch die Lagen seiner Atome in der Elementarzelle angeben. Dies geschieht üblicherweise in der Form

$$r_j = x_{1j} a_1 + x_{2j} a_2 + x_{3j} a_3 \ , \tag{1.3}$$

d. h. durch Angabe der auf die Grundvektoren a_1, a_2, a_3 bezogenen Relativkoordinaten x_{1j}, x_{2j}, x_{3j}. Das Cäsiumchlorid-Gitter wird damit wie folgt beschrieben

$$|a_1| = |a_2| = |a_3| = 4,1 \qquad (\text{kubisch}) \ ,$$

$$\text{Cl} : (0; 0; 0) \quad , \quad \text{Cs} : (0,5; 0,5; 0,5)$$

und das Natriumchlorid-Gitter durch die Angaben

$$|a_1| = |a_2| = |a_3| = 5,6 \qquad (\text{kubisch}) \ ,$$

$$\text{Na} : (0; 0; 0)(0,5; 0,5; 0)(0,5; 0; 0,5)(0; 0,5; 0,5) \ ,$$

$$\text{Cl} : (0; 0; 0,5)(0,5; 0,5; 0,5)(0; 0,5; 0)(0,5; 0; 0) \ .$$

Bei nicht-kubischen Kristallen hat man naturgemäß noch die drei von a_1, a_2, a_3 eingeschlossenen Winkel anzugeben.

Klassifikation nach Symmetrien. Das allen Kristallen gemeinsame grundlegende Charakteristikum ist ihre Translationssymmetrie. Sie wird, wie eben ausgeführt, für jeden Kristall durch das zugehörige Bravais-Gitter beschrieben, also die Menge aller Translationen im Raum, welche einen gegebenen Kristall auf sich selbst abbilden. Die Translationssymmetrie stellt aber nur einen Teil der Symmetrieeigenschaften eines Kristalls dar. Andere treten hinzu, wie schon beim Blick auf die vielen, auf unterschiedliche Art symmetrisch geformten natürlichen Mineralien unmittelbar deutlich wird. Die Art und Weise, wie man räumliche Symmetrien von Körpern grundsätzlich erfassen kann, war schon mit der Einführung der Translationssymmetrie klar geworden: Man hat nach den Symmetrieoperationen zu fragen, welche einen Körper auf sich selbst abbilden. Neben Translationen kommen hierfür naturgemäß noch **Drehungen** und **Spiegelungen** in Frage und natürlich auch Verknüpfungen zwischen solchen Elementen. Auf der Grundlage von Symmetriebetrachtungen lassen sich die Kristalle dann auch klassifizieren. Eine solche Klassifikation ist dabei nicht nur ein Ordnungsschema. Tatsächlich werden alle wichtigen Eigenschaften von Kristallen durch ihre Symmetrie beeinflußt, und so kann man aus der Kenntnis der Symmetrie und der Zugehörigkeit zu einer bestimmten Klasse häufig schon wichtige Schlußfolgerungen ziehen.

Wir wollen unsere Symmetriebetrachtungen nicht sofort mit den Kristallen beginnen, sondern werfen zunächst einen Blick auf die Symmetrie von Molekülen. Wir tun dies wieder anhand einiger Beispiele. Abb. 1.4 zeigt ein Wassermolekül zusammen mit allen zugehörigen Symmetrieoperationen. Man findet hier zunächst eine zweizählige **Drehachse**, bezeichnet als C_2. Sie besagt, daß das Wassermolekül bei einer Drehung um 180° und, trivialerweise, 360° auf sich selbst abgebildet wird. Weiterhin gibt es noch zwei **Spiegelebenen**, bezeichnet als $\sigma^{(1)}$ und $\sigma^{(2)}$. Bei der Spiegelung $\sigma^{(1)}$ werden alle Atome auf sich selbst abgebildet, bei der Spiegelung $\sigma^{(2)}$ vertauschen die beiden Wasserstoffatome. Wichtig ist nun die Feststellung, daß die genannten vier Symmetrieoperationen zusammen eine abgeschlossene Gruppe bilden. Offensichtlich führt die Verknüpfung zweier Elemente, definiert als Hinter-

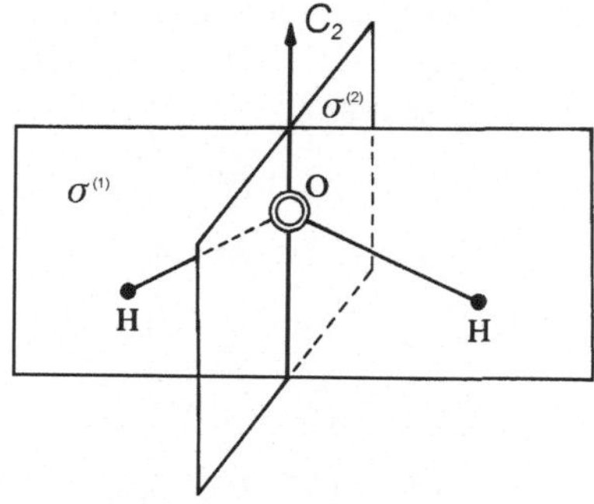

Abb. 1.4. Gruppe der Symmetrieelemente des Wassermoleküls.

einanderfolge beider Operationen, wieder zu einer Symmetrieoperation und damit einem anderen Element in der Gruppe.

Die Symmetriegruppe des in Abb. 1.5 gezeigten Ammoniak-Moleküls besteht aus einer dreizähligen Drehachse, C_3, und den drei eingezeichneten Spiegelebenen, $\sigma^{(1)}$, $\sigma^{(2)}$ und $\sigma^{(3)}$.

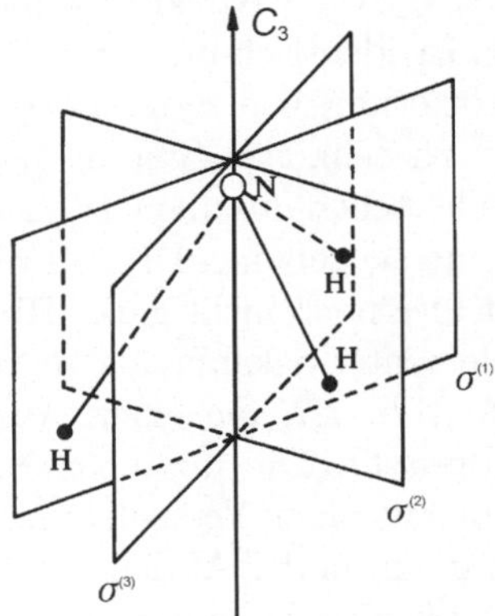

Abb. 1.5. Elemente der Symmetriegruppe des Ammoniak-Moleküls.

Ein andersartiges Symmetrieelement taucht bei dem in Abb. 1.6 dargestellten Methanmolekül auf. Dieses Molekül besitzt eine vierzählige **Drehspiegelachse**, angezeigt durch das Symbol S_4. Eingetragen ist auch die Wirkung einer einfachen Drehspiegeloperation: Sie besteht hier aus einer Drehung um 90°, unmittelbar gefolgt von einer Spiegelung an einer Ebene senkrecht zur Drehspiegelachse. Die Wiederholung dieser Operation führt dann zu einer einfachen Drehung um 180°.

Die Symmetrie jedes Moleküls läßt sich also vollständig durch die Angabe der zugehörigen Symmetriegruppe beschreiben. Man nennt diese Gruppen

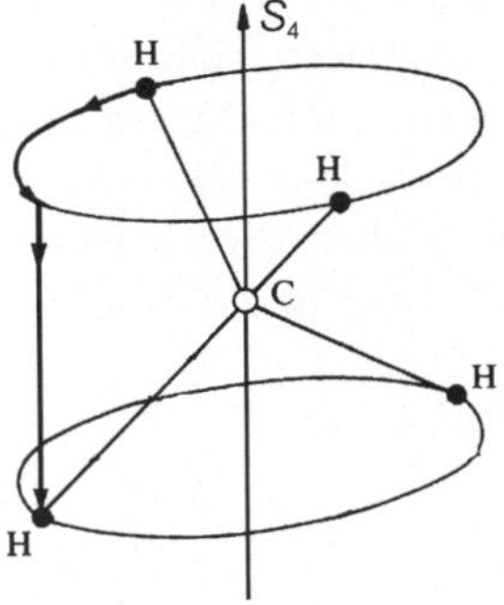

Abb. 1.6. Vierzählige Drehspiegelachse beim Methan-Molekül.

Punktgruppen, da zumindest ein Punkt bei allen Symmetrieoperationen unverändert bleibt. Aus welchen Operationen bestehen ganz allgemein die Elemente der Punktgruppen von Molekülen? Die Antwort hierauf lautet: Punktgruppen bestehen ausschließlich aus Drehungen und Drehspiegelungen. Immer mitenthalten ist, wie bei jeder Gruppe, das Eins-Element, die Identität. Die Spiegelebenen $\sigma^{(i)}$ der obigen Abbildungen entsprechen einer einzähligen Drehspiegelachse S_1; die **Inversion**, ein ebenfalls häufig vorkommendes Symmetrieelement, ist identisch mit einer Drehspiegelung um 180°.

Nach dieser kurzen Erörterung von Symmetrieeigenschaften von Molekülen scheint es auch klar zu sein, wie Symmetriegruppen von Kristallen grundsätzlich aussehen: Sie bestehen aus allen Translationen, Drehungen und Drehspiegelungen, welche einen gegebenen Kristall wieder in sich selbst überführen. Tatsächlich stimmt dies noch nicht ganz. Hinzu treten nämlich noch zwei spezielle Symmetrieelemente, bekannt als **Schraubachse** und **Gleitspiegelebene**. Sie sind in Abb. 1.7, die einen Ausschnitt aus einem Kristall wiedergeben soll, dargestellt. Die mit einer Schraubachse verknüpfte Symmetrieoperation besteht aus einer Verschiebung um einen ganzzahligen Bruchteil einer Gitterkonstanten, in der Abbildung die Hälfte der Gitterkonstanten a, mit einer nachfolgenden Drehung um einen ganzzahligen Teiler von 360°, im Beispiel 180°, bei der Gleitspiegelebene wird die Verschiebung mit einer anschließenden Spiegelung verbunden. Man erkennt das Spezielle an diesen Operationen: Die Drehung um 180° bzw. Spiegelung alleine würde den Kristall noch nicht auf sich selbst abbilden. Dies geschieht erst bei einer Kopplung mit einer Verschiebung, die nicht einem Translationsvektor des Bravais-Gitters entspricht. Die Gruppe aller Operationen, die einen Kristall auf sich selbst abbilden, im allgemeinen also bestehend aus Translationen, Drehungen, Drehspiegelungen, Schraubachsen und Gleitspiegelebenen, wird seine **Raumgruppe** genannt. Ein Kristall ist in seiner Symmetrie vollständig durch die Angabe der zugehörigen Raumgruppe beschrieben.

Wie sieht es mit der Anzahl möglicher Raumgruppen aus? Die Antwort lautet: Sie ist beschränkt und beträgt genau 230. Ein wichtiger Grund für diese Beschränkung ist die Tatsache, daß Drehachsen in einem Kristall nur mit Zähligkeiten 2, 3, 4 und 6 vorkommen können, dies im Unterschied zu Molekülen, bei denen es eine derartige Auswahl nicht gibt. Daß es eine solche Einschränkung geben muß, wird schon klar, wenn man erkennt, daß eine Fläche zwar mit regelmäßigen Dreiecken, Vierecken oder Sechsecken lückenlos bedeckend belegt werden kann, dies aber beispielsweise schon mit regelmäßigen Fünfecken nicht gelingt. Legt man also die vollständige Symmetrie zu-

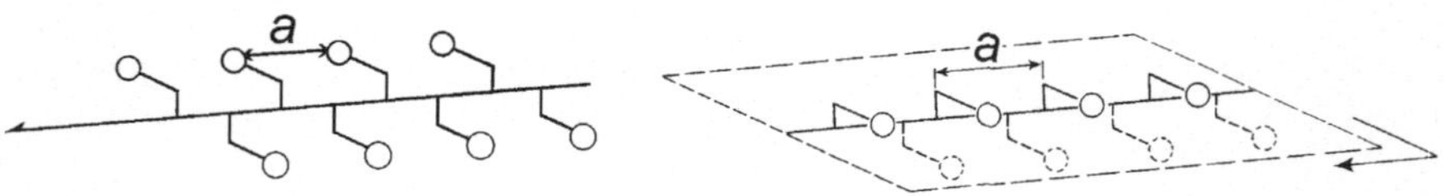

Abb. 1.7. Schraubachse (*links*) und Gleitspiegelebene (*rechts*).

grunde, hat man zwischen 230 unterschiedlichen Kristallen zu unterscheiden. Tatsächlich in der Natur vorzufinden ist hiervon allerdings nur ein Teil.

Die Grundeigenschaft des Kristalls ist seine Translationssymmetrie, und so kann man sich fragen, ob es möglich ist, auch die verschiedenen Bravais-Gitter auf der Grundlage ihrer Symmetrie zu unterscheiden. Man hat dabei nach der Gruppe von Drehungen und Drehspiegelungen zu fragen, die ein gegebenes Bravais-Gitter auf sich selbst abbilden. Die theoretische Analyse zeigt, daß hierbei nur 7 unterschiedliche Punktgruppen auftreten, und so gibt es mit Blick auf das Bravais-Gitter 7 **Kristallsysteme**. Die Namen, von **kubisch** bis **triklin**, sind in Abb. 1.8 genannt, in einer hierarchischen Ordnung der Systeme. Das Symbol, welches immer zusätzlich angegeben ist (O_h, D_{4h}, etc.), ist das **Schönflies-Symbol** der Punktgruppe des Kristallsystems. Von links nach rechts nimmt die Symmetrie ab. Hierarchische Ordnung bedeutet, daß in Pfeilrichtung jeweils eine Verkleinerung der Punktgruppe stattfindet, d. h. eine Anzahl von Elementen herausgenommen wird. Abb. 1.9 zeigt die verschiedenen zugehörigen Elementarzellen und gleichzeitig auch noch ein weiteres Unterteilungsmerkmal. So sind beim kubischen Kristallsystem 3 unterschiedliche Elementarzellen eingetragen, die sich bei gleichbleibender Symmetrie im **Typ** unterscheiden. Unterschiedliche Typen ergeben sich für das kubische, tetragonale, orthorhombische und monokline System durch Flächenzentrierung und Raumzentrierung, zusätzlich zum primitiven Typ mit nur einem Punkt pro Zelle. Insgesamt erhält man so die dargestellten 14 verschiedenen Bravais-Gitter.

Als dritter und letzter Begriff, welcher die Symmetrieeigenschaften eines Kristalls beschreibt, ist die **Kristallklasse** zu nennen. Sie beschreibt die Symmetrie der Richtungen. Dies geschieht wieder durch eine Punktgruppe, zusammengesetzt aus all denjenigen Elementen, welche alle Richtungen in einem Kristall in gleichartige Richtungen überführen. Aus welchen Elementen diese Gruppe zusammengesetzt ist, ist sofort zu sehen: Sie besteht jeweils aus allen Drehungen und Drehspiegelungen der gültigen Raumgruppe, ergänzt durch die Drehanteile eventuell vorhandener Schraubachsen und die Spiegelanteile eventuell vorhandener Gleitspiegelebenen; da es hier nur darum geht, gleichartige Richtungen ineinander überzuführen, kommt es auf anschließende Translationen nicht an. Die theoretische Analyse zeigt, daß es

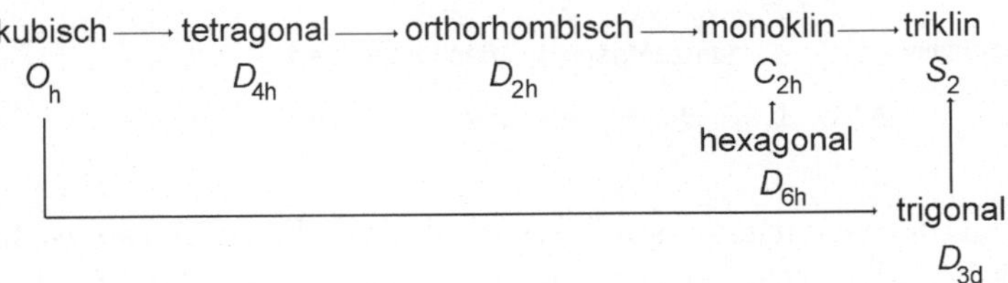

Abb. 1.8. Hierarchie der 7 Kristallsysteme mit den zugehörigen Punktgruppen der Bravais-Gitter.

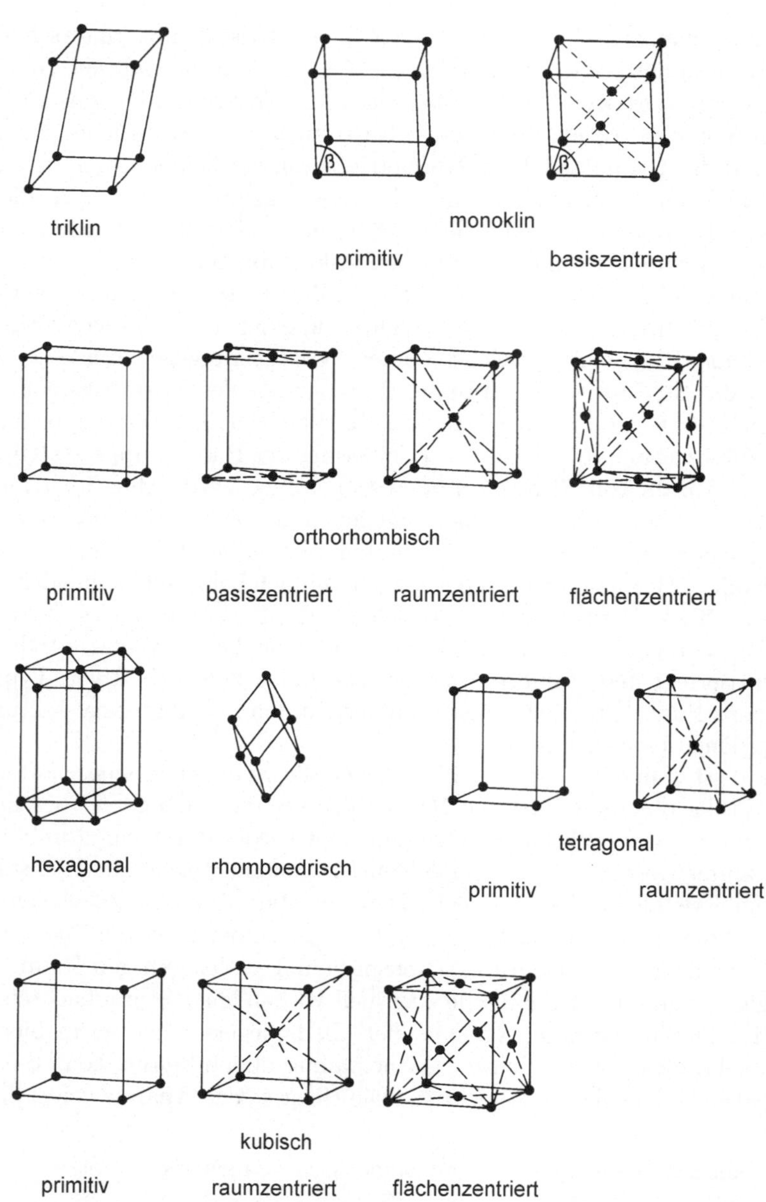

Abb. 1.9. Die 14 verschiedenen Bravais-Gitter.

genau 32 unterschiedliche Kristallklassen gibt. Die Kristallklasse ist für viele physikalischen Eigenschaften eines Kristalls ausschlaggebend. Sie bestimmt die Symmetrie aller tensoriellen Eigenschaften, wie beispielsweise der magnetischen Suszeptibilität oder der elektrischen Leitfähigkeit. Wichtig ist dabei, daß allein von der Symmetrie, also der Kristallklasse her schon ausgesagt werden kann, wieviele unabhängige Komponenten ein solcher Tensor besitzt.

1.1.2 Bindungskräfte und Bindungsenergien

Kristalle existieren aufgrund der Wirkung attraktiver Kräfte, welche zwischen den Atomen oder Molekülen bestehen und diese auf den Gitterplätzen festhalten. Grundsätzlich sind diese Kräfte immer elektromagnetischer Natur, doch gibt es dabei ganz unterschiedliche Formen mit sehr verschiedenen Stärken. Man findet in Kristallen die folgenden Bindungskräfte:

- Kräfte zwischen Ionen
- van der Waals-Kräfte zwischen neutralen Atomen oder Molekülen
- kovalente Kräfte, die durch Valenzbindungen vermittelt werden
- Kräfte, die aus Wasserstoffbrückenbindungen entstehen
- Kräfte, die in Metallen wirksam sind und dort Ionenrümpfe und Elektronengas zusammenhalten.

Am schwächsten sind die van der Waals-Kräfte, am stärksten Valenz- und ionische Kräfte. Für alle Bindungsarten gibt es typische Materialien. So sind Alkalihalogenide typische Ionenkristalle, Kristalle aus organischen Molekülen oder Edelgasen werden meist durch van der Waals-Kräfte zusammengehalten, der Diamant hat kovalente Bindungen, für Eiskristalle sind die Wasserstoffbrücken wesentlich, und alle metallischen Leiter nutzen die elektronenvermittelte Bindungsenergie.

Die Metalle werden später, in Kapitel 4.1, behandelt, und so beginnen wir mit einer kurzen Skizze der Natur von Valenz- und Wasserstoffbrücken-Bindungen. Valenzbindungen entstehen allgemein aus einem Überlapp von zwei Orbitalen, die jeweils von einem Elektron, die Spins entgegengesetzt orientiert, besetzt werden. Die quantenmechanische Austauschenergie führt in dieser Situation zu einer Energieabsenkung und so zur Bildung einer chemischen Bindung. Abb. 1.10 stellt dar, wie für ein Kohlenstoffatom vier Orbitale mit der typischen tetraedischen Ausrichtung, wie man sie im Diamant findet, enstehen können. Das Bild auf der linken Seite zeigt die vier Grundorbitale der zweiten Schale ($2s$, $2p_x$, $2p_y$, $2p_z$). Da diese vier Zustände energetisch entartet sind, lassen sie sich überlagern, und das Ergebnis der Überlagerungen ist auf der rechten Seite gezeigt. Die gerichtete Keule mit dem Pluszeichen entsteht durch eine Summation aller vier Orbitale; die anderen vier Keulen entsprechen den drei anderen, auch Subtraktionen enthaltenden, linear unabhängigen Kombinationen. Der für diese, durch Linearkombination geschaffenen Orbitale verwendete Name ist sp^3-**Hybride**. Jedes Kohlenstoffatom kann mit Hilfe der vier sp^3-Hybride vier tetraedisch angeordnete Bindungen eingehen, jeweils zu einem benachbarten Atom, das in Bindungsrichtung steht und selbst ein in umgekehrter Richtung orientiertes Orbital besitzt. Die so gebildeten vier Valenzbindungen pro Kohlenstoff sind mit festen Bindungswinkeln und festen Abständen zu den Nachbaratomen verknüpft.

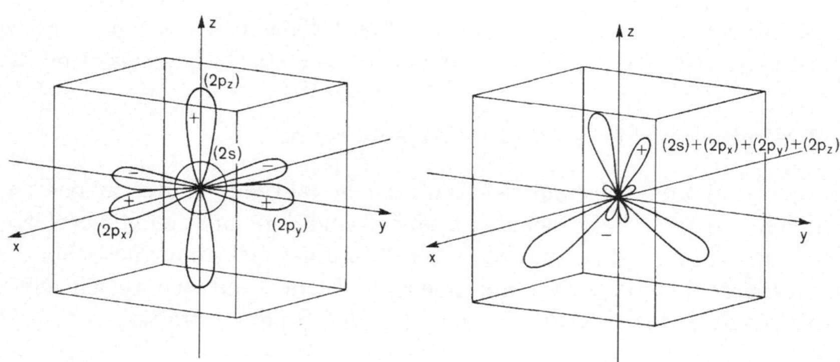

Abb. 1.10. Tetraedische Valenzbindungsstruktur im Diamantgitter: Aufbau aus einem 2s- und drei 2p-Orbilaten (*links*) durch Hybridisierung (*rechts*).

Abb. 1.11 zeigt die Kristallstruktur von Eis. In vertikaler Richtung tritt jeweils eine Reihe von Wassermolekülen auf. Die Anordnung ist dabei so gestaltet, daß sich zwischen Wassermolekülen benachbarter Reihen wieder tetraedrische Bindungsverhältnisse ergeben. Zu den jeweils vier nächsten Nachbarn vermag dann jedes Sauerstoffatom Wasserstoffbrückenbindungen einzugehen. Sie werden durch jeweils ein Proton getragen, das längs der Verbindungslinien hin und her wechselt, von einer Position in der Nähe des einen zu einer Position in der Nähe des anderen Sauerstoffatoms. Voraussetzung für das Entstehen der Bindungskräfte ist die Abgabe des Wasserstoffelektrons an einen elektronenanziehend wirkenden Partner wie Sauerstoff. Nach der Ab-

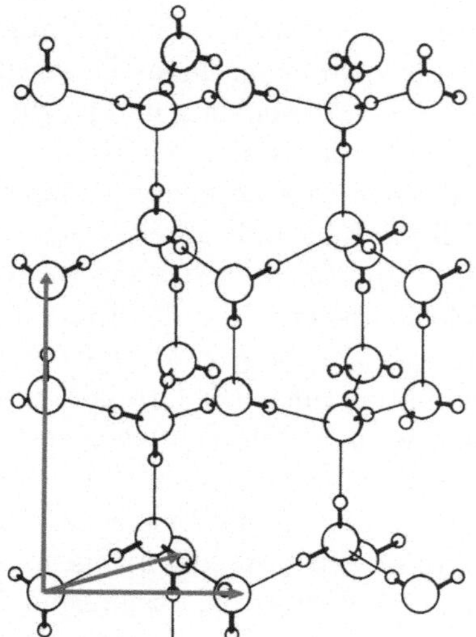

Abb. 1.11. Wasserstoffbrückenbindungen in Eis.

gabe wirkt das entstehende Proton dann attraktiv auf beide benachbarten Sauerstoffe. In ähnlicher Weise wie beim Eis beeinflussen Wasserstoffbrückenbindungen auch die Struktur anderer Kristalle, wirklich bedeutungsvoll und funktionsentscheidend werden sie jedoch in einem ganz anderen Bereich, nämlich da, wo in Zellen von Pflanzen und Tieren die Vorgänge des Lebens ablaufen. Hier spielen Biopolymere wie die DNA und Proteine bekanntlich die entscheidende Rolle. Hierfür benötigen sie eine wohldefinierte Konformation, und dies wird eben durch Wasserstoffbrückenbindungen ausgewählt und stabilisiert.

Bei den van der Waals-Kräften, die zwischen neutralen Atomen oder Molekülen wirken, hängt die Wechselwirkungsenergie auf charakteristische Art vom Abstand ab. Bei einem Abstand r_{jk} zwischen zwei Partikeln j und k kann sie durch die folgende Gleichung mit zwei Parametern, u_{L} und r_{L}, beschrieben werden

$$u(r_{jk}) = 4u_{\mathrm{L}}\left(\left(\frac{r_{\mathrm{L}}}{r_{jk}}\right)^{12} - \left(\frac{r_{\mathrm{L}}}{r_{jk}}\right)^{6}\right) \ . \tag{1.4}$$

Der Ausdruck ist als **Lennard-Jones-Potential** bekannt. Die Wechselwirkungsenergie enthält hier neben dem anziehenden van der Waalsschen Teil auch einen abstoßenden Term. Typisch für die van der Waals-Energie ist ihr Abfall mit der sechsten Potenz des Abstands zwischen den Atomen. Was ist die physikalische Ursache der Anziehung? Neutrale Atome, wie beispielsweise Argon, können zunächst keine elektrischen Kräfte aufeinander ausüben. Dies gilt aber nur, solange keine Anregungen der Elektronen möglich sind. Änderungen des Elektronenzustands, auch wenn sie nur kurzzeitig erfolgen, können mit dem Entstehen eines elektrischen Dipolmoments verknüpft sein. Sobald ein solches Dipolmoment, wenn auch nur kurz, auftritt, entsteht über das davon ausgehende elektrische Feld eine Wechselwirkung mit dem anderen Atom. Das Feld kann dort polarisierend wirken, d. h. ebenfalls ein Dipolmoment erzeugen. Es ist nun möglich, zu zeigen, daß über diese wechselseitige Induktion von Dipolmomenten eine attraktive Kraft entsteht. Sie ist proportional zu den Polarisierbarkeiten der beiden Partner und nimmt, wie sich nachweisen läßt, mit der sechsten Potenz des Abstands ab.

Ursache für den ersten, abstoßend wirkenden Term in Gl. (1.4) ist, ganz allgemein gesprochen, das Pauli-Prinzip. Es wirkt einem Überlapp der Elektronenwolken von zwei Atomen, wie er sich bei einer Annäherung auf genügend kurze Distanzen einstellen würde, entgegen. Dann, wenn sich keine chemische Bindung einstellen kann, und dies geschieht ja nur in speziellen Fällen, erzwingt ein Überlapp wegen des Pauli-Prinzips für eines der Elektronen eine Energieanhebung, was zu einer abstoßenden Kraft führt. Die Beschreibung der zugehörigen Abstoßungsenergie durch die steil ansteigende Potenzfunktion der Ordnung 12 ist rein empirischer Natur, gibt aber die Gegebenheiten erfahrungsgemäß gut wieder.

Eine ganz wichtige Eigenschaft haben valenzmäßig gebundene Kristalle, Wasserstoffbrücken-gebundene Systeme, van der Waals-Kristalle und die noch zu besprechenden Ionen-Kristalle gemeinsam: Die gesamte **Gitterbindungsenergie**, die in einem Kristall als potentielle Energie enthalten ist, entsteht als Summe der Bindungsenergien zwischen Paaren von Bausteinen. Man kann allgemein die Gitterbindungsenergie U_b als

$$U_\mathrm{b} = \frac{1}{2} \sum_{j \neq k} u(r_{jk}) \tag{1.5}$$

ansetzen. Der Faktor $1/2$ ist hinzuzufügen, weil die Doppelsumme sonst jede Bindung zweifach zählen würde. Für die Berechnung der Bindungsenergie eines van-der-Waals-Kristalls haben wir das Lennard-Jones-Potential Gl. (1.4) zu benutzen. Wir führen als Grundkonstante den Abstand a zwischen nächsten Nachbarn ein und schreiben

$$r_{jk} = a s_{jk} \quad . \tag{1.6}$$

Dabei treten die Größen s_{jk} jetzt als relative Abstände, bezogen auf den Grundabstand a auf. Für die Bindungsenergie U_b eines Kristalls aus $\mathcal{N}$ Atomen oder Molekülen folgt so

$$U_\mathrm{b} = 4 u_\mathrm{L} \frac{\mathcal{N}}{2} \left[\left(\frac{r_\mathrm{L}}{a} \right)^{12} \sum_{k \neq 1} \left(\frac{1}{s_{1k}} \right)^{12} - \left(\frac{r_\mathrm{L}}{a} \right)^{6} \sum_{k \neq 1} \left(\frac{1}{s_{1k}} \right)^{6} \right] \quad . \tag{1.7}$$

Der Vorteil dieser Schreibweise liegt darin, daß der Wert der beiden Summen nur noch vom Typ des Kristallgitters abhängt und nicht mehr von der Gitterkonstanten. So ergibt sich beispielsweise für ein kubisch-flächenzentriertes Gitter für den ersten Summanden der Wert 12,1 und den zweiten Summanden der Wert 14,5.

In Gl. (1.7) tritt der Grundabstand a zunächst als Variable auf; die festen Größen sind die Parameter u_L und r_L aus Gl. (1.4). Die Kenntnis der Abhängigkeit der Gitterbindungsenergie vom Grundabstand a erlaubt es, den Gleichgewichtswert für den Abstand zwischen nächsten Nachbarn im Kristall auszurechnen: Es ist derjenige, der mit dem Minimum von U_b verknüpft und deshalb durch

$$\left. \frac{\partial U_\mathrm{b}}{\partial a} \right|_{\mathrm{eq}} = 0 \tag{1.8}$$

gegeben ist. Im Falle des kubisch-flächenzentrierten Gitters ergibt sich so

$$a = 1{,}09 r_\mathrm{L} \quad . \tag{1.9}$$

Für Ionenkristalle kann man analog vorgehen. Wir wählen hier eine andere, ebenfalls häufig benutzte empirische Beschreibung für den Abstoßungsterm, bekannt als Buckingham-Potential. Gl. (1.10) beschreibt die Wechselwirkungsenergie zwischen nächsten Nachbarn in einem Ionenkristall, zusammengesetzt aus dem exponentiell ansteigenden Buckingham-Potential (mit den Parametern u_B und r_B) und der attraktiven Coulomb-Energie

$$u(r_{jk} = a) = u_{\mathrm{B}} \exp - \frac{a}{r_{\mathrm{B}}} - \frac{Q^2}{4\pi\varepsilon_o a} \quad . \tag{1.10}$$

Für Paare von Atomen, die nicht nächste Nachbarn sind, unterdrücken wir den Abstoßungsterm und schreiben

$$u(r_{jk} > a) = \pm \frac{Q^2}{4\pi\varepsilon_o a} \frac{1}{s_{jk}} \quad . \tag{1.11}$$

Die Gln. (1.10) und (1.11) enthalten jeweils das Produkt Q^2 der Ladungen der wechselwirkenden Ionen. Dieses Produkt kann, je nach Ladungen, positiv oder negativ ausfallen, was bei der Berechnung der Gitterbindungsenergie zu berücksichtigen ist. Gl. (1.12) zeigt das Ergebnis:

$$U_{\mathrm{b}} = \frac{\mathcal{N}}{2} \sum_{k \neq 1} u(r_{1k}) = \frac{\mathcal{N}}{2} \left(z u_{\mathrm{B}} \exp - \frac{a}{r_{\mathrm{B}}} - \beta_{\mathrm{M}} \frac{Q^2}{4\pi\varepsilon_o a} \right) \quad . \tag{1.12}$$

Der erste Term enthält die Anzahl z nächster Nachbarn, welche die gesamte Abstoßungsenergie bestimmt. Der zweite Term enthält als Ergebnis der Summation den Parameter β_{M}. Diese Größe ist als **Madelung-Konstante** bekannt und als

$$\beta_{\mathrm{M}} = \sum_{k \neq 1} - \frac{\mathrm{sign}(Q_1 Q_k)}{s_{1k}} \tag{1.13}$$

zu errechnen. Die Madelung-Konstante hängt wieder allein vom Typ des Kristalls ab. Für Natriumchlorid ergibt sich $\beta_{\mathrm{M}} = 1.75$. Wie oben folgt der Grundabstand a wieder aus der Minimalbedingung Gl. (1.8).

Die Bestimmung von Bindungsenergien geschieht allgemein mit thermodynamischen Methoden, d. h. Messungen von spezifischen Wärmen sowie den latenten Wärmen, die beim Schmelzen und Verdampfen aufzubringen sind. Die thermodynamische Bindungsenergie, hier als $\mathcal{U}_{\mathrm{b}}$ bezeichnet, ist als Unterschied

$$\mathcal{U}_{\mathrm{b}} = \mathcal{U}_{\mathrm{ig}} - \mathcal{U} \tag{1.14}$$

zwischen der inneren Energie $\mathcal{U}$ eines Kristalls und der inneren Energie $\mathcal{U}_{\mathrm{ig}}$ eines idealen Gases aus denselben Atomen oder Molekülen definiert. $\mathcal{U}_{\mathrm{b}}$ hängt so zusammen mit $\mathcal{U}_{\mathrm{ig}}$ und $\mathcal{U}$ auch von der Temperatur ab. Der Hauptteil von $\mathcal{U}_{\mathrm{b}}$ wird durch die Gitterbindungsenergie U_{b}, errechnet mit Gl. (1.7) bzw. (1.12) für den jeweils vorliegenden Grundabstand geliefert. Hinzu treten aber noch andere, wenngleich normalerweise nur kleine Beiträge, beispielsweise dann, wenn die kinetische Energie im Gitter aufgrund von Quanteneffekten geringer ist als im idealen Gas. Bei der Auswertung von Meßdaten mit dem Ziel einer exakten Bestimmung elementarer Wechselwirkungsenergien muß dies berücksichtigt werden.

Thermische Ausdehnung. Oben war gesagt worden, daß der Grundabstand a in einem Kristall aus der Minimalbedingung Gl. (1.8) folgt. Tatsächlich ist dies nicht ganz richtig und gilt, genau gesagt, nur am absoluten Nullpunkt. Bekanntlich zeigen alle Kristalle eine thermische Ausdehnung, und diese haben wir bisher nicht berücksichtigt. Es stimmt schon, daß die Gitterkonstante bei einer endlichen Temperatur aus einer Minimalbedingung folgt, doch ist es nicht die Gitterbindungsenergie, sondern die freie Energie des Kristalls, welche im thermischen Gleichgewicht ins Minimum strebt. Allgemein gilt unter isothermen Bedingungen

$$\left.\frac{\partial \mathcal{F}}{\partial \mathcal{V}}\right|_{T} = -p \tag{1.15}$$

(vgl. Gl. (A.6) im Anhang A) und somit bei verschwindendem Außendruck

$$\left.\frac{\partial \mathcal{F}}{\partial a}\right|_{\text{eq}} = 0 \ . \tag{1.16}$$

Die freie Energie eines Kristalls hat aber zwei Anteile. Sie enthält neben der Gitterbindungsenergie U_b als zweiten Beitrag einen Anteil, der von der thermischen Bewegung, d. h. den Gitterschwingungen, herrührt. Wir nennen diesen zweiten Anteil $\mathcal{F}_{\text{vib}}$ und schreiben für die freie Energie des Kristalls

$$\mathcal{F} = U_\text{b} + \mathcal{F}_{\text{vib}} \ . \tag{1.17}$$

Die statistische Thermodynamik stellt die Gleichungen für $\mathcal{F}_{\text{vib}}$ zur Verfügung. Jede Gitterschwingung gleicht einem einzelnen harmonischen Oszillator, und $\mathcal{F}_{\text{vib}}$ ergibt sich dementsprechend als Summe über die Beiträge $\mathcal{F}_j$ aller Gitterschwingungen. Wie später, im Abschnitt 5.1.1, noch genauer erörtert wird, muß bei der Berechnung berücksichtigt werden, daß die Energieaufnahme eines harmonischen Oszillators nicht kontinuierlich erfolgt, sondern in Quanten der Größe $\hbar\omega_j$. Dies bedeutet, daß man bei der Ableitung des Beitrags $\mathcal{F}_j$ einer Gitterschwingung aus der Zustandssumme $\mathcal{Z}$ über die Beziehung

$$\mathcal{F}_j = -k_\text{B}T\ln\mathcal{Z} \tag{1.18}$$

$\mathcal{Z}$ als Summe über alle Eigenzustände mit den Energien ϵ_k zu errechnen hat:

$$\mathcal{Z} = \sum_k \exp-\frac{\epsilon_k}{k_\text{B}T} \ . \tag{1.19}$$

Dies führt auf (vgl. Gl. (5.44))

$$\mathcal{Z} = \exp-\frac{\hbar\omega_j}{2k_\text{B}T} \cdot \left(1 - \exp-\frac{\hbar\omega_j}{k_\text{B}T}\right)^{-1} \tag{1.20}$$

und damit zu einem freien Energie - Beitrag

$$\mathcal{F}_j = k_\mathrm{B}T \left[\frac{\hbar\omega_j}{2k_\mathrm{B}T} + \ln\left(1 - \exp-\frac{\hbar\omega_j}{k_\mathrm{B}T} \right) \right] \quad . \tag{1.21}$$

Die freie Energie aller Gitterschwingungen im Kristall ergibt sich somit als

$$\mathcal{F}_\mathrm{vib} = k_\mathrm{B}T \sum_j \left[\frac{\hbar\omega_j}{2k_\mathrm{B}T} + \ln\left(1 - \exp-\frac{\hbar\omega_j}{k_\mathrm{B}T} \right) \right] \quad ; \tag{1.22}$$

ω_j ist dabei die Frequenz der Gitterschwingung j.

Wie ändert sich nun die freie Energie der Gitterschwingungen mit der Gitterkonstanten a? Für einen Kristall mit rein harmonischen Wechselwirkungspotentialen würde sich gar nichts ändern, die Wirklichkeit ist aber anders. Reale Wechselwirkungspotentiale enthalten immer auch anharmonische Beiträge. Diese führen allgemein dazu, daß die rücktreibenden Kräfte, und damit auch die Schwingungsfrequenzen, mit wachsender Gitterkonstante abnehmen. Dies bedeutet aber, daß im Unterschied zur Bindungsenergie U_b, welche bei einer Dehnung des Gitters wächst, für den Gitterschwingungsanteil der freien Energie gilt:

$$\frac{\partial \mathcal{F}_\mathrm{vib}}{\partial a} < 0 \quad . \tag{1.23}$$

Wir haben jetzt alle Beziehungen gesammelt, mit denen sich die thermische Ausdehnung eines Kristalls beschreiben läßt. Im allgemeinen Fall eines anliegenden Außendrucks gilt

$$p(T,\mathcal{V}) = -\left.\frac{\partial \mathcal{F}}{\partial \mathcal{V}}\right|_T = -\left.\frac{\partial U_\mathrm{b}}{\partial \mathcal{V}}\right|_T - \left.\frac{\partial \mathcal{F}_\mathrm{vib}}{\partial \mathcal{V}}\right|_T \quad . \tag{1.24}$$

Der Gegendruck, mit dem ein Kristall dem Außendruck das Gleichgewicht hält, setzt sich also aus zwei Beiträgen zusammen:

$$p = p_\mathrm{el} + p_\mathrm{th} \quad . \tag{1.25}$$

Der erste, **elastische** Teil rührt direkt von den Bindungskräften im Gitter her, der zweite, **thermische** Anteil geht von den Gitterschwingungen aus. Wenn kein Außendruck anliegt, gilt bei jeder Temperatur

$$-p_\mathrm{el} = p_\mathrm{th} \quad . \tag{1.26}$$

Die Gleichung besagt, daß dem expandierend wirkenden thermischen Druck durch den zurückziehend wirkenden elastischen Anteil das Gleichgewicht gehalten wird. Mit wachsender Temperatur steigt der thermische Druck an, und entsprechend dehnt sich der Kristall aus. Entscheidend für die Größe des thermischen Drucks ist den abgeleiteten Beziehungen gemäß die Änderung der Frequenzen der Gitterschwingungen mit dem Kristallvolumen, bestimmt durch das Ausmaß der Anharmonizitäten im Verlauf des Gitterpotentials. Zur Beschreibung dieser Abhängigkeit werden die **Grüneisenkonstanten** verwendet, die für jede Gitterschwingung durch den Ausdruck

$$\frac{\partial \ln \omega_j}{\partial \ln \mathcal{V}} \tag{1.27}$$

gegeben sind. Kristalle mit hohen thermischen Ausdehnungskoeffizienten besitzen große Werte für die Grüneisenkonstanten, und es genügt dabei, wenn dies für einige ausgezeichnete Gitterschwingungen der Fall ist.

1.2 Flüssigkeiten

1.2.1 Existenzbereich

Erwärmt man einen Kristall, so geht er am Schmelzpunkt in die flüssige Phase über. Auch wenn sich die Dichte bei der Umwandlung im allgemeinen nur wenig ändert, bedeutet dies für die Struktur einen vollständigen Wandel. Der periodische, **ferngeordnete** Aufbau des Kristalls geht verloren, und es entsteht ein neuer Zustand, in dem nur noch **Nahordnung** existiert.

Nicht immer läßt sich ein Kristall in die flüssige Phase überführen. Tatsächlich ist der Existenzbereich von Flüssigkeiten eingeschränkt, und Abb. 1.12 zeigt dies am Beispiel des Phasenverhaltens von Argon. Zur Darstellung dient hier ein p,T-**Phasendiagramm**, mit welchem beschrieben wird, welche Phase bei einem gegebenen Druck und einer gegebenen Temperatur stabil ist. Die Existenzbereiche der verschiedenen Phasen werden durch

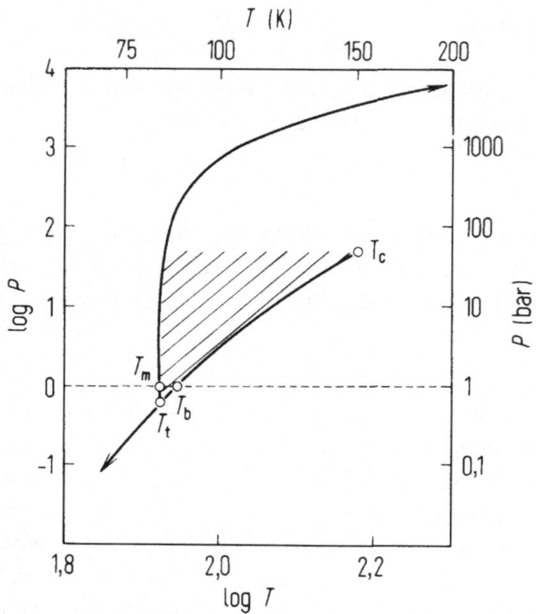

Abb. 1.12. p,T-Phasendiagramm von Argon [1].

die Verläufe der eingezeichneten Phasengrenzlinien festgelegt. Die Punkte längs der Phasengrenzlinien beschreiben diejenigen Bedingungen für Druck und Temperatur, unter denen zwei Phasen, fest und flüssig, flüssig und gasförmig, oder fest und gasförmig, gemeinsam existieren können. Schon unmittelbar daneben ist eine solche Koexistenz nicht mehr möglich. Beim Überschreiten der Grenzlinien findet so ein vollständiger Wechsel statt. Der schraffierte Bereich ist der Existenzbereich der flüssigen Phase. Die strichlierte horizontale Linie erfaßt die Beobachtungen während einer Temperaturerhöhung unter einem konstanten Druck von 1 bar. Der Tieftemperaturbereich ist der Existenzbereich der Kristalle. Am Schmelzpunkt T_m erfolgt der Übergang in die flüssige Phase und am Siedepunkt T_b dann der Übergang in die Gasphase. Beide Übergänge sind mit einer sprunghaften Änderung des Volumens $\mathcal{V}$, der inneren Energie $\mathcal{U}$ und der Entropie $\mathcal{S}$ verknüpft, wobei die Änderungen beim Schmelzen immer klein gegenüber den Änderungen beim Verdampfen der Flüssigkeit ausfallen. $\mathcal{U}$ und $\mathcal{S}$ nehmen beim Schmelzen immer zu, im allgemeinen steigt dabei auch $\mathcal{V}$ an, doch gibt es hier auch Ausnahmen, wie das bekannte Beispiel H_2O zeigt. Bei letzterem ist die Kristallstruktur, diejenige von Eis, so eingerichtet, daß sich ein Maximum an Wasserstoffbrückenbindungen ausbilden kann, und dies führt zu einem „offenen" Kristall mit vergleichsweise niedriger Dichte. Wie die Schraffur zeigt, ist der Existenzbereich der flüssigen Phase beschränkt. Die Grenzen werden durch zwei charakteristische Punkte gesetzt, den **Tripel-Punkt** bei der Temperatur T_t, und den **kritischen Punkt** bei der Temperatur T_c. Das obere Ende der Schraffur in Höhe des kritischen Punkts soll andeuten, daß bei darüberliegenden Temperaturen nicht mehr zwischen flüssiger Phase und Gasphase unterschieden werden kann. In diesem **überkritischen** Druckbereich erfolgt der Übergang von der Flüssigkeit zum Gas kontinuierlich, ohne jeden Sprung. Die Linie der Koexistenz von gasförmiger und flüssiger Phase endet dementsprechend bei T_c. Die untere Begrenzung des Existenzbereichs der flüssigen Phase ist durch den Tripel-Punkt bei der Temperatur T_t gegeben. Der Name „Tripel-Punkt" will sagen, daß hier alle drei Phasen, der kristalline, flüssige und gasförmige Zustand, miteinander koexistieren. Bei darunterliegenden Drucken tritt keine flüssige Phase mehr auf. Längs der Phasengrenzlinie koexistieren Kristall und Gas. Beim Überschreiten sublimiert der Kristall bzw. kondensiert das Gas. Hält man den Kristall bei einer bestimmten Temperatur in einem geschlossenen Raum, aus dem die Luft entfernt wurde, stellt sich per Sublimation der durch die Phasengrenzlinie festgelegte Dampfdruck von selbst ein. Die Phasengrenzlinie, welche den kristallinen Zustand von den Phasen niedrigerer Ordnung, flüssig oder gasförmig, trennt, besitzt kein Ende und läuft, wie die Pfeile andeuten, in beiden Richtungen immer weiter. Der Grund hierfür ist klar: Es ist unmöglich, den Übergang der ferngeordneten kristallinen Struktur in Phasen, welche, wenn überhaupt, nur noch Nahordnung besitzen, auf kontinuierliche Art und Weise zu vollziehen. Bei Symmetrien gibt es keine Kontinuität, ein System besitzt eine bestimmte Symmetrie, oder eben nicht.

Der Verlauf der Phasengrenzlinien wird durch das Koexistenzkriterium der Thermodynamik festgelegt: Koexistenz kann nur eintreten, wenn die chemischen Potentiale der beiden Phasen den gleichen Wert annehmen. Für die drei Grenzlinien des Phasendiagramms gilt somit

$$\tilde{\mu}_{\mathrm{s}} = \tilde{\mu}_{\mathrm{g}} \quad \text{bzw.} \quad \tilde{\mu}_{\mathrm{s}} = \tilde{\mu}_{\mathrm{l}} \quad \text{bzw.} \quad \tilde{\mu}_{\mathrm{g}} = \tilde{\mu}_{\mathrm{l}} \tag{1.28}$$

Die zu den molaren chemischen Potentialen $\tilde{\mu}$ hinzugefügten Indizes beziehen sich dabei auf *solid, liquid* und *gas*. Am Tripel-Punkt gilt

$$\tilde{\mu}_{\mathrm{l}} = \tilde{\mu}_{\mathrm{g}} = \tilde{\mu}_{\mathrm{s}} \quad . \tag{1.29}$$

Es ist möglich, die Steigungen der verschiedenen Koexistenzlinien, d. h. die Änderungen der Übergangstemperaturen mit dem Druck, auf einfache Weise anzugeben. Dies leistet die **Clausius-Clapeyron**-Gleichung. Wählen wir als Beispiel den Schmelzpunkt T_{m}, so gilt längs der entsprechenden Phasengrenzlinie für die Änderung der beiden chemischen Potentiale

$$\mathrm{d}\tilde{\mu}_{\mathrm{l}} = \mathrm{d}\tilde{\mu}_{\mathrm{s}} \quad . \tag{1.30}$$

Dies bedeutet aber

$$\left.\frac{\partial \tilde{\mu}_{\mathrm{l}}}{\partial T}\right|_{p} \mathrm{d}T + \left.\frac{\partial \tilde{\mu}_{\mathrm{l}}}{\partial p}\right|_{T} \mathrm{d}p = \left.\frac{\partial \tilde{\mu}_{\mathrm{s}}}{\partial T}\right|_{p} \mathrm{d}T + \left.\frac{\partial \tilde{\mu}_{\mathrm{s}}}{\partial p}\right|_{T} \mathrm{d}p \tag{1.31}$$

und, unter Nutzung von Grundbeziehungen der Thermodynamik (Gl. (A.10) im Anhang A)

$$-\tilde{s}_{\mathrm{l}}\mathrm{d}T + \tilde{v}_{\mathrm{l}}\mathrm{d}p = -\tilde{s}_{\mathrm{s}}\mathrm{d}T + \tilde{v}_{\mathrm{s}}\mathrm{d}p \quad , \tag{1.32}$$

wobei $\tilde{s}_{\mathrm{l}}$, $\tilde{s}_{\mathrm{s}}$ und $\tilde{v}_{\mathrm{l}}$, $\tilde{v}_{\mathrm{s}}$ die molaren Entropien und Volumina der beiden Phasen angeben. Für die Verschiebung der Schmelztemperatur bei einer Druckänderung erhält man so

$$\left.\frac{\mathrm{d}T}{\mathrm{d}p}\right|_{\mathrm{coex}} = \frac{\tilde{v}_{\mathrm{l}} - \tilde{v}_{\mathrm{s}}}{\tilde{s}_{\mathrm{l}} - \tilde{s}_{\mathrm{s}}} \quad . \tag{1.33}$$

Die Änderung der Entropie beim Schmelzen kann dabei der Zunahme $\tilde{h}_{\mathrm{l}} - \tilde{h}_{\mathrm{s}}$ der Enthalpie, d. h. der Schmelzwärme, entnommen werden, da aus $\tilde{\mu}_{\mathrm{l}} = \tilde{\mu}_{\mathrm{s}}$ die Beziehung

$$\tilde{s}_{\mathrm{l}} - \tilde{s}_{\mathrm{s}} = \frac{\tilde{h}_{\mathrm{l}} - \tilde{h}_{\mathrm{s}}}{T_{\mathrm{m}}} \tag{1.34}$$

folgt.

1.2.2 Nahordnung und Paarverteilungsfunktion

Wie läßt sich mit der mikroskopischen Struktur einer Flüssigkeit, die dauernden zeitlichen Veränderungen unterworfen ist und dabei trotzdem Charakteristika besitzt, physikalisch umgehen? Die Antwort lautet: Man hat Konzepte der Statistik zu benutzen. Augenblicksaufnahmen würden zeigen, daß in einer Flüssigkeit durchaus Ordnungsstrukturen existieren, dies aber nur temporär und auf Angström- bis Nanometer-Längenskalen. Die **Paarverteilungsfunktion** ist geeignet, diese Strukturen zu erfassen. Sie beschreibt die mittlere Struktur im Bereich um ein ausgewähltes Atom oder Molekül, und ist wie folgt definiert:

$$g_2(\boldsymbol{r})\mathrm{d}^3\boldsymbol{r}$$

gibt an, wieviel Atome oder Moleküle im Mittel mit ihrem Schwerpunkt in einem Volumenelement der Größe $\mathrm{d}^3\boldsymbol{r}$ im Abstand $\boldsymbol{r}$ vom gewählten Auf-Atom liegen. Die Paarverteilungsfunktion g_2 beschreibt so eine Teilchendichte, anzutreffen im Mittel über die Zeit an einem bestimmten Ort weg vom Auf-Atom. Da Flüssigkeiten keine ausgezeichneten Richtungen besitzen, ist auch die Paarverteilungsfunktion isotrop:

$$g_2(\boldsymbol{r}) = g_2(|\boldsymbol{r}| = r) \quad . \tag{1.35}$$

Abb. 1.13 zeigt, wie Paarverteilungsfunktionen im allgemeinen aussehen. Aufgrund der endlichen Ausdehnung der Atome gibt es eine untere Gren-

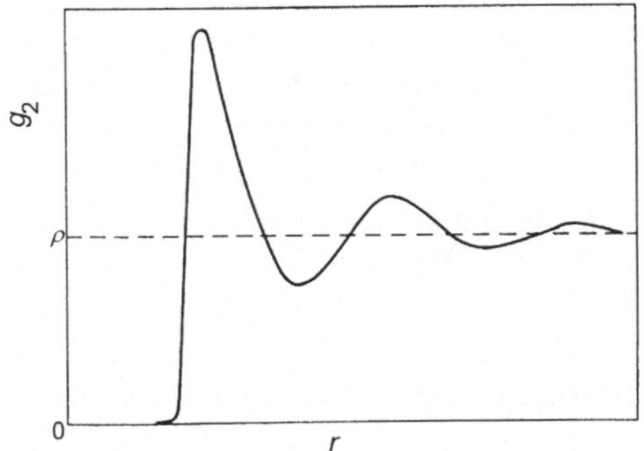

Abb. 1.13. Allgemeine Form der Paarverteilungsfunktion einer atomaren Flüssigkeit.

ze für den Abstand der Zentren. Erst hier setzt g ein, steigt dann aber rasch zu einem Maximum an. Das Auftreten des Maximums besagt, daß sich um das Auf-Atom herum eine Schale aus Nachbaratomen bildet. Die zusätzlichen Maxima in g_2 deuten dann an, daß es bei größeren Abständen noch weitere Schalen gibt. Wenn die Strukturierung nach einigen Nanometern abgeklungen ist, erreicht man asymptotisch den durch die mittlere Teilchendichte ρ gegebenen Endwert.

Die Paarverteilungsfunktion ist von zentraler Bedeutung für die Physik der Flüssigkeiten. Die einfachste Situation trifft man bei Flüssigkeiten aus neutralen Atomen wie Argon oder sphärischen Molekülen wie CCl_4 an. Die Eigenschaften, und damit auch die Paarverteilungsfunktion, werden hier vollständig durch das Paar-Wechselwirkungspotential $u(r)$ vom Lennard-Jones-Typ (Gl. (1.4)) festgelegt. Der anziehende van der Waals-Term erzeugt das

Feld, welches die Flüssigkeit zusammenhält, die lokale Struktur, wie sie im Verlauf von $g_2(r)$ ihren Ausdruck findet, wird aber vor allem durch den repulsiven Teil geprägt. Alle anderen Flüssigkeiten sind schwieriger in der Behandlung. Bei Ionenschmelzen, beispielsweise flüssigem NaCl, tritt an die Stelle der van der Waals-Anziehung das langreichweitige Coulomb-Potential, und man benötigt zur Beschreibung jetzt drei verschiedene Paarverteilungsfunktionen, bezogen auf Na-Na-, Cl-Cl- und Na-Cl-Paare. Bei Flüssigkeiten aus nicht-sphärischen Molekülen hängt die Paar-Wechselwirkungsenergie nicht nur vom Schwerpunktsabstand, sondern auch den Orientierungen der beiden Moleküle ab. Man hat dann die Paarverteilungsfunktion entsprechend zu verallgemeinern, d. h. neben r auch noch die Orientierungen als Variable miteinzubeziehen. Bei einatomigen metallischen Schmelzen ist zwar $g_2(r)$ wieder allein ausreichend für die statistische Strukturbeschreibung, doch existiert hier kein Paar-Wechselwirkungspotential mehr. Die positiven Ionen umgeben sich mit Elektronenwolken, welche die Ladung teilweise abschirmen und so das repulsive Coulomb-Potential schwächen; andererseits vermitteln die Elektronen insgesamt das für den flüssigen Zustand geforderte, genügend starke anziehende, homogene Hintergrundpotential.

Die Theorie der Flüssigkeiten zielt insbesonders darauf, ausgehend von den in einer Flüssigkeit wirksamen Wechselwirkungskräften, im einfachsten Fall also einem Lennard-Jones-Potential, die Paarverteilungsfunktion auszurechnen. Das Problem der Lösung ist von vornherein schwieriger als bei Gasen oder Kristallen. Bei Gasen gibt es das ideale Gas, bei Kristallen den perfekt geordneten, mit harmonischen Wechselwirkungskräften ausgestatteten Idealkristall jeweils als ein System, dessen Eigenschaften genau bekannt und analytisch beschreibbar sind und von welchem ausgehend reale Gase bzw. reale Kristalle dann per Störungsrechnung behandelt werden können. Für Flüssigkeiten gibt es kein vergleichbares, ideales System. Schon das einfachste denkbare System, eine Flüssigkeit aus harten Kugeln, ohne Anziehungskräfte zusammengehalten in einem fest vorgegebenen Volumen, läßt sich nicht analytisch exakt behandeln. Zwar lassen sich exakte Ausgangsgleichungen für die Berechnung der Paarverteilungsfunktion aus $u(r)$ formulieren, doch sind diese nicht auflösbar und nur durch iterative Näherungsverfahren auszuwerten. In einer solchen Situation werden Computersimulationen besonders hilfreich und wichtig. Beide der hierbei einsetzbaren Methoden, bekannt als **Molekulardynamik**- und **Monte-Carlo**-Algorithmen, vermögen für unterschiedlich gewählte Modelle Paarverteilungsfunktionen numerisch genau zu errechnen.

Kennt man sowohl das Wechselwirkungspotential als auch die Paarverteilungsfunktion, lassen sich eine Reihe wichtiger Größen bestimmen. Die innere Energie $\mathcal{U}$ einer Flüssigkeit folgt aus der unmittelbar einsichtigen Gleichung

$$\mathcal{U} = \frac{3}{2}\mathcal{N}k_\mathrm{B}T + \frac{\mathcal{N}}{2}\int u(r)g_2(r)\mathrm{d}^3\boldsymbol{r} \; . \tag{1.36}$$

Die Gleichung trennt die innere Energie in kinetische Energie und potentielle
Energie auf. Es gehört zum Grundcharakter von Flüssigkeiten, daß die kinetische Energie etwa dieselbe Größe wie die negative potentielle Energie besitzt.
Dies unterscheidet Flüssigkeiten von Gasen, bei denen die kinetische Energie
bei weitem dominiert, und auch von Kristallen bei tiefen Temperaturen, bei
denen, umgekehrt, die (negative) potentielle Energie die kinetische Energie
deutlich übersteigen kann.

Zwei weitere einfache Beziehungen seien am Schluß dieses Abschnitts noch
ohne Erklärung angeführt. Der Druck läßt sich mit Hilfe der Gleichung

$$p = \rho k_{\mathrm{B}} T \left[1 - \frac{1}{6 k_{\mathrm{B}} T} \int r \frac{\mathrm{d}u}{\mathrm{d}r} g_2(r) \mathrm{d}^3 \boldsymbol{r} \right] \tag{1.37}$$

berechnen und die Kompressibilität aus der Beziehung

$$k_{\mathrm{B}} T \frac{\partial \rho}{\partial p} = \int (g_2(r) - \rho) \mathrm{d}^3 \boldsymbol{r} + 1 \tag{1.38}$$

ableiten. Bei der letzten Gleichung fällt auf, daß allein die Paarverteilungsfunktion eingeht.

1.3 Flüssigkristalle

Flüssigkeiten sind immer isotrop, d. h. im Unterschied zu Kristallen in ihren
Eigenschaften nicht von der Richtung abhängig. Daß sich in Flüssigkeiten Isotropie einstellt, ist Folge der ungerichteten thermischen Bewegung. Zwar bilden sich immer wieder Nahordnungsstrukturen aus, doch ist die Ausrichtung
der Atome, welche eine Schale um ein herausgegriffenes Atom bilden, ganz
beliebig. Es gibt eine spezielle Klasse von Molekülen, für welche sich in einer
flüssigen Phase spontan eine innere Ordnung so entwickelt, daß eine makroskopische Anisotropie entsteht. Man nennt diese Moleküle **nematogen** und
den anisotropen Zustand, in den sie sich begeben können, **nematisch**.

1.3.1 Nematisch-flüssigkristalliner Zustand

Allen Molekülen, welche eine solche anisotrop-flüssige Phase bilden können,
ist gemeinsam, daß sie die Form von Stäbchen besitzen. Tabelle 1.1 gibt als
Beispiele den chemischen Aufbau dreier nematogener Substanzen mit den
Kurzbezeichnungen PAA, MBBA und 5CB. Alle drei haben einen steifen
Kern und Flügelgruppen, die auch flexibel sein können. MBBA und 5CB
sind bei Raumtemperatur eben noch kristallin, gehen aber dann sofort, bei
einer Temperatur von 22 °C, in den nematisch-flüssigkristallinen Zustand
über. Bei PAA erfolgt der Übergang in die flüssigkristalline Phase erst bei
118 °C. Abb. 1.14 zeigt für 5CB das Erscheinungsbild der nematischen Phase
in einem Polarisationsmikroskop, wenn Polarisator und Analysator senkrecht

zueinander gestellt werden. Obwohl flüssig, ist die Phase doppelbrechend, und bleibt dies bis zu einer Temperatur von 35 °C. Hier, am **Klärpunkt**, verschwindet die Doppelbrechung, und die Substanz geht in den normalen isotrop-flüssigen Zustand über. Das Bild mit den charakteristischen dunklen Fäden ist als **Schlieren-Textur** bekannt. Es gab der Struktur auch ihren von $\nu\eta\mu\alpha$ (das griechische Wort für Fäden) herstammenden Namen.

Im mittleren Teil der Abb. 1.15 ist schematisch skizziert, wie man sich die mikroskopische Struktur der nematischen Phase vorzustellen hat. Die stäbchenförmigen Moleküle sind mit ihren Schwerpunkten wie in einer Flüssigkeit angeordnet. Im Unterschied zum links skizzierten isotrop-flüssigen Zustand findet man hier aber keine Gleichverteilung in der Orientierung der Molekülachsen. Es existiert eine Orientierungsverteilung mit einer wohldefinierten Vorzugsrichtung. Wie Abb. 1.14 zeigt, ist die Vorzugsrichtung zwar nicht innerhalb der gesamten Probe konstant, sie ändert sich aber nur langsam, auf makroskopischen (μm-)Längenskalen. Wir finden im Flüssigkristall also zum einen die für Flüssigkeiten übliche Nahordnung in den Schwerpunktslagen, zum anderen als Spezifikum aber Fernordnung in der Molekülorientierung.

Tabelle 1.1. Chemischer Aufbau der nematogenen Moleküle PAA, MBBA und 5CB. Rechts sind jeweils die Temperaturen angegeben, bei denen die Umwandlungen von der kristallinen in die nematische Phase (T_{cn}) und von der nematischen in die isotrop-flüssige Phase (T_{ni}) erfolgen

p-Azoxyanisol 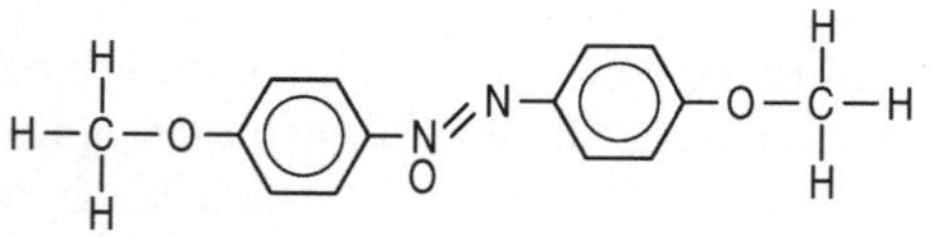	PAA	$T_{\mathrm{cn}} = 118$ $T_{\mathrm{ni}} = 135{,}5$
N-(*p*-Methoxybenzyliden) *p'*-butylanilin 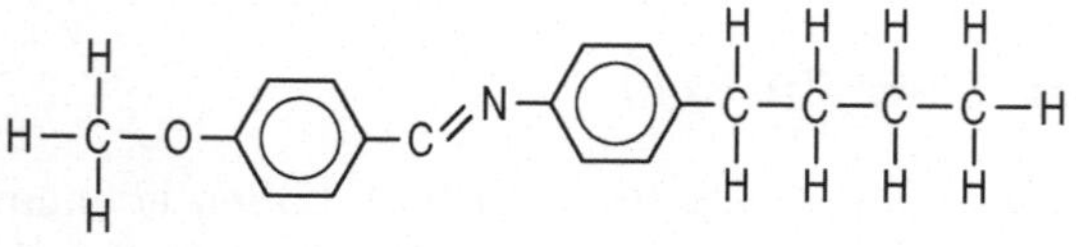	MBBA	$T_{\mathrm{cn}} = 22$ $T_{\mathrm{ni}} = 47$
p-Pentyl-*p'*-cyanobiphenyl 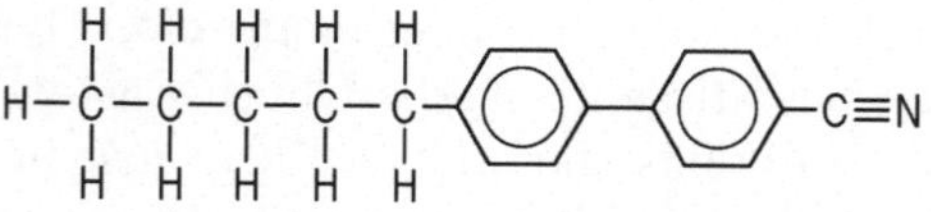	5CB	$T_{\mathrm{cn}} = 22{,}5$ $T_{\mathrm{ni}} = 35$

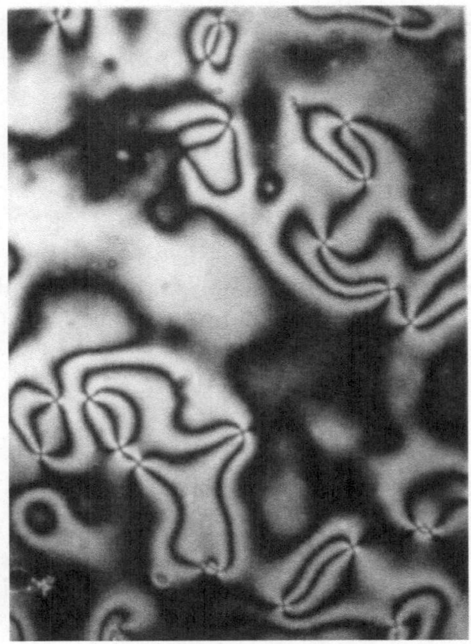

Abb. 1.14. Typisches Erscheinungsbild (Schlierentextur) der nematischen Phase im Polarisationsmikroskop (5CB, von Vertogen und de Jeu [2]).

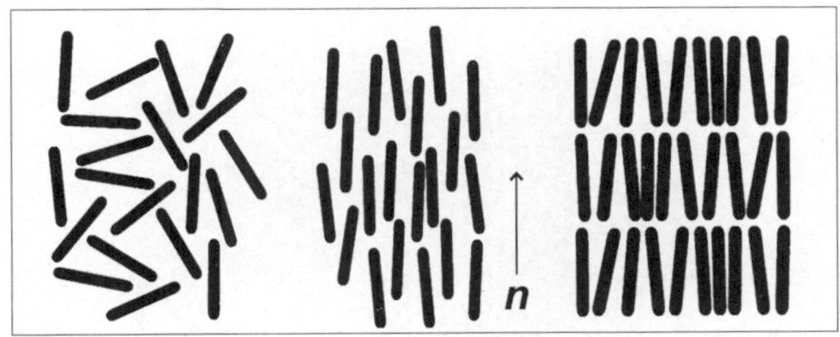

Abb. 1.15. Isotrope (*links*), nematische (*Mitte*) und smektische Phase (*rechts*) einer flüssigkristallinen Substanz.

Die Vorzugsrichtung läßt sich durch einen Einheitsvektor angeben. Er trägt den Namen **nematischer Direktor** und ist in der Abbildung als n bezeichnet. Physikalisch bestimmt n die Richtung der optischen Achse.

Polarisationsmikroskopische Aufnahmen wie diejenige in Abb. 1.14 bilden das **Direktorfeld** ab, also den Verlauf der Direktororientierungen in einer Probe. Abb. 1.16 zeigt anhand einer anderen nematischen Probe ganz unmittelbar, wie eine Schlierentextur zustande kommt. Zusätzlich zu den Fäden erkennt man hier auch das Direktorfeld, welches durch eine geeignete Dekorationstechnik sichtbar gemacht werden konnte. Interessant ist dabei das Auftreten von zwei Singularitäten im Feldverlauf, d. h. Punkte, an denen das Direktorfeld nicht festgelegt ist. Wie man sieht, sitzen diese genau an den Ausgangs- bzw. Verzweigungspunkten der Fäden. Die Punkte entwickeln sich in die Probe hinein zu Linien und repräsentieren so eine linienförmige Singularität.

Frank hat für diesen, für nematische Flüssigkristalle charakteristischen Defekt den Namen **Disklination** eingeführt. Es gibt hiervon, wie schon Abb. 1.16 zeigt, unterschiedliche Typen, und Abb. 1.17 präsentiert, jetzt schematisch, noch zwei weitere Beispiele. Die Festlegung einer bestimmten Disklination kann auf einfache Weise erfolgen, durch Angabe der Änderung der Direktorrichtung bei einem Umlauf um die Singularität. Bezeichnen wir den Umlaufwinkel, wie in der Abbildung eingetragen, mit φ, und die Richtung des Direktors mit Ψ, gilt für alle Disklinationen

$$\Psi = m\varphi + \varphi_0 \ . \tag{1.39}$$

Der Parameter m, **Stärke** der Disklination genannt, muß halb- oder ganzzahlig sein. Die drei Fälle in Abb. 1.17 ergeben sich für $m = 1/2$, $\varphi_0 = 0$ (links) , $m = 1$, $\varphi_0 = 0$ (Mitte) und $m = 1$, $\varphi_0 = \pi/2$ (rechts).

Flüssigkristalle wurden 1888 erstmalig von Reinitzer, einem Biologen an der Universität Prag, im Mikroskop gesehen. Lehmann, Professor für Physik an den Universitäten Aachen und Karlsruhe, hat sie sofort danach genauer

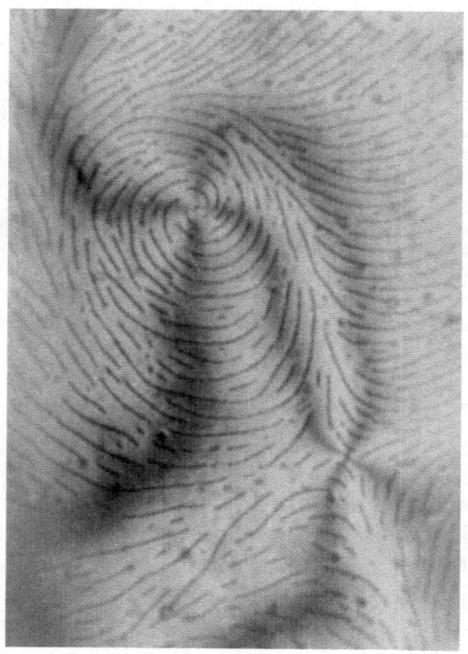

Abb. 1.16. Nematische Phase, in der das Direktorfeld durch eine Oberflächen-Dekorationstechnik sichtbar gemacht ist. Man erkennt die Struktur von zwei Disklinationen(von Cladis u. a. in [3]).

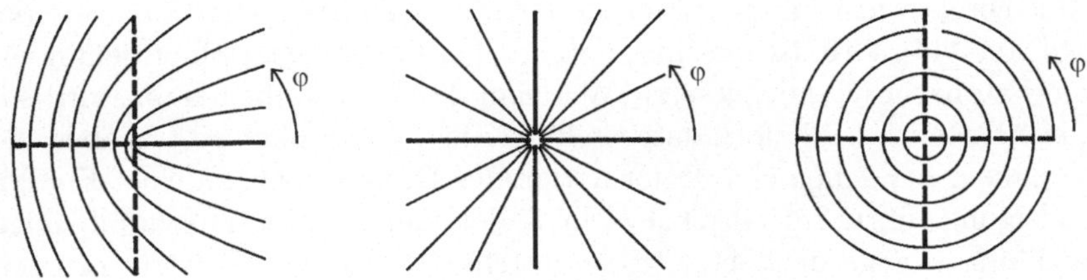

Abb. 1.17. Struktur von drei verschiedenen Disklinationen entprechend Gl. (1.39), mit den Stärken $m = 1/2$ (*links*) und $m = 1$ (*Mitte und rechts*).

untersucht, die Natur des Zustands aufgeklärt und ihm seinen Namen gegeben. Die Untersuchung der Eigenschaften der Flüssigkristalle war zwar reizvoll, aber zunächst ohne wirtschaftliche Bedeutung. Dies hat sich heute völlig geändert. Nematogene sind zu unentbehrlichen Grundsubstanzen für den Bau von Bildschirmen und anderen Anzeigeelementen geworden. Es ist klar, woher die Eignung für diese Art von Anwendungen herrührt. Bei der gegebenen flüssigkeitsartig niedrigen Viskosität kann die Lage des Direktors, und damit der optischen Achse, schon mit schwachen Kräften beeinflußt werden. So gelingt es z.B. einfach durch Reiben von Glasoberflächen, d. h. das Anbringen von Rillen submikroskopischer Breite, eine Flüssigkristallschicht, die ja zunächst eine Schlierentextur zeigt, in eine **planare** Eindomänenstruktur mit einer einheitlichen Direktorrichtung parallel zu den Rillen und somit völlig homogenen optischen Eigenschaften zu überführen. Ausgehend von diesem Grundzustand läßt sich die Lage des Direktors dann mit der etwas stärkeren Kraft eines elektrischen Feldes weiter beeinflussen. Elektrische Felder können Drehmomente auf die stäbchenförmigen Moleküle ausüben, sowohl aufgrund der Anisotropie der Polarisierbarkeit als auch über das meistens anzutreffende permanente elektrische Dipolmoment. Eine Umorientierung des Direktors ändert aber die Durchlässigkeitseigenschaften für Licht, und genau dies wird beim Bau von Anzeigelementen genutzt.

Wie kann man die Existenz der nematisch-flüssigkristallinen Phase grundsätzlich verstehen? Ihr Auftreten ist, ganz allgemein gesprochen, Folge der Tatsache, daß bei stäbchenförmigen Molekülen die Wechselwirkungsenergie zwischen zwei Partnern nicht nur vom Schwerpunktsabstand, sondern auch von der Relativorientierung der Stäbchenachsen abhängt. Energetisch bevorzugt ist unabhängig von der Anordnung der Schwerpunkte die Parallelstellung. Als Folge wird die Bildung von **Schwärmen** (*Clusters*) aus Molekülen mit nur begrenzten Schwankungen in der Achsenrichtung gefördert. Wenn die Anisotropie in den Wechselwirkungskräften genügend stark ist, entstehen Aggregate mit makroskopischer Ausdehnung, die sich selbst stabilisieren können. Die Selbststabilisierung läßt sich im Rahmen einer **Molekularfeldtheorie** sehr gut beschreiben, und wir werden im Abschnitt 3.3 darauf zurückkommen.

Ein Direktorfeld mit gekrümmten Feldlinien und Singularitäten, wie dasjenige von Abb. 1.16, ist in seiner potentiellen Energie gegenüber dem homogenen Fall natürlich hochgesetzt. Wie man dies beschreiben kann, wird später, in Abschnitt 2.1.2, noch dargestellt werden. Tatsächlich gibt es aber auch
Materialien, bei denen eine Deformation des Direktorfelds zu einer Energie-
erniedrigung führt. Im Gleichgewicht findet man dann eine schraubartigen
Verdrillung wie sie in Abb. 1.18 dargestellt ist. Dieser Fall liegt vor, wenn
man in einem Nematogen Moleküle löst, welche **chiral** sind, d. h. keine Spie-
gelsymmetrie besitzen. Meistens handelt es sich dabei um Moleküle mit einem asymmetrischen Kohlenstoffatom, welches mit vier verschiedenen Nachbarn verbunden ist. Für solche chiralen Moleküle existieren notwendigerweise
zwei verschiedene Formen, ein **linkshändiger** und ein **rechtshändiger** Typ.
Liegt nur eine Form vor und löst man die Spezies in einem nematischen Flüssigkristall, so verdrillt sich das Direktorfeld, abhängig vom Typ, entweder zu
einer links- oder rechtsdrehenden Schraube. Es gibt auch Nematogene, die
selbst schon ein asymmetrisches Kohlnestoffatom enthalten, und diese bilden dann von vornherein eine verdrillt-nematische Phase. Cholesterylester
waren die ersten Substanzen, bei denen man diese **chiral-nematische** Phase beobachtete, und sie gaben ihm dann den ebenfalls verwendeten Namen
cholesterischer Flüssigkristall .

Die Ganghöhe (*pitch*) hängt vom Molekül ab und ändert sich bei Lösungen
nicht nur mit der Konzentration der chiralen Komponente, sondern auch mit
der Temperatur. Häufig liegt die Ganghöhe im Bereich der Wellenlänge des
sichtbaren Lichts. Dann ergeben sich auffallende Farberscheinungen. Ursache
hierfür ist die Reflexion von Licht an der Oberfläche, und zwar selektiv für
Frequenzen ν , welche innerhalb des Bereichs

$$\nu = \frac{c_\mathrm{l}}{n_\parallel a} \to \nu = \frac{c_\mathrm{l}}{n_\perp a} \tag{1.40}$$

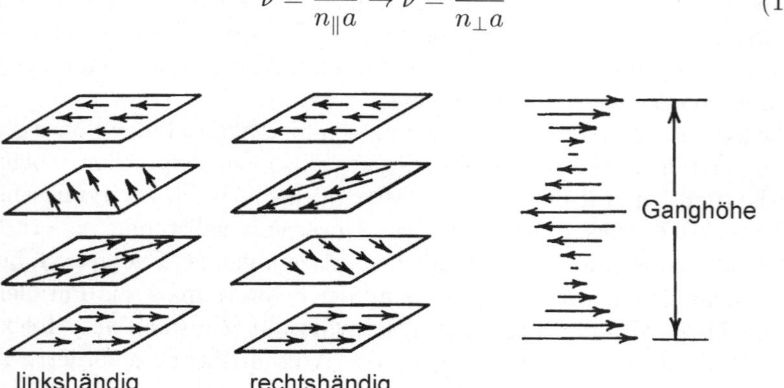

Abb. 1.18. Grundstruktur der chiral-nematischen (cholesterischen) Phase. Chirale
Nematogene oder die Lösungen chiraler Moleküle in einer nematischen Phase erzeugen einen flüssigkristallinen Zustand, in dem sich der Direktor periodisch dreht.
Der Chiralität der Moleküle (links- oder rechtshändig) entsprechend, stellt sich eine
der beiden Drehrichtungen ein.

liegen. a ist dabei die Ganghöhe, c_1 ist die Lichtgeschwindigkeit im Vakuum ; $n_\|$ und $n_\perp$ bezeichnen die Brechungsindizes parallel und senkrecht zum Direktor. Untersucht man das reflektierte Licht, stellt man fest, daß es zirkular polarisiert ist, und zwar mit dem gleichen Drehsinn wie die Schraube im chiral-nematischen Material. Zur Erklärung des Effekts hat man die entsprechenden Maxwellschen Gleichungen zu analysieren. Man stellt dann fest, daß eine im gleichen Sinn wie der Flüssigkristall zirkular polarisierte Lichtwelle mit einer Frequenz in diesem Bereich und einem Wellenvektor in Richtung der Schraubachse im Flüssigkristall nicht propagieren kann. Sie wird deshalb an der Oberfläche beim Auftreffen vollständig reflektiert.

Es gibt neben dem nematischen Zustand noch andere **mesomorphe** Phasen, d. h. Zustände, die im Ordnungsgrad zwischen der isotropen Flüssigkeit und dem Kristall einzuordnen sind. Abb. 1.15 zeigt auf der rechten Seite die Anordnung der Stäbchenmoleküle in einer **smektischen** Phase. Wie man sieht, ist die Ordnung gegenüber der nematischen Phase erhöht. Zusätzlich zur Orientierungsfernordnung besteht jetzt in einer der drei Raumrichtungen auch eine Positionsfernordnung. Smektische Flüssigkristalle sind aus Schichten aufgebaut, wobei jede Schicht für sich flüssig ist, also einer zweidimensionalen Flüssigkeit gleicht. Der Name ist auch hier wieder griechischen Ursprungs, bezieht sich auf $\sigma\mu\eta\gamma\mu\alpha$, dem Wort für Seife, und wurde von dem französischen Physiker Friedel deswegen verliehen, weil auch Seife, dann, wenn sie mit Wasser zusammengebracht wird, derartige Schichtstrukturen ausbildet. Smektische Flüssigkristalle zeigen naturgemäß eine höhere Viskosität als nematische Flüssigkristalle. Im Unterschied zu den Nematen haben sie bisher keine größere technische Bedeutung gefunden.

1.3.2 Orientierungsordnung und optische Anisotropie

Wie in der Schemaskizze für nematische Flüssigkristalle angedeutet, gibt es hier keineswegs eine strenge Parallelstellung aller Moleküle, sondern nur eine gemeinsame Vorzugsorientierung. Die Orientierungsverteilung überdeckt den gesamten Winkelbereich. Die Breite der Verteilung bestimmt die optische Anisotropie, und es ist deshalb wichtig, einen Parameter zu definieren, welcher den **Grad der Orientierung** eines Nematen in geeigneter Weise beschreiben kann.

Zur Beschreibung der Verteilung der Orientierung der Moleküllängsachsen führen wir unter Nutzung sphärischer Koordinaten, mit $\vartheta = 0$ in Direktorrichtung, eine Funktion $w(\vartheta, \varphi)$ mit der folgenden Bedeutung ein:

$$w(\vartheta, \varphi) \sin \vartheta \mathrm{d}\vartheta \mathrm{d}\varphi$$

beschreibt den Anteil der Moleküle, deren Längsachse in das Winkelintervall $\mathrm{d}\vartheta\mathrm{d}\varphi$ zeigt. Da bei der gegebenen uniaxialen Symmetrie w nicht von φ abhängt, schreiben wir, unter Einführung einer zweiten, nur ϑ-abhängigen Verteilungsfunktion w',

$$w(\vartheta, \varphi) = \frac{w'(\vartheta)}{2\pi} \ . \tag{1.41}$$

Wegen der Normierung gilt

$$1 = \int\limits_{\vartheta=0}^{\pi} \int\limits_{\varphi=0}^{2\pi} w(\vartheta) \sin\vartheta \mathrm{d}\vartheta \mathrm{d}\varphi = \int\limits_{\vartheta=0}^{\pi} w'(\vartheta) \sin\vartheta \mathrm{d}\vartheta \ . \tag{1.42}$$

Es ist eine Grundeigenschaft nematischer Phasen, daß

$$w'(\vartheta) = w'(\pi - \vartheta) \tag{1.43}$$

gilt. Selbst wenn die Moleküle ein elektrisches Dipolmoment besitzen, ist die nematische Phase grundsätzlich unpolar. Dies bedeutet auch, daß der Direktor $\boldsymbol{n}$ nicht eindeutig festgelegt ist und man ihn immer auch in umgekehrter Richtung wählen kann.

Orientierungsverteilungsfunktionen $w'(\vartheta)$ lassen sich allgemein in eine Reihe von Legendre-Polynomen $P_l(\cos\vartheta)$ entwickeln, als

$$w'(\vartheta) = \sum_{l=0}^{\infty} \frac{1}{2}(2l+1)S_l P_l(\cos\vartheta) \ . \tag{1.44}$$

Die Polynome sind orthogonal zueinander, im Sinne der Beziehung

$$\int\limits_{\vartheta=0}^{\pi} P_l P_k \sin\vartheta \mathrm{d}\vartheta = \frac{2}{2l+1}\delta_{lk} \ . \tag{1.45}$$

Die Entwicklungskoeffizienten S_{2l} errechnen sich als

$$S_l = \int\limits_{\vartheta=0}^{\pi} P_l(\cos\vartheta)w'(\vartheta) \sin\vartheta \mathrm{d}\vartheta = <P_l> \ . \tag{1.46}$$

Unabhängig von w' hat man immer

$$S_0 = 1 \ . \tag{1.47}$$

Im gegebenen, unpolaren Fall verschwindet der Entwicklungskoeffizient erster Ordnung:

$$<\cos\vartheta> = 0 \ . \tag{1.48}$$

Der erste nicht verschwindende Beitrag nach dem konstanten S_0 ist deshalb der Term 2ter Ordnung mit dem Entwicklungskoeffizienten

$$S_2 = <\frac{3\cos^2\vartheta - 1}{2}> \ . \tag{1.49}$$

S_2 charakterisiert den Grad der Orientierung und ist geeignet, die Rolle des **nematischen Ordnungsparameter** zu übernehmen. S_2 besitzt richtige Grenzeigenschaften, da

- für eine isotrope Verteilung S_2 zu Null wird und
- für eine perfekte Orientierung S_2 den Wert 1 annimmt.

Darüber hinaus gibt es aber noch einen weiteren guten Grund für die Wahl von S_2 als Ordnungsparameter: Der für die Doppelbrechung entscheidende Brechungsindexunterschied $\Delta n = n_\parallel - n_\perp$ ist proportional zu S_2. Wir wollen hierfür den Nachweis erbringen und führen als erstes zwei Koordinatensysteme ein. Das erste, mit den Koordinaten x, y, z, ist mit seiner z-Achse parallel zum Direktor ausgerichtet, das zweite System, mit den Koordinaten x', y', z', ist am Molekül befestigt. Es steht mit der z'-Achse in Moleküllängsrichtung, so, daß der Polarisierbarkeitstensor $\boldsymbol{\beta}$' eine diagonale Form erhält

$$\boldsymbol{\beta}' = \begin{pmatrix} \beta_\perp & 0 & 0 \\ 0 & \beta_\perp & 0 \\ 0 & 0 & \beta_\perp + \Delta\beta \end{pmatrix} \; . \tag{1.50}$$

Hierbei unterstellen wir für das Molekül uniaxiale Symmetrie. $\boldsymbol{\beta}'$ läßt sich über

$$\boldsymbol{\beta} = \boldsymbol{\Omega}^{-1} \cdot \boldsymbol{\beta}' \cdot \boldsymbol{\Omega} \tag{1.51}$$

in das am Direktor fixierte Koordinatensystem transformieren. Dabei ist $\boldsymbol{\Omega}$ die Rotationsmatrix, welche die Transformation bewerkstelligt. Im auf den Direktor bezogenen Koordinatensystem verschwinden aufgrund der uniaxialen Symmetrie alle Nichtdiagonal-Elemente von $\boldsymbol{\beta}$, und wir müssen nur die Diagonalelemente ausrechnen. Für β_{xx} erhalten wir

$$\begin{aligned} \beta_{xx} &= \sum_l \Omega_{xl}^{-1} \beta'_{ll} \Omega_{lx} \\ &= \beta_\perp \cos^2 \theta_{x',x} + \beta_\perp \cos^2 \theta_{y',x} + (\beta_\perp + \Delta\beta) \cos^2 \theta_{z',x} \\ &= \beta_\perp + \Delta\beta \cos^2 \theta_{z',x} \; . \end{aligned} \tag{1.52}$$

Dabei bezeichnet $\theta_{i',j}$ den von den Achsen i' and j eingeschlossenen Winkel. Für β_{yy} und β_{zz} folgt entsprechend

$$\beta_{yy} = \beta_\perp + \Delta\beta \cos^2 \theta_{z',y} \tag{1.53}$$

$$\beta_{zz} = \beta_\perp + \Delta\beta \cos^2 \theta_{z',z} \; . \tag{1.54}$$

Nun führen wir eine Mittelung über die Orientierungsverteilung der Moleküle aus und gelangen zu

$$< \beta_{xx} > = < \beta_{yy} > = \beta_\perp + \Delta\beta < \cos^2 \theta_{z',x} > \tag{1.55}$$

$$< \beta_{zz} > = \beta_\perp + \Delta\beta < \cos^2 \theta_{z',z} > \; . \tag{1.56}$$

Da

$$\cos^2 \theta_{z',x} + \cos^2 \theta_{z',y} + \cos^2 \theta_{z',z} = 1 \tag{1.57}$$

und deshalb

$$2 < \cos^2 \theta_{z',x} >= 1- < \cos^2 \theta_{z',z} > \tag{1.58}$$

gilt, erhalten wir

$$< \beta_{zz} > - < \beta_{xx} >= \Delta\beta \cdot \frac{3 < \cos^2 \theta_{z',z} > -1}{2} \quad , \tag{1.59}$$

oder, bei Einführung des Ordnungsparameters S_2 (Gl. (1.49)),

$$< \beta_{zz} > - < \beta_{xx} >= \Delta\beta \cdot S_2 \quad . \tag{1.60}$$

Als nächstes berechnen wir den dielektrischen Tensor

$$\varepsilon = \begin{pmatrix} \varepsilon_\perp & 0 & 0 \\ 0 & \varepsilon_\perp & 0 \\ 0 & 0 & \varepsilon_{||} \end{pmatrix} \quad . \tag{1.61}$$

Die Anwendung der Clausius-Mosotti-Gleichung (Gl. (2.121) in Kapitel 2.2) liefert

$$\varepsilon_{||} - 1 = (\varepsilon_{||} + 2)\frac{1}{3\varepsilon_0}\rho < \beta_{zz} >\approx (\bar\varepsilon + 2)\frac{1}{3\varepsilon_0}\rho < \beta_{zz} > \tag{1.62}$$

und

$$\varepsilon_\perp - 1 \approx (\bar\varepsilon + 2)\frac{1}{3\varepsilon_0}\rho < \beta_{xx} > \tag{1.63}$$

mit

$$\bar\varepsilon = (2\varepsilon_\perp + \varepsilon_{||})/3 \tag{1.64}$$

und ρ als Anzahldichte der Moleküle. Die Anisotropie der Dielektrizitätskonstanten

$$\Delta\varepsilon = \varepsilon_{||} - \varepsilon_\perp \tag{1.65}$$

wird so zu

$$\Delta\varepsilon = (\bar\varepsilon + 2)\frac{1}{3\varepsilon_0}\rho(< \beta_{zz} > - < \beta_{xx} >) \tag{1.66}$$

$$= (\bar\varepsilon + 2)\frac{1}{3\varepsilon_0}\rho\Delta\beta S_2 \quad .$$

Die Doppelbrechung folgt hieraus über

$$\Delta\varepsilon = \Delta(n^2) \approx 2\bar n\Delta n \quad , \tag{1.67}$$

mit dem Ergebnis

$$\Delta n \approx \frac{\bar n^2 + 2}{\bar n}\frac{1}{6\varepsilon_0}\rho\Delta\beta S_2 \tag{1.68}$$

$$= \Delta n_{\max} \cdot S_2 \quad . \tag{1.69}$$

Δn ist damit, wie ausgesagt, proportional zu S_2.

Die Doppelbrechung ändert sich innerhalb des Existenzbereichs der nematischen Phase mit der Temperatur. Abb. 1.19 zeigt als ein Beispiel die beiden Brechungsindizes von PAA, wo eine besonders starke Doppelbrechung auftritt; Δn und somit auch S_2 nehmen mit wachsender Temperatur ab.

S_2 bestimmt auch die Anisotropie $\Delta\kappa = \kappa_\parallel - \kappa_\perp$ des Tensors der diamagnetischen Suszeptibilität. Eine der obigen analoge Ableitung führt auf

$$\Delta\kappa = \Delta\kappa_{\mathrm{max}} S_2 \ . \tag{1.70}$$

Abb. 1.20 gibt auch hierfür ein Beispiel. Es zeigt wieder die Abnahme des Orientierungsgrades mit steigender Temperatur bis hin zum Klärpunkt, wie sie sich in $\kappa_\parallel$ und im abgeleiteten Ordnungsparameter äußert. Der S_2-Verlauf zeigt Werte, wie sie für Nematen typisch sind, mit $S_2 = 0,7 - 0,8$ am unteren Ende der nematischen Phase und $S_2 = 0,4 - 0,5$ am Klärpunkt.

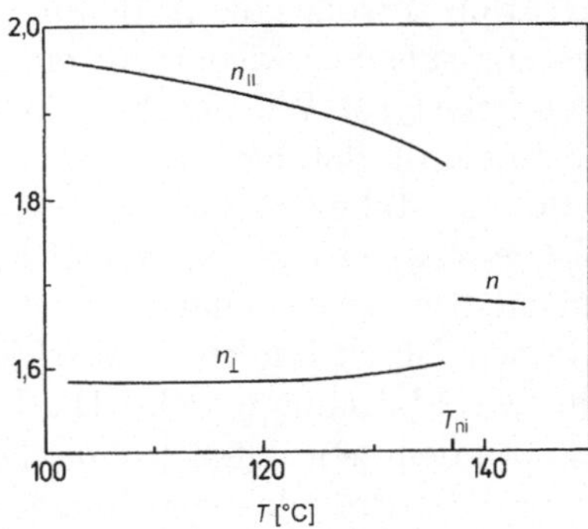

Abb. 1.19. Temperaturabhängigkeit der Brechungsindizes parallel und senkrecht zum Direktor, gemessen für PAA bei einer Wellenlänge von 509 nm (von Chatelain und Germain [4]).

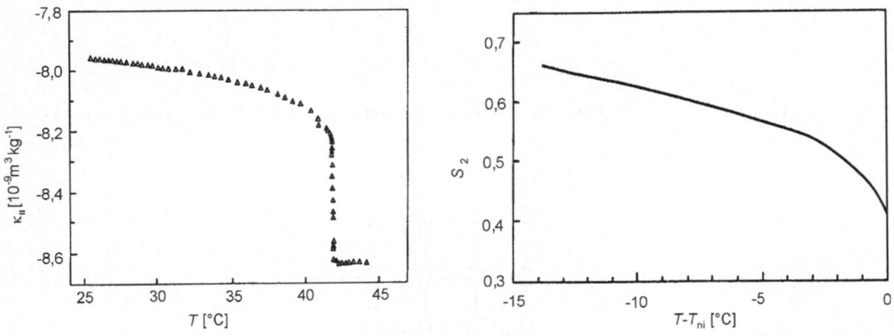

Abb. 1.20. Temperaturabhängigkeit der diamagnetischen Suszeptibilität in Direktorrichtung, gemessen in der nematischen und isotrop-flüssigen Phase des Nematogens 7CB (*links*). Daraus abgeleitete Temperaturabhängigkeit des nematischen Ordnungsparameters S_2 (*rechts*)(nach Vertogen und de Jeu [5]).

1.4 Polymere

1.4.1 Aufbau und Kettenkonformation

Polymere oder, wie häufig auch gesagt wird, **Makromoleküle** bestehen aus einer sehr großen Zahl molekularer Bausteine, welche durch kovalente Bindungen zu einer Kette zusammengefügt sind. Dabei handelt es sich überwiegend um organische Verbindungen mit Kohlenstoffatomen als Hauptbestandteil, zusammen mit Wasserstoff, Sauerstoff, Stickstoff, Halogenatomen, etc. Abb. 1.21 zeigt als ein Beispiel mit besonders einfacher Struktur den Aufbau von Polyethylen. Die Struktureinheit dieser Kette ist die CH_2(Methylen)-Gruppe. Die Anzahl der Struktureinheiten, auch **Monomere** genannt, bestimmt den **Polymerisationsgrad**. Polymere werden chemisch durch einen Polymerisationsprozeß erhalten, der von reaktiven Molekülen ausgeht. Der Name Polyethylen deutet an, daß dieses Polymer üblicherweise aus Ethylen in einer Gasphasenreaktion entsteht; die Abbildung gibt auch die chemische Struktur dieser Ausgangssubstanz wieder. Als ein zweites Beispiel zeigt Abb. 1.22 den Aufbau von Polystyrol. Wie bei Polyethylen besteht das Rückgrat aus einer Kette von Kohlenstoffatomen, an welche jetzt Benzolringe als Seitengruppen angebracht sind. Tabelle 1.2 enthält einige weitere verbreitet genutzte Polymere. Es ist jeweils der chemische Aufbau der Struktureinheit angegeben, sowie die übliche Kurzbezeichnung.

Polymerisationsreaktionen führen immer zu Mischungen von Makromolekülen mit unterschiedlichem Molekulargewicht. Die Breite der Molekulargewichtsverteilung hängt von dem gewählten technischen Prozeß ab. Angaben zum Molekulargewicht eines Produkts sind immer Mittelwerte, und sie

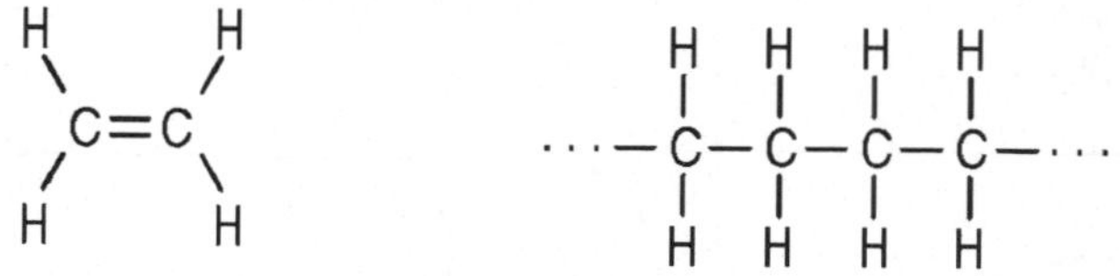

Abb. 1.21. Chemischer Aufbau von Ethylen und Polyethylen.

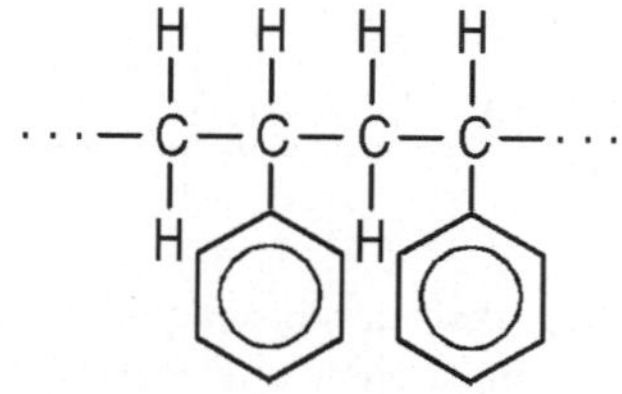

Abb. 1.22. Chemischer Aufbau von Polystyrol.

Tabelle 1.2. Chemische Struktur von einigen weiteren Polymeren

Struktur	Bezeichnung
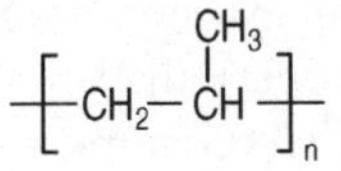 $\left[CH_2-CH(CH_3)\right]_n$	Polypropylen 'PP'
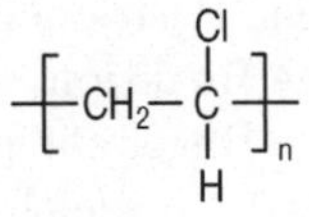 $\left[CH_2-CCl(H)\right]_n$	Poly(vinylchlorid) 'PVC'
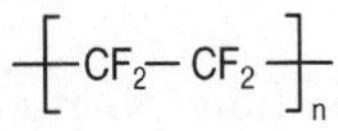 $\left[CF_2-CF_2\right]_n$	Poly(tetrafluorethylen) 'PTFE'
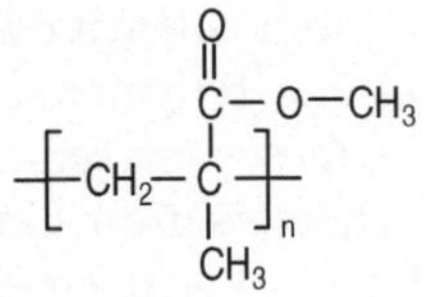 $\left[CH_2-C(C(=O)-O-CH_3)(CH_3)\right]_n$	Poly(methylmethacrylat) 'PMMA'
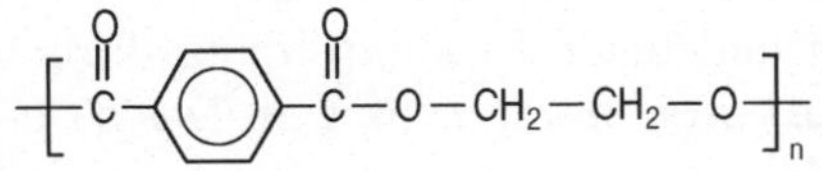 $\left[C(=O)-C_6H_4-C(=O)-O-CH_2-CH_2-O\right]_n$	Poly(ethylenterephthalat) 'PET'
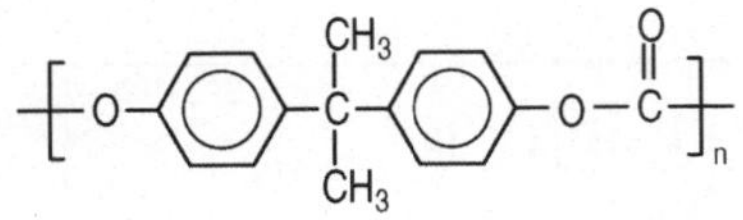 $\left[O-C_6H_4-C(CH_3)_2-C_6H_4-O-C(=O)\right]_n$	'Polycarbonat' 'PC'
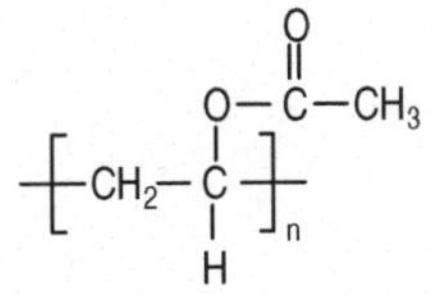 $\left[CH_2-C(O-C(=O)-CH_3)(H)\right]_n$	Poly(vinylacetat) 'PVAc'
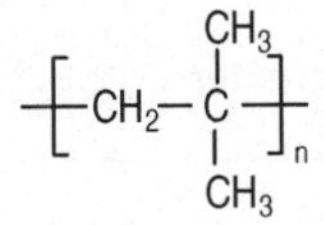 $\left[CH_2-C(CH_3)(CH_3)\right]_n$	Polyisobutylen 'PIB'
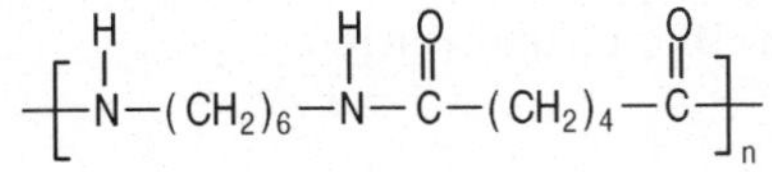 $\left[N(H)-(CH_2)_6-N(H)-C(=O)-(CH_2)_4-C(=O)\right]_n$	Poly(hexamethylenadipamid) Nylon 6,6
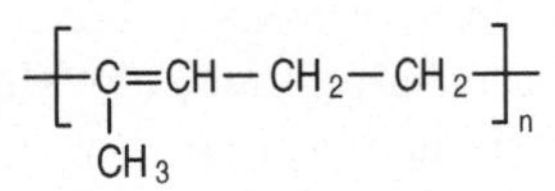 $\left[C(CH_3)=CH-CH_2-CH_2\right]_n$	Polyisopren 'PI'

werden üblicherweise durch die Angabe des Werts der als **Uneinheitlichkeit** bezeichneten Verteilungsbreite ergänzt.

Im Falle des Polyethylens ist die Zusammenfügung der Monomeren zur
Kette eindeutig, bei Polystyrol ist dies aber nicht mehr der Fall. Im Prinzip kann entweder der Teil mit dem Benzolring oder die CH_2-Gruppe an die
wachsende Kette angefügt werden. Darüber hinaus gibt es für die Lage des
Benzolrings relativ zum Kohlenstoffrückgrat zwei verschiedene Positionen. Es
ist also keineswegs von vornherein sicher, daß eine chemische Reaktion zu einer sterisch regelmäßig aufgebauten Kette führt. Wenn keine Regelmäßigkeit
im Aufbau gegeben ist, nennt man das Polymer **ataktisch**, bei gleichartiger Kopplung **isotaktisch**, und bei einer regelmäßig wechselnden Kopplung
syndiotaktisch.

Polyethylen und Polystyrol, unsere beiden Beispiele, sind aus einer einzigen Art von Struktureinheiten aufgebaut. Polymerisationsreaktionen lassen
sich auch an Mischungen reaktiver Bausteine als **Copolymerisation** durchführen. Ein technisch wichtiges Beispiel ist die gemeinsame Polymerisation
von Ethylen und Propylen. Abb. 1.23 bezieht sich auf dieses System. Die
Reaktion einer Mischung ergibt die unten angezeigten **statistischen Copo-
lymere**. Bei der Kombination der beiden Bausteine gibt es aber noch einen
ganz anderen Weg der Reaktionsführung. Man kann Ethylen und Propylen
zunächst eigenständig polymerisieren und beide Produkte dann durch eine
Koppelreaktion zu einem **Blockcopolymer** zusammenfügen. Das so herge-
stellte Produkt besitzt naturgemäß völlig andere Eigenschaften.

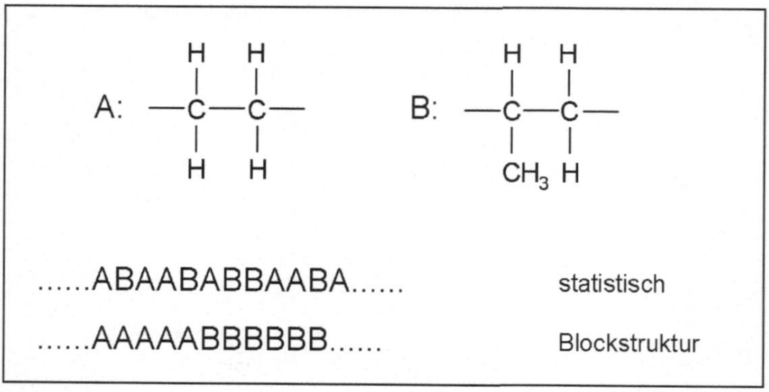

Abb. 1.23. Monomere aus denen Ethylen-Propylen-Copolymere aufgebaut sind.
Struktur statistischer Copolymerer und von Block-Copolymeren.

Bisher sprachen wir nur von linearen Ketten. Eine größere Gruppe, auch
von Gebrauchspolymeren, enthält Verzweigungen, beispielsweise in Form von
Seitenketten unterschiedlicher Länge. Alle Faktoren zusammen, die Monomere, die Regelmäßigkeit im chemischen und sterischen Aufbau, sowie die
lineare oder verzweigte Architektur, bestimmen die Eigenschaften polymerer

Materialien. Die große Variabilität bei der chemischen Synthese eröffnet vielfältige Möglichkeiten der gezielten Herstellung spezieller Polymermaterialien, geeignet für ein breites Spektrum unterschiedlicher Verwendungen.

Prägend für Atome oder Moleküle im kondensierten Zustand ist die starke zwischenmolekulare Wechselwirkung. Dies gilt natürlich auch für Polymersysteme, doch tritt hier ein zweiter wesentlicher Faktor hinzu. Da jedes Makromolekül aufgrund der sehr großen Zahl von Einheiten selbst schon eine entsprechend große Zahl innerer Freiheitsgrade besitzt, tragen die innermolekularen Eigenschaften hier wesentlich zum Verhalten bei.

Abb. 1.24 zeigt noch einmal Polyethylen, diesmal in seiner sterischen Struktur. Abgebildet ist ein Kettenstück, das sich im Konformationszustand mit der niedrigsten Energie befindet. Hier liegen alle Kohlenstoffe in einer Ebene, und die C-C-Bindungen verlaufen zickzackförmig. Ein Makromolekül wie Polyethylen vermag seine Konformation völlig zu verändern, und zwar durch die leicht möglichen Drehungen um die C-C-Bindungen. Daß dies auf einfache Art und Weise möglich ist, ist Folge des energetischen Verlaufs des **Rotationspotentials**. Abb. 1.25 zeigt den zu erwartenden Verlauf der potentiellen Energie, wenn ausgehend von der Zickzack-Grundkonformation eine Drehung um eine ausgewählte C-C-Bindung vorgenommen wird. Die potentielle Energie zeigt zwei Nebenminima, erreicht nach Drehungen um 120° und 240°. Die Ausgangsstellung mit der tiefsten Energie, **trans** genannt (die Zickzack-Kette ist „all-trans") und die als **gauche**$^+$ und **gauche**$^-$ bezeichneten Nebenminima sind jeweils durch Potentialbarrieren getrennt. Wichtig für die Beurteilung der Verhältnisse ist ein Blick auf die vorkommenden Energien. Bei den angegebenen Potentialwerten kann davon ausgegangen werden, daß sich jede C-C-Bindung entweder in der trans-Lage oder aber, mit verminderter Wahrscheinlichkeit, in einer der beiden gauche-Lagen aufhält. Alle anderen Winkel, insbesonders diejenigen im Bereich der Barrieren, kommen praktisch nicht vor. Trotzdem ist die Höhe der Barriere wichtig. Sie bestimmt die Rate der Übergänge zwischen der trans- und den beiden gauche-Lagen. Die Besetzungswahrscheinlichkeiten der **rotationsisomeren Zustände** trans, gauche$^+$ und gauche$^-$ der C-C-Bindungen in Abhängigkeit von der Temperatur werden durch die Boltzmann-Statistik festgelegt. Für den Energieunterschied $\Delta\tilde{u}_{tg} \simeq 2 - 3$ kJmol^{-1} ergibt sich bei Raumtemperatur für die Besetzungswahrscheinlichkeit der beiden Nebenminima gemeinsam

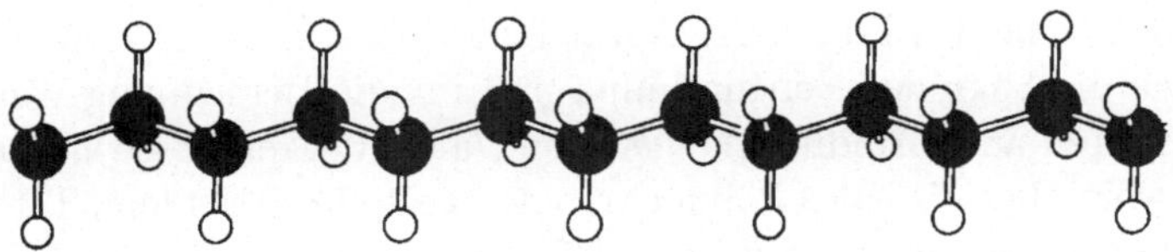

Abb. 1.24. Konformativer Grundzustand von Polyethylen.

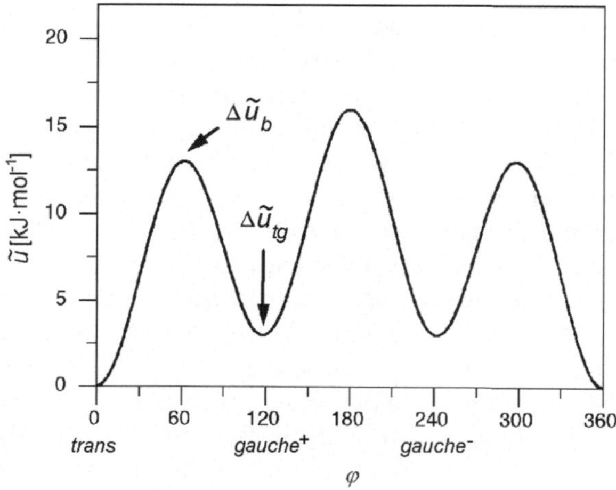

Abb. 1.25. Polyethylen: Potentialverlauf bei einer Drehung um eine C-C-Bindung.

$$w_{\mathrm{g}} = \frac{2\exp(-\Delta\tilde{u}_{\mathrm{tg}}/\tilde{R}T)}{1 + 2\exp(-\Delta\tilde{u}_{\mathrm{tg}}/\tilde{R}T)} \simeq 0,5 \tag{1.71}$$

($\tilde{R}$ bezeichnet die Gaskonstante). Dabei wurde unterstellt, daß sich jede C-C-Bindung unabhängig von den anderen einstellen kann. Ganz richtig ist dies nicht, für eine Abschätzung von w_{g} kann man diese Annahme aber treffen.

Im flüssigen Zustand, d. h. einer Schmelze von Polyethylen und genauso auch anderer Polymerer, ist die Möglichkeit der Besetzung der verschiedenen rotationsisomeren Zustände in vollem Umfang realisiert. Praktisch alle Ketten zeigen Formen, die knäuelartig genannt werden können. Eine Polymerschmelze gleicht so einer dichten Packung einander durchdringender Knäuel.

1.4.2 Polymer-Schmelzen

In einer Polymerschmelze hat man also die Ketten statistisch verteilt in allen möglichen Konformationen vorliegen. Die genaue Beschreibung dieser Verteilung sieht zunächst wie ein schwieriges Problem aus. Man könnte denken, daß man für jedes gegebene Polymer von seiner besonderen chemischen Struktur auszugehen hat, die dann die Verteilung der rotationsisomeren Zustände der Bindungen, welche das Polymerrückgrat bilden, bestimmt. Hier würden alle Details, wie die Lage der Nebenminima und für die Berechnung von Struktureigenschaften auch Bindungslängen und Valenzwinkel, zu berücksichtigen sein. Dies wäre aber für jedes Polymer ein neu gestelltes Problem. Tatsächlich ist die Situation wesentlich einfacher. Für viele Eigenschaften von Polymersystemen spielen die Eigenschaften im Angström-Bereich keine große Rolle; wirklich entscheidend sind Struktur und Dynamik auf Längenskalen, die größer als einige 10 nm sind. Wie man leicht erkennt, verschwinden aber auf solch mesoskopischen Längenskalen die Unterschiede zwischen verschiedenen Polymerketten. Abb. 1.26 zeigt ein Polymerknäuel, wie es in mesoskopischer Auflösung aussehen könnte. Alle Einzelheiten des chemischen Aufbaus sind verschwunden. Man sieht nur noch eine sich wurmartig schlängelnde Kette.

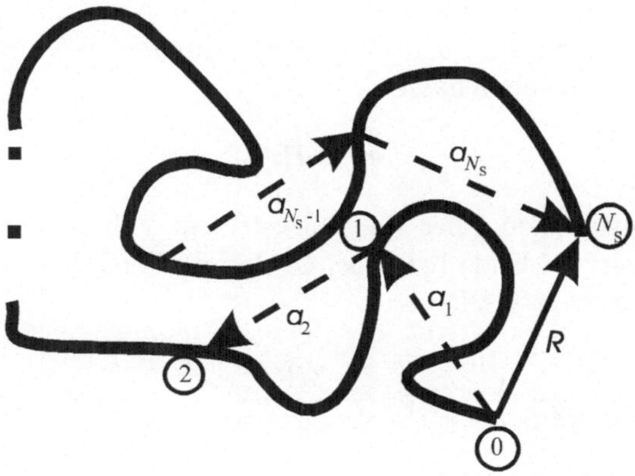

Abb. 1.26. Polymermolekül in niedriger Auflösung mit zugeordneter Kette aus frei drehbaren Segmenten.

Wir wollen hier die Frage nach der Ausdehnung von Polymermolekülen in einer Schmelze stellen, gleichbedeutend mit der Frage nach dem Durchmesser einer Kugel, welche gerade groß genug ist, um ein verknäueltes Polymermolekül in einer Schmelze zu erfassen. Für einen großen Teil der verschiedenen Konformationen ist dies dann erfüllt, wenn die beiden Kettenenden, d. h. die beiden längs der Kette am weitesten voneinander entfernt liegenden Struktureinheiten, innerhalb der Kugel liegen. Der mittlere Abstand der Kettenenden läßt sich aber abschätzen, und zwar über die Berechnung der Wurzel aus dem mittleren quadratischen Kettenendenabstand. In Abb. 1.26 ist der Abstand zwischen den Kettenenden R eingetragen. Zur Berechnung von $< R^2 >$ zerlegen wir die Kette in N_s Teilketten. Diese haben, wie angezeigt, die End-zu-End-Abstandsvektoren $a_1, a_2, \ldots, a_{N_s}$. Wählt man die Teilketten lang genug, so sind die End-zu-End-Vektoren a_j verschiedener Teilketten in ihrer Orientierung völlig unkorreliert. Genau diese Eigenschaft erlaubt es aber nun, die Frage nach dem Wert von $< R^2 >$ direkt zu beantworten, und weiterhin, auch die Verteilungsfunktion für den Vektor R anzugeben. Offensichtlich ist das Problem identisch mit der Frage nach der Bewegung eines Brownschen kolloidalen Partikels in einer Flüssigkeit. Die Fortbewegung eines Brownschen Partikels ergibt sich aus einer großen Zahl unkorrelierter Einzelschritte, und genauso entsteht der End-zu-End-Abstandsvektor einer Polymerkette als Summe der unkorrelierten Schritte a_j:

$$R = \sum_{j=1}^{N_\mathrm{s}} a_j \ .$$

(1.72)

Wir können deshalb die Gleichung für die Wahrscheinlichkeitsverteilung der Fortbewegung eines Brownschen Partikels für die Polymerkette direkt übernehmen. Die Brownsche Bewegung wird, wie im Abschnitt 5.2 auch noch einmal abgeleitet wird (Gln. (5.157), (5.158)), durch eine Gauß-Funktion beschrieben. Die Wahrscheinlichkeit

$$w(R)\mathrm{d}^3R \ ,$$

daß sich das zweite Ende einer Polymerkette im Volumenelement d^3R im Abstand R vom ersten Ende befindet, ist damit ebenfalls durch eine Gaußverteilung gegeben, von der Form

$$w(R) = \left(\frac{3}{2\pi <R^2>}\right)^{3/2} \exp -\frac{3R^2}{2<R^2>} \qquad (R = |R|) \ .$$

(1.73)

Mit dem Vorfaktor ist die Bedingung der Normierung

$$\int w(R)\mathrm{d}^3R = 1$$

(1.74)

erfüllt. Die Verteilung enthält als einzigen Parameter die uns interessierende Größe $<R^2>$, definiert als

$$<R^2> = \int_{R=0}^{\infty} w(R)R^2 4\pi R^2 \mathrm{d}R \ .$$

(1.75)

Auf der Grundlage der Zerlegung Gl. (1.72) folgt

$$<R^2> = <|\sum_{j=1}^{N_\mathrm{s}} a_j|^2> = <\sum_{j,j'=1}^{N_\mathrm{s}} a_j \cdot a_{j'}> \ .$$

(1.76)

Das Verschwinden jeglicher Orientierungskorrelation bei unterschiedlichen Schritten bedeutet

$$<a_j \cdot a_{j'}> = <|a_j|^2> \delta_{jj'} \ ,$$

(1.77)

und wir erhalten als Ergebnis

$$<R^2> = N_\mathrm{s} <|a_j|^2> \ .$$

(1.78)

Wie eingangs gesagt, liefert die Wurzel aus $<R^2>$ ein Maß für die Ausdehnung von Polymermolekülen in der Schmelze. Wir nennen diese Größe R_0:

$$R_0 = <R^2>^{1/2} \ .$$

(1.79)

Die Anzahl der Teilketten N_s und der Polymerisationsgrad N, ausgedrückt in Monomereinheiten, sind zueinander proportional. Für R_0 ergibt sich so ein für Polymerketten in der Schmelze charakteristisches Potenzgesetz

$$R_0 \sim N^{1/2} \ .$$

Durch Einführung des Proportionalitätsfaktors a_0 erhalten wir das Endergebnis in Form einer Gleichung

$$R_0 = a_0 N^{1/2} \ . \tag{1.80}$$

a_0 hat die Bedeutung einer effektiven Länge pro Struktureinheit der Kette. Im Wert von a_0 sind alle mikroskopischen Eigenschaften der Kette, wie Bindungslängen, Bindungswinkel und die Kettensteifigkeit, enthalten, wobei letztere durch die Besetzungswahrscheinlichkeiten der rotationsisomeren Zustände der Hauptkettenbindungen bestimmt wird.

Unser Augenmerk lag bisher auf der Verteilungsfunktion für den Kettenendenabstand. Es ist klar, daß die Abstandsverteilung für zwei Punkte innerhalb der Kette, die weit genug voneinander entfernt und deshalb durch viele Einzelschritte a_j getrennt sind, ebenfalls gaußförmig ist. Dies gilt für alle Längenskalen, in denen der chemische Aufbau nicht mehr aufscheint. Innerhalb der Kette werden hier immer Abstandsstatistiken vorgefunden, welche gaußförmig sind. Dies führt aber zu einer wichtigen Konsequenz: Bei Beobachtungen des Ketteninnern mit unterschiedlicher Auflösung ändert sich nichts am Erscheinungsbild. Die Strukturen sehen immer gleich aus, immer wie Gaußsche Knäuel, und sind sich damit **selbst ähnlich**. Polymerketten in einer Schmelze sind selbstähnliche Objekte!

Für selbstähnliche Objekte stellt sich immer die Frage nach ihrer **fraktalen Dimension**. Die Antwort hierauf ist im Potenzgesetz Gl. (1.80) enthalten. Übertragen auf ein Volumen, welches nur einen Teil der Polymerkette im Inneren erfaßt, erhält man für die Anzahl n von Struktureinheiten, die im Mittel in einer Kugel vom Durchmesser r zu finden sind, die Beziehung

$$n \sim r^2 \ . \tag{1.81}$$

Die Potenz, mit der die Länge eingeht, beschreibt per definitionem die fraktale Dimension. Für Polymerketten in der Schmelze hat diese also den Wert zwei. Polymerketten sind Objekte, die sich in drei Dimensionen aufhalten, dabei aber den Raum nur teilweise ausfüllen, so daß sich eine erniedrigte Dimension ergibt.

Selbstähnlichkeit gilt immer nur für einen beschränkten Bereich. Die obere Grenze liegt hier bei der Größe des Gesamtmoleküls, d. h. R_0. Die untere Grenze ist dann erreicht, wenn im mikroskopischen Bereich der chemische Aufbau sichtbar wird.

1.4.3 Polymer-Festkörper

Auch bei Polymersystemen erfährt die Schmelze beim Abkühlen zu ausreichend tiefen Temperaturen eine Verfestigung. Ursache für das Festwerden können zwei ganz unterschiedliche Prozesse sein. Polymere, die in ihrem chemischen und sterischen Aufbau genügend regelmäßig sind, können kristallisieren, folgen dabei aber Regeln, die sich von der Kristallisation atomarer und molekularer Systeme grundlegend unterscheiden. Ist die Kettenstruktur sehr unregelmäßig, so daß sich kristalline Strukturen grundsätzlich nicht aufbauen lassen, erfolgt trotzdem eine Verfestigung, jetzt aber durch den Übergang in den glasig erstarrten Zustand. Wir werden beide Prozesse im folgenden kurz behandeln.

Teilkristalliner Zustand. Ein wenig Nachdenken macht klar, wie aus Polymerketten ein dreidimensionaler Kristall mit periodischer Struktur aufgebaut werden kann. Im Zustand mit der niedrigsten Konformationsenergie, all-trans im Falle des Polyethylens, sind Polymerketten immer gestreckt, mit einer periodischen Struktur in Ausdehnungsrichtung. Fügt man derartige Ketten parallel zueinander gestellt in einer seitlich regelmäßigen Packung zusammen, entsteht eine dreidimensional periodische Struktur, also ein Polymerkristall. Sein Charakteristikum ist eine ausgeprägte innere Anisotropie, mit starken kovalenten Bindungen in der einen und vergleichsweise schwachen van der Waals-Bindungen in den beiden anderen Richtungen. Grundsätzlich ließen sich aus Polymeren auch Einkristalle aufbauen, dann, wenn alle Ketten das gleiche Molekulargewicht, und dies heißt, dieselbe Länge besäßen. Die beiden Endgruppen könnten dann gemeinsam in der oberen und unteren Grenzfläche eines seitlich ausgedehnten Schichtkristalls angeordnet werden. Tatsächlich geschieht dies nicht, und zwar nicht nur, weil Polymersysteme, wie oben schon ausgeführt, immer mit einer Molekulargewichtsverteilung versehen sind. Die eigentliche Behinderung, welche den Übergang in einen solchen ideal-kristallinen Zustand unterbindet, entsteht in der Schmelze. Ausgehend von der Schmelze, in welcher sich die verknäuelten Moleküle gegenseitig durchdringen und dabei eine große Zahl von Verschlaufungen ausbilden, ist der ideal-kristalline Zustand einfach nicht erreichbar. Die hierfür notwendige vollständige Entschlaufung, mit einer Trennung aller Moleküle voneinander, würde eine viel zu lange Zeit erfordern. Der Weg dahin führt über eine Vielzahl wenig wahrscheinlicher Kettenanordnungen und ist so mit sehr hohen entropischen Barrieren verknüpft. Was geschieht anstelle dessen? Kühlt man eine Polymerschmelze auf Temperaturen ab, die unterhalb des Gleichgewichtsschmelzpunkts liegen, d. h. der Temperatur, bei welcher ein Polymer-Einkristall in den flüssigen Zustand überginge, so reagiert sie auf spezifische Art und Weise: Sie gelangt in einen Zustand, der nur teilweise kristallin ist. Es entstehen schichtförmige Kristallite, die durch Bereiche getrennt sind, welche flüssig geblieben sind. Die Schichtkristalle sind naturgemäß in größeren Bereichen parallel zueinander gepackt. Diese Stapel aus abwechselnd kristallinen und flüssigkeitsartigen Schichten füllen, isotrop im Raum verteilt, die Probe vollständig aus.

Die Abb. 1.27 und 1.28 illustrieren dies am Beispiel von Polyethylen. Sie wurden durch zwei verschiedene elektronenmikroskopische Techniken erhalten. Abb. 1.27 zeigt die Oberfläche von Polyethylen nach einem Bruch, abgebildet mittels einer Kohlefilm-Replika-Technik. Die gestapelten Schichtkristalle sind klar erkenntlich. Abb. 1.28 macht deutlich, daß die Schichtkristalle durch flüssigkeitsartige Bereiche getrennt sind. Die Aufnahme wurde an einem Dünnschnitt gemacht, wobei der Kontrast dadurch entstand, daß die flüssigen Bereiche ein Kontrastmittel aufnahmen. Sie erscheinen in der Aufnahme dunkel und die Kristalle hell.

Abb. 1.27. Elektronenmikroskopisches Bild eines Kohlefilm-Abdrucks einer Bruchfläche von Polyethylen (von Eppe und Fischer [6]).

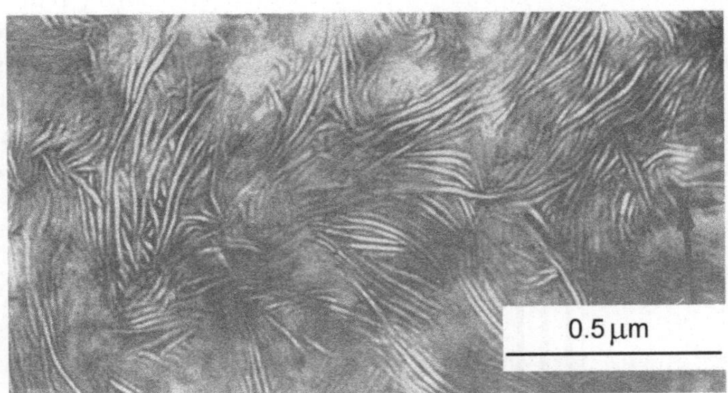

Abb. 1.28. Elektronenmikroskopisches Bild eines kontrastierten Dünnschnitts von Polyethylen (von Kanig [7]).

Die Ursache für die Entstehung dieser teilkristallinen Strukturen ist leicht zu erkennen. Für die in der Schmelze existierenden Kettenverschlaufungen besteht, da sie weder aufgelöst, noch in die Kristalle eingebaut werden können, nur die Möglichkeit, sie in flüssig verbleibende Bereiche abzuschieben. Die in den flüssigen Bereichen konzentrierten Kettenverschlaufungen (*entanglements*) verhindern dort aber dauerhaft jegliche Kristallisation und stabilisieren so den teilkristallinen Zustand. Die Ausbildung der zweiphasigen Schichtstruktur gleicht somit einem Separationsprozeß. Kettensequenzen, welche sich strecken und so in einen wachsenden Kristall einbauen lassen, werden von Kettenteilen getrennt, welche Verschlaufungen bilden und deshalb flüssig bleiben müssen. Dieselbe Abdrängung in die flüssigkeitsartigen Bereiche ergibt sich auch für Kettenteile, welche Defekte enthalten, wie Co-Bausteine oder bei der Polymerisation entstandene sterische Defekte. Alle diese nicht kristallisationsfähigen Teile reichern sich bei der Kristallisation in den flüssig verbliebenen Bereichen an.

Abb. 1.29 zeigt in einer Schemaskizze einen Schichtkristall mit seiner flüssigen Umgebung. Seine Oberfläche enthält einige scharfe **Kettenfalten**, welche dann auftreten, wenn ungestörte Kettensequenzen wieder in den Kristall zurückkehren können. Ansonsten gibt es größere Schlaufen, welche durch Verhakungen an einer Kristallisation gehindert sind.

Abb. 1.30 zeigt noch als Blick ins Kristallinnere die Einheitszelle von Polyethylen, wie sie sich aus der regelmäßigen Anordnung der Zickzack-Ketten ergibt. Die Einheitszelle wird von zwei Ketten durchlaufen, die relativ zueinander um etwa 90° verdreht sind. Die Gitterkonstanten sind $a_1 = 7,4$ Å, $a_2 = 4,9$ Å und $a_3 = 2,5$ Å.

Die kristalline Phase in niedermolekularen, d. h. atomaren oder molekularen Systemen wird in ihrer Struktur durch die Gesetze der Gleichgewichtsthermodynamik festgelegt und entspricht immer dem Zustand mit der geringsten freien Energie. Der teilkristalline Zustand von Polymeren, thermodynamisch nur metastabil, wird auf ganz andere Art und Weise selektiert: Er folgt dem für kinetisch kontrollierte Prozesse gültigen Auswahlkriterium, demzufolge sich diejenige Struktur entwickelt, welche sich unter den gegebenen Bedingungen, d. h. bei einer bestimmten Temperatur, am schnellsten bilden kann. Die so entstehende Struktur ändert sich mit der gewählten Kri-

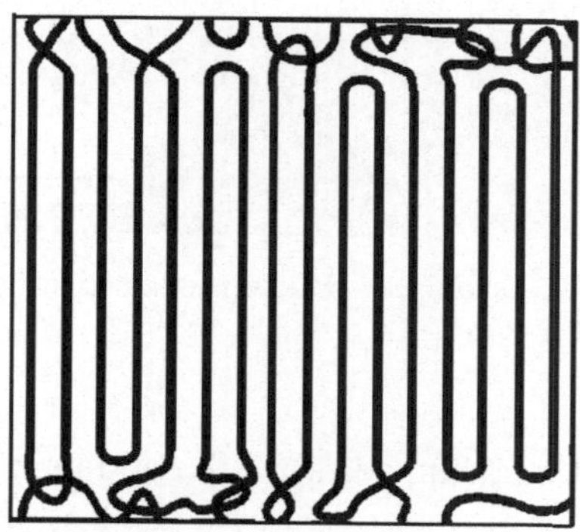

Abb. 1.29. Schichtförmiger Polymerkristallit in amorpher Umgebung.

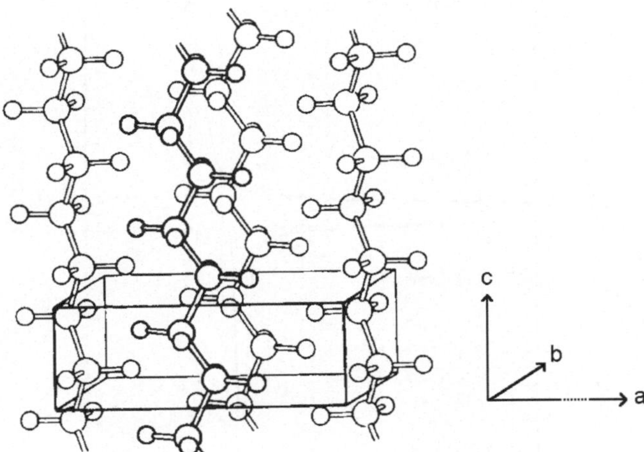

Abb. 1.30. Einheitszelle in Kristalliten aus Polyethylen (orthorhombisch mit 2 C_2H_4-Gruppen pro Zelle).

stallisationstemperatur. Da sie nur metastabil ist, ist sie auch nicht wirklich fixiert. Über längere Zeiten hinweg können sich immer Veränderungen vollziehen.

Die Dicken der polymeren Schichtkristalle besitzen typischerweise Werte im nm-Bereich. Bei derart dünnen Kristallen ist der Schmelzpunkt deutlich gegenüber dem Gleichgewichtswert des idealen makroskopischen Einkristalls erniedrigt und zwar um so mehr, je dünner der Kristall ist. Beim Abkühlprozeß aus der Schmelze entstehen normalerweise Kristalle unterschiedlicher Dicke. Abb. 1.31 zeigt typische Konsequenzen, wie sie sich bei einer Beobachtung des Kristallisations- und nachfolgenden Schmelz-Prozesses in einem Kalorimeter zeigen. Im Unterschied zu niedermolekularen Systemen, bei denen der Übergang vom Kristall in die Schmelze bei einer wohldefinierten Temperatur erfolgt, haben Polymere, wie die Abbildung zeigt, immer einen breiten Schmelzbereich. Man sieht auch, daß die Kristallisation beim Abkühlen erst bei einer beträchtlichen Unterkühlung einsetzt (der Gleichgewichtsschmelzpunkt von Polyethylen liegt bei 145 °C). Abb. 1.32 deutet schematisch an, auf welche Art und Weise sich die Kristallisation beim Abkühlen einer Polymerschmelze vollzieht. Beim ersten Einsetzen, hier bei der Temperatur T_0, bilden sich zunächst Kristalle einer bestimmten Dicke, welche die Probe bis zu einer bestimmten Grenze ausfüllen. Erst beim weiteren Abkühlen setzt sich die Kristallisation dann fort, mit Kristallen, die mit abnehmender Temperatur immer dünner werden. Beim Wiederaufheizen schmelzen die Kristalle dann in umgekehrter Reihenfolge, beginnend mit den zuletzt entstandenen.

Der teilkristalline Zustand eines Polymeren benötigt für seine Beschreibung eine Reihe von Strukturparametern. Der wichtigste ist dabei der Kristallisationsgrad, d. h. der Anteil von kristallisiertem Material in der Probe.

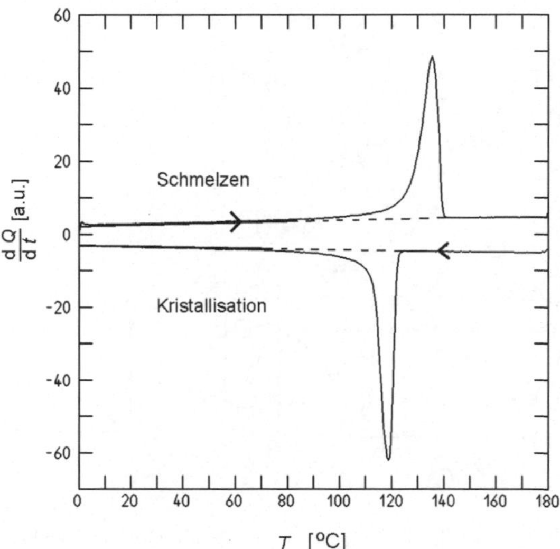

Abb. 1.31. Kristallisations- und Schmelzkurve von Polyethylen.

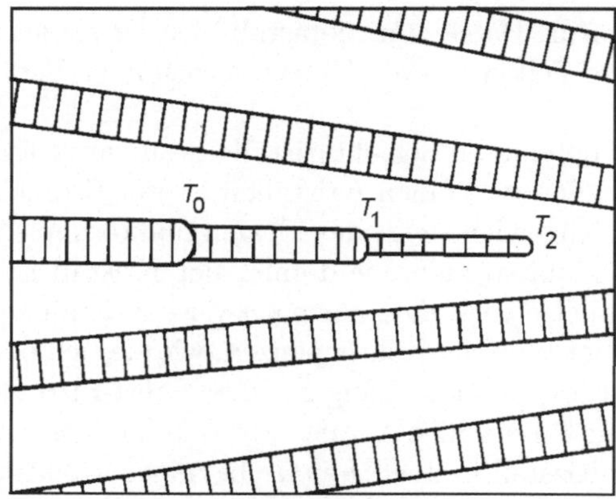

Abb. 1.32. Mechanismus der Sekundärkristallisation beim Abkühlen einer Polymerprobe.

Eine zweite wichtige Größe ist die Kristallitdicke. Allgemein wird festgestellt, daß diese mit wachsender Kristallisationtemperatur ansteigt. Im Unterschied zu niedermolekularen Substanzen, bei denen die Kristallisation immer unmittelbar unterhalb des Gleichgewichtsschmelzpunktes einsetzt, läßt sich bei Polymeren die Temperatur, bei welcher sich die Verfestigung vollzieht, über einen größeren Bereich hinweg wählen. Mit der Wahl selektiert man die Kinetik und bestimmt so die sich ergebende Struktur.

Glasig erstarrter Zustand. Wie bei jeder Flüssigkeit vermindert sich auch bei Polymerschmelzen mit abnehmender Temperatur die innere Beweglichkeit. Ein erster einfacher Grund hierfür ist, daß Konformationsänderungen, wie in Abb. 1.25 angedeutet, Sprünge über Barrieren erfordern, und diese müssen thermisch aktiviert werden. Ein zweiter wichtiger Faktor tritt aber hinzu. Konformative Änderungen benötigen in der Umgebung einen gewissen Mindestraum, der als **freies Volumen** zumindest kurzzeitig zur Verfügung gestellt werden muß. Dieses freie Volumen ist Teil des Gesamtvolumens und vermindert sich beim Abkühlen. Es wird dann immer schwerer, dem Raumerfordernis einer Konformationsänderung nachzukommen. Sehr deutlich zeigt sich die Situation anhand einer Größe, welche durch die innere Beweglichkeit maßgeblich bestimmt ist, und dies ist die Viskosität η. Sie ändert sich mit der Temperatur entsprechend der Gleichung

$$\eta(T) \sim \exp \frac{T_\mathrm{A}}{T - T_\mathrm{V}} \ . \tag{1.82}$$

Die Abhängigkeit ist als Vogel-Fulcher-Gleichung bekannt. Ihre Besonderheit liegt im Auftreten der **Vogel-Temperatur T_V**. Durch diesen Parameter unterscheidet sich die Vogel-Fulcher-Gleichung von der normalerweise bei aktivierten Prozessen anzutreffenden Arrhenius-Abhängigkeit $\exp(T_\mathrm{A}/T)$ (mit $k_\mathrm{B}T_\mathrm{A}$ als Aktivierungsenergie). Der Anstieg der Viskosität bei fallender Temperatur erfolgt also schneller, als es für aktivierte Prozesse zu erwarten wäre, und der Grund hierfür ist das abnehmende freie Volumen. Das freie Volumen ist dabei keine von außen vorgegebene Größe, sondern entsteht als Folge der konformativen Kettendynamik. Freies Volumen und Kettendynamik bedingen einander und stellen sich im thermodynamischen Gleichgewicht beide von selbst ein.

Was ist nun beim Abkühlen einer Flüssigkeit zu erwarten? Das freie Volumen und die Umlagerungsdynamik werden langsamer. Die Einstellung des thermodynamischen Gleichgewichts erfordert nach jedem Abkühlschritt immer eine bestimmte, endliche Zeit. Letztere wird aber immer länger, je tiefer die Temperatur ist, und zwar, da die Einstellzeit von der Viskosität abhängt, so wie es die Vogel-Fulcher-Gleichung beschreibt. Es ist klar, daß bei dem Anstieg der Einstellzeit schließlich eine Situation erreicht wird, in der sich die Einstellung des Konformationsgleichgewichts im Rahmen normaler Beobachtungszeiten nicht mehr vollziehen kann. Die Schmelze verharrt dann in dem zuletzt eingenommenen Zustand und erstarrt zu einem Glas. Die Erfahrung zeigt, daß dies dann geschieht, wenn die Viskosität den Wert von

$$\eta(T_\mathrm{g}) = 10^{12} \ \mathrm{Nm^{-2}s} \tag{1.83}$$

erreicht hat. Die zugehörige Temperatur wird als **Glastemperatur T_g** bezeichnet. Mit der Erstarrung bei T_g endet die Gültigkeit der Vogel-Fulcher-Beziehung.

Sehr deutlich beobachtbar ist der Erstarrungsprozeß in Messungen des spezifischen Volumens oder der spezifischen Wärme während des Abkühlens einer Schmelze. Die Abb. 1.33 und 1.34 zeigen entsprechende Messungen an

Poly(vinylacetat). Beim Abkühlen mit einer Rate von 20 K min^{-1} ändert sich in einem etwa 10 °C breiten Temperaturbereich um 33 °C herum die Wärmekapazität. In diesem Temperaturbereich erfolgt für Poly(vinylacetat) der Übergang in den glasigen Zustand. Der umgekehrte Prozeß des Erweichens ist dann während eines anschließenden Aufheizens zu beobachten und erfolgt wieder im gleichen Temperaturbereich. Wie man sieht, ist die Lage des **Glasübergangs** von der Aufheizrate abhängig. Bei einer niedrigeren Aufheizrate erfolgt das Erweichen früher. Abb. 1.34 macht deutlich, daß die glasige Erstarrung auch mit einer Änderung im thermischen Ausdehnungskoeffizienten einhergeht. Die Messung betrifft wieder Poly(vinylacetat) mit der Glastemperatur im Bereich von 30 °C.

Die Ursache für die charakteristischen Abnahmen in der Wärmekapazität und im thermischen Ausdehnungskoeffizienten bei der glasigen Erstarrung ist leicht zu sehen. Oberhalb T_g ändern sich mit wachsender Temperatur die Molekülkonformationen zusammen mit dem freien Volumen, unterhalb T_g sind sie eingefroren. Im Glas fließt die Wärme allein in die Schwingungsfreiheitsgrade, und die thermische Ausdehnung beruht dann allein auf der Anharmonizität der Kettenschwingungen. Den Änderungen an T_g läßt sich also direkt entnehmen, welcher Anteil in der Wärmeaufnahme und der thermischen Ausdehnung der Flüssigkeit auf den konformativen Freiheitsgraden gründet.

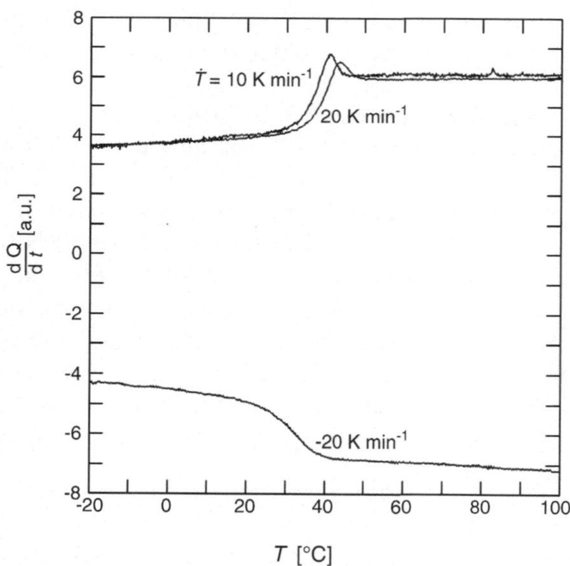

Abb. 1.33. Glasübergang in Poly(vinylacetat), beobachtet bei Messungen der Wärmekapazität mit einem Kalorimeter, beim Abkühlen und während des Aufheizens mit zwei verschiedenen Heizraten.

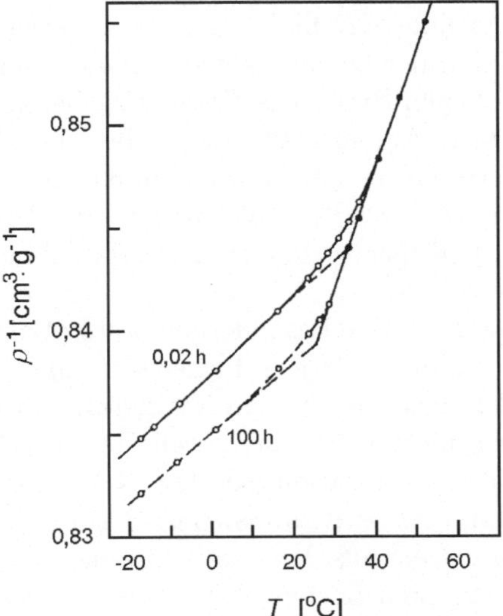

Abb. 1.34. Glasübergang in Poly(vinylacetat), beobachtet in temperaturabhängigen Messungen des spezifischen Volumens nach 0,02 und 100 Std. Lagerung bei −20 °C (von Kovacs [8]).

Auch wenn sich Gläser beim Blick auf die spezifische Wärme und den thermischen Ausdehnungskoeffizienten ähnlich wie Kristalle verhalten, hat man sie im Sinne der Thermodynamik doch ganz anders anzusprechen. Der Glasübergang ist als Einfrierprozeß ein rein kinetisches Phänomen und deshalb überhaupt nicht mit einer Phasenumwandlung zwischen zwei Gleichgewichtszuständen zu vergleichen. Im thermodynamischen Gleichgewicht, wie es in der Flüssigkeit gegeben ist, durchläuft das System im Laufe experimenteller Zeiten alle möglichen Konformationen und ist deshalb „ergodisch". Die glasige Erstarrung überführt das System in einen zufällig ausgewählten konformativen Zustand, und es verliert seine Ergodizität. Die Energieaufnahme oder -abgabe ist jetzt eingeschränkt und betrifft nur noch die Schwingungsfreiheitsgrade. Ein vollständiges thermodynamisches Gleichgewicht, welches alle Freiheitsgrade erfassen würde, liegt nicht mehr vor.

Tatsächlich ist es nicht ganz richtig, davon zu sprechen, daß im glasigen Zustand überhaupt keine Konformationsänderungen mehr ablaufen würden. Lokale Umlagerungen von Seitengruppen oder auch von kurzen Sequenzen in der Hauptkette bleiben immer noch möglich. Durch die Restbeweglichkeit läßt sich das System, wenn genügend Zeit zur Verfügung steht, auch noch etwas näher ans thermodynamische Gleichgewicht heranbringen. Dies ist der Grund für den in Abb. 1.34 dargestellten Zeiteffekt. Eine Lagerung bei -20 °C über 100 Stunden hinweg führte hier zu einer Verdichtung. Interessant ist die Beobachtung, daß für das verdichtete Glas die Erweichung beim Wiederaufheizen früher stattfindet, gerade an derjenigen Stelle, wo sich die beiden, dem Glas und der Schmelze zugeordneten Geraden schneiden.

Angesichts der endlichen Breite des Erstarrungsbereichs und der Abhängigkeit von Abkühl- bzw. Aufheizraten ist es klar, daß die Glastemperatur T_g keine exakt definierte Größe ist. Man hat immer mitzuteilen, auf welche Art und Weise sie ermittelt wurde. Kalorimetrie und Dilatometrie sind die gängigsten Verfahren, und hier ist immer anzugeben, bei welcher Heiz- oder Kühlrate T_g bestimmt wurde.

Ist die glasige Erstarrung eine Besonderheit von Polymeren? Dies ist nicht der Fall. Grundsätzlich gibt es für jede Flüssigkeit eine Temperatur, bei der sie erstarren und in den glasigen Zustand übergehen würde, doch wird sie in den allermeisten Fällen nicht beobachtet, weil vorher, schon bei weit höheren Temperaturen, die Kristallisation einsetzt. Nur wenn die Kristallisation vermieden werden kann, gelangt man ins Glas. Bekanntlich gelingt dies ohne weiteres bei Silikatschmelzen, aus denen alle Standardgläser entstehen, aber auch für manche molekularen Systeme, wie beispielsweise Salol, bei denen die Kristallisation so langsam abläuft, daß sie bei einem schnellen Abkühlen völlig unterbleibt. Bei extrem hohen Abkühlraten gelingt es auch, gewisse Metall-Legierungen in den glasig-amorphen Zustand zu überführen. Sobald das System im Glaszustand angelangt ist, fehlt die Beweglichkeit, welche gefordert ist, um einen Kristall aufzubauen. Deshalb verbleiben auch kristallisationsfähige Systeme bei Temperaturen unterhalb T_g im amorphen Zustand. Daß der glasig erstarrte Zustand bei Polymeren so häufig angetroffen wird und hier als Normalzustand auftritt, ist Folge der besonders hohen Viskosität dieser Systeme auch unter Normalbedingungen. Dies ist eine Konsequenz der Verkettung der Monomere, welche die molekulare Dynamik zur Kooperativität zwingt und im Vergleich zu niedermolekularen Systemen sehr stark verlangsamt.

1.5 Strukturuntersuchung mit Streuexperimenten

Unter der Vielzahl von Techniken, mit denen die Struktur kondensierter Materie untersucht werden kann, gibt es eine Methode von besonderer Bedeutung, die umfassend, ohne das Erfordernis besonderer präparativer Vorkehrungen, in allen Situationen einsetzbar ist, und dies sind Streuexperimente. Sie werden vor allem mit elektromagnetischer Strahlung durchgeführt, daneben aber auch mit Neutronenstrahlen oder Elektronenstrahlen. In allen Fällen findet man denselben prinzipiellen Aufbau, und dieser ist in Abb. 1.35 skizziert: Ein Primärstrahl mit einer Frequenz ω_0, einem Wellenvektor k und einer Intensität I_0, erzeugt in einer Strahlungsquelle, fällt auf eine Probe und löst dort kugelförmige Streuwellen aus. Die hieraus resultierende Gesamtstreuintensität I hängt allgemein von der Beobachtungsrichtung ab und wird in einem Abstand R, der groß gegenüber dem Probendurchmesser ist, mit

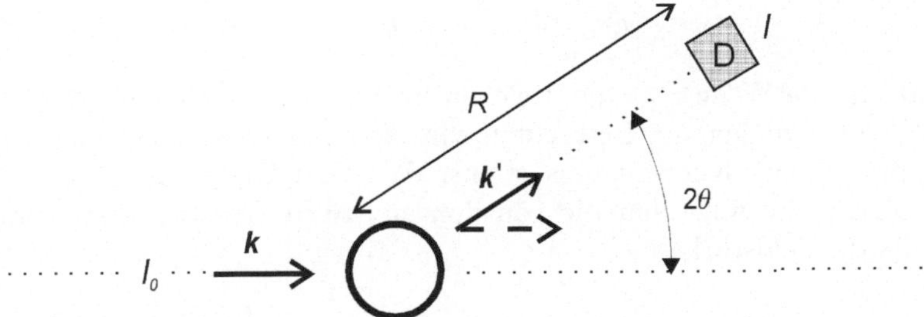

Abb. 1.35. Allgemeiner Aufbau eines Streuexperiments.

einem geeigneten Detektor gemessen. Aus Gründen, die später deutlich werden, schreibt man für die Winkeländerung bei der Streuung den Ausdruck 2θ und nennt θ den **Braggschen Streuwinkel**.

Um Information über die mikroskopische Struktur einer streuenden Probe zu erhalten, hat man die Wellenlänge der verwendeten Strahlung so zu wählen, daß sie größenordnungsmäßig der Längenskala der untersuchten Struktur entspricht. Mikroskopische Strukturen liegen bei kondensierter Materie üblicherweise im Längenbereich von Å bis nm, und hierfür eignet sich Röntgenstrahlung. Von der Wellenlänge her geeignet sind auch Neutronen mit Energien im Bereich von 10 meV, bekannt als **thermische Neutronen**. Bei Kolloidsystemen können viel größere Abstände, bis hin in den Bereich von μm auftreten. In diesem Fall kann man Licht als Strahlung verwenden. Für besonders hohe Auflösung eignen sich Elektronenstrahlen, da sie Wellenlängen unterhalb 1 Å besitzen.

Die Probenabmessungen müssen der Strahlung angepaßt werden, da die Strahlung innerhalb der Probe nur schwach absorbiert werden sollte. Neutronenstrahlung mit ihrer großen Durchdringungsfähigkeit erlaubt die Verwendung von großen Proben. Bei Röntgenstrahlen müssen die Probenabmessungen unterhalb von 1 mm liegen. Bei Elektronenstrahlen, die stark absorbiert werden, können Proben nur Dicken im Bereich von einigen 10 nm besitzen.

Die Information über die Struktur der Probe ist in der Änderung der Streuintensität mit der Beobachtungsrichtung enthalten. Die Änderungen sind die Folge der Interferenz der Streuwellen, die von den verschiedenen Partikeln in der Probe ausgehen. Wie Interferenz zustandekommt und wie sie zu behandeln ist, wollen wir am Beispiel des Röntgenstreuexperiments jetzt genauer erörtern.

1.5.1 Interferenz

Üblicherweise verwendet man bei einem Röntgenstreuexperiment monochromatische Strahlung, wie beispielsweise die charakteristische K_α-Strahlung einer Cu-Anode. Der Primärstrahl läßt sich dann als ebene Welle mit einer Feldamplitude E_0 beschreiben

$$E_0 \exp(-i\omega_0 t + i\boldsymbol{k}\boldsymbol{r}) \quad . \tag{1.84}$$

Die auftreffende Welle regt die Teilchen im Streuer, Atome oder Moleküle, zu Dipolschwingungen an. Betrachten wir zuerst einen schwingenden Dipole am Ursprung eines Koordinatensystems. Wenn der Dipol zusammen mit E in z-Richtung schwingt, hat die von ihm emittierte Streuwelle am Ort des Detektors die Feldstärke

$$E'(R, 2\theta, t) = \cos(2\theta)\frac{1}{4\pi\varepsilon_0 c_l^2}\frac{1}{R}\ddot{p}(t - \frac{R}{c_l}) \quad . \tag{1.85}$$

Die Feldstärke ist durch die zweite zeitliche Ableitung des induzierten Dipolmoments bestimmt, so wie sie zu einem früheren Zeitpunkt, der Laufzeit entsprechend (c_l ist die Lichtgeschwindigkeit), gegeben war. Der Faktor $\cos(2\theta)$ beschreibt die Richtungsabhängigkeit der Dipolstreuung. Die Frequenzen der Röntgenstrahlung liegen weit oberhalb der Eigenfrequenzen der äußeren Elektronen der Atome. Diese verhalten sich deshalb bei Anregung durch Röntgenstrahlung wie freie Elektronen. Für ein einzelnes freies Elektron, welches im elektromagnetischen Feld des Primärstrahles schwingt, ergibt sich für die zweite Ableitung des erzeugten Dipolmoments

$$\ddot{p}(t - \frac{R}{c_l}) = \frac{e^2}{m_e}E_0 \exp\left(-i\omega_0(t - \frac{R}{c_l})\right) = \frac{e^2}{m_e}E_0 \exp(-i\omega_0 t + ik'R) \tag{1.86}$$

und für die emittierte Streuwelle deshalb

$$E'(R, 2\theta, t) = \cos(2\theta) \cdot r_e\frac{E_0}{R} \exp(-i\omega_0 t + ik'R) \tag{1.87}$$

mit

$$r_e = \frac{e^2}{4\pi\varepsilon_0 m_e c_l^2} \quad . \tag{1.88}$$

m_e bezeichnet die Elektronenmasse, und r_e ist der klassische Elektronenradius. Streuwellen, die von einem Atom oder einem Molekül j ausgehen, unterscheiden sich von der Streuwelle eines freien Elektrons um einen Faktor f_j. Er wird Atom- bzw. Molekül-Formfaktor genannt. Streuexperimente werden üblicherweise mit unpolarisierter Röntgenstrahlung durchgeführt. Es gilt dann nicht mehr der Faktor $\cos(2\theta)$, sondern ein anderer winkelabhängiger **Polarisationsfaktor**, für den wir die Bezeichnung F_p wählen. Die Streuwelle, die von einem einzelnen Atom oder Molekül am Koordinatenursprung ausgelöst wird, hat somit die Form

$$E'(R, 2\theta, t) = F_p r_e f_j\frac{E_0}{R} \exp(-i\omega_0 t + ik'R) \quad . \tag{1.89}$$

Nun betrachten wir die Interferenz der Streuwellen, die von zwei Teilchen an verschiedenen Orten ausgehen. Abb. 1.36 zeigt die Situation. Wenn der

Detektorabstand groß gegenüber dem Probendurchmesser ist, sind die Wellenvektoren k' der beiden Streuwellen gleichgerichtet. Wie man sieht, stellt sich dann zwischen der Streuwelle des Teilchen 1 am Ursprung und derjenigen des Teilchens 2 an der Stelle r_2 ein einfach auszurechnender Phasenunterschied ein. Die Phasenverzögerung der Streuwelle des Teilchens 2 setzt sich aus den beiden eingezeichneten Beiträgen zusammen und beträgt insgesamt

$$\mathrm{i}\Delta\varphi_2 = \mathrm{i}r_2(k - k') \quad . \tag{1.90}$$

Für die Gesamtfeldstärke, erzeugt von den beiden Streuwellen, ergibt sich somit

$$E'(R, 2\theta, t) = F_\mathrm{p}\frac{r_\mathrm{e}E_0}{R}\exp(-\mathrm{i}\omega_0 t + \mathrm{i}k'R)f_j(1 + \exp[-\mathrm{i}r_2(k' - k)]) \quad . \tag{1.91}$$

Es ist jetzt klar, wie die Feldstärke der gesamten Streustrahlung, erzeugt durch alle dem Primärstrahl ausgesetzten Teilchen in der Probe, zu errechnen ist. Sie ergibt als die entsprechende Summe über die Streuwellen aller Teilchen j. Für die allein interessierende Amplitude E'_0 erhält man

$$E'_0 = F_\mathrm{p}\frac{r_\mathrm{e}E_0}{R}\sum_j f_j \exp[-\mathrm{i}r_j(k' - k)] \quad . \tag{1.92}$$

Wie man erkennt, ist die Streuamplitude allein von der Differenz zwischen dem für alle Einzelstreuwellen gemeinsamen Wellenvektor k' und dem Wellenvektor des Primärstrahls k gegeben. Diese für das Ergebnis des Streuexperiments maßgebliche Größe

$$q = k' - k \tag{1.93}$$

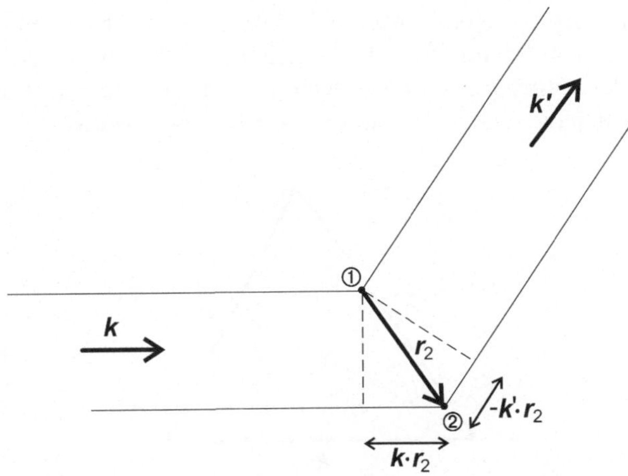

Abb. 1.36. Phasenunterschied zwischen den Streuwellen der Atome 1 und 2.

nennt man **Streuvektor** q. Mit Hilfe des Streuvektors kann man jetzt einfach schreiben

$$E_0'(q) \sim \sum_j f_j \exp(-\mathrm{i}qr_j) \tag{1.94}$$

Bei der Streuung von Röntgenstrahlung an kondensierter Materie bleibt die Wellenlänge und Frequenz der auftreffenden Strahlung im Rahmen der Meßgenauigkeit unverändert:

$$|k'| \approx |k| = \frac{2\pi}{\lambda} \ . \tag{1.95}$$

Man hat deshalb die in Abb. 1.37 gezeigten geometrischen Verhältnisse zwischen k', k und q vorliegen. Für den Betrag des Streuvektors ergibt sich dabei

$$|q| = \frac{4\pi}{\lambda} \sin\theta \ . \tag{1.96}$$

$|q|$ ist also durch die Hälfte des von k und k' eingeschlossenen Winkels, d. h. den Braggschen Streuwinkel θ, und die Wellenlänge λ bestimmt.

Mit dem Detektor wird die Intensität der Streustrahlung gemessen, und wir erhalten hierfür

$$I(q) \sim\ <|E_0'(q)|^2> \sim \sum_{j,k} f_j f_k < \exp[-\mathrm{i}q(r_j - r_k)] > \ . \tag{1.97}$$

Wichtig sind hier die spitzen Klammern. Messungen benötigen immer eine bestimmte Zeit. Im allgemeinen bewegen sich die Teilchen in der Probe, was zum Ergebnis hat, daß die Streuintensität zeitlich schwankt. Bei Röntgenstreuexperimenten wird diese zeitliche Schwankung nicht registriert und allein der zeitliche Mittelwert gemessen. Die spitzen Klammern drücken dies aus.

In sehr vielen Fällen untersucht man die Streuung von Proben, die aus nur einer einzigen Teilchensorte bestehen. Die Atom- bzw. Molekül-Formfaktoren f_j sind dann für alle Teilchen gleich und brauchen bei der Betrachtung der Interferenzen nicht weiter berücksichtigt zu werden. Allein entscheidend ist jetzt die Summe über alle Phasenfaktoren

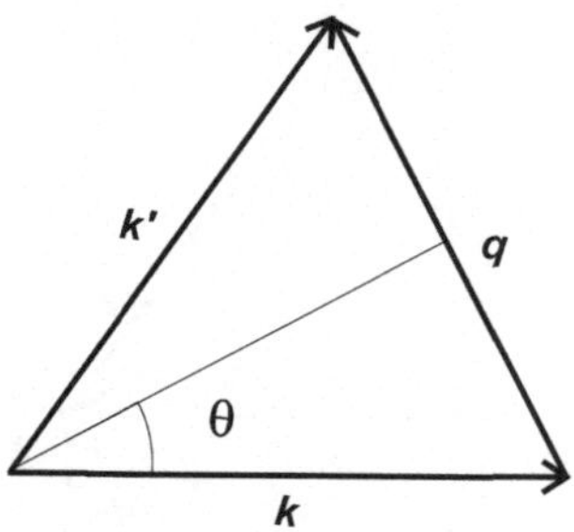

Abb. 1.37. Definition des Streuvektors q.

$$C(q) = \sum_j \exp(-iqr_j) \ . \tag{1.98}$$

Die Streuintensität folgt als

$$I(q) \sim <| \, C(q) \, |^2> \ . \tag{1.99}$$

Da die Gesamtstreuintensität proportional zur Zahl der streuenden Teilchen sein muß, und wir nennen diese $\mathcal{N}$, ist es sinnvoll, die folgende reduzierte Funktion einzuführen

$$S(q) = \frac{1}{\mathcal{N}} <| \, C(q) \, |^2> \ . \tag{1.100}$$

Zusammen mit Gl. (1.98) ergibt sich hierfür

$$S(q) = \frac{1}{\mathcal{N}} \sum_{j,k=1}^{\mathcal{N}} < \exp[-iq(r_j - r_k)] > \ . \tag{1.101}$$

$S(q)$ ist eine wohldefinierte Funktion. Sie trägt in der Literatur verschiedene Namen, wie **Interferenzfunktion**, **Streufunktion** oder, da sie die Struktur charakterisiert, auch **Strukturfaktor**.

Da die Atom- und Molekül-Formfaktoren nicht mehr enthalten sind, spielt es auch keine Rolle, welche Strahlungsart für das Experiment, elektromagnetische Strahlung, Neutronen- oder Elektronenwellen, verwendet wurde. Dies ist dann nur bei der Auswertung der Daten, d. h. der Errechnung der Interferenzfunktion aus gemessenen Streuintensitäten, zu berücksichtigen. Gl. (1.101) ist allgemein gültig und kann auf alle Arten kondensierter Materie, Flüssigkeiten und Kristalle gleichermaßen, angewandt werden. Dies soll im folgenden geschehen.

1.5.2 Streuung an Flüssigkeiten

Atomare Fluide. Wir betrachten als erstes die Streuung an atomaren Fluiden. Für die strukturelle Charakterisierung solcher Flüssigkeiten war die Paarverteilungsfunktion $g_2(r)$ eingeführt worden. Genau diese Paarverteilungsfunktion läßt sich jetzt nutzen, um die Interferenzfunktion auszurechnen. Wie man unmittelbar einsieht, kann Gl. (1.101) unter Verwendung von g_2 in der Form

$$S(q) = \frac{1}{\mathcal{N}} \left[\mathcal{N} + \mathcal{N} \int_{\mathcal{V}} \exp(-iqr)g_2(r)d^3r \right] \tag{1.102}$$

geschrieben werden. Das Integrationsvolumen $\mathcal{V}$ ist so zu wählen, daß alle in der Probe vorkommenden Abstände miteinbezogen sind. Der erste Term in der eckigen Klammer, $\mathcal{N}$, ist der Beitrag aller Terme mit $j = k$ in Gl. (1.101).

Der zweite Term stellt den Gesamtbeitrag aller Paare ($j \neq k$) dar. Die Paarverteilungsfunktion g_2 besitzt ja die Eigenschaft, alle Paare nach Abständen geordnet mit dem richtigen statistischen Gewicht zu erfassen. Genau dies wird aber für die Berechnung des Mittelwerts in Gl. (1.101) verlangt.

Das Integral hat die Form einer Fourier-Transformation, angewandt auf die Paarverteilungsfunktion g_2. Bei der Berechnung des Integrals ist zu bedenken, daß g_2 für $r \to \infty$ nicht verschwindet. Der asymptotische Wert ist durch die Teilchendichte ρ gegeben. Wir ziehen diesen Grenzwert ab und schreiben

$$S(\boldsymbol{q}) - 1 = \int\limits_{\mathcal{V}} \exp(-\mathrm{i}\boldsymbol{q}\boldsymbol{r}) \cdot (g_2(\boldsymbol{r}) - \rho)\mathrm{d}^3\boldsymbol{r} + \rho \int\limits_{\mathcal{V}} \exp(-\mathrm{i}\boldsymbol{q}\boldsymbol{r})\,\mathrm{d}^3\boldsymbol{r} \quad . \quad (1.103)$$

Der zweite Term mit dem Vorfaktor ρ ist die Fourier-Transformierte eines makroskopischen Volumens. Beiträge hieraus existieren nur in Vorwärtsrichtung, sehr nahe bei $\boldsymbol{q} = 0$. Streuexperimente müssen schon aus technischen Gründen, um den Detektor nicht dem Primärstrahl auszusetzen, diesen Bereich der Vorwärtsstreuung meiden. Der Term braucht deshalb nicht weiter berücksichtigt zu werden.

Gl. (1.103) ist die Grundgleichung für die Analyse von Streuexperimenten an Flüssigkeiten. Die Beziehung besagt, daß die Interferenzfunktion sich als Fourier-Transformierte der Paarverteilungsfunktion ergibt. Umgekehrt bedeutet dies aber, daß man aus einem Streuexperiment, welches $S(\boldsymbol{q})$ liefert, durch eine Fourier-Rücktransformation die Paarverteilungsfunktion direkt erhalten kann:

$$g_2(\boldsymbol{r}) - \rho = \left(\frac{1}{2\pi}\right)^3 \int \exp(\mathrm{i}\boldsymbol{q}\boldsymbol{r})(S(\boldsymbol{q}) - 1)\mathrm{d}^3\boldsymbol{q} \quad . \quad (1.104)$$

Der Raum der Streuvektoren $\boldsymbol{q}$ wird **reziproker Raum** genannt. Die Gln. (1.103) und (1.104) formulieren eine Fourier-Beziehung zwischen der im direkten Raum definierten Paarverteilungsfunktion und der im reziproken Raum definierten Interferenzfunktion.

Flüssigkeiten und damit auch die zugehörigen Paarverteilungsfunktionen sind isotrop

$$g_2(\boldsymbol{r}) = g_2(|\boldsymbol{r}| = r) \quad . \quad (1.105)$$

Als Folge ist auch die Interferenzfunktion im reziproken Raum isotrop

$$S(\boldsymbol{q}) = S(|\boldsymbol{q}| = q) \quad . \quad (1.106)$$

Für isotrope Funktionen kann die Fourier-Transformation Gl. (1.103) allgemein als

$$S(q) - 1 = \int\limits_{r=0}^{\infty} (g_2(r) - \rho)4\pi r^2 \frac{\sin(qr)}{qr}\mathrm{d}r \quad (1.107)$$

geschrieben werden und die Rücktransformation als

$$g_2(r) - \rho = \left(\frac{1}{2\pi}\right)^3 \int\limits_{r=0}^{\infty} (S(q) - 1)4\pi r^2 \frac{\sin(qr)}{qr}\mathrm{d}r \ . \qquad (1.108)$$

Abb. 1.38 zeigt als ein Beispiel die Interferenzfunktion von flüssigem Argon und die daraus per Fourier-Transformation abgeleitete Paarverteilungsfunktion. Die Paarverteilungsfunktion zeigt eine Maximum im unmittelbaren Anschluß an den Ausschlußbereich und dann noch Maxima, die zu Schalen höherer Ordnung gehören. Die Interferenzfunktion ist typisch für Flüssigkeiten. Man beobachtet hier immer eine Reihe von Maxima. Verglichen mit den scharfen Reflexen, die Kristalle liefern, sind sie jedoch breit und treten nur im Bereich kleinerer q-Werte auf.

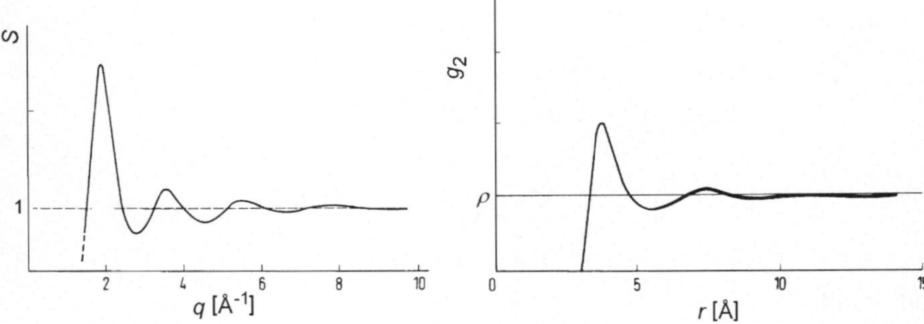

Abb. 1.38. Streufunktion von flüssigem Argon bei einer Dichte $\rho_m = 0,982$ g cm^{-3} (*links*) und hieraus errechnete Paarverteilungsfunktion (*rechts*).

Makromoleküle. Mit Hilfe von Gl. (1.107) kann auch die Streufunktion von Polymerketten im verknäuelten Zustand der Schmelze ausgerechnet werden. Das Charakteristikum dieses Zustands ist die Gauß-Verteilung der Abstände, sowohl des End-zu-End-Abstands als auch der Abstände zwischen zwei beliebigen Punkten j, k innerhalb der Kette. Für jeden derartigen Abstand $\boldsymbol{r}_{jk}$ ist die Verteilungsfunktion als

$$w(\boldsymbol{r}_{jk}) = \left(\frac{3}{2\pi <r_{jk}^2>}\right)^{3/2} \exp -\frac{3r_{jk}^2}{2<r_{jk}^2>} \qquad (r_{jk} = |\boldsymbol{r}_{jk}|) \qquad (1.109)$$

gegeben, wobei $<r_{jk}^2>$ den Mittelwert des Abstandsquadrats bezeichnet. Wie in Abschnitt 1.4.2 erläutert, kann eine Polymerkette in N_s Teilsequenzen zerlegt werden, und wir wählen jetzt diese Teilsequenzen als die streuenden Einzelpartikel. Die Paarverteilungsfunktion für diese Partikel läßt sich direkt angeben. g_2 ergibt sich als Summe über die Abstandsverteilungsfunktionen für alle Paare innerhalb der Kette, dividiert durch die Gesamtzahl der Partikel, und lautet

$$g_2(|\boldsymbol{r}| = r) = \frac{2}{N_\mathrm{s}} \sum_{l=1}^{N_\mathrm{s}-1} (N_\mathrm{s} - l) \left(\frac{3}{2\pi l a_\mathrm{s}^2} \right)^{3/2} \exp\left(-\frac{3r^2}{2l a_\mathrm{s}^2} \right) \quad . \qquad (1.110)$$

Beim Schreiben der Gleichung wurde berücksichtigt, daß es $2(N_\mathrm{s} - l)$ Paare gibt, die längs der Kette durch l Teilsequenzen getrennt sind, und daß die zugehörige Abstandsschwankung $< r_{jk}^2 >$ in Analogie zu Gl. (1.78) den Wert

$$< r_{jk}^2 > = | j - k | \, a_\mathrm{s}^2 = l a_\mathrm{s}^2 \qquad (1.111)$$

mit

$$a_\mathrm{s}^2 = <| \boldsymbol{a}_j |^2> \qquad (1.112)$$

besitzt. Wir wenden jetzt Gl. (1.107) an. Da für eine einzelne Polymerkette die Paarverteilungsfunktion bei genügend großen Abständen verschwindet ($\rho = 0$), erhalten wir

$$S(q) - 1 = \int_{r=0}^{\infty} g_2(r) 4\pi r^2 \frac{\sin(qr)}{qr} \mathrm{d}r$$

$$= \frac{2}{N_\mathrm{s}} \sum_{l=1}^{N_\mathrm{s}-1} (N_\mathrm{s} - l) \exp\left(-\frac{l a_\mathrm{s}^2 q^2}{6} \right)$$

und damit

$$S(q) = \frac{1}{N_\mathrm{s}} \sum_{l=-(N_\mathrm{s}-1)}^{N_\mathrm{s}-1} (N_\mathrm{s} - |l|) \exp\left(-\frac{|l| a_\mathrm{s}^2 q^2}{6} \right)$$

$$\approx \frac{2}{N_\mathrm{s}} \int_{l=0}^{N_\mathrm{s}} (N_\mathrm{s} - l) \exp\left(-\frac{l a_\mathrm{s}^2 q^2}{6} \right) \mathrm{d}l \quad . \qquad (1.113)$$

Führt man die dimensionslosen Variablen

$$v' = \frac{l a_\mathrm{s}^2 q^2}{6} \qquad v = \frac{N_\mathrm{s} a_\mathrm{s}^2 q^2}{6} = \frac{R_0^2 q^2}{6} \qquad (1.114)$$

ein, wird daraus

$$S(q) = N_\mathrm{s} \frac{2}{v} \cdot \int_{v'=0}^{v} \left(1 - \frac{v'}{v} \right) \exp(-v') \mathrm{d}v' \quad . \qquad (1.115)$$

Da die Streuintensität I proportional zur Anzahl der Teilsegmente in der Kette ist, gelangt man schließlich zu

$$I(q) \sim N_\mathrm{s} S(q) = N_\mathrm{s}^2 S_\mathrm{D}(q) \qquad (1.116)$$

mit

$$S_\mathrm{D}\left(v = \frac{R_0^2 q^2}{6} \right) = \frac{2}{v^2} [\exp(-v) + v - 1] \quad . \qquad (1.117)$$

Die hierbei eingeführte Funktion S_D ist normiert ($S_D(0) = 1$). Sie wurde erstmalig von Debye abgeleitet und ist von daher als **Debye-Streufunktion** bekannt.

Wie leicht zu zeigen ist, gilt im Grenzbereich kleiner Streuvektoren

$$S_D(v \to 0) = 1 - \frac{1}{v} \ . \tag{1.118}$$

Auf der Grundlage dieser Beziehung läßt sich die Größe R_0 von Makromolekülen in einer Schmelze auf einfache Art bestimmen. Man trägt S_D^{-1} gegen q^2 auf und kann dann R_0^2 der Steigung entnehmen.

Wie kann aber die Streufunktion einzelner Polymerketten in einer Schmelze überhaupt gemessen werden? In einem Streuexperiment mit Röntgenstrahlen an einer Polymerschmelze wird naturgemäß nicht zwischen Monomeren innerhalb einer Kette und auf unterschiedlichen Ketten unterschieden. Die Streukurve gleicht deshalb der Streufunktion einer molekularen Flüssigkeit und zeigt nichts vom Kettencharakter. Neutronenstreuexperimente eröffnen einen Weg, die Einzelketten sichtbar zu machen, dann, wenn man Messungen an Proben durchführt, in denen ein geringer Anteil der Ketten deuteriert vorliegt. Da Neutronen an den Atomkernen gestreut werden, heben diese sich in ihrem Streuverhalten vom Rest der Schmelze ab. Als Folge enthält die gemessene Streuintensität jetzt zwei Beiträge. Der Streuung der Monomeren überlagert, wird der Strukturfaktor der einzelnen Ketten, also die Debye-

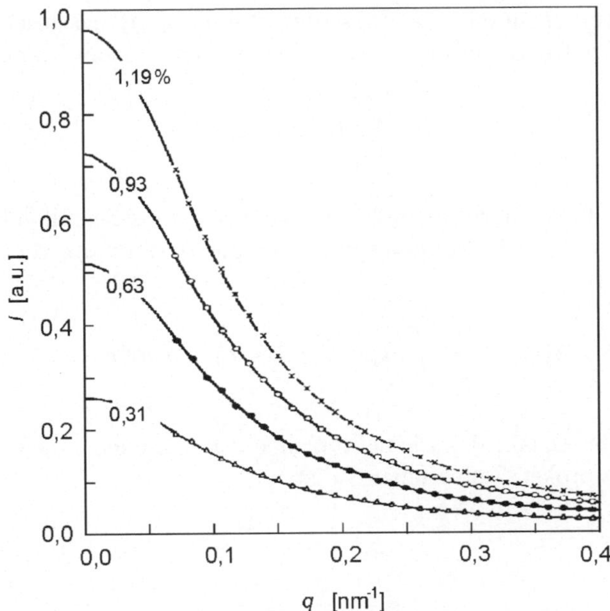

Abb. 1.39. Ergebnisse von Streuexperimenten mit Neutronen an Mischungen aus PMMA und deuteriertem PMMA (von Kirste [9]).

Streufunktion S_D, sichtbar. Abb. 1.39 zeigt dies am Beispiel der ersten, an Poly(methylmethacrylat) durchgeführten Messung.

1.5.3 Streuung an Kristallen

Idealer Kristall. Reziprokes Gitter. Weitaus die meisten Streuexperimente zur Strukturbestimmung werden an Kristallen durchgeführt. Gefragt wird dabei zum einen nach den Gitterkonstanten, d. h. dem Bravais-Gitter, und zum anderen nach der Anordnung der Atome in der Elementarzelle. Häufig steht dabei die zweite Frage im Vordergrund, nämlich immer dann, wenn es um die Strukturbestimmung von Molekülen geht. Der kristalline Zustand ist in diesen Fällen allein ein Hilfsmittel, um die Moleküle parallel anzuordnen und so die bestmögliche Situation für eine Strukturaufklärung mit Hilfe von Streuexperimenten zu schaffen.

Die Interferenzfunktion $S(\boldsymbol{q})$ war unter der Voraussetzung eingeführt worden, daß der Streukörper aus gleichartigen Streupartikeln besteht. Im Falle des Kristalls spielen die Elementarzellen naturgemäß die Rolle der Streupartikel. Eine erste Beziehung für die bei einem Kristall zu erwartende Streuintensitätsverteilung im reziproken Raum, $I(\boldsymbol{q})$, ergibt sich so aus den Gln. (1.97) und (1.101), als

$$I(\boldsymbol{q}) \sim \mathcal{N}_1 \mathcal{N}_2 \mathcal{N}_3 |f_\mathrm{c}(\boldsymbol{q})|^2 S(\boldsymbol{q}) \ .\tag{1.119}$$

$\mathcal{N}_1, \mathcal{N}_2$ und $\mathcal{N}_3$ geben hier die Zahlen der Elementarzellen längs der drei Achsen des Bravais-Gitters an. Die Streueigenschaften einer einzelnen Elementarzelle werden durch den Zellstrukturfaktor $f_\mathrm{c}(\boldsymbol{q})$ beschrieben. Dieser entsteht aus der Überlagerung der Streuwellen aller n Atome in der Zelle, als

$$f_\mathrm{c}(\boldsymbol{q}) = \sum_{j=1}^{n} f_j \exp(-\mathrm{i}\boldsymbol{q}\boldsymbol{r}_j) \ .\tag{1.120}$$

Die Interferenzfunktion $S(\boldsymbol{q})$ erfaßt die Interferenz zwischen allen Elementarzellen des Kristalls. Als Ausgangspunkt für die Berechnung verwenden wir wieder Gl. (1.103)

$$S(\boldsymbol{q}) - 1 = \int_V \exp(-\mathrm{i}\boldsymbol{q}\boldsymbol{r})(g_2(\boldsymbol{r}) - \rho_\mathrm{c})\mathrm{d}^3\boldsymbol{r} \ .\tag{1.121}$$

ρ_c gibt hier die Anzahl der Elementarzellen pro Volumeneinheit an, welche gleich dem reziproken Zellvolumen V_c ist:

$$\rho_\mathrm{c} = \frac{1}{V_\mathrm{c}} \ .\tag{1.122}$$

Die Elementarzellen liegen mit ihren Eckpunkten an den Gitterpunkten des Bravais-Gitters

$$\boldsymbol{R}_{uvw} = u\boldsymbol{a}_1 + v\boldsymbol{a}_2 + w\boldsymbol{a}_3 \ .\tag{1.123}$$

Die Paarverteilungsfunktion g_2 ergibt sich deshalb als

$$g_2(\boldsymbol{r}) = \sum_{uvw \neq 000} \delta(\boldsymbol{r} - \boldsymbol{R}_{uvw}) \ . \tag{1.124}$$

Unter Berücksichtigung der Gleichung

$$1 = \int_{\mathcal{V}} \exp(-\mathrm{i}\boldsymbol{q}\boldsymbol{r})\delta(\boldsymbol{r})\mathrm{d}^3\boldsymbol{r} \tag{1.125}$$

folgt für die Interferenzfunktion

$$S(\boldsymbol{q}) = \int_{\mathcal{V}} \exp(-\mathrm{i}\boldsymbol{q}\boldsymbol{r}) \sum_{uvw} \delta(\boldsymbol{r} - \boldsymbol{R}_{uvw})\mathrm{d}^3\boldsymbol{r} - \rho_\mathrm{c} \int_{\mathcal{V}} \exp(-\mathrm{i}\boldsymbol{q}\boldsymbol{r}) \ \mathrm{d}^3\boldsymbol{r} \ . \tag{1.126}$$

Wie schon einmal erwähnt, gibt der zweite Term nur einen Beitrag in Vorwärtsrichtung, der im Streuexperiment nicht erfaßt wird. Wir erhalten deshalb für den meßbaren Teil der Interferenzfunktion den Ausdruck

$$S(\boldsymbol{q}) = \sum_{uvw} \exp(-\mathrm{i}\boldsymbol{q} \cdot \boldsymbol{R}_{uvw}) \tag{1.127}$$

$$= \sum_{u=-\mathcal{N}_1/2}^{\mathcal{N}_1/2} \exp(-\mathrm{i}u\boldsymbol{q}\cdot\boldsymbol{a}_1) \sum_{v=-\mathcal{N}_2/2}^{\mathcal{N}_2/2} \exp(-\mathrm{i}v\boldsymbol{q}\cdot\boldsymbol{a}_2) \sum_{w=-\mathcal{N}_3/2}^{\mathcal{N}_3/2} \exp(-\mathrm{i}w\boldsymbol{q}\cdot\boldsymbol{a}_3)$$

Die Summen in den drei Faktoren lassen sich als geometrische Reihen exakt ausrechnen. Das Ergebnis ist dabei aber von vornherein klar: Ein nichtverschwindender Wert ergibt sich nur dann, wenn die folgenden Bedingungen erfüllt sind:

$$\begin{aligned} \boldsymbol{q} \cdot \boldsymbol{a}_1 &= 2\pi h \\ \boldsymbol{q} \cdot \boldsymbol{a}_2 &= 2\pi k \\ \boldsymbol{q} \cdot \boldsymbol{a}_3 &= 2\pi l \ . \end{aligned} \tag{1.128}$$

Physikalisch bedeutet dies, daß die Streuwellen von allen Zellen in Phase sein müssen. Falls auch nur ein winzig kleiner Phasenunterschied zwischen Nachbarn besteht, erfolgt bei der riesig großen Zahl von Zellen in der Summe sofort eine Auslöschung.

Die Lösung des Gleichungssystems läßt sich direkt angeben. Wir benutzen hier einen Begriff, welchem eine zentrale Bedeutung in der Festkörperphysik zukommt, bekannt als das **reziproke Gitter**. Das reziproke Gitter wird durch ein Tripel von Grundvektoren, $\hat{\boldsymbol{a}}_1, \hat{\boldsymbol{a}}_2$ und $\hat{\boldsymbol{a}}_3$, aufgespannt, welche auf ein-eindeutige Art mit den Grundvektoren des Bravais-Gitters, $\boldsymbol{a}_1, \boldsymbol{a}_2$ und $\boldsymbol{a}_3$, verknüpft sind. Die Definitionsgleichung lautet:

$$\boldsymbol{a}_i \cdot \hat{\boldsymbol{a}}_j = 2\pi\delta_{ij} \ . \tag{1.129}$$

Ein Grundvektor des reziproken Gitters steht also immer senkrecht auf zwei Grundvektoren des Bravais-Gitters. Die Vektoren des reziproken Gitters sind

$$G_{hkl} = h\widehat{a}_1 + k\widehat{a}_2 + l\widehat{a}_3 \ , \tag{1.130}$$

mit h, k, l als ganzzahligen Indizes.

Wie man unmittelbar erkennt, besitzen die Vektoren des reziproken Gitters G_{hkl} die Eigenschaft

$$G_{hkl} \cdot a_1 = 2\pi h$$
$$G_{hkl} \cdot a_2 = 2\pi k \tag{1.131}$$
$$G_{hkl} \cdot a_3 = 2\pi l \ .$$

Eben nach solchen Vektoren haben wir aber im Gleichungssystem (1.128) gesucht. Dies heißt aber, daß die Bedingung konstruktiver Interferenz zwischen allen Elementarzellen genau dann erfüllt ist, wenn der Streuvektor q mit einem der Vektoren des reziproken Gitters, G_{hkl} zusammenfällt:

$$q = G_{hkl} \ . \tag{1.132}$$

Gl. (1.132) wird **Lauesche Reflexionsbedingung** genannt.

Die Lauesche Reflexionsbedingung beinhaltet eine starke Einschränkung für das Streuvermögen von Kristallen und formuliert eine Selektionsbedingung. Sie bedeutet, daß man normalerweise keinerlei Streustrahlung erwarten kann, wenn die Orientierung des Kristalls im Primärstrahl und die Richtung des Detektors irgendwie frei gewählt werden. Der Streuvektor wird im allgemeinen keineswegs mit einem der Vektoren des reziproken Gitters übereinstimmen. Nur bei ganz bestimmten Orientierungen des Kristalls und der gleichzeitig richtigen Wahl der Lage des Detektors wird Streustrahlung empfangen, dann allerdings sehr intensiv. Unter Berücksichtigung der Laue-Bedingung können wir die Interferenzfunktion des Gitters S_L als

$$S_\mathrm{L}(q) \sim \sum_{hkl \neq 000} \delta(q - G_{hkl}) \tag{1.133}$$

schreiben, oder, wie eine Berechnung ergibt, in vollständiger Form als

$$S_\mathrm{L}(q) = \rho_\mathrm{c} \sum_{hkl \neq 000} \delta(q - G_{hkl}) \ . \tag{1.134}$$

Für die Streuintensitätsverteilung im reziproken Raum ergibt sich so

$$I(q) \sim \mathcal{N}_1 \mathcal{N}_2 \mathcal{N}_3 |f_\mathrm{c}(q)|^2 \rho_\mathrm{c} \sum_{hkl \neq 000} \delta(q - G_{hkl}) \ . \tag{1.135}$$

Die **Ewald-Konstruktion** erlaubt zu überprüfen, ob ein Kristall so orientiert ist, daß er den Primärstrahl reflektieren kann, und zeigt dabei auch die Richtung des reflektierten Strahls an. Abb. 1.40 erläutert die Konstruktion im zweidimensionalen Fall. Die Punkte sind die Punkte des reziproken Gitters. Der Wellenvektor des Primärstrahls k zeigt auf den Gitterursprung. Die Wellenvektoren aller möglichen Streustrahlen müssen wegen $|k'| = |k|$ auf dem gezeichneten Kreis enden. Die Laue-Bedingung läßt sich genau dann erfüllen, wenn ein Punkt des reziproken Gitters auf dem Kreis liegt. Der Streuvektor läßt sich dann, wie eingezeichnet, so wählen, daß er mit einem Vektor des reziproken Gitters übereinstimmt. Wie die Konstruktion ins Dreidimensionale zu übertragen ist, ist klar. Man hat dann von einer Kugel zu sprechen und die Frage zu stellen, ob Punkte des reziproken Gitters auf der Kugeloberfläche liegen. Wenn dies der Fall ist, entsteht in Richtung des zugehörigen Wellenvektors k' ein reflektierter Strahl.

Durch eine kontrollierte Drehung des Kristalls bei gleichzeitiger Drehung des Detektors kann im Experiment festgestellt werden, wann Reflexionen auftreten. Jeder Reflex liefert über den zugehörigen Streuvektor einen Vektor des reziproken Gitters. Hat man mehrere Reflexe lokalisiert, so läßt sich das reziproke Gitter festlegen. Hieraus folgt direkt das Bravais-Gitter, über Gl. (1.129) oder die äquivalenten Beziehungen

$$\widehat{a}_1 = 2\pi \frac{a_2 \times a_3}{(a_1 \times a_2) \cdot a_3} \qquad \text{etc.} \ . \qquad (1.136)$$

Die Bezeichnung „reziprok" drückt auch aus, daß die Volumina der Elementarzellen des Bravais-Gitters und des reziproken Gitters umgekehrt proportional zueinander sind. Es gilt

$$V_\mathrm{c} = \frac{(2\pi)^3}{\widehat{V}_\mathrm{c}} \ . \qquad (1.137)$$

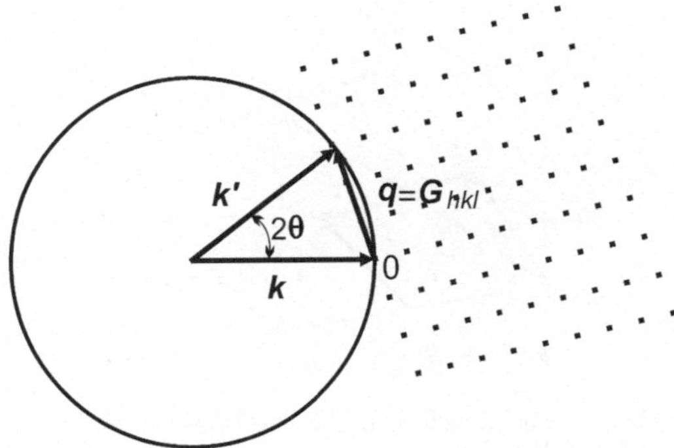

Abb. 1.40. Ewald-Konstruktion zur Überprüfung der Erfüllung der Laueschen Reflexionsbedingung.

Der Nachweis kann durch einfaches Ausrechnen erfolgen. Wir schreiben in einem gemeinsamen orthogonalen Koordinatensystem mit Einheitsvektoren $\boldsymbol{i}, \boldsymbol{j}$ und $\boldsymbol{k}$

$$\boldsymbol{a}_i = a_{ix}\boldsymbol{i} + a_{iy}\boldsymbol{j} + a_{iz}\boldsymbol{k} \tag{1.138}$$

$$\widehat{\boldsymbol{a}}_i = \widehat{a}_{ix}\boldsymbol{i} + \widehat{a}_{iy}\boldsymbol{j} + \widehat{a}_{iz}\boldsymbol{k} \ . \tag{1.139}$$

Es ist

$$V_{\mathrm{c}} = \boldsymbol{a}_1 \cdot (\boldsymbol{a}_2 \times \boldsymbol{a}_3) = \begin{vmatrix} a_{1x} & a_{1y} & a_{1z} \\ a_{2x} & a_{2y} & a_{2z} \\ a_{3x} & a_{3y} & a_{3z} \end{vmatrix} \tag{1.140}$$

und

$$\widehat{V}_{\mathrm{c}} = \begin{vmatrix} \widehat{a}_{1x} & \widehat{a}_{1y} & \widehat{a}_{1z} \\ \widehat{a}_{2x} & \widehat{a}_{2y} & \widehat{a}_{2z} \\ \widehat{a}_{3x} & \widehat{a}_{3y} & \widehat{a}_{3z} \end{vmatrix} = \begin{vmatrix} \widehat{a}_{1x} & \widehat{a}_{2x} & \widehat{a}_{3x} \\ \widehat{a}_{1y} & \widehat{a}_{2y} & \widehat{a}_{3y} \\ \widehat{a}_{1z} & \widehat{a}_{2z} & \widehat{a}_{3z} \end{vmatrix} \tag{1.141}$$

und dies führt auf

$$V_{\mathrm{c}} \cdot \widehat{V}_{\mathrm{c}} = \begin{vmatrix} a_{1x} & a_{1y} & a_{1z} \\ a_{2x} & a_{2y} & a_{2z} \\ a_{3x} & a_{3y} & a_{3z} \end{vmatrix} \cdot \begin{vmatrix} \widehat{a}_{1x} & \widehat{a}_{2x} & \widehat{a}_{3x} \\ \widehat{a}_{1y} & \widehat{a}_{2y} & \widehat{a}_{3y} \\ \widehat{a}_{1z} & \widehat{a}_{2z} & \widehat{a}_{3z} \end{vmatrix} = \begin{vmatrix} 2\pi & 0 & 0 \\ 0 & 2\pi & 0 \\ 0 & 0 & 2\pi \end{vmatrix} = (2\pi)^3 \ .$$

Die Vektoren des reziproken Gitters besitzen eine spezielle Eigenschaft: Sie stehen senkrecht zu Netzebenenscharen des Bravais-Gitters. Eine **Netzebenenschar** ist ein Stapel von Ebenen mit konstantem Abstand, welcher die Eigenschaft besitzt, alle Punkte des Bravais-Gitters zu erfassen. Netzebenenscharen lassen sich nach dem Millerschen Verfahren wie in Abb. 1.41 angedeutet konstruieren. Man teilt den Grundvektor $\boldsymbol{a}_1$ in h Abschnitte, $\boldsymbol{a}_2$ in

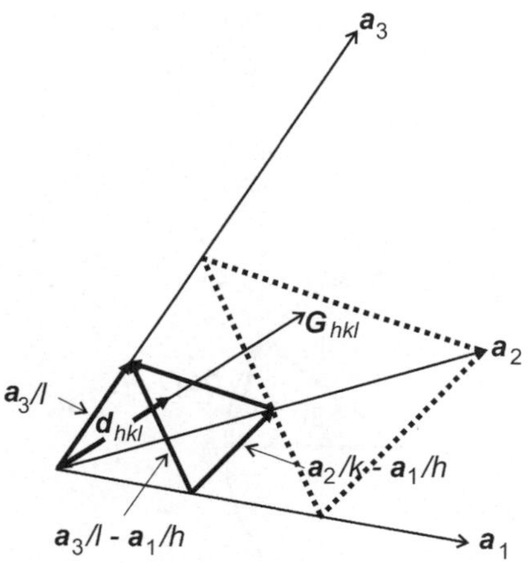

Abb. 1.41. Zusammenhang zwischen hkl-Netzebenenschar und dem Vektor $\boldsymbol{G}_{hkl}$ des reziproken Gitters.

k Abschnitte und $\boldsymbol{a}_3$ in l Abschnitte. Die drei so gewonnenen Punkte definieren eine Ebene, deren Wiederholung durch das ganze Gitter hindurch eine Netzebenenschar ergibt. Die Zahlen h, k, l sind als **Miller-Indizes** der Netzebenenschar bekannt. Abb. 1.41 ist nun leicht zu entnehmen, daß der Normalvektor zur Netzebenenschar mit den Miller-Indizes hkl zum Vektor $\boldsymbol{G}_{hkl}$ des reziproken Gitters parallel ist. Das Senkrechtstehen folgt aus

$$(h\widehat{\boldsymbol{a}}_1 + k\widehat{\boldsymbol{a}}_2 + l\widehat{\boldsymbol{a}}_3) \cdot \left(\frac{\boldsymbol{a}_2}{k} - \frac{\boldsymbol{a}_1}{h} \right) = 0 \qquad (1.142)$$

und

$$(h\widehat{\boldsymbol{a}}_1 + k\widehat{\boldsymbol{a}}_2 + l\widehat{\boldsymbol{a}}_3) \cdot \left(\frac{\boldsymbol{a}_3}{l} - \frac{\boldsymbol{a}_1}{h} \right) = 0 \ . \qquad (1.143)$$

Weiterhin gilt

$$d_{hkl}|\boldsymbol{G}_{hkl}| = \frac{\boldsymbol{a}_3}{l} \cdot \boldsymbol{G}_{hkl} = \frac{\boldsymbol{a}_3}{l} \cdot (h\widehat{\boldsymbol{a}}_1 + k\widehat{\boldsymbol{a}}_2 + l\widehat{\boldsymbol{a}}_3) = 2\pi \ . \qquad (1.144)$$

d. h. der Betrag des reziproken Gittervektors ist umgekehrt proportional zum Abstand der Ebenen in der zugeordneten Netzebenenschar. Gl. (1.144) führt direkt zu dem bekannten **Braggschen Gesetz**

$$2d_{hkl}\sin\theta = \lambda \ . \qquad (1.145)$$

Man hat dazu nur zu berücksichtigen, daß aus der Laue-Bedingung

$$|\boldsymbol{G}_{hkl}| = |\boldsymbol{q}| \qquad (1.146)$$

folgt und für $|\boldsymbol{q}|$ Gl. (1.96) gilt.

Das Braggsche Gesetz eignet sich gut für die Auswertung von Streuexperimenten an Kristall-Pulvern. In Pulvern liegen Kristalle aller Orientierungen vor und deswegen auch immer solche, welche die Lauesche Reflexionsbedingung für einen bestimmten Reflex hkl erfüllen. Alle Streustrahlen, die zum Reflex hkl gehören, verlassen die Pulverprobe längs eines Kegelmantels, unter einem festen Winkel 2θ zum Primärstrahl. Das Braggsche Gesetz verknüpft θ mit dem Abstand d_{hkl} der zugehörigen Netzebenenschar.

Wie oben schon erwähnt, gilt das besondere Interesse bei Röntgenstreuexperimenten häufig der Atomverteilung in der Elementarzelle. Information hierüber ist im Zellstrukturfaktor f_c enthalten. Jeder Reflex mit Indizes hkl liefert über die zugehörige integrale Reflexintensität, I_{hkl}, einen Wert für den Zellstrukturfaktor. Es gilt

$$\begin{aligned}
I_{hkl} &\sim |f_c(\boldsymbol{q} = \boldsymbol{G}_{hkl})|^2 \\
&= |\sum_j f_j \exp[-i(h\widehat{\boldsymbol{a}}_1 + k\widehat{\boldsymbol{a}}_2 + l\widehat{\boldsymbol{a}}_3) \cdot (x_{1j}\boldsymbol{a}_1 + x_{2j}\boldsymbol{a}_2 + x_{3j}\boldsymbol{a}_3)]|^2 \\
&= |\sum_j f_j \exp[-i2\pi(hx_{1j} + kx_{2j} + lx_{3j})]|^2 \ . \qquad (1.147)
\end{aligned}$$

Ziel ist die Bestimmung der Lagen aller Atome in der Elementarzelle. Wie man sieht, läßt sich diese Aufgabe nur dann lösen, wenn eine genügend große Anzahl von Reflexen in ihrer Intensität vermessen werden. Auf der Grundlage von Gl. (1.147) kann man dann versuchen, alle Atomlagen zu bestimmen. Hierfür gibt es eine Reihe wirksamer, wohleingeführter Methoden.

Realer Kristall. Debye-Waller-Faktor. Bei allen bisherigen Betrachtungen waren wir von idealen Verhältnissen ausgegangen, mit Elementarzell-Eckpunkten genau an den Punkten des Bravais-Gitters. Tatsächlich ist dies aufgrund der thermischen Bewegung im Kristall nicht ganz richtig, und die Folgen sind zu bedenken. Glücklicherweise stellt sich heraus, daß die Grundzüge der Streuung idealer Kristalle erhalten bleiben und die durch die realen Verhältnisse herbeigeführten Veränderungen auch gut vorhersagbar sind. Gitterschwingungen führen allgemein zu einer Auslenkung aller Atome um ihre Gleichgewichtslagen. Wie in Kapitel 5.1.1 erläutert wird, kann man zwischen Relativverschiebungen der Atome innerhalb jeder Elementarzelle und Auslenkungen der gesamten Elementarzellen unterscheiden. Die größeren Auslenkungen rühren dabei von den zweiten Beiträgen her und sind verursacht durch langwellige akustische Gitterschwingungen. Wir wollen uns bei der Diskussion hierauf beschränken.

Die Auslenkungen der Elementarzellen, d. h. der Punkte des Bravais-Gitters, führen zu einer Modifikation der Paarverteilungsfunktion. Anstelle von Gl. (1.124) schreiben wir jetzt

$$g_2(\boldsymbol{r}) = \sum_{uvw \neq 000} w(\boldsymbol{r} - \boldsymbol{R}_{uvw}) \ . \qquad (1.148)$$

Wir haben dabei die scharfe δ-Funktion durch eine Wahrscheinlichkeitsverteilung $w(\boldsymbol{r} - \boldsymbol{R}_{uvw})$ für die Auslenkungen um die Gleichgewichtslagen ersetzt. Für die weitere Behandlung ist es hilfreich, die Paarverteilungsfunktion in Form eines Faltungsprodukts zu schreiben. Faltungsprodukte verknüpfen zwei Funktionen durch die Integraloperation

$$\Phi_1(\boldsymbol{r}) \otimes \Phi_2(\boldsymbol{r}) = \int \Phi_1(\boldsymbol{r} - \boldsymbol{r}')\Phi_2(\boldsymbol{r}')\mathrm{d}^3\boldsymbol{r}' \ . \qquad (1.149)$$

Wir schreiben

$$g_2(\boldsymbol{r}) = \int w(\boldsymbol{r} - \boldsymbol{r}') \sum_{uvw \neq 000} \delta(\boldsymbol{r}' - \boldsymbol{R}_{uvw})\mathrm{d}^3\boldsymbol{r}' = w(\boldsymbol{r}) \otimes \sum_{uvw \neq 000} \delta(\boldsymbol{r} - \boldsymbol{R}_{uvw}) \ .$$
$$(1.150)$$

Für die Fourier-Transformierte eines Faltungsprodukts gilt die einfache Regel

$$\mathrm{Ftr}\ \Phi_1 \otimes \Phi_2 = \mathrm{Ftr}\ \Phi_1 \cdot \mathrm{Ftr}\ \Phi_2 \qquad (1.151)$$

mit der Kurznotation

$$\text{Ftr } \Phi(\boldsymbol{r}) = \int \exp(-\mathrm{i}\boldsymbol{q}\boldsymbol{r})\Phi(\boldsymbol{r})\mathrm{d}^3\boldsymbol{r} \ . \tag{1.152}$$

Fü die Interferenzfunktion gilt damit

$$
\begin{aligned}
S(\boldsymbol{q}) &= 1 + \text{Ftr } \Big(w \otimes \sum_{uvw \neq 000} \delta(\boldsymbol{r} - \boldsymbol{R}_{uvw})\Big) \\
&= \text{Ftr } w \cdot \text{Ftr} \sum_{uvw} \delta(\boldsymbol{r} - \boldsymbol{R}_{uvw}) - \text{Ftr } w \cdot \text{Ftr } \delta(\boldsymbol{r}) + 1 \\
&= \text{Ftr } w \cdot S_{\mathrm{L}}(\boldsymbol{q}) + (1 - \text{Ftr } w) \ .
\end{aligned}
\tag{1.153}
$$

Wie man sieht, tritt im Resultat wieder die Interferenzfunktion S_{L} des idealen Kristalls auf. Dies bedeutet aber, daß für einen realen Kristall dieselben Reflexe wie für den entsprechenden Idealkristall erscheinen, bloß geschwächt um den Faktor Ftr$w$. Daneben ist ein zweites charakteristisches Ergebnis zu verzeichnen: Zu den Reflexen kommt eine kontinuierlich verlaufende Streukomponente hinzu, in einer Form, wie sie der zweite Term beschreibt.

In vielen Fällen läßt sich die Wahrscheinlichkeitsverteilung der Auslenkungen der Gitterpunkte, $\Delta\boldsymbol{r}$, in guter Näherung durch eine Gauß-Funktion wiedergeben

$$w(\Delta\boldsymbol{r}) = \left(\frac{3}{2\pi <\Delta r^2 >}\right)^{3/2} \exp -\frac{3|\Delta\boldsymbol{r}|^2}{2<\Delta r^2 >} \ . \tag{1.154}$$

Deren Fourier-Transformierte ist

$$\text{Ftr } w = \exp -\left(<\Delta r^2 > \frac{q^2}{6}\right) \ . \tag{1.155}$$

Dies führt für die Interferenzfunktion zum Ergebnis

$$S(\boldsymbol{q}) = \exp -\frac{<\Delta r^2 > q^2}{6} \cdot S_{\mathrm{L}}(\boldsymbol{q}) + [1 - \exp -\frac{<\Delta r^2 > q^2}{6}] \ . \tag{1.156}$$

Es sagt uns, daß die Reflexintensitäten mit wachsendem Streuwinkel immer mehr geschwächt werden. Begleitet wird dies von einem Anstieg der kontinuierlichen, „diffusen" Streukomponente. Der die Reflexschwächung beschreibende exponentielle Term ist als **Debye-Waller-Faktor** bekannt. Wie eine kurze Rechnung zeigt, wird die Gesamtstreuung im reziproken Raum, gegeben durch das Integral über die Interenzfunktion, durch die Gitterschwingungen nicht verändert. Es tritt nur eine Umverteilung der Intensitäten auf, aus den Reflexen heraus in die dazwischen liegenden $\boldsymbol{q}$-Bereiche. Tatsächlich läßt sich sogar zeigen, daß dies für Streuexperimente ganz allgemein gilt. Änderungen in der Anordnung der Streupartikel unter Konstanthaltung der Teilchendichte führen immer nur zu einer Umverteilung der Streuintensitäten im reziproken Raum.

1.6 Übungsaufgaben

1. Betrachten Sie Kristalle aus sich berührenden harten Kugeln mit dem Radius b und berechnen Sie den Anteil ϕ des ausgefüllten Volumens für die Fälle (a)-(c). Bestimmen Sie ebenfalls die Koordinationszahl z (Anzahl der nächsten Nachbarn).

   a) Kubisch primitives Gitter (eine Kugel pro Zelle),
   b) Kubisch raumzentriertes Gitter (zwei Kugeln pro Zelle),
   c) Kubisch flächenzentriertes Gitters (vier Kugeln pro Zelle).

2. Bestimmen Sie die Gruppen der Symmetrieelemente für die Moleküle
   a) Wasser H_2O (gewinkelt),
   b) Kohlendioxid CO_2 (linear),
   c) Ammoniak NH_3 (pyramidal),
   d) Methan CH_4 (tetraedrisch),
   e) Benzol C_6H_6 (hexagonal),
   f) Cyclohexan C_6H_{12} (Sessel- und Wannenform), sowie für das
   g) monokline und das
   h) tetragonale Bravaisgitter.

3. Ein Bravais-Gitter ist abgeschlossen, d.h. die Summe zweier Gittervektoren ist wieder ein Element des Bravais-Gitters. Zeigen Sie für den Fall eines zweidimensionalen Gitters, daß sich diese Eigenschaft nicht mit einer fünfzähligen Rotationssymmetrie verträgt.

4. Berechnen Sie den nematischen Ordnungsparameter für einen Flüssigkristall, dessen Moleküle mit ihren Längsachsen
   a) alle parallel zur Bezugsachse orientiert sind,
   b) alle senkrecht zur Bezugsachse orientiert sind,
   c) isotrop verteilt sind.

5. Die Molekulargewichtsverteilung oder Verteilung des Polymerisationsgrades N von einem Polymer hängt vom Reaktionsmechanismus der Polymerisation ab. Enge Verteilungen lassen sich mit Reaktionen, bei denen stets einzelne Monomere an die Kettenenden angefügt werden, erzielen. In diesem Fall erwartet man eine Poisson-Verteilung:

$$w(N) = \exp(-\overline{N})\frac{\overline{N}^N}{N!}$$

Bestimmen Sie die Varianz $\sigma^2 = \, <(N- <N>)^2> \,$ der Verteilung und zeigen Sie den Zusammenhang zwischen σ^2 und der üblicherweise verwendeten Uneinheitlichkeit U auf. Welche Unheitlichkeit erwartet man für ein Polymer mit Polymerisationsgrad 100?

$$U = \frac{M_w}{M_n} - 1 \quad \text{mit} \quad \begin{aligned} M_n &= \int w(N)M(N)\mathrm{d}N \\ M_w &= \int w(N)M(N)\cdot M(N)\mathrm{d}N / \int w(N)M(N)\mathrm{d}N \end{aligned}$$

M_n gibt das Zahlenmittel, M_w das Gewichtsmittel des Molekulargewichts an.

6. Mit Hilfe von Streuexperimenten an verdünnten Polymerlösungen können Molekulargewicht und Größe von Polymeren bestimmt werden. Hierfür genügt es, das Streuverhalten bei kleinen Streuvektoren zu bestimmen. Berechnen Sie die Streuintensität $I(q)$ einer Polymerkette für kleine Streuvektoren q in quadratischer Näherung. Entwickeln Sie den folgenden allgemeinen Ausdruck für $I(q)$ für kleine q:

$$I(q) = \sum_{j,k=1}^{N} f^2 < \exp[-i\boldsymbol{q}(\boldsymbol{r}_j - \boldsymbol{r}_k)] >$$

$\boldsymbol{r}_j$ seien die Ortsvektoren der Monomere, die alle den gleichen Molekülformfaktor f besitzen. Zeigen Sie, daß $I(q)$ in folgender Form geschrieben werden kann:

$$I(q) = f^2 N^2 \left(1 - \frac{R_{\mathrm{g}}^2 q^2}{3}\right) \; .$$

Dabei ist der „Gyrationsradius" R_{g} folgendermaßen definiert:

$$R_{\mathrm{g}}^2 = \frac{1}{2N^2} \sum_{j,k=1}^{N} < (\boldsymbol{r}_j - \boldsymbol{r}_k)^2 >$$

Benutzen Sie bei der obigen Rechnung die folgende Beziehung:

$$< [\boldsymbol{q}(\boldsymbol{r}_j - \boldsymbol{r}_k)]^2 > = \frac{1}{3} q^2 < (\boldsymbol{r}_j - \boldsymbol{r}_k)^2 >$$

Zeigen Sie, daß sich R_{g} auch folgendermaßen schreiben läßt:

$$R_{\mathrm{g}}^2 = \frac{1}{2N^2} \sum_{j,k=1}^{N} \left\langle (\boldsymbol{r}_j - \boldsymbol{r}_k)^2 \right\rangle = \frac{1}{N} \sum_{j=1}^{N} \left\langle (\boldsymbol{r}_j - \boldsymbol{r}_c)^2 \right\rangle$$

wobei $\boldsymbol{r}_c = \sum_{j=1}^{N} \boldsymbol{r}_j / N$ den Schwerpunkt des Polymermoleküls bezeichnet.

7. Eine Elementarzelle habe folgende Parameter

$$a_1 = 0,5 \text{ nm}, \quad a_2 = 1 \text{ nm}, \quad a_3 = 1,5 \text{ nm}; \quad \alpha_1 = \alpha_2 = 90°, \quad \alpha_3 = 120° \; .$$

Man bestimme die Abstände der (321)-Netzebenen. Unter welchem Winkel werden Röntgenstrahlen gestreut, wenn Cu-K$_\alpha$-Strahlung der Wellenlänge $\lambda = 0,154$ nm verwendet wird?

8. Berechnen Sie den Strukturfaktor $f_c(\boldsymbol{q}_{hkl})$ für die kubisch-flächenzentrierte Struktur. Für welche Indizes (hkl) findet man Auslöschungen der gebeugten Strahlen?

2 Moduli, Viskositäten und Suszeptibilitäten

Wir werden in diesem Kapitel besprechen, wie kondensierte Materie makroskopisch reagiert, wenn ein äußeres Feld angelegt wird. Dabei kann es sich um mechanische Felder handeln, die in Festkörpern Deformationen und in Fluiden Fließerscheinungen auslösen, es kann ein elektrisches Feld sein, welches Materie polarisiert, oder ein magnetisches Feld, welches eine Magnetisierung bewirkt. Solange die Felder nicht zu stark sind, folgen diese Reaktionen einem gemeinsamen Schema: Man findet dann in allen Fällen eine lineare Beziehung zwischen der Stärke des Feldes und der ausgelösten Reaktion. Wir werden nacheinander die Wirkungen von mechanischen, elektrischen und magnetischen Feldern erörtern und am Ende, im letzten Abschnitt, aus einer übergeordneten Sicht zusammenfassend über **lineare Antworten** sprechen und einige allgemein gültige Gesetze formulieren.

2.1 Mechanische Felder

2.1.1 Hookesche Elastizität und Newtonsche Viskosität

Legt man eine mechanische Kraft an einen Kristall oder einen glasigen Körper an, folgt die sich ergebende Deformation dem **Hookeschen Gesetz**. Eine Zugspannung

$$\sigma_{zz} = f/A \tag{2.1}$$

mit f als Kraft in z-Richtung und A als Probenquerschnitt, auf welchen die Kraft wirkt, hat eine Dehnung

$$e_{zz} = \frac{\Delta L_z}{L_z} \tag{2.2}$$

(ΔL_z bezeichnet die Verlängerung, L_z ist die ursprüngliche Länge) zur Folge. Das Hookesche Gesetz formuliert einen linearen Zusammenhang zwischen der Zugspannung und der Dehnung:

$$\sigma_{zz} = E_{\mathrm{t}} e_{zz} \quad . \tag{2.3}$$

Die Proportionalitätskonstante E_{t} wird **Elastizitätsmodul** genannt. Die umgekehrte Beziehung,

$$e_{zz} = D\sigma_{zz} \quad , \tag{2.4}$$

enthält als Proportionalitätsfaktor die **Zugnachgiebigkeit** D.

Wenn man bei einem unten festgehaltenen, quaderförmigen Körper die Kraft längs der oberen Fläche wirken läßt, erzielt man eine Scherung. Für Hookesche Festkörper gilt hier

$$\sigma_{zx} = G \tan \gamma$$
$$\approx G\gamma \quad . \tag{2.5}$$

σ_{zx} beschreibt die Scherspannung (Kraft in x-Richtung, die auf eine Oberfläche mit der Normalen in z-Richtung einwirkt), γ ist der Scherwinkel und G bezeichnet den **Schermodul**. Abb. 2.1 zeigt eine solche Scherdeformation.

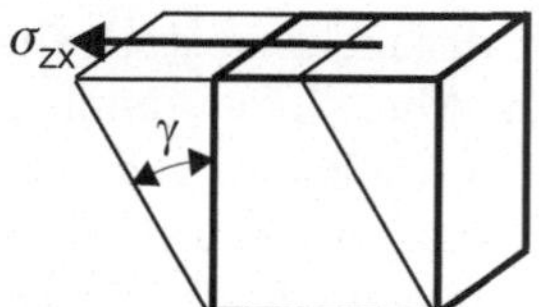

Abb. 2.1. Scherspannung σ_{zx} und Scherwinkel γ.

Wendet man eine Scherspannung σ_{zx} auf eine Flüssigkeitsschicht an, so beginnt diese zu fließen. Die Deformationsgeschwindigkeit folgt dabei dem **Newtonschen Gesetz**

$$\sigma_{zx} = \eta \frac{\mathrm{d}}{\mathrm{d}t} \tan \gamma \quad . \tag{2.6}$$

Als Materialgröße tritt hier die Viskosität η auf. Die Kraft löst eine laminare Strömung aus, in welcher sich die Strömungsgeschwindigkeit v_x in z-Richtung linear ändert. Man kann deshalb auch

$$\sigma_{zx} = \eta \frac{\mathrm{d}v_x}{\mathrm{d}z} \tag{2.7}$$

schreiben.

2.1.2 Flüssigkristalle: Frank-Moduli und Miesowicz-Viskositäten

Abb. 2.2 zeigt ein denkbares Experiment. In einem Flüssigkristall mit einem homogenen Direktorfeld, wie es sich in einem dünnen Film auf einer mit Längsrillen versehenen Glasplatte von selbst einstellt, befindet sich ein makroskopisches stäbchenförmiges Objekt, wie beispielsweise ein kleines Stück einer Glasfaser. Zunächst liegt, wie links angedeutet, die Glasfaser parallel zum Direktor. Wenn sie selbst auch mit Rillen in Längsrichtung versehen ist,

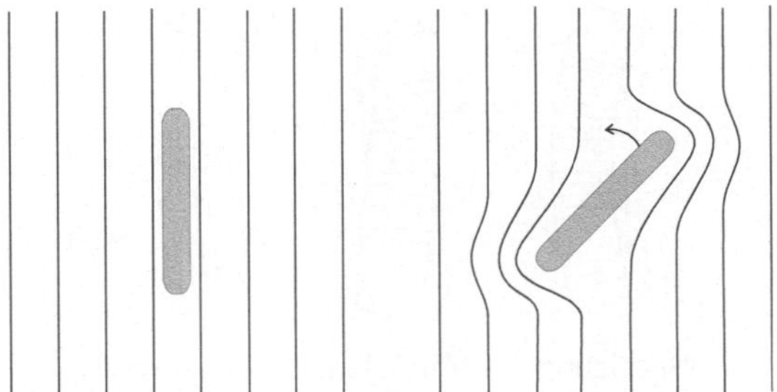

Abb. 2.2. Stäbchen in einem homogenen Direktorfeld (*links*). Die eine Auslenkung begleitende, lokale Verzerrung des Direktorfeldes führt zu einem rücktreibenden Drehmoment (*rechts*).

werden sich die Moleküle an ihrer Oberfläche ebenfalls in Längsrichtung anordnen, und das Direktorfeld wird nur im Bereich der Enden etwas gestört. Wenn wir jetzt mit einer Pinzette an der Glasfaser drehen, deformiert sich das Direktorfeld auf eine Art, wie sie qualitativ auf der rechten Seite der Abbildung skizziert ist. Läßt man nun die Glasfaser wieder los, stellt man fest, daß ein Drehmoment wirkt, welches sie in die Ausgangslage zurückbefördert. Ein solches Verhalten bedeutet aber, daß im Flüssigkristall elastische Kräfte wirksam werden können, die dann entstehen, wenn das Direktorfeld deformiert wird, d. h. seine Homogenität verliert.

Es stellt sich die Frage, wie diese Elastizität richtig zu erfassen und geeignet zu beschreiben ist. Der allgemeine Zugang ist dabei derselbe wie in der Kontinuums-Mechanik. Man hat zu überlegen, wie sich bei einer Deformation des Direktorfeldes $n(r)$ die freie Energie des Systems ändert. Die Beiträge niedrigster Ordnung, auf die man sich zunächst beschränken kann, rühren dabei von den einfachen Ableitungen $\partial n_i / \partial r_j$ her. Bezieht man sich auf den homogenen Gleichgewichtszustand als Grundzustand, kann die Änderung der freien Energie bei einer Deformation diese Terme nur quadratisch enthalten. Darüber hinaus gibt es noch weitere Forderungen, denen der gesuchte Ausdruck entsprechen muß, wie z.B.

- er muß invariant bei einer Vertauschung $n \to -n$ sein,
- da Flüssigkristalle lokal uniaxial symmetrisch sind, muß er auch invariant gegenüber einer Drehung um die Direktorrichtung sein,
- n darf als Einheitsvektor seine Länge nicht ändern.

Frank hat die Gegebenheiten unter allen Einschränkungen theoretisch analysiert und dabei gefunden, daß sich Deformationszustände von nematischen Flüssigkristallen immer in drei Grundtypen zerlegen lassen, welche drei voneinander unabhängige Beiträge zur freien Energie liefern. Abb. 2.3 zeigt diese drei Grunddeformationsarten. Sie entsprechen einer Spreizung, Verdrillung oder Biegung des Direktorfeldes, so wie es die Abbildung darstellt. Der zugehörige Ausdruck für die Zunahme der freien Energie pro Volumeneinheit,

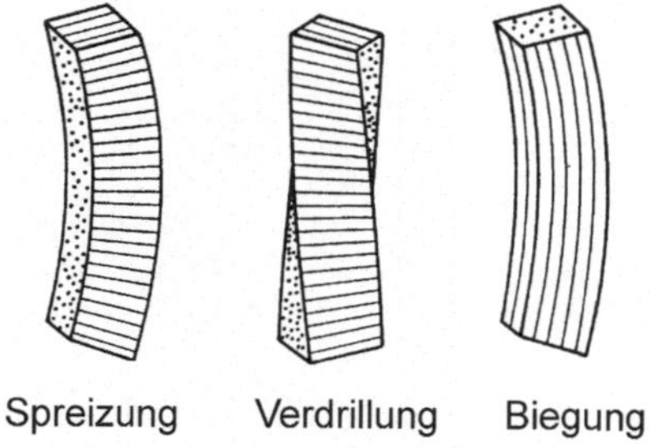

Abb. 2.3. Die drei Grunddeformationsarten des Direktorfeldes: Spreizung (*Splay*), Verdrillung (*Twist*), Biegung (*Bend*)..

als f_{el} bezeichnet, lautet

$$f_{\text{el}} = \frac{1}{2}[K_1(\text{div } \boldsymbol{n})^2 + K_2(\boldsymbol{n} \cdot \text{rot } \boldsymbol{n})^2 + K_3|\boldsymbol{n} \times \text{rot } \boldsymbol{n}|^2] \ . \qquad (2.8)$$

K_1, K_2 und K_3 sind als **Frank-Moduli** bekannt und beschreiben die Steifigkeit des Systems gegenüber Spreizungen, Verdrillungen und Biegungen.

Wie kann man die Frank-Moduli im Experiment bestimmen? Abbildung 2.4 zeigt eine Meßanordnung, mit der dies prinzipiell möglich ist. Ausgangszustand ist wieder ein durch die Oberflächenwechselwirkung planarhomogen orientierter Flüssigkristallfilm. Legen wir jetzt ein Magnetfeld parallel zur Oberflächennormalen an, so wird sich das Direktorfeld wie in der Abbildung angezeigt verändern. Dabei ist unterstellt, daß die Wechselwirkung des Flüssigkristalls mit dem Magnetfeld eine Parallelstellung des Direktors bevorzugt. In genügendem Abstand von der Oberfläche setzt sich die magnetische Kraft durch, an der Oberfläche selbst vermag sie aber gegen

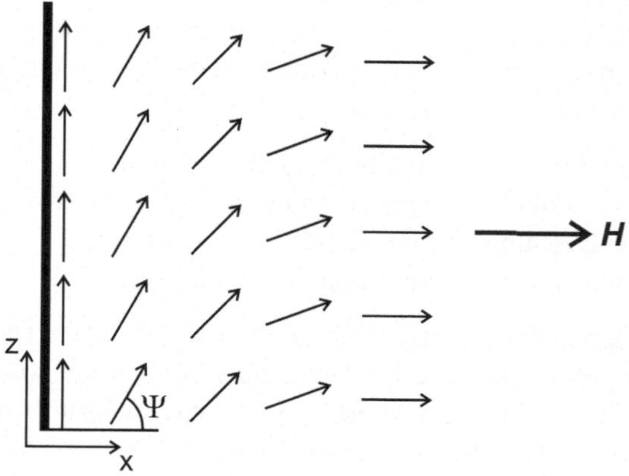

Abb. 2.4. Direktorfeld nach dem Anlegen eines Magnetfeldes an eine zunächst planar-homogene nematische Probe. Die Pfeile zeigen die lokale Direktorrichtung an.

die stärkeren Oberflächenkräfte nichts auszurichten. Die Richtung des Direktors beschreiben wir mit dem Winkel Ψ. Er ändert sich kontinuierlich von einem Wert $\Psi = 90°$ an der Oberfläche zum Endwert $\Psi = 0°$ in genügendem Abstand davon.

Wie groß der Bereich ist, innerhalb welchem der Übergang erfolgt, hängt vom Verhältnis zwischen der elastischen Energie und der Wechselwirkungsenergie mit dem Magnetfeld ab. Die Situation läßt sich genau analysieren, und hierzu brauchen wir noch einen Ausdruck für die Wechselwirkungsenergie. Flüssigkristalle sind in den allermeisten Fällen diamagnetisch und dabei anisotrop, besitzen also unterschiedliche Komponenten der magnetischen Suszeptibilität parallel zum Direktor, $\kappa_\parallel$, und senkrecht zum Direktor, $\kappa_\perp$. Zerlegt man auch das Magnetfeld entsprechend in zwei Komponenten parallel und senkrecht zum Direktor, $H_\parallel$ und $H_\perp$, gilt für die beiden erzeugten Magnetisierungen

$$M_\parallel = \kappa_\parallel H_\parallel \quad , \tag{2.9}$$

$$M_\perp = \kappa_\perp H_\perp \quad . \tag{2.10}$$

Fragen wir nach dem Gleichgewichtszustand, der sich bei fest vorgegebenem Feld H einstellt, haben wir von der freien Energie zur freien Enthalpie überzugehen, und wir wählen dabei die reduzierte Form $\hat{g}$ (siehe Anhang A, Gl. (A.12)). Der Deformationsanteil bleibt dabei unverändert:

$$\hat{g}_{\text{el}} = f_{\text{el}} \quad . \tag{2.11}$$

Der zweite Teil, $\hat{g}_{\text{m}}$, welcher sich beim Einschalten des Magnetfelds ergibt, folgt als

$$\hat{g}_{\text{m}} = -\mu_0 \int M_\parallel \mathrm{d}H_\parallel - \mu_0 \int M_\perp \mathrm{d}H_\perp \tag{2.12}$$

$$= -\mu_0 \int_0^H (\kappa_\parallel \cos^2 \Psi + \kappa_\perp \sin^2 \Psi) H' \mathrm{d}H' \tag{2.13}$$

$$= -\frac{\mu_0}{2}(\kappa_\parallel - \kappa_\perp) H^2 \cos^2 \Psi - \frac{\mu_0}{2}\kappa_\perp H^2 \quad . \tag{2.14}$$

Für das Folgende sind nur die Änderungen $\Delta\hat{g}_{\text{m}}$ der Energie im magnetischen Feld bei Drehungen des Direktors von Bedeutung. Für diese finden wir, unter Außerachtlassung des letzten Terms, also

$$\Delta\hat{g}_{\text{m}} = -\frac{\mu_0}{2}\Delta\kappa(\boldsymbol{n} \cdot \boldsymbol{H})^2 \quad . \tag{2.15}$$

$\Delta\kappa$ bezeichnet dabei die Anisotropie der diamagnetischen Suszeptibilität

$$\Delta\kappa = \kappa_\parallel - \kappa_\perp \quad . \tag{2.16}$$

Offensichtlich handelt es sich bei der gezeigten Deformation um eine Überlagerung von Spreizung und Biegung; eine Verdrillung ist nicht vorhanden. Beim Biegungsanteil gilt hier

$$n \times \mathrm{rot}\ n = \mathrm{rot}\ n \ \ . \tag{2.17}$$

Zur Vereinfachung wollen wir

$$K_1 \approx K_3 = K \tag{2.18}$$

setzen, d. h. Unterschiede zwischen den Spreizungs- und Biegungs-Steifigkeiten vernachlässigen. Für die Änderung $\Delta\hat{g}$ in der lokalen Dichte der freien Enthalpie, die sich beim Anlegen eines magnetischen Feldes für den neuen Gleichgewichtszustand ergibt, erhalten wir somit

$$\Delta\hat{g} = \hat{g}_{\mathrm{el}} + \Delta\hat{g}_{\mathrm{m}} = \frac{K}{2}\left[(\mathrm{div}\ n)^2 + |\mathrm{rot}\ n|^2 - \frac{\mu_0\Delta\kappa}{K}(H\cdot n)^2\right] \ \ . \tag{2.19}$$

Das Direktorfeld läßt sich als

$$n_x = \cos\Psi(x) \tag{2.20}$$
$$n_y = 0 \tag{2.21}$$
$$n_z = \sin\Psi(x) \tag{2.22}$$

beschreiben. Hierfür folgt

$$\mathrm{div}\ n = \frac{\partial}{\partial x}\cos\Psi(x) = -\sin\Psi\frac{\mathrm{d}\Psi}{\mathrm{d}x} \tag{2.23}$$

und für die einzige nicht-verschwindende Komponente des zweiten Terms in Gl. (2.19)

$$(\mathrm{rot}\ n)_y = -\frac{\partial}{\partial x}n_z = -\cos\Psi\frac{\mathrm{d}\Psi}{\mathrm{d}x} \ \ . \tag{2.24}$$

Die Änderung der freien Enthalpie im gesamten Film der Fläche A, genommen pro Flächeneinheit, erhalten wir durch eine Integration als

$$\frac{\Delta\widehat{\mathcal{G}}}{A} = \frac{K}{2}\int_0^\infty\left[\left(\frac{\mathrm{d}\Psi}{\mathrm{d}x}\right)^2 - \frac{\mu_0\Delta\kappa}{K}H^2\cos^2\Psi\right]\mathrm{d}x \ \ . \tag{2.25}$$

Das Direktorfeld nimmt genau die Form an, für welche die freie Enthalpie $\Delta\widehat{\mathcal{G}}$ den minimalen Wert annimmt, d. h., wir suchen dasjenige Direktorfeld, für welches bei jeder beliebigen Variation $\delta\Psi(x)$

$$\frac{\delta(\Delta\widehat{\mathcal{G}})}{\delta\Psi(x)} = 0 \tag{2.26}$$

gilt. Die Lösung dieser Grundaufgabe der Variationsrechnung wird durch die Euler-Lagrange-Gleichung geliefert. Der Ausdruck Gl. (2.25) entspricht in seiner Form dem Funktional

$$\frac{\Delta\widehat{\mathcal{G}}}{A} = \int\limits_0^\infty \Phi\left(\Psi(x), \frac{\mathrm{d}\Psi}{\mathrm{d}x}\right)\mathrm{d}x \tag{2.27}$$

mit Integranden Φ. Wendet man die Euler-Lagrange-Gleichung

$$\frac{\mathrm{d}}{\mathrm{d}x}\frac{\partial\Phi}{\partial(\frac{\mathrm{d}\Psi}{\mathrm{d}x})} - \frac{\partial\Phi}{\partial\Psi} = 0 \tag{2.28}$$

auf diesen Integranden an, erhält man

$$\frac{\mathrm{d}}{\mathrm{d}x}\frac{\mathrm{d}\Psi}{\mathrm{d}x} - \frac{\mu_0\Delta\kappa}{K}H^2\cos\Psi\sin\Psi = 0 \quad . \tag{2.29}$$

Zur Lösung der Differentialgleichung multiplizieren wir auf beiden Seiten mit $\mathrm{d}\Psi/\mathrm{d}x$

$$\frac{\mathrm{d}\Psi}{\mathrm{d}x}\frac{\mathrm{d}}{\mathrm{d}x}\frac{\mathrm{d}\Psi}{\mathrm{d}x} = \frac{\mu_0\Delta\kappa H^2}{K}\cos\Psi\sin\Psi\frac{\mathrm{d}\Psi}{\mathrm{d}x} \quad , \tag{2.30}$$

was uns auf

$$\frac{1}{2}\frac{\mathrm{d}}{\mathrm{d}x}\left(\frac{\mathrm{d}\Psi}{\mathrm{d}x}\right)^2 = \frac{1}{2\xi_\mathrm{H}^2}\frac{\mathrm{d}}{\mathrm{d}x}\sin^2\Psi \tag{2.31}$$

führt. Dabei haben wir durch die Definition

$$\xi_\mathrm{H}^2 = \frac{K}{\mu_0\Delta\kappa H^2} \tag{2.32}$$

eine Länge ξ_H eingeführt. Bei der Integration tritt eine erste Integrationskonstante C_1 auf:

$$\left(\frac{\mathrm{d}\Psi}{\mathrm{d}x}\right)^2 = \frac{1}{\xi_\mathrm{H}^2}\sin^2\Psi + C_1 \tag{2.33}$$

Wegen der Randbedingung

$$\lim_{x\to\infty}\frac{\mathrm{d}\Psi}{\mathrm{d}x} = \lim_{x\to\infty}\Psi = 0 \tag{2.34}$$

wird C_1 gleich Null. Die damit erhaltene Gleichung

$$\frac{\mathrm{d}\Psi}{\sin\Psi} = \pm\frac{\mathrm{d}x}{\xi_\mathrm{H}} \tag{2.35}$$

läßt sich integrieren, bei Wahl des negativen Vorzeichens zu

$$\ln\tan\frac{\Psi}{2} = -\frac{x}{\xi_\mathrm{H}} + C_2 \quad . \tag{2.36}$$

Auch hier und in der resultierenden Beziehung

$$\tan\frac{\Psi}{2} = C_3\exp-\frac{x}{\xi_\mathrm{H}} \tag{2.37}$$

tritt wieder eine Integrationskonstante auf. Die Randbedingung

$$\Psi(0) = \frac{\pi}{2} \tag{2.38}$$

legt den Wert von C_3 zu Eins fest, und wir gelangen zum Endergebnis

$$\Psi = 2\arctan(\exp -\frac{x}{\xi_H}) \ . \tag{2.39}$$

Bei Wahl des positiven Vorzeichens in Gl. (2.35) erhalten wir eine zweite Lösung, gegeben durch

$$\Psi = 2\arctan(\exp \frac{x}{\xi_H}) \ . \tag{2.40}$$

Das Direktorfeld von Abb. 2.4 entspricht der ersten Lösung. Wir wir sehen, besitzt der Übergangsbereich eine Dicke der Größenordnung ξ_H. Die Bestimmung dieser Dicke liefert, bei Kenntnis von $\Delta\kappa$, den Frank-Modul K.

Mit der Konfiguration von Abb. 2.4 läßt sich also ein Mittelwert der Frank-Moduli für Spreizung und Biegung bestimmen. Der Frank-Modul K_2, Verdrillungen zugeordnet, ergibt sich durch ein gleichartiges Experiment: Man hat nur das Magnetfeld in y-Richtung, d. h. in der Oberflächenebene senkrecht zum Direktor anzulegen. Auch hier stellt sich wieder ein Übergangsbereich mit einer charakteristischen Breite ξ_H ein, welche dann K_2 liefert.

Die Funktion von Anzeigeelementen wird ganz wesentlich durch ihre Schaltzeit bestimmt. Die elastischen Kräfte führen beim Ausschalten des äußeren Feldes, bei Schaltelementen immer elektrischer Natur, zur Rückstellung des Direktors. Die dazu notwendige Zeit wird zum einen durch die Frank-Moduli, zum anderen aber, ganz wesentlich, durch Viskositäten bestimmt. Viskositäten bei Flüssigkristallen sind aufgrund der strukturellen Anisotropie richtungsabhängig. Abb. 2.5 zeigt dies anhand dreier unterschiedlicher Situationen. In allen drei Fällen erfolgt die Strömung in x-Richtung und der Gradient der Fließgeschwindigkeit steht senkrecht dazu in z-Richtung; die Unterschiede ergeben sich aus der Stellung des Direktors. Es ist offen-

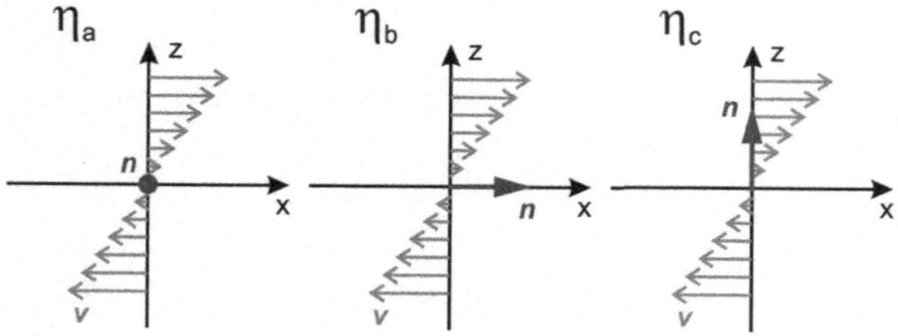

Abb. 2.5. Die drei Miesowicz-Viskositätskoeffizienten.

sichtlich, daß sich für die drei Anordnungen verschiedene Viskositäten ergeben müssen. Sie werden hier η_a, η_b, η_c genannt und sind als **Miesowicz-Viskositätskoeffizienten** bekannt. Zu ihrer Bestimmung müssen Fließgeschwindigkeitsfelder wie angezeigt, z.B. durch zwei gegeneinander bewegte Platten, realisiert und gleichzeitig der Direktor durch ein genügend starkes magnetisches Feld festgehalten werden.

Die Abbildung zeigt nur drei wichtige Sonderfälle. Im allgemeinen Fall gilt

$$\eta(\vartheta, \varphi) = \eta_c \sin^2 \vartheta \cos^2 \varphi + \eta_b \cos^2 \vartheta + \eta_a \sin^2 \vartheta \sin^2 \varphi + \eta_d \sin^2 \vartheta \cos^2 \vartheta \cos^2 \varphi \ .$$
$$(2.41)$$

Dabei legen die Winkel ϑ und φ, als Kugelkoordinaten zu verstehen, die Richtung des Direktors relativ zur Fließrichtung fest. η_b ergibt sich für $\vartheta = 0°$, η_c für $\vartheta = 90°$ und $\varphi = 0°$ (Direktor in z-Richtung) und η_a für $\vartheta = 90°$ und $\varphi = 90°$ (Direktor in y-Richtung). Mit den drei Miesowicz-Viskositätskoeffizienten sind noch nicht alle die Viskosität bestimmenden unabhängigen Koeffizienten erfaßt. In Gl. (2.41) tritt mit η_d noch ein weiterer Beitrag auf, der bei schiefen Direktororientierungen wirksam wird. Darüber hinaus gibt es noch einen fünften Koeffizienten, genannt γ_1, und er ist besonders wichtig. Er existiert aufgrund der Tatsache, daß viskose Kräfte in Flüssigkristallen auch auftreten können, ohne daß eine Materiefluß stattfindet. Dies geschieht dann, wenn man mit Hilfe eines Feldes nichts weiter macht, als den Direktor zu drehen. Bei einer solchen Drehung aller Moleküle treten auch viskose Kräfte auf, und es entsteht ein Drehmoment T, welches dem äußeren Drehmoment das Gleichgewicht hält. Seine Größe ist proportional zur Drehgeschwindigkeit des Direktors und zum Probenvolumen V

$$T = \gamma_1 \omega V \ .$$
$$(2.42)$$

Die Proportionalitätskonstante ist die **Rotationsviskosität** γ_1. Abb. 2.6 zeigt, wie γ_1 gemessen werden kann. Ein zylinderförmiges Gefäß, gefüllt mit dem Flüssigkristall, wird an einen verdrillbaren Faden aufgehängt. Die Probe wird dann einem mit der Frequenz ω rotierenden Magnetfeld ausgesetzt. Dieses bewirkt eine homogene Orientierung des Flüssigkristalls mit einer Direktorrichtung, welche sich zusammen mit dem Magnetfeld dreht. Wie in der Abbildung gezeigt, stehen H und n nicht parallel zueinander. Dies bedeutet, daß vom Magnetfeld auf den Flüssigkristall ein Drehmoment

$$T = V \mu_o M \times H \sim n \times H$$
$$(2.43)$$

ausgeübt wird. Es stimmt zum einen mit dem entgegengesetzt wirkenden, reibungsbedingten Drehmoment von Gl. (2.42) überein. Für das Gesamtsystem, dem Flüssigkristall im Behälter, dessen Rotationsenergie sich nach einem kurzen Einstellprozeß nicht mehr ändert, ist ebenfalls ein Gleichgewicht der Drehmomente gegeben. Deshalb stimmt das Drehmoment von Seiten des Ma-

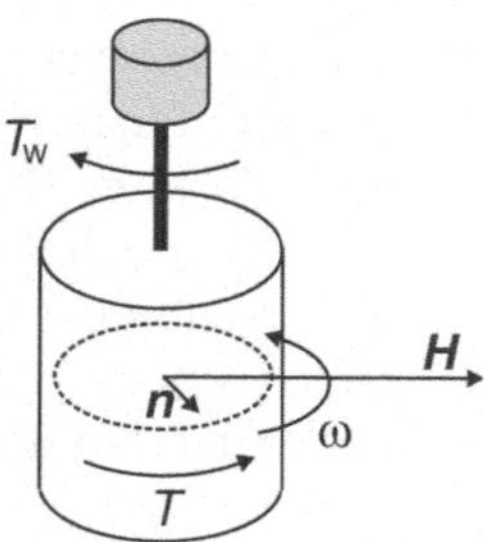

Abb. 2.6. Bestimmung der Rotationsviskosität γ_1 mit einem rotierenden Magnetfeld. Dem Drehmoment T des Feldes H wird durch das Rückstellmoment T_w eines verdrillten Drahts das Gleichgewicht gehalten. Beide stimmen mit dem Drehmoment seitens der viskosen Kräfte überein.

gnetfelds auch mit dem Drehmoment des verdrillten Fadens T_w überein. Aus der Verdrillung des Fadens folgt so direkt, ohne Kenntnis der magnetischen Eigenschaften des Flüssigkristalls, der gesuchte Viskositätskoeffizient γ_1.

Abb. 2.7 zeigt mit den Miesowicz-Viskositäten von MBBA und der Rotationsviskosität von PCH5 (Pentyl-cyclohexyl-benzonitril) zwei typische Meßergebnisse. Man findet in nematischen Phasen immer

$$\eta_c > \eta_a > \eta_b \quad , \tag{2.44}$$

und die Unterschiede nehmen mit wachsender Temperatur ab. Dabei nähern sich η_a, η_b und η_c der Viskosität η der isotropen Flüssigkeit an. Die Rotati-

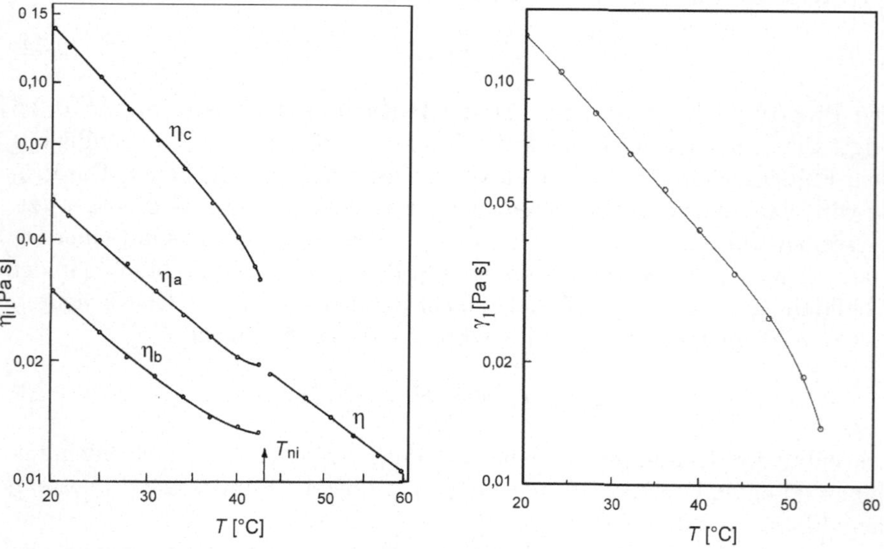

Abb. 2.7. Temperaturabhängigkeit der Miesowicz-Viskositätskoeffizienten von MBBA (von Gähwiller [10] *links*) und der Rotationsviskosität von PCH5 ([11] *rechts*).

onsviskosität zeigt ein anderes Verhalten. Da γ_1 in der isotrop-flüssigen Phase nicht mehr existiert, kann γ_1 auch nicht wie η_a, η_b und η_c einfach in η übergehen, sondern muß mit verschwindendem Ordnungsparameter S_2 ebenfalls verschwinden. Die Meßergebnisse deuten dies an.

2.1.3 Polymere: Viskoelastizität

Polymere sind weitverbreitete Werkstoffe, bei deren Einsatz das Verhalten unter mechanischen Belastungen im Vordergrund des Interesses steht. In ihrem Gesamtverhalten unterscheiden sie sich deutlich von anderen Materialien wie metallischen oder keramischen Festkörpern oder, auf der anderen Seite, den einfachen Flüssigkeiten. Polymere vereinen in weiten Bereichen elastische und viskose Eigenschaften und werden deshalb als **viskoelastisch** bezeichnet. Viskoelastizität bedeutet dabei nicht nur eine einfache Überlagerung viskoser und ideal-elastischer Verhaltensweisen. Typisch ist das Auftreten eines als **Anelastizität** bekannten Verhaltens, in welchem elastische und viskose Kräfte in enger Wechselwirkung stehen. Dies führt dazu, daß ein Teil der Deformation, auch wenn er reversibel ist und beim Entfernen der Kraft wieder verschwindet, für seine Einstellung eine meßbare Zeit erfordert. Typisch für Polymere ist, daß sich das mechanische Verhalten nicht nur zwischen unterschiedlichen Polymermaterialien, sondern auch als Funktion der Temperatur ganz entscheidend ändern kann. Die Temperaturbereiche, in denen polymere Werkstoffe eingesetzt werden können, sind deshalb immer beschränkt.

Kriechversuch, Spannungsrelaxationsexperiment und dynamisch-mechanische Messungen. Wie läßt sich das Deformationsverhalten eines viskoelastischen Körpers, und Polymere sind die Hauptvertreter dieser Materialklasse, durch Messungen charakterisieren? Den unterschiedlichen Gegebenheiten bei der Verwendung polymerer Werkstoffe entsprechend, werden auch verschiedene Verfahren der mechanischen Charakterisierung angewandt. Häufig findet man eine Situation, in der ein Probekörper unter einer konstanten Spannung steht, und man möchte die sich daraus ergebende Deformation wissen. Man nennt diesen Test **Kriechversuch**, und er läßt sich für unterschiedliche Belastungsarten, wie z.B. uniaxialen Zug oder Scherung, durchführen. Die Kraft wird hierbei schnell zum Zeitpunkt $t = 0$ angelegt, und man verfolgt dann die resultierende Deformation als Funktion der Zeit. Im Unterschied zu einem Hookeschen Festkörper, bei dem sich sofort eine bestimmte Enddehnung einstellen würde, beobachtet man bei einem polymeren Probekörper im allgemeinen eine komplexe, zeitabhängige Dehnungskurve. Man hat dabei immer mit drei unterschiedlichen Beiträgen zu rechnen, und Abb. 2.8 beschreibt dies in einer schematischen Skizze. Neben der unmittelbaren elastischen Reaktion tritt eine anelastische Komponente auf, d. h. ein Einstellprozeß, der erst mit einer zeitlichen Verzögerung wirksam wird. Als dritten Beitrag wird ein viskoses, **plastisches** Fließen beobachtet. Die beiden erstgenannten Teile der Deformation sind reversibel, d. h. beim Entfernen der

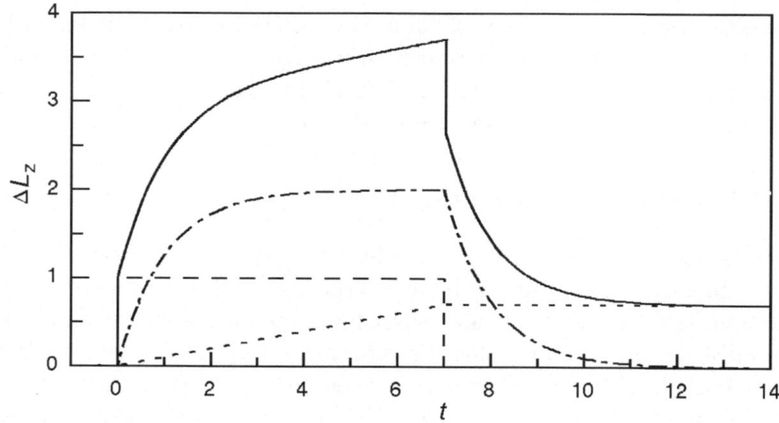

Abb. 2.8. Allgemeiner zeitlicher Verlauf der Dehnung eines Polymeren beim Anlegen einer Kraft (Kriechkurve), sowie nach einer anschließenden Entlastung (Erholungskurve). Die Gesamtdehnung ist das Ergebnis einer Überlagerung von Hookescher Elastizität (*strichliert*), verzögerten anelastischen Einstellprozessen (*strichpunktiert*) und irreversiblem viskosem Fließen (*punktiert*).

Kraft vollständig rückgängig zu machen, das plastische Fließen hingegen führt zu einer irreversiblen Verformung. Abb. 2.8 zeigt auch diesen als **Erholung** bezeichneten Teil des Tests.

Ergebnis des Kriechversuchs ist eine materialspezifische, zeitabhängige Dehnungskurve $e_{zz}(t)$. Dabei gibt es eine wichtige Beobachtung. Die Messungen zeigen, daß $e(t)$ innerhalb eines größeren Bereichs der üblichen Belastungskräfte proportional zur angelegten Spannung σ^0_{zz} verändert. In diesem **linear-viskoelastischen Bereich** wird es deshalb möglich, das Ergebnis des Kriechexperiments vollständig durch eine Funktion zu beschreiben, welche unabhängig von der angelegten Spannung ist, nämlich in der Form

$$e_{zz}(t) = D_{\mathrm{t}}(t)\sigma^0_{zz} \ . \tag{2.45}$$

Die hierin enthaltene, für das Material charakteristische Funktion $D_{\mathrm{t}}(t)$ heißt **Kriechnachgiebigkeit** (der Index 't' steht für *tensile*).

Manchmal kommt es vor, daß Werkstoffe nicht unter einer konstanten Spannung stehen, sondern bei einer festen Einpassung eine konstante Deformation erhalten. Das Verhalten von Proben unter solchen Bedingungen wird im **Spannungsrelaxationsexperiment** studiert. Der Probe wird eine wohldefinierte konstante Dehnung aufgeprägt, und die Messung verfolgt dann den hieraus resultierenden, im allgemeinen zeitabhängigen Verlauf der erzeugten Spannung. Abb. 2.9 deutet an, wie dieser Verlauf im allgemeinen aussieht. Unmittelbar nach der Deformation wird ein hoher Spannungswert beobachtet. Dann ergibt sich aber ein Abbau, zum einen wieder bedingt durch die zeitlich verzögert reagierenden Mechanismen, und zum anderen durch das ir-

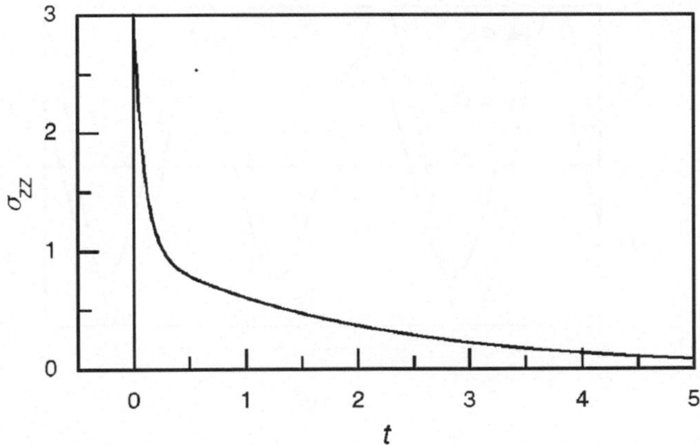

Abb. 2.9. Zeitlicher Abbau der Spannung in einer Polymerprobe, die nach einer ruckartigen Verlängerung fest eingespannt wurde (Spannungsrelaxationskurve).

reversible plastische Fließen. Auch im Spannungsrelaxationsexperiment wird über einen größeren Bereich hinweg eine Proportionalität zwischen der aufgeprägten Deformation, e_{zz}^0, und der resultierenden zeitabhängigen Spannung festgestellt. Die Proportionalitätskonstante ist bei einem Zugexperiment der **zeitabhängige Elastizitätsmodul** $E_{\mathrm{t}}(t)$, gegeben als

$$\sigma_{zz}(t) = E_{\mathrm{t}}(t)e_{zz}^0 \ . \tag{2.46}$$

Es gibt viele Fälle im praktischen Einsatz, wo Proben nicht einer konstanten Spannung oder einen konstanten Dehnung ausgesetzt sind, sondern einer zeitlich periodisch wechselnden Belastung. **Dynamisch-mechanische Messungen** gelten eben diesen Bedingungen. Eine Probe wird beispielsweise einer periodisch wechselnden Zugspannung

$$\sigma_{zz}(t) = \sigma_{zz}^0 \exp(-\mathrm{i}\omega t) \tag{2.47}$$

ausgesetzt. Es ist klar, daß sich hieraus als Reaktion eine periodisch wechselnde Dehnung

$$e_{zz}(t) = e_{zz}^0 \exp(-\mathrm{i}\omega t) \tag{2.48}$$

ergibt. Wie in Abb. 2.10 angedeutet, muß man aufgrund der Viskosität in der Probe im allgemeinen davon ausgehen, daß die Dehnung $e_{zz}(t)$ zeitlich verzögert, d. h. mit einer Phasenverschiebung hinter der Spannung $\sigma_{zz}(t)$ herläuft. Wir haben hier bewußt die komplexe Schreibweise für $\sigma_{zz}(t)$ und $e_{zz}(t)$ gewählt. Die Beziehung zwischen den beiden Funktionen läßt sich dann einfach mit Hilfe des komplexen Verhältnisses

$$D_{\mathrm{t}}(\omega) = \frac{e_{zz}(t)}{\sigma_{zz}(t)} = \frac{e_{zz}^0}{\sigma_{zz}^0} = D_{\mathrm{t}}'(\omega) + \mathrm{i}D_{\mathrm{t}}''(\omega) \tag{2.49}$$

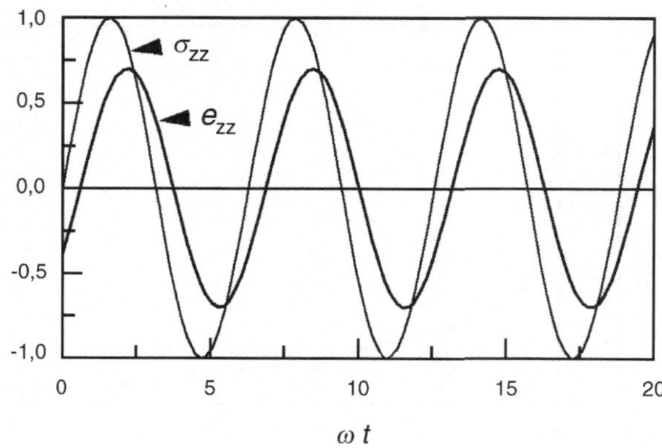

Abb. 2.10.   Zeitverlauf von Spannung und Dehnung bei einem dynamisch-mechanischen Experiment an einer viskoelastischen Probe.

beschreiben. $D_t(\omega)$ wird **dynamische Zugnachgiebigkeit** genannt. Dynamisch-mechanische Experimente werden üblicherweise für eine Serie verschiedener Frequenzen, die einen Bereich von mehreren Größenordnungen überdecken, durchgeführt. Ergebnis solcher Experimente sind die Frequenzabhängigkeiten des Realteils D_t' und des Imaginärteils D_t'' der komplexen Nachgiebigkeit. Die Winkelverschiebung δ ergibt sich aus

$$\tan \delta = \frac{D_t''}{D_t'} \ . \tag{2.50}$$

Alternativ zur dynamischen Nachgiebigkeit kann man zur Beschreibung der Meßergebnisse auch den **dynamischen Modul** verwenden, der als

$$E_t(\omega) = \frac{\sigma_{zz}^0}{e_{zz}^0} = E_t'(\omega) - iE_t''(\omega) \tag{2.51}$$

definiert wird und somit reziprok zur Nachgiebigkeit ist:

$$E_t(\omega) = \frac{1}{D_t(\omega)} \ . \tag{2.52}$$

Mit der Wahl eines negativen Vorzeichens vor dem Imaginärteil folgen wir einer Konvention.

Wir haben bisher in den Beispielen allein von der Reaktion auf Zugbelastungen gesprochen. Genauso gibt es natürlich die entsprechenden Funktionen für die Scherung, so eine zeitabhängige Schernachgiebigkeit $J(t)$, einen zeitabhängigen Schermodul $G(t)$ und die beiden entsprechenden frequenzabhängigen Funktionen $J(\omega)$ und $G(\omega)$.

Dynamisch-mechanische Messungen besitzen gegenüber den zeitabhängigen Experimenten den Vorteil, eine besondere physikalische Einsicht zu vermitteln. Während der Deformation wird von der äußeren Kraft am Probekörper Arbeit geleistet. Sie dient zu einem Teil der Erhöhung der potentiellen

Energie, zu einem anderen Teil aber der Erzeugung von Wärme. Real- und Imaginärteil der dynamischen Nachgiebigkeit nehmen genau diese Zerlegung vor. Daß dies so ist, ist leicht nachzuweisen. Man hat dazu nur die von der äußeren Kraft erbrachte Leistung zu analysieren. Die Leistung pro Volumeneinheit beträgt

$$\frac{\mathrm{d}w}{\mathrm{d}t} = \Re(\sigma_{zz}(t))\frac{\mathrm{d}\Re(e_{zz}(t))}{\mathrm{d}t} \tag{2.53}$$

(wegen der Produktbildung muß zunächst ein Übergang von der komplexen Schreibweise zu den eigentlichen, durch die Realteile gegebenen, physikalischen Größen vollzogen werden). Für die zeitabhängige Dehnung schreiben wir

$$e_{zz}(t) = D_{\mathrm{t}}(\omega)\sigma_{zz}^0 \exp(-\mathrm{i}\omega t) = (D_{\mathrm{t}}' + \mathrm{i}D_{\mathrm{t}}'')\sigma_{zz}^0[\cos(\omega t) - \mathrm{i}\sin(\omega t)] \ . \tag{2.54}$$

Für den Realteil ergibt sich so

$$\Re(e_{zz}(t)) = D_{\mathrm{t}}'\sigma_{zz}^0 \cos(\omega t) + D_{\mathrm{t}}''\sigma_{zz}^0 \sin(\omega t) \ . \tag{2.55}$$

Für die Leistung erhalten wir deshalb

$$\frac{\mathrm{d}w}{\mathrm{d}t} = \sigma_{zz}^0 \cos(\omega t)[-\omega\sigma_{zz}^0 D_{\mathrm{t}}' \sin(\omega t) + \omega\sigma_{zz}^0 D_{\mathrm{t}}'' \cos(\omega t)] \tag{2.56}$$

und unter Verwendung einer bekannten trigonometrischen Beziehung das Ergebnis

$$\frac{\mathrm{d}w}{\mathrm{d}t} = -\frac{(\sigma_{zz}^0)^2}{2}\omega D_{\mathrm{t}}' \sin(2\omega t) + (\sigma_{zz}^0)^2\omega D_{\mathrm{t}}'' \cos^2(\omega t) \ . \tag{2.57}$$

Wie man sieht, besteht die Leistung aus zwei Beiträgen. Der erste Beitrag schwankt zwischen positiven und negativen Werten mit der doppelten Frequenz der angelegten Spannung hin und her. Dies formuliert einen Austausch: Arbeit, die während einer Viertelperiode in der Probe gespeichert wird, kommt in der nächsten Viertelperiode wieder nach außen zurück. Offensichtlich beschreibt dieser Teil die Speicherung und Wiederabgabe von potentieller elastischer Energie. Seine Größe ist allein durch den Realteil der dynamischen Nachgiebigkeit gegeben. Ganz anders verhält sich der zweite Teil, welcher proportional zum Imaginärteil ist. Er beschreibt eine andauernd positive Leistungsaufnahme, im zeitlichen Mittel von der Größe

$$\overline{\frac{\mathrm{d}w}{\mathrm{d}t}} = \frac{1}{2}(\sigma_{zz}^0)^2\omega D_{\mathrm{t}}'' \ . \tag{2.58}$$

Was bedeutet dies? Die innere Energie der Probe $\mathcal{U}$ ändert sich allgemein über Arbeitsleistung und Wärmeaustausch als

$$\mathrm{d}\mathcal{U} = \mathcal{V}\mathrm{d}w + \mathrm{d}\mathcal{Q} \ . \tag{2.59}$$

Werden Experimente wie üblich unter isothermen Bedingungen durchgeführt, ändert sich auch die innere Energie der Probe nicht. Die zugeführte Arbeit muß dann vollständig wieder als Wärme abgeführt werden:

$$\nu\overline{\frac{\mathrm{d}w}{\mathrm{d}t}} = -\overline{\frac{\mathrm{d}Q}{\mathrm{d}t}} \quad . \tag{2.60}$$

Beziehungen zwischen den Antwortfunktionen. Wir haben mit der zeitabhängigen Nachgiebigkeit $D_t(t)$, dem zeitabhängigen Modul $E_t(t)$, der frequenzabhängigen dynamischen Nachgiebigkeit $D_t(\omega)$, dem dynamischen Modul $E_t(\omega)$ und den entsprechenden Funktionen für die Scherung eine Reihe von Größen eingeführt, welche die mechanische Reaktion von Proben im linear-viskoelastischen Bereich beschreiben. Natürlich ist zu erwarten, daß zwischen diesen verschiedenen **Antwortfunktionen** Zusammenhänge existieren, und diese sollen jetzt abgeleitet werden. Um in der Formulierung unabhängig von der Belastungsart zu werden, schreiben wir die Kraft als ξ und die Deformation als X.

Bisher hatten wir zum einen statische und zum anderen periodisch wechselnde Bedingungen diskutiert. Dies sind sicher die wichtigsten Fälle, doch stellt sich natürlich die Frage, ob es auch möglich ist, den allgemeinen Fall eines ganz beliebigen zeitlichen Kraftverlaufs zu behandeln. Tatsächlich gelingt dies. Voraussetzung hierfür ist allein die Kenntnis einer weiteren, in gewisser Weise ausgezeichneten Antwortfunktion. Man muß wissen, wie eine Probe auf die Anwendung eines kurzen Kraftstoßes

$$\xi(t) = \xi_t\delta(t) \tag{2.61}$$

reagiert; ξ_t kennzeichnet hier die Stärke des Stoßes. Für die resultierende, zeitabhängige Deformation $X(t)$ wird im linear-viskoelastischen Bereich gelten

$$X(t) = \xi_t\alpha_\mathrm{p}(t) \quad . \tag{2.62}$$

$\alpha_\mathrm{p}(t)$ ist die **Puls-Antwortfunktion**. Genauso wie die anderen Antwortfunktionen ist auch $\alpha_\mathrm{p}(t)$ geeignet, die viskoelastischen Eigenschaften einer Probe zu erfassen. Abb. 2.11 zeigt dies an einer Reihe von Beispielen. Die Verläufe sind unmittelbar einsichtig: Ein Hookescher elastischer Körper wird nur während der Dauer des Pulses deformiert sein (a), ein plastischer Körper

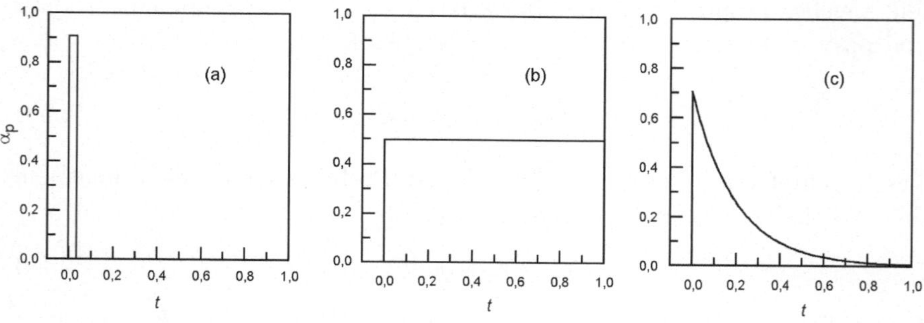

Abb. 2.11. Puls-Antwortfunktionen nach Anregung eines Hookeschen elastischen Körpers (a), eines plastischen Körpers (b) und eines einfachen Relaxators (c).

wird eine gewisse permanente Deformation erleiden (b) und ein anelastisch reagierender Körper wird die zunächst aufgebaute Deformation anschließend wieder abbauen (c). Die besondere Bedeutung der Puls-Antwortfunktion besteht darin, daß man mit ihrer Hilfe die Deformation einer Probe unter der Wirkung einer beliebigen zeitabhängigen Kraft $\xi(t)$ angeben kann. Für die sich in diesem allgemeinen Fall ergebende zeitabhängige Deformation gilt nämlich

$$X(t) = \int_{-\infty}^{t} \alpha_{\mathrm{p}}(t - t')\xi(t')\mathrm{d}t' \; . \tag{2.63}$$

Die physikalische Grundlage der Beziehung ist sofort zu erkennen. Bei der Formulierung der Gleichung wird ausgenutzt, daß für lineare Systeme das Superpositionsprinzip gilt. Die Überlagerung verschiedener Lösungen der Bewegungsgleichung gibt immer wieder eine neue Lösung. In Gl. (2.63) wird ein beliebiger Zeitverlauf der Kraft aus einer Summe von Kraftstößen zusammengesetzt. Die Gesamtreaktion $X(t)$ ergibt sich dann entsprechend als die Summe der Antworten auf alle Pulse. Gl. (2.63) ist als **Boltzmann-Superpositionsprinzip** bekannt.

Mit Hilfe dieser allgemeinen Gleichung lassen sich jetzt die Zusammenhänge zwischen den verschiedenen Antwortfunktionen finden. Für das Kriechen einer Probe nach dem Anbringen einer konstanten Kraft ξ_0 zum Zeitpunkt $t = 0$ ist

$$X(t) = \int_{0}^{t} \alpha_{\mathrm{p}}(t - t')\xi_0 \mathrm{d}t' \tag{2.64}$$

zu schreiben. Für die Kriechnachgiebigkeit, in der allgemeinen Schreibweise als $\alpha_{\mathrm{c}}(t)$ bezeichnet, folgt damit

$$\alpha_{\mathrm{c}}(t) = \int_{0}^{t} \alpha_{\mathrm{p}}(t - t')\mathrm{d}t' = \int_{0}^{t} \alpha_{\mathrm{p}}(t'')\mathrm{d}t'' \; , \tag{2.65}$$

oder nach differenzieren auf beiden Seiten

$$\alpha_{\mathrm{p}}(t) = \frac{\mathrm{d}\alpha_{\mathrm{c}}}{\mathrm{d}t}(t) \; . \tag{2.66}$$

Das Spannungsrelaxationsexperiment ist durch

$$X_0 = \int_{0}^{t} \alpha_{\mathrm{p}}(t - t')\xi(t')\mathrm{d}t' \tag{2.67}$$

wiederzugeben. Dabei ist X_0 die aufgeprägte Dehnung und $\xi(t')$ der hieraus resultierende Zeitverlauf der Kraft. Für den zeitabhängigen Modul, in allgemeiner Schreibweise als $a(t)$ bezeichnet, ergibt sich

$$1 = \int_{0}^{t} \alpha_{\mathrm{p}}(t - t')a(t')\mathrm{d}t' \tag{2.68}$$

Eine Kombination der Gl. (2.66) und (2.68) liefert den Zusammenhang zwischen $\alpha_{\mathrm{c}}(t)$ und $a(t)$.

Im dynamisch-mechanischen Experiment bewirkt eine periodisch wechselnde Kraft

$$\xi(t) = \xi_0 \exp(-i\omega t) \tag{2.69}$$

eine ebenfalls periodische Auslenkung

$$X(t) = X_0 \exp(-i\omega t) \; . \tag{2.70}$$

Setzt man die beiden Ausdrücke in Gl. (2.63) ein, erhält man

$$X_0 \exp(-i\omega t) = \int_{-\infty}^{t} \alpha_p(t - t')\xi_0 \exp(-i\omega t')dt' \tag{2.71}$$

und deshalb für die dynamische Nachgiebigkeit, im allgemeinen Fall $\alpha(\omega)$ genannt, zunächst

$$\alpha(\omega) = \int_{-\infty}^{t} \alpha_p(t - t') \exp i\omega(t - t') \; dt' \; . \tag{2.72}$$

Mit der Substitution

$$t - t' = t''$$

ergibt sich

$$\alpha(\omega) = \int_{0}^{\infty} \alpha_p(t'') \exp(i\omega t'')dt'' \; . \tag{2.73}$$

Die dynamische Nachgiebigkeit ist somit die Fourier-Transformierte der Puls-Antwortfunktion.

Wie erwartet, sind also alle Antwortfunktionen eindeutig miteinander verknüpft. Frequenzabhängige und zeitabhängige Experimente können ineinander umgerechnet werden. Allerdings gibt es hierfür eine Voraussetzung, die in der Praxis nur selten erfüllt ist: Es ist notwendig, die Zeit- bzw. Frequenzabhängigkeit über den Bereich aller relevanten Zeiten und Frequenzen hinweg zu kennen, und dies ist schwer zu erreichen.

Vom Glas über den gummielastischen Zustand zur Flüssigkeit. Wir wollen jetzt einen Blick auf einige typische experimentelle Ergebnisse werfen, auch zur Illustration der verschiedenen Meßverfahren. Abb. 2.12 zeigt das Ergebnis umfangreicher Messungen der zeitabhängigen Schernachgiebigkeit von Polystyrol. Die Messungen überdecken einen Temperaturbereich von fast 600 K zusammen mit einem Zeitbereich von acht Dekaden und erfassen so alle wesentlichen Aspekte des mechanischen Verhaltens. als und Einfache Eigenschaften findet man in den Grenzbereichen tiefster und höchster Temperaturen. Bei den tiefsten Temperaturen ist Polystyrol glasig erstarrt, und die mechanischen Eigenschaften sind diejenigen eines elastischen Hookeschen Festkörpers. Man findet eine festkörperartige, geringe Nachgiebigkeit und keinerlei Änderungen mit der Zeit. Im anderen Grenzfall, den höchsten Temperaturen, liegt Polystyrol als Schmelze vor. Die Deformation verläuft

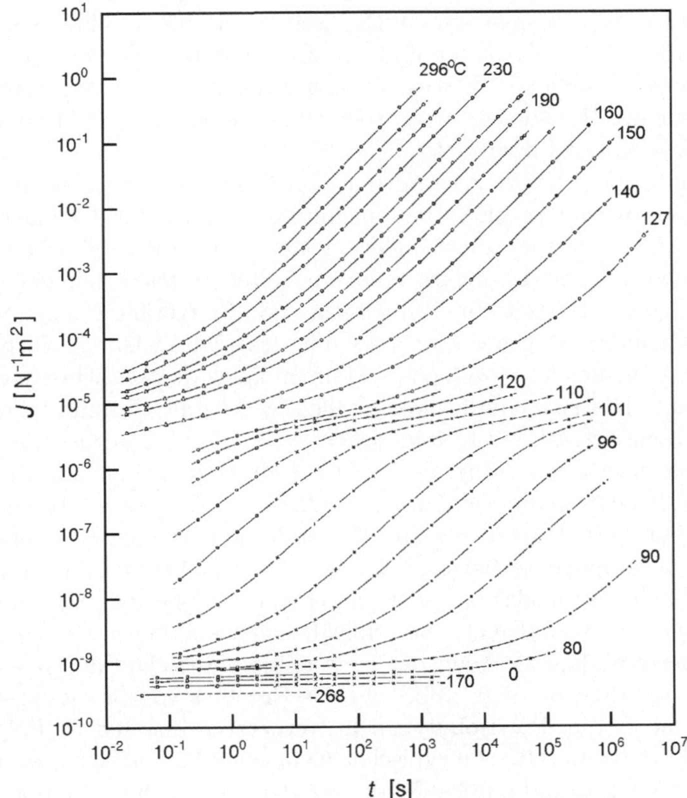

Abb. 2.12. Zeitabhängige Schernachgiebigkeit von Polystyrol, gemessen bei verschiedenen Temperaturen zwischen -268 °C und 296 °C (von Schwarzl [12]).

jetzt, so wie bei Newtonschen Flüssigkeiten, mit einer konstanten Scherrate. Polymerspezifisch ist das Verhalten im Zwischenbereich. Im Temperaturbereich um 100 °C treten deutliche zeitabhängige Effekte auf. Es ist offensichtlich, daß hier die sofort erfolgende elastische Deformation von einigen 10^{-9} N^{-1}m^2, wie sie für den festen Zustand typisch ist, von einer Komponente überlagert wird, die sich zeitverzögert einstellt. Am Ende ergibt sich eine Nachgiebigkeit im Bereich 10^{-6} N^{-1}m^2, die nicht mehr diejenige eines amorphen, glasig erstarrten Festkörpers, sondern diejenige eines Gummis ist. Die Probe verhält sich in diesem Temperaturbereich, in welchem auch die Glastemperatur T_{g} liegt, somit wie ein Gummi mit hoher innerer Reibung. Was ist die Ursache für das kautschukartige Verhalten von Polystyrol, welches im Unterschied zu einem Gummi ja keineswegs chemisch vernetzt ist? Ursache hierfür sind die Verhakungen und **Verschlaufungen**, welche in einer Polymerschmelze unvermeidlich vorliegen. Sie verhindern zunächst eine allseitige freie Bewegung der Makromoleküle, wirken temporär wie Knoten, und führen so zu einem quasi-gummielastischen Verhalten. Bei hohen Temperaturen wird dann ein Abgleiten und eine Entschlaufung der Ketten möglich und viskoser Fluß setzt ein. Je nach Temperatur verhält sich Polystyrol somit entweder wie ein Hookescher Festkörper oder wie ein Kautschuk, oder aber wie eine Newtonsche Flüssigkeit.

Die Kurven in Abb. 2.12 vermitteln den Eindruck einer systematischen Änderung des mechanischen Verhaltens mit der Temperatur. Genauer gesagt sieht es so aus, wie wenn eine Änderung der Temperatur allein eine Kurvenverschiebung längs der logarithmischen Zeitachse nach sich ziehen würde. Diese Gleichwertigkeit von Temperatur- und Zeitveränderungen eröffnet einen interessanten Weg des Umgangs mit den Daten: Durch ein entsprechendes Verschieben der einzelnen Meßkurven längs der Zeitachse jeweils bis zum Überlapp läßt sich eine Kurve erstellen, welche die Gesamtreaktion der Probe repräsentiert. Abb. 2.13 zeigt schematisch diesen Gesamtverlauf. Eine Messung bei einer Temperatur von 100 °C, beginnend bei ganz kurzen Zeiten und endend bei extrem langen Zeiten, würde dies als Ergebnis erbringen. Der Gesamtverlauf enthält jetzt alle drei Bestandteile auf einmal, die elastische Deformationskomponente bei ganz kurzen Zeiten, überlagert im mittleren Zeitbereich von der anelastischen Komponente, welche den Übergang von Glas zum Kautschuk vollzieht, und schließlich erst bei sehr langen Zeiten, da allein verbleibend, klar sichtbar, das irreversible plastische Fließen.

Als zweites Beispiel zeigt Abb. 2.14 das Ergebnis von Spannungsrelaxationsexperimenten an Polyisobutylen. Im vernetzten Zustand ist Polyisobutylen bei Raumtemperatur ein typischer Kautschuk. Die Messungen wurden im unvernetzten Zustand durchgeführt, trotzdem zeigt sich bei Temperaturen im Bereich von T_g ($\simeq$ 200 K) wieder, wie schon beim Polystyrol, das durch die Verschlaufungen bedingte temporär-kautschukelastische Verhalten. Aus den Einzelkurven ergibt sich durch empirisches Aneinanderfügen der rechts

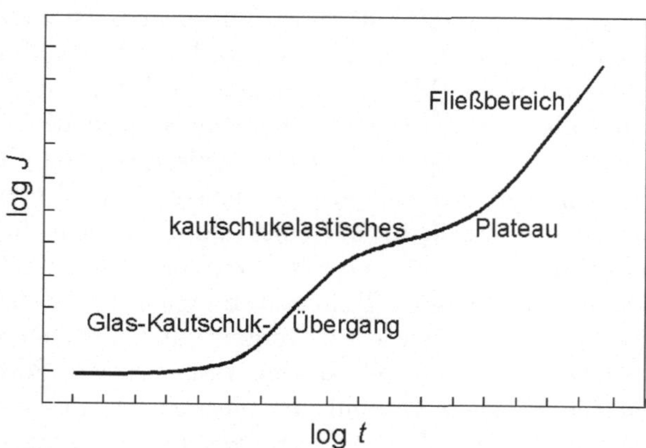

Abb. 2.13. Zusammensetzung der Einzelmessungen von Abb. 2.12 zur gesamten Kriechkurve.

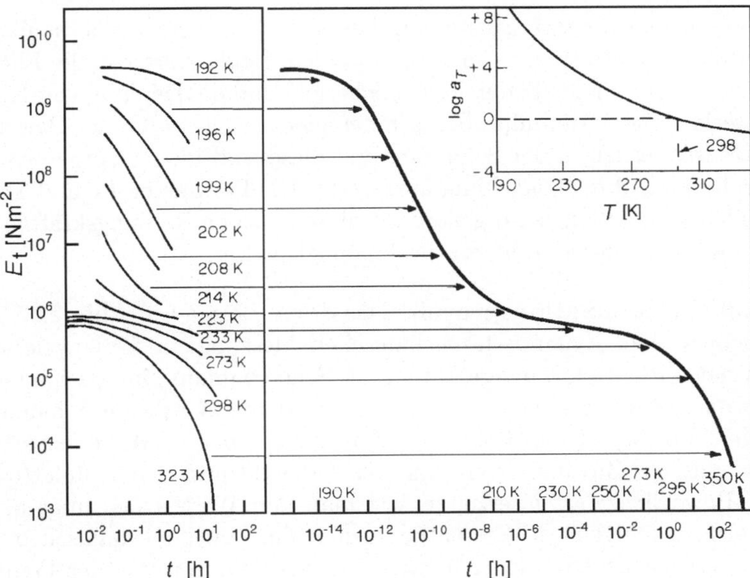

Abb. 2.14. Zeitabhängiger Modul von Polyisobutylen. Einzelmessungen bei verschiedenen Temperaturen und Gesamtverlauf (von Castiff und Tobolsky [13]).

wiedergegebene Gesamtverlauf des zeitabhängigen Moduls. Das Ergebnis dieses Spannungsrelaxationsexperiment zeigt dieselben Grundzüge des mechanischen Verhaltens wie der zuerst erörterte Kriechversuch: Kurzzeitig verhält sich Polyisobutylen wie ein Glas, mit Modulwerten im Bereich von einigen 10^9 Nm^{-2}, dann erfolgt ein Spannungsabfall bis zum Wert des Moduls eines Gummis im Bereich von 10^6 Nm^{-2}, und schließlich wird bei noch längeren Zeiten auch diese Spannung durch den anhaltenden viskosen Fluß abgebaut.

Oben rechts in der Abbildung sind die Verschiebungen angegeben, mit deren Hilfe die bei verschiedenen Temperaturen erhaltenen Meßkurven zur Gesamtreaktionskurve zusammengefaßt wurden. Die gezeigte Kurve gehört zur Temperatur $T = 298$ K. Der **Verschiebungsfaktor** a_T hat eine charakteristische Temperaturabhängigkeit. Tatsächlich kennen wir diese schon von einem früheren Abschnitt her. Bei der Erörterung der Glasumwandlung war die Vogel-Fulcher Gleichung eingeführt worden (Gl. (1.82)), welche die Temperaturabhängigkeit der Viskosität beschreibt. Dieselbe Funktion bestimmt jetzt den Verschiebungsfaktor, in der Form

$$a_T = \exp\left(\frac{T_A}{T - T_V} - \frac{T_A}{T_0 - T_V}\right) \ . \tag{2.74}$$

Dabei bezeichnet T_0 die Bezugstemperatur, hier als 298 K gewählt. Offensichtlich ist die Temperaturabhängigkeit der Viskosität auch bestimmend für die Temperaturabhängigkeit der Zeit, welche die kautschukelastische Dehnungskomponente für ihre Einstellung benötigt. Dies mag zunächst überraschen, ist aber qualitativ durchaus verständlich. Beide Prozesse, die Fließbewegung von Makromolekülen in einem Scherfeld und die Dehnung der Ketten beim Strecken eines Gummiprobe, gründen gleichermaßen auf der Bewegung von Kettensequenzen in der Schmelze, und diese sind immer denselben Reibungskräften aus ihrer Umgebung ausgesetzt. Die Parameter T_A und T_V der Vogel-Fulcher-Beziehung sind genau mit diesen lokalen Reibungskräften verbunden und legen deren Temperaturabhängigkeit fest.

Der einfache Relaxationsprozeß. Das dritte Beispiel in Abb. 2.15 zeigt das Ergebnis einer dynamisch-mechanischen Messung an Poly(cyclohexylmethacrylat) (PCMA), durchgeführt unter Scherspannung im glasig erstarrten Zustand. Im Unterschied zu den in den anderen Beispielen behandelten Polymeren, Polystyrol und Polyisobutylen, gibt es bei PCMA offensichtlich auch im glasigen Zustand noch eine verbleibende und wohldefinierte molekulare Beweglichkeit. Sie erzeugt, wie man den Werten des Imaginärteil der Schernachgiebigkeit $J''(\omega)$ entnehmen kann, einen mechanischen Verlust. Der Verlust geht bei jeder Temperatur als Funktion von der Frequenz über ein Maximum hinweg, und die Lage des Verlustmaximums verschiebt sich mit wachsender Temperatur zu höheren Frequenzen. Wie ist dieses so einfach aussehende Ergebnis zu verstehen? Tatsächlich haben wir hier ein schönes Beispiel für einen **einfachen Relaxationsprozeß** vorliegen. Die Cyclohexyl-Seitengruppen in PCMA können, genauso wie das Molekül Cyclohexan, zwischen zwei verschiedenen Konformationen, bekannt als „Sessel"- und „Wannen"-Form, hin und her wechseln; zwischen beiden Konformationen besteht nur ein geringer Energieunterschied. Beim Anlegen eines mechanischen Feldes ändert sich die Verteilung: Je nach lokaler Situation wird eine

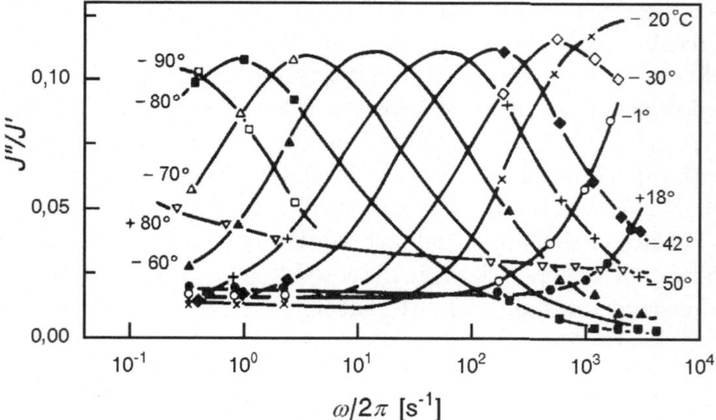

Abb. 2.15. Frequenzabhängigkeit des Imaginärteils der dynamischen Schernachgiebigkeit ($J' \approx$ const), gemessen an Poly(cyclohexylmethacrylat) bei verschiedenen Temperaturen im glasig erstarrten Zustand (von Heijboer [14]).

der beiden Konformationen bevorzugt. Die Umverteilung beim Anlegen einer Spannung benötigt eine bestimmte Zeit, ist dabei von einer weiter anwachsenden Deformation begleitet und führt so zu der beobachteten verzögerten, d. h. anelastischen Reaktion.

Tatsächlich läßt sich zeigen, daß die Einstellzeit dem Experiment entnommen werden kann: Die Frequenzlage des Maximums von $J''(\omega)$ spiegelt genau die Rate wieder, mit der sich die Umverteilung der Konformationen vollzieht. Dies folgt aus einer einfachen Modellüberlegung. Wir behandeln dabei nicht unmittelbar das interessierende dynamisch-mechanische Experiment, sondern beginnen mit der Betrachtung eines gedachten Kriechexperiments an derselben Probe. Wenn die Umverteilung der Konformationen eine Zeit τ erfordert und sich am Ende, d. h. im Gleichgewicht, eine zusätzliche Scherung

$$\Delta\gamma(t \to \infty) = \Delta J \, \sigma_{zx}^0$$

ergibt, können wir den Einstellprozeß wie folgt beschreiben:

$$\frac{\mathrm{d}\Delta\gamma}{\mathrm{d}t} = -\frac{1}{\tau}(\Delta\gamma(t) - \Delta J \, \sigma_{zx}^0) \ . \tag{2.75}$$

Diese **Relaxationsgleichung** unterstellt, daß ein System, welches aus dem Gleichgewicht ausgelenkt ist (was hier durch das Anlegen der Spannung bewirkt wurde), hin zum Gleichgewicht läuft und zwar mit einer Geschwindigkeit, die proportional zur Auslenkung anwächst. Die Lösung der Differentialgleichung lautet

$$\Delta\gamma(t) = \Delta J \, \sigma_{zx}^0 \left(1 - \exp -\frac{t}{\tau}\right) \tag{2.76}$$

und beschreibt einen Einstellprozeß mit der Zeitkonstante τ.

Jetzt kommen wir zum dynamisch-mechanischen Experiment. Die Relaxationsgleichung kann auch auf diesen Fall angewandt werden. Anstelle der zeitunabhängigen Spannung σ_{zx}^0 hat man nur

$$\sigma_{zx}(t) = \sigma_{zx}^0 \exp(-\mathrm{i}\omega t) \tag{2.77}$$

zu schreiben und erhält so

$$\frac{\mathrm{d}\Delta\gamma}{\mathrm{d}t} = -\frac{1}{\tau}[\Delta\gamma(t) - \Delta J\sigma_{zx}^0 \exp(-\mathrm{i}\omega t)] \ . \tag{2.78}$$

Bei der Suche nach einer Lösung mit periodisch wechselnder Dehnung $\Delta\gamma(t)$ setzen wir

$$\Delta\gamma(t) = \sigma_{zx}^0[\Delta J'(\omega) + \mathrm{i}\Delta J''(\omega)] \exp(-\mathrm{i}\omega t) \tag{2.79}$$

an. Für die komplexe Nachgiebigkeit $\Delta J(\omega)$ erhalten wir so

$$\Delta J'(\omega) + \mathrm{i}\Delta J''(\omega) = \frac{\Delta J(0)}{1 - \mathrm{i}\omega\tau} \tag{2.80}$$

$$= \frac{\Delta J}{1 + \omega^2\tau^2} + \mathrm{i}\frac{\Delta J \, \omega\tau}{1 + \omega^2\tau^2} \ . \tag{2.81}$$

Die Frequenzabhängigkeiten $\Delta J'(\omega)$ und $\Delta J''(\omega)$ sind in Abb. 2.16 wiedergegeben. Daß sich für den Imaginärteil bei Wahl einer logarithmischen Frequenzachse tatsächlich die gezeigte symmetrische Glockenkurve ergibt, wird aus der Schreibweise

$$\Delta J''\,(\omega) = \frac{\Delta J}{10^{-\log(\omega\tau)} + 10^{\log(\omega\tau)}} \qquad (2.82)$$

klar.

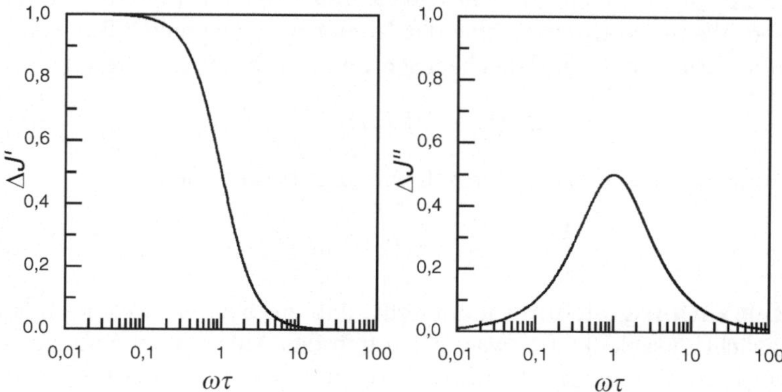

Abb. 2.16. Realteil und Imaginärteil der dynamischen Nachgiebigkeit bei einem einfachen Relaxationsprozess.

Aus dem Ergebnis läßt sich eine wichtige Schlußfolgerung ziehen. Wie man sieht, wird das Maximum im Verlust für

$$\omega\tau = 1 \qquad (2.83)$$

erreicht, das heißt genau dann, wenn die Frequenz der anregenden, äußeren Kraft mit der Relaxationsrate τ^{-1} übereinstimmt. An derselben Stelle nimmt $\Delta J'\,(\omega)$ stufenförmig ab. In unserem Beispiel mit den Cyclohexyl-Seitengruppen ist die Relaxationsrate identisch mit der Sprungrate, mit welcher die Seitengruppen zwischen ihren beiden möglichen Konformationen hin und her wechseln. Dabei ist zu betonen, daß diese Sprungrate durch die angelegte Kraft nicht modifiziert wird. Sprünge zwischen den beiden Konformationen finden auch im thermodynamischen Gleichgewicht statt, mit derselben Rate, und diese bestimmt die Zeit, in der das System auf äußere Veränderungen reagieren kann. Mit dynamisch-mechanischen Messungen läßt sich somit die Dynamik konformativer Umlagerungen spektroskopieren, d. h. die zu einem bestimmten Prozeß gehörende Zeit bestimmen. Entsprechend spricht man hier auch von **Relaxationsspektroskopie**.

Der Lageverschiebung der Verlustmaxima in Abb. 2.15 ist zu entnehmen, wie sich die Rate des Übergangs zwischen der Sessel- und der Wannenkonformation temperaturabhängig ändert. Wie eine Auswertung zeigt, erfolgt dies im Einklang mit dem Arrhenius-Gesetz als

$$\tau^{-1} \sim \exp - \frac{\Delta \tilde{u}_{\mathrm{b}}}{\tilde{R}T} \ . \tag{2.84}$$

Für die Aktivierungsenergie ergibt sich dabei ein Wert von 47 kJ mol^{-1}. Dies ist die Energiebarriere, die beim Übergang von der einen in die andere Konformation überschritten werden muß.

2.2 Elektrische Felder

Setzt man Flüssigkeiten oder Festkörper einem elektrischen Feld aus, so führt dies zu Ladungsverschiebungen. Wenn freibewegliche Ladungen vorhanden sind, wird Stromfluß induziert, wenn die Ladungen gebunden sind, bleibt die Verschiebung beschränkt. Lokal entstehen durch diese Ladungsverschiebungen im Å-Bereich elektrische Dipole, die Probe wird **polarisiert**. Über frei bewegliche Ladungen und den damit verknüpften Stromfluß wird im Kapitel 4 gesprochen werden. Hier befassen wir uns allein mit der Polarisation und das heißt, dem Reaktionsverhalten von nichtleitenden **Dielektrika**.

2.2.1 Dielektrische Suszeptibilität

Die Maxwellschen Gleichungen in der Form, welche elektromagnetische Felder die Materie behandelt, nutzen zur Beschreibung der Polarisationseffekte zwei gleichwertige Begriffe, die Polarisation $\boldsymbol{P}$, welche das feldinduzierte elektrische Dipolmoment pro Volumeneinheit angibt, und die dielektrische Verschiebung $\boldsymbol{D}$. $\boldsymbol{D}$, $\boldsymbol{P}$ und die elektrische Feldstärke $\boldsymbol{E}$ sind über die Gleichung

$$\boldsymbol{D} = \varepsilon_0 \boldsymbol{E} + \boldsymbol{P} \tag{2.85}$$

miteinander verbunden (ε_0 ist die Influenzkonstante). Zur Beschreibung der Polarisationseigenschaften eines bestimmten Materials können alternativ zwei Materialparameter genutzt werden. Der Dielektrizitätskonstante ε verknüpft $\boldsymbol{D}$ über die Gleichung

$$\boldsymbol{D} = \varepsilon_0 \varepsilon \boldsymbol{E} \tag{2.86}$$

mit der elektrischen Feldstärke, und die dielektrische Suszeptibilität χ stellt den Zusammenhang zwischen der Polarisation und der Feldstärke her

$$\boldsymbol{P} = \varepsilon_0 \chi \boldsymbol{E} \ . \tag{2.87}$$

Aus den beiden Gleichungen folgt als allgemeine Beziehung zwischen χ und ε

$$\varepsilon = \chi + 1 \ . \tag{2.88}$$

Die Abhängigkeiten Gl. (2.86) und Gl. (2.87) drücken lineare Zusammenhänge aus, und dies stimmt in den meisten Fällen von praktischer Bedeutung.

Die Gleichungen lassen sich nicht nur unter statischen Bedingungen, sondern auch für zeitlich wechselnde elektrische Felder anwenden, und dies für alle Frequenzen, vom technischen Bereich bis hin zu den Frequenzen von Röntgenstrahlung. Auch wenn man häufig von der **Dielektrizitätskonstanten** ε spricht, sind ε und χ Funktionen mit einer ausgeprägten Frequenzabhängigkeit. Ein elektrisches Wechselfeld

$$E(t) = E_0 \exp(-i\omega t) \tag{2.89}$$

induziert allgemein eine mit derselben Frequenz schwingende Polarisation

$$P(t) = P_0 \exp(-i\omega t) \ . \tag{2.90}$$

Die dielektrische Suszeptibilität $\chi(\omega)$ bestimmt, jetzt als dynamische Größe, das Verhältnis zwischen den Amplituden E_0 und P_0, als

$$P_0 = \varepsilon_0 \chi(\omega) E_0 \ . \tag{2.91}$$

Da zwischen der Polarisation und dem Feld Phasenverschiebungen auftreten können, ist $\chi(\omega)$ im allgemeinen komplex:

$$P_0 = \varepsilon_0 [\chi'(\omega) + i\chi''(\omega)] E_0 \ . \tag{2.92}$$

2.2.2 Orientierungs- und Verschiebungspolarisation

Die Polarisation flüssiger oder fester Materie in einem elektrischen Feld entsteht aus mehreren Beiträgen, die sich in ihrer Frequenzabhängigkeit sehr deutlich unterscheiden. Abb. 2.17 erläutert dies mit einer schematischen Zeichnung anhand des Verlaufs des Realteils der dielektrischen Suszeptiblität. Ein erster Beitrag, der sehr stark sein kann, wird für Flüssigkeiten aus polaren Molekülen gefunden. Die von den Molekülen getragenen permanenten Dipolmomente sind ohne äußeres Feld in alle Richtungen gleichverteilt. Unter der Wirkung eines Feldes stellt sich eine Vorzugsorientierung ein und liefert einen Beitrag zur Polarisation. Wir werden diese **Orientierungspolarisation** $P_{\mathrm{or}} \sim \varepsilon_0 \chi_{\mathrm{or}}$ gleich noch näher betrachten. Von vornherein klar ist, daß bei hohen Frequenzen die Moleküle aufgrund ihrer Trägheit gegenüber Rotationsbewegungen dem Feld nicht mehr folgen können. Erfahrungsgemäß geschieht dies spätestens dann, wenn man die Frequenz von 10^{12} s^{-1} wesentlich überschreitet. Von da an tritt, wie in der Abbildung angedeutet, keine Orientierungspolarisation mehr auf.

Ein zweiter Mechanismus, der zur Polarisation beiträgt, läßt sich an Ionenkristallen, molekularen Kristallen und molekularen Flüssigkeiten beobachten. In Molekülen gibt es immer Ladungsschwerpunkte. Ein elektrisches

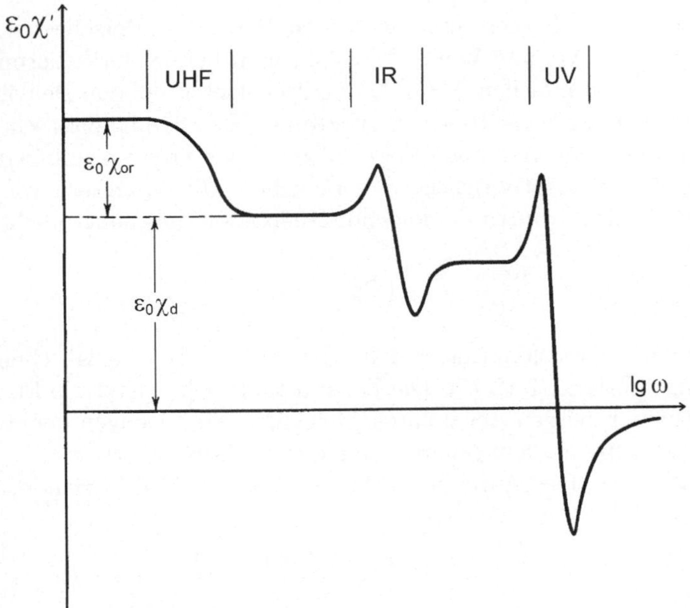

Abb. 2.17. Realteil der dielektrischen Suszeptibilität in Abhängigkeit von der Frequenz (schematisch). Beiträge durch Dipolorientierung (χ_{or}, bis zum UHF-Bereich), sowie durch Kerngerüstdeformation und Elektronenverschiebung (χ_d, im IR und UV-Bereich).

Feld kann diese Schwerpunkte positiver und negativer Ladungen gegeneinander verschieben und auf diese Art Dipolmomente induzieren. Besonders starke Polarisationseffekte sind hier im Infrarotbereich zu erwarten, da dort die Eigenfrequenzen der Molekülgerüstschwingungen angesiedelt sind. Mit dem Überschreiten aller Molekülschwingungseigenfrequenzen schaltet auch dieser Polarisationsmechanismus, wie in der Abbildung angedeutet, ab.

Übrig bleibt jetzt noch als letzter, aber immer, auch bei atomaren Systemen vorhandener Polarisationsmechanismus, die Verschiebung der Elektronenhüllen gegenüber den Kernen. Die Eigenfrequenzen der verschiebbaren äußeren Elektronen liegen im Bereich des sichtbaren Lichts und im Ultravioletten. Entsprechend sind in diesem Frequenzbereich die Polarisationseffekte besonders groß. Anstelle von ε bzw. χ verwendet man im sichtbaren Bereich üblicherweise den Brechungsindex n als Materialparameter. n ist über die Maxwellsche Beziehung

$$n^2 = \varepsilon = 1 + \chi \tag{2.93}$$

mit ε bzw. χ verknüpft und ist wie diese eine im allgemeinen komplexwertige Größe.

Die Frequenzabhängigkeiten der Orientierungspolarisation und der gemeinsam als **Verschiebungspolarisation** $P_d \sim \varepsilon_0\chi_d$ (,d' steht hier für *displacement*) bezeichneten anderen beiden Beiträge unterscheiden sich in charakteristischer Art und Weise. Während man bei der Orientierungspolarisation nur einen einfachen Abfall beobachtet, treten bei den Beiträgen der Verschiebungspolarisation Resonanzeffekte auf. Es ist mit klassischen Gleichungen auf einfache Art und Weise möglich, die Frequenzabhängigkeiten beider Prozesse qualitativ richtig wiederzugeben. Die Orientierungspolarisation P_{or} wird korrekt durch die folgende Relaxationsgleichung beschrieben:

$$\frac{\mathrm{d}P_{\mathrm{or}}}{\mathrm{d}t} = -\frac{1}{\tau}(P_{\mathrm{or}} - \varepsilon_0\chi_{\mathrm{or}}E_0) \ . \tag{2.94}$$

Der Ansatz ist identisch mit der bei der Behandlung der anelastischen Deformation eingeführten Gl. (2.75). Die Zeitkonstante τ hat jetzt die Bedeutung einer Reorientierungszeit der polaren Moleküle. Die Lösungen der Relaxationsgleichung wurden schon genannt und können direkt übernommen werden. Beim Einschalten eines statischen Feldes E_0 stellt sich die Orientierungspolarisation als

$$P_{\mathrm{or}} = \varepsilon_0\chi_{\mathrm{or}}E_0 \left(1 - \exp-\frac{t}{\tau}\right) \tag{2.95}$$

ein. Unter der Wirkung eines Wechselfeldes der Frequenz ω wird die (komplexe) Amplitude P_0 des Orientierungsanteils der Polarisation zu

$$P_0 = \frac{\varepsilon_0\chi_{\mathrm{or}}}{1 - \mathrm{i}\omega\tau}E_0 \ . \tag{2.96}$$

Für den Real- und den Imaginärteil des Orientierungsanteils der dielektrischen Suszeptibilität bedeutet dies

$$\frac{P_0}{E_0} = \varepsilon_0\chi'_{\mathrm{or}}(\omega) + \mathrm{i}\varepsilon_0\chi''_{\mathrm{or}}(\omega)$$

$$= \frac{\varepsilon_0\chi_{\mathrm{or}}}{1 + \omega^2\tau^2} + \mathrm{i}\frac{\varepsilon_0\chi_{\mathrm{or}}\omega\tau}{1 + \omega^2\tau^2} \ . \tag{2.97}$$

Die Verläufe wurden schon in Abb. 2.16 dargestellt. Auch hier handelt es sich also um einen einfachen Relaxationsprozeß. Da Debye diesen Prozeß am Beispiel der Dipolpolarisation erstmals theoretisch beschrieben hat, wird der einfache Relaxationsprozeß auch ganz allgemein als **Debye-Prozeß** bezeichnet.

Abb. 2.18 zeigt eine entsprechende Messung, erhalten für Poly(vinylacetat). Dieses Material besitzt polare Seitengruppen, welche sich umlagern können. Wie schon im vorigen Kapitel erörtert wurde, kann man der Lage der Stufe im Realteil und des Maximums im Imaginärteil die Relaxationszeit, und das heißt jetzt, die Umlagerungsrate der Seitengruppen direkt entnehmen. In Polymeren liegen diese Raten im Vergleich zu einfachen Flüssigkeiten aufgrund der hohen Viskosität um mehrere Größenordnungen niedriger.

Für die Behandlung der charakteristischen Verläufe der verschiedenen Anteile der Verschiebungspolarisation P_{d} eignet sich die Differentialgleichung

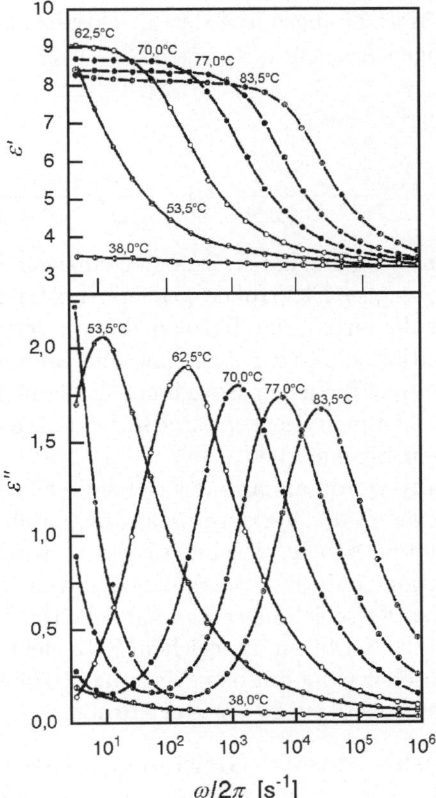

Abb. 2.18. Poly(vinylacetat): Frequenzabhängigkeit des Real- und Imaginärteils der dielektrischen Funktion bei verschiedenen Temperaturen oberhalb T_g (von Ishida u. a. [15]).

$$\tau'^2 \frac{\mathrm{d}^2 P_\mathrm{d}}{\mathrm{d}t^2} = -\tau \frac{\mathrm{d}P_\mathrm{d}}{\mathrm{d}t} - P_\mathrm{d} + \varepsilon_0 \chi_\mathrm{d} E \quad . \tag{2.98}$$

Sie unterscheidet sich von der Relaxationsgleichung durch den Term auf der linken Seite, welcher die mit Schwingungen einhergehenden Trägheitseffekte berücksichtigt. Gl. (2.98) ist die Bewegungsgleichung eines angetriebenen, gedämpften harmonischen Oszillators. Für ein elektrisches Wechselfeld

$$E(t) = E_0 \exp(-\mathrm{i}\omega t) \tag{2.99}$$

wird sich eine stationäre Lösung für P_d einstellen

$$P_\mathrm{d}(t) = P_0 \exp(-\mathrm{i}\omega t) \quad . \tag{2.100}$$

Ein Einsetzen führt auf

$$(-\omega^2 \tau'^2 - \mathrm{i}\omega\tau + 1)P_0 = \varepsilon_0 \chi_\mathrm{d} E_0 \tag{2.101}$$

und somit für den Verschiebungsanteil der dielektrischen Suszeptibilität zu
dem frequenzabhängigen Ausdruck

$$\frac{P_0}{E_0} = \varepsilon_0 \chi'_{\mathrm{d}}(\omega) + \mathrm{i}\varepsilon_0 \chi''_{\mathrm{d}}(\omega) \tag{2.102}$$

$$= \frac{\varepsilon_0 \chi_{\mathrm{d}}(1 - \omega^2 \tau'^2)}{(1 - \omega^2 \tau'^2)^2 + \omega^2 \tau^2} + \mathrm{i}\frac{\varepsilon_0 \chi_{\mathrm{d}}\omega\tau}{(1 - \omega^2 \tau'^2)^2 + \omega^2 \tau^2} \ . \tag{2.103}$$

Beim Formulieren der Gleichung haben wir einen einzigen Schwingungsprozeß
des Molekülgerüsts bzw. der Elektronen gegenüber dem Kern herausgegriffen und erhalten hier die zugehörige Resonanzkurve; der Gesamtverlauf der
Verschiebungspolarisation entsteht als Summe aus einer Vielzahl derartiger
Beiträge. Der Realteil hat für jeden Einzelbeitrag die in Abb. 2.17 gezeigte
Form. Der Imaginärteil ist eine Glockenkurve mit dem Maximum in der Nähe
der durch τ' gegebenen Eigenfrequenz.

Im ersten Abschnitt wurde anhand der dynamischen Nachgiebigkeit gezeigt, daß der Imaginärteil die Verlustprozesse beschreibt, d. h. den Anteil
der vom Feld geleisteten Arbeit, welcher dissipiert wird. Das gleiche gilt
jetzt für die Polarisation, und zwar unabhängig davon, ob es sich um den
Orientierungs- oder den Verschiebungsanteil handelt. Der Imaginärteil der dielektrischen Suszeptibilität gibt an, in welchem Maß elektromagnetische Feldenergie bei der Wechselwirkung mit dem Material dissipiert wird. $\chi''(\omega)$ repräsentiert so das Absorptionsspektrum einer Probe.

Lokales Feld. Clausius-Mosotti-Gleichung. Flüssigkeiten aus polaren
Molekülen, d. h. Molekülen, welche ein permanentes Dipolmoment tragen,
liefern Beiträge aller Art zur Polarisation. Wir wollen uns überlegen, welchen
Wert man hier in einem Kondensator unter statischen Bedingungen für die
Dielektrizitätskonstante ε messen würde. Die Polarisation P ist aus einem
Orientierungs- und einem Verschiebungsanteil zusammengesetzt. Beide Teile
sind jeweils proportional zur elektrischen Feldstärke E_{loc}, welche am Ort des
Moleküls anzutreffen ist und dort polarisierend wirkt. Wir schreiben

$$P_{\mathrm{or}} = \rho\beta_{\mathrm{or}}E_{\mathrm{loc}} \ , \tag{2.104}$$

$$P_{\mathrm{d}} = \rho\beta_{\mathrm{d}}E_{\mathrm{loc}} \ . \tag{2.105}$$

Die Gleichungen enthalten neben der Teilchendichte ρ zwei Koeffizienten,
β_{or} und β_{d}, bekannt als **Polarisierbarkeiten**, welche Reaktionen der Ein-
zelmoleküle auf das wirkende elektrische Feld auf empirische Art und Weise
beschreiben. Insgesamt ergibt sich

$$P = \rho\beta E_{\mathrm{loc}} \ , \tag{2.106}$$

wobei in der Polarisierbarkeit β jetzt alle Mechanismen zusammengefaßt sind.

Man könnte zunächst denken, daß das im Kondensator wirkende, durch
Spannung und Plattenabstand gegebene elektrische Feld direkt auf die Moleküle durchgreift und identisch mit E_{loc} ist. Dies ist jedoch nicht richtig.

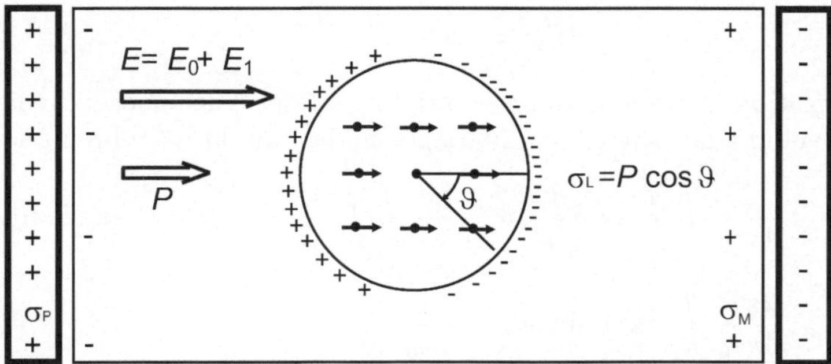

Abb. 2.19. Quellen des lokalen elektrischen Feldes am Ort eines Moleküls im Innern eines in einen Kondensator eingebrachten Materieblocks.

Abb. 2.19 zeigt, wie man vorzugehen hat, wenn man das lokale elektrische Feld ermitteln will. Wir denken uns dazu um ein herausgegriffenes „Auf-Molekül" eine Kugel mesoskopischer Größe mit einem Radius a ausgeschnitten. Dies eröffnet die Möglichkeit, die von den Nachbarmolekülen ausgehenden Felder explizit zu berücksichtigen und von den kontinuierlichen Ladungsverteilungen im Dielektrikum und auf den Kondensatorplatten abzutrennen. Aus der Abbildung wird klar, daß das lokale Feld aus vier Beiträgen

$$E_{\mathrm{loc}} = E_0(\sigma_{\mathrm{P}}) + E_1(\sigma_{\mathrm{M}} = P) + E_{2z}(\sigma_{\mathrm{L}}) + E_{3z} \tag{2.107}$$

zusammengesetzt werden kann. Alle Felder sind in der gleichen Richtung, hier als z gewählt, orientiert. E_0 ist das homogene Feld, welches von den Ladungen auf den Kondensatorplatten, deren Flächendichte σ_{P} betragen soll, erzeugt wird. Ein zweites homogenes Feld, E_1, rührt von den Oberflächenladungen des Dielektrikums (Ladungsdichte σ_{M}) direkt an den Platten her. Beide Felder zusammen, E_1 und E_2, die entgegengesetzt gerichtet sind, bestimmen die mittlere Feldstärke E im Kondensator. Entscheidend für das lokale Feld ist, wie gleich deutlich werden wird, der Beitrag E_{2z}, welcher von den Ladungen an der Oberfläche der Kugel ausgeht. Diese Oberflächenladungsdichte, σ_{L}, ist proportional zur Polarisation und ändert sich mit dem Winkel ϑ als

$$\sigma_{\mathrm{L}} = P \cos \vartheta \ . \tag{2.108}$$

Als vierter und letzter Beitrag sind die von den molekularen Dipolen innerhalb der Kugel ausgehenden Felder, die sich insgesamt zu E_{3z} addieren, zu berücksichtigen.

E_{2z} wird **Lorentz-Feld** genannt und kann wie folgt berechnet werden. Eine Ladungsmenge $\mathrm{d}Q$ auf der Kugeloberfläche liefert einen Beitrag der Größe

$$\mathrm{d}E_2 = \frac{1}{4\pi\varepsilon_0} \frac{\mathrm{d}Q}{a^2} \tag{2.109}$$

zum Lorentz-Feld. Die allein zur Wirkung kommende Komponente in z-Richtung ist

$$\mathrm{d}E_{2z} = \cos\vartheta \frac{1}{4\pi\varepsilon_0} \frac{\mathrm{d}Q}{a^2} \ . \tag{2.110}$$

Die Integration über die Ladungsverteilung auf der Kugeloberfläche läßt sich bei Verwendung der Kugelkoordination ϑ und φ direkt ausführen und liefert

$$E_2 = \frac{1}{4\pi\varepsilon_0} \int\limits_\varphi \int\limits_\vartheta \cos\vartheta \frac{\mathrm{d}Q}{a^2} = \frac{1}{4\pi\varepsilon_0} \int\limits_\varphi \int\limits_\vartheta \frac{\cos\vartheta}{a^2} P \cos\vartheta\, a^2 \sin\vartheta \mathrm{d}\vartheta \mathrm{d}\varphi$$

$$= \frac{2\pi P}{4\pi\varepsilon_0} \int\limits_\vartheta \cos^2\vartheta \sin\vartheta \mathrm{d}\vartheta = \frac{1}{3\varepsilon_0} P \ . \tag{2.111}$$

Wie wir sehen, ist das Lorentz-Feld E_2 dem äußeren Feld E gleichgerichtet und proportional zur Polarisation.

Für das von den molekularen Dipolen erzeugte Feld E_{3z} läßt sich leicht zeigen, daß es für isotrope Flüssigkeiten und auch für symmetrische Kristalle, worauf sich die Zeichnung bezieht, verschwindet. Wenn die Moleküle innerhalb des von der Kugel ausgeschnittenen Bereichs an den Orten $\boldsymbol{r}_j$ sitzen und dabei Träger von Dipolmomenten $\boldsymbol{p}$ sind, entsteht am Ursprung im Kugelzentrum ein Feld der Stärke

$$\boldsymbol{E}_3 = \frac{1}{4\pi\varepsilon_0} < \sum_j \frac{3(\boldsymbol{p}\cdot\boldsymbol{r}_j)\boldsymbol{r}_j - r_j^2\boldsymbol{p}}{r_j^5} > \ . \tag{2.112}$$

Bei Flüssigkeiten haben wir dabei die angezeigte Mittelung durchzuführen. Aus Symmetriegründen gilt für die beiden zu $\boldsymbol{E}$ senkrechten Komponenten

$$E_{3x} = E_{3y} = 0 \ , \tag{2.113}$$

so daß wir für die z-Komponente

$$E_{3z} \sim < \sum_j \frac{3z_j^2 - r_j^2}{r_j^5} > \tag{2.114}$$

erhalten. Ausgeschrieben bedeutet dies

$$E_{3z} \sim < \sum_j \frac{3z_j^2 - x_j^2 - y_j^2 - z_j^2}{r_j^5} > = 0 \ , \tag{2.115}$$

da, wiederum aus Symmetriegründen,

$$< \sum_j \frac{x_j^2}{r_j^5} > = < \sum_j \frac{y_j^2}{r_j^5} > = < \sum_j \frac{z_j^2}{r_j^5} > \tag{2.116}$$

gilt.

Die Zusammenfassung aller Beiträge liefert das gesuchte Ergebnis: Das lokale, auf die einzelnen Moleküle wirkende Feld ist aus dem Kondensatorfeld E und dem Lorentz-Feld zusammengesetzt, als

$$E_{\mathrm{loc}} = E + \frac{1}{3\varepsilon_0}P \ . \tag{2.117}$$

Wir können jetzt die Polarisation ausrechnen und finden

$$P = \rho\beta E_{\mathrm{loc}} = \rho\beta\left(E + \frac{1}{3\varepsilon_0}P\right) \ . \tag{2.118}$$

P tritt hier auf beiden Seiten der Gleichung auf, was einen Rückkopplungsmechanismus anzeigt. Für die Dielektrizitätskonstante erhalten wir so den Ausdruck

$$\frac{P}{E} = \frac{\rho\beta}{1 - \rho\beta/3\varepsilon_0} = \varepsilon_0(\varepsilon - 1) \ . \tag{2.119}$$

Aufgelöst nach der Polarisierbarkeit ergibt dies

$$\frac{1}{3\varepsilon_0}\rho\beta = \frac{\varepsilon - 1}{\varepsilon + 2} \ . \tag{2.120}$$

Wir haben bisher von einer monomolekularen Flüssigkeit gesprochen. Im allgemeinen können verschiedene Teilchensorten mit Dichten ρ_j und Polarisierbarkeiten β_j vorliegen. Offensichtlich gilt dann die Gleichung

$$\frac{1}{3\varepsilon_0}\sum_j \rho_j\beta_j = \frac{\varepsilon - 1}{\varepsilon + 2} \ , \tag{2.121}$$

und diese ist als **Clausius-Mosotti-Beziehung** bekannt.

Orientierungspolarisierbarkeit. Die Orientierung der Dipole einer polaren Flüssigkeit in einem statischen elektrischen Feld bleibt aufgrund der thermischen Rotationsbewegung unvollständig. Je höher die Temperatur ist, umso geringer ist der Orientierungsgrad. Wie diese Abhängigkeit aussieht, läßt sich direkt errechnen. Bekanntlich ist die potentielle Energie u eines Moleküls mit permanentem Dipolmoment p_0 in einem äußeren Feld der Feldstärke E_{loc} von dem eingeschlossenen Winkel ϑ abhängig und beträgt

$$u = -p_0 E_{\mathrm{loc}} \cos\vartheta \ . \tag{2.122}$$

Die Orientierungsverteilungsfunktion, gegeben durch die Boltzmann-Statistik, wird damit zu

$$w\sin\vartheta\mathrm{d}\varphi\mathrm{d}\vartheta \sim \exp -\frac{u}{k_{\mathrm{B}}T}\sin\vartheta\mathrm{d}\varphi\mathrm{d}\vartheta = \exp\frac{p_0 E_{\mathrm{loc}}\cos\vartheta}{k_{\mathrm{B}}T}\sin\vartheta\mathrm{d}\varphi\mathrm{d}\vartheta \tag{2.123}$$

($w\sin\vartheta\mathrm{d}\varphi\mathrm{d}\vartheta$ ist der Anteil der Dipole, welche in das Winkelintervall $\mathrm{d}\varphi\mathrm{d}\vartheta$ zeigen). Hieraus errechnet sich der Orientierungsanteil P_{or} der Polarisation als

$$P_{\mathrm{or}} = \rho p_0 <\cos\vartheta> = \rho p_0 \frac{1}{Z}\int_0^\pi \cos\vartheta\exp\frac{p_0 E_{\mathrm{loc}}\cos\vartheta}{k_{\mathrm{B}}T}2\pi\sin\vartheta\mathrm{d}\vartheta \tag{2.124}$$

(ρ bezeichnet wie immer die Teilchendichte). Die Zustandssumme $\mathcal{Z}$ ist aus Normierungsgründen eingeführt, ist eine Funktion der Variablen

$$x = \frac{p_0 E_{\mathrm{loc}}}{k_\mathrm{B} T} \quad , \tag{2.125}$$

und läßt sich ausrechnen

$$\mathcal{Z}(x) = \int\limits_0^\pi \exp(x \cos \vartheta) 2\pi \sin \vartheta \mathrm{d}\vartheta$$

$$= \frac{2\pi}{x}[\exp x - \exp(-x)] \quad . \tag{2.126}$$

Wie man erkennt, ergibt sich P_{or} als

$$P_{\mathrm{or}} = \rho p_0 \frac{1}{\mathcal{Z}} \frac{\mathrm{d}\mathcal{Z}}{\mathrm{d}x} \quad . \tag{2.127}$$

Der interessierende Orientierungsanteil der Polarisierbarkeit, β_{or}, folgt aus den Termen niedrigster Ordnung der Potenzreihenentwicklung

$$\mathcal{Z} = 4\pi + \frac{2\pi x^2}{3} + \dots \quad . \tag{2.128}$$

Wir erhalten so zunächst

$$P_{\mathrm{or}} \approx \rho p_0 \frac{x}{3} = \rho \frac{p_0^2}{3k_\mathrm{B} T} E_{\mathrm{loc}} \tag{2.129}$$

und deshalb für β_{or} das Ergebnis

$$\beta_{\mathrm{or}} = \frac{p_0^2}{3k_\mathrm{B} T} \quad . \tag{2.130}$$

Für die Gesamtpolarisierbarkeit einer polaren Flüssigkeit, zusammengesetzt aus dem Verschiebungsanteil β_d und β_{or}, ergibt sich

$$\beta = \beta_\mathrm{d} + \frac{p_0^2}{3k_\mathrm{B} T} \quad . \tag{2.131}$$

Wie man sieht, kann über temperaturabhängige Messungen auf der Grundlage der Clausius-Mosotti Beziehung Gl. (2.121) eine Aufteilung vorgenommen und eine Bestimmung von β_d und p_0 erreicht werden.

2.2.3 Piezoeffekt

Thema des ersten Abschnitts in diesem Kapitel war die Deformation, welche sich beim Anlegen eines mechanischen Feldes einstellt. Im zweiten Abschnitt behandelten wir dann die Polarisation, welche durch ein elektrisches

Feld hervorgerufen wird. Es gibt Kristalle, in denen man Querbeziehungen beobachten kann, in dem Sinn, daß mechanische Spannungen nicht nur Deformationen hervorrufen, sondern auch eine Polarisation erzeugen und elektrische Felder nicht nur polarisierend wirken, sondern gleichzeitig auch eine Deformation auslösen. Man bezeichnet dies allgemein als **Piezoeffekt**. Der Piezoeffekt ist technologisch bedeutsam und findet breite Anwendung. Das wichtigste Material ist dabei der Quarz. Kleine Einkristalle von Quarz dienen als Ultraschallgeber, als Stabilisatoren in Schwingungskreisen, sind als solche fast in allen Uhren, Sende- und Empfangssystemen zu finden, oder dienen als Stellelemente in Situationen, wo es auf Präzision im nm- bis Å-Bereich ankommt. Ohne die piezoelektrischen Eigenschaften des Quarzes wäre der Bau der Atomkraftmikroskope, in denen Quarzkristalle sowohl für die Verschiebung, als auch für die Schwingungserzeugung der Abtastfedern eingesetzt werden, undenkbar. Neben dem Quarz wird auch Poly(vinylidenfluorid) zunehmend wichtig. Verstreckt man Folien aus diesem Polymer bei erhöhten Temperaturen, wo die Ketten ausreichend beweglich sind, in einem elektrischen Feld und kühlt sie dann schnell auf Raumtemperatur ab, erhalten die von den CF_2-Gruppen getragenen elektrischen Dipole eine dauerhafte Vorzugsorientierung. Die so gewonnenen permanent-polarisierten Folien zeigen einen piezoelektrischen Effekt, der denjenigen von Quarz noch übertrifft. Um ihn zu nutzen, bringt man auf beiden Seiten der Folie Dünnschicht-Elektroden auf. Beim Anlegen von Spannungen lassen sich dann sowohl Änderungen in der Dicke, als auch in der Länge und Breite erzeugen. Auf diese Art können zum Beispiel kugelförmige Lautsprecher gebaut werden.

Zur Beschreibung der Funktion piezoelektrischer Materialien hat man die Gln. (2.87) und (2.4) entsprechend zu erweitern. Anstelle von Gl. (2.87) schreiben wir jetzt

$$P = \varepsilon_0 \chi E + d_1 \sigma_{zz} \tag{2.132}$$

und anstelle von Gl. (2.4) nehmen wir die Beziehung

$$e_{zz} = d_2 E + D \sigma_{zz} \ . \tag{2.133}$$

Die Stärke des Piezoeffekts wird hierin durch die beiden Koeffizienten d_1 und d_2 ausgedrückt.

Welche Kristalle zeigen den Piezoeffekt? Die Antwort lautet: Dies ist allein eine Frage der Kristallsymmetrie. Genauer gesagt, sind es 20 der 32 Kristallklassen, welche mit dem Piezoeffekt verknüpft sind. Sie sind alle dadurch ausgezeichnet, daß die zugehörige Punktgruppe das Symmetrieelement „Inversion" nicht enthält. Warum dies die Voraussetzung für Piezoverhalten ist, kann sofort eingesehen werden: Wenn ein Kristall inversionssymmetrisch ist, bleibt diese Symmetrie naturgemäß auch unter Druck erhalten. Dann kann aber auch keine Polarisation auftreten, da diese eine bestimmte Richtung auszeichnen würde.

Abb. 2.20 zeigt ein unmittelbar einsichtiges Beispiel. Es handelt sich dabei um einen Kristall, der aus ebenen Gruppen mit der Form eines Dreibeins

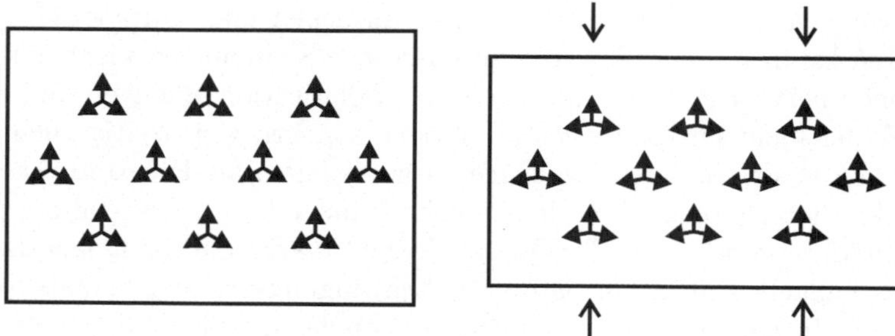

Abb. 2.20. Beispiel eines Kristalls mit piezoelektrischen Eigenschaften. Der Kristall besteht aus Gruppen von Ionen, in denen ein dreifach geladenes Atom jeweils von drei einfach geladenen Atomen symmetrisch umgeben ist. Unter uniaxialem Druck geht die Symmetrie verloren und es entsteht eine Polarisation.

aufgebaut ist. In der Mitte jeder Gruppe steht ein Atom A, welches dann von drei Atomen B symmetrisch umgeben ist. A und B sollen dabei Ionen mit entgegengesetzer Ladung sein. Der Kristall besitzt eine dreizählige Drehspiegelachse, sowie eine zweizählige Drehachse, hat aber kein Inversionszentrum. Auf der rechten Seite ist dargestellt, wie ein solcher Kristall auf einen uniaxialen Druck reagiert. Es stellt sich für jede der AB_3-Ionengruppen eine Ladungsverschiebung ein, und so ergibt sich eine Polarisation. Andererseits läßt sich die Deformation der Ionengruppen auch durch ein Feld hervorrufen, und dies wiederum führt zu einer makroskopischen Längenänderung. Es ist klar, daß man bei diesem System Piezoeffekte nur hat, wenn man den Kristall in der ausgezeichneten Richtung belastet, so wie in der Skizze angegeben. Eine Belastung senkrecht zu den Ebenen der Ionengruppen würde keinen Effekt nach sich ziehen.

2.3 Magnetische Felder

Magnetische Felder werden allgemein durch Ströme hervorgerufen. Dabei kann es sich sowohl um freie, makroskopische, in Leitern verlaufende Ströme handeln, als auch um Ströme, die innerhalb von Atomen oder Molekülen fließen und auf diesen mikroskopischen Bereich beschränkt bleiben. Diese atomaren Ströme entfalten im allgemeinen keine Außenwirkung, da sie sich im Innern der Probe gegenseitig kompensieren. Dies ändert sich beim Anlegen eines äußeren Magnetfelds, dem beispielsweise ein Stab in einer stromdurchflossenen Spule ausgesetzt werden kann. Die atomaren Ströme reagieren hierauf und die Probe wird **magnetisiert**.

2.3.1 Magnetische Suszeptibilität

Die Elektrodynamik unterscheidet zwischen dem erzeugenden, äußeren magnetischen Feld, genannt H, der Magnetisierung M, welche das feldinduzierte magnetische Moment einer Volumeneinheit beschreibt, und dem resultierenden Gesamtmagnetfeld, der magnetischen Flußdichte $\boldsymbol{B}$. $\boldsymbol{B}$ ist aus $\boldsymbol{H}$ und $\boldsymbol{M}$ zusammengesetzt:

$$\boldsymbol{B} = \mu_0(\boldsymbol{H} + \boldsymbol{M}) \qquad (2.134)$$

(μ_0 ist die magnetische Feldkonstante). Zur Beschreibung der Reaktion flüssiger oder fester Materie kann man entweder den Zusammenhang zwischen $\boldsymbol{B}$ und $\boldsymbol{H}$ verwenden:

$$\boldsymbol{B} = \mu_0\mu\boldsymbol{H} \; , \qquad (2.135)$$

der durch die magnetische Permeabilität μ festgelegt wird, oder alternativ die magnetische Suszeptibilität κ benutzen, welche den Zusammenhang zwischen $\boldsymbol{M}$ und $\boldsymbol{H}$ beschreibt:

$$\boldsymbol{M} = (\mu - 1)\boldsymbol{H} = \kappa\boldsymbol{H} \; . \qquad (2.136)$$

In vielen Fällen gilt

$$M \ll B \; .$$

Dann kann man an Stelle von

$$\kappa = \frac{\mathrm{d}M}{\mathrm{d}H} \qquad (2.137)$$

auch die Beziehung

$$\kappa \approx \mu_0\frac{\mathrm{d}M}{\mathrm{d}B} \qquad (2.138)$$

verwenden.

2.3.2 Dia- und Paramagnetismus

Wie im Abschnitt 2.2 dargelegt wurde, erzeugen elektrische Felder immer eine gleichgerichtete Polarisation. Die Reaktion von Materie auf magnetische Felder ist variabler. Man findet sowohl Materialien, welche das äußere Feld verstärken ($\mu > 1$, $\kappa > 0$), als auch solche, die das Feld schwächen ($\mu < 1$, $\kappa < 0$). Normalfall ist das zweite Verhalten, bekannt als **Diamagnetismus**. Wie wir gleich sehen werden, ist der zugrunde liegende Mechanismus immer vorhanden. Eine Feldverstärkung, **Paramagnetismus** genannt, gibt es nur in ausgezeichneten Materialien, nämlich nur dann, wenn die Atome permanente magnetische Dipole tragen. Wenn dies der Fall ist, überwiegt der Effekt der Einstellung der permanenten Dipole und übertrifft den ebenfalls vorhandenen Diamagnetismus.

Diamagnetismus. Es gibt ein allgemein gültiges Gesetz, bekannt als **Larmor-Theorem**, welches feststellt, daß beim Einbringen von Atomen in ein Magnetfeld B deren Elektronenhüllen mit einer Drehbewegung beginnen. Diese erfaßt jede Elektronenhülle insgesamt und erfolgt mit einer wohldefinierten Drehzahl, der Larmor-Frequenz

$$\omega_{\mathrm{L}} = \frac{eB}{2m_{\mathrm{e}}} \quad .$$
(2.139)

Wenn sich eine Elektronenhülle dreht, fließt ein Kreisstrom, und dieser ist gleichbedeutend mit dem Auftreten eines magnetischen Moments. Das Larmor-Theorem sagt auch aus, daß das Moment so ausgerichtet ist, daß das Feld eine Schwächung erleidet. Der Vorgang gleicht der wohlbekannten elektromagnetischen Induktion. Verbringt man eine geschlossene Leiterschleife in ein Magnetfeld, bzw. schaltet ein Magnetfeld in Gegenwart einer Leiterschleife ein, wird ein Strom induziert, der nach der Lenzschen Regel so gerichtet ist, daß das erzeugende Feld geschwächt wird.

Das magnetische Moment einer Elektronenhülle, die sich mit der Larmor-Frequenz dreht, kann ausgerechnet werden. Sein Wert beträgt

$$m = I \cdot A = -Ze\frac{eB}{2m_{\mathrm{e}}2\pi} \cdot \pi < r_\perp^2 > \quad .$$
(2.140)

Hier steht zunächst die allgemeine Gleichung für das magnetische Moment eines Kreisstroms, der eine Fläche A umschließt und eine Stärke I besitzt. Bei der Ermittlung der Stromstärke ist zu berücksichtigen, daß Z Elektronen in der Hülle enthalten sind. Für die Berechnung von A hat man den Abstand der Elektronen von der Drehachse, $r_\perp$, zu nehmen und ihn quadratisch zu mitteln. Für eine isotrope Elektronendichteverteilung, wie sie für abgeschlossene Schalen immer gegeben ist, gilt bei Wahl der z-Richtung als Drehachse

$$< r_\perp^2 > = < x^2 > + < y^2 > \quad .$$
(2.141)

Wegen

$$< r^2 > = < x^2 > + < y^2 > + < z^2 >$$
(2.142)

und

$$< x^2 > = < y^2 > = < z^2 >$$
(2.143)

gilt

$$< r_\perp^2 > = \frac{2}{3} < r^2 > \quad .$$
(2.144)

Dies führt auf

$$m = -\frac{Ze^2}{6m_{\mathrm{e}}} < r^2 > B \quad .$$
(2.145)

Das Minuszeichen in den Gln. (2.140) und (2.145) ist Ausdruck für die schwächende Wirkung des Diamagnetismus. Für die diamagnetische Suszeptibilität erhalten wir damit

$$\kappa_{\mathrm{dia}} \approx \mu_0 \frac{M}{B} = -\mu_0 \frac{\rho Ze^2}{6m_{\mathrm{e}}} < r^2 > \quad .$$
(2.146)

Wie man sieht, hängt κ_{dia} von der Anzahl der Elektronen im Atom und der Größe der Elektronenhülle ab, und außerdem natürlich von der Zahlendichte der Atome ρ.

In der beschriebenen Form gilt die Gleichung nur für Atome mit einer isotropen Elektronenschale, bzw. für den Beitrag der abgeschlossenen Schalen im Atom. Ausgerichtete Bindungselektronen, wie sie in Molekülen existieren, liefern einen anderen Beitrag. Für Moleküle hat es sich empirisch als richtig erwiesen, die gesamte diamagnetische Suszeptibilität aus verschiedenen Teilen zusammenzusetzen, solchen, die den Elektronen direkt an Atomen (κ_{aj}), und solchen, welche den Elektronen in Valenzbindungen (κ_{bj}) zuzuordnen sind. Dies kann dann auf additive Art geschehen, als

$$\kappa_{\text{dia}} = \sum_j \kappa_{aj} + \sum_j \kappa_{bj} \ . \tag{2.147}$$

Paramagnetismus. Paramagnetismus wird immer dann gefunden, wenn das Material Atome enthält, für welche der Gesamtdrehimpuls $\boldsymbol{J}$ nicht verschwindet. Solche Atome besitzen notwendigerweise ein permanentes magnetisches Dipolmoment $\boldsymbol{m}$. Der Zusammenhang zwischen dem Gesamtdrehimpuls und dem magnetischen Dipolmoment wird durch das gyromagnetische Verhältnis γ vermittelt, als

$$\boldsymbol{m} = \gamma \boldsymbol{J} \tag{2.148}$$

mit

$$\gamma = -\frac{g\mu_{\text{B}}}{\hbar} \ . \tag{2.149}$$

Hierbei bezeichnet μ_{B} das Bohrsche Magneton

$$\mu_{\text{B}} = \frac{e\hbar}{2m_{\text{e}}} \ . \tag{2.150}$$

Im Regelfall besitzen die Atome oder Ionen in dem gebundenen Zustand, in welchem sie in Molekülen oder in Kristallen vorliegen, abgeschlossene Elektronenschalen, deshalb einen verschwindenden Gesamtdrehimpuls und somit kein permanentes magnetisches Moment. Paramagnetismus wird nur in Ausnahmefällen gefunden, zum Beispiel immer dann, wenn man es mit Radikalen zu tun hat, die ihre chemische Reaktivität gerade einem einzelnen Valenzelektron verdanken. Der Wert des Faktors g, der das gyromagnetische Verhältnis bestimmt, hängt von den speziellen Gegebenheiten ab, so der Art der Kopplung zwischen dem Spin- und dem Bahndrehimpuls, und in einem Kristall von dem am Ort des Atoms wirkenden Kristallfeld. Kristallfeldeffekte können dazu führen, daß der Bahndrehimpuls fixiert wird und sich dann nur noch der Spin im äußeren Feld einstellen kann. Wenn es keine derartigen äußeren Einflüsse auf ein Atom gibt, sind Spin und Bahndrehimpuls häufig in Art der **LS-Kopplung** verbunden. Dann gilt für g die Landésche Gleichung

$$g = 1 + \frac{J(J+1) + S(S+1) - L(L+1)}{2J(J+1)} \ . \tag{2.151}$$

L, S und J sind hier die Quantenzahlen für den gesamten Bahndrehimpuls aller Elektronen, ihren gesamten Spin und den resultierenden Gesamtdrehimpuls. Für einen reinen Bahndrehimpuls ($\boldsymbol{J} = \boldsymbol{L}$) nimmt g den Wert 1, für einen reinen Spin ($J = S$) den Wert 2 an. Letzteres ist Ausdruck eines magnetomechanisch anormalen Verhaltens. Die Gleichung ist insbesonders im Falle der Ionen von seltenen Erden anwendbar. Diese sind paramagnetisch, weil sie ein nicht abgesättigtes Elektron besitzen. Dieses gehört aber zu einer inneren Schale und kann vom Kristallfeld nicht beeinflußt werden.

Atomare magnetische Momente werden erst sichtbar, wenn ein äußeres Magnetfeld angelegt wird. Die Komponente des Gesamtdrehimpulses in der ausgezeichneten Richtung, J_z, ist dann quantisiert

$$J_z = m_J \hbar \ , \tag{2.152}$$

mit

$$m_J : J, J - 1, \ldots, -J \ . \tag{2.153}$$

Die Wechselwirkung mit dem Magnetfeld führt zu einer Aufspaltung der zunächst $(2J + 1)$-fach entarteten Niveaus. Die Wechselwirkungsenergie hängt von der Quantenzahl m_J ab und beträgt

$$\epsilon = -\boldsymbol{m} \cdot \boldsymbol{B} = g m_J \mu_\mathrm{B} B \ . \tag{2.154}$$

Wenn die Einstellung im Feld allein den Spin betrifft, wird die Wechselwirkungsenergie, $g = 2$ entsprechend, zu

$$\epsilon = 2 m_S \mu_\mathrm{B} B \ , \tag{2.155}$$

mit

$$m_S : S, S - 1, \ldots, -S \ . \tag{2.156}$$

Wir können die Magnetisierung berechnen, welche sich für ein paramagnetisches Material beim Anlegen eines Magnetfelds einstellt. Für Atome mit einer Drehimpulsquantenzahl J erhält man bei Anwendung der Boltzmann-Statistik für den Mittelwert $< m_z >$ des magnetischen Moments in Feldrichtung den Ausdruck

$$< m_z >= \left(\sum_{m_J=-J}^{J} \exp -\frac{g m_J \mu_\mathrm{B} B}{k_\mathrm{B} T} \right)^{-1} \sum_{m_J=-J}^{J} -g m_J \mu_\mathrm{B} \exp -\frac{g m_J \mu_\mathrm{B} B}{k_\mathrm{B} T} \ . \tag{2.157}$$

Die Summen lassen sich direkt ausrechnen. Das Ergebnis lautet

$$< m_z >= g J \mu_\mathrm{B} \Phi_J \left(x = \frac{g J \mu_\mathrm{B} B}{k_\mathrm{B} T} \right) \ , \tag{2.158}$$

wobei die von der Variablen x und J abhängige **Brillouin-Funktion** Φ_J als

$$\Phi_J(x) = \frac{2J + 1}{2J} \coth \left(\frac{(2J+1)x}{2J} \right) - \frac{1}{2J} \coth \frac{x}{2J} \tag{2.159}$$

definiert ist. Normalerweise hat x einen Wert

$$x \ll 1 \ .$$

Dann kann man in linearer Näherung

$$\Phi_J(x) \approx \frac{(J+1)x}{3J} \tag{2.160}$$

schreiben. Dies führt auf

$$< m_z >= g^2 J(J+1)\mu_\mathrm{B}^2 \frac{B}{3k_\mathrm{B}T} = \frac{n_\mathrm{B}^2 \mu_\mathrm{B}^2 B}{3k_\mathrm{B}T} \ . \tag{2.161}$$

Die Größe n_B ist dabei durch

$$n_\mathrm{B}^2 = g^2 J(J+1) \tag{2.162}$$

gegeben und hat die Bedeutung einer **effektiven Magnetonenzahl**. Für die magnetische Suszeptibilität paramagnetischer Stoffe erhalten wir als Ergebnis somit den Ausdruck

$$\kappa_\mathrm{par} \approx \mu_0 \frac{\rho < m_z >}{B} = \mu_0 \rho \frac{n_\mathrm{B}^2 \mu_\mathrm{B}^2}{3k_\mathrm{B}T} \ . \tag{2.163}$$

ρ gibt die Anzahl paramagnetischer Atome pro Volumeneinheit an.

Am Ende dieses Abschnitts sei noch eine interessante Anwendung des Paramagnetismus erwähnt. Das Vorhandensein paramagnetischer Atome in einer Probe kann im Bereich tiefster Temperaturen zur weiteren Abkühlung genutzt werden. Wie man dabei vorzugehen hat, ist in Abb. 2.21 dargestellt. Die Drehimpulse in einer paramagnetischen Probe liefern einen Beitrag zur Entropie des Systems. Der linke Teil der Abbildung zeigt die Änderung dieses

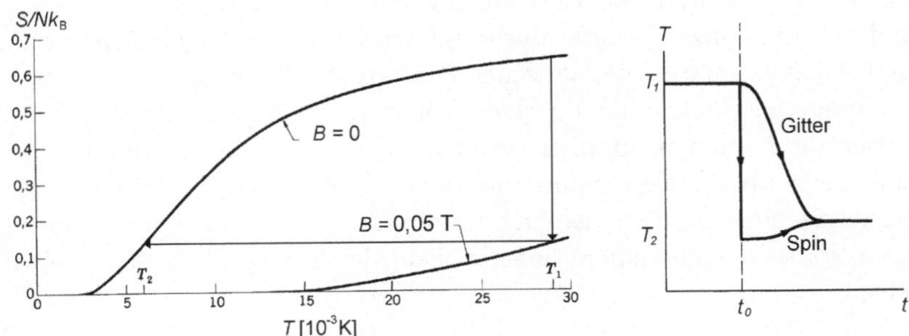

Abb. 2.21. Abkühlung durch adiabatische Entmagnetisierung: Einfluss eines Magnetfelds auf die Temperaturabhängigkeit der Entropie $\mathcal{S}$ eines Systems aus $\mathcal{N}$ Spins (*links*). Der Temperaturausgleich zwischen Spinsystem und Gitter führt zu einer Abkühlung des Gitters (*rechts*).

Beitrags mit wachsender Temperatur für zwei verschiedene Fälle. Liegt ein äußeres Feld an, hier 0.05 Tesla, sind die Drehimpulse bis zu einer Temperatur von etwa 15 mK vollständig ausgerichtet. Erst dann beginnt die thermische Bewegung zu wirken, führt Unordnung ein, und die Entropie steigt entsprechend an. Wenn kein äußeres Feld vorhanden ist, ist die Unordnung naturgemäß bei jeder Temperatur größer. Erst bei sehr tiefen Temperaturen, unterhalb von 5 mK, reicht die Dipol-Dipol Wechselwirkung aus, um letztendlich doch eine vollständige Ordnung herbeizuführen. Die Pfeile zeigen jetzt an, wie man bei einem solchen System durch eine **adiabatische Entmagnetisierung** eine Temperaturerniedrigung erzielen kann. Der Vorgang beginnt mit dem Einschalten eines Magnetfeldes bei der zunächst vorliegenden Temperatur T_1. Das Einschalten des Feldes erhöht die Ordnung im Spinsystem und erniedrigt seine Entropie entsprechend. Nun wird die Probe thermisch isoliert und das Feld wieder abgeschaltet. Man hat dann anfänglich eine Situation, in der zwar kein äußeres Feld mehr wirkt, das Spinsystem in seiner Ordnung jedoch noch unverändert ist. Es besitzt in diesem Moment einen Ordnungszustand, wie er für die weit tiefere Temperatur T_2 repräsentativ ist. Die Abbildung rechts zeigt dies an und will ausdrücken, daß sich zwischen dem Spinsystem der paramagnetischen Ionen und den anderen Freiheitsgraden des Kristalls, und dies sind alle seine Schwingungsfreiheitsgrade, eine Temperaturdifferenz eingestellt hat. Diese gleicht sich im Lauf der Zeit aus, und der erzielte Endwert, jetzt wieder gemeinsam für Gitter und Spinsystem, liegt unterhalb des Anfangswerts T_1. Zwischen Gitter und dem Spinsystem ist ein Energieaustausch erfolgt, über einen Wärmefluß vom Gitter ins Spinsystem, und der Kristall erfuhr so eine Abkühlung.

2.3.3 Magnetische Resonanz

Paramagnetische Eigenschaften flüssiger oder fester Materialien lassen sich nutzen, um mit Hilfe magnetischer Resonanzexperimente Einblick in mikroskopische Strukturen und Bewegungsvorgänge zu erlangen. Das Grundprinzip dieser Messungen besteht darin, die vorhandenen magnetischen Momente durch ein stationäres magnetisches Feld auszurichten und dann durch Einstrahlung von elektromagnetischen Wellen Übergänge anzuregen.

Bei der **Elektronenspinresonanz** (ESR) werden im Material vorhandene, nicht abgesättigte Spins umorientiert. Nach Gl. (2.155) betragen die Energien ϵ eines im allgemeinen von mehreren Elektronen gemeinsam getragenen Spins, der mit einem äußeren Feld der Stärke B_0 in Wechselwirkung steht,

$$\epsilon = 2m_S\mu_{\mathrm{B}}B_0 \tag{2.164}$$

Übergänge können nur zwischen Nachbarzuständen stattfinden und sind deshalb mit einer Energieänderung

$$\Delta\epsilon = 2\mu_{\mathrm{B}}B_0 \tag{2.165}$$

verknüpft. Hierfür benötigt man Photonen mit der Energie

$$\hbar\omega = \Delta\epsilon \ , \tag{2.166}$$

d. h. mit der Frequenz

$$\omega = \frac{e}{m_{\mathrm{e}}} B_0 \ . \tag{2.167}$$

Für die üblicherweise angewandten Magnetfelder mit Feldstärken von einigen Tesla ergeben sich so Frequenzen im Mikrowellenbereich. Wie ein Vergleich mit Gl. (2.139) zeigt, entspricht ω der Larmor-Frequenz; das Fehlen des Faktors 2 im Nenner ist Folge der magnetomechanischen Anomalie des Elektronenspins.

Bisher wurde außer acht gelassen, daß neben der Elektronenhülle auch die Atomkerne paramagnetische Eigenschaften besitzen können. Im allgemeinen haben sie einen nicht-verschwindenden Gesamtdrehimpuls und besitzen deshalb auch ein magnetisches Moment. Das Einbringen von Materie in ein äußeres Magnetfeld führt dazu, daß auch die Kerne mit dem Feld in Wechselwirkung treten. Die Wechselwirkungsenergien können wir analog zum System der Elektronenspins unter Berücksichtigung der Vorzeichenumkehr aufgrund der positiven Kernladung mit dem Ausdruck

$$\epsilon = -g_{\mathrm{n}} m_I \mu_{\mathrm{n}} B_0 \tag{2.168}$$

beschreiben. Dabei ist m_I die Quantenzahl des Kerndrehimpulses in Feldrichtung, die Konstante μ_{n}, gegeben durch

$$\mu_{\mathrm{n}} = \frac{e\hbar}{2m_{\mathrm{p}}} \ , \tag{2.169}$$

wird als **Kernmagneton** bezeichnet, und g_{n} ist der g-Faktor des Kerns. Die Definitionsgleichung für μ_{n} enthält die Masse m_{p} des Protons. μ_{n} liegt damit um drei Größenordnungen unterhalb μ_{B}. Um Übergänge im System der Kernspins zu erzielen, müssen Energien

$$\Delta\epsilon = g_{\mathrm{n}} \mu_{\mathrm{n}} B_0 \tag{2.170}$$

aufgebracht werden. Im **Kernspinresonanz (NMR)**-Experiment (*Nuclear Magnetic Resonance*) geschieht dies durch Photonen der Frequenz

$$\omega = \frac{g_{\mathrm{n}} e}{2m_{\mathrm{p}}} B_0 \ . \tag{2.171}$$

Diese Frequenz liegt im Bereich der Radiowellen.

Für ein System von Elektronenspins stellt sich gemäß der Gln. (2.162), (2.163) in einem äußeren Feld B_0 die Magnetisierung

$$M_z = \mu_0 \rho \frac{4S(S+1)\mu_{\mathrm{B}}^2}{3k_{\mathrm{B}}T} \frac{B_0}{\mu_0} = \kappa \frac{B_0}{\mu_0} \tag{2.172}$$

ein. Für ein System von Kernspins mit der Gesamtdrehimpulsquantenzahl I ergibt sich entsprechend

$$M_z = \mu_0 \rho \frac{g_\mathrm{n}^2 I(I+1)\mu_\mathrm{n}^2}{3k_\mathrm{B}T} \frac{B_0}{\mu_0} = \kappa_\mathrm{n} \frac{B_0}{\mu_0} \ . \tag{2.173}$$

Die hiermit verknüpfte Suszeptibilität κ_n liegt, wie man sieht, sechs Größenordnungen unterhalb der Suszeptibilität paramagnetischer Substanzen und kann deshalb bei statischen Experimenten völlig vernachlässigt worden. Bei frequenzabhängigen Messungen trifft man aber eine andere Situation an. Hier lassen sich Anregungen der Elektronenspins und der Atomkerne, da sie in ganz unterschiedlichen Frequenzbereichen liegen, leicht voneinander trennen. Die Trennbarkeit geht sogar noch einen Schritt weiter. Die magnetischen Momente unterschiedlicher Kerne wie des Wasserstoffs H, des Kohlenstoff-Isotops ^{13}C oder des Stickstoff-Isotops ^{15}N sind genügend voneinander getrennt, um sie mit verschiedenen Frequenzen anregen und so unterscheiden zu können. Magnetische Resonanzexperimente an diesen und weiteren Kernen sind heute zu einer bedeutenden, in großem Umfang genutzten und durch nichts zu ersetzenden Untersuchungsmethode geworden. Die NMR-Spektroskopie nutzt die Kerne als Sonden, welche ihre Umgebung auf wohldefinierte Art und Weise abtasten, und so detaillierte Einblicke in die strukturellen und dynamischen Gegebenheiten im Mikrobereich vermitteln.

In magnetischen Resonanzexperimenten wird allgemein verfolgt, wie Spinsysteme, Elektronen oder Kerne, auf die Einstrahlung elektromagnetischer Wellen reagieren. Hierfür lassen sich makroskopische Bewegungsgleichungen formulieren, bezogen auf den Zeitverlauf der Magnetisierung. Wir können zunächst einfach schreiben

$$\frac{1}{\gamma} \frac{\mathrm{d}\boldsymbol{M}}{\mathrm{d}t} = \boldsymbol{M} \times \boldsymbol{B} \ . \tag{2.174}$$

Die linke Seite gibt die zeitliche Änderung des mit der Magnetisierung verknüpften Gesamtdrehimpulses an, und auf der rechten Seite steht das vom Feld $\boldsymbol{B}$ ausgeübte Gesamtdrehmoment. Für das gyromagnetische Verhältnis ist beim ESR-Experiment nach Gl. (2.149)

$$\gamma = -\frac{2\mu_\mathrm{B}}{\hbar} \tag{2.175}$$

zu schreiben und beim Kernresonanz-Experiment in entsprechender Weise

$$\gamma = \frac{g_\mathrm{n}\mu_\mathrm{n}}{\hbar} \tag{2.176}$$

anzusetzen. In dieser ersten Form ist die Bewegungsgleichung aber noch unvollständig. Im Fall eines magnetischen Resonanzexperiments ist $\boldsymbol{B}$ aus dem starken statischen Feld und dem zusätzlich eingestrahlten Wechselfeld zusammengesetzt. Wird das Wechselfeld nach einer kurzen Zeit abgeschaltet, stellen sich mit einer gewissen Verzögerung wieder die statischen Gleichgewichtswerte der Magnetisierung ein. Wenn das statische Feld in z-Richtung angelegt wird, gilt im Gleichgewicht

$$M_x = M_y = 0 \qquad (2.177)$$

und in longitudinaler Richtung

$$M_0 = \kappa \frac{B_0}{\mu_0} \ , \qquad (2.178)$$

dies für Elektronenspinsysteme, bzw.

$$M_0 = \kappa_\mathrm{n} \frac{B_0}{\mu_0} \qquad (2.179)$$

für Kernspins. Die einfachste Möglichkeit, der Forderung nach der Einstellung der Gleichgewichtswerte nachzukommen, besteht in der folgenden Erweiterung von Gl. (2.174):

$$\frac{\mathrm{d}M_x}{\mathrm{d}t} = \gamma(\boldsymbol{M} \times \boldsymbol{B})_x - \frac{M_x}{T_2} \qquad (2.180)$$

$$\frac{\mathrm{d}M_y}{\mathrm{d}t} = \gamma(\boldsymbol{M} \times \boldsymbol{B})_y - \frac{M_y}{T_2} \qquad (2.181)$$

$$\frac{\mathrm{d}M_z}{\mathrm{d}t} = \gamma(\boldsymbol{M} \times \boldsymbol{B})_z + \frac{M_0 - M_z}{T_1} \ . \qquad (2.182)$$

Die so formulierten Bewegungsgleichungen für die Magnetisierung sind als **Blochsche Gleichungen** bekannt. Sie enthalten mit T_1 und T_2 zwei zusätzliche Parameter. Diese kennzeichnen zwei Zeiten, T_1 die **longitudinale Relaxationszeit** und T_2 die **transversale Relaxationszeit**.

Bekanntlich muß man es richtig anstellen, wenn Drehimpulse gekippt werden sollen. Bei magnetischen Resonanzexperimenten wird, um dies zu erreichen, die elektromagnetische Welle senkrecht zum statischen Feld eingestrahlt, mit einer Polarisationsrichtung, die ebenfalls senkrecht zum statischen Feld steht. Wir werden gleich zeigen, daß man in einem Gesamtfeld $\boldsymbol{B}$ der Form

$$B_x = B_1 \exp(-\mathrm{i}\omega t) \qquad (2.183)$$
$$B_y = -B_1 \mathrm{i} \exp(-\mathrm{i}\omega t)$$
$$B_z = B_0 \ .$$

die Spins kippen kann. $\boldsymbol{B}$ besteht aus dem statischen Feld der Stärke B_0 in z-Richtung und einem in der xy-Ebene umlaufenden Wechselfeld der Stärke B_1. Für die Amplituden der beiden Felder gilt bei magnetischen Resonanzexperimenten immer

$$B_1 \ll B_0 \ .$$

Das eingestrahlte, linear polarisierte, elektromagnetische Feld läßt sich in zwei mit der Frequenz ω in der xy-Ebene in entgegengesetzer Richtung umlaufende Felder zerlegen. Gl. (2.183) enthält nur diejenige Komponente, die im gleichen Sinn wie die Spins umläuft. Setzt man das Feld Gl. (2.183) in die Blochschen Gleichungen ein, so erhält man

$$\frac{\mathrm{d}M_x}{\mathrm{d}t} = \gamma M_y B_0 + \gamma M_z B_1 \mathrm{i} \exp(-\mathrm{i}\omega t) - \frac{M_x}{T_2} \tag{2.184}$$

$$\frac{\mathrm{d}M_y}{\mathrm{d}t} = -\gamma M_x B_0 + \gamma M_z B_1 \exp(-\mathrm{i}\omega t) - \frac{M_y}{T_2} \tag{2.185}$$

$$\frac{\mathrm{d}M_z}{\mathrm{d}t} = -\gamma M_x \mathrm{i} B_1 \exp(-\mathrm{i}\omega t) - \gamma M_y B_1 \exp(-\mathrm{i}\omega t) + \frac{M_0 - M_z}{T_1} \tag{2.186}$$

Wir suchen nach einer stationären Lösung und setzen hierfür

$$M_x = M_\perp \exp(-\mathrm{i}\omega t) \tag{2.187}$$

$$M_y = -\mathrm{i} M_\perp \exp(-\mathrm{i}\omega t) \tag{2.188}$$

$$M_z = M_0 \tag{2.189}$$

an. Der Ansatz befriedigt Gl. (2.186) und führt bei Gl. (2.184) und Gl. (2.185) auf

$$-\mathrm{i}\omega M_\perp = -\gamma B_0 \mathrm{i} M_\perp + \mathrm{i}\gamma M_0 B_1 - \frac{M_\perp}{T_2} \tag{2.190}$$

$$\mathrm{i}\omega \mathrm{i} M_\perp = -\gamma B_0 M_\perp + \gamma M_0 B_1 + \frac{\mathrm{i} M_\perp}{T_2} \quad . \tag{2.191}$$

Die beiden Gleichungen sind zueinander proportional, was den Ansatz als richtig ausweist. Für den Zusammenhang zwischen der Amplitude $M_\perp$ der Quermagnetisierung und der Amplitude B_1 des Anregungsfeldes erhalten wir

$$M_\perp = \frac{\gamma M_0 B_1}{\omega_0 - \omega - \mathrm{i}/T_2} = \frac{\gamma M_0 T_2}{T_2(\omega_0 - \omega) - \mathrm{i}} B_1 = \frac{\kappa_\perp(\omega)}{\mu_0} B_1 \tag{2.192}$$

mit

$$\omega_0 = \gamma B_0 \quad . \tag{2.193}$$

ω_0 ist wieder die Larmor-Frequenz. Das Ergebnis beschreibt die Frequenzabhängigkeit einer Suszeptibilität, und zwar der Suszeptibilität $\kappa_\perp$, die unter den Bedingungen des magnetischen Resonanzexperiments in Querrichtung gemessen wird. Als komplexe Größe kann $\kappa_\perp$ in Real- und Imaginärteil zerlegt werden

$$\begin{aligned} \kappa_\perp(\omega) &= \kappa'_\perp + \mathrm{i}\kappa''_\perp \\ &= \frac{T_2^2(\omega_0 - \omega)\gamma M_0}{1 + T_2^2(\omega_0 - \omega)^2} + \mathrm{i}\frac{\gamma M_0 T_2}{1 + T_2^2(\omega_0 - \omega)^2} \end{aligned} \tag{2.194}$$

und Abb. 2.22 zeigt die Frequenzabhängigkeiten dieser beiden Größen. Wie immer bei Suszeptibilitäten gibt der Imaginärteil an, in welchem Ausmaß Energie, hier die Energie des eingestrahlten elektromagnetischen Feldes, bei der Wechselwirkung mit dem System dissipiert wird. Man findet für dieses Absorptionssignal eine Glockenkurve, mit dem Maximum an der Stelle der Larmor-Frequenz ω_0, sowie einer Breite $\Delta\omega$, die sich invers zur transversalen Relaxationszeit verhält

$$\Delta\omega \simeq \frac{1}{T_2} \; . \tag{2.195}$$

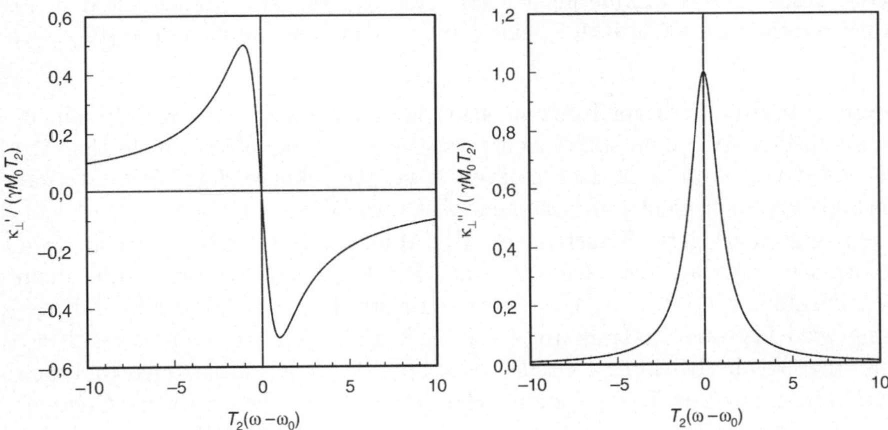

Abb. 2.22. Frequenzabhängigkeit des Real- (*links*) und Imaginärteils (*rechts*) der Suszeptibilität $\kappa_\perp$ eines Systems von (Elektronen- oder Kern-)Spins bei Anregung durch elektromagnetische Wellen, die senkrecht zum statischen Magnetfeld eingestrahlt werden.

In ESR-Experimenten wird $\kappa_\perp''$ bestimmt. Aus technischen Gründen sieht man davon ab, eine frequenzabhängige Messung durchzuführen, sondern variiert über das äußere Magnetfeld B_0 die Larmor-Frequenz ω_0. Dies geschieht üblicherweise in Form einer Modulation

$$B_0(t) = \overline{B}_0(t) + \Delta B \cos \Omega t \tag{2.196}$$

mit fester Amplitude ΔB, die einem kontinuierlichen Anstieg von $\overline{B}_0$ überlagert wird. Das dabei erhaltene Signal repräsentiert in seiner Stärke die Größe

$$\frac{\mathrm{d}}{\mathrm{d}B_0}\kappa_\perp'' \sim \frac{\mathrm{d}}{\mathrm{d}\omega_0}\kappa_\perp'' \; .$$

Abb. 2.23 gibt ein typisches Beispiel wieder. Es zeigt das ESR-Spektrum von Mn^{2+} Ionen, welche einen nicht-verschwindenden, frei einstellbaren Spin

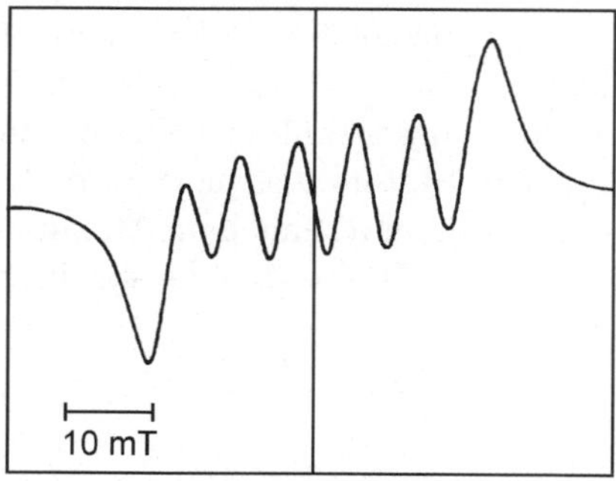

Abb. 2.23. ESR-Spektrum mit Hyperfeinstruktur von Mn^{2+} Ionen, die in einer Konzentration von 1% in $KMgF_3$ eingebaut wurden (von Dormann u. a. [16]).

besitzen und in niedriger Konzentration in einen Kristall aus $KMgF_3$ eingebaut wurden. Wie man sofort sieht, entspricht die Signalform nicht der Ableitung der in Abb. 2.22 dargestellten Absorptionskurve. Die Linie ist zwar verbreitert, doch nicht auf homogene Art und Weise. Beobachtet wird vielmehr eine überlagerte Feinstruktur. Die Messung liefert offensichtlich mehr Information, als auf der Grundlage der Blochschen Gleichungen, die allein den Parameter T_2 enthalten, zu erwarten wäre. Die beobachtete Strukturierung wird **Hyperfeinstruktur** des ESR-Signals genannt, und sie resultiert aus einer Wechselwirkung zwischen dem Spin der freien Elektronen und dem Spin des Ionenkerns. Die quantenmechanische Analyse liefert für die Energieniveaus eines Elektronenspins, der sowohl einem äußeren Feld ausgesetzt ist als auch in Wechselwirkung mit dem Kernspin steht, den folgenden Ausdruck

$$\epsilon(m_S, m_I) = 2m_S\mu_B B_0 + \beta_{hf}m_S m_I \ . \tag{2.197}$$

Die Hyperfeinstruktur gründet auf den zweiten Term. Die Stärke der Elektronenspin-Kernspin Wechselwirkung wird durch den Koeffizienten β_{hf} bestimmt. Für diesen gilt im Falle eines einzelnen freien Elektrons ($S = 1/2$)

$$\beta_{hf} \sim \mu_n\mu_B|\psi(r = 0)|^2 \tag{2.198}$$

wobei $\psi(r)$ die Wellenfunktion des Elektrons ist. Der Gleichung besagt, daß die Wechselwirkung zwischen dem Elektronenspin und dem Kernspin als **Fermi-Kontaktenergie** streng lokalisiert und proportional zur Aufenthaltswahrscheinlichkeit des Elektrons am Ort des Kerns ist.

Abb. 2.24 stellt dar, wie das Energieniveauschema des Spins des Mn-Ions ($S = 5/2$) in einem äußeren Magnetfeld B_0 durch die Wechselwirkung mit dem Kern ($I = 5/2$) eine weitere Aufspaltung erfährt. Die Auswahlregeln beim Übergang sind

$$\Delta m_S = 1 \ , \quad \Delta m_I = 0$$

und die entsprechenden Übergänge sind in der Abbildung als Pfeile eingetragen.

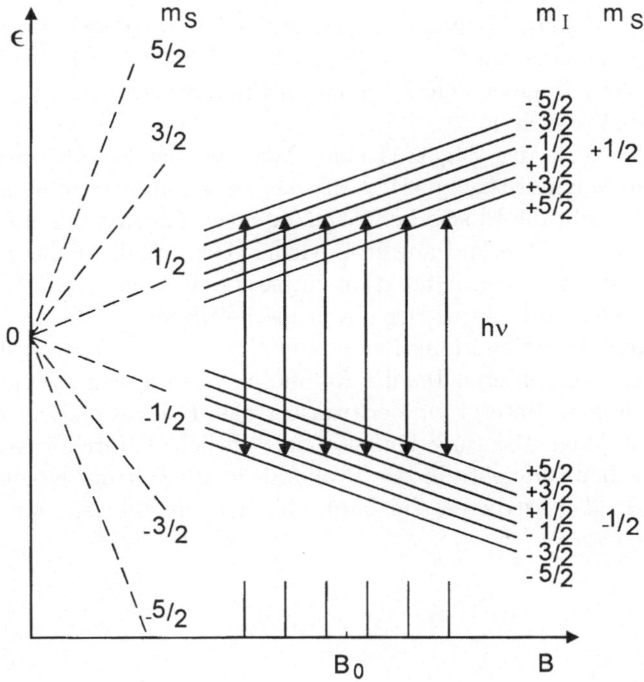

Abb. 2.24. Erklärung des Spektrums in Abb. 2.23: Aufspaltung der ESR-Linie durch die Wechselwirkung zwischen Elektronenspin und Kernspin.

Im Prinzip könnte man Kernspinresonanz-Experimente auf dieselbe Art und Weise durchführen. Tatsächlich geschieht dies nicht, und man wählt einen anderen Weg. Wie am Ende dieses Abschnitts noch erläutert wird, gelingt es, mit kurzen starken Pulsen von elektromagnetischer Strahlung die zunächst in Feldrichtung orientierte Magnetisierung um 90° in die xy-Ebene zu drehen. Danach kann man den zeitlichen Verlauf der Quermagnetisierung beobachten. Die Registrierung erfolgt mit Hilfe einer Induktionsspule, und da das Signal auf Null abfällt, spricht man vom **freien Induktionszerfall**. Mit Hilfe der Blochschen Gleichungen kann man den Fall behandeln. Für die Anfangsbedingung

$$M_x(t = 0) = M_\perp(0) \quad , \tag{2.199}$$

$$M_z(t = 0) = 0 \quad , \tag{2.200}$$

lautet deren Lösung nämlich einfach

$$M_x = M_\perp(0)\exp(-\mathrm{i}\omega_0 t - \frac{t}{T_2}) \quad , \tag{2.201}$$

$$M_z = M_0(1 - \exp-\frac{t}{T_1}) \quad . \tag{2.202}$$

Man erwartet also ein Abklingen der transversalen Magnetisierung innerhalb einer Zeit T_2 und eine Wiederherstellung des Gleichgewichts in longitudinaler Richtung innerhalb einer Zeit T_1, ganz im Einklang mit der Bedeutung der beiden Relaxationszeiten.

Abb. 2.25 zeigt das Ergebnis einer Messung der Zeitabhängigkeit der transversalen Magnetisierung, erhalten an einer organischen Flüssigkeit. Wie man feststellt, gibt die Blochsche Gleichung auch hier, wie schon beim ESR-Experiment, den Zeitverlauf nur grob wieder. Der Abfall ist nur näherungsweise durch eine Exponentialfunktion zu beschreiben und besitzt offensichtlich wieder eine Feinstruktur. Der physikalische Hintergrund wird klar, wenn man das Signal des freien Induktionszerfalls einer Fourier-Analyse unterwirft. Das Ergebnis ist im unteren Teil der Abbildung wiedergegeben, und es erhellt den physikalischen Hintergrund der transversalen Relaxation. Der Zerfall der transversalen Magnetisierung kommt offensichtlich dadurch zustande, daß die magnetischen Momente in der Probe nicht alle mit derselben Frequenz im äußeren Feld präzedieren. Im Laufe der Zeit entsteht so eine gleichmä-

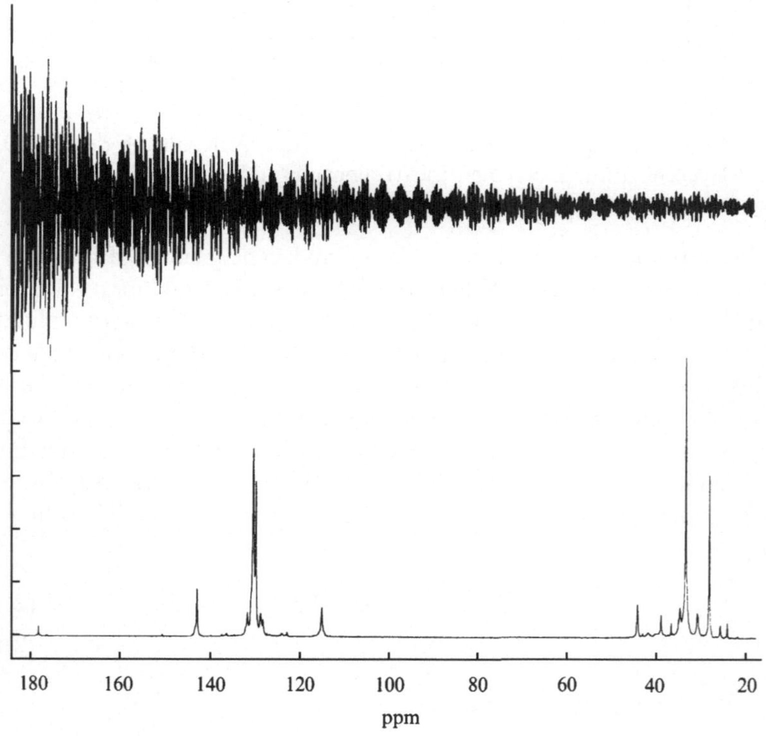

Abb. 2.25. Freier Zerfall der transversalen Magnetisierung, gemessen an einer organischen Flüssigkeit nach einem 90°Puls (*oben*). NMR-Spektrum, erhalten durch eine Fourier-Analyse des Signals (*unten*) (aus McBrierty und Packer [17]).

ßige Verteilung der Spins über alle azimutalen Winkel und eben dies führt zum Verschwinden der transversalen Magnetisierung. Die Unterschiede in der Präzessionsfrequenz existieren, auch wenn es sich wie beim gezeigten Experiment durchweg um Wasserstoffkerne handelt. Diese spüren in unterschiedlichen chemischen Umgebungen unterschiedliche lokale magnetische Felder. Die Feldveränderungen sind dabei gering, liegen im ppm(*parts per million*)-Bereich, doch reicht dies aus, um das transversale Signal zum Verschwinden zu bringen.

Genau hierin, in einem Spektrum, wie es im unteren Teil der Abbildung wiedergegeben ist, liegt der Wert der NMR-Spektroskopie für die chemische Analytik begründet. Dabei gibt es als physikalische Ursache für die Verschiebung der Präzessionsfrequenz in Flüssigkeiten zwei Mechanismen. Zum einen wird das äußere Feld B_0 durch den diamagnetischen Effekt der Elektronenhülle modifiziert. Dies geschieht nach Maßgabe des Aufbaus der elektronischen Umgebung. Hinzu kann ein zweiter, als **Spin-Spin-Wechselwirkung** bekannter Effekt treten. Wie sich nachweisen läßt, stehen die Kernspins von Atomen, welche miteinander eine chemische Bindung eingehen, durch die Vermittlung der Bindungselektronen in einem gegenseitigen Wechselwirkungsverhältnis. Die entsprechende Energie, wenngleich schwach, so aber doch im ppm-Bereich feststellbar, kann durch die Beziehung

$$\Delta\epsilon_{ss} = \beta_{ss}\boldsymbol{I}_j \cdot \boldsymbol{I}_k \tag{2.203}$$

beschrieben werden. Die Besonderheit besteht darin, daß die Energieaufspaltung $\Delta\epsilon_{ss}$ unabhängig von der Orientierung des Verbindungsvektors zwischen den Kernen j und k ist.

Letzteres unterscheidet die Spin-Spin-Wechselwirkung ganz entscheidend von der grundsätzlich auch vorhandenen Kopplung der Kernspins über das magnetische Dipolfeld. Die Dipol-Dipol-Wechselwirkung ist ungleich stärker als die Spin-Spin-Wechselwirkung, sie ist aber, auch vom Vorzeichen her, von der Orientierung des Kernverbindungsvektors relativ zum äußeren Feld abhängig. Der Mittelwert der Dipol-Dipol-Wechselwirkung über alle möglichen Orientierungen ist Null. In Flüssigkeiten, wo sich Moleküle sehr schnell umorientieren können und innerhalb einer kurzen Zeit τ_{or} alle möglichen Richtungen durchlaufen, führt dies dazu, daß die Dipol-Dipol-Wechselwirkung im NMR-Experiment unsichtbar bleibt. Die Bedingung hierfür lautet, wie sich zeigen läßt

$$\tau_{or} \ll \frac{1}{\Delta\omega_{dd}} \ . \tag{2.204}$$

Die Größe $\Delta\omega_{dd}$ bezeichnet hier die Variation der Präzessionsfrequenz aufgrund der Dipol-Dipol-Wechselwirkung, wie sie bei einer festgehaltenen isotropen Verteilung der Moleküle gemessen würde.

In Festkörpern gibt es keine schnellen Reorientierungsbewegungen, und die Dipol-Dipol-Wechselwirkung zwischen den Kernen wird voll wirksam. Da sie in ihrer Stärke die chemische Verschiebung und die Spin-Spin-Wechselwirkung bei weitem übertrifft, kann man ein Signal, wie es in Abb. 2.25 gezeigt

ist, an einem Festkörper zunächst nicht messen. Möglich ist die Auslöschung
der Dipol-Dipol-Wechselwirkung in diesem Fall aber doch, und zwar durch
eine technische Maßnahme: Dreht man Proben genügend schnell um eine
Achse, welche einen Winkel von 54.7° mit der Richtung des äußeren Feldes
einschließt, so läßt sich die Dipol-Dipol-Wechselwirkung wieder herausmit-
teln. Dieser **magische Winkel** ist Lösung der Gleichung

$$3\cos^2\vartheta - 1 = 0 \ .$$
(2.205)

Wie eine Überprüfung zeigt, bestimmt dieser Ausdruck die Richtungsabhängigkeit der Dipol-Dipol-Wechselwirkung.

Als letztes soll hier noch kurz geschildert werden, wie es gelingt, durch
einen kurzen Puls die ursprünglich längs des statischen Magnetfelds ausgerichtete Magnetisierung um 90° zu drehen. Abb. 2.26 beschreibt die Gegebenheiten und die Vorgehensweise. Die Zeichnungen links und in der Mitte
zeigen den Gleichgewichtszustand vor Anwendung des Pulses. Die Kernspins
präzedieren hier mit der Larmor-Frequenz um die Feldrichtung, bei einer
Gleichverteilung aller azimutalen Winkel. Es ergibt sich so alleine die in der
Zeichnung in der Mitte angezeigte longitudinale Magnetisierung M_0. Nun
werden Radiowellen eingestrahlt, längs x-Richtung mit einer Polarisation in
y-Richtung. Die linear polarisierte Welle enthält einen Anteil, der in derselben
Drehrichtung wie die Spins in der xy-Ebene umläuft. Wählt man die Frequenz
des eingestrahlten Feldes so, daß sie mit der Präzessionsfrequenz der Spins
übereinstimmt, vermag das eingestrahlte Feld die Spins zu kippen. Verständlich wird dies beim Blick auf die Verhältnisse, wie man sie in einem mit der
Larmor-Frequenz rotierenden Koordinatensystem, in der rechten Zeichnung
mit $x'y'$ bezeichnet, vorfindet. In diesem rotierenden Koordinatensystem löst

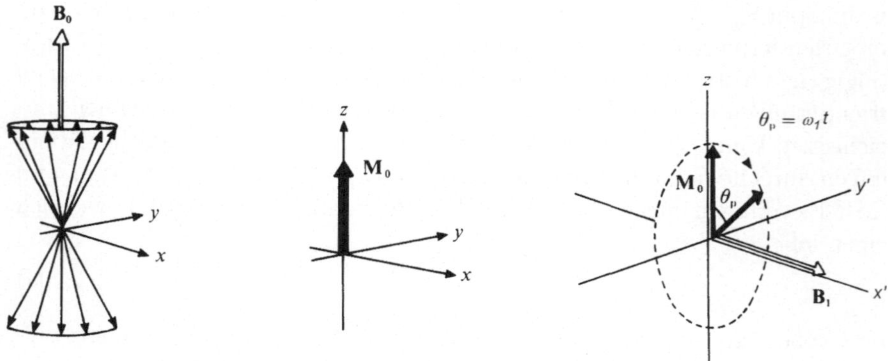

Abb. 2.26. System von Spins in einem statischen Magnetfeld B_0. Präzession
mit der Larmor-Frequenz (*links*) und resultierende longitudinale Magnetisierung
(*Mitte*). Kippen des Spinsystems durch ein mit der Larmor-Frequenz umlaufendes
transversales Magnetfeld B_1: Präzession im rotierenden Koordinatensystem x', y'
(*rechts*).

das Feld mit der Amplitude B_1 wiederum eine Präzessionsbewegung aus, die jetzt um die Richtung des Wechselfeldes erfolgt. Die Winkeländerung durch diese Präzessionsbewegung im rotierenden Koordinatensystem, als θ_P bezeichnet, wächst proportional zur Zeit. Man kann die Pulsdauer so wählen, daß θ_P gerade 90° beträgt, und hat dann einen Anfangszustand erzeugt, der rein transversal ausgerichtet ist und dessen freier Induktionszerfall sich anschließend beobachten läßt.

2.4 Allgemeine Eigenschaften von Suszeptibilitäten

Thema dieses Kapitels waren die Wirkungen, welche äußere Felder in kondensierter Materie auslösen. Wie geschildert, beobachtet man dabei über größere Bereiche hinweg lineare Abhängigkeiten: Deformationen sind proportional zur angelegten Zug- oder Scherspannung, Polarisationen proportional zum einwirkenden elektrischen Feld und Magnetisierungen proportional zum vorhandenen magnetischen Feld. Es handelt sich immer um lineare Antworten, die sich durch Antwortfunktionen wie Nachgiebigkeiten und Suszeptibilitäten quantitativ erfassen lassen. Für die Antwortfunktionen gibt es eine Reihe allgemein gültiger Gesetzmäßigkeiten, von denen wir einige schon kennengelernt haben. Am Ende des Abschnitts 2.1.3 hatten wir Gleichungen abgeleitet, welche verschiedene Antwortfunktionen miteinander verknüpfen. So gilt für den Zusammenhang zwischen der Kriechnachgiebigkeit $\alpha_c(t)$ und dem zeitabhängigen Modul $a(t)$ die Gleichung (Gln. (2.66), (2.68))

$$1 = \int_0^t \frac{d\alpha_c}{dt}(t - t')a(t')dt' \ ,$$

oder als Beziehung zwischen der Puls-Antwortfunktion $\alpha_p(t)$ und der dynamischen Nachgiebigkeit oder **mechanischen Suszeptibilität** $\alpha(\omega)$ (Gl. (2.73)) die Gleichung

$$\alpha(\omega) = \alpha'(\omega) - i\alpha''(\omega) = \int_0^\infty \alpha_p(t'') \exp(i\omega t'')dt'' \ .$$

Als ein wichtiges Ergebnis stellte sich heraus, daß Real- und Imaginärteil von $\alpha(\omega)$ wohldefinierte physikalische Bedeutungen besitzen. Der Realteil gibt an, welcher Teil der vom äußeren Feld erbrachten Leistung bei einer periodischen Belastung reversibel eingebracht und wieder entnommen wird, während der Imaginärteil den Verlust beschreibt, d. h. denjenigen Anteil der Leistung, welcher dissipiert und als Wärme wieder abgegeben wird. Der Nachweis hierfür wurde für das dynamisch-mechanische Experiment geführt, die Aussage ist aber, wie schon erwähnt, für alle angesprochenen Suszeptibilitäten gültig. Im mechanischen Fall hatten wir für die Arbeit pro Volumeneinheit

$$dw = \sigma_{zz}de_{zz} \tag{2.206}$$

geschrieben. Im dielektrischen Fall gilt

$$\mathrm{d}w = E\mathrm{d}P \tag{2.207}$$

und beim Anlegen eines magnetischen Feldes haben wir

$$\mathrm{d}w = \mu_0 H\mathrm{d}M \quad . \tag{2.208}$$

Bei den Größen, welche durch die Suszeptibilitäten verknüpft werden, handelt es sich also durchweg um Paare Energie-konjugierter Variabler (vgl. Gl. (A.4) im Anhang A). Deshalb gilt wirklich immer, daß der Imaginärteil die Energiedissipation beschreibt, d. h. die Überführung von Arbeit oder Feldenergie in regellose thermische Bewegung.

Den genannten allgemeinen Gesetzmäßigkeiten soll jetzt noch eine weitere hinzugefügt werden. Es mag zuerst erstaunlich klingen, aber tatsächlich sind der Real- und Imaginärteil einer Suszeptibilität nicht voneinander unabhängig, sondern fest miteinander verknüpft. Dies mag deshalb überraschen, weil beiden, wie beschrieben, ja völlig unterschiedliche Bedeutungen zukommen. Die Beziehung wird durch die **Kramers-Kronig-Relationen** ausgedrückt.

Kramers-Kronig-Relationen. Für die Ableitung der Relationen benutzen wir Grundgesetze der mathematischen Theorie komplexer Funktionen, insbesonders den Residuensatz. Wir gehen von Gl. (2.73) aus. Sie liefert die Frequenzabhängigkeit der Suszeptibilität auf der Grundlage der Puls-Antwortfunktion. Betrachtet man den Ausdruck rein mathematisch, kann er verallgemeinert und in seinem Gültigkeitsbereich auf komplexe Frequenzen

$$z = \omega' + i\omega'' \tag{2.209}$$

ausgedehnt werden. Wir setzen hierzu einfach z an die Stelle der bisherigen reellen Variablen ω und erhalten

$$\alpha(z) = \int_0^\infty \alpha_\mathrm{p}(t'') \exp(i\omega' t'') \exp(-\omega'' t'')\mathrm{d}t'' \quad . \tag{2.210}$$

Das Ergebnis der Verallgemeinerung ist eine komplexwertige Funktion über der Gaußschen Zahlenebene der komplexen Frequenz z. Welche Eigenschaften besitzt diese Funktion und insbesonders, wo ist sie analytisch? Eines ist sofort zu erkennen: In der gesamten oberen Hälfte der Gaußschen Zahlenebene, d. h. für $\omega'' \geq 0$, ist $\alpha(z)$ analytisch. Hier wird dem ursprünglichen Integral nur eine exponentiell abfallende Funktion per Multiplikation zugefügt. In der oberen Halbebene analytisch zu sein, bedeutet, daß $\alpha(z)$ hier keine Singularitäten besitzt. Andererseits sind durchaus Singularitäten vorhanden, doch liegen sie alle in der unteren Halbebene. Es ist lehrreich, hierzu zwei Beispiele zu betrachten. Für den einfachen Relaxationsprozeß fanden wir die Suszeptibilität Gl. (2.80). Die Erweiterung des Gültigkeitsbereichs auf komplexe Frequenzen führt hier auf

$$\alpha(z) = \frac{\alpha(0)}{1 - iz\tau} \quad . \tag{2.211}$$

Diese Funktion besitzt eine Singularität bei

$$z = -\frac{i}{\tau} \tag{2.212}$$

und sie liegt in der unteren Halbebene. Der gleiche Befund ergibt sich für die erweiterte Suszeptibilität eines gedämpften harmonischen Oszillators. Sie lautet, Gl. (2.101) entsprechend,

$$\alpha(z) = \frac{\alpha(0)}{1 - z^2\tau'^2 - iz\tau} \quad . \tag{2.213}$$

$\alpha(z)$ besitzt jetzt zwei Singularitäten, gelegen an den Stellen

$$z_{1/2} = \pm \left(\frac{1}{\tau'^2} - \frac{\tau^2}{4\tau'^4} \right)^{1/2} - i\frac{\tau}{2\tau'^2} \quad , \tag{2.214}$$

und auch diese liegen wieder in der unteren Halbebene.

Wir haben die Erweiterung des Definitionsbereichs der Suszeptibilität zunächst als eine rein mathematische Prozedur betrieben. Tatsächlich gibt es aber auch einen wichtigen Bezug zur Physik, der gerade beim Blick auf die Lagen der Singularitäten in der unteren Halbebene klar wird. Man braucht bloß zu prüfen, welche Zeitabhängigkeiten $X(t)$ sich beim Einsetzen dieser ausgezeichneten z-Werte anstelle einer reellen Frequenz ergeben. Die Singularität beim einfachen Relaxationsprozeß liefert

$$X(t) \sim \exp(-izt) = \exp -\frac{t}{\tau} \quad , \tag{2.215}$$

und für den gedämpften harmonischen Oszillator ergibt sich

$$X(t) \sim \exp \left[\pm i \left(\frac{1}{\tau'^2} - \frac{\tau^2}{4\tau'^4} \right)^{1/2} t - \frac{\tau}{2\tau'^2}t \right] \quad . \tag{2.216}$$

Dies sind aber genau die Zeitabhängigkeiten der Eigenmoden des Systems, welche nach dem Ausschalten einer äußeren Kraft während des anschließenden Abklingprozesses sichtbar werden. Die Singularitäten in $\alpha(z)$ liegen also an den Stellen der Eigenmoden des Systems. Dies ist auch verständlich, denn es sind ja gerade die Eigenmoden, welche ohne Anregung durch eine äußere Kraft existieren können. Eine unendlich große Suszeptibilität drückt eben dies aus. Ausgehend von der allgemeinen Bedeutung der Singularitäten, Eigenmoden des Systems darzustellen, wird auch aus einem anderen Blickwinkel her verständlich, warum in der unteren Halbebene keine Singularitäten auftreten können: Die zugehörigen Moden würden Prozesse mit exponentiell ansteigender Amplitude beschreiben, was bei stabilen linearen System ausgeschlossen ist.

Zur Ableitung der Kramers-Kronig-Relationen betrachten wir jetzt nicht $\alpha(z)$, sondern die Funktion

$$\frac{\alpha(z)}{z - \omega_0} \; . \tag{2.217}$$

Sie ist ebenfalls in der gesamten oberen Halbebene, einschließlich der ω'-Achse analytisch, mit einer Ausnahme: An der Stelle $z = \omega_0$ auf der ω'-Achse sitzt eine Singularität. Wir rechnen ein spezielles, über einen geschlossenen Weg führendes Integral aus, und zwar dasjenige, welches in Abb. 2.27 beschrieben ist. Da der gewählte Weg keine Singularität umschließt, muß das Integral verschwinden. Wir setzen das Integral aus den angezeigten vier Teilstücken, zwei Geraden und zwei Halbkreisen, zusammen und bekommen

$$0 = \int\limits_{-\infty}^{\omega_0 - \delta} \frac{\alpha(z)}{z - \omega_0} dz + \int\limits_{\pi}^{2\pi} \alpha(\omega_0 + \delta \exp i\vartheta) i d\vartheta \tag{2.218}$$

$$+ \int\limits_{\omega_0 + \delta}^{+\infty} \frac{\alpha(z)}{z - \omega_0} dz + \lim_{\Delta \to \infty} \int\limits_{0}^{\pi} \alpha(\omega_0 + \Delta \exp i\vartheta) i d\vartheta \; . \tag{2.219}$$

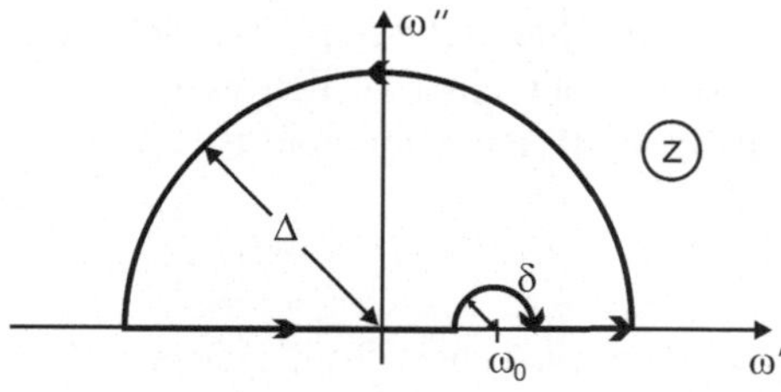

Abb. 2.27. Integrationsweg in der Ebene der komplexen Frequenz z, gewählt bei der Ableitung der Kramers-Kronig-Relationen.

Der große Halbkreis mit Radius Δ soll im Unendlichen verlaufen. Der erste Term führt aus dem Unendlichen bis auf einen Abstand δ an die Singularität bei ω_0 heran, der zweite Beitrag entspricht der Umgehung der Singularität auf dem gezeichneten kleinen Halbkreis mit Radius δ, der dritte Term führt von da bis ins Unendliche und der vierte Term gibt den Beitrag des großen Halbkreises mit Radius $\Delta \to \infty$ wieder. Wir haben dabei für den kleinen Kreis den Verlauf

$$z = \omega_0 + \delta \exp i\vartheta \tag{2.220}$$

mit ϑ als Winkelvariabler angesetzt. Daraus ergibt sich

$$dz = i\delta \exp i\vartheta d\vartheta \tag{2.221}$$

und damit

$$\frac{dz}{z - \omega_0} = \mathrm{i}d\delta \ .$$

(2.222)

Der Ausdruck, ebenso gültig für den großen Halbkreis, wurde im zweiten und vierten Term verwendet. Der Residuensatz kann jetzt angewandt werden. Er liefert das Ergebnis des Umgehungsintegrals an der Singularität ω_0 als

$$\lim_{\delta \to 0} \int_{\pi}^{2\pi} \alpha(\omega_0 + \delta \exp \mathrm{i}\vartheta)\mathrm{i}d\vartheta = -\mathrm{i}\pi\alpha(\omega_0) \ .$$

(2.223)

Da die Suszeptibilität im Unendlichen in der unteren Halbebene verschwindet, liefert der vierte Term keinen Beitrag. Wir erhalten somit

$$0 = -\mathrm{i}\pi\alpha(\omega_0) + \lim_{\delta \to 0} \left[\int_{-\infty}^{\omega_0 - \delta} \frac{\alpha(z)\mathrm{d}z}{z - \omega_0} + \int_{\omega_0 + \delta}^{\infty} \frac{\alpha(z)\mathrm{d}z}{z - \omega_0} \right] \ .$$

(2.224)

Der Ausdruck in eckigen Klammern, welcher ein gekoppeltes, gleichzeitig von beiden Seiten her erfolgendes Herangehen an die Singularität formuliert, ist als „Hauptwert" (*principal value*) bekannt, und wir schreiben kurz

$$\mathrm{P} \int_{-\infty}^{\infty} \frac{\alpha(\omega)}{\omega - \omega_0} \mathrm{d}\omega = \lim_{\delta \to 0} \left[\int_{-\infty}^{\omega_0 - \delta} \frac{\alpha(\omega)}{\omega - \omega_0} \mathrm{d}\omega + \int_{\omega_0 + \delta}^{\infty} \frac{\alpha(\omega)}{\omega - \omega_0} \mathrm{d}\omega \right] \ .$$

(2.225)

Damit haben wir aber auch schon das Ergebnis. Die Zerlegung der Suszeptibilität in Real- und Imaginärteil und ein Vergleich der Real- und Imaginärteile der Gl. (2.224) führt uns auf die beiden Beziehungen

$$\alpha'(\omega_0) = \frac{1}{\pi}\mathrm{P} \int_{-\infty}^{\infty} \frac{\alpha''(\omega)}{\omega - \omega_0} \mathrm{d}\omega \ ,$$

(2.226)

$$\alpha''(\omega_0) = -\frac{1}{\pi}\mathrm{P} \int_{-\infty}^{\infty} \frac{\alpha'(\omega)}{\omega - \omega_0} \mathrm{d}\omega \ .$$

(2.227)

Sie verknüpfen den Real- und Imaginärteil von Suszeptibilitäten auf eineindeutige Art und Weise und sind als Kramers-Kronig-Relationen bekannt.

Beim Blick auf die Suszeptibilitäten, welche in dynamisch-mechanischen Experimenten an viskoelastischen Materialien wie Polymeren gemessen werden, ist festzustellen, daß die Kramers-Kronig-Relationen in der oben angegebenen Form noch einer kleinen Ergänzung bedürfen. Tatsächlich ist der Beitrag der plastischen Komponente, und diese tritt bei Polymeren fast immer auf, noch nicht enthalten. Die Eigenmode eines plastischen Körpers liegt bei z = 0. Dies erkennt man schon daran, daß die oben angegebene Singularität eines Relaxators für $\tau \to \infty$, d. h. beim Übergang in einen plastischen Körper, nach z = 0 rückt, oder auch beim Lösen der zugeordneten Bewegungsgleichung

$$\frac{\mathrm{d}X}{\mathrm{d}t} \sim \xi \qquad (2.228)$$

Beim Einsetzen von

$$\xi(t) = \xi_0 \exp(-\mathrm{i}\omega t) \qquad (2.229)$$

und

$$X(t) = X_0 \exp(-\mathrm{i}\omega t) \qquad (2.230)$$

ergibt sich die Suszeptibilität $\alpha(\omega)$ als

$$\frac{X_0}{\xi_0} = \alpha(\omega) \sim \frac{\mathrm{i}}{\omega} \;, \qquad (2.231)$$

und $\alpha(z)$ dementsprechend als

$$\alpha(z) \sim \frac{\mathrm{i}}{z} \;. \qquad (2.232)$$

Eine solche Singularität am Ursprung wurde bei der obigen Berechnung des Integrals aber nicht in die Betrachtung miteinbezogen. Die Berücksichtigung von Fließprozessen ist nachträglich möglich. Wie Gl. (2.231) zeigt, liefern plastische Körper, da sie keine Energie speichern können, nur einen Beitrag zum Imaginärteil der Suszeptibilität

$$\alpha''(\omega) = \frac{A_\mathrm{v}}{\omega} \;. \qquad (2.233)$$

Der Koeffizient A_v beschreibt dabei die Stärke der plastischen Komponente. Wir müssen diesen Beitrag einfach abziehen, bevor die Gln. (2.226) und (2.227) geschrieben werden, d. h. in diesen Beziehungen den Imaginärteil $\alpha''(\omega)$ durch den Ausdruck

$$\alpha''(\omega) - \frac{A_\mathrm{v}}{\omega} \qquad (2.234)$$

ersetzen. Anstelle von Gl. (2.227) erhalten wir so

$$\alpha''(\omega_0) = -\frac{1}{\pi} \mathrm{P} \int_{-\infty}^{\infty} \frac{\alpha'(\omega)}{\omega - \omega_0} \mathrm{d}\omega + \frac{A_\mathrm{v}}{\omega} \;. \qquad (2.235)$$

Was liegt eigentlich den Kramers-Kronig-Relationen zugrunde? Die Antwort ist überraschend einfach: Sie beruhen allein auf dem **Kausalitätsprinzip**. Dieses findet hier seinen Ausdruck in einer mathematischen Eigenschaft: Die Puls-Antwortfunktion $\alpha_\mathrm{p}(t)$ existiert nur für positive Zeiten. Daß ein Puls nur nachträgliche Effekte bewirken kann, erscheint selbstverständlich, ist aber tatsächlich Ausdruck der Kausalität. Besäße die Puls-Antwortfunktion auch nicht-verschwindende Werte für negative Zeiten, ginge für die durch Gl. (2.210) definierte Funktion $\alpha(z)$ das analytische Verhalten in der oberen Halbebene verloren, und damit auch die Gültigkeit der Kramers-Kronig-Relationen.

2.5 Übungsaufgaben

1. Viskoelastisches Verhalten kann modelliert werden durch Kombinationen von rein elastischen, federartigen Elementen (beispielsweise beschrieben durch den Schubmodul $G = \sigma_{zx}/\tan\gamma$) und rein viskosen, dämpferartigen Elementen (beschrieben durch die Viskosität $\eta = \sigma_{zx}/(\mathrm{d}\tan\gamma/\mathrm{d}t)$.) Die Hintereinanderschaltung eines elastischen und eines viskosen Elements, bei der sich die Scherverformungen addieren, wird als Maxwell-Element bezeichnet. Bei der Parallelschaltung eines elastischen und eines viskosen Elements, dem Kelvin-Element, addieren sich dagegen die Spannungen. Beschreiben Sie die Zeitabhängigkeit der Reaktionen
   a) eines Maxwell- und eines Kelvin-Elements bei einem Kriechexperiment (Änderung der Schubspannung von 0 auf einen konstanten Wert σ_0 ab dem Zeitpunkt $t = 0$),
   b) eines Maxwell-Elements bei einem Spannungsrelaxationsexperiment (Änderung der Scherdeformation von 0 auf einen konstanten Wert $\tan\gamma_0$ ab dem Zeitpunkt $t = 0$),
   c) eines Maxwell- und eines Kelvin-Elements bei einem dynamischen Experiment mit vorgegebener modulierter Spannung $\sigma_{zx}(t) = \sigma_0\exp(-\mathrm{i}\omega t)$.
   (für kleine Auslenkungen gilt $\tan\gamma \approx \gamma$)
2. Ein Kegel-Platte-Rheometer besteht aus einem Kegel, dessen Spitze eine Platte berührt. Im Raum zwischen Kegel und Platte befinde sich bis zum Radius R eine zu untersuchende rein viskose Flüssigkeit der Viskosität η. Der Kegel kann relativ zur Platte um die senkrechte Achse rotieren (siehe Abb. 2.28).
   a) Wie groß ist das nötige Drehmoment, um den Kegel mit einer konstanten Winkelgeschwindigkeit ω rotieren zu lassen?

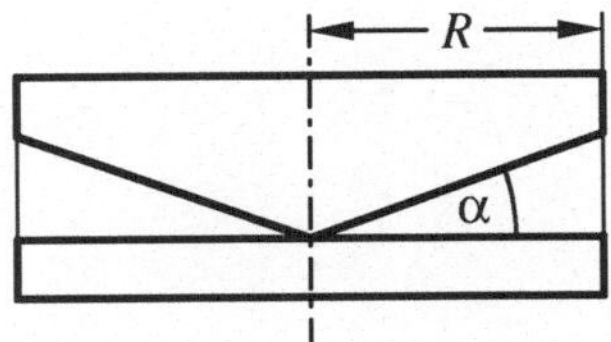

Abb. 2.28. Aufbau eines Kegel-Platte-Rheometers.

b) Der Kegel rotiere oszillatorisch (Drehwinkel $\varphi(t) = \varphi_0 \exp(-\mathrm{i}\omega t)$).
Berechnen Sie das nötige Drehmoment als Funktion der Zeit (unter
Vernachlässigung der Rotationsträgheit des Kegels).

3. Die dielektrische Suszeptibilität im Falle einer einfachen Debye-Relaxation
ist durch

$$\chi(\omega) = \frac{\chi_0}{1 - \mathrm{i}\omega\tau}$$

gegeben. Zeigen Sie, daß die Auftragung des Imaginärteils von $\chi(\omega)$ gegen
den Realteil einen Halbkreis ergibt.

4. Berechnen Sie die molare diamagnetische Suszeptibilität von atomarem
Wasserstoff. Die Aufenthaltswahrscheinlichkeit des Elektrons im Grund-
zustand $|\psi(\boldsymbol{r})|^2$ folgt aus:

$$\psi = (\pi a_0^3)^{-1/2} \exp{-\frac{r}{a_0}} \qquad \text{mit} \qquad a_0 = \hbar^2/m_\mathrm{e}^2 = 0,529 \cdot 10^{-10}\mathrm{m}$$

Zeigen Sie, daß $< r^2 >= 3a_0^2$ gilt, und benutzen dann

$$\kappa_\mathrm{dia} = -\mu_0 N_\mathrm{A} \frac{Ze^2}{6m_\mathrm{e}} < r^2 > \qquad (N_\mathrm{A} \text{ ist die Avogadro-Loschmidt-Zahl}) \ .$$

5. Ein paramagnetisches Salz enthält 10^{22} Ionen pro cm^3 mit einem magnetischen Moment von einem Bohrschen Magneton.

a) Bei einer Temperatur von 300 K werde ein magnetisches Feld der
Stärke $B = 1$ Tesla angelegt. Berechnen Sie den Überschußanteil der
zum Feld parallel stehenden Momente.

b) Wie groß ist die entstehende Magnetisierung?

6. In Festkörpern spaltet die Protonenresonanz als Folge der Dipol-Dipol-
Wechselwirkung in eine große Anzahl eng benachbarter Komponenten
auf. Man untersuche als einfachstes Beispiel das Resonanzverhalten eines
Protonen-Paares.

a) Bei welchem Winkel zwischen der Protonenverbindungslinie und dem
Magnetfeld ist maximale Aufspaltung zu erwarten?

b) Wie groß ist dann die Aufspaltung $\Delta\nu$ der Resonanzfrequenz für einen
Protonenabstand von $0,2$ nm?

c) Bei welchem Winkel verschwindet die Aufspaltung?

3 Molekularfelder und kritische Übergänge

Wie wir im vorigen Kapitel gesehen haben, können Felder durch die in Materie ausgelösten Reaktionen eine Verstärkung erfahren. So liefert die durch ein elektrisches Feld hervorgerufene Polarisation selbst wieder einen Beitrag zu diesem Feld, und dasselbe geschieht bei paramagnetischen Materialien mit dem magnetischen Feld durch die Magnetisierung. In der Regel ist diese Verstärkung schwach, d. h. der zusätzliche Beitrag klein im Vergleich zum auslösenden, äußeren Feld. Dies ist jedoch nicht durchgängig der Fall. Für bestimmte Materialien können auch Bedingungen auftreten, unter denen der Zusatzbeitrag zum Feld dominiert und mit einem weiteren Ansteigen schließlich eine Situation erreicht wird, in welcher die Polarisation oder die Magnetisierung so groß ist, daß sie sich selbst stabilisieren kann. Genau dies geschieht für Ferroelektrika und Ferromagnetika. Man findet hier bei Temperaturen unterhalb eines kritischen Punktes, der **Curie-Temperatur**, eine permanente, d. h. ohne ein äußeres Feld existierende Polarisation bzw. Magnetisierung. In den meisten Fällen, immer bei den Ferromagneten und sehr häufig auch bei den Ferroelektrika, erfolgt der Übergang in den selbststabilisierten Zustand auf kontinuierliche Art, in Form einer **Phasenumwandlung zweiter Ordnung**. Beim Unterschreiten der Curie-Temperatur steigt die Magnetisierung bzw. Polarisation von Null beginnend kontinuierlich an. Im Unterschied zu den normalerweise anzutreffenden Phasenumwandlungen erster Ordnung, die mit sprunghaften Änderungen in der Struktur verbunden sind, erfolgt hier also der Übergang auf stetige Art. Auch wenn Phasenumwandlungen zweiter Ordnung seltener vorkommen als diejenigen erster Ordnung, sind sie für das Grundverständnis der Eigenschaften kondensierter Materie aufgrund ihrer universellen Charakteristika doch sehr wichtig. Die Grundsituation ist immer dieselbe. Es wird immer gefunden, daß ein bestimmter Freiheitsgrad der Struktur imstande ist, ein **Molekularfeld** zu erzeugen, welches auf diesen Freiheitsgrad in stabilisierender Art und Weise zurückwirken kann. Auf diesem Weg kann dann Ordnung aus sich selbst heraus entstehen. Wie hoch die Ordnung ist, die sich einstellt, beschreibt ein **Ordnungsparameter**. Die Polarisierbarkeit und die Magnetisierbarkeit repräsentieren Freiheitsgrade, welche sich im Falle von Ferroelektrika und Ferromagnetika selbst stabilisieren können, und P und M sind die entsprechenden Ordnungsparameter.

Wir werden in diesem Kapitel noch zwei weitere Beispiele behandeln. In einem Abschnitt des ersten Kapitels waren die Struktureigenschaften nematischer Flüssigkristalle besprochen worden. Sie besitzen auch im flüssigen Zustand eine strukturelle Anisotropie. Auch die nematische Phase gründet auf einem Selbststabilisierungsprozeß. Die orientierungsabhängigen Wechselwirkungskräfte fördern eine Parallelstellung der stäbchenförmigen Moleküle in den nematogenen Materialien und schaffen ein Molekularfeld, das sich selbst aufrecht erhalten kann. Die spontane Selbstorganisation beginnt am Übergang von der isotropen Flüssigkeit in die nematische Phase. Als Ordnungsparameter tritt hier die Größe S_2 auf, welche den Orientierungsgrad in der nematischen Phase kennzeichnet.

Das vierte Beispiel ist von ganz anderer Natur und behandelt das Phasenverhalten binärer Polymermischungen. Wenn die Zusammensetzung der Mischung in geeigneter Art gewählt wird, erfolgt der Übergang aus dem gemischten, homogenen Zustand in eine zweiphasige Struktur auf kontinuierliche Weise. Der Unterschied in der Zusammensetzung der beiden Teilphasen, welche sich beim Überschreiten des kritischen Punktes bilden, ist zunächst infinitesimal klein ist und wächst dann allmählich. Es ist dieser Unterschied, der in diesem Fall die Rolle des Ordnungsparameters übernimmt. Ordnung wird hier durch die Aufteilung der homogenen Mischung in zwei unterschiedliche Teilphasen geschaffen.

Wir werden anhand der Beispiele die Gemeinsamkeiten erkennen, welche die Phasenumwandlungen zweiter Ordnung oder, wie man auch sagt, **kritischen Übergänge** prägen; die Eigenschaftsänderungen in der Nähe der Umwandlungstemperatur besitzen ganz charakteristische Züge. Phasenumwandlungen zweiter Ordnung sind theoretisch sehr gut verstanden. Ein Großteil der Beobachtungen kann schon durch eine einfache, von Landau entwickelte thermodynamische Theorie richtig erfaßt werden. Sie wird erläutert und jeweils entsprechend angewandt werden.

3.1 Ferroelektrischer Zustand

Die bei der Ableitung der Clausius-Mosotti-Beziehung erhaltene Gl. (2.119) zeigt unmittelbar an, daß die Polarisation von Materie sich selbst stabilisieren kann und nennt hierfür auch das Kriterium. Für

$$1 = \frac{\rho\beta}{3\varepsilon_0} \tag{3.1}$$

divergiert die dielektrische Suszeptibilität. Eine Divergenz bedeutet, daß das äußere Feld, welches anzulegen ist, um eine bestimmte Polarisation zu erzeugen, immer kleiner wird, und schließlich verschwindet. Grundlage des Phänomens ist das Lorentz-Feld, welches, dem äußeren Feld gleichgerichtet, dieses immer verstärkt. Unter der Bedingung Gl. (3.1) ist es gerade stark genug zur Selbststabilisierung. Dies ist ganz unmittelbar der Gleichungsfolge

$$P = \rho\beta E_{2z} = \rho\beta\frac{P}{3\varepsilon_0} \tag{3.2}$$

zu entnehmen. Voraussetzung für den Übergang in den ferroelektrischen Zustand ist also allein eine ausreichend hohe Polarisierbarkeit oder Dichte der Atome im Festkörper.

3.1.1 Übergangsszenario

Abb. 3.1 zeigt als ein Beispiel die strukturellen Änderungen, welche bei $BaTiO_3$, einem Kristall mit Perovskit-Struktur, den Übergang in die ferroelektrische Phase bewirken. Die permanente Polarisation P_s entsteht hier durch eine Relativverschiebung der positiven und negativen Teilgitter. Jede einzelne Zelle erhält so ein permanentes Dipolmoment. Wie Abb. 3.2 entnommen werden kann, erfolgt der Übergang beim Abkühlen bei einer Temperatur $T_c = 127\ °C$. Wie man sieht, treten bei $BaTiO_3$ bei tieferen Temperaturen auch noch zwei andere ferroelektrische Phasen auf.

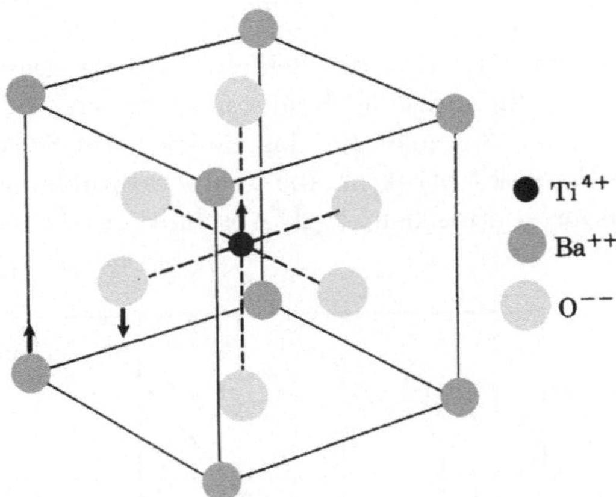

Abb. 3.1. $BaTiO_3$: Atomverschiebungen beim Übergang in die ferroelektrische Phase.

Eine divergierende Suszeptibilität bedeutet, daß die inneren Kräfte, welche bei einer Relativverschiebung der beiden Teilgitter entstehen und den elektrischen Feldkräften das Gleichgewicht halten, bei Annäherung an die Curie-Temperatur immer schwächer werden. Diese Abnahme der rücktreibenden Kräfte kann direkt beobachtet werden. Auch ohne ein äußeres elektrisches Feld können die beiden Teilgitter allein durch die thermische Energie gegeneinander ausgelenkt werden. Sie führen dann eine Schwingung aus, deren Frequenz ν, im Infrarotbereich gelegen, gemessen werden kann. Sie ist wie immer durch eine Kraftkonstante und eine Masse gegeben:

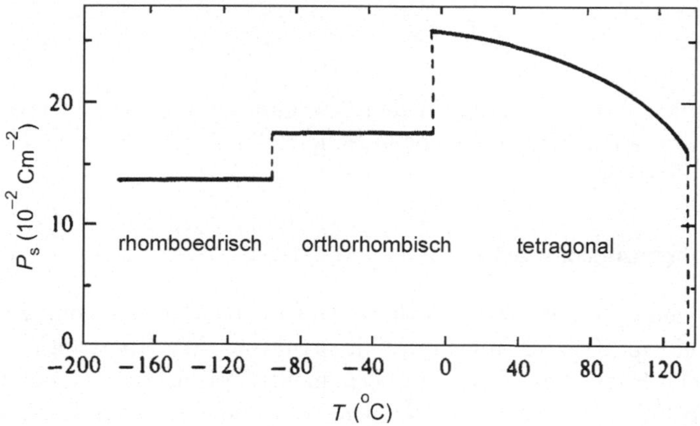

Abb. 3.2. BaTiO$_3$ unterhalb der Curie-Temperature: Spontane Polarisation P_s in den verschiedenen ferroelektrische Phasen (von Burns [18]).

$$(2\pi\nu)^2 = \frac{a}{m_\mathrm{r}} \tag{3.3}$$

m_r ist dabei die reduzierte Masse der beiden Teilgitter, errechnet pro Elementarzelle, und a ist die wirksame Kraftkonstante, ebenfalls bezogen auf die Elementarzelle. Abb. 3.3 zeigt für das Beispiel des SrTiO$_3$, einem anderen Kristall mit Perovskit-Struktur, die Temperaturabhängigkeit der Frequenz dieser „transversal-optischen" (vgl. Abschnitt 5.1.1) Schwingung. Die

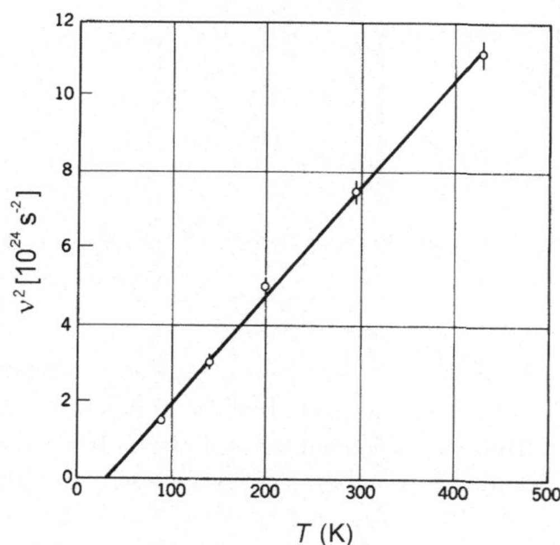

Abb. 3.3. SrTiO$_3$ bei Annäherung an die Curie-Temperatur: Verschwinden der Rückstellkraft der transversalen optischen Schwingung (ν: Schwingungsfrequenz, bestimmt von Cowley [19] durch inelastische Neutronenstreuung).

Frequenz wird an der Curie-Temperatur zu Null und zeigt so das Verschwinden der Rückstellkraft an.

Wie man der Abbildung auch entnehmen kann, ändert sich die Rückstellkraft linear mit dem Abstand von T_c. Abb. 3.4 zeigt jetzt am Beispiel eines dritten Perovskit-Kristalls, $LiTaO_3$, daß sich der Reziprokwert der dielektrischen Suszeptibilität genauso verhält und ebenfalls linear mit dem Abstand von T_c ansteigt. Es fällt nicht schwer, diese Abhängigkeit theoretisch zu beschreiben. Man hat dazu die Temperaturabhängigkeit der Polarisierbarkeit im Bereich der Curie-Temperatur nur den folgenden Ansatz zu wählen

$$\frac{1}{3\varepsilon_0} \sum_j \rho_j \beta_j = 1 - c(T - T_c) \quad . \tag{3.4}$$

Der Ansatz ist naheliegend. Der linksseitige Ausdruck fällt oberhalb T_c unter den kritischen Wert Eins ab, und dies wird im Ansatz auf die einfachst mögliche Art, mit Hilfe eines linearen Terms, dargestellt. Nutzen wir nun die Clausius-Mosotti-Beziehung, so erhalten wir

$$\frac{\varepsilon - 1}{\varepsilon + 2} = \frac{1}{3\varepsilon_0} \sum_j \rho_j \beta_j = 1 - c(T - T_c) \quad . \tag{3.5}$$

Hieraus folgt

$$-\frac{3}{\varepsilon + 2} = -c(T - T_c) \tag{3.6}$$

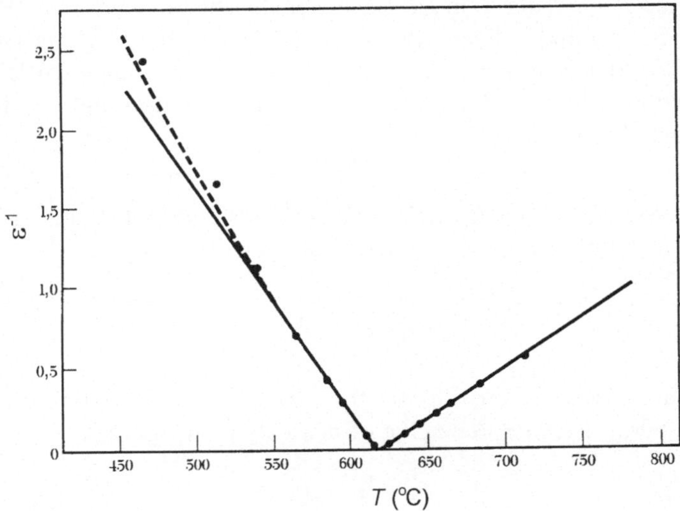

Abb. 3.4. $LiTaO_3$ im Bereich um die Curie-Temperatur: Temperaturabhängigkeit der (reziproken) Dielektrizitätskonstanten (von Lines [20]).

und damit

$$\varepsilon + 2 \sim \frac{1}{T - T_c} \ .$$

(3.7)

Für ε, $\chi \gg 1$ ist dies gleichbedeutend mit

$$\varepsilon \approx \chi \sim \frac{1}{T - T_c} \ .$$

(3.8)

Genau dieses Verhalten zeigt die Dielektrizitätskonstante in Abb. 3.4 für $T > T_c$.

Im ersten Beispiel BaTiO$_3$ stellte sich an der Curie-Temperatur sofort eine bestimmte spontane Polarisation ein, was naturgemäß mit einem Sprung in der Verschiebung der beiden Teilgitter einhergehen muß. Wie die beiden anderen Beispiele zeigen, ist dies bei den Ferroelektrika durchaus nicht immer der Fall. Bei SrTiO$_3$ und LiTaO$_3$ setzt die Polarisation an der Curie-Temperatur kontinuierlich, d. h. beginnend bei $P_s = 0$ ein.

3.1.2 Landau-Theorie des Phasenübergangs

Abb. 3.4 ist zu entnehmen, daß die dielektrische Suszeptibiliatät auch auf der Niedertemperaturseite, d. h. in der ferroelektrischen Phase, bei Annäherung an die Curie-Temperatur divergiert. Landau hat einen Weg gewiesen, wie man dieses Verhalten und auch andere Eigenschaften von Ferroelektrika mit einer einfachen thermodynamischen Theorie erfassen kann. Die Polarisation ist die Größe, welche die Phasenumwandlung kontrolliert; oberhalb T_c verschwindet P, unterhalb T_c beginnt P dann anzusteigen. Der Wert von P repräsentiert bei jeder Temperatur einen Gleichgewichtswert im Sinne der Thermodynamik, und es liegt nahe, dieses Gleichgewicht zu hinterfragen. Die Grundgesetze der Thermodynamik sagen uns, daß wir hierzu die Dichte der freien Energie in ihrer Abhängigkeit von der Polarisation und der Temperatur, also den Ausdruck

$$f(P, T)$$

kennen müssen. Der Gleichgewichtswert der Polarisation bei einer gegebenen Temperatur ergibt sich dann aus der Minimalbedingung

$$\left. \frac{\partial f}{\partial P} \right|_{eq} = 0 \ .$$

(3.9)

Landau hat vorgeschlagen, für die freie Energiedichte im Bereich um die Curie-Temperatur eine Potenzreihen-Entwicklung anzusetzen:

$$f = f_0 + \sum_j c_j(T) P^j \ .$$

(3.10)

Da natürlich

$$f(P) = f(-P)$$

(3.11)

sein muß, treten in der Entwicklung nur gerade Terme auf

$$f = f_0 + c_2 P^2 + c_4 P^4 + c_6 P^6 + \dots \quad . \tag{3.12}$$

Wir hatten bei der Erörterung der transversal-optischen Schwingung zur Beschreibung der rücktreibenden Kräfte die Kraftkonstante a eingeführt. Sie wird bei der Relativverschiebung der beiden Teilgitter als innere Kraft wirksam. Diese Kraftkonstante bestimmt in der Potenzreihen-Entwicklung der freien Energiedichte den Term zweiter Ordnung

$$\frac{\partial^2 f}{\partial P^2}(P = 0) = 2c_2 \sim a \tag{3.13}$$

Da a an der Curie-Temperatur zu Null wird und darüber linear ansteigt, können wir

$$c_2 = b(T - T_\mathrm{c}) \quad , \quad \mathrm{mit} \quad b > 0 \tag{3.14}$$

schreiben. Für die Dichte der freien Energie erhalten wir bei einem Abbruch nach dem nächsten Term damit

$$f = f_0 + b(T - T_\mathrm{c})P^2 + c_4 P^4 \quad . \tag{3.15}$$

Abb. 3.5 zeigt diese Abhängigkeit für einen festen, positiven Koeffizienten c_4 für drei verschiedene Temperaturen, eine oberhalb T_c, eine an der Curie-Temperatur und eine unterhalb T_c gelegen. Man erkennt sofort die Konsequenzen: Oberhalb der Curie-Temperatur liegt das Gleichgewicht, so wie beobachtet, bei $P = 0$, unterhalb T_c stellt sich, ebenfalls im Einklang mit der Beobachtung, ein nicht-verschwindender Wert für P ein. Er repäsentiert die permanente Polarisation P_s.

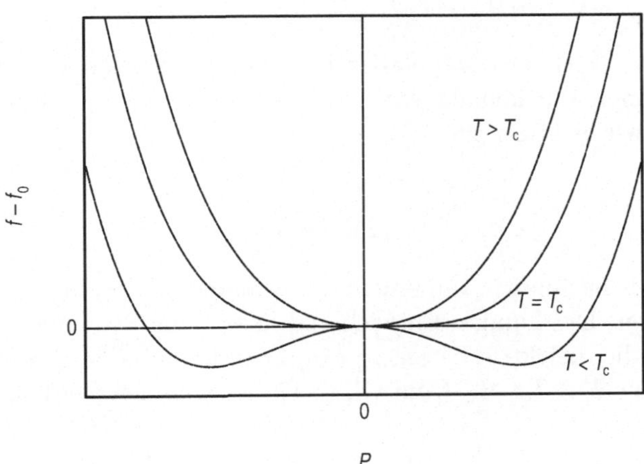

Abb. 3.5. Landau-Entwicklung der freien Energiedichte am Übergang in die ferroelektrische Phase ($T = T_\mathrm{c}$), sowie für Temperaturen oberhalb und unterhalb T_c. Fall einer Umwandlung zweiter Ordnung.

Eine Auswertung des Ansatzes führt auf die Temperaturabhängigkeit der Polarisation unterhalb T_c. Die Minimalbedingung für die freie Energie lautet

$$\frac{\partial f}{\partial P} = 0 = 2b(T - T_c)P + 4c_4 P^3 \quad . \tag{3.16}$$

Hieraus ergibt sich für den die permanente Polarisation bestimmenden Gleichgewichtswert

$$P_{eq}^2 = P_s^2 = \frac{b(T_c - T)}{2c_4} \tag{3.17}$$

d. h.

$$|P_s| \sim (T_c - T)^{1/2} \quad . \tag{3.18}$$

Wie man sieht, folgt die einsetzende Polarisation einem Wurzelgesetz.

Bei der Berechnung der dielektrischen Suszeptibilität fragen wir nach Gleichgewichtszuständen, die sich bei Anwesenheit eines vorgegebenen elektrischen Feldes einstellen. Auch diese ergeben sich aus einer Minimalbedingung, diesmal aber bezüglich der freien Enthalpie. Wir wählen die reduzierte Form $\hat{g}$, gegeben durch Gl. (A.11) im Anhang A :

$$\hat{g} = f - EP = f_0 + b(T - T_c)P^2 + c_4 P^4 - EP \quad . \tag{3.19}$$

Die Minimalbedingung

$$\frac{\partial \hat{g}}{\partial P} = 0 = -E + 2b(T - T_c)P + 4c_4 P^3 \tag{3.20}$$

führt uns auf

$$\frac{1}{\varepsilon_0 \chi} = \frac{dE}{dP}(E = 0) = 2b(T - T_c) + 12c_4 P_{eq}^2 \quad , \tag{3.21}$$

wobei P_{eq} die Gleichgewichtspolarisation bei Abwesenheit des elektrischen Feldes bezeichnet. Wir können jetzt zwei Fälle unterscheiden. Für $T > T_c$ ist $P_{eq} = 0$, und wir gelangen zu

$$\varepsilon_0 \chi = \frac{1}{2b(T - T_c)} \quad . \tag{3.22}$$

Dieses Ergebnis hatten wir, auf einem etwas anderen Weg, in Gl. (3.8) schon einmal erhalten. Die Landau-Entwicklung liefert uns jetzt aber auch einen Ausdruck für die dielektrische Suszeptiblität innerhalb der ferroelektrischen Phase, d. h. für $T < T_c$. P_{eq} kann Gl. (3.17) entnommen werden. Dies führt auf

$$\frac{1}{\varepsilon_0 \chi} = 2b(T - T_c) + 12\frac{b(T_c - T)}{2} \tag{3.23}$$

und somit auf

$$\varepsilon_0 \chi = \frac{1}{4b(T_c - T)} \quad . \tag{3.24}$$

Wie man sieht, unterscheiden sich die Ausdrücke für die dielektrischen Suszeptibilitäten ober- und unterhalb der Curie-Temperatur um einen Faktor 2. Ein Blick auf Abb. 3.4 zeigt, daß dies der Beobachtung entspricht.

Das von der Landauschen Behandlung vorhergesagte Wurzelgesetz für das Einsetzen der Polarisation beim Unterschreiten der Curie-Temperatur beschreibt Phasenumwandlungen zweiter Ordnung. Auf den von $BaTiO_3$ gezeigten Übergang in die ferroelektrische Phase, bei dem sich sofort eine bestimmte Polarisation einstellt, ist das Gesetz offensichtlich nicht anwendbar. Eine Änderung der Parameter in der Potenzreihenentwicklung der freien Energie macht es aber möglich, auch diesen Übergang qualitativ richtig zu erfassen. Dies gelingt dann, wenn man als Form

$$f - f_0 = b(T - T^*)P^2 + c_4 P^4 + c_6 P^6 \qquad (3.25)$$

wählt. Dabei ist T^* eine Temperatur, die etwas unterhalb der Temperatur T_c des Phasenübergangs liegt. Wählt man außerdem

$$c_4 < 0 \qquad \text{und} \qquad c_6 > 0 \ ,$$

erhält man für den Verlauf der freien Energie als Funktion von P Kurven der in Abb. 3.6 gezeigten Art. Auch hier sind die Folgen sofort zu erkennen. Für $T > T_c$ liegt der Gleichgewichtswert der Polarisation bei Null, für $T < T_c$ besitzt die Polarisation den durch das Minimum festgelegten, endlichen Wert. Der Phasenübergang erfolgt an der Curie-Temperatur T_c. Wie man sieht, erfolgt am Phasenübergang sofort die Einstellung einer bestimmten, nichtverschwindenden Polarisation. An der Übergangs-Temperatur koexistieren die nicht polare und die ferroelektrische Phase; beide besitzen hier dieselbe freie Energie.

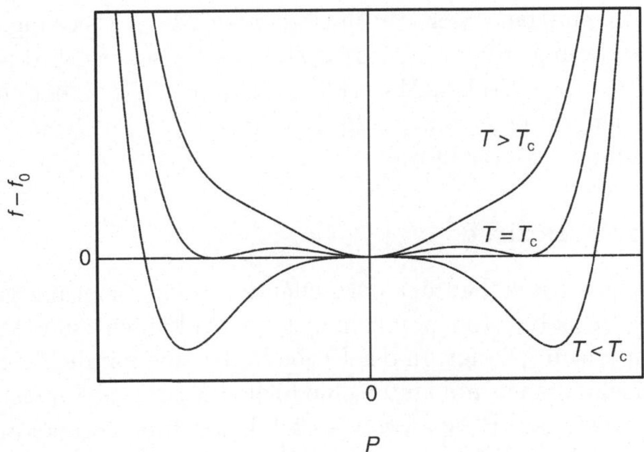

Abb. 3.6. Landau-Entwicklung der freien Energie am Übergang in die ferroelektrische Phase (T_c) sowie für Temperaturen oberhalb und unterhalb T_c. Fall einer Umwandlung vom Typ „schwach erster Ordnung".

Man kann sich leicht davon überzeugen, daß die Suszeptibilität ganz allgemein mit der Krümmung von $f(P)$ im Minimum verknüpft ist, d. h. daß

$$\varepsilon_0 \chi \sim \left(\frac{\partial^2 f}{\partial P^2}(P_{\mathrm{eq}}) \right)^{-1} \tag{3.26}$$

gilt. Wie man den Kurvenverläufen in Abb. 3.6 entnimmt, kommt es jetzt nicht mehr zur Divergenz. Bei $BaTiO_3$ ist der Übergang in die ferroelektrische Phase mit sprunghaften Änderungen verknüpft und entspricht so einer Phasenumwandlung erster Ordnung. Vom Ablauf her weicht der Übergang aber vom Gewohnten ab. Die Besonderheit besteht darin, daß sich die Phasenumwandlung schon vorher ankündigt, und zwar anhand einer Suszeptibilität, die, wenngleich nicht wie bei der Phasenumwandlung zweiter Art divergierend, so doch einen anomal starken Anstieg zeigt. Die Umwandlung besitzt also auch charakteristische Eigenschaften der Phasenübergänge zweiter Ordnung. Um dies auszudrücken, bezeichnet man die Phasenumwandlung von $BaTiO_3$ und andere ähnlichen Typs gern auch als **fast-kritisch** oder als Umwandlungen von **schwach erster Ordnung**.

3.2 Ferromagnetischer Zustand

Wie bei den Ferroelektrika kündigt sich auch bei den Ferromagnetika der Übergang in den geordneten Zustand schon vorher deutlich sichtbar an. Wie Abb. 3.7 am Beispiel von Nickel zeigt, divergiert die paramagnetische Suszeptibilität, wenn man sich der Temperatur des Phasenübergangs, auch hier als Curie-Temperatur T_c bezeichnet, von oben her nähert.

Wird T_c unterschritten, baut sich eine permanente Magnetisierung auf. Abb. 3.8 stellt dar, daß dies bei Nickel auf kontinuierliche Art und Weise geschieht, beginnend bei einer verschwindenden Magnetisierung, ohne eine sprunghafte Änderung. Ein vergleichbar stetiges Einsetzen wird auch bei allen anderen ferromagnetischen Materialien gefunden. Der Übergang von der paramagnetischen in die ferromagnetische Phase ist so im strengen Sinn eine Phasenumwandlung zweiter Ordnung.

3.2.1 Weiss'sche Bezirke

Tatsächlich ist das Entstehen der permanenten Magnetisierung gar nicht so ohne weiteres zu beobachten, wenn man beim Abkühlen einer Probe unter die Curie-Temperatur gelangt. In der Probe bildet sich nämlich eine Struktur aus vielen Einzeldomänen mit unterschiedlichen Magnetisierungsrichtungen. Abb. 3.9 zeigt wieder am Beispiel von Nickel diesen Innenaufbau aus **Weiss'-schen Bezirken**. Äußerlich sichtbar wird der ferromagnetische Zustand erst, wenn ein Magnetfeld angelegt wird. Die Gesamtmagnetisierung M_{tot} der Probe durchläuft dann mit veränderlichem äußeren Feld H_z die in Abb. 3.10 gezeigte Hysteresis-Kurve. Nach dem erstmaligen Anlegen und Hochfahren des

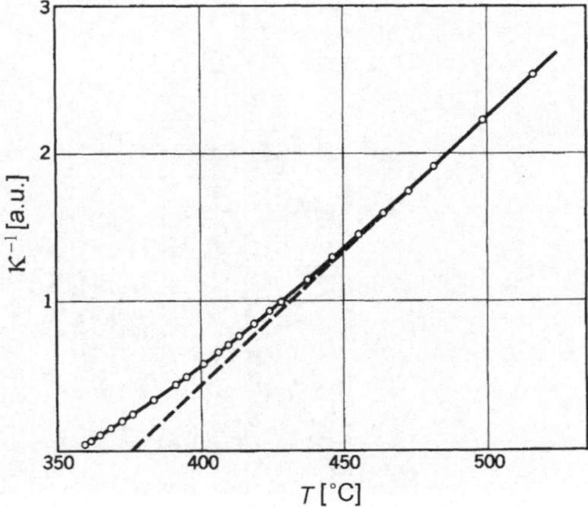

Abb. 3.7. Temperaturabhängigkeit des Kehrwerts der paramagnetischen Suszeptibilität von Nickel (von Kouvel u. Fischer [21]).

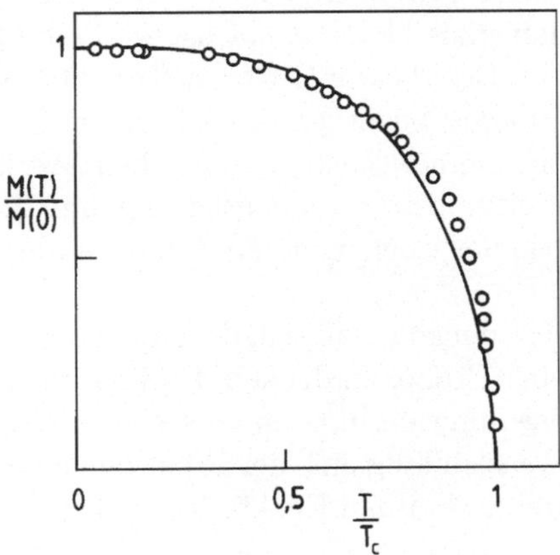

Abb. 3.8. Temperaturabhängigkeit der Magnetisierung von Ni im ferromagnetischen Zustand. Vergleich mit der Vorhersage der Landau-Theorie $M \sim (T_c - T)^{1/2}$ (von Weiss [22]).

Feldes verbleibt nach einem Wiederausschalten ein permanenter Wert für M_tot. Erst bei Anlegen eines Feldes in umgekehrter Richtung kann diese Magnetisierung bei einer charakteristischen **Koerzitiv-Feldstärke** H_k wieder zum Verschwinden gebracht werden. Auf der rechten Seite der Abbildung ist angedeutet, welche Änderungen die Innenstruktur der Probe bei der ersten Magnetisierung erfährt. Die Größe der einzelnen Weiss'schen Bezirke ist nicht festgelegt, sondern kann sich durch eine Verschiebung der Grenzflächen ändern. Auf diese Art können sich die in Feldrichtung magnetisierten Bezirke auf Kosten der in Gegenrichtung magnetisierten Bereiche vergrößern. Diese

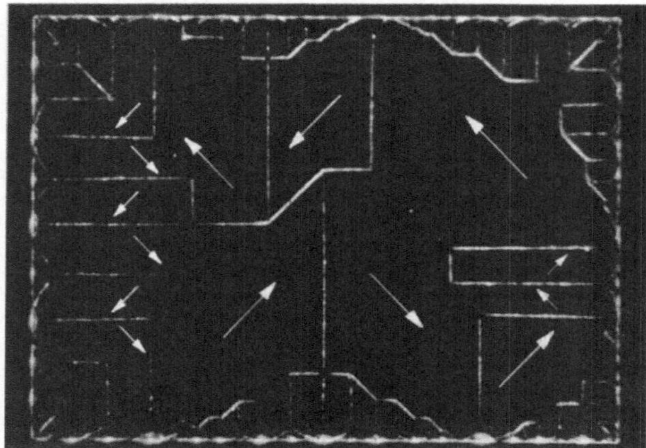

Abb. 3.9. Weiss'sche Bezirke in Nickel, beobachtet auf der Oberfläche eines Einkristalls. Die Richtungen der Magnetisierung sind angezeigt (von de Blois in [23]).

Wandverschiebungen erfordern keine großen Kräfte. Bei höheren Feldstärken tritt ein zweiter Mechanismus hinzu. Zunächst sind die Magnetisierungsrichtungen aller Weiss'schen Bezirke am Gitter ausgerichtet; das Kristallfeld legt eine Reihe (in Abb. 3.9 zwei) bevorzugter Richtungen fest. Bei höheren Feldstärken lassen sich die Magnetisierungen einzelner Weiss'scher Bezirke aus diesen bevorzugten Richtungen zur Feldrichtung hin drehen, mit der Folge einer weiteren kontinuierlichen Erhöhung der Gesamtmagnetisierung der Probe.

Man könnte zunächst denken, daß sich die Domänen-Struktur einfach deshalb ergibt, weil bei einer Probe, an die kein Feld angelegt ist, keine Richtung bevorzugt ist, die Phasenumwandlung an verschiedenen Punkten gleichzeitig einsetzt, und dabei jeweils zufällig eine der Richtungen ausgewählt wird. Dies ist zwar richtig, beschreibt aber den Effekt nicht vollständig. Tatsächlich gibt

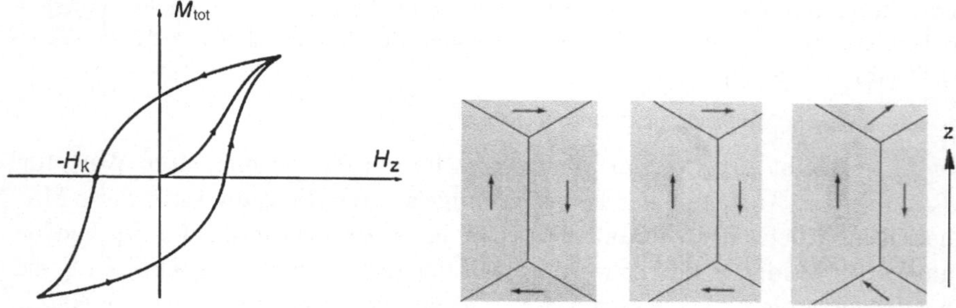

Abb. 3.10. Änderung der Domänenstruktur eines Ferromagneten beim ersten Hochfahren des äußeren magnetischen Feldes (*rechts*) und gesamte Hysteresiskurve (*links*).

es auch energetische Gründe, welche die Bildung einer Domänenstruktur unterstützen. Warum dies so ist, deutet die Zeichnung in Abb. 3.11 an. Eine ferromagnetische Probe, die nur aus einer einzigen Domäne besteht, schafft um sich herum ein ausgedehntes magnetisches Streufeld, welches Träger von magnetischer Feldenergie ist. Die Feldlinien laufen vom magnetischen Nordpol (N) über den Außenbereich zum magnetischen Südpol (S). Teilt man die Probe in zwei Domänen, können die Feldlinien auf kürzeren Wegen in das Material zurückkehren, und die Verkürzung nimmt noch weiter zu, wenn die Domänenstruktur verfeinert sowie, wie in den beiden Abbildungen rechts angedeutet, in ihrer Struktur noch optimiert wird. Am Ende tritt überhaupt kein Streufeld mehr auf, und dies bedeutet natürlich zunächst eine Erniedrigung der Gesamtenergie des Systems. Von dieser Betrachtung ausgehend, könnte man mutmaßen, daß eine möglichst feine Domänenstruktur vorteilhaft wäre. Dies ist aber nun doch nicht der Fall, da die Ausbildung der Grenzfläche zwischen zwei Domänen selbst nicht ohne Energieaufwand zu bewerkstelligen ist. Abb. 3.12 zeigt die Struktur der als **Blochsche Wand** bezeichneten Grenzfläche zwischen zwei Domänen mit entgegengesetzter Magnetisierungsrichtung. Die Abbildung stellt dar, daß die Änderung der Orientierung der magnetischen Dipole nicht abrupt zwischen zwei benachbarten Atomen erfolgt, sondern sich kontinuierlich über einen bestimmten Übergangsbereich hinweg erstreckt. Dies zeigt zunächst, daß es beim vorliegenden Wechselwirkungsmechanismus energetisch günstiger ist, bei der Umorientierung viele kleine Schritte zu machen, als sie in einem einzigen großen Schritt zu vollziehen. Wie kommt dann die endliche Breite des Übergangsbereichs zustande? Die Antwort hierauf wurde eigentlich schon gegeben: Auch ein Herausdrehen der magnetischen Momente der Atome aus den Richtungen, welche vom Kristallfeld als die günstigsten vorgegeben sind, erfordert einen Energieaufwand, und so stellt sich in der Konkurrenz zwischen der Wechselwirkung zwischen den magnetischen Dipolen benachbarter Atome und der Wechselwirkung der Einzeldipole mit dem Kristallfeld eine optimale Ausdehnung des Übergangsbereichs ein.

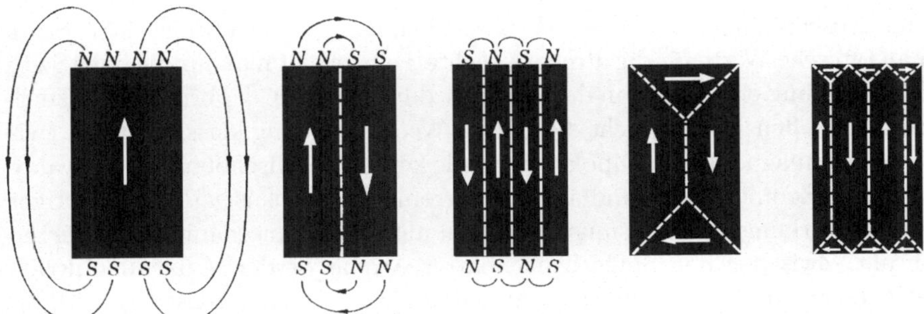

Abb. 3.11. Abbau des Streufeldes außerhalb einer ferromagnetischen Probe bei der Ausbildung Weiss'scher Bezirke.

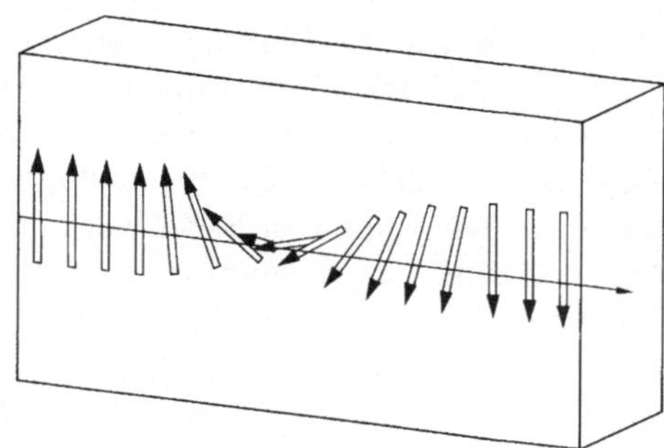

Abb. 3.12. Struktur einer Blochschen Wand. Die Dipolrichtung ändert sich kontinuierlich.

3.2.2 Austauschkraftfeld

Denkt man an die Ferroelektrika, könnte man zunächst vermuten, daß auch bei den Ferromagnetika die paramagnetische Suszeptibilität von atomaren magnetischen Dipolen getragen wird, welche sich im Magnetfeld nach Maßgabe der Boltzmann-Statistik einstellen, und daß κ am Phasenübergang dann einen kritischen Wert erreicht, der so groß ist, daß eine Selbststabilisierung erzielt wird. Eine Überprüfung zeigt, daß es so nicht sein kann. Legt man die paramagnetische Suszeptibilität nach Gl. (2.163) zugrunde, wird die Magnetisierung zu

$$M = \rho \frac{n_{\mathrm{B}}^2 \mu_{\mathrm{B}}^2}{3 k_{\mathrm{B}} T_{\mathrm{c}}} B \ . \tag{3.27}$$

Selbststabilisierung würde

$$B = \mu_0 M \tag{3.28}$$

bedeuten, und dies führt zur Bedingung

$$\mu_0 \rho \frac{n_{\mathrm{B}}^2 \mu_{\mathrm{B}}^2}{3 k_{\mathrm{B}} T_{\mathrm{c}}} = 1 \ . \tag{3.29}$$

Eine Abschätzung zeigt, daß sich diese Bedingung nicht erfüllen läßt. Setzt man typische Werte für die atomare Dichte ρ ein, erhält man für die linke Seite der Gleichung einen Wert in der Größenordnung von 10^{-2}. Ferromagnetismus kann also offensichtlich nicht durch eine Wechselwirkung klassischer Art zwischen den magnetischen Dipolen zustande kommen. Heisenberg hat die wahre Ursache erkannt. Die Grundlage des Ferromagnetismus ist ein andersartiger Wechselwirkungsmechanismus, der allein auf quantenmechanischen Effekten beruht. Zwischen den Spins benachbarter Atome werden **Austauschkräfte** wirksam und diese sind so stark, daß sie zu einer gegenseitigen Stabilisierung der Spinausrichtung führen. Die Einzelheiten der Kraftentstehung können hier nicht erklärt werden, und so sei hier nur ein Hinweis allgemeiner Art gegeben. Der Fermionen-Charakter der Elektronen hat zur Folge, daß es nicht möglich ist, bei einem Paar von Spins die Relativorientierung zu ändern, ohne die Wellenfunktionen zu beeinflussen. Eine Änderung der Relativorientierung führt deshalb auch immer zu einer Änderung des Überlapps der Wellenfunktionen der beiden beteiligten Elektronen, und dies hat energetische Konsequenzen. Bei Ferromagnetika sind die sich hieraus ergebenden Energieänderungen groß und so ausgerichtet, daß sich eine Bevorzugung einer Parallelorientierung der Spins ergibt. Formal wird dies durch den Ausdruck

$$u_{jk} = -\beta_{\mathrm{ex}} \boldsymbol{S}_j \cdot \boldsymbol{S}_k \qquad (3.30)$$

dargestellt. Die Wechselwirkungsenergie zwischen zwei benachbarten Spins $\boldsymbol{S}_j$ und $\boldsymbol{S}_k$ wird durch ein Skalarprodukt geschrieben, und die Stärke durch den Koeffizienten β_{ex} festgelegt. β_{ex} ist temperaturabhängig und steigt wegen der Temperaturabhängigkeit der Gitterkonstanten mit abnehmender Temperatur an. An der Curie-Temperatur wird derjenige Grenzwert erreicht, mit welchem eine Selbststabilisierung einsetzt. Unterhalb T_{c} sind die Spins nicht mehr gleichmäßig über die durch das Kristallfeld vorgegebenen Orientierungen verteilt, sondern es stellt sich in jeder Domäne eine Vorzugsorientierung ein.

Wie das Einsetzen dieser Vorzugsorientierung und damit der Aufbau einer permanenten Magnetisierung beim Unterschreiten der Curie-Temperatur geschieht, kann wieder mit Hilfe der Landauschen Theorie beschrieben werden. Auf welche Art und Weise die Wechselwirkung zustande kommt, ob über die klassischen Wechselwirkungen zwischen magnetischen Dipolen oder quantenmechanische Austauschkräfte, spielt für den Landauschen Formalismus keine Rolle. Der Ordnungsparameter, welcher den Übergang in die ferromagnetische Phase kontrolliert, ist allemal die Magnetisierung. Diese bestimmt immer das Molekularfeld, welches, auf immer gleiche Art, auf die Spins einwirkt, ganz unabhängig davon, ob es sich um ein Feld der Austauschkräfte oder ein Feld von Dipolkräften handelt. Gefragt wird jetzt nach demjenigen Wert der Magnetisierung, welcher die freie Energie oder Enthalpie ins Minimum führt. Wir wählen mit Blick auf den allgemeineren Fall der Anwesenheit eines äußeren Magnetfelds als thermodynamisches Potential die (reduzierte) Dichte der freien Enthalpie $\hat{g}$ (Gl. (A.11) im Anhang A)und setzen hierfür

$$\hat{g} = g_0 + b(T - T_{\mathrm{c}})M^2 + c_4 M^4 - \mu_0 H M \qquad (3.31)$$

an, in völliger Analogie zu Gl. (3.19) beim Ferroelektrikum. Die Verläufe dieser Funktion im feldfreien Fall sind, für Temperaturen ober- und unterhalb des Umwandlungspunktes, Abb. 3.5 zu entnehmen und führen wieder zum gleichen Ergebnis: Für Temperaturen oberhalb T_{c} verschwindet der Gleichgewichtswert der Magnetisierung

$$M_{\mathrm{eq}}(T > T_{\mathrm{c}}) = 0 \ , \qquad (3.32)$$

und beim Unterschreiten von T_{c} erfolgt der Aufbau der Magnetisierung im Einklang mit dem Wurzelgesetz

$$M = \left(\frac{b}{2c_4}\right)^{1/2} (T_c - T)^{1/2} \ . \tag{3.33}$$

Auch die Ausdrücke für die magnetischen Suszeptibilität ober- und unterhalb T_c lassen sich dem entsprechenden Ergebnis bei den Ferroelektrika entnehmen. Die Übertragung der Gln. (3.22) und (3.24) auf Ferromagnetika liefert für Temperaturen oberhalb T_c

$$\frac{\kappa}{\mu_0} \approx \frac{\mathrm{d}M}{\mathrm{d}B} = \frac{1}{2b(T - T_c)} \tag{3.34}$$

und innerhalb der ferromagnetischen Phase

$$\frac{\kappa}{\mu_0} \approx \frac{1}{4b(T_c - T)} \ . \tag{3.35}$$

Kritische Fluktuationen. Ein nochmaliger Blick auf die Abb. 3.7 und 3.8 zeigt, daß die Vorhersage der Landau-Theorie die Verläufe insgesamt zwar recht gut wiedergibt, man bei einer genaueren Betrachtung aber doch auf systematische Abweichungen stößt. Abweichungen dieser Art werden bei Phasenübergangen zweiter Ordnung immer gefunden, manchmal wie im Beispiel über einen größeren Bereich hinweg und manchmal auch nur innerhalb eines sehr kleinen Bereichs nahe an T_c. Tatsächlich verliert die **Molekularfeldtheorie** von Landau hier ihre Gültigkeit. Die Ursache hierfür ist im Prinzip leicht zu verstehen, und zwar als Folge einer Grundeigenschaft kritischer Übergänge. Auslöser der Phasenumwandlung ist ja die Tatsache, daß die rücktreibenden Kräfte im Material gegenüber einer durch ein äußeres Feld ausgelösten Polarisation oder Magnetisierung bei Annäherung an die Curie-Temperatur immer schwächer werden, und schließlich völlig verschwinden. Eine Magnetisierung oder Polarisation kann sich in diesem Temperaturbereich auch ohne ein äußeres Feld, einfach über thermische Fluktuationen, einstellen. Es bilden sich lokal Bereiche aus, in denen eine Vorzugsorientierung der elektrischen Dipole oder der Spins besteht. Sie sind nicht stabil, sondern zerfallen immer wieder; Größe und Lebensdauer hängen von den rücktreibenden Kräften ab, welche sie wieder zum Zerfall bringen. Je schwächer diese rücktreibenden Kräfte sind, umso größer und langlebiger sind die temporär geordneten Bereiche. Genauer gesagt ist festzustellen, daß die Größe dieser Bereiche und ihre Lebensdauer bei Annäherung an die Curie-Temperatur divergieren. In der Landau-Theorie wird die stabilisierende Wirkung allein auf den Mittelwert des Molekularfeldes, wie er durch die Polarisation P oder die Magnetisierung M verkörpert wird, zurückgeführt. Wenn die Fluktuationen sehr stark werden, ist das mittlere Feld aber nicht mehr die ausschlaggebende Größe, und die darauf beruhende Landausche Theorie verliert ihre Gültigkeit.

Tatsächlich ist es möglich, auch das Gebiet sehr nahe an der Curie-Temperatur, welches durch starke Fluktuationen geprägt ist, theoretisch zu erfassen. Grundlage hierfür ist eine Symmetrieeigenschaft, welche die **kritischen Fluktuationen** nahe an T_c besitzen. Diese sind nämlich selbstähnlich;

im Grenzfall $T \to T_c$ treten Fluktuationsbereiche aller Größen auf, ohne daß eine bestimmte Länge ausgezeichnet wäre. Genau diese Eigenschaft wird in der von Wilson entwickelten **Renormierungsgruppentheorie** genutzt, um präzise Aussagen über die Verläufe von Ordnungsparameter und Suszeptibilität im Bereich der Curie-Temperatur zu machen. Wie sich zeigt, ergeben sich immer Potenzgesetze, für die Magnetisierung

$$M \sim (T_c - T)^\nu \ , \tag{3.36}$$

für die Suszeptibilität unterhalb der Curie-Temperatur

$$\kappa \sim (T_c - T)^{-\gamma} \tag{3.37}$$

und oberhalb der T_c

$$\kappa \sim (T - T_c)^{-\gamma'} \ . \tag{3.38}$$

Die Renormierungsgruppentheorie stellt Algorithmen zur Berechnung der **kritischen Koeffizienten** ν, γ und γ' zur Verfügung. Das Ergebnis der Berechnungen stimmt sehr gut mit den Beobachtungen überein.

Die Landausche Theorie behält trotzdem ihren Gültigkeitsbereich. Ihre Anwendbarkeit beginnt, wenn die Fluktuationseffekte keine große Rolle mehr spielen und das Molekularfeld als mittleres Feld die Kontrolle übernimmt.

3.3 Nematisch-flüssigkristalliner Zustand

Bei der ersten Erörterung der Eigenschaften nematisch-flüssigkristalliner Phasen im Abschnitt 1.3 wurde schon angedeutet, daß die Existenz dieses besonderen Ordnungszustands als Ausdruck eines Selbststabilisierungsprozesses zu verstehen sei. Wenn wir Abb. 1.20 mit dem Temperaturverlauf des nematischen Ordnungsparameters jetzt noch einmal betrachten, bemerkt man die Ähnlichkeit mit Abb. 3.2, welche die Temperaturabhängigkeit der permanenten Polarisation bei $BaTiO_3$ wiedergibt. Tatsächlich handelt es sich hier um Phasenumwandlungen des gleichen Typs. Der Unterschied liegt nur darin, daß die bestimmende Größe einmal die Polarisation und im anderen Fall der nematische Ordnungsparameter S_2 ist. Der Temperaturverlauf von P und S_2, mit der sich beschleunigenden Abnahme in der geordneten Phase bei Annäherung an die Umwandlungstemperatur und dem Verschwinden der Ordnung in der Hochtemperaturphase, ist das typische Anzeichen für einen fast-kritischen Übergang, d. h. eine Umwandlung schwach erster Ordnung.

Typische Kennzeichen dieses Übergangstyps sind auch schon in der isotropen Phase nematogener Substanzen zu finden. Abb. 3.13 zeigt als ein Beispiel das Ergebnis von Lichtstreuexperimenten an Heptylphenylcyclohexan (PCH7). Es handelt sich hier um eine „HV-Messung", bei welcher die Lichtstreuung durch einen Laserstrahl mit horizontaler Polarisationsrichtung initiiert und die Streustrahlung dann mit einem in vertikaler Richtung eingestellten Analysator vermessen wird. In einer solchen Messung werden nur

Streuprozesse sichtbar, welche die Polarisationsrichtung verändern, was nur möglich ist, wenn die Probe optisch anisotrope Elemente enthält. Das Auftreten von Streulicht mit veränderter Polarisationsrichtung ist bei dem stäbchenförmigen PCH7, welches eine anisotrope Polarisierbarkeit besitzt, zunächst nicht weiter überraschend. Die Besonderheit im Meßergebnis liegt in dem starken Anstieg der Intensität bei Annäherung an die Umwandlungstemperatur T_{ni}. Die Beobachtung spricht für eine Tendenz der Moleküle, schon in der isotropen Phase temporäre Aggregate zu bilden, deren Anzahl und Größe dann bei der Annäherung an T_{ni} in der Art kritischer Fluktuationen schnell zunimmt. Die nematische Phase kündigt sich auf diese Art also schon im isotrop-flüssigen Zustand an. Wie Abb. 3.13 zeigt, kann der Intensitätsanstieg durch ein einfaches Potenzgesetz

$$I \sim (T - T^*)^{-1} \tag{3.39}$$

beschrieben werden. Wie man der Abbildung ebenfalls entnehmen kann, liegt die Grenztemperatur T^* einige Grade unterhalb des Umwandlungspunkts $T_{ni} = 58\ {}^\circ\mathrm{C}$.

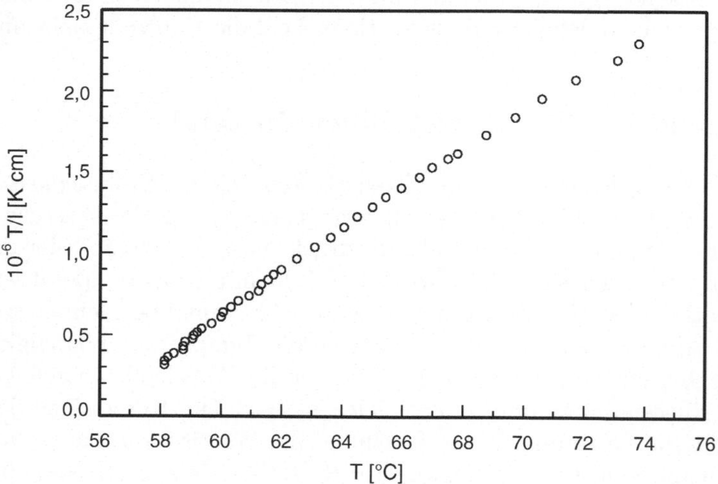

Abb. 3.13. PCH7: Anstieg der Intensität der depolarisierten Lichtstreuung bei Annäherung an die Temperatur T_{ni} des Übergangs in die nematische Phase.

3.3.1 Landau-de Gennes-Entwicklung

Wie könnte eine Landau-Entwicklung aussehen, welche den isotrop-nematischen Phasenübergang qualitativ richtig beschreibt? Die Antwort hierauf wurde von de Gennes gegeben. Für die Dichte der freien Energie als Funktion des nematischen Ordnungsparameters und der Temperatur

$$f(S_2, T)$$

ist die folgende Potenzreihenentwicklung anzusetzen

$$f - f_0 = b(T - T^*)S_2^2 - c_3 S_2^3 + c_4 S_2^4 \ . \tag{3.40}$$

Neu im Vergleich zu den Potenzreihenentwicklungen bei den Ferroelektrika und Ferromagnetika ist das Auftreten eines Terms dritter Ordnung. Er tritt hinzu, weil sich die Symmetrie geändert hat. Während bisher eine Vorzeichenumkehr im Ordnungsparameter die freie Energie invariant ließ, erzielt man bei einem nematischen Flüssigkristall hiermit eine Änderung. Anhand eines Beispiels wird dies sofort klar. $S_2 = -1/2$ entspricht einer Orientierungsverteilung, bei der sich alle Moleküle mit ihren Längsachsen senkrecht zum Direktor stellen und in dieser Ebene mit ihren Orientierungen gleichmäßig verteilt sind. Bei einem Ordnungsparameter $S_2 = +1/2$ sieht die Struktur hingegen ganz anders aus. Hier handelt es sich um eine breite Verteilung mit einem Maximum in Direktorrichtung. Es ist klar, daß unter diesen Bedingungen ein Term dritter Ordnung in die Landau-Entwicklung der freien Energie aufgenommen werden muß.

Die Konsequenzen sind in Abb. 3.14 dargestellt. Die Abbildung stellt für drei Temperaturen die Verläufe der freien Energie mit S_2 dar. Die mittlere Kurve zeigt die Situation an der Übergangstemperatur. Hier koexistieren die isotrop-flüssige und eine nematische Phase mit einem wohlbestimmten Ordnungsparameter. Bei höheren Temperaturen gibt es naturgemäß nur den

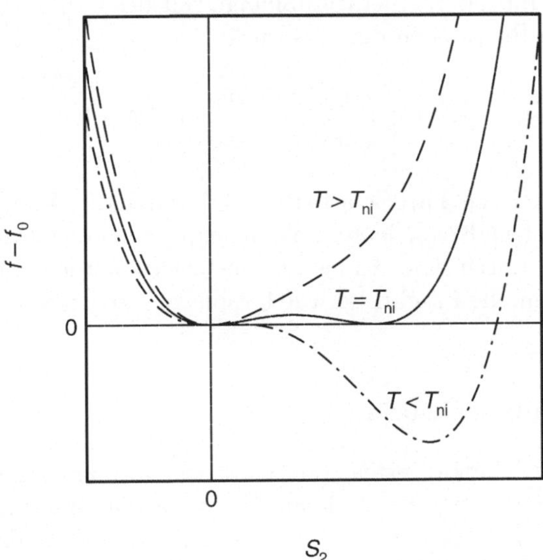

Abb. 3.14. Landau-de Gennes-Entwicklung der freien Energie eines nematischen Flüssigkristalls am Klärpunkt T_{ni}, sowie für Temperaturen in der isotropen ($T > T_{\mathrm{ni}}$) und der nematischen Phase ($T < T_{\mathrm{ni}}$).

isotropen Zustand und bei tieferen Temperaturen nur den nematischen Zustand.

Die Landau-Entwicklung Gl. (3.40) kann ausgewertet und die Lage des Übergangspunkts bestimmt werden. Für den Gleichgewichtswert von S_2 gilt

$$\frac{\mathrm{d}f}{\mathrm{d}S_2} = 0 = 2b(T - T^*)S_2 - 3c_3 S_2^2 + 4c_4 S_2^3 \ . \tag{3.41}$$

Die Koexistenzbedingung lautet

$$f(S_2 = 0) - f_0 = f(S_2 = S_2(T_{\mathrm{ni}})) - f_0 = 0 \ , \tag{3.42}$$

und dies bedeutet auch

$$0 = b(T - T^*)S_2(T_{\mathrm{ni}})^2 - c_3 S_2(T_{\mathrm{ni}})^3 + c_4 S_2(T_{\mathrm{ni}})^4 \ . \tag{3.43}$$

Kombiniert man die Gln. (3.43) und (3.41), so erhält man unmittelbar den Ordnungsparameter am Phasenübergang:

$$S_2(T_{\mathrm{ni}}) = \frac{c_3}{2c_4} \ . \tag{3.44}$$

Für die Lage der Temperatur T^* ergibt sich

$$T_{\mathrm{ni}} - T^* = \frac{c_3^2}{4bc_4} \ . \tag{3.45}$$

Schließlich folgt für die Temperaturabhängigkeit des Ordnungsparameters in der nematischen Phase noch der Ausdruck

$$S_2 = \frac{3c_3}{8c_4} + \left(\left(\frac{3c_3}{4c_4}\right)^2 - \frac{2b}{4c_4}(T - T^*)\right)^{1/2} \ . \tag{3.46}$$

Als thermodynamische Theorie arbeitet die Landausche Vorgehensweise mit phänomenologischen Koeffizienten. Wenn experimentelle Daten vorhanden sind, können sie durch eine Anpassung festgelegt werden. Man kann dann weitere experimentelle Ergebnisse, wie beispielsweise den Verlauf $S_2(T)$, vorhersagen.

3.3.2 Maier-Saupe-Theorie

Eine spezifischere Theorie vermag den Wert des Ordnungsparameters bei der Umwandlungstemperatur zu errechnen. Sie wurde von Maier und Saupe 1958 entwickelt und soll im folgenden kurz geschildert werden. In die Theorie geht die grundlegende Vorstellung der Selbststabilisierung der nematischen Phase ganz unmittelbar ein. Ausgangspunkt ist der folgende Ansatz für die Beschreibung eines auf die stäbchenförmigen Moleküle orientierend wirkenden Molekularfelds:

$$u(\vartheta) = -u_0 S_2 \frac{3\cos^2\vartheta - 1}{2} \ . \tag{3.47}$$

$u(\vartheta)$ ist ein in der nematischen Phase auftretendes Potential, welches jedes Molekül bei einer Drehung verspürt. Der Winkel $\vartheta = 0$ entspricht der Direktorrichtung. Die für das Potential gewählte Form stellt sicher, daß, wie gefordert, die Stellungen ϑ und $180°\text{-}\vartheta$ energetisch equivalent sind. Der entscheidende Schritt besteht in der Berücksichtigung des Ordnungsparameters S_2 bei der Festlegung der Stärke des Molekularfelds. Die gewählte Form beinhaltet, daß es für ein Molekül umso schwerer fällt, von der Direktorrichtung abzuweichen, je höher die Orientierungsordnung in der nematischen Phase ist. Der Ansatz enthält mit dem Koeffizienten u_0 dann noch eine Größe, welche materialabhängig ist.

Für ein gegebenes Potential kann die Orientierungsverteilungsfunktion $w(\vartheta, \varphi)$ der Moleküle mit Hilfe der Boltzmann-Statistik ausgerechnet werden. Sie ergibt sich zu

$$w(\vartheta, \varphi) = \frac{1}{\mathcal{Z}} \exp\left(\frac{u_0 S_2}{k_{\mathrm{B}} T} \cdot \frac{3\cos^2\vartheta - 1}{2} \right) \tag{3.48}$$

oder

$$w(\vartheta, \varphi) = \frac{1}{\mathcal{Z}'} \exp\left(\frac{3 u_0 S_2}{2 k_{\mathrm{B}} T} \cos^2\vartheta \right) \ . \tag{3.49}$$

Wir führen mit

$$x = \frac{3 u_0 S_2}{2 k_{\mathrm{B}} T} \tag{3.50}$$

eine neue Variable ein und bestimmen die Zustandssumme $\mathcal{Z}'$ aus

$$\frac{1}{\mathcal{Z}'} \int_{\vartheta=0}^{\pi} \int_{\varphi=0}^{2\pi} \exp(x \cos^2\vartheta) \cdot \sin\vartheta \mathrm{d}\vartheta \mathrm{d}\varphi = 1 \ . \tag{3.51}$$

Für $\mathcal{Z}'(x)$ wird so eine wohldefinierte Funktion

$$\mathcal{Z}'(x) = 2\pi \int_{\vartheta=0}^{\pi} \exp(x \cos^2\vartheta)\mathrm{d}(-\cos\vartheta) = 4\pi \int_{0}^{1} \exp(xy^2)\mathrm{d}y \tag{3.52}$$

erhalten. Kennt man die Orientierungsverteilungsfunktion, kann wieder der Ordnungsparameter berechnet werden, nämlich als

$$S_2 = \int_{\vartheta=0}^{\pi} \int_{\varphi=0}^{2\pi} w(\vartheta, \varphi) \frac{3\cos^2\vartheta - 1}{2} \sin\vartheta \mathrm{d}\vartheta \mathrm{d}\varphi \tag{3.53}$$

Die Gleichung formuliert eine Selbstkonsistenzbedingung, da S_2 nicht nur als Ergebnis auf der linken Seite steht, sondern auch schon in der Verteilungsfunktion w enthalten ist. Die Bedingung kann erfüllt werden; die Gleichung läßt sich lösen und liefert so den Wert des Ordnungsparameters. Wir schreiben

$$S_2 = -\frac{1}{2} \int\limits_{\vartheta=0}^{\pi} \int\limits_{\varphi=0}^{2\pi} w(\vartheta, \varphi)\mathrm{d}\varphi \sin\vartheta\mathrm{d}\vartheta \tag{3.54}$$

$$+ \frac{3}{2} \cdot \frac{1}{\mathcal{Z}'} \int\limits_{\vartheta=0}^{\pi} \int\limits_{\varphi=0}^{2\pi} \exp(x\cos^2\vartheta)\cos^2\vartheta\sin\vartheta\mathrm{d}\vartheta\mathrm{d}\varphi$$

$$= -\frac{1}{2} + \frac{3}{2}\frac{4\pi}{\mathcal{Z}'} \int\limits_{0}^{1} \exp(xy^2)y^2\mathrm{d}y \ . \tag{3.55}$$

Dies führt auf

$$S_2 = -\frac{1}{2} + \frac{3}{2}\frac{1}{\mathcal{Z}'}\frac{\mathrm{d}\mathcal{Z}'}{\mathrm{d}x} \ . \tag{3.56}$$

Wir nennen die rechte Seite der Gleichung $\Phi(x)$, beschreiben S_2 ebenfalls als Funktion von x und erhalten so

$$\frac{2k_\mathrm{B}T}{3u_0}x = \Phi(x) \ . \tag{3.57}$$

Wir haben auf beiden Seiten Funktionen der Variablen x stehen. Abb. 3.15 stellt die beiden Abhängigkeiten dar und weist den Weg zur Lösung. Wir haben die Gerade der linken Gleichungsseite zum Schnitt mit $\Phi(x)$ zu bringen. Für hohe Temperaturen, d. h. hohe Steigungen der Geraden gibt es als

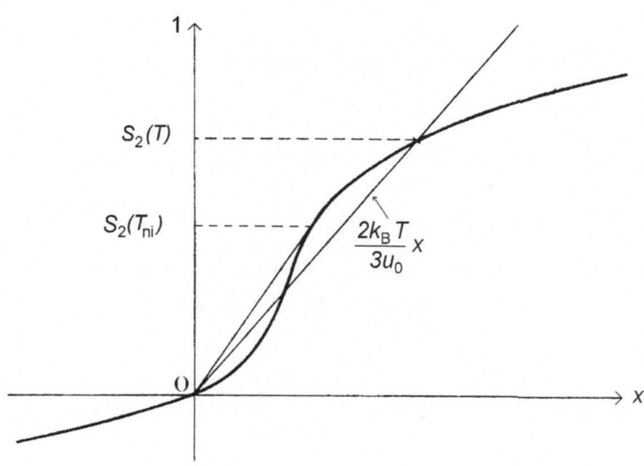

Abb. 3.15. Graphische Lösung der selbstkonsistenten Gl. (3.57) für S_2.

Schnittpunkt allein den Koordinatenursprung. Dies ändert sich bei der Temperatur T_{ni}, wo sich eine zweite Lösung einstellt. Wie man sieht, ist die Lösung mit einem ganz bestimmten Wert des Ordnungsparameters verknüpft. Er beträgt $S_2 = 0.44$, und dies stimmt tatsächlich gut mit experimentellen Beobachtungen überein. Die Maier-Saupe-Theorie liefert dann auch noch den temperaturabhängigen Verlauf des Ordnungsparameters in der nematischen Phase. Die Grafik enthält eine Gerade, die diesem Bereich entspricht. Wie eine Prüfung ergibt, repräsentiert der höchstgelegene Schnittpunkt das Gleichgewicht.

3.4 Phasentrennung in binären Polymer-Schmelzen

Bei der Erörterung der Eigenschaften polymerer Materialien hatten wir bisher nur einkomponentige Systeme behandelt. Tatsächlich gilt ein großer Teil insbesonders der anwendungsorientierten Forschung den Eigenschaften von Mischungen aus verschiedenen Polymeren. Grund hierfür ist die Beobachtung, daß Mischungen häufig bessere mechanische Eigenschaften besitzen als die reinen Substanzen. Häufig gelingt es auf diese Art und Weise, die Sprödigkeit von Materialien herabzusetzen und so den Widerstand gegen Bruch zu erhöhen. Wichtig für den gezielten Umgang mit Polymermischungen ist ein gutes Grundverständnis des Mischungsverhaltens. Man möchte wissen, ob

- zwei gegebene Polymere mischbar oder nicht mischbar sind und, ob sich das vorhersagen läßt,
- wie im entmischten Zustand die beiden Teilphasen zusammengesetzt sind, oder
- wie sich der Übergang einer homogenen Schmelze in eine zweiphasige Struktur vollzieht und welche Morphologie dann im zweiphasigen Zustand anzutreffen ist.

Zunächst mag es überraschend erscheinen, daß dieser Fragenkomplex in einem Kapitel, welches kritische Übergänge und Molekularfelder behandelt, diskutiert werden soll. Die folgenden Beobachtungen können dies aber erklären.

3.4.1 Binodale und kritische Konzentration

Abb. 3.16 zeigt Phasendiagramme verschiedener Mischungen aus Polystyrol und Polybutadien, die sich im Molekulargewicht der beiden Partner unterscheiden. Die Variablen im Diagramm sind die Zusammensetzung der Mischung, beschrieben durch den Volumenanteil ϕ des Polystyrols, und die Temperatur; der Druck entspricht Normalbedingungen. Im angezeigten Temperaturbereich sind beide Partner im reinen Zustand flüssig. Dem Phasendiagramm kann entnommen werden, ob bei einer gewählten Einwaage von Polystyrol und Polybutadien bei einer Temperatur T eine homogene Schmelze

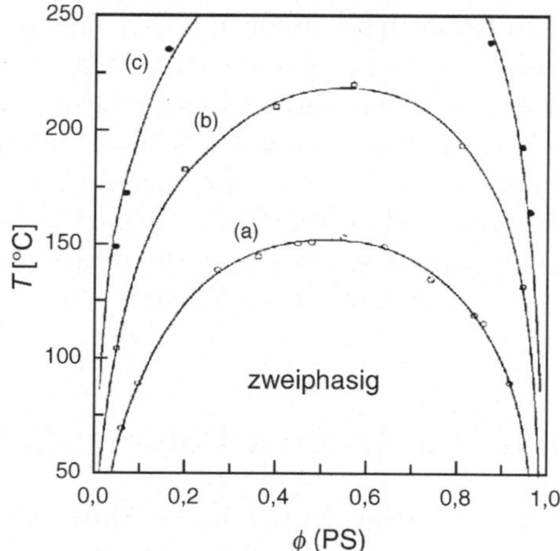

Abb. 3.16. Phasendiagramme von Polystyrol-Polybutadien-Mischungen unterschiedlichen Molekulargewichts M_w. (a) M_w(PS) = 2250, M_w(PB) = 2350; (b) M_w(PS) = 3500, M_w(PB) = 2350; (c) M_w(PS) = 5200, M_w(PB) = 2350 (von Roe and Zin [24]).

vorliegt oder die Flüssigkeit in zwei Phasen aufspaltet. Bei allen drei Mischungen findet man bei hohen Temperaturen Homogenität und beim Abkühlen dann einen Übergang in eine zweiphasige Struktur. Die Linie, an welcher der Übergang erfolgt und welche die beiden Bereiche im Phasendiagramm trennt, wird **Binodale** genannt.

Abb. 3.17 zeigt in einer Schemazeichnung eine solche Binodale und erläutert näher, welche Strukturänderungen sich beim Übergang vom homogenen

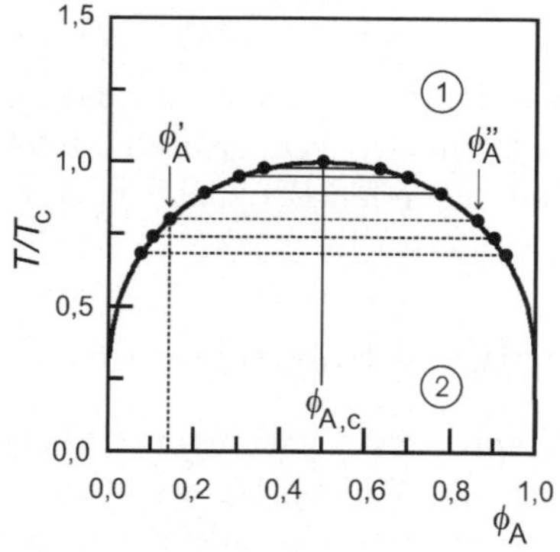

Abb. 3.17. Binodale mit einem einphasigen Bereich bei hohen und einem zweiphasigen Bereich bei tiefen Temperaturen (schematisch). Kontinuierlich verlaufende Phasentrennung am kritischen Punkt und diskontinuierlicher Übergang in den zweiphasigen Zustand im allgemeinen Fall (*strichliert*).

in das zweiphasige Gebiet vollziehen. Grundsätzlich ist der Binodalen zu entnehmen, welche Zusammensetzung die beiden Phasen besitzen, die sich bei einer bestimmten Temperatur als Gleichgewichtsphasen einstellen. Beide sind Mischphasen mit unterschiedlichen Anteilen, ϕ'_A und ϕ''_A, der A-Komponente. Beginnt man mit einer homogenen Schmelze mit einem Volumanteil ϕ_A, entsprechend der vertikalen strichlierten Linie, entsteht beim Abkühlen beim Überschreiten der Binodalen zunächst eine zweite Phase mit der durch die horizontale Linie am Übergangspunkt festgelegten Zusammensetzung ϕ''_A. Setzt man die Abkühlung fort und entfernt sich von der Binodalen, ändert sich die Zusammensetzung beider Phasen, beispielsweise so, wie es die beiden weiteren in der Abbildung enthaltenen horizontalen, strichlierten Linien anzeigen. Die Volumanteile ϕ_1 und $\phi_2 = 1 - \phi_1$ der beiden koexistierenden Mischphasen folgen bei jeder Temperatur aus der Forderung der Erhaltung der Gesamtmasse der beiden Einzelkomponenten. So gilt für das Polymer A

$$\phi_A = \phi_1 \cdot \phi'_A + (1 - \phi_1)\phi''_A \ . \tag{3.58}$$

Der Volumanteil der A-reichen Phase, ϕ_1, ergibt sich damit zu

$$\phi_1(T) = \frac{\phi''_A(T) - \phi_A}{\phi''_A(T) - \phi'_A(T)} \ , \tag{3.59}$$

der Volumanteil der B-reichen Phase entsprechend als

$$\phi_2(T) = 1 - \phi_1(T) = \frac{\phi_A - \phi'_A(T)}{\phi''_A(T) - \phi'_A(T)} \ . \tag{3.60}$$

Im geschilderten Fall setzt die Phasenseparation zwar kontinuierlich ein, insofern, als der Volumanteil ϕ_2 der B-reichen Phase beim Überschreiten der Binodalen bei Null beginnt, doch ist die Zusammensetzung der neu entstehenden Phase von vornherein vom Ausgangszustand verschieden. Es gibt eine ganz bestimmte Zusammensetzung der Schmelze, bei der dies nicht der Fall ist und die Phasenseparation vollständig kontinuierlich abläuft. Dies geschieht dann, wenn man für die Komponente A die **kritische Konzentration** $\phi_{A,c}$ wählt, bei der die Binodale eine horizontale Tangente besitzt, im Falle der Abb. 3.17 also $\phi_A = 0,5$. Die Phasenseparation setzt dann bei der zugeordneten kritischen Temperatur T_c ein, und zwar mit

$$\phi'_A = \phi''_A = \phi_{A,c} \ .$$

Unterschiedlich wird die Zusammensetzung der beiden Teilphasen erst bei einem weiteren Abkühlen, und auch dies geschieht auf kontinuierliche Art und Weise. Dies alles sind aber nun wieder genau die Charakteristika eines kritischen Übergangs, und ein solcher liegt hier vor.

Bei jedem kritischen Übergang hat man nach dem zugehörigen Ordnungsparameter zu fragen. Die Wahl ist leicht zu treffen: Der Unterschied $\phi''_A - \phi'_A$ eignet sich dafür, die Rolle des Ordnungsparameters zu übernehmen. Er zeigt das typische Temperaturverhalten, mit einem kontinuierlichen Einsatz bei Null beginnend, und er beschreibt auch die Zunahme der Ordnung, da er bei einer vollständigen Auftrennung in die beiden Einzelkomponenten den Wert Eins erreicht.

Bei der Polymermischung von Abb. 3.16 erfolgt die Phasenseparation beim Abkühlen. Man findet auch den umgekehrten Fall einer Phasenseparation beim Aufheizen. Abb. 3.18 gibt hierfür ein Beispiel,anhand einer Mischung aus Polystyrol und Poly(vinylmethylether). Die beiden Polymere sind bei Temperaturen unter 100 °C vollständig mischbar. Beim Aufheizen erfolgt dann eine Aufspaltung in zwei Phasen, so wie es die Binodale in der Abbildung darstellt. Bei der Mischung von Abb. 3.16 liegt der kritische Volumenanteil von Polystyrol nahe bei 0,5, jetzt, in Abb. 3.18, liegt er weg von der Mitte, bei 0,3.

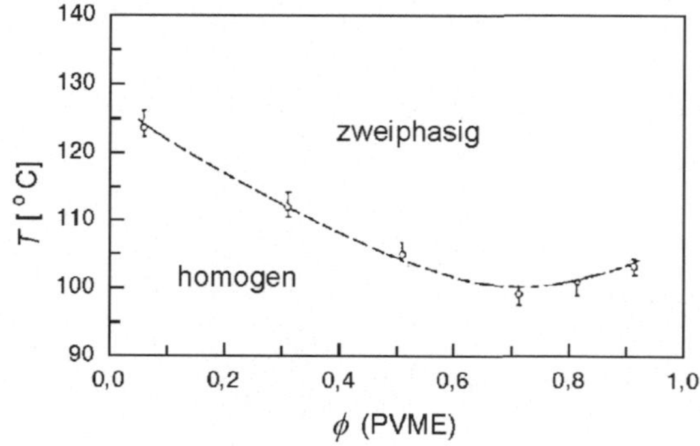

Abb. 3.18. Phasendiagramm einer Polystyrol-Poly(vinylmethylether)-Mischung ($M_\mathrm{w}(\mathrm{PS}) = 2 \cdot 10^5$, $M_\mathrm{w}(\mathrm{PVME}) = 4.7 \cdot 10^4$) (von Hashimoto u. a. [25]).

Es ist ein typisches Merkmal kritischer Übergänge, daß sich die Phasenumwandlung in der unstrukturierten Phase durch ansteigende Fluktuationen ankündigt. Bei Polymermischungen ist dieser Effekt besonders gut zu sehen. Wählt man die kritische Zusammensetzung, beobachtet man bei der Annäherung an T_c in Streuexperimenten einen starken Intensitätsanstieg aufgrund wachsender Konzentrationsfluktuationen. Abb. 3.19 gibt Ergebnisse von Neutronenstreuexperimenten wieder, die für eine Polystyrol-Poly(vinylmethylether)-Mischung kritischer Zusammensetzung durchgeführt wurden. Auf der linken Seite ist der Reziprokwert der Streuintensität gegen das Quadrat des Streuvektors aufgetragen. Wie man sieht, nimmt die Streuintensität mit wachsender Temperatur zu. Die Zeichnung rechts gibt die Temperaturabhängigkeit des reziproken Werts der Streuintensität in Vorwärtsrichtung $S(0)^{-1}$ in Abhängigkeit von der Temperatur wieder. Hier sieht man eine Divergenz der Intensität, und die zugehörige Temperatur entspricht T_c. Wie festzustellen ist, läßt sich die Streuintensität als Funktion von q und T als

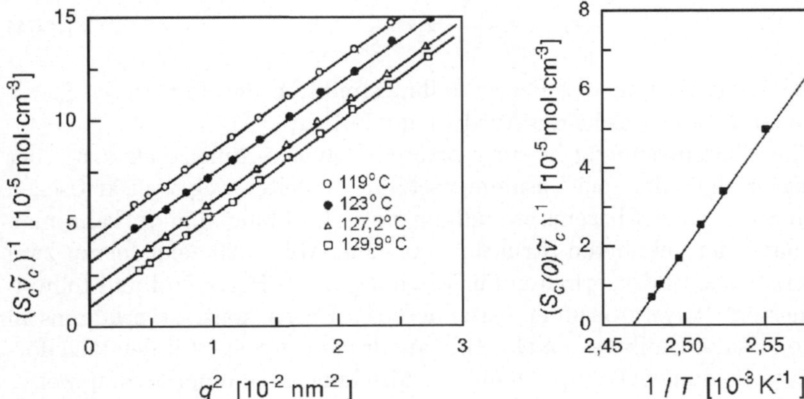

Abb. 3.19. Ergebnis von Neutronenstreuexperimenten an einer Mischung aus (deuteriertem) Polystyrol ($M_\mathrm{w} = 3{,}8 \cdot 10^5$) und Poly(vinylmethylether) ($M_\mathrm{w} = 6{,}4 \cdot 10^4$) mit kritischer Zusammensetzung. S_c bezeichnet die Streufunktion bezogen auf Struktureinheiten mit dem molaren Volumen $\tilde{v}_\mathrm{c}$. Auftragung entprechend Gl. (3.61). Die lineare Extrapolation von $S(q \to 0)^{-1}$ zum Wert Null liefert die kritische Temperatur (*rechts*) (von Schwahn u. a. [26]).

$$S_\mathrm{c} \sim \frac{1}{|\,T - T_\mathrm{c}\,|} \cdot \frac{1}{1 + \xi_\phi^2 q^2} \tag{3.61}$$

beschreiben, mit

$$\xi_\phi \sim \frac{1}{|\,T - T_\mathrm{c}\,|^{1/2}} \cdot \tag{3.62}$$

Die Größe ξ_ϕ, welche wie die Streuintensität $S(0)$ bei Annäherung an T_c divergiert, gibt dabei die Distanz wieder, über welche die Korrelationsfluktuationen miteinander korreliert sind, also den Durchmesser der Bereiche, in denen sich kurzzeitig eine Entmischung der Schmelze einstellt. Daß ξ_ϕ diese Bedeutung besitzt, ist leicht zu erkennen. Wie im Abschnitt 1.5.2 erläutert wurde, steht die Streufunktion allgemein in einem Fourier-Zusammenhang mit der Paarverteilungsfunktion. Im Falle einer Polymermischung gibt die Paarverteilungsfunktion an, mit welcher Wahrscheinlichkeit man in einem Abstand r von einer Monomereinheit eine gleichartige Einheit findet. Die Paarverteilungsfunktion vermag deshalb von ihrer Ausdehnung im Raum her Angaben über die Ausdehnung von Entmischungsbereichen zu machen. Wendet man den allgemeinen Fourier-Zusammenhang

$$g_2(\boldsymbol{r}) \sim \int \exp(\mathrm{i}\boldsymbol{q}\boldsymbol{r}) S_\mathrm{c}(\boldsymbol{q})\mathrm{d}^3\boldsymbol{q} \tag{3.63}$$

auf die Streufunktion Gl. (3.61) an, erhält man, wie die direkte Berechnung zeigt, als Ergebnis

$$g_2(\boldsymbol{r}) \sim \frac{1}{r}\exp-\frac{r}{\xi_\phi} \ . \tag{3.64}$$

Wie man sieht, tritt in der Paarverteilungsfunktion der Parameter ξ_ϕ als diejenige Größe auf, welche die Ausdehnung festlegt.

Ob die Phasentrennung in einer binären Polymerschmelze als kritischer Übergang erfolgt oder, bei Zusammensetzungen weiter weg vom kritischen Wert, im Sinne einer Phasenumwandlung erster Ordnung abläuft, kann man auch anhand der gebildeten Struktur erkennen. Abb. 3.20 zeigt hierzu zwei charakteristische Bilder, erhalten für Mischungen aus Polystyrol und teilweise bromiertem Polystyrol unter Nutzung eines Phasenkontrastverfahrens in einem Polarisationsmikroskop. Das Bild auf der linken Seite mit den kugelförmigen Ausscheidungen ist typisch für eine Mischungszusammensetzung weiter weg vom kritischen Wert, das Bild auf der rechten Seite, welches zwei einander durchdringende kontinuierliche Phasen zeigt, entsteht bei kritischen oder fast kritischen Übergängen. Die unterschiedlichen Bildungskinetiken werden später noch erläutert werden. Hier sei zunächst nur gesagt, daß die kugelförmigen Ausscheidungen durch einen Prozeß der Keimbildung mit anschließendem Wachstum entstehen und die Struktur auf der rechten Seite typisch für eine **spinodale Entmischung** ist. Die Keimbildung benötigt einen Aktivierungsschritt, die spinodale Entmischung läuft ohne einen solchen spontan ab.

3.4.2 Flory-Huggins-Theorie

Flory und Huggins haben eine thermodynamische Theorie entwickelt, welche die Mischungseigenschaften eines Paares von Polymeren in der flüssigen

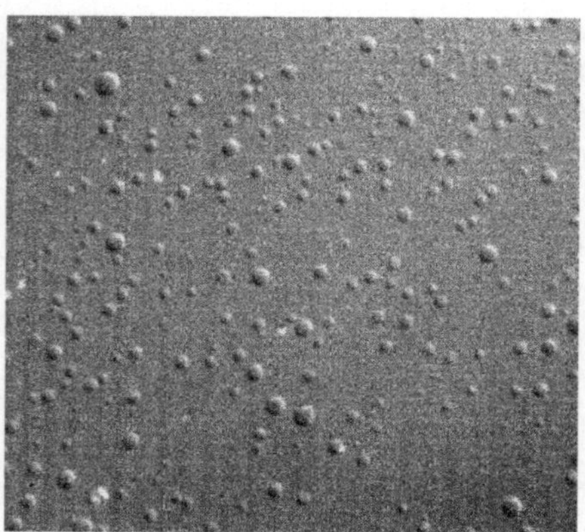

Abb. 3.20. Strukturbildung während der Phasentrennung in zwei Mischungen aus Polystyrol und teil-bromiertem Polystyrol. *links*: Keimbildung mit anschließendem Wachsen von kugelförmigen Bereichen ($\phi(\mathrm{PS}) = 0,8$); *rechts*: spinodale Entmischung ($\phi(\mathrm{PS}) = 0,5$) [27].

Phase erfaßt. Die Theorie vermittelt das Grundverständnis für das Auftreten verschiedener Arten von Phasendiagrammen und behandelt insbesonders auch den Einfluß der Molekulargewichte der Mischungspartner.

Bei der Diskussion der Mischbarkeit zweier Komponenten hat man bei Polymeren wie in Mischungen aus niedermolekularen Substanzen nach der Änderung der freien Enthalpie beim Mischprozeß zu fragen. Abb. 3.21 stellt die Situation in einem Schema dar und führt dabei die relevanten thermodynamischen Variablen ein. In der Ausgangssituation finden wir $\tilde{n}_A$ Mole des Polymers A in einem Volumen $\mathcal{V}_A$ und $\tilde{n}_B$ Mole des Polymers B in einem Volumen $\mathcal{V}_B$. Die Mischung der beiden Komponenten soll durch das Entfernen der Trennwand zwischen den beiden Teilvolumina ermöglicht werden, so daß sich beide Polymere in das gesamte Volumen der Größe $\mathcal{V} = \mathcal{V}_A + \mathcal{V}_B$ hinein ausdehnen können. Will man herausfinden, ob eine solche Vermischung stattfindet, hat man die Änderung in der freien Enthalpie zu betrachten. Diese Änderung, genannt **freie Mischungsenthalpie** und mit $\Delta\mathcal{G}_{\mathrm{mix}}$ bezeichnet, ergibt sich als

$$\Delta\mathcal{G}_{\mathrm{mix}} = \mathcal{G}_{AB} - (\mathcal{G}_A + \mathcal{G}_B) \ . \tag{3.65}$$

Dabei bezeichnen $\mathcal{G}_A, \mathcal{G}_B$ und $\mathcal{G}_{AB}$ die freien Enthalpien der reinen Komponenten A und B im Ausgangszustand und die freie Enthalpie der homogenen Mischung.

Die Flory-Huggins-Theorie beschreibt $\Delta\mathcal{G}_{\mathrm{mix}}$ als Summe von zwei Beiträgen:

$$\Delta\mathcal{G}_{\mathrm{mix}} = -T\Delta\mathcal{S}_t + \Delta\mathcal{G}_{\mathrm{loc}} \ . \tag{3.66}$$

Sie stellen die beiden Aspekte des Mischungsprozesses dar. Erstens führt ein Mischen immer zu einer Zunahme der mit der Bewegung der Molekülschwerpunkte verknüpften Entropie, und zweitens ändern sich im allgemeinen mit den Umgebungen auch die zwischenmolekularen Wechselwirkungen zwischen den Monomeren. $\Delta\mathcal{G}_{\mathrm{loc}}$ repräsentiert den zweiten Teil, und $\Delta\mathcal{S}_t$ ist die Zunahme der Translationsentropie. $\Delta\mathcal{S}_t$ und die daraus resultierende Abnahme $-T\Delta\mathcal{S}_t$ der freien Enthalpie ist immer förderlich für eine Vermischung. Auf der anderen Seite kann $\Delta\mathcal{G}_{\mathrm{loc}}$ auch gegen eine Mischung wirken, dann, wenn sich die mittlere Wechselwirkungsenergie zwischen den Monomeren bei der Vermischung erhöht. Tatsächlich kann man zeigen, daß bei van-der-Waals-

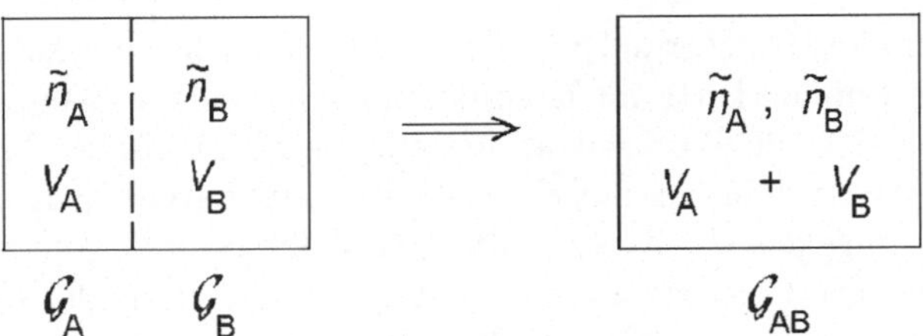

Abb. 3.21. Variable für die Beschreibung der Mischung von zwei Polymeren A und B.

Wechselwirkungen, und sie dominieren in Polymersystemen, Anziehungskräfte zwischen gleichen Monomeren immer stärker sind als diejenigen zwischen ungleichen Monomeren. Als freie Energie kann $\Delta\mathcal{G}_{\mathrm{loc}} > 0$ auch Änderungen in der lokalen Entropie als Folge von Änderungen in der Kettenpackung enthalten und dann durchaus auch so wirken, daß die Mischbarkeit gefördert wird.

Allein mit der Aufteilung von $\Delta\mathcal{G}_{\mathrm{mix}}$ in die beiden Anteile ist noch nicht viel gewonnen. Um Phasendiagramme ausrechnen zu können, benötigt man explizite Ausdrücke für $\Delta\mathcal{S}_{\mathrm{t}}$ und $\Delta\mathcal{G}_{\mathrm{loc}}$, so daß die Summe der beiden Beiträge errechnet werden kann. Die Flory-Huggins-Theorie liefert solche Ausdrücke mit den folgenden Formen:

1. Die Zunahme der Translationsentropie wird als

$$\frac{\Delta\mathcal{S}_{\mathrm{t}}}{\tilde{R}} = \tilde{n}_{\mathrm{A}} \ln \frac{\mathcal{V}}{\mathcal{V}_{\mathrm{A}}} + \tilde{n}_{\mathrm{B}} \ln \frac{\mathcal{V}}{\mathcal{V}_{\mathrm{B}}} \tag{3.67}$$

beschrieben. Führt man die Volumanteile ϕ_{A} und ϕ_{B} der beiden Komponenten als

$$\phi_A = \frac{\mathcal{V}_A}{\mathcal{V}} \quad \text{und} \quad \phi_B = \frac{\mathcal{V}_B}{\mathcal{V}} \tag{3.68}$$

ein, kann man

$$\frac{\Delta\mathcal{S}_{\mathrm{t}}}{\tilde{R}} = -\tilde{n}_{\mathrm{A}} \ln \phi_{\mathrm{A}} - \tilde{n}_{\mathrm{B}} \ln \phi_{\mathrm{B}} \tag{3.69}$$

schreiben.

2. Zur Beschreibung der Änderung in den lokalen Wechselwirkungen dient der Ausdruck

$$\Delta\mathcal{G}_{\mathrm{loc}} = \tilde{R}T \frac{\mathcal{V}}{\tilde{v}_{\mathrm{c}}} \chi_{\mathrm{F}} \phi_{\mathrm{A}} \phi_{\mathrm{B}} \quad . \tag{3.70}$$

Er enthält zwei Parameter. $\tilde{v}_{\mathrm{c}}$ bezeichnet das Volumen einer Grundeinheit, die für beide Polymeren als gemeinsame Struktureinheit gewählt wird. Im allgemeinen wählt man hierfür das Volumen der Monomereinheit einer der beiden Partner. Die entscheidende Größe ist der **Flory-Huggins-Parameter** χ_{F}. Er ist dimensionslos und gibt in Einheiten $\tilde{R}T$ an, um wieviel sich die lokale freie Energie einer Bezugseinheit beim Übergang in eine Mischung ändern würde.

Der physikalische Hintergrund von Gl. (3.70) ist leicht zu erkennen. Da sich jede einzelne Polymerkette im Kontakt mit einer sehr großen Zahl anderer befindet, läßt sich die Wechselwirkungsenergie als statischer Mittelwert errechnen. Polymere A bilden mit einer Wahrscheinlichkeit ϕ_{B} Kontakte zu B-Ketten, und umgekehrt B-Ketten mit einer Wahrscheinlichkeit ϕ_{A} Kontakte mit A-Ketten. Die Gesamtzahl der Kontakte zwischen ungleichen Monomeren wird somit proportional zum Produkt $\phi_{\mathrm{A}}\phi_{\mathrm{B}}$. Jeder derartige Kontakt führt zu einer Energieerhöhung $\chi_{\mathrm{F}}\tilde{R}T$ pro Mol Bezugseinheiten, und $\Delta\mathcal{G}_{\mathrm{loc}}$

folgt durch eine Multiplikation mit der molaren Zahl der Bezugseinheiten in der Probe, $\mathcal{V}/\tilde{v}_c$.

Der Ausdruck, welcher die Zunahme der Translationsentropie bei der Mischung beschreibt, entspricht den Standardgleichungen, die man auch bei der Mischung idealer Gase verwendet. In beiden Fällen beruht der Entropiegewinn darauf, daß sich das Volumen, in dem sich die Molekülschwerpunkte aufhalten, bei der Mischung um den Faktor $\mathcal{V}/\mathcal{V}_A$, bzw. $\mathcal{V}/\mathcal{V}_B$ vergrößert.

Unter Verwendung der Ausdrücke (3.69) und (3.70) erhält man für die freie Mischungsenthalpie

$$\Delta \mathcal{G}_{\mathrm{mix}} = \tilde{R}T\mathcal{V}\left(\frac{\phi_A}{\tilde{v}_A}\ln\phi_A + \frac{\phi_B}{\tilde{v}_B}\ln\phi_B + \frac{\chi_F}{\tilde{v}_c}\phi_A\phi_B\right) \tag{3.71}$$

$$= \tilde{R}T\tilde{n}_c\left(\frac{\phi_A}{N_A}\ln\phi_A + \frac{\phi_B}{N_B}\ln\phi_B + \chi_F\phi_A\phi_B\right) \quad . \tag{3.72}$$

Dabei haben wir die molaren Volumen der beiden Polymere, $\tilde{v}_A$ und $\tilde{v}_B$, über

$$\tilde{n}_A = \mathcal{V}\frac{\phi_A}{\tilde{v}_A} \quad \text{und} \quad \tilde{n}_B = \mathcal{V}\frac{\phi_B}{\tilde{v}_B} \tag{3.73}$$

eingeführt und in der zweiten Gleichung die molare Anzahl der Grundeinheiten, welche durch

$$\tilde{n}_c = \frac{\mathcal{V}}{\tilde{v}_c} \tag{3.74}$$

gegeben sind, verwendet. Die Größen N_A und N_B geben die Molekulargewichte der beiden Partner wieder, ausgedrückt in der gemeinsamen Grundeinheit mit Volumen $\tilde{v}_c$:

$$N_A = \frac{\tilde{v}_A}{\tilde{v}_c} \quad \text{und} \quad N_B = \frac{\tilde{v}_B}{\tilde{v}_c} \quad . \tag{3.75}$$

Auf der Grundlage der Flory-Huggins-Gleichung läßt sich die Frage der Mischbarkeit eines Paares von Polymeren auf durchsichtige Art und Weise erörtern. Aus Gründen der Einfachheit wollen wir hier eine „symmetrische" Polymermischung betrachten, in der beide Komponenten denselben Polymerisationsgrad besitzen:

$$N_A = N_B = N \quad . \tag{3.76}$$

Mit

$$\frac{\tilde{n}_c}{N} = \tilde{n}_A + \tilde{n}_B \tag{3.77}$$

geht die Flory-Huggins-Gleichung dann in

$$\Delta \mathcal{G}_{\mathrm{mix}} = \tilde{R}T(\tilde{n}_A + \tilde{n}_B)(\phi_A\ln\phi_A + \phi_B\ln\phi_B + N\chi_F\phi_A\phi_B) \tag{3.78}$$

über. Wie man sieht, enthält die Gleichung nur einen einzigen relevanten Parameter, nämlich das Produkt $N\chi_F$. Abb. 3.22 gibt Abhängigkeiten von

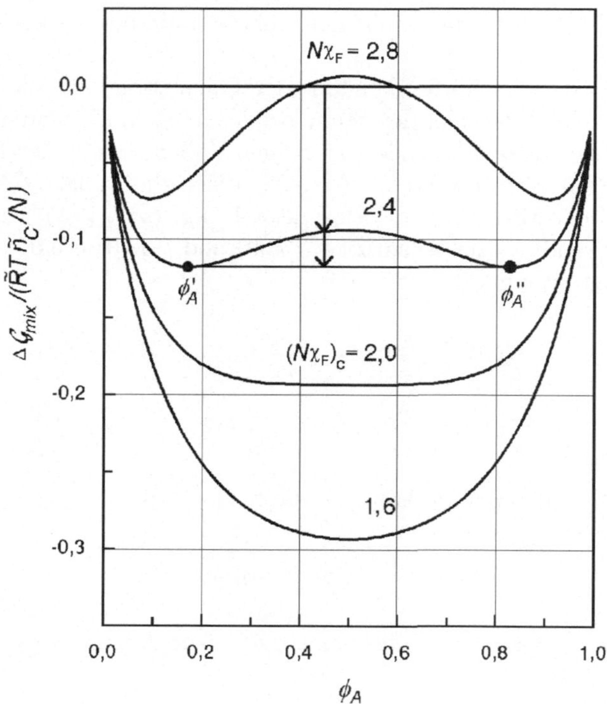

Abb. 3.22. Freie Mischungsenthalpie einer binären Polymerschmelze ($N_A = N_B = N$), errechnet auf der Grundlage der Flory-Huggins-Theorie.

$\Delta\mathcal{G}_{mix}$ als Funktion von ϕ_A wieder, wie sie für verschiedene Werte von $N\chi_F$ folgen. Für $N\chi_F = 1,6$ und ebenso auch für kleinere und negative Werte des Parameters findet man für alle Zusammensetzungen ϕ_A einen negativen Wert von $\Delta\mathcal{G}_{mix}$, wobei das Minimum bei $\phi_A = 0,5$ liegt. Dies bedeutet aber, daß wir hier generell Mischbarkeit antreffen. Steigt $N\chi_F$ zu größeren Werten an, stellen sich Änderungen ein. Die Kurve ändert ihre Form, und für Werte des Parameters $N\chi_F$ oberhalb eines kritischen Werts,

$$(N\chi_F) > (N\chi_F)_c \ ,$$

tritt bei $\phi_A = 0,5$ jetzt nicht mehr ein Minimum, sondern ein Maximum auf. Diese Änderung erzeugt eine qualitativ neue Situation. Selbst wenn $\Delta\mathcal{G}_{mix}$ durchweg negativ bleibt, bedeutet dies nicht, daß sich immer eine homogene Mischung bildet. Betrachten wir als Beispiel die Kurve zu $N\chi_F = 2,4$ für eine Mischung mit $\phi_A = 0,45$. In der Abbildung sind hier zwei Pfeile eingetragen. Der erste Pfeil besagt, daß bei einer homogenen Vermischung von A und B, ausgehend vom getrennten Zustand, eine Abnahme in der freien Enthalpie erzielt würde. Wie der zweite Pfeil zeigt, besteht jedoch die Möglichkeit einer weiteren Abnahme, die sich dann einstellt, wenn sich eine Zweiphasen-Struktur ausbildet, die aus zwei gemischten Phasen mit den Zusammensetzungen ϕ'_A und ϕ''_A zusammengesetzt ist. Die spezielle Eigenschaft der Kurve, welche hierzu führt, ist das Vorliegen von zwei Minima bei eben diesen beiden Zusammensetzungen.

Der kritische Wert $(N\chi_F)_c$, welcher den Bereich durchgängiger Mischbarkeit von demjenigen Bereich trennt, in welchem sich zweiphasige Strukturen einstellen können, läßt sich berechnen. Genau für diesen Wert verschwindet bei $\phi_A = 0,5$ die Krümmung:

$$\frac{\partial^2 \Delta\mathcal{G}_{\mathrm{mix}}(\phi_A = 0,5)}{\partial \phi_A^2} = 0 \ . \tag{3.79}$$

Da die erste Ableitung von $\Delta\mathcal{G}_{\mathrm{mix}}$ durch

$$\frac{1}{(\tilde{n}_A + \tilde{n}_B)\tilde{R}T} \frac{\partial \Delta\mathcal{G}_{\mathrm{mix}}}{\partial \phi_A} = \ln\phi_A + 1 - \ln(1 - \phi_A) - 1 + N\chi_F(1 - 2\phi_A) \ , \tag{3.80}$$

und die zweite Ableitung durch

$$\frac{1}{(\tilde{n}_A + \tilde{n}_B)\tilde{R}T} \frac{\partial^2 \Delta\mathcal{G}_{\mathrm{mix}}}{\partial \phi_A^2} = \frac{1}{\phi_A} + \frac{1}{1 - \phi_A} - 2N\chi_F \tag{3.81}$$

gegeben ist, ergibt sich der kritische Wert als

$$(N\chi_F)_c = 2 \ . \tag{3.82}$$

Man erkennt beim Vergleich der Kurven in Abb. 3.22 mit denjenigen von Abb. 3.5, welche den kritischen Übergang in Ferroelektrika thermodynamisch begründen, unmittelbar der Analogie im Verhalten. In beiden Fällen bilden sich in der strukturierten Phase zwei Minima im Verlauf der freien Energie bzw. freien Enthalpie aus. Ihre Lage bestimmt in beiden Fällen den Ordnungsparameter, der sich, an der kritischen Temperatur bei Null beginnend, beim Eintreten in die strukturierte Phase dann kontinuierlich erhöht.

Aus den Kurven kann das Phasendiagramm abgeleitet werden. Bei Verwendung der Parameter $N\chi_F$ und ϕ_A erhält man es als ein universelles Ergebnis, anwendbar für alle symmetrischen Polymermischungen. Die Binodale, welche den homogenen Zustand von zweiphasigen Strukturen trennt, wird durch die Werte der Zusammensetzungen ϕ'_A und ϕ''_A der Gleichgewichtsphasen als Funktion von $N\chi_F$ festgelegt. ϕ'_A und ϕ''_A folgen aus der Minimalbedingung

$$\frac{\partial \Delta\mathcal{G}_{\mathrm{mix}}}{\partial \phi_A} = 0 \ . \tag{3.83}$$

Die Lösung ist Gl. (3.80) zu entnehmen und liefert den folgenden analytischen Ausdruck für die Binodale:

$$N\chi_F = \frac{1}{1 - 2\phi_A} \cdot \ln\frac{1 - \phi_A}{\phi_A} \ . \tag{3.84}$$

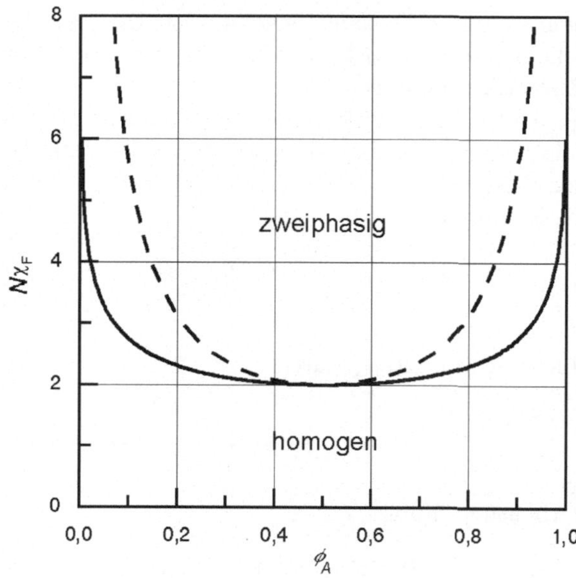

Abb. 3.23. χ_F, ϕ_A-Phasendiagramm einer symmetrischen Polymermischung $(N_A = N_B = N)$. Zusätzlich zur Binodalen ist auch die Spinodale eingezeichnet (*strichliert*).

Der Verlauf ist in Abb. 3.23 dargestellt und zeigt noch einmal, daß der kritische Punkt bei $\phi_A = 0,5$ und $N\chi_F = 2$ liegt.

Phasendiagramme bestimmter Polymermischungen werden immer, so wie in den Beispielen Abb. 3.16 und 3.18, für ϕ_A und T als Variable angegeben. Sie lassen sich aus dem universellen $(N\chi_F, \phi_A)$-Phasendiagramm ableiten, wenn die Temperaturabhängigkeit von χ_F bekannt ist und eingesetzt wird. Die Abhängigkeit $\chi_F(T)$ bestimmt somit die Erscheinungsform; unterschiedliche Temperaturabhängigkeiten führen zu unterschiedlichen Typen von (ϕ_A, T)-Phasendiagrammen. Bei vielen Polymermischungen kann davon ausgegangen werden, daß die Kontaktenergie zwischen ungleichen Monomeren, gegeben als $\tilde{R}T\chi_F$, positiv ist und innerhalb eines interessierenden Temperaturbereichs weitgehend unverändert bleibt. In diesen Systemen ändert sich χ_F mit der Temperatur als

$$\chi_F \sim \frac{1}{T} \ .$$

Man sieht sofort, welches Mischungsverhalten sich hieraus ergibt. Wenn das Molekulargewicht der beiden Komponenten nicht allzu hoch ist, kann man bei hohen Temperaturen eine homogene Schmelze finden. Der Zuwachs von χ_F mit abnehmender Temperatur führt dann zur Phasenseparation. Bei einer symmetrischen Mischung aus zwei Polymeren mit gleichem Molekulargewicht setzt sie bei der kritischen Zusammensetzung 1:1 dann ein, wenn der kritische

Wert $\chi_\mathrm{F} = 2/N$ erreicht wird. Da dies bei der kritischen Temperatur T_c geschieht, können wir

$$\chi_\mathrm{F} = \frac{2}{N} \cdot \frac{T_\mathrm{c}}{T} \tag{3.85}$$

ansetzen. Das Phasendiagramm, was sich hieraus ergibt, ist dasjenige, welches in Abb. 3.17 gezeigt ist. Die Kombination von Gl. (3.85) mit Gl. (3.84) gibt uns die Form dieser Binodalen als

$$\frac{T}{T_\mathrm{c}} = \frac{2(1 - 2\phi_\mathrm{A})}{\ln\left((1 - \phi_\mathrm{A})/\phi_\mathrm{A}\right)} \ . \tag{3.86}$$

Das in Abb. 3.16 dargestellte System entspricht in etwa diesem Fall. Das andersartige Phasendiagramm von Abb. 3.18 zeigt, daß beim System PS-PVME eine andere Temperaturabhängigkeit anzutreffen ist. Offensichtlich nimmt hier bei tieferen Temperaturen der Flory-Huggins-Parameter zunächst negative Werte an, die sich beim Aufheizen dann aber zunächst auf den Null-punkt zu und dann in den positiven Bereich hinein bewegen. Phasensepara-tion setzt auch hier wieder am kritischen Punkt ein, d. h. dann, wenn

$$N\chi_\mathrm{F}(T_\mathrm{c}) = 2$$

gilt. Das besondere Verhalten dieser Mischung ergibt sich aus der Wirkung zweier konkurrierender Faktoren. Wie schon erwähnt, sind im Flory-Huggins-Parameter sowohl die Kontaktwechselwirkung zwischen benachbarten Mono-meren, als auch lokale Entropieeffekte enthalten. Letztere können dann, wenn die Vermischung zu einer Volumenabnahme führt und deshalb auch zu einer Bewegungseinschränkung für die Monomeren, auf eine Entmischung hinwir-ken. Beim System Polystyrol-Poly(vinylmethylether) dominiert bei tieferen Temperaturen zunächst ein Energiegewinn, der sich bei diesem speziellen Sy-stem für ungleiche Monomere einstellt. Mit wachsender Temperatur nehmen dann aber die entropischen Effekte an Bedeutung zu und führen schließlich zur Entmischung.

Die Flory-Huggins-Theorie wurde für Polymermischungen entwickelt, doch kann man sich natürlich fragen, ob sie auch auf flüssige Mischungen von Stof-fen mit normalen, niedrigen Molekulargewichten angewandt werden kann, wenn man einfach $N = 1$ setzt. Tatsächlich werden so in der Regel keine brauchbaren Ergebnisse erzielt, und der Hauptgrund hierfür liegt in dem für die Theorie charakteristischen Ansatz Gl. (3.70) für $\Delta\mathcal{G}_\mathrm{loc}$. Da eine Polymer-kette eine sehr große Zahl von Kontakten mit anderen Ketten bildet, ent-spricht der Anteil der AB-Kontakte auch dem statistischen Mittelwert, und genau dies geht in den Ansatz ein. Für Mischungen aus kleinen Molekülen gilt dies nicht mehr. Hier tritt immer eine Bevorzugung entweder gleichar-tiger oder ungleichartiger Moleküle als Kontaktpartner auf, und der Ansatz Gl. (3.70) verliert seine Gültigkeit. Im Unterschied zu den kleinen Molekülen verspürt jede Polymerkette in der Summe über alle Kontakte immer das glei-che Umgebungsfeld, genauso wie in einer Molekularfeld-Beschreibung jeder

Spin in einem Ferromagneten, jeder Dipol in einem Ferroelektrikum oder jedes stäbchenförmige Molekül in einem Nematen dasselbe, durch $\boldsymbol{M}$, $\boldsymbol{P}$ oder S_2 festgelegte Feld spürt. Die Flory-Huggins-Theorie nutzt den Sachverhalt der Existenz eines Molekularfeldes und gehört so wie die Landau-Theorie oder die Maier-Saupe-Theorie zur Klasse der Molekularfeldtheorien.

3.4.3 Spinodale Entmischung

Phasenseparation setzt ein, wenn man, vom Bereich der homogenen Phase her kommend, durch eine Temperaturerniedrigung oder -erhöhung die Binodale kreuzt. Bei Polymeren läßt sich die Strukturbildung oft auf einfache Art und Weise beobachten, da sie aufgrund der hohen Viskosität relativ langsam abläuft und zudem bei vielen Systemen auch durch ein Abschrecken unter die Glastemperatur immer wieder gestoppt werden kann.

Die Bilder in Abb. 3.20 wurden auf diese Art und Weise erhalten. Beide Proben bestehen aus Polystyrol und teil-bromiertem Polystyrol, beide mit gleichem Polymerisationsgrad, und unterscheiden sich nur in der Zusammensetzung. In beiden Fällen war die Schmelze bei Temperaturen oberhalb von 220 °C homogen. Die Phasenseparation wurde dann beidesmal durch einen Temperatursprung von 230 °C auf 200 °C ausgelöst. Die Probe, die zur rechts gezeigten Struktur gelangt, besitzt mit $\phi(\mathrm{PS}) = 0,5$ die kritische Zusammensetzung, die andere Probe ist mit $\phi(\mathrm{PS}) = 0,8$ hiervon weit entfernt. Die unterschiedliche Erscheinungsform der beiden Strukturen deutet an, daß die Phasenseparation in diesen beiden Fällen unterschiedlich abläuft. Warum dies so ist, ja sein muß, wird verständlich, wenn wir noch einmal einen Blick auf die Form der Kurven $\Delta\mathcal{G}_{\mathrm{mix}}(\phi_A)$ in Abb. 3.22 werfen und uns die Frage stellen, wie eine homogene Mischung nach einem Temperatursprung in den zweiphasigen Bereich auf eine thermisch angeregte, lokale Konzentrationsfluktuation reagiert. Abb. 3.24 zeigt in einer Schemazeichnung eine solche lokale Schwankung ausgehend von einem Wert ϕ_0, bestehend aus einer Zunahme $\delta\phi_A$ der Konzentration der A-Ketten in der einen Hälfte eines kleinen Volumens $\mathrm{d}^3\boldsymbol{r}$ und einer entsprechenden Abnahme in der anderen Volumenhälfte. Die Fluktuation ist mit einer Änderung der freien Enthalpie verknüpft, welche als

$$\delta\mathcal{G} = \frac{1}{2}(g(\phi_0 + \delta\phi_A) + g(\phi_0 - \delta\phi_A))\mathrm{d}^3\boldsymbol{r} - g(\phi_0)\mathrm{d}^3\boldsymbol{r} \qquad (3.87)$$

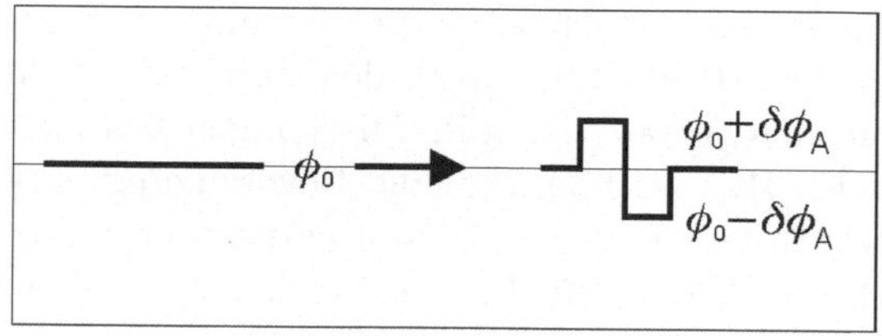

Abb. 3.24. Lokale Konzentrationsschwankung.

beschrieben werden kann. Dabei bezeichnet $g(\phi_A)$ die von der Zusammensetzung abhängige freie Enthalpie pro Volumeneinheit der homogenen Polymermischung. Eine Potenzreihenentwicklung von $g(\phi_A)$ bis zur zweiten Ordnung in ϕ_A liefert für $\delta\mathcal{G}$ den Ausdruck

$$\delta\mathcal{G} = \frac{1}{2}\frac{\partial^2 g}{\partial \phi_A^2}(\phi_0)\delta\phi_A^2 \mathrm{d}^3 r \ . \tag{3.88}$$

Der Berechnung von $\partial^2 g/\partial\phi_A^2$ legen wir jetzt die Flory-Huggins-Gleichung zugrunde und schreiben

$$\frac{\partial^2 g}{\partial \phi_A^2} = \frac{1}{\mathcal{V}}\frac{\partial^2 \Delta\mathcal{G}_{\mathrm{mix}}}{\partial \phi_A^2} \ , \tag{3.89}$$

mit $\Delta\mathcal{G}_{\mathrm{mix}}$ aus Gl. (3.71). Die mit einer lokalen Konzentrationsschwankung verbundene Änderung in der freien Enthalpie ergibt sich so als

$$\delta\mathcal{G} = \frac{1}{2}\frac{1}{\mathcal{V}}\frac{\partial^2 \Delta\mathcal{G}_{\mathrm{mix}}}{\partial \phi_A^2}(\phi_0)\delta\phi_A^2 \mathrm{d}^3 r \ . \tag{3.90}$$

Dies ist ein sehr interessantes Ergebnis, denn es sagt uns, daß allein abhängig vom Vorzeichen der Krümmung $\partial^2 \Delta\mathcal{G}_{\mathrm{mix}}/\partial\phi_A^2$, die Konzentrationsschwankung entweder zu einer Zunahme oder zu einer Abnahme in der freien Enthalpie führt. Ist ein Zustand stabil, muß $\delta\mathcal{G}$ notwendigerweise positiv sein, denn nur dann ist sichergestellt, daß eine spontane lokale Aufkonzentration der Spezies A nicht langlebig ist, sondern wieder zerfällt. Auch nach dem Temperatursprung, wenn die homogene Phase grundsätzlich instabil ist, kann dies noch der Fall sein. Die homogene Schmelze bleibt dann weiterhin stabil gegenüber kleinen Konzentrationsschwankungen. Die Kurven in Abb. 3.22 besitzen in der Nähe der Minima immer Bereiche mit einer positiven Krümmung, nahe an der kritischen Zusammensetzung dann aber solche, in denen die Krümmung negativ ausfällt. Dies hat drastische Konsequenzen. Eine negative Krümmung hat zur Folge, daß jede noch so kleine Konzentrationsschwankung schon zu einer Erniedrigung der freien Energie führt und keine rücktreibenden Kräfte auftreten. Im Gegenteil, nun existiert eine Tendenz zur weiteren Verstärkung der Konzentrationsschwankung. Es ist klar, daß unter diesen Bedingungen die Phasenseparation sehr leicht und auf andere Art und Weise abläuft. Man spricht hier von einer **spinodalen Entmischung**, und genau diese führt zu der rechts in Abb. 3.20 gezeigten Struktur aus zwei einander durchdringenden kontinuierlichen Phasen. Wie eine solche spinodale Entmischung abläuft, zeigt schematisch der untere Teil von Abb. 3.25. Hier ist angedeutet, daß sich die Amplitude einer Konzentrationsschwankung kontinuierlich vergrößert, beginnend bei sehr kleinen Werten, und auf diese Art schließlich zwei Gleichgewichtsphasen mit den Zusammensetzungen ϕ_A' und ϕ_A'' liefert. Die beiden kleinen, aufwärts gerichteten Pfeile deuten an, daß in diesem Fall die A-Ketten, deren Konzentration angezeigt

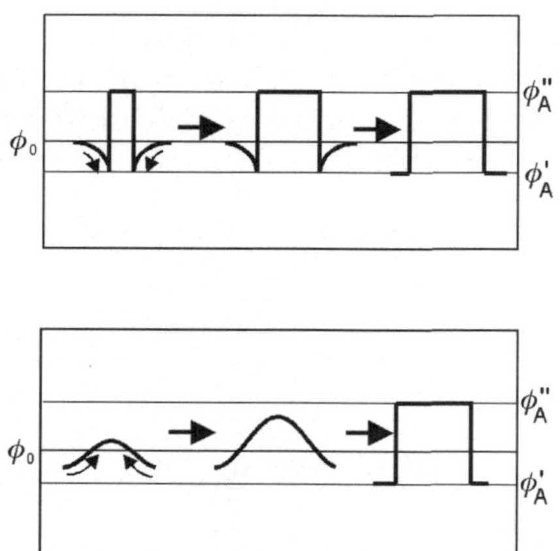

Abb. 3.25. Mechanismen der Phasentrennung: Keimbildung und anschließendes Wachstum (*oben*) und spinodale Entmischung (*unten*). Die gebogenen Pfeile zeigen die Richtung der diffusiven Bewegung der Polymere A an.

ist, ganz im Unterschied zum üblichen Verhalten in Richtung anwachsender Konzentrationen fließen.

Der obere Teil der Zeichnung zeigt, was geschieht, wenn das System kleine Konzentrationsschwankungen immer wieder abbaut. Phasenseparation kann dann nur einsetzen, wenn die Schwankung, thermisch angetrieben, eine gewisse Größe überschreitet und sich so in einem Schritt ein Keim mit der Zusammensetzung ϕ_A'' der neuen Gleichgewichtsphase bildet. Wenn er einmal geschaffen ist, kann er weiterwachsen. Das Wachstum geschieht dann auf normale Art, durch eine Diffusion von Ketten an die wachsende Oberfläche heran und dies jetzt, wie in der Zeichnung angedeutet, in Richtung abnehmender Konzentrationen. Die Keimbildung findet statistisch an einzelnen Stellen in der Probe statt, und man kann dies später an den Einzelausscheidungen immer noch erkennen. Die spinodale Entmischung erfaßt, ganz anders, die gesamte Probe auf einmal, da diese überall gleichermaßen instabil gegenüber Konzentrationsschwankung wird. Die Strukturierung, welche durchgängig ist, und keine einzelnen Ausscheidungen zeigt, macht dies auch noch dann deutlich, wenn die Gleichgewichtsphasen entstanden sind.

In das Phasendiagramm läßt sich eine Kurve einzeichnen, welche angibt, ob eine binäre Polymerschmelze, wenn sie durch eine Temperaturänderung in den zweiphasigen Bereich verbracht wurde, stabil oder instabil gegen lokale Konzentrationsschwankungen ist, und d. h. Phasenseparation durch Keimbildung und Wachstum oder über eine spinodale Entmischung abläuft. Wie wir gesehen haben, wechselt an der Trennlinie eine positive Krümmung der $\Delta\mathcal{G}_{\mathrm{mix}}(\phi_A)$-Kurve in eine negative Krümmung. Dieser Übergang findet bei

$$\frac{\partial^2 \Delta\mathcal{G}_{\mathrm{mix}}}{\partial\phi_A^2} = 0 \tag{3.91}$$

statt. Die so festgelegte Kurve wird **Spinodale** genannt. Für die diskutierte symmetrische Mischung kann sie direkt angegeben werden. Wir benutzen noch einmal Gl. (3.81) und erhalten für den Verlauf der Spinodalen den Ausdruck

$$N\chi_\mathrm{F} = \frac{1}{2\phi_\mathrm{A}(1-\phi_\mathrm{A})} \ . \tag{3.92}$$

Die Linie ist strichliert in Abb. 3.23 eingetragen.

3.5 Übungsaufgaben

1. Ein Dipol erzeugt ein elektrisches Feld

$$\boldsymbol{E}(\boldsymbol{r}) = \frac{3\,(\boldsymbol{pr})\,\boldsymbol{r} - r^2\boldsymbol{p}}{4\pi\varepsilon_0 r^5}$$

   a) Betrachten Sie ein System aus zwei Atomen im Abstand a; die Polarisierbarkeit der Atome sei β. Welche Bedingung muß für β und a gelten, damit das System ferroelektrisch ist? Wie sind die Dipole relativ zur Verbindungsachse der beiden Atome ausgerichtet?

   b) Könnte das System auch einen antiferroelektrischen Zustand einnehmen?

   c) Verallgemeinern Sie Fall (a) auf eine lineare Kette. Zeigen Sie, daß in diesem Fall spontane Polarisation auftreten kann, wenn $\beta \geq \pi\varepsilon_0 a^3/\sum n^{-3}$ gilt. Die Summe läuft hierbei über alle natürlichen Zahlen, und es gilt $\sum n^{-3} = 1,202$.

2. Betrachten Sie zwei auf einer Achse liegende elektrische und magnetische Dipole, p_0 und m_0. Berechnen Sie die Energiedifferenz zwischen einer parallelen und antiparallelen Orientierung. Der Abstand zwischen den Dipolen betrage 5 Å. Es gilt:

$$u = -\boldsymbol{p}\boldsymbol{E}_\mathrm{Dipol} \quad \text{bzw.} \quad u = -\boldsymbol{m}\boldsymbol{B}_\mathrm{Dipol}$$

$$E_\mathrm{Dipol} = \frac{2p_0}{4\pi\varepsilon_0 r^3} \quad ; \quad B_\mathrm{Dipol} = \frac{2\mu_0 m_0}{4\pi r^3}$$

   Das Moment des elektrischen Dipols betrage 1D $= 3,34 \cdot 10^{-30}$Cm, das Moment des magnetischen Dipols sei $\mu_\mathrm{B} = 9,27 \cdot 10^{-24}$J T^{-1}.

3. Betrachten Sie den Übergang vom paramagnetischen zum ferromagnetischen Verhalten in der Molekularfeldnäherung nach Landau. Die Dichte der freien Enthalpie sei gegeben durch

$$g = g_0 + b(T - T_\mathrm{c})M^2 + c_4 M^4$$

Bestimmen Sie M_eq durch Anwendung der Gleichgewichtsbedingung $\partial g/\partial M|_\mathrm{eq} = 0$. Berechnen Sie die Gleichgewichtswerte von g, der Entropiedichte $s = -\partial g/\partial T$ und die Wärmekapazität $c_v = T\partial s/\partial T$ als Funktion der Temperatur in der Nähe der kritischen Temperatur T_c.

4 Ladungen und Ströme

In Kapitel 2 wurde dargestellt, wie kondensierte Materie auf die Einwirkung äußerer Felder reagiert, nämlich durch Deformation in einem mechanischen Feld, Polarisation in einem elektrischen Feld, oder Magnetisierung beim Anlegen eines magnetischen Feldes. Allgemein handelt es sich hier immer um strukturelle Änderungen, und für diese gelten, wie festgestellt wurde, unter normalen Bedingungen lineare Beziehungen zur jeweiligen Feldstärke. Neben diesen strukturellen Konsequenzen gibt es aber noch eine zweite Form von Reaktionen, und sie besteht darin, daß Felder auch Ströme auslösen können. Ein erster derartiger Fall war schon besprochen worden: Legt man an Flüssigkeiten ein mechanisches Scherfeld an, beginnen diese zu fließen; die Flußstärke wird durch die Viskosität bestimmt. Jetzt kommen wir als nächstes zu den durch elektrische Felder in vielen Stoffen ausgelösten elektrischen Strömen. Voraussetzung für ihr Auftreten ist das Vorhandensein frei, d. h. über große Distanzen hinweg beweglicher Ladungen. Dies können Elektronen oder Ionen sein, so wie sie z.B. in Metallen oder Elektrolyten vorliegen, aber auch Quasi-Teilchen, wie die in Halbleitern vorzufindenden positiv geladenen „Löcher". Auch hier gilt für einen großen Teil anzutreffender Bedingungen ein linearer Zusammenhang, jetzt zwischen der Stromstärke und der Feldstärke, mit der elektrischen Leitfähigkeit als Proportionalitätskonstanten.

Zwar wird der elektrische Strom durch ein elektrisches Feld ausgelöst und getragen, doch läßt er sich über die Lorentz-Kraft durch magnetische Felder beeinflussen. Diese können die Bahnen der Ladungen verändern und auch zur Ladungstrennung führen. In Metallen können bei Anwesenheit eines magnetischen Feldes Kreisströme induziert werden, welche einen Beitrag zur magnetischen Suszeptibilität liefern.

Im Kapitel 3 wurde erklärt, daß eine Magnetisierung oder Polarisation durch einen Selbststabilisierungsprozeß auch ohne die Einwirkung eines äußeren Feldes existieren und permanent werden kann. Tatsächlich gilt dies auch für elektrische Ströme. Auch diese können sich als makroskopische Ströme ohne die Einwirkung eines elektrischen Feldes permanent und stationär einstellen, und eben dies geschieht in Supraleitern. So wie der Übergang vom para- zum ferromagnetischen Zustand sich in Form einer kritischen Phasenumwandlung vollzieht, erfolgt auch der Wechsel vom normalleitenden in den supraleitenden Zustand mit permanentem Stromfluß, wie er bei bestimmten Kristallen im Tieftemperaturbereich zu beobachten ist, in Form eines Phasenübergangs zweiter Ordnung. Die Voraussetzungen für das Eintreten dieses Phasenübergangs sind von besonderer Natur. Ströme im supraleitenden Zustand werden durch eine besondere Art von Quasi-Teilchen, den Cooper-Paaren getragen. Cooper-Paare bestehen aus zwei miteinander verknüpften Elektronen mit entgegengerichteten Spins. Die Bindung ändert vollständig den Charakter der Ladungsträger, von Fermionen zu spinlosen Bosonen hin, und dies ermöglicht dann die Einstellung eines stationären elektrischen Stroms ohne jede äußere Einwirkung.

In diesem Kapitel soll all dies unter der Überschrift „Ladungen und Ströme" behandelt werden. Dabei werden wir uns ganz überwiegend mit den Gegebenheiten in kristallinen Festkörpern befassen, nicht nur weil das physikalische Verständnis hier am weitesten entwickelt ist, sondern auch weil technische Anwendungen zum allergrößten Teil bei dieser Materialklasse liegen. Danach werden wir noch den Stromfluß in flüssigen Elektrolyten ansprechen, in einem kürzeren Abschnitt am Ende des Kapitels.

4.1 Metallische Elektronen

Metalle besitzen bekanntlich spezifische Eigenschaften, die sie von anderen Materialien deutlich absetzen. Sie haben die höchsten elektrischen Leitfähigkeiten und gleichzeitig auch eine sehr hohe Wärmeleitfähigkeit. Für elektromagnetische Strahlung sind Metalle über einen großen Frequenzbereich hinweg, bis zu der im Ultravioletten gelegenen „Plasmafrequenz" hin, undurchdringlich. Diese prägenden, spezifischen Eigenschaften sind die Folge des Vorhandenseins von freien Elektronen. Metallische Kristalle besitzen ein Gitter aus positiv geladenen Ionenrümpfen, in dem sich die Elektronen in Art eines Gases weitgehend frei bewegen können. Drude hat vor über einem Jahrhundert, vor Einführung der Quantenmechanik, auf der Grundlage dieses Bildes eine klassische Theorie geschaffen, die wichtige Züge der elektrischen Leitfähigkeit und Wärmeleitfähigkeit von Metallen zufriedenstellend beschreiben kann.

4.1.1 Klassisches Drude-Modell

Elektrische Leitfähigkeit. Das Drude-Modell behandelt die Elektronen wie ein ideales Gas, das durch die anziehenden Kräfte der Ionen, die in ihrer Gesamtwirkung einen unstrukturierten Potentialtopf schaffen, im Kristall festgehalten wird. Die mittlere kinetische Energie pro Elektron ist dann durch

$$\frac{3}{2}k_{\mathrm{B}}T = \frac{m_{\mathrm{e}}}{2} < v^2 > \tag{4.1}$$

gegeben. Die Elektronen führen wie die Teilchen eines idealen Gases freie Translationsbewegungen aus, die immer wieder durch Stöße unterbrochen

werden. Nur über diese Stöße kann sich die Maxwellsche Geschwindigkeits-
verteilung einstellen, welche im Gleichgewichtszustand eines idealen Gases
vorzufinden ist. Die Stöße erfolgen in Abständen λ_f, der **mittleren freien
Weglänge**, immer nach einer mittleren Flugzeit τ_f, und für den Zusammenhang zwischen λ_f und τ_f können wir

$$\tau_f = \frac{\lambda_f}{\sqrt{<v^2>}} \tag{4.2}$$

ansetzen. Wird an das Metall ein elektrisches Feld angelegt, erfahren alle
Elektronen, unabhängig von ihrer Flugrichtung, in der Zeit τ_f zwischen zwei
Stößen eine Beschleunigung in Feldrichtung. Für ein Feld in Richtung x ergibt
sich so eine Zunahme in der entsprechenden Geschwindigkeitskomponente, im
Mittel um

$$<\Delta v_x> = \frac{-eE_x}{m_e}\frac{\tau_f}{2} \ . \tag{4.3}$$

Die Wirkung des Feldes besteht also darin, der zunächst isotropen, immer
wieder durch Stöße unterbrochenen Bewegung eine gleichförmige Bewegung
in x-Richtung mit der mittleren Geschwindigkeit $<\Delta v_x>$ zu überlagern.
Dies bedeutet aber, daß jetzt in x-Richtung ein Ladungsstrom mit der Dichte
j_η fließt, der die Stärke

$$j_\eta = -e\rho_e\frac{-eE_x\tau_f}{2m_e} = \frac{\rho_e e^2 \tau_f}{2m_e}E_x \tag{4.4}$$

besitzt (ρ_e ist die Zahl der Elektronen pro Volumeneinheit). Die Stromstärke
wird zu einer stationären Größe, weil die durch die Beschleunigung im Feld
gewonnene, zusätzlich kinetische Energie in den Stößen immer wieder vollständig abgegeben wird. Auf diese Art erwärmt sich das Elektronengas und
somit der Probekörper und bildet einen Ohmschen Widerstand. Das **Ohmsche Gesetz** formuliert die Proportionalität zwischen Stromdichte und elek-
trischem Feld als

$$j_\eta = \sigma_{el}E_x \ . \tag{4.5}$$

Dabei ist σ_{el} die **elektrische Leitfähigkeit**. Die **Drude-Theorie** liefert
hierfür also den Ausdruck

$$\sigma_{el} = \frac{\rho_e e^2 \tau_f}{2m_e} \ . \tag{4.6}$$

Er besagt, daß es für die elektrische Leitfähigkeit neben der Dichte der Elektronen nur eine einzige weitere bestimmende Größe gibt, und dies ist die Zeit
τ_f zwischen zwei Stößen.

Wärmetransport und Wiedemann-Franzsches Gesetz. Bei der Behandlung der zweiten auffälligen Eigenschaft von Metallen, ihrer hohen Wärmeleitfähigkeit, kann auf den Zugang zurückgegriffen werden, den man für
Gase wählt. Abb. 4.1 skizziert die Situation und nennt die Größen, welche in

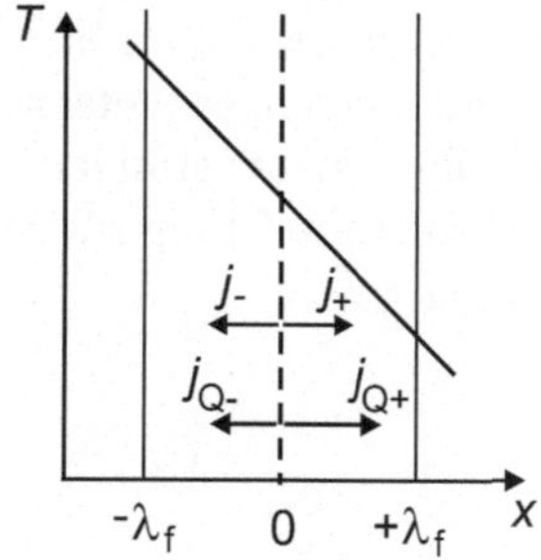

Abb. 4.1. Wärmeströme in einem (Elektronen-)Gas beim Anlegen eines Temperaturgradienten.

die Beschreibung eingehen. Gegeben ist eine in x-Richtung linear abfallende Temperatur, und wir fragen nach dem durch eine Fläche senkrecht zu x hindurchtretenden Wärmestrom. Dieser ergibt sich aus der Bilanz von Teilchenströmen, die von links und rechts durch die Fläche bei $x = 0$ treten und dabei entsprechend des Temperaturunterschieds mit unterschiedlichen mittleren kinetischen Energien behaftet sind.

Bei einer qualitativen Abschätzung kann man sich allein auf Mittelwerte stützen. Als erste Größe führen wir den mittleren Betrag der Geschwindigkeit in x-Richtung als

$$v_x = \sqrt{< v_x^2 >} \qquad (4.7)$$

ein. Für den mittleren Betrag der Gesamtgeschwindigkeit schreiben wir entsprechend

$$v = \sqrt{< v^2 >} \ , \qquad (4.8)$$

und der Zusammenhang zwischen beiden Größen lautet

$$v_x = \frac{v}{\sqrt{3}} \ . \qquad (4.9)$$

Für die Dichten der Teilchenströme, die von links und rechts durch die Probeebene hindurchtreten, können wir

$$j_+ = -j_- = \beta \rho_e v_x \qquad (4.10)$$

ansetzen, wobei β einen statistischen Koeffizienten in der Größenordnung Eins bezeichnet. Wir berücksichtigen dabei, daß beide Teilchenströme gleich groß sein müssen, da sich die Massenverteilung im Gas nicht ändert, und daß sie proportional zur Teilchendichte ρ_e und zur mittleren Geschwindigkeit in x-Richtung sind. Anders als die Teilchenströme haben die Wärmeströme j_{Q+} und j_{Q-}, die in beiden Richtungen durch die Probeebene treten, verschiedene Werte. Sie bringen unterschiedliche, kinetische Energien mit. Da, wo der letzte Stoß vor dem Durchtritt erfolgt und damit die Einstellung des thermischen Gleichgewichts, wird auch die mittlere kinetische Energie festgelegt.

Da die letzten Stöße etwa im Abstand λ_f stattgefunden haben, schreiben wir für die beiden Wärmeströme

$$j_{Q+} = \beta \rho_\mathrm{e} v_x < u_\mathrm{kin} > (x = -\lambda_\mathrm{f}) \tag{4.11}$$

$$j_{Q-} = -\beta \rho_\mathrm{e} v_x < u_\mathrm{kin} > (x = \lambda_\mathrm{f}) \ . \tag{4.12}$$

Der gesamte Wärmestrom durch die Probefläche ergibt sich als Summe der beiden Einzelströme und hat damit eine Dichte

$$j_Q = j_{Q+} + j_{Q-} = \beta \rho_\mathrm{e} v_x [< u_\mathrm{kin} > (x = -\lambda_\mathrm{f}) - < u_\mathrm{kin} > (x = \lambda_\mathrm{f})]$$
$$= -2\beta \rho_\mathrm{e} v_x \frac{\mathrm{d} < u_\mathrm{kin} >}{\mathrm{d}T} \frac{\mathrm{d}T}{\mathrm{d}x} \lambda_\mathrm{f} \tag{4.13}$$

Wie man sieht, ergibt sich der Wärmestrom als proportional zum Temperaturgradienten. Wir ersetzen die mittlere freie Weglänge über

$$\lambda_\mathrm{f} = v\tau_\mathrm{f} \tag{4.14}$$

durch die Stoßzeit τ_f, führen die **Wärmeleitfähigkeit** λ_Q über die Definitionsgleichung

$$j_Q = -\lambda_\mathrm{Q} \frac{\mathrm{d}T}{\mathrm{d}x} \tag{4.15}$$

ein und erhalten so unter Außerachtlassung aller numerischen Koeffizienten für λ_Q den Ausdruck

$$\lambda_\mathrm{Q} \simeq \rho_\mathrm{e} \tau_\mathrm{f} \frac{< u_\mathrm{kin} >}{m_\mathrm{e}} \frac{\mathrm{d}}{\mathrm{d}T} < u_\mathrm{kin} > \ . \tag{4.16}$$

Mit

$$< u_\mathrm{kin} > = \frac{3}{2} k_\mathrm{B} T \tag{4.17}$$

gelangen wir zum Endergebnis

$$\lambda_\mathrm{Q} \simeq \frac{\rho_\mathrm{e} \tau_\mathrm{f} k_\mathrm{B}^2 T}{m_\mathrm{e}} \ . \tag{4.18}$$

Bei der Behandlung der elektrischen Leitfähigkeit war mit Gl. (4.6) festgestellt worden, daß diese, außer von der Dichte ρ_e, allein durch die mittlere Zeit zwischen zwei Stößen, τ_f, bestimmt wird. Dieselben Verhältnisse finden wir jetzt auch für die Wärmeleitfähigkeit. Dies führt aber zu einer interessanten Schlußfolgerung: Da σ_el und λ_Q in gleicher Weise von den Größen ρ_e und τ_f abhängen, kann erwartet werden, daß sich für alle Metalle das folgende konstante Verhältnis ergibt:

$$\frac{\lambda_\mathrm{Q}}{\sigma_\mathrm{el} T} \simeq \frac{k_\mathrm{B}^2}{e^2} = 0,745 \cdot 10^{-8} \frac{\mathrm{J}\Omega}{\mathrm{sK}^2} \ . \tag{4.19}$$

Das **Wiedemann-Franzsche-Gesetz** drückt diese Erwartung aus, und es wird tatsächlich auch experimentell gefunden. Zwar unterscheidet sich der experimentelle Wert von der Zahl in Gl. (4.19), doch ist dies aufgrund der qualitativen Natur der Gleichungen in der Ableitung auch nicht weiter erstaunlich. Experimentell findet man für das Verhältnis bei den meisten Metallen Werte in dem recht engen Bereich

$$\frac{\lambda_Q}{\sigma_{el}T} = (2,4 \pm 0,2) \cdot 10^{-8} \frac{J\Omega}{sK^2} \ . \tag{4.20}$$

Als das Wiedemann-Franzsche Gesetz Ende des 19. Jahrhunderts so seine Erklärung fand, galt dies naturgemäß als eine Bestätigung der Sicht des Drude-Modells. Heute wissen wir, daß Elektronen in Metallen sich keineswegs wie Teilchen eines klassischen idealen Gases verhalten. Offenbar wurde dies aber nicht bei der Behandlung der Leitfähigkeiten, sondern beim Problem, die Wärmekapazität von Metallen zu erklären. Diese ist, pro Volumeneinheit genommen, aus zwei Beiträgen zusammengesetzt:

$$c_v = c_{v,\text{vib}} + c_{v,\text{e}} \ , \tag{4.21}$$

wobei der erste Teil, $c_{v,\text{vib}}$, von den Schwingungen des Ionengitters und der zweite Beitrag, $c_{v,\text{e}}$, von den Elektronen stammt. Wenn die Elektronen ein ideales Gas repräsentieren, sollte

$$c_{v,\text{e}} = 3\rho_e \frac{k_B}{2} \tag{4.22}$$

gelten. Wie im Kapitel 5.1.1 noch erläutert wird, basiert die Wärmeaufnahme eines Gitters auf der Anregung von Gitterschwingungen. Da die Anzahl unabhängiger Gitterschwingungen mit der Zahl der Freiheitsgrade der Atome im Kristall übereinstimmt und jede Gitterschwingung einem harmonischen Oszillator vergleichbar ist, ergibt sich ein Beitrag zur Wärmekapazität in Höhe von

$$c_{v,\text{vib}} = 3\rho_c k_B \tag{4.23}$$

(Gl. (5.38); ρ_c bezeichnet die Dichte an Atomen im Kristall). Auf der Grundlage des Drude-Modells würde man deshalb für ein Metall die spezifische Wärme

$$c_v = 3\rho_c k_B + 3\rho_e \frac{k_B}{2} \tag{4.24}$$

erwarten. Tatsächlich findet man aber, ausgedrückt durch das „Dulong-Petitsche Gesetz", den Wert

$$c_v \approx 3\rho_c k_B \ , \tag{4.25}$$

also ein Ergebnis, das praktisch allein durch die Gitterschwingung getragen wird, und keinen mit Gl. (4.22) auch nur entfernt vergleichbaren Beitrag seitens der Elektronen enthält. Die Erklärung hierfür liefert die quantenmechanische Behandlung des Systems, unter Berücksichtigung der Tatsache, daß Elektronen Fermi-Teilchen sind und damit jeder Eigenzustand nur von einem Elektron besetzt werden kann.

4.1.2 Fermi-Gas-Modell

Im Fermi-Gas-Modell wird wie im klassischen Drude-Modell angenommen, daß die Ionenrümpfe des Metalls ein homogenes, anziehendes Potential schaffen, welches die frei beweglichen Elektronen daran hindert, den Körper zu verlassen. Bei der quantenmechanischen Behandlung, welche das Fermi-Gas-Modell vornimmt, fragt man nach den Eigenzuständen der Elektronen in einem solchen Potentialtopf. Hierzu haben wie die zeitunabhängige Schrödinger-Gleichung für freie Elektronen

$$-\frac{\hbar^2}{2m_{\mathrm{e}}}\Delta\psi = \epsilon\psi \qquad (4.26)$$

zu lösen und die Energieeigenwerte ϵ zu bestimmen. Die potentielle Energie haben wir dabei im Inneren des Potentialtopfs auf Null gesetzt. Ein richtiger Lösungsansatz für die Wellenfunktion ist wie immer bei freien Teilchen

$$\psi \sim \exp(\mathrm{i}\boldsymbol{k}\boldsymbol{r}) \quad . \qquad (4.27)$$

Einsetzen von ψ in die Schrödinger-Gleichung führt auf

$$-\frac{\hbar^2}{2m_{\mathrm{e}}}(-k^2)\psi = \epsilon\psi \qquad (4.28)$$

und damit zum Zusammenhang

$$\epsilon = \frac{\hbar^2}{2m_{\mathrm{e}}}k^2 \qquad (4.29)$$

zwischen dem Betrag des Wellenvektors k und der Energie des Zustands. Bei freien Elektronen übernimmt $\boldsymbol{k}$ die Rolle einer Quantenzahl, d. h. der Wellenvektor legt in eindeutiger Weise einen bestimmten Eigenzustand und dessen Eigenenergie fest. Die physikalische Bedeutung von $\boldsymbol{k}$ besteht in der Festlegung des Impulses des Eigenzustands als $\hbar\boldsymbol{k}$; die gewählten Eigenfunktionen besitzen einen scharfen Impuls.

Bisher haben wir noch nicht von den Wänden des Potentialtopfs gesprochen, und das heißt, dem Volumen des Metallkörpers, in dem sich die Elektronen aufhalten. Zunächst sieht es so aus, als ob wir bei Berücksichtigung der Existenz der Wände nicht mehr an dem gewählten, wellenförmigen Lösungsansatz festhalten könnten. Die Elektronenwellen werden an den Wänden reflektiert, und als stationäre Lösungen ergäben sich dann stehende Wellen. Bewerkstelligen ließe sich dies durch eine Überlagerung laufender Wellen mit entgegengesetzten Wellenvektoren, doch würde hieraus ein Nachteil erwachsen: Mit stehenden Wellen läßt sich Stromfluß nicht beschreiben, und dies ist ein wichtiges Anliegen. Bei einem eindimensionalen System, also Elektronen in einem sehr dünnen Draht, zeigt sich ein Ausweg: Der Draht läßt sich zu einem Kreis schließen, und dann haben wir ein System von endlicher Länge aber ohne Oberflächen vorliegen. Wenn der Draht die Länge $\mathcal{N}_c a$, entsprechend $\mathcal{N}_c$ Zellen mit der Gitterkonstanten a, besitzt, ergibt sich als Forderung an die Wellenfunktion einfach

$$\psi(x) = \psi(x + \mathcal{N}_c a) \ . \tag{4.30}$$

Born und von Karman schlugen vor, diese **zyklische Randbedingung** formal mathematisch zu verallgemeinern, und sie in der Form

$$\psi(\boldsymbol{r}) = \psi(\boldsymbol{r} + \mathcal{N}_1 \boldsymbol{a}_1) = \psi(\boldsymbol{r} + \mathcal{N}_2 \boldsymbol{a}_2) = \psi(\boldsymbol{r} + \mathcal{N}_3 \boldsymbol{a}_3) \tag{4.31}$$

auch auf dreidimensionale Kristalle anzuwenden. Dabei ist an einen Kristall gedacht, der die Gitterkonstanten $\boldsymbol{a}_1, \boldsymbol{a}_2, \boldsymbol{a}_3$ besitzt und längs dieser drei Richtungen $\mathcal{N}_1, \mathcal{N}_2, \mathcal{N}_3$ Atome hat. Im Unterschied zum eindimensionalen Fall gibt es für diese Born- und von Karmanschen Randbedingungen in 3 Dimensionen natürlich keine Realisierung. Andererseits leisten sie aber das allein Entscheidende, nämlich die Selektion diskreter Eigenfunktionen und dies tatsächlich auch mit derselben Zustandsdichte im Energieraum, wie sie sich beispielsweise für stehende Wellen ergeben würde. Der große Vorteil der Born-von Karmanschen Randbedingungen besteht darin, daß die mit den stationären Lösungen, Gl. (4.27), verbundenen laufenden Wellen

$$\psi(\boldsymbol{r}, t) \sim \exp(-\mathrm{i}\frac{\epsilon}{\hbar}t + \mathrm{i}\boldsymbol{k}\boldsymbol{r}) \tag{4.32}$$

als Lösungen erhalten bleiben, was, wie schon erwähnt, für die Beschreibung von Transportphänomenen unverzichtbar ist. Die dreidimensional-zyklischen Randbedingungen berücksichtigen die Endlichkeit des Probekörpers, ohne ihn mit Oberflächenwirkungen zu versehen. So lange man nur Volumeneigenschaften von Kristallen behandelt, kommt es auf Oberflächeneffekte auch gar nicht an, und ihre völlige Unterdrückung, wie sie diese Randbedingungen leisten, ist dann auch wirklich erwünscht.

Die in Gl. (4.31) aufgestellte Forderung ist gleichbedeutend mit

$$\exp(\mathrm{i}\boldsymbol{k}\mathcal{N}_1 \boldsymbol{a}_1) = \exp(\mathrm{i}\boldsymbol{k}\mathcal{N}_2 \boldsymbol{a}_2) = \exp(\mathrm{i}\boldsymbol{k}\mathcal{N}_3 \boldsymbol{a}_3) = 1 \ . \tag{4.33}$$

Hierfür läßt sich nun direkt eine Lösung angeben, und zwar unter Nutzung des reziproken Gitters: Gelöst werden die Bedingungen durch alle Wellenvektoren $\boldsymbol{k}$ der Serie

$$\boldsymbol{k}_{i_1 i_2 i_3} = i_1 \frac{\widehat{\boldsymbol{a}}_1}{\mathcal{N}_1} + i_2 \frac{\widehat{\boldsymbol{a}}_2}{\mathcal{N}_2} + i_3 \frac{\widehat{\boldsymbol{a}}_3}{\mathcal{N}_3} \quad \text{mit} \quad i_1, i_2, i_3 \ \text{ganzzahlig} \ . \tag{4.34}$$

Daß die Aussage richtig ist, läßt sich unmittelbar durch Einsetzen, unter Berücksichtigung der Definitionsgleichung (1.129) für die Einheitsvektoren des reziproken Gitters $\widehat{\boldsymbol{a}}_1, \widehat{\boldsymbol{a}}_2, \widehat{\boldsymbol{a}}_3$, überprüfen.

Zwar haben wir nun diskrete Wellenvektoren ausgewählt, doch liegen diese sehr dicht beeinander, und tatsächlich kommt es alleine auf ihre Dichte im

k-Raum an. Diese läßt sich direkt angeben. Da in der Elementarzelle des reziproken Gitters mit dem Volumen $\widehat{V_c}$ insgesamt $\mathcal{N}_c = \mathcal{N}_1\mathcal{N}_2\mathcal{N}_3$ mit den zyklischen Randbedingungen verträgliche Wellenvektoren k liegen, erhalten wir unter Nutzung von Gl. (1.137) für die Dichte den Wert

$$\frac{\mathcal{N}_c}{\widehat{V_c}} = \frac{\mathcal{N}_c V_c}{(2\pi)^3} = \frac{V}{(2\pi)^3} \ . \tag{4.35}$$

Eine wichtige Größe für die Berechnung abgeleiteter Größen ist die **energetische Zustandsdichte** $\mathcal{D}$:

$$\mathcal{D}(\epsilon)\mathrm{d}\epsilon \tag{4.36}$$

gibt an, wieviel Eigenzustände sich im Energieintervall $\mathrm{d}\epsilon$ bei der Energie ϵ befinden. Aus der Zustandsdichte im k-Raum ergibt sich die energetische Zustandsdichte aus den Gleichungen

$$\mathcal{D}(\epsilon)\mathrm{d}\epsilon = 2\frac{V}{(2\pi)^3}4\pi k^2\frac{\mathrm{d}k}{\mathrm{d}\epsilon}\mathrm{d}\epsilon = 2\frac{V}{(2\pi)^3}4\pi k^2\frac{1}{\hbar^2 k/m_e}\mathrm{d}\epsilon \tag{4.37}$$

als

$$\mathcal{D}(\epsilon) = \frac{V(2m_e)^{3/2}}{2\pi^2\hbar^3}\sqrt{\epsilon} \ . \tag{4.38}$$

Für den Elektronenspin gibt es zwei Einstellrichtungen und dementsprechend für das Elektron auch zwei unabhängige Eigenzustände für jedes k. Der Faktor auf der rechten Seite von Gl. (4.37) trägt diesem Sachverhalt Rechnung.

Jetzt haben wir nach dem elektronischen Grundzustand zu fragen. Elektronen sind Fermi-Teilchen, und damit kann jeder Eigenzustand auch nur von einem Elektron besetzt werden. So wie sich der Grundzustand eines Atoms durch die sukzessive Besetzung der Orbitale von unten her mit allen Elektronen ergibt, folgt der elektronische Grundzustand eines Fermi-Gases im Potentialtopf eines Metalls ebenfalls durch eine Besetzung aller Eigenzustände von den niedrigsten Energien her. Die höchste Energie, die man beim Auffüllen aller Eigenzustände mit den insgesamt vorhandenen $\mathcal{N}_e$ Elektronen erreicht, wird **Fermi-Energie** genannt, und wir wählen für sie die Bezeichnung ϵ_F. Unter Benutzung des Ausdrucks für die energetische Zustandsdichte folgt ϵ_F aus

$$\mathcal{N}_e = \int\limits_0^{\epsilon_F} \mathcal{D}(\epsilon)\mathrm{d}\epsilon = \frac{V(2m_e)^{3/2}}{2\pi^2\hbar^3}\frac{2}{3}\epsilon_F^{3/2} \tag{4.39}$$

als

$$\epsilon_F = \frac{\hbar^2}{2m_e}(3\pi^2)^{2/3}\rho_e^{2/3} \ . \tag{4.40}$$

Das Ergebnis besagt, daß die Fermi-Energie, welche den elektronischen Grundzustand festlegt, allein von der Dichte der Elektronen im Metall

$$\rho_e = \frac{\mathcal{N}_e}{\mathcal{V}} \tag{4.41}$$

abhängt. Aus den Gln. (4.38) und (4.39) ergibt sich auch der folgende Ausdruck für die energetische Zustandsdichte bei der Fermi-Energie:

$$\frac{\mathcal{D}(\epsilon_F)}{\mathcal{N}_e} = \frac{3}{2\epsilon_F} \quad . \tag{4.42}$$

Einfach berechnen läßt sich jetzt auch die Gesamtenergie U_{e0} des elektronischen Grundzustands. Diese beträgt

$$U_{e0} = \int\limits_0^{\epsilon_F} \mathcal{D}(\epsilon)\epsilon\mathrm{d}\epsilon = \frac{\mathcal{V}(2m_e)^{3/2}}{2\pi^2\hbar^3}\frac{2}{5}\epsilon_F^{5/2} \quad , \tag{4.43}$$

oder, unter Verwendung von Gl. (4.39), auch

$$\frac{U_{e0}}{\mathcal{N}_e} = \frac{3}{5}\epsilon_F \quad . \tag{4.44}$$

Der elektronische Grundzustand des Fermi-Gases wird nur am absoluten Nullpunkt eingenommen. Die thermische Energie bei endlichen Temperaturen führt zur Anregung und Besetzung von Zuständen oberhalb der Fermi-Energie. Die Besetzung der Energieniveaus bei nicht-verschwindenden Temperaturen wird durch die **Fermi-Dirac-Statistik** folgendermaßen festgelegt:

$$w(\epsilon_i) = \frac{1}{\exp\left(\dfrac{\epsilon_i - \mu_e}{k_B T}\right) + 1} \tag{4.45}$$

beschreibt die Wahrscheinlichkeit, daß ein Eigenzustand mit der Energie ϵ_i durch ein Fermi-Teilchen besetzt ist. Naturgemäß gilt dabei

$$0 \leq w \leq 1 \quad .$$

Die Größe μ_e ist das **chemische Potential** der Elektronen und legt als Parameter zusammen mit der Temperatur die Verteilung fest. μ_e wird durch die Anzahl der Elektronen im Metall bestimmt. Es muß

$$\sum_i w(\epsilon_i) = \mathcal{N}_e \tag{4.46}$$

gelten, oder

$$\int\limits_0^\infty \mathcal{D}w\mathrm{d}\epsilon = \mathcal{N}_e \quad . \tag{4.47}$$

Wie man unmittelbar erkennt, stimmt am absoluten Nullpunkt das chemische Potential mit der Fermi-Energie überein:

$$\mu_e = \epsilon_F \quad . \tag{4.48}$$

Für $T = 0$ liefert die Grundgleichung (4.45) der Fermi-Dirac-Statistik als Ergebnis

$$w(\epsilon_i < \epsilon_F) = 1 \quad ,$$

$$w(\epsilon_i > \epsilon_F) = 0 \quad ,$$

und genau dies ist der am absoluten Nullpunkt realisierte elektronische Grundzustand.

Elektronische Wärmekapazität. Wir können uns jetzt der Frage zuwenden, weshalb die Elektronen einen viel geringeren Beitrag zur Wärmekapazität liefern, als klassisch zunächst erwartet wurde. Abbildung 4.2 zeigt die energetischen Verhältnisse im Fermi-Gas. Dargestellt ist die Anzahl der Elektronen pro Energieintervall, und zwar einmal am absoluten Nullpunkt und zum anderen bei einer nicht-verschwindenden Temperatur. Wie man sieht, lassen sich nur Elektronen mit Energien nahe an der **Fermi-Oberfläche** bei ϵ_F anregen. Elektronen aus dem Bereich

$$\epsilon_F - \epsilon \simeq k_B T$$

nehmen thermische Energie auf, welche sie dann in den Bereich

$$\epsilon - \epsilon_F \simeq k_B T$$

befördert. Alle Elektronen, die darunterliegende Energieniveaus besetzen, bleiben völlig inaktiv, so, als ob sie gar nicht vorhanden wären. Die Folge

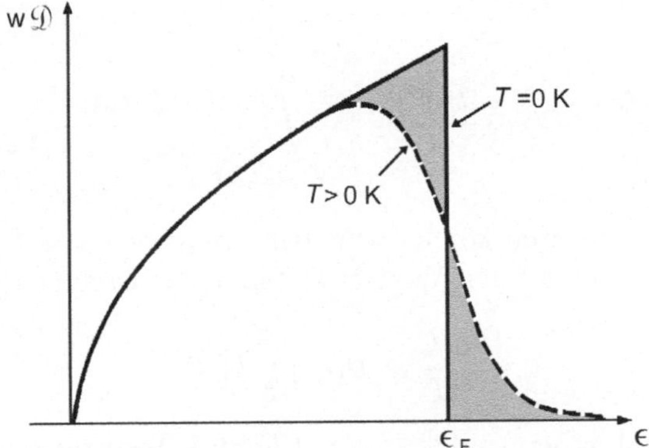

Abb. 4.2. Anzahl der Elektronen pro Energieintervall im Grundzustand bei 0 K (Füllung aller Niveaus bis zur Fermi-Energie ϵ_F) und bei einer etwas höheren Temperatur (thermische Anregung der Elektronen nahe an der Fermi-Oberfläche nach Maßgabe der Fermi-Dirac-Statistik) (*strichliert*).

ist eine drastische Herabsetzung des elektronischen Beitrags zur Wärmekapazität, auf Werte, die gemessen am Beitrag der Gitterschwingungen sehr klein sind.

Wie groß der Beitrag ist, läßt sich ausrechnen. Für die Erhöhung der elektronischen Energie relativ zur Energie U_{e0} des elektronischen Grundzustands können wir

$$\mathcal{U}_e - U_{e0} = \int_0^{\epsilon_F} (\epsilon_F - \epsilon)[1 - w(\epsilon)]\mathcal{D}(\epsilon)\mathrm{d}\epsilon + \int_{\epsilon_F}^{\infty} (\epsilon - \epsilon_F)w(\epsilon)\mathcal{D}(\epsilon)\mathrm{d}\epsilon \qquad (4.49)$$

schreiben. Dabei stellt der erste Term dar, welche Energie aufzubringen ist, wenn alle anzuregenden Elektronen zunächst an die Fermi-Grenze befördert werden; der zweite Term erfaßt dann in einem zweiten Schritt den Energieaufwand, der erforderlich ist, um die Elektronen von ϵ_F in die höheren Endniveaus zu heben. Für die Änderung der elektronischen Energie mit der Temperatur, d. h. die elektronische Wärmekapazität, gilt dann

$$\frac{\mathrm{d}\mathcal{U}_e}{\mathrm{d}T} = \int_0^{\infty} (\epsilon - \epsilon_F)\mathcal{D}(\epsilon)\frac{\mathrm{d}w}{\mathrm{d}T}\mathrm{d}\epsilon \qquad (4.50)$$

oder, da die Umverteilung im Bereich der Fermi-Oberfläche erfolgt, näherungsweise

$$\frac{\mathrm{d}\mathcal{U}_e}{\mathrm{d}T} \approx \mathcal{D}(\epsilon_F) \int_0^{\infty} (\epsilon - \epsilon_F)\frac{\mathrm{d}w}{\mathrm{d}T}\mathrm{d}\epsilon \quad . \qquad (4.51)$$

Mit der Substitution

$$x = \frac{\epsilon - \epsilon_F}{k_B T} \qquad (4.52)$$

ergibt sich

$$\frac{\mathrm{d}\mathcal{U}_e}{\mathrm{d}T} = \mathcal{D}(\epsilon_F)\frac{(k_B T)^2}{T} \int_{x=-\epsilon_F/(k_B T)}^{\infty} \frac{x^2 \exp x}{(\exp x + 1)^2}\mathrm{d}x \quad . \qquad (4.53)$$

Bei tiefen Temperaturen können wir den Grenzübergang $T \to 0$ vollziehen, was für das Integral auf den Wert $\pi^2/3$ führt. Als Ergebnis folgt so

$$\frac{\mathrm{d}\mathcal{U}_e}{\mathrm{d}T} = \mathcal{D}(\epsilon_F)\frac{\pi^2}{3}k_B^2 T \quad . \qquad (4.54)$$

Führt man eine Temperatur T_F, genannt **Fermi-Temperatur**, über die Gleichung

$$\epsilon_F = k_B T_F \qquad (4.55)$$

ein und nutzt Gl. (4.42), erhält man für die Wärmekapazität der Elektronen pro Volumeneinheit einer metallischen Probe, $c_{v,e}$, als Ergebnis

$$c_{v,e} = \frac{1}{\mathcal{V}} \frac{d\mathcal{U}_e}{dT} = \frac{\pi^2}{2} \rho_e k_B \frac{T}{T_F} \ . \tag{4.56}$$

Wir können jetzt abschätzen, wie stark diese Größe gegenüber der Erwartung des klassischen Drude-Modells

$$c_v = \frac{3}{2} \rho_e k_B \tag{4.57}$$

vermindert ist. Typische Fermi-Energien von Metallen liegen in der Größenordnung von einigen eV. Dies entspricht Fermi-Temperaturen von $T_F \simeq 10^4 - 10^5$ K und führt zu einer Verminderung um mehr als zwei Größenordnungen.

Auch wenn der Beitrag sehr klein ist, ist es doch möglich, ihn durch präzise Messungen zu bestimmen. Wie im Abschnitt 5.1.1 erläutert wird, gilt für den Beitrag der Gitterschwingungen zur Wärmekapazität das Debyesche T^3-Gesetz Gl. (5.63). Insgesamt ist die Wärmekapazität eines Metalls deshalb als

$$c_v = \frac{36\pi^4}{15} \rho_c k_B \left(\frac{T}{T_D}\right)^3 + \frac{\pi^2}{2} \rho_e k_B \frac{T}{T_F} \tag{4.58}$$

zu beschreiben. Abb. 4.3 zeigt die Wärmekapazität pro Mol von Kalium, c_a, in einer Auftragung c_a/T gegen T^2. In dieser Auftragung ergibt sich der elektronische Anteil als Achsenabschnitt, und er ist klar erkenn- und bestimmbar.

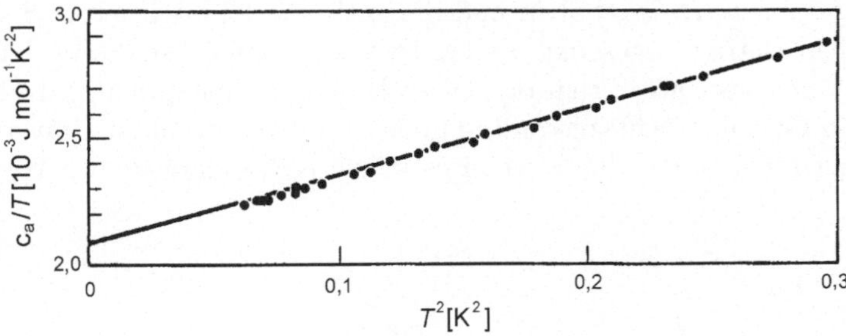

Abb. 4.3. Molare Wärmekapazität von Kalium unterhalb 1 K. Die Temperaturabhängigkeit ist Beleg für einen elektronischen Beitrag zusätzlich zur Phononenerzeugung (nach Lien und Phillips [28]).

Die Auswertung des Ergebnisses liefert noch eine weitergehende Einsicht. Der Achsenabschnitt erweist sich als größer, als aufgrund der Gln. (4.58), (4.55) und (4.40) unter Zugrundelegung der bekannten Dichte ρ_e zunächst zu erwarten wäre. Die Ursache hierfür werden wir später kennenlernen: Die periodischen Schwankungen des Potentials, welche im Fermi-Gas-Modell vernachlässigt werden, führen zu dem Effekt einer scheinbaren Veränderung der Elektronenmasse. Im Falle des Kaliums stellt sie sich mit

$$\frac{m_{\text{exp}}}{m_e} = 1,25 \tag{4.59}$$

als um 25% vergrößert heraus. Als Folge ergibt sich eine Verminderung der Fermi-Energie und dementsprechend auch der Fermi-Temperatur.

Paramagnetismus der Elektronen. Auch bei den magnetischen Eigenschaften der Metalle findet man einen großen Unterschied zur klassischen Erwartung. Elektronen besitzen zusammen mit ihrem Spin ein magnetisches Moment. Man würde für Metalle deshalb auch paramagnetische Eigenschaften erwarten, wobei bei klassischem Verhalten der Zusammenhang zwischen der Stärke B des magnetischen Feldes und der induzierten Magnetisierung M_z auf der Grundlage von Gl. (2.172) als

$$M_z = \mu_0 \rho_e \frac{\mu_B^2}{k_B T} \frac{B}{\mu_0} \tag{4.60}$$

gegeben wäre. Tatsächlich führt der Fermionen-Charakter der Elektronen dazu, daß die magnetische Suszeptibilität um vieles geringer ausfällt. Abbildung 4.4 stellt die Situation für den elektronischen Grundzustand dar. Wie in Abb. 4.2 ist die energetische Zustandsdichte aufgetragen, nur um 90° verdreht und jetzt in gespiegelter Form verdoppelt, wobei die rechte Hälfte Zuständen mit Spins parallel, und die linke Hälfte Zuständen mit Spins anti-parallel zur Feldrichtung zugeordnet ist. Solange kein magnetisches Feld vorhanden ist, sind beide Teile bis zur Fermi-Oberfläche bei ϵ_F aufgefüllt. Legt man ein Feld der Stärke B an, werden alle parallel orientierten Spins in der Energie um $\mu_B B$ angehoben und die anti-parallel orientierten Spins um den gleichen Betrag abgesenkt. Es ergibt sich so zunächst die in der Mitte der Abbildung gezeigte Situation. Diese Besetzung entspricht jedoch nicht dem neuen Gleichgewichtszustand, da das Spin-System durch Umverteilung Energie gewinnen kann, dann, wenn es in die rechts dargestellte Verteilung

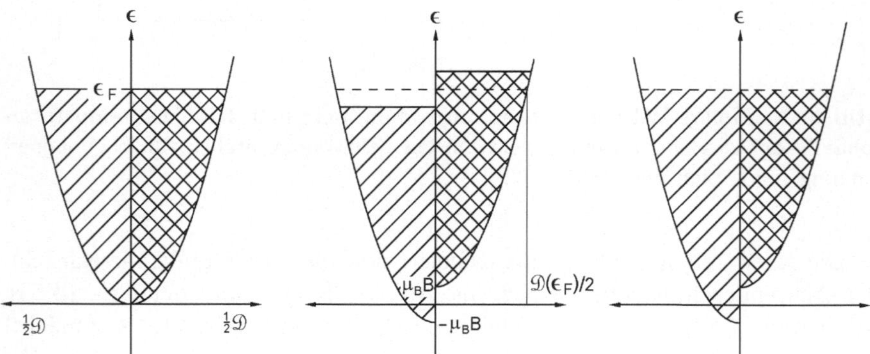

Abb. 4.4. Paramagnetismus der metallischen Elektronen bei tiefen Temperaturen. *Links:* Feldfreier Ausgangszustand. Besetzte Energieniveaus, getrennt für die beiden Spin-Orientierungen dargestellt. *Mitte:* Änderung der Energielagen beim Einschalten des Magnetfelds. *Rechts:* Absenkung der Energie durch Umverteilung und Wiederherstellung einer einheitlichen Fermi-Oberfläche.

übergeht. Die Umverteilung erfolgt an der Fermi-Oberfläche und damit bei einer energetischen Zustandsdichte pro Volumeneinheit von $3\rho_e/(4\epsilon_F)$ (aus Gl. (4.42)). Die Anzahl der pro Volumeneinheit umgesetzten Elektronen beträgt $\mu_B B 3\rho_e/(4\epsilon_F)$. Wird ein Spin umorientiert, ist dies mit einer Änderung des magnetischen Dipolmoments um $2\mu_B$ verknüpft. Die durch das angelegte Magnetfeld hervorgerufene Umorientierung der Spins in der Nähe der Fermi-Oberfläche führt so zu einer Gesamtmagnetisierung

$$M_z = 2\mu_B \frac{3\rho_e}{4\epsilon_F}\mu_B B = \mu_0 \rho_e \frac{3\mu_B^2}{2k_B T_F}\frac{B}{\mu_0} \quad . \tag{4.61}$$

Man erkennt unmittelbar den Unterschied zur klassischen Vorhersage: Er ist wieder durch das Verhältnis T/T_F gegeben, wie bei der Wärmekapazität.

Temperaturabhängigkeit der elektrischen Leitfähigkeit. Ergeben sich auch für die elektrische Leitfähigkeit und Wärmeleitfähigkeit von Metallen durch den Übergang vom Drude-Elektronengas zum Fermi-Gas wichtige Veränderungen? Wie wir sehen werden, sind sie eher verborgen und treten nach außen nicht unmittelbar in Erscheinung. Bei der Diskussion der elektrischen Leitfähigkeit haben wir nach der Bewegungsgleichung der Elektronen in einem angelegten elektrischen Feld zu fragen. Grundsätzlich gilt, daß Bewegungsgleichungen für quantenmechanische Erwartungswerte mit den klassischen Bewegungsgleichungen übereinstimmen. So gilt für den Erwartungswert des Impulses in Feldrichtung x, $< p_x >$, die Gleichung

$$\frac{\mathrm{d}}{\mathrm{d}t} < p_x >= -eE_x \quad . \tag{4.62}$$

Für die gewählten Eigenfunktionen des Fermi-Gases ist $< p_x >= \hbar k_x$ eine scharfe Observable, und die Bewegungsgleichung wird zu einer Bewegungsgleichung für die Wellenvektorkomponente k_x:

$$\hbar\frac{\mathrm{d}}{\mathrm{d}t}k_x = -eE_x \quad . \tag{4.63}$$

Man erwartet so für alle Elektronen einen zur Zeit proportionalen Anstieg in der x-Komponente des Wellenvektors, d. h.

$$\Delta k_x = \frac{-eE_x}{\hbar}t \quad . \tag{4.64}$$

Abb. 4.5 illustriert dies in einer Darstellung im k-Raum. Die Fermi-Oberfläche entspricht im k-Raum der Oberfläche einer Kugel mit einem Radius k_F, der nach Gl. (4.29) den Wert

$$k_F = \frac{(2m_e\epsilon_F)^{1/2}}{\hbar} \tag{4.65}$$

hat. Am absoluten Nullpunkt wären alle Zustände innerhalb der **Fermi-Kugel** besetzt; nicht-verschwindende Temperaturen führen, wie besprochen,

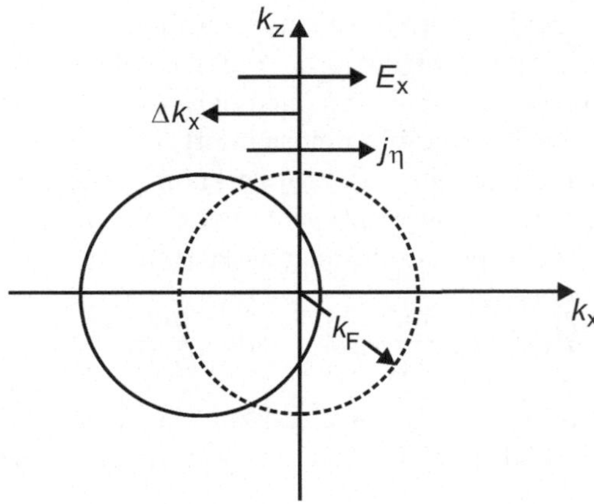

Abb. 4.5. Fermi-Kugel im k-Raum im feldfreien Fall (*strichliert*) und Verschiebung unter dem Einfluß eines elektrischen Feldes. Die verschobene Lage ist mit einem Stromfluß j_η verbunden.

nur zu Umbesetzungen in einem engen Bereich um die Fermi-Oberfläche. Gl. (4.64) bedeutete, daß sich die Fermi-Kugel wie angezeigt mit einer konstanten Geschwindigkeit längs der negativen k_x-Achse verschieben würde. Tatsächlich ist dies aber nicht richtig. Man hat sich nur zu vergegenwärtigen, was geschieht, wenn das elektrische Feld abgeschaltet wird. Die Fermi-Kugel würde dann nicht in der verschobenen Lage stehenbleiben, sondern sich wieder in die Ursprungslage mit Zentrum bei $k = 0$ zurückbewegen, da dies ja dem Gleichgewichtszustand im feldfreien Fall entspricht. Dabei handelt es sich wie immer, wenn sich ein System in den Gleichgewichtszustand begibt, um einen irreversiblen Prozeß, und ein solcher läßt sich bei nicht zu großen Auslenkungen aus dem Gleichgewicht in seinem zeitlichen Ablauf immer durch eine Relaxationsgleichung erfassen. Im gegebenen Fall lautet diese

$$\frac{\mathrm{d}\Delta k_x}{\mathrm{d}t} = -\frac{\Delta k_x}{\tau} \ . \tag{4.66}$$

τ ist dabei die zugeordnete Relaxationszeit. Die vollständige Bewegungsgleichung für die Fermi-Kugel ergibt sich durch Überlagerung der beiden durch die Gln. (4.64) und (4.66) beschriebenen Einflüsse, als

$$\frac{\mathrm{d}\Delta k_x}{\mathrm{d}t} = -\frac{eE_x}{\hbar} - \frac{\Delta k_x}{\tau} \ . \tag{4.67}$$

Wie wir wissen, stellt sich beim Anlegen eines Felds in einem Metall ein stationärer Stromfluß ein. Stationarität bedeutet

$$\frac{\mathrm{d}\Delta k_x}{\mathrm{d}t} = 0 \ , \tag{4.68}$$

und dies führt uns für die stationäre Verschiebung der Fermi-Kugel bei Anlegen eines elektrischen Feldes zum Ergebnis

$$\Delta k_x = \frac{-eE_x\tau}{\hbar} \ . \tag{4.69}$$

Die Verschiebung der gesamten Fermi-Kugel bedeutet für die Elektronen, daß alle eine gemeinsame Änderung in ihrer Geschwindigkeit erfahren, und zwar um

$$\Delta v_x = \frac{\hbar\Delta k_x}{m_\mathrm{e}} = \frac{-eE_x\tau}{m_\mathrm{e}} \ . \tag{4.70}$$

Dies heißt aber, daß ein elektrischer Strom mit der Dichte

$$j_\eta = -e\rho_\mathrm{e}\Delta v_x = \frac{\rho_\mathrm{e}e^2\tau}{m_\mathrm{e}}E_x \tag{4.71}$$

fließt.

Wie man sieht, stimmt dieses Ergebnis, jetzt abgeleitet für das Fermi-Gas, mit der entsprechenden Gl. (4.4) des Drude-Modells überein. Wir finden für die Leitfähigkeit wieder einen Ausdruck

$$\sigma_\mathrm{el} = \frac{\rho_\mathrm{e}e^2\tau}{m_\mathrm{e}} \ . \tag{4.72}$$

Beim Drude-Modell hatten wir für die Zeitkonstante τ_f geschrieben und sie mit der Zeit zwischen den Stößen verknüpft. Jetzt tritt τ allgemein als Relaxationszeit auf, doch ist der mikroskopische Hintergrund derselbe. Auch das Fermi-Gas begibt sich über die Wirkung von Stößen wieder zurück ins Gleichgewicht.

Quanteneffekte zeigen sich, wenn man die Frage der Temperaturabhängigkeit von τ behandelt. Abb. 4.6 zeigt als ein charakteristisches Ergebnis den

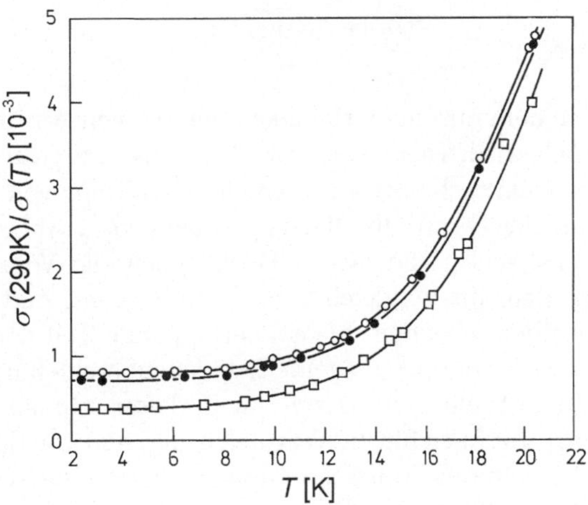

Abb. 4.6. Temperaturabhängigkeit der elektrischen Leitfähigkeit von drei verschiedenen Natrium-Proben, die sich im Gehalt an Störstellen unterscheiden (nach McDonald und Mendelssohn [29]).

Reziprokwert von σ_{el} als Funktion der Temperatur, so wie er für drei verschiedene Natriumproben gemessen wurde. Die Größe σ_{el}^{-1}, welche die Bedeutung eines elektrisches Widerstands hat, kann als Summe von zwei Anteilen

$$\sigma_{el}^{-1}(T) = \sigma_{el,imp}^{-1} + \sigma_{el,vib}^{-1} \tag{4.73}$$

dargestellt werden, wobei der erste Term temperaturunabhängig ist, und der zweite mit wachsender Temperatur ansteigt. Beide Beiträge gründen in der Wechselwirkung der Elektronen mit dem Kristallgitter. Wie wir später noch sehen werden, ergibt sich eine Beschränkung der freien Bewegung immer dann, wenn die periodische Gitterstruktur gestört ist. Dies kann aber auf zweierlei Art geschehen. Zum einen besitzt jeder Kristall eine gewisse Anzahl von Fehlstellen im Gitter. Diese sind immer, und so auch bei beliebig tiefen Temperaturen, vorhanden. Sie liefern den ersten Beitrag zum Widerstand. Der zweite Beitrag rührt von den Gitterschwingungen her. Ihre Amplituden steigen mit der Temperatur, dementsprechend nimmt die Störung der Periodizität und, in der Folge, die Störung der freien Bewegung der Elektronen zu. Diese Stöße der Elektronen an Gitterfehlstellen und ausgelenkten Atomen erfolgen mit charakteristischen Raten. Typische Werte sind $\tau_{imp}^{-1} \simeq 10^9 \ \mathrm{s}^{-1}$ für die Stöße an den Fehlstellen und, bei Raumtemperatur, $\tau_{vib}^{-1} \simeq 10^{14} \ \mathrm{s}^{-1}$ für die Stöße an schwingende Atome. Gl. (4.73) hat zur Grundlage, daß sich diese beiden Raten additiv zu

$$\tau^{-1} = \tau_{imp}^{-1} + \tau_{vib}^{-1} \tag{4.74}$$

überlagern. Naturgemäß steigt der Gitterschwingungsanteil des Widerstands mit der Amplitude der Schwingungen an, in etwa der Gleichung

$$\sigma_{el,vib}^{-1} \sim \tau_{vib}^{-1} \sim T \tag{4.75}$$

entsprechend.

Auch wenn es in dem für die Leitfähigkeit gefundenen Ausdruck Gl. (4.72) nicht direkt deutlich wird, ist es von den physikalischen Gegebenheiten her klar, daß auch der elektrische Strom in einem Metall nur von Elektronen in unmittelbarer Nähe der Fermi-Oberfläche getragen wird. Abb. 4.5 vermittelt insofern ein unrealistisches Bild, als in Wirklichkeit die Verschiebung Δk_x immer nur winzig klein im Vergleich zum Radius k_F ist, und es sind allein die Elektronen im überstehenden, nicht überlappende Teil der Zustände im k-Raum, welche den Stromfluß tragen. Elektronenbeschleunigung und Impulsänderungen durch Stöße spielen sich nur in dieser schmalen Zone ab.

Dieselbe Aussage gilt auch für die Wärmeleitung, und von daher wird auch klar, wieso das Wiedemann-Franzsche Gesetz, obwohl klassisch abgeleitet, doch richtig sein kann. Die für die Wärmeleitfähigkeit λ_Q auf klassische Art abgeleitete Gl. (4.16) kann qualitativ für das Fermi-Gas übernommen werden, wenn berücksichtigt wird, daß man für die kinetische Energie der wirksamen Elektronen

$$< u_{\mathrm{kin}} > \simeq k_{\mathrm{B}} T_{\mathrm{F}} \tag{4.76}$$

zu schreiben hat, und die Änderung der kinetischen Energie mit der Temperatur, welche allein von den Elektronen in der Nähe der Fermi-Oberfläche übernommen wird, nach Gl. (4.56) durch

$$\rho_{\mathrm{e}} \frac{\mathrm{d} < u_{\mathrm{kin}} >}{\mathrm{d}T} = c_{v,\mathrm{e}} \simeq \rho_{\mathrm{e}} k_{\mathrm{B}} \frac{T}{T_{\mathrm{F}}} \tag{4.77}$$

gegeben ist. Das Produkt dieser beiden Größen, welches λ_{Q} bestimmt, enthält nun interessanterweise nicht mehr die Fermi-Temperatur, und man gelangt zum selben Ergebnis wie in der klassischen Ableitung,

$$\lambda_{\mathrm{Q}} \simeq \frac{\rho_{\mathrm{e}} \tau k_{\mathrm{B}}^2 T}{m_{\mathrm{e}}} \quad . \tag{4.78}$$

Bildet man das Verhältnis zwischen der Wärmeleitfähigkeit und der elektrischen Leitfähigkeit, folgt wieder das Wiedemann-Franzsche-Gesetz.

Frequenzabhängkeit der Leitfähigkeit und dielektrische Funktion. Bisher hatten wir nach dem Strom gefragt, der sich in einem Metall beim Anlegen eines konstanten elektrischen Feldes einstellt. Welche Änderungen sind zu erwarten, wenn das Feld zeitlich oszilliert, mit Perioden im technischen Bereich oder auch mit viel höherer Frequenz, elektromagnetischen Wellen vom IR- bis zum UV-Bereich entsprechend? Bei der Behandlung der Frage können wir wieder von der Bewegungsgleichung (4.67) ausgehen, setzen aber jetzt auf der rechten Seite ein mit der Frequenz ω periodisch variierendes Feld an. Die zeitliche Änderung der Wellenzahl ist gleichbedeutend mit einer Änderung der Geschwindigkeit der Elektronen, und es gilt

$$m_{\mathrm{e}} \left(\frac{\mathrm{d}\Delta v_x}{\mathrm{d}t} + \frac{\Delta v_x}{\tau} \right) = -eE_0 \exp(-\mathrm{i}\omega t) \quad . \tag{4.79}$$

Die stationäre Lösung der Bewegungsgleichung finden wir mit dem Ansatz

$$\Delta v_x(t) = \Delta v_0 \exp(-\mathrm{i}\omega t) \quad . \tag{4.80}$$

Einsetzen führt auf eine Gleichung für die Amplitude Δv_0 der Geschwindigkeitsschwankung:

$$m_{\mathrm{e}}(-\mathrm{i}\omega + \frac{1}{\tau})\Delta v_0 = -eE_0 \quad . \tag{4.81}$$

Das periodische Wechselfeld löst somit einen Wechselstrom mit der Dichte

$$j_\eta = j_{\eta 0} \exp(-\mathrm{i}\omega t) = -e\rho_{\mathrm{e}} \Delta v_0 \exp(-\mathrm{i}\omega t) \tag{4.82}$$

aus, für dessen Amplitude $j_{\eta 0}$ wir den Ausdruck

$$j_{\eta 0} = \frac{\rho_{\mathrm{e}} e^2 \tau}{m_{\mathrm{e}}(1 - \mathrm{i}\omega\tau)} E_0 \tag{4.83}$$

erhalten. Die Proportionalitätskonstante hat die Bedeutung einer frequenzabhängigen Leitfähigkeit, die dem Gesetz

$$\sigma_{\mathrm{el}}(\omega) = \frac{\sigma_{\mathrm{el}}(\omega = 0)}{1 - \mathrm{i}\omega\tau} \tag{4.84}$$

gehorcht. Die Größe im Nenner, $\sigma_{\mathrm{el}}(\omega = 0)$, entspricht der statischen Leitfähigkeit von Gl. (4.72). Die **frequenzabhängige Leitfähigkeit** ist eine
komplexe Größe mit einem Real- und Imaginärteil

$$\sigma_{\mathrm{el}}(\omega) = \frac{\sigma_{\mathrm{el}}(0)}{1 + \omega^2\tau^2} + \mathrm{i}\frac{\sigma_{\mathrm{el}}(0)\omega\tau}{1 + \omega^2\tau^2} \ . \tag{4.85}$$

Im allgemeinen kann sich zwischen Strom und Feldstärke also eine Phasendifferenz einstellen.

Abweichungen vom statischen Wert zeigen sich allerdings erst, wenn das
Produkt $\omega\tau$ nicht mehr vernachlässigbar klein ist. Wir hatten bei der Diskussion der statischen Leitfähigkeit schon erklärt, daß die Relaxationszeit τ
bei Raumtemperatur durch die Stöße am schwingenden Gitter bestimmt wird
und in der Größenordnung von 10^{-14} s liegt. Dies bedeutet aber, daß bei Feld-
frequenzen, die deutlich unterhalb von 10^{14} s liegen, immer noch der statische
Wert gefunden wird. Erst wenn man in den Bereich der Stoßfrequenzen gelangt, zeigt sich die Frequenzabhängigkeit und führt dann zu einem schnellen
Abfall der Leitfähigkeit.

Das Mitschwingen der metallischen Elektronen mit einem elektrischen
Feld wirkt sich auf die Fortpflanzung der elektromagnetischen Wellen aus.
Wenn man diesen Einfluß erkennen will, muß man den Brechungsindex,
bzw. die dielektrische Funktion ε, in Abhängigkeit von der Frequenz bestimmen. Wie man leicht erkennt, ist $\varepsilon(\omega)$ direkt mit $\sigma(\omega)$ verknüpft. Das Wechselfeld erzeugt eine räumliche Verschiebung der Elektronen und, da diese
gegenüber dem festen, positiv geladenen Rumpfgitter erfolgt, eine zur Verschiebung Δx proportionale Polarisation

$$P(t) = -e\rho_{\mathrm{e}}\Delta x(t) \ . \tag{4.86}$$

Andererseits läßt sich auch die Stromdichte mit der Verschiebung verknüpfen,
nämlich als

$$j_\eta(t) = -e\rho_{\mathrm{e}}\Delta v_x(t) = e\rho_{\mathrm{e}}\mathrm{i}\omega\Delta x(t) \ . \tag{4.87}$$

Hieraus folgt für das Verhältnis zwischen Polarisation und Stromdichte

$$\frac{P(t)}{j_\eta(t)} = \frac{1}{-\mathrm{i}\omega} \tag{4.88}$$

und deshalb für die Amplitude P_0 der Polarisation die Beziehung

$$P_0 = \frac{j_{\eta 0}}{-\mathrm{i}\omega} = \frac{\sigma_{\mathrm{el}}(\omega)}{-\mathrm{i}\omega} E_0 \ . \tag{4.89}$$

Damit ergibt sich aber für die dielektrische Suszeptibilität χ, definiert durch Gl. (2.91), der Ausdruck

$$\varepsilon_0 \chi(\omega) = \frac{\sigma_{el}(\omega)}{-i\omega} \tag{4.90}$$

und mit Gl. (4.84) das Resultat

$$\varepsilon_0 \chi(\omega) = \frac{\sigma_{el}(0)}{-i\omega - \omega^2\tau} \quad . \tag{4.91}$$

Die dielektrische Funktion $\varepsilon(\omega)$ folgt als

$$\varepsilon(\omega) = 1 + \chi(\omega) = 1 + \frac{\rho_e e^2 \tau}{\varepsilon_0 m_e} \frac{1}{-i\omega - \omega^2\tau} \quad . \tag{4.92}$$

Bekanntlich sind Metalle für sichtbares Licht undurchlässig. Wieso dies so ist, läßt sich aufgrund der abgeleiteten Gleichung für $\varepsilon(\omega)$ jetzt leicht erkennen. Im Bereich des sichtbaren Lichts gilt

$$\omega\tau \gg 1 \quad ,$$

und wir können in guter Näherung die dielektrische Funktion als

$$\varepsilon(\omega) \approx 1 - \frac{\rho_e e^2}{\varepsilon_0 m_e \omega^2} \tag{4.93}$$

beschreiben. Wie man sieht, kann dieser Ausdruck ohne weiteres auch negative Werte annehmen. Wir erhalten

$$\varepsilon < 0$$

für

$$\omega^2 < \omega_{pl}^2 = \frac{\rho_e e^2}{\varepsilon_0 m_e} \quad , \tag{4.94}$$

also für alle Frequenzen, die unterhalb einer bestimmten Grenzfrequenz ω_{pl} liegen. Das Negativwerden der dielektrischen Funktion hat eine drastische Konsequenz für die Wellenausbreitung. Dies wird deutlich, wenn man die aus den Maxwellschen Gleichungen folgende Differentialgleichung

$$\mu_0 \frac{\partial^2 \boldsymbol{D}}{\partial t^2} = \nabla^2 \boldsymbol{E} \quad , \tag{4.95}$$

welche die Wellenausbreitung in Materie beschreibt, löst. Die dielektrische Verschiebung $\boldsymbol{D}$ ist mit dem elektrischen Feld $\boldsymbol{E}$ als

$$\boldsymbol{D} = \varepsilon_0 \varepsilon(\omega) \boldsymbol{E} \tag{4.96}$$

verknüpft. Für eine ebene, monochromatische Welle

$$E_x(y, t) = E_0 \exp i(-\omega t + ky) \tag{4.97}$$

ergibt sich beim Einsetzen in Gl. (4.95)

$$\mu_0 \varepsilon_0 \varepsilon(\omega) \omega^2 = k^2 \quad . \tag{4.98}$$

Führen wir die Lichtgeschwindigkeit c_l über

$$c_\mathrm{l}^{-2} = \mu_0 \varepsilon_0 \tag{4.99}$$

ein, so finden wir unter Heranziehung der Gln. (4.93) und (4.94) das Ergebnis

$$\left(1 - \frac{\omega_\mathrm{pl}^2}{\omega^2}\right) \frac{\omega^2}{c_\mathrm{l}^2} = k^2 \quad . \tag{4.100}$$

Für $\omega < \omega_\mathrm{pl}$ wird die linke Seite negativ und die Wellenzahl k damit zu einer imaginären Größe

$$k = \mathrm{i} k'' \quad .$$

Ein imaginärer Wert des Wellenvektors bedeutet aber

$$E_x(y, t) = E_0 \exp(-\mathrm{i}\omega t - k'' y) \quad , \tag{4.101}$$

d. h., daß sich die Welle nicht mehr mit konstanter Amplitude fortpflanzen kann, sondern exponentiell abklingt. Bei Frequenzen unterhalb von ω_pl ist eine Lichtausbreitung im Metall nicht mehr möglich. Trifft eine elektromagnetische Welle mit einer derartigen Frequenz auf eine Metalloberfläche, wird sie reflektiert. Im Metall bildet sich nur an der Oberfläche ein Lichtfeld mit exponentiell abklingender Intensität aus, eine **evaneszente Welle**; die Eindringtiefe hat die Größenordnung der Wellenlänge der auftreffenden Strahlung. Die Grenzfrequenz ω_pl liegt bei Metallen im UV-Bereich; sie bleiben deshalb für sichtbares Licht undurchdringlich. Für Frequenzen oberhalb ω_pl ergibt sich aus Gl. (4.100) die Dispersionsrelation

$$\omega^2 = \omega_\mathrm{pl}^2 + c_\mathrm{l}^2 k^2 \quad . \tag{4.102}$$

Plasmaschwingungen. Diese Dispersionsrelation besitzt ungewöhnliche Eigenschaften. Zunächst ist festzustellen, daß die Phasengeschwindigkeit ω/k oberhalb, die Gruppengeschwindigkeit $\mathrm{d}\omega/\mathrm{d}k$ aber unterhalb der Lichtgeschwindigkeit liegt. Beides ist Folge der Tatsache, daß im Unterschied zu den elektromagnetischen Wellen im Vakuum die Frequenz für $k \to 0$ nicht verschwindet, sondern den endlichen Wert ω_pl annimmt. Offensichtlich treten hier also auch für eine homogene Feldverteilung rücktreibende Kräfte auf. Abb. 4.7 macht deutlich, wie diese Kraft zustande kommt. Wir stellen uns eine plattenförmige, metallische Probe vor, und denken uns darin die Elektronen insgesamt um ein Stück Δx wie angedeutet nach oben verschoben. Dabei entsteht an der Oberseite eine negative, auf der Unterseite eine positive Flächenladung und deshalb, wie in einem Kondensator, ein homogenes elektrisches Feld E_x. Seine Stärke beträgt

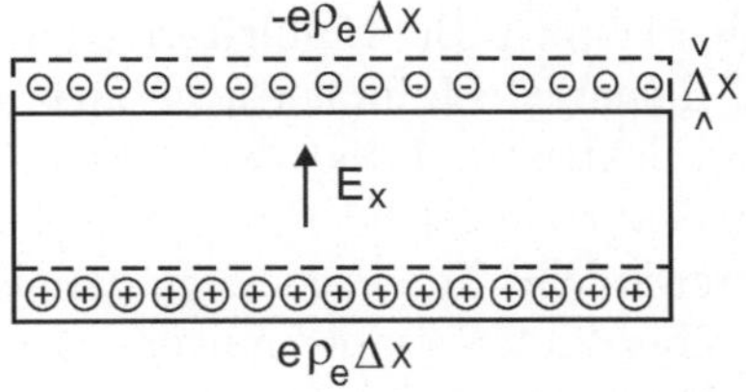

Abb. 4.7. Grundmode der Plasmaschwingungen: Die bei einer gemeinsamen Verschiebung aller Elektronen entstehenden Oberflächenladungen erzeugen ein rücktreibendes elektrisches Feld.

$$\varepsilon_0 E_x = e\rho_e \Delta x \ \ . \tag{4.103}$$

Das Feld wirkt auf die Elektronen zurück und erzeugt eine Beschleunigung entsprechend der Bewegungsgleichung

$$\rho_e m_e \frac{\mathrm{d}^2 \Delta x}{\mathrm{d}t^2} = -e\rho_e E_x = -\frac{1}{\varepsilon_0}\, e^2 \rho_e^2 \Delta x \ \ . \tag{4.104}$$

Die Lösung der Gleichung ist eine Schwingung mit der Eigenfrequenz

$$\omega^2 = \frac{\rho_e e^2}{\varepsilon_0 m_e} \ \ . \tag{4.105}$$

Genau derselbe Ausdruck tritt aber auch in Gl. (4.94) für ω_{pl} auf. Wir erkennen so die Bedeutung dieser als **Plasmafrequenz** bekannten Grenzfrequenz: Es ist die Frequenz der Eigenschwingung des Elektronengases, welches auch ohne äußeres Feld diese Schwingung ausführen kann.

Wie eine weitergehende theoretische Analyse zeigt, ist ω_{pl} die Grundmode einer Vielzahl von Schwingungen, welche die Elektronen als Plasma in einem metallischen Körper ausführen können. Bei jeder lokalen Verdichtung bauen sich elektrische Felder auf, welche rücktreibende Kräfte, und somit Schwingungen zur Folge haben. Eigenmoden mit wohldefinierter Frequenz ergeben sich aus wellenförmigen Verdichtungen des Plasmas. Dabei erzeugen die raumzeitlich veränderlichen elektrischen Felder auch magnetische Felder, sodaß sich ein Vorgang ergibt, bei dem Ladungsverschiebungen und elektromagnetische Felder in gekoppelter Form als Schwingungen auftreten. Existieren können diese allerdings erst oberhalb der Frequenz der Plasmagrundschwingung ω_{pl}. Unterhalb dieser Grenzfrequenz gibt es keine Fortpflanzung elektromagnetischer Wellen in Metallen, oberhalb geschieht dies dann in der beschriebenen, mit Plasma-Schwingungen gekoppelten Art und Weise.

4.2 Elektronen und Löcher in Halbleitern

Metalle sind mit ihrer hohen elektrischen Leitfähigkeit deutlich von anderen Materialien abgesetzt. Auch andere Kristalle enthalten verschiebbare elektrische Ladungen, und so stellt sich die Frage, wieso diese so viel weniger zu einem Stromfluß beitragen können. Bei Halbleitern sind die Ströme zwar viel geringer als in Metallen, dabei jedoch immer noch meß- und nutzbar, es gibt aber auch Stoffe, die als elektrische Isolatoren wirken, d. h., bei denen der Stromfluß beim Anlegen elektrischer Felder unmeßbar klein wird. Wir haben also zu erklären, wie diese riesigen Unterschiede in der elektrischen Leitfähigkeit – sie betragen weit über 20 Größenordnungen – zustande kommen. Die Antwort wird in diesem Abschnitt gegeben werden, und sie lautet: Dies ist eine Folge der Einwirkung der gitterperiodischen Schwankungen des Potentials auf die Elektronenzustände. Bei der Behandlung der Metalle wurde von einer Berücksichtigung der Schwankungen abgesehen und ein homogenes Potential angesetzt. Unter diesen Bedingungen verhalten sich die Elektronen wie freie Teilchen und können so alle Energien annehmen. Gitterperiodische Schwankungen des Potentials verändern die Situation. Sie können Bereiche auf der Energieskala erzeugen, die für Elektronen nicht zugänglich sind. Es entstehen dann **Energiebänder**, d. h. Energieintervalle, die von Eigenzuständen besetzt sind, und dazwischenliegend energetisch unzugängliche Bandlücken. Erkennbar wird dies bei einer störungstheoretischen Behandlung der Frage, wie sich die Energien der in einem homogenen Potentialtopf existierenden freien Elektronen verändern, wenn ein schwaches gitterperiodisches Potential hinzu tritt.

4.2.1 Elektronen im periodischen Kristallfeld

Abb. 4.8 gibt die Antwort auf diese Frage vorweg, so wie sie sich für ein eindimensionales System mit der Periode a ergibt. Die durchgängige, teilweise strichliert gezeichnete Linie repräsentiert die durch Gl. (4.29) beschriebene parabelförmige Energie-Wellenzahlabhängigkeit der freien Elektronen. Wird ein schwaches Potential, das mit der Gitterperiode a schwankt, eingeschaltet, so entstehen Lücken in den zugänglichen Energien. Die Stellen k, an denen sie sich auftun, liegen jeweils bei halben Werten des dem periodischen eindimensionalen System zugeordneten reziproken Gitters

$$G_h = h\frac{2\pi}{a} \ , \quad h \text{ ganzzahlig} \ . \tag{4.106}$$

Die verschiedenen Energiebänder liegen im k-Raum in verschiedenen **Brillouin-Zonen**, so das Band mit den niedrigsten Energien in der 1. Brillouin-Zone $|k| < \pi/a$, das nächste in der 2. Brillouin-Zone, $\pi/a < |k| < 2\pi/a$ usw. Die Bandlücken sitzen immer an den Grenzen der Brillouin-Zonen.

Zur Erklärung lösen wir die Schrödinger Gleichung

$$\left[-\frac{\hbar^2}{2m_e}\frac{d^2}{dx^2} + u(x) \right] \psi(x) = \epsilon\psi(x) \ . \tag{4.107}$$

Sie enthält ein Potential $u(x)$, welches mit der Periode des Gitters schwankt:

$$u(x) = u(x + la) \ . \tag{4.108}$$

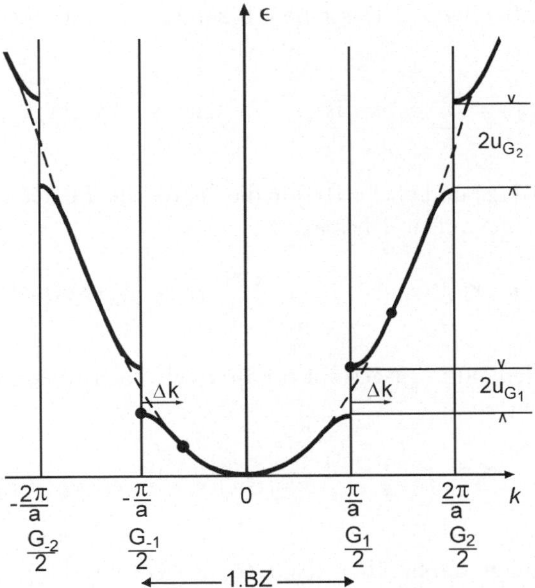

Abb. 4.8. Änderungen der Energieeigenwerte der Elektronen beim Übergang von einem flachen zu einem gitterperiodisch strukturierten Potentialtopf. Ausbildung von Energiebändern und Lücken. Haupteffekte an den Grenzen der Brillouin-Zonen.

$u(x)$ kann deshalb als Fourier-Reihe

$$u(x) = \sum_{G_h} u_{G_h} \exp(\mathrm{i}G_h x) \tag{4.109}$$

dargestellt werden. Die Entwicklungskoeffizienten sind dabei den Punkten des reziproken Gitters Gl. (4.106) zugeordnet. Über u_0 können wir verfügen und setzen

$$u_0 = 0 \ .$$

Da das Potential reell-wertig ist, gilt

$$u_{G_h} = u_{-G_h} \ .$$

Wir wollen von vornherein ein System mit endlicher Ausdehnung behandeln und fordern deshalb, wie bei den freien Elektronen, die Erfüllung der zyklischen Randbedingung. Für einen eindimensionalen Kristall aus N_c Zellen lautet sie:

$$\psi(x) = \psi(x + N_c a) \ . \tag{4.110}$$

Wellen $\exp(\mathrm{i}kx)$ mit Wellenzahlen

$$k = i\frac{2\pi}{N_c a} \quad , \qquad i \text{ ganzzahlig} \tag{4.111}$$

erfüllen die Randbedingung. Dasselbe gilt somit auch für eine Summe derartiger Wellen

$$\psi(x) = \sum_k c_k \exp(ikx) \quad (k \text{ aus Gl. (4.111)}) \ . \qquad (4.112)$$

Setzen wir Gl. (4.112) und Gl. (4.109) in die Schrödinger Gleichung (4.107) ein, tritt ein Produkt $u\psi$ auf, welches als

$$\sum_{G_h,k'} u_{G_h} c_{k'} \exp[i(G_h + k')x] = \sum_{G_h,k} u_{G_h} c_{k-G_h} \exp(ikx) \qquad (4.113)$$

geschrieben werden kann. Insgesamt erhalten wir nach Ausführung der zweifachen Differentiation

$$\sum_k \left[\frac{\hbar^2 k^2}{2m_e} c_k + \sum_{G_h} u_{G_h} c_{k-G_h} \right] \exp(ikx) = \epsilon \sum_k c_k \exp(ikx) \ . \qquad (4.114)$$

Die Summen laufen dabei über diskrete k- (Gl. (4.111)) und G_h-Werte (Gl. (4.106)).

Erfüllen läßt sich diese Gleichung nur, wenn Gleichheit für jedes einzelne k gegeben ist, d. h., es muß

$$\frac{\hbar^2 k^2}{2m_e} c_k + \sum_{G_h} u_{G_h} c_{k-G_h} = \epsilon c_k \qquad (4.115)$$

gelten. Wir erkennen jetzt die Wirkung des gitterperiodischen Potentials. Während in einem homogenen Potential, d. h. bei verschwindenden Koeffizienten u_{G_h}, alle Wellen $\exp(ikx)$ unabhängige Lösungen darstellen, führt das gitterperiodische Potential zu deren Verkopplung und Mischung. Dabei ist festzustellen, daß nicht alle Wellen miteinander gekoppelt werden, sondern nur solche, die sich um die Wellenzahl eines Punktes des reziproken Gitters, G_h, voneinander unterscheiden.

Gl. (4.115) erlaubt zu beurteilen, wie sich das Einschalten eines schwachen gitterperiodischen Potentials auf Eigenzustände und Eigenenergien der zunächst freien Elektronen auswirkt. Bekanntlich ergibt sich eine intensive Mischung von Zuständen verbunden mit starken Energieänderungen dann, wenn Zustände im ungestörten Zustand miteinander entartet oder fast entartet sind. Für die zu verkoppelnden Zustände geschieht dies genau an den Aufspaltungsstellen von Abb. 4.8, d. h. für Paare

$$k_1 = -\frac{G_h}{2}, \qquad k_2 = \frac{G_h}{2} \ .$$

Die beiden Zustände besitzen die gleiche Energie und unterscheiden sich um G_h. Auch für Zustände nahe daran, mit

$$k_1 = -\frac{G_h}{2} + \Delta k, \qquad k_2 = \frac{G_h}{2} + \Delta k \qquad \left(\frac{\Delta k}{G_1} \ll 1\right)$$

gilt immer noch

$$(k - G_h)^2 \approx k^2 \ . \tag{4.116}$$

Sie sind fast entartet, und so haben wir immer noch deutliche Energieänderungen und eine besonders starke Mischung beider Zustände zu erwarten. Auch in einer solchen Situation liegt es nahe, für eine näherungsweise Behandlung anstelle der unendlichen Reihe von Gleichungen in Gl. (4.115) nur die beiden wichtigsten,

$$\frac{\hbar^2 k^2}{2m_e} c_k + u_{G_h} c_{k-G_h} = \epsilon c_k \tag{4.117}$$

$$\frac{\hbar^2 (k - G_h)^2}{2m_e} c_{k-G_h} + u_{G_h} c_k = \epsilon c_{k-G_h} \ , \tag{4.118}$$

zu berücksichtigen. Sie enthalten allein die Amplituden c_k und c_{k-G_h} der zwei Wellen, welche intensiv koppeln. Die nicht-triviale Lösung des homogenen linearen Gleichungssystems erhält man durch Nullsetzen der Säkulardeterminante,

$$\begin{vmatrix} \epsilon_{0,k} - \epsilon & u_{G_h} \\ u_{G_h} & \epsilon_{0,k-G_h} - \epsilon \end{vmatrix} = 0 \ , \tag{4.119}$$

wobei

$$\epsilon_{0,k} = \frac{\hbar^2 k^2}{2m_e} \quad \text{und} \quad \epsilon_{0,k-G_h} = \frac{\hbar^2 (k - G_h)^2}{2m_e} \tag{4.120}$$

die Energien im ungestörten Zustand bezeichnen. Dies führt für die Eigenenergien nach dem Einschalten der Störung auf

$$\epsilon = \frac{1}{2}[\epsilon_{0,k} + \epsilon_{0,k-G_h}] \pm \sqrt{\frac{1}{4}[\epsilon_{0,k} - \epsilon_{0,k-G_h}]^2 + u_{G_h}^2} \ . \tag{4.121}$$

An den Grenzen der Brillouin-Zone

$$-k_1 = k_2 = \frac{G_h}{2} \ , \tag{4.122}$$

wo die ungestörte Energie

$$\epsilon_{0,k} = \epsilon_{0,k-G_h} = \frac{\hbar^2}{2m_e} \frac{G_h^2}{4} = \epsilon_{0,G_h/2} \tag{4.123}$$

beträgt, wird die Energieänderung am größten. Hier erfolgt eine Aufspaltung des entarteten Energieniveaus hin zu

$$\epsilon = \epsilon_{0,G_h/2} \pm u_{G_h} \ . \tag{4.124}$$

Geht man von den beiden Brillouin-Zonen-Grenzen wie in Abb. 4.8 angedeutet jeweils um Δk weiter, werden die Energien nach Einschalten der Störung zu

$$\epsilon = \epsilon_{0,G_h/2} + \frac{\hbar^2 \Delta k^2}{2m_e} \pm \sqrt{\frac{\hbar^2 \Delta k^2}{m_e} 2\epsilon_{0,G_h/2} + u_{G_h}^2} \quad . \tag{4.125}$$

Für kleine Abstände Δk erhalten wir als Näherungsergebnis

$$\epsilon \approx \epsilon_{o,G_h/2} \pm u_{G_h} + \frac{\hbar^2 \Delta k^2}{2m_e}(1 \pm 2\frac{\epsilon_{0,G_h/2}}{u_{G_h}}) \quad . \tag{4.126}$$

Dem Ausdruck ist zu entnehmen, daß die Kurven $\epsilon(k)$, wie in der Abbildung angedeutet, an den Brillouin-Zonen-Grenzen horizontal einlaufen. Aus Gl. (4.117) zusammen mit Gl. (4.124) folgt auch, daß an den Brillouin-Zonen-Grenzen die beiden Wellen mit gleich großen gegenläufigen Wellenvektoren mit gleicher Amplitude überlagert werden, d. h. aber, sich stehende Wellen bilden. Das gitterperiodische Potential ändert also auch den Charakter der Wellenfunktionen, von propagierend hin zu stehend. Die beiden an der Brillouin-Zonen-Grenze auftretenden stehenden Wellen haben die Formen

$$\exp(\mathrm{i}\frac{G_h}{2}x) + \exp(-\mathrm{i}\frac{G_h}{2}x) \sim \cos(\frac{G_h}{2}x) \tag{4.127}$$

und

$$\exp(\mathrm{i}\frac{G_h}{2}x) - \exp(-\mathrm{i}\frac{G_h}{2}x) \sim \sin(\frac{G_h}{2}x) \quad . \tag{4.128}$$

Sie sind gegeneinander räumlich verschoben und besitzen, da dann auch die Wechselwirkung mit dem gitterperiodischen Potential unterschiedlich ausfällt, die verschiedenen Eigenenergien, welche die Größe der Energielücke festlegen.

Wir hatten bei der störungtheoretischen Behandlung unseres Problems nur zwei dominante Wellenfunktionen kombiniert und die Beiträge aller anderen vernachlässigt. Tatsächlich läßt sich über die Form der exakten Eigenfunktionen eine allgemeine Aussage treffen, die als **Bloch-Theorem** bekannt ist. Gl. (4.115) zeigte uns, daß das gitterperiodische Potential nicht alle freien Elektronenwellen mischt, sondern immer nur solche, welche sich um eine Wellenzahl G_h des reziproken Gitters voneinander unterscheiden. Dies bedeutet aber umgekehrt, daß die exakte Lösung die Form

$$\psi(x) \sim \sum_{G_h} c_{k-G_h} \exp[\mathrm{i}(k - G_h)x] \tag{4.129}$$

$$= \exp(\mathrm{i}kx) \sum_{G_h} c_{k-G_h} \exp(-\mathrm{i}G_h x) \tag{4.130}$$

besitzen muß. Der Summenausdruck

$$\sum_{G_h} c_{k-G_h} \exp(-\mathrm{i}G_h x)$$

hat die gleiche Form wie die Fourier-Entwicklung Gl. (4.109) des gitterperiodischen Potentials und stellt damit ebenfalls eine gitterperiodische Funktion dar. Dies bedeutet aber, daß die Elektronen-Wellenfunktionen in einem Kristall ganz allgemein die Form

$$\psi(x) \sim \exp(ikx)\phi_k(x), \quad \text{mit} \quad \phi_k(x) = \phi_k(x + la) \tag{4.131}$$

besitzen, d. h. als Produkt von einer ebenen Welle mit einer gitterperiodischen Funktion geschrieben werden können. Die Wellen freier Elektronen erfahren also im Kristallgitter eine mit der Periode a regelmäßig schwankende Modulation der Amplitude. Man bezeichnet sie allgemein als **Bloch-Wellen**. Im Unterschied zu den freien Elektronen entspricht die Größe k der Bloch-Wellen nicht mehr dem Impuls. Weil das Potential u nicht mehr homogen ist, ist der Impuls keine Erhaltungsgröße mehr.

Der k-Wert einer Bloch-Welle ist nicht eindeutig festgelegt. Dies zeigt die Umformung

$$\exp(ikx)\phi_k(x) = \exp[i(k + G_h)x]\exp(-iG_h x)\phi_k(x) = \exp[i(k + G_h)x]\phi'(x) \tag{4.132}$$

Wie wir erkennen, führt die Verschiebung von k um einen Vektor G_h des reziproken Gitters wieder zu einer Schreibweise, die im Einklang mit dem Blochschen Theorem steht. Es gibt aber eine Möglichkeit, k auf eindeutige Art und Weise zu wählen: Man legt fest, daß k immer in der ersten Brillouin-Zone, also im Bereich

$$-\frac{\pi}{a} < k \leq \frac{\pi}{a} \tag{4.133}$$

liegen soll. Die Vereinbarung führt zu einer veränderten Darstellung der $\epsilon(k)$-Abhängigkeit. Das in Abb. 4.8 gezeigte Diagramm geht in die Darstellung von Abb. 4.9 über. Das unterste Band blieb unverändert, das Teilstück zwischen $G_1/2$ und $G_2/2$ wurde um G_1 nach links und das Teilstück auf der anderen Seite um den gleichen Betrag nach rechts verschoben. In der neuen Darstellung, dem **reduzierten Zonenschema**, liegen jetzt alle Energiebänder in der ersten Brillouin-Zone.

Aus Gründen, die später genannt werden, wird $\hbar k$ **Quasi-Impuls** der Bloch-Welle genannt. Innerhalb der ersten Brillouin-Zone gibt es gemäß Gl. (4.111) $\mathcal{N}_c$ mögliche Werte für den Quasi-Impuls. Das heißt aber, daß es in jedem einzelnen Band $2\mathcal{N}_c$ Zustände gibt, die von Elektronen, deren Spin zwei Einstellrichtungen besitzt, besetzt werden können. Klassifizieren lassen sich die Eigenzustände somit durch die Angabe von zwei Quantenzahlen, die den Quasi-Impuls bestimmende Wellenzahl k und die Nummer des Bandes, j. Die zugehörige Wellenfunktion ist

$$\psi_{kj} \sim \exp(ikx)\phi_{kj}(x) \ . \tag{4.134}$$

ϕ_{kj} hängt dabei von beiden Quantenzahlen ab.

Reale Kristalle sind dreidimensional. Die entsprechende Theorie ist formal aufwendiger, doch ändert sich dabei nichts an den Grundphänomenen,

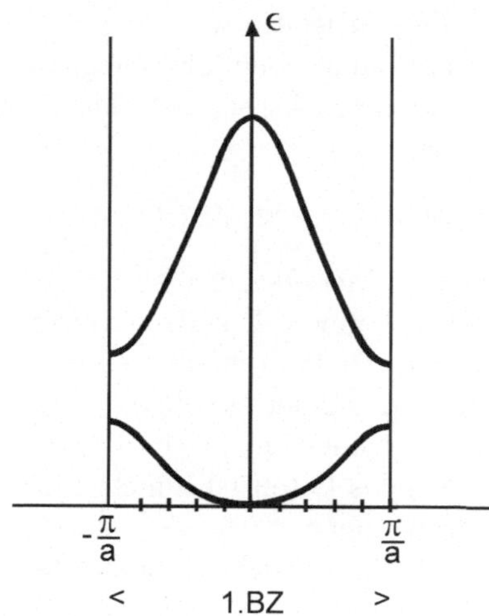

Abb. 4.9. Elektronenzustände in einem eindimensionalen Gitter. Darstellung bei Beschränkung der Werte von k auf die erste Brillouin-Zone (reduziertes Zonenschema).

weswegen wir uns hier darauf beschränken wollen, nur einige naheliegende Verallgemeinerungen kurz anzusprechen. Auch bei einem dreidimensionalen Kristall führt das Einschalten eines gitterperiodischen Potentials wieder zu einer Mischung der Wellenfunktionen der freien Elektronen und zwar wieder so, daß die Kombination immer nur Wellenfunktionen zusammenführt, die sich um Vektoren $\boldsymbol{G}_{hkl}$ des reziproken Gitters voneinander unterscheiden. Es bleibt auch dabei, daß starke Mischungseffekte, verbunden mit deutlichen Energieänderungen, nur dann eintreten, wenn gleichzeitig Entartung oder Fast-Entartung zwischen zwei Wellenfunktionen im potentialfreien Fall besteht. Die Bedingung hierfür lautete im eindimensionalen Fall Gl. (4.116) und wird im dreidimensionalen Fall zu

$$|\boldsymbol{k} - \boldsymbol{G}_{hkl}|^2 \approx |\boldsymbol{k}|^2 \ . \tag{4.135}$$

Exakt erfüllt war die Bedingung im eindimensionalen Fall an den Brillouin-Zonen-Grenzen. Im dreidimensionalen Fall werden die Grenzen zu Flächen im $\boldsymbol{k}$-Raum, und ihre geometrische Bedeutung wird klar, wenn man die Gleichung als

$$\boldsymbol{k} \cdot \frac{\boldsymbol{G}_{hkl}}{|\boldsymbol{G}_{hkl}|} = \frac{|\boldsymbol{G}_{hkl}|}{2} \tag{4.136}$$

schreibt. Diese Gleichung legt zu jedem Vektor $\boldsymbol{G}_{hkl}$ des reziproken Gitters eine Ebene im $\boldsymbol{k}$-Raum fest und zwar so, daß sie, auf $\boldsymbol{G}_{hkl}$ senkrecht stehend, diesen Vektor bei seinem halben Wert durchschneidet. Die dem Ursprung am nächsten liegenden, so gewonnenen Brillouin-Zonen-Grenzen schließen zusammen die erste Brillouin-Zone eines dreidimensionalen Kristalle ein. Abb. 4.10 zeigt die Art der Festlegung am Beispiel eines zweidimensionalen Kristalls. Wie man sich leicht überzeugt, stimmt der Flächeninhalt der ersten Brillouin-Zone dieses zweidimensionalen Kristalls und dementsprechend auch das Volumen der ersten Brillouin-Zone eines dreidimensionalen Kristalls mit der Fläche bzw. dem Volumen der Elementarzelle des reziproken Gitters überein.

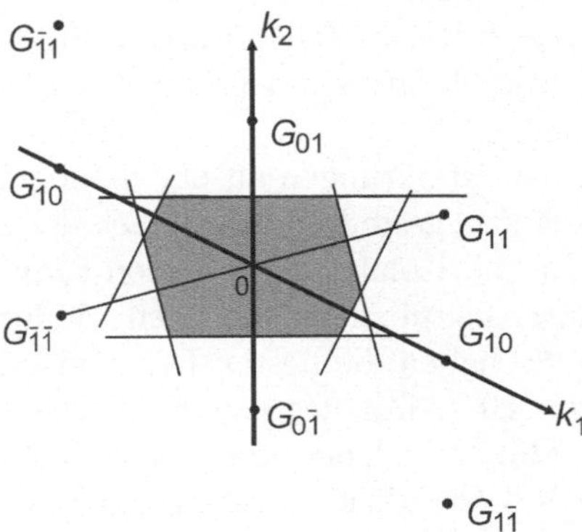

Abb. 4.10. Erste Brillouin Zone (gefüllt) im reziproken Raum (k_1, k_2 - Ebene) eines zweidimensionalen Kristalls.

Es ist offensichtlich, daß für drei Dimensionen wie im eindimensionalen Fall das Bloch-Theorem gilt, d. h., die exakten Wellenfunktionen von Elektronen in einem dreidimensional-periodischen Potential die Form

$$\psi(\boldsymbol{r}) \sim \exp(\mathrm{i}\boldsymbol{k}\boldsymbol{r})\phi_{\boldsymbol{k}}(\boldsymbol{x}) \tag{4.137}$$

besitzen, wobei $\phi_{\boldsymbol{k}}$ wieder gitterperiodisch,

$$\phi_{\boldsymbol{k}}(\boldsymbol{r}) = \phi_{\boldsymbol{k}}(\boldsymbol{r} + \boldsymbol{R}_{uvw}) \;, \tag{4.138}$$

ist. Übertragen läßt sich auch die Feststellung, daß die Aufteilung in Exponentialfunktion und die gitterperiodische Funktion $\phi_{\boldsymbol{k}}$ nicht eindeutig ist, da $\boldsymbol{k}$ immer um einen Vektor des reziproken Gitters $\boldsymbol{G}_{hkl}$ verändert werden kann und die Blochsche Form dabei erhalten bleibt. Eindeutig wird die Schreibweise wieder, wenn man vereinbart, $\boldsymbol{k}$ immer in der ersten Brillouin-Zone zu wählen. Dies bedeutet jetzt, daß man alle Bänder in ihrer Energieabhängigkeit als Funktion von $\boldsymbol{k}$ in der ersten Brillouin-Zone darstellt. Die Eigenzustände der Elektronen werden jetzt als

$$\psi_{\boldsymbol{k}j} \sim \exp(\mathrm{i}\boldsymbol{k}\boldsymbol{r})\phi_{\boldsymbol{k}j}(\boldsymbol{r}) \tag{4.139}$$

durch zwei Quantenzahlen, den Wellenvektor $\boldsymbol{k}$, welcher den Quasi-Impuls $\hbar\boldsymbol{k}$ bestimmt, und die Nummer des Bandes j festgelegt.

Wie im eindimensionalen Fall kann auch bei einem Kristall der Endlichkeit seiner Ausdehnung formal dadurch Rechnung getragen werden, daß man zyklische Randbedingungen auferlegt

$$\psi(\boldsymbol{r}) = \psi(\boldsymbol{r} + \mathcal{N}_1\boldsymbol{a}_1) = \psi(\boldsymbol{r} + \mathcal{N}_2\boldsymbol{a}_2) = \psi(\boldsymbol{r} + \mathcal{N}_3\boldsymbol{a}_3) \ . \tag{4.140}$$

Die Lösung ist natürlich dieselbe wie beim Fermi-Gas und wieder durch die Gln. (4.34) gegeben. Man erhält so innerhalb der ersten Brillouin-Zone genausoviel mögliche Werte $\boldsymbol{k}$ wie es Zellen im Kristall gibt ($\mathcal{N}_\mathrm{c}$) und hat pro Band damit unter Berücksichtigung des Elektronenspins $2\mathcal{N}_\mathrm{c}$ Zustände zur Besetzung zur Verfügung.

Wir sind jetzt mit den Erklärungen an der Stelle angelangt, wo wir uns der zu Beginn des Abschnitts gestellten Frage nach der Ursache der Existenz von Leitern, Halbleitern und Isolatoren zuwenden können. Diese unterscheiden sich ja radikal in ihrer Leitfähigkeit bzw. dem Widerstand, den sie einem Strom entgegensetzen. So haben die besten Leiter einen Widerstand $\sigma_{\mathrm{el}}^{-1}$ in der Größenordnung von 10^{-8} Ωm, Halbleiter überdecken den riesigen Bereich von $10^{-4} - 10^7$ Ωm, und Isolatoren noch einmal einen sehr großen Bereich, etwa $10^{12} - 10^{20}$ Ωm. Wie diese Unterschiede zustande kommen, ist nun in Abb. 4.11 angedeutet. Wir werden im nächsten Kapitel noch zu besprechen haben, wie Stromfluß in einem Kristall mit wirksamem gitterperiodischen Potential zu beschreiben ist. Auch ohne diese Kenntnisse ist aber klar, daß ein mit Elektronen vollständig gefülltes Band schon aus Symmetriegründen keinen Strom, der ja eine bestimmte Richtung besitzt, erzeugen

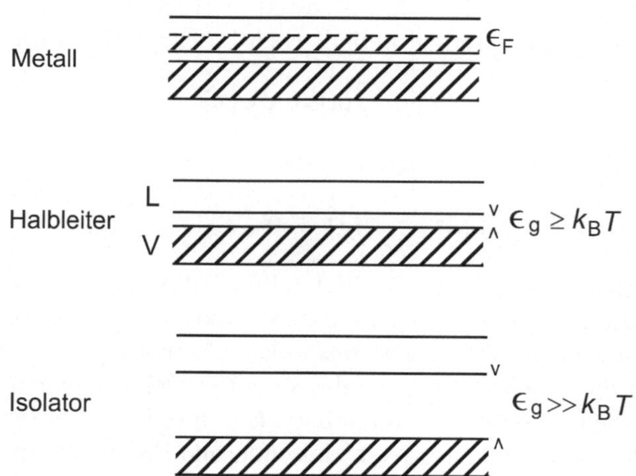

Abb. 4.11. Besetzung der höchstgelegenen Energiebänder bei Metallen, Halbleitern und Isolatoren. Bei Metallen tritt ein teilbesetztes Band auf, in welchem die Fermi-Energie ϵ_F liegt. Bei Halbleitern muß das Leitungsband (L) erst durch thermische Anregung von Elektronen aus dem Valenzband (V) besetzt werden. Isolatoren besitzen eine Bandlücke ϵ_g, welche groß gegenüber thermischen Energien $k_\mathrm{B}T$ ist.

kann. Stromfluß ist nur möglich, wenn im Kristall Energiebänder existieren, die nur teilweise von Elektronen besetzt sind. Genau da liegt der Unterschied zwischen Metallen, Halbleitern und Isolatoren. Abb. 4.11 zeigt, welche Besetzungssituation sich in den drei Fällen ergibt. Dabei ist von den vollständig besetzten Bändern immer nur das oberste, vollständig mit Schrägstrichen versehen, gezeichnet (vertikal verläuft die Energie, die horizontale Richtung ist bedeutungslos). Bei Metallen ist auch das darüberliegende Band noch besetzt, aber nicht mehr vollständig. Das oberste besetzte Niveau des elektronischen Grundzustands, auch weiterhin Fermi-Energie ϵ_F genannt, liegt bei Metallen innerhalb dieses Bandes. Daß es tatsächlich, im Unterschied zu den Annahmen des Fermi-Gases, auch in einem Metall Energielücken gibt, ist nicht wichtig, da, wie schon besprochen, sowieso nur die Elektronen in der Nähe der Fermi-Oberfläche angeregt werden können und zum Stromfluß beitragen. In der Mitte ist der elektronische Grundzustand eines Halbleiters gezeigt, so, wie er sich am absoluten Nullpunkt einstellen würde. Die Besetzung endet mit dem vollständig besetzten **Valenzband** (V). Der energetische Abstand ϵ_g zu dem zunächst leeren **Leitungsband** (L) ist aber so, daß er durch thermische Anregung doch überwunden werden kann, dann, wenn ϵ_g in derselben Größenordnung, bzw. nicht allzu weit oberhalb $k_B T$ liegt. Jetzt wird Stromleitung möglich, dies mit einer Stärke, die durch die Zahl der thermischen angeregten Elektronen bestimmt wird. Beim Isolator schließlich wird die energetische Lücke vom letzten besetzten bis zum ersten freien Band so groß, daß sie thermisch praktisch nicht mehr überwunden werden kann. Bei Abwesenheit beweglicher Elektronen gibt es aber auch keinen Stromfluß.

4.2.2 Elektronen- und Lochleitung

Nach der Diskussion des Stromflusses in Metallen, geführt im Rahmen des Fermi-Gas-Modells, stellt sich jetzt die Frage, wie die Ströme in Halbleitern zu erfassen sind. Bei der Behandlung der metallischen Elektronen konnten wir einfach die klassische Bewegungsgleichung für den Impuls $\hbar\boldsymbol{k}$ verwenden. Bei den in Halbleitern anzutreffenden Bloch-Wellen hat $\hbar\boldsymbol{k}$ zwar nicht mehr die Bedeutung eines scharfen Impulses, doch kann festgestellt werden, daß diese Größe als **Quasi-Impuls** in einem angelegten elektrischen Feld bei Abwesenheit von Störungen ebenfalls eine konstante Beschleunigung erfährt.

Bei der Begründung kann man ganz ähnlich vorgehen wie beim Fermi-Gas. Wir betrachten wieder die Bewegung eines einzelnen lokalisierten Elektrons, zunächst für ein eindimensionales System. So wie wir ein einzelnes Elektron in einem Metall als Wellenpaket, entstanden durch Überlagerung ebener Wellen, darstellten, können wir auch ein Einzelelektron in einem Halbleiter als Wellenpaket beschreiben, diesmal erzeugt durch Überlagerung von Bloch-Wellen. Beim Wellenpaket aus ebenen Wellen freier Teilchen wählten wir Wellen aus einem beschränkten Intervall um einen mittleren Wellenvektor k. Dasselbe Rezept läßt sich auch auf Bloch-Wellen anwenden, da die Erzeugung des

Wellenpakets allein durch den Exponentialterm $\exp(\mathrm{i}kx)$ bewirkt wird. Wellenpakete bewegen sich im Raum mit der Gruppengeschwindigkeit v_g, welche bei freien Elektronen und Bloch-Wellen gleichermaßen durch

$$v_\mathrm{g}(k) = \frac{\mathrm{d}\omega}{\mathrm{d}k} = \frac{1}{\hbar}\frac{\mathrm{d}\epsilon}{\mathrm{d}k} \tag{4.141}$$

gegeben ist. k ist dabei der Wellenvektor im Zentrum des k-Intervalls. Wirkt ein Feld auf ein Elektron in einem Halbleiter, so wird Arbeit verrichtet, und es erhöht sich entsprechend die Energie ϵ. Dabei gilt wie in der klassischen Physik

$$\mathrm{d}\epsilon = -eEv_\mathrm{g}\mathrm{d}t \quad . \tag{4.142}$$

Da wir andererseits aber

$$\mathrm{d}\epsilon = \frac{\mathrm{d}\epsilon}{\mathrm{d}k}\mathrm{d}k = \hbar v_\mathrm{g}\mathrm{d}k \tag{4.143}$$

schreiben können, ergibt sich

$$\hbar\frac{\mathrm{d}k}{\mathrm{d}t} = -eE \quad . \tag{4.144}$$

Die Gleichung sagt aus, daß der Quasiimpuls $\hbar k$ eines Elektrons in einem Halbleiter bei Einwirkung eines elektrischen Feldes gleichmäßig beschleunigt wird.

Ein bewegtes einzelnes Elektron, dargestellt durch ein Wellenpaket, liefert einen Beitrag

$$j_\eta \sim -ev_\mathrm{g}(k) \tag{4.145}$$

zur elektrischen Stromdichte. Abbildung 4.12 zeigt, was dies bedeutet. Das mit einem Punkt bezeichnete Elektron befindet sich hier zunächst an der tiefsten Stelle des Bandes bei $k = 0$ und bewegt sich unter dem Einfluß des angelegten Feldes E dann in die negative k-Richtung fort. Die mittlere Zeichnung stellt dar, wie sich dabei seine Gruppengeschwindigkeit nach negativen Werten hin ändert. Die negative Gruppengeschwindigkeit zusammmen mit der negativen Elementarladung erzeugen den erwarteten positiven Strom. Bei einer ungestörten Bewegung des Elektrons ändert sich nach Gl. (4.144) der Quasiimpuls mit einer konstanten Rate, für die Gruppengeschwindigkeit folgt hieraus aber ein ganz anderes Verhalten. v_g kann, wie man der Zeichnung entnimmt, negativ und positiv sein und durchläuft dementsprechend beschleunigende und abbremsende Phasen. In der klassischen Physik regelt die Masse das Verhältnis zwischen Beschleunigung und Kraft. Es liegt deshalb nahe, für die Elektronen in einem Halbleiter eine **effektive Masse** so zu definieren, daß diese das Verhältnis zwischen der Beschleunigung des Wellenpakets und der elektrischen Kraft richtig wiedergibt. Hierzu schreiben wir unter Verwendung der Gln. (4.144), (4.143)

$$\frac{\mathrm{d}v_\mathrm{g}}{\mathrm{d}t} = \frac{1}{\hbar}\frac{\mathrm{d}^2\epsilon}{\mathrm{d}k\mathrm{d}t} = \frac{1}{\hbar}\frac{\mathrm{d}^2\epsilon}{\mathrm{d}k^2}\frac{\mathrm{d}k}{\mathrm{d}t} = -e\frac{1}{\hbar^2}\frac{\mathrm{d}^2\epsilon}{\mathrm{d}k^2}E \tag{4.146}$$

und erhalten entsprechend für die effektive Masse $m_{\mathrm{e,eff}}$ den Ausdruck

$$m_{\mathrm{e,eff}} = \hbar^2 \left(\frac{\mathrm{d}^2\epsilon}{\mathrm{d}k^2} \right)^{-1} . \tag{4.147}$$

Wie man sieht, wird die effektive Masse des Elektrons durch die Krümmung des Energieverlaufs im Band bestimmt. Der Wert der effektiven Masse ändert sich deshalb innerhalb eines Bandes, im dargestellten Beispiel so, wie es die unterste Zeichnung zeigt. Man beachte, daß für $m_{\mathrm{e,eff}}$ sowohl positive wie negative Werte auftreten.

Alles Gesagte ist zwar theoretisch richtig, doch trifft man in einem realen Halbleiter eine ungestörte Bewegung von Elektronen genauso wenig an, wie in Metallen. Auch in Halbleitern wird die beschleunigte Bewegung der Elektronen immer wieder durch Stöße unterbrochen. Ausdrücklich festzustellen

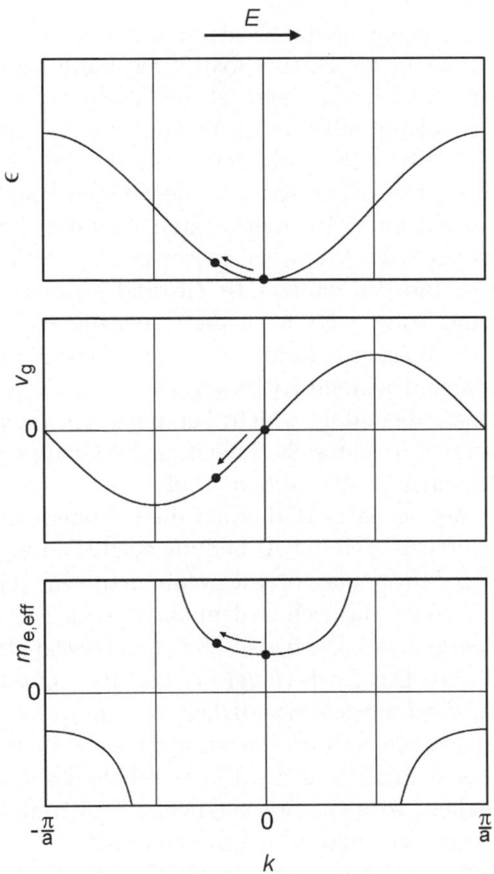

Abb. 4.12. Bewegung eines Elektrons im Leitungsband unter dem Einluß eines elektrischen Feldes (eindimensionales System): Energie, Gruppengeschwindigkeit und effektive Masse in Abhängigkeit vom zentralen k.

ist aber jetzt, daß sich solche Stöße nur dann ergeben, wenn das Kristallgitter gestört ist. Ein ideales, ungestörtes periodisches Potential hat die eben diskutierten Auswirkungen auf die Geschwindigkeit und Masse der Elektronen, doch der Quasiimpuls bleibt in seiner zeitlichen Entwicklung ungestört. Erst Abweichungen von der Idealität, wie Störstellen im Kristall oder die thermische Bewegung, erzeugen Stöße und unterbrechen dann immer wieder die gleichförmige Bewegung von $\hbar k$. Im realen Fall würde sich ein Elektron, das sich zunächst bei $k = 0$ befindet, aufgrund dieser Stöße nicht weit vom Ausgangszustand wegbewegen. Dann kann ihm aber auch eine wohldefinierte effektive Masse zugeordnet werden. Die Dispersionsrelation $\epsilon(k)$ bei $k = 0$ kann Gl. (4.126) entnommen werden. Hieraus erhalten wir den Ausdruck

$$m_{\mathrm{e,eff}} = m_{\mathrm{e}}(1 + 2\frac{\epsilon_{0,G_h/2}}{u_{G_h}})^{-1} \tag{4.148}$$

für die effektive Masse des Elektrons.

In einem Halbleiter gelangen die Elektronen durch eine thermische Anregung aus dem Valenzband ins Leitungsband. Sie hinterlassen dabei im Valenzband ein unbesetztes Niveau. Jetzt ist das Valenzband aber nicht mehr vollständig besetzt und kann selbst einen Beitrag zum Stromfluß liefern. Wie dies geschieht, ist in Abb. 4.13 geschildert, und zwar zunächst in dem einzelnen Bild oben links. Der offene Kreis an der oberen Bandkante stellt den durch die Anregung geschaffenen, unbesetzten Zustand dar. Legt man ein Feld E in der angezeigten Richtung an, bewegen sich alle Elektronen in die negative k-Richtung, und der unbesetzte Zustand wandert einfach mit. Im verschobenen Zustand trägt jetzt auch das Valenzband einen Strom. Alle Elektronen, mit einer einzigen Ausnahme, treten in Paaren mit Quasiimpulsen $\hbar k$ und $-\hbar k$ auf und können so keinen Beitrag zum Stromfluß liefern. Übrig bleibt allein das überzählige, nicht kompensierte Elektron mit positivem k-Wert. Es besitzt, wie man sieht, eine negative Gruppengeschwindigkeit und liefert so wieder einen positiven Stromfluß.

Ein alternatives, äquivalentes Bild erfaßt die Gegebenheiten auf einfachere Art, so, wie es der rechte Teil der Abbildung zeigt. Die gegebene Situation erscheint nach außen hin genau so, wie wenn man ein Teilchen mit einer positiven Ladung $+e$ hätte, das sich in dem oben gezeigten, durch eine Spiegelung erzeugten Energieband als einziges Teilchen bewegt. Man nennt dieses Quasiteilchen ein **Loch**. Das Loch (*hole*) besitzt einen Quasiimpuls $\hbar k_{\mathrm{h}}$, eine Energie ϵ_{h}, eine Gruppengeschwindigkeit v_{gh} und eine effektive Masse $m_{\mathrm{h,eff}}$. Alle Größen hängen wieder von k_{h} ab, so wie es in der Abbildung angedeutet ist. Unter dem Einfluß des Feldes erhält das Loch eine positive Gruppengeschwindigkeit, wird entsprechend einer positiven, effektiven Masse beschleunigt, und liefert so einen positiven Stromfluß.

Die Beschreibung des ausgelösten Stroms als Reaktion aller Elektronen eines fast vollen Bandes oder eines einzelnen Lochs in einem fast leeren Band führt zum gleichen Ergebnis, doch ist die zweite Form offensichtlich einfacher. Leitungsband und Valenzband lassen sich auf diese Art formal gleichar-

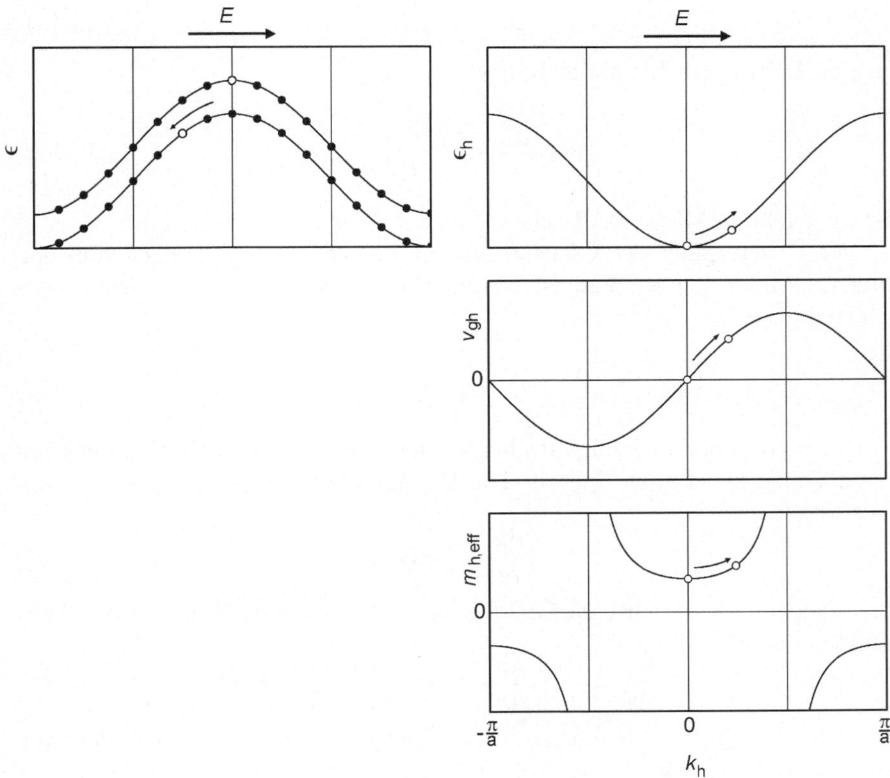

Abb. 4.13. Bewegung eines einzelnen unbesetzten Zustands im Valenzband eines eindimensionalen Kristalls unter dem Einfluß eines elektrischen Feldes (*links*). Äquivalente Beschreibung als Bewegung eines positiv geladenen Quasiteilchens mit dem Namen „Loch"(*rechts*): Energie ϵ_h, Gruppengeschwindigkeit v_gh und effektive Masse $m_\mathrm{h,eff}$ in Abhängigkeit vom Quasiimpuls k_h der Löcher.

tig behandeln. Die thermische Anregung schafft ein Elektron-Loch-Paar, und sowohl das Elektron als auch das Loch bewegen sich als einzelne Teilchen in ihrem jeweiligen Band, beide charakterisiert durch die zugeordnete Gruppengeschwindigkeit und effektive Masse. Der Vollständigkeit halber seien die für das Loch gültigen Beziehungen noch explizit angegeben. Sie lauten

$$\hbar\frac{\mathrm{d}k_\mathrm{h}}{\mathrm{d}t} = +eE \quad , \tag{4.149}$$

dies für die Änderung des Loch-Quasiimpulses in einem äußeren Feld,

$$v_\mathrm{g}(k_\mathrm{h}) = \frac{1}{\hbar}\frac{\mathrm{d}\epsilon_\mathrm{h}}{\mathrm{d}k}(k_\mathrm{h}) \tag{4.150}$$

für den Zusammenhang zwischen Gruppengeschwindigkeit und Verlauf des Energiebandes,

$$j_\eta \sim +ev_{\mathrm{g}}(k_{\mathrm{h}}) \tag{4.151}$$

für den Beitrag zur Stromdichte und

$$m_{\mathrm{h,eff}} = \hbar^2 \left(\frac{\mathrm{d}^2\epsilon_{\mathrm{h}}}{\mathrm{d}k_{\mathrm{h}}^2}\right)^{-1} \tag{4.152}$$

für die effektive Masse des Lochs.

Die Übertragung der Gleichungen für Elektronen und Löcher vom ein- zum dreidimensionalen Fall ist formal einfach. So gilt für die Gruppenge- schwindigkeit der Elektronen

$$\boldsymbol{v}_{\mathrm{g}} = \frac{1}{\hbar}\frac{\mathrm{d}}{\mathrm{d}\boldsymbol{k}}\epsilon \ . \tag{4.153}$$

$\boldsymbol{v}_{\mathrm{g}}$ ist also proportional zum Gradienten der Energie, d. h. steht senkrecht auf den Flächen konstanter Energie. Die Bewegungsgleichung für den Quasiim- puls lautet:

$$\hbar\frac{\mathrm{d}\boldsymbol{k}}{\mathrm{d}t} = -e\boldsymbol{E} \ . \tag{4.154}$$

Die effektive Masse wird im Dreidimensionalen zu einer Tensoreigenschaft. Wir schreiben

$$\frac{\mathrm{d}\boldsymbol{v}_{\mathrm{g}}}{\mathrm{d}t} = \frac{1}{\hbar}\frac{\mathrm{d}}{\mathrm{d}t}\frac{\mathrm{d}}{\mathrm{d}\boldsymbol{k}}\epsilon = -e\frac{1}{\hbar^2}\frac{\mathrm{d}}{\mathrm{d}\boldsymbol{k}}\frac{\mathrm{d}}{\mathrm{d}\boldsymbol{k}}\epsilon \cdot \boldsymbol{E} \tag{4.155}$$

und erhalten für die ij-Komponente des Tensors des Kehrwerts der effektiven Masse den Ausdruck

$$\left(\frac{1}{m_{\mathrm{e,eff}}}\right)_{ij} = \frac{1}{\hbar^2}\frac{\mathrm{d}^2\epsilon}{\mathrm{d}k_i\mathrm{d}k_j} \ . \tag{4.156}$$

Wie die entsprechenden Gleichungen für die Löcher aussehen ist offensicht- lich: Man hat die Energie ϵ_{h} und den Quasiimpuls $\hbar\boldsymbol{k}_{\mathrm{h}}$ zu verwenden, zusam- men mit der Ladung $+e$.

Eigenleitung und Dotierungseffekte. Was ergibt sich hieraus bezüg- lich der Leitfähigkeit von Halbleitern? Sie hängt wegen der thermischen Er- zeugung von Elektron-Loch-Paaren von der Temperatur ab und kann zu- dem als wichtige technische Maßnahme durch **Dotierung** beeinflußt werden, d. h. den Einbau von Fremdatomen in das Kristallgitter, welche zusätzliche Elektronen oder Löcher zur Verfügung stellen. Zunächst ist festzustellen, daß sich in der Leitfähigkeit die Beiträge von Elektronen und Löchern additiv überlagern. σ_{el} kann deshalb als

$$\sigma_{\mathrm{el}} = e(\rho_{\mathrm{e}}\nu_{\mathrm{el,e}} + \rho_{\mathrm{h}}\nu_{\mathrm{el,h}}) \tag{4.157}$$

geschrieben werden. Der Ausdruck enthält die Dichten ρ_{e} und ρ_{h} der Elek- tronen und Löcher, und daneben für beide Ladungsträger eine zusätzliche Größe,

$$\nu_{\mathrm{el}} = \frac{|v_{\mathrm{g}}|}{E} \quad , \tag{4.158}$$

die **elektrische Beweglichkeit** genannt wird. Die Definition von ν_{el} beinhaltet schon eine Aussage: Für beide Ladungsträger stellt sich beim Anlegen eines äußeren Feldes E eine bestimmte, zu E proportionale Teilchengeschwindigkeit v_{g} ein. Die Ursache hierfür ist dieselbe wie bei den metallischen Elektronen. Zwar erzeugt das angelegte Feld im Halbleiter, wie im vorigen Abschnitt beschrieben, eine gleichförmige Beschleunigung der Ladungsträger, doch wird diese auch in einem Halbleiter immer wieder durch Störungen unterbrochen. Wie bei den metallischen Elektronen ergibt sich so eine konstante mittlere Geschwindigkeit, die umso kleiner ist, je schneller die Stöße hintereinander erfolgen (Gl. (4.70)). Erwartungsgemäß wird gefunden, daß die elektrischen Beweglichkeiten $\nu_{\mathrm{el,e}}$ und $\nu_{\mathrm{el,h}}$ der beiden Ladungsträger mit wachsender Temperatur abnehmen, doch ist dies im Unterschied zu den Metallen jetzt nicht die Eigenschaft, welche die Temperaturabhängigkeit der Leitfähigkeit bestimmt. Die Leitfähigkeit fällt nicht, sondern steigt mit wachsender Temperatur, weil die Dichten der Elektronen und Löcher zunehmen.

Wir berechnen zuerst ρ_{e} und beziehen uns dabei auf das Term-Schema auf der linken Seite von Abb. 4.14. Die Besetzung der Energieniveaus im Leitungsband (L) wird durch die Fermi-Statistik geregelt, d. h. durch Gl. (4.45) festgelegt. Wie später auch noch gezeigt wird, liegt das chemische Potential der Elektronen μ_{e}, welches zusammen mit T die Verteilung bestimmt, etwa in der Mitte der Energielücke. Für den elektronischen Grundzustand, der am absoluten Nullpunkt eingenommen wird, ergibt sich so, wie es sein muß, eine vollständige Besetzung des Valenzbands und ein leeres Leitungsband. Normalerweise findet man in Halbleitern Lückenenergien, die zwar nicht unüberwindbar, aber doch deutlich größer als die thermische Energie sind:

$$\frac{\epsilon_{\mathrm{g}}}{k_{\mathrm{B}}T} > 1 \quad . \tag{4.159}$$

Die Verteilungsfunktion der Fermi-Statistik läßt sich dann näherungsweise als

$$w \approx \exp -\frac{\epsilon - \mu_{\mathrm{e}}}{k_{\mathrm{B}}T} \tag{4.160}$$

schreiben. Wie in Abb. 4.12 angedeutet und durch Gl. (4.126) auch ausgesagt ist, kann für den Zusammenhang $\epsilon(k)$ am Grunde des Leitungsbandes eine parabelförmige Näherung

$$\epsilon - \epsilon_{\mathrm{g}} \sim k^2 \tag{4.161}$$

angesetzt werden. Damit finden wir aber wieder dieselbe Situation wie bei einem Fermi-Gas (Gl. (4.29)) und können deshalb auch direkt den Ausdruck für die dort abgeleitete energetische Zustandsdichte $\mathcal{D}$ übernehmen (Gl. (4.38)), nun als

$$\mathcal{D}(\epsilon) = \frac{\mathcal{V}}{2\pi^2} \left(\frac{2m_{\mathrm{e,eff}}}{\hbar^2} \right)^{3/2} (\epsilon - \epsilon_{\mathrm{g}})^{1/2} \quad . \tag{4.162}$$

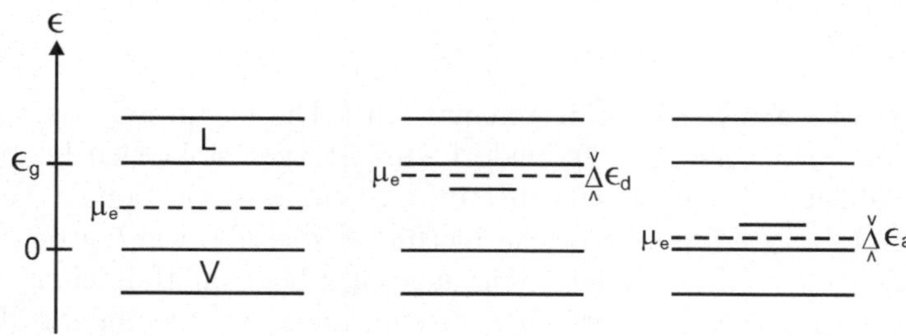

Abb. 4.14. Energieterm-Schemata mit Valenz- (V) und Leitungsband (L) von unterschiedlich behandelten Halbleitern: Ohne Dotierung (*links*), n-dotiert (*Mitte*) und p-dotiert (*rechts*).

Die Dichte der Elektronen im Leitungsband ρ_e läßt sich hiermit ausrechnen, als

$$\rho_e = \int\limits_{\epsilon_g}^{\infty} \frac{\mathcal{D}}{\mathcal{V}}(\epsilon) w_e(\epsilon) d\epsilon = \frac{1}{2\pi^2} \left(\frac{2m_{e,\text{eff}}}{\hbar^2}\right)^{3/2} \int\limits_{\epsilon_g}^{\infty} (\epsilon - \epsilon_g)^{1/2} \exp{-\frac{\epsilon - \mu_e}{k_B T}} d\epsilon \ .$$

(4.163)

Mit der Substitution

$$x = \frac{\epsilon - \epsilon_g}{k_B T}$$

(4.164)

und

$$\int\limits_{0}^{\infty} x^{1/2} \exp(-x) \, dx = \frac{\sqrt{\pi}}{2}$$

(4.165)

erhält man das Ergebnis

$$\rho_e = 2 \left(\frac{m_{e,\text{eff}} k_B T}{2\pi\hbar^2}\right)^{3/2} \exp{-\frac{\epsilon_g - \mu_e}{k_B T}} \ .$$

(4.166)

Eine analoge Vorgehensweise liefert die Dichte ρ_h der Löcher. Allgemein ist die Wahrscheinlichkeit, daß ein Elektronenzustand nicht besetzt oder, anders ausgedrückt, mit einem Loch besetzt ist, durch

$$w_h = 1 - w = 1 - \frac{1}{\exp\left(\frac{\epsilon - \mu_e}{k_B T}\right) + 1} \approx \exp\frac{\epsilon - \mu_e}{k_B T}$$

(4.167)

gegeben. In der Beschreibungsweise von Abb. 4.13 ersetzen wir die Elektronenenergie durch die Lochenergie $\epsilon_h = -\epsilon$ und setzen für den Zusammenhang $\epsilon_h(k_h)$ ebenfalls eine Parabelnäherung an. Wir erhalten so für die energetische Zustandsdichte

$$\mathcal{D}_h = \frac{\mathcal{V}}{2\pi^2} \left(\frac{2m_{h,\text{eff}}}{\hbar^2}\right)^{3/2} \epsilon_h^{1/2} \ .$$

(4.168)

und schreiben

$$w_\mathrm{h} \approx \exp \frac{-\epsilon_\mathrm{h} - \mu_\mathrm{e}}{k_\mathrm{B}T} \quad . \tag{4.169}$$

Die Dichte ρ_h folgt dann als

$$\rho_\mathrm{h} = \int\limits_0^\infty \frac{\mathcal{D}_\mathrm{h}(\epsilon_\mathrm{h})}{\mathcal{V}} w_\mathrm{h}(\epsilon_\mathrm{h}) \mathrm{d}\epsilon_\mathrm{h} = 2 \left(\frac{m_\mathrm{h,eff} k_\mathrm{B}T}{2\pi\hbar^2} \right)^{3/2} \exp -\frac{\mu_\mathrm{e}}{k_\mathrm{B}T} \quad . \tag{4.170}$$

Wir haben hier auch für den dreidimensionalen Kristall nur je einen Wert für die effektiven Massen der Elektronen und Löcher angesetzt. Tatsächlich sind die effektiven Massen im allgemeinen richtungsabhängig, und in den Gleichungen für die Dichten sind dann Mittelwerte über alle Richtungen enthalten.

Ein interessantes, wichtiges Ergebnis stellt sich bei der Bildung des Produkts aus der Elektronendichte Gl. (4.166) und der Löcherdichte Gl. (4.170) ein. Man erhält hierfür

$$\rho_\mathrm{e}\rho_\mathrm{h} = 4 \left(\frac{k_\mathrm{B}T}{2\pi\hbar^2} \right)^3 (m_\mathrm{e,eff} m_\mathrm{h,eff})^{3/2} \exp -\frac{\epsilon_\mathrm{g}}{k_\mathrm{B}T} \tag{4.171}$$

und somit einen Ausdruck, in dem das chemische Potential nicht mehr vorkommt. Da in einem reinen Halbleiter, wie wir ihn jetzt diskutieren, Elektronen und Löcher immer als Paare erzeugt werden und somit die Dichten übereinstimmen müssen,

$$\rho_\mathrm{e} = \rho_\mathrm{h} \quad , \tag{4.172}$$

folgt

$$\rho_\mathrm{e} = \rho_\mathrm{h} = 2 \left(\frac{k_\mathrm{B}T}{2\pi\hbar^2} \right)^{3/2} (m_\mathrm{e,eff} m_\mathrm{h,eff})^{3/4} \exp -\frac{\epsilon_\mathrm{g}}{2k_\mathrm{B}T} \quad . \tag{4.173}$$

Ein Vergleich mit Gl. (4.166) liefert uns einen Ausdruck für das chemische Potential. Es ergibt sich zu

$$\mu_\mathrm{e} = \frac{\epsilon_\mathrm{g}}{2} + \frac{3}{4} k_\mathrm{B}T \ln \frac{m_\mathrm{h,eff}}{m_\mathrm{e,eff}} \quad . \tag{4.174}$$

Man erkennt hieran, daß dann, wenn die effektiven Massen von Elektronen und Löchern vergleichbar groß sind,

$$m_\mathrm{h,eff} \approx m_\mathrm{e,eff} \quad , \tag{4.175}$$

das chemische Potential der Elektronen, wie in Abb. 4.14 angedeutet, etwa in der Mitte der Bandlücke liegt.

Mit Kenntnis der Dichten können wir jetzt auch die Leitfähigkeit angeben. Die Gln. (4.157) und (4.173) liefern als Ergebnis

$$\sigma_{\mathrm{el}} = 2e \left(\frac{k_{\mathrm{B}}T}{2\pi\hbar^2} \right)^{3/2} (m_{\mathrm{e,eff}} m_{\mathrm{h,eff}})^{3/4} \exp - \frac{\epsilon_{\mathrm{g}}}{2k_{\mathrm{B}}T} \cdot (\nu_{\mathrm{el,e}} + \nu_{\mathrm{el,h}}) \ . \qquad (4.176)$$

Die Gleichung gilt wie abgeleitet für einen reinen Halbleiter und beschreibt die dort vorliegende **Eigenleitung**. Materialien im technischen Einsatz sind in der Regel keineswegs rein, sondern bewußt und kontrolliert mit Fremdatomen versehen. Durch eine solche Dotierung läßt sich die Ladungsträgerkonzentration direkt beeinflussen, und dies ist eine Maßnahme, der größte praktische Bedeutung zukommt. Das wichtigste Material bei der Herstellung technisch genutzter Halbleiter ist das vierwertige Silizium. Baut man in dessen Gitter gezielt Arsen- oder Phosphor-Atome ein, beides fünfwertige Elemente, wird das überzählige, für die vier Bindungen im Gitter nicht benötigte Elektron für die Stromleitung zur Verfügung gestellt. Bei tiefen Temperaturen bleibt es zunächst noch an das Arsen- bzw. Phosphor-Atom über die Coulomb-Kraft gebunden, in einem Orbital, das wasserstoffähnlich ist. Übernimmt man das Term-Schema des Wasserstoffs, ergeben sich für dieses Elektron die Energieniveaus

$$\epsilon = \epsilon_{\mathrm{g}} - \frac{e^2}{4\pi\varepsilon_0\varepsilon r_1} \frac{1}{2n^2} \qquad n = 1, 2, 3, \ldots \ , \qquad (4.177)$$

wobei

$$r_1 = \frac{4\pi\varepsilon_0\varepsilon\hbar^2}{e^2 m_{\mathrm{e}}} \qquad (4.178)$$

den Bahnradius im Grundzustand $n = 1$ bezeichnet. Für das überzählige Elektron ist eine völlige Ablösung vom Mutteratom, d. h. eine Dissoziation möglich. Die zugehörige Energie beträgt

$$\Delta\epsilon_{\mathrm{d}} = \frac{e^4 m_{\mathrm{e}}}{(4\pi\varepsilon_0\varepsilon)^2 2\hbar^2} \ . \qquad (4.179)$$

Sie läßt sich thermisch bei Temperaturen um Raumtemperatur ohne weiteres aufbringen. Die energetische Situation, die sich beim Einbringen derartiger **Elektronen-Donator**-Atome in einen Silizium-Kristall ergibt, ist in Abb. 4.14 in der Mitte dargestellt. Der zusätzliche Strich entspricht dem Niveau des zusätzlichen Elektrons in seinem niedrigsten gebundenen Zustand. Die Dissoziationsenergie $\Delta\epsilon_{\mathrm{d}}$ legt fest, wie weit dieses Niveau unterhalb des Leitungsbandes liegt. Mit dem Einbringen von Elektronen-Donator-Atomen in den Halbleiterkristall verschiebt sich das chemische Potential nach oben. Im Grundzustand des Elektronensystems, eingenommen am absoluten Nullpunkt, bleibt das zusätzliche Elektron gebunden und besetzt diesen lokalisierten Zustand. μ_{e} muß deshalb notwendigerweise oberhalb dieser Energie liegen.

Führt man anstelle fünfwertiger Atome dreiwertige Atome wie Aluminium oder Bor in ein Silizium-Gitter ein, so schafft man zusätzliche Löcher. Um die vierte Valenz-Bindung abzusättigen, entnehmen diese **Akzeptor**-Atome ein Elektron dem Valenzband. Es ergibt sich so die umgekehrte Situation. Im Grundzustand am absoluten Nullpunkt ist das Loch am negativ geladenen Mutteratom gebunden. Thermische Energie kann es aus dieser Bindung freisetzen, wofür jetzt eine Energie $\Delta\epsilon_a$ aufzubringen ist. Bei Gebrauchstemperatur steht diese thermische Energie zur Verfügung, und die Löcher werden frei beweglich. Der Darstellung des zugehörigen Elektronen-Termschemas auf der rechten Seite von Abb. 4.14 ist zu entnehmen, daß μ_e jetzt nach unten verschoben wurde, auf eine Position nahe an der oberen Kante des Valenzbandes.

Im Unterschied zum reinen Halbleiter, in dem die Anzahlen von Elektronen und Löchern übereinstimmen, überwiegt nach einer Dotierung normalerweise ein Ladungsträgertyp. Man spricht dann von n-leitenden (negative Ladungsträger) oder p-leitenden (positive Ladungsträger) Materialien. Die Dominanz einer Ladungsträgersorte wird noch verstärkt, weil nach Gl. (4.171) das Produkt $\rho_e\rho_h$ beim Dotieren konstant bleibt und deshalb z.Bsp. eine Erhöhung der Elektronendichte automatisch eine Erniedrigung der Löcherdichte nach sich zieht. Zwar haben wir Gl. (4.171) bei der Diskussions des reinen Halbleiters erhalten, doch ist sie, da μ_e nicht enthalten ist, allgemein, d. h. für alle Materialen, rein oder dotiert, anwendbar.

pn-Übergang und Schottky-Barriere. Die Steuereigenschaften von Halbleiter-Bauelementen ergeben sich in vielen Fällen aus den physikalischen Eigenschaften von Grenzflächen zwischen Bereichen unterschiedlicher Leitfähigkeit. Neben Metall-Halbleiterkontakten nutzt man dabei insbesonders Übergänge zwischen verschieden dotierten Bereichen eines Halbleiters. Ein Grundelement dieser Art ist der **pn-Übergang** an der Grenzfläche zwischen einem Akzeptor- und einem Donator-reichen Bereich eines Halbleiters wie Silizium. Es ist lehrreich, seine Eigenschaften genauer zu betrachten.

Bringt man die Oberflächen eines p- und eines n-dotierten Halbleiter-Kristalls miteinander in Kontakt, so ändern sich die Bandstrukturen am Übergang, und zwar hin zu Verläufen, wie sie in Abb. 4.15 schematisch dargestellt sind. Beim Aneinanderfügen werden Elektronen aus dem n-Bereich, wo sie mit höherer Konzentration vorliegen, in den p-Bereich hinüberdiffundieren und umgekehrt Löcher in die entgegengesetzte Richtung. Dabei baut sich eine elektrische Doppelschicht auf, mit einer Ladungsverteilung η, wie sie im unteren Teil der Abbildung gezeichnet ist: Im p-Bereich ergibt sich durch das Wegdiffundieren der Löcher und das Hineindiffundieren der Elektronen eine negative Ladung, im n-Bereich dementsprechend eine positive Ladung, und beide Ladungsanhäufungen bleiben in der Nähe der Grenzfläche lokalisiert. Die Doppelschicht baut sich solange auf, bis das System in ein neues Gleichgewicht gelangt ist. Dies ist dann erreicht, wenn das chemische Potential der Elektronen, welches anfänglich im p- und n-Teil ein unterschiedliches Niveau hatte, wieder durchgängig konstant geworden ist. Zu diesem neu eingestellten chemischen Potential, jetzt besser als **elektrochemisches Potential** zu bezeichnen, liefert das von der Doppelschicht erzeugte elektrostatische Po-

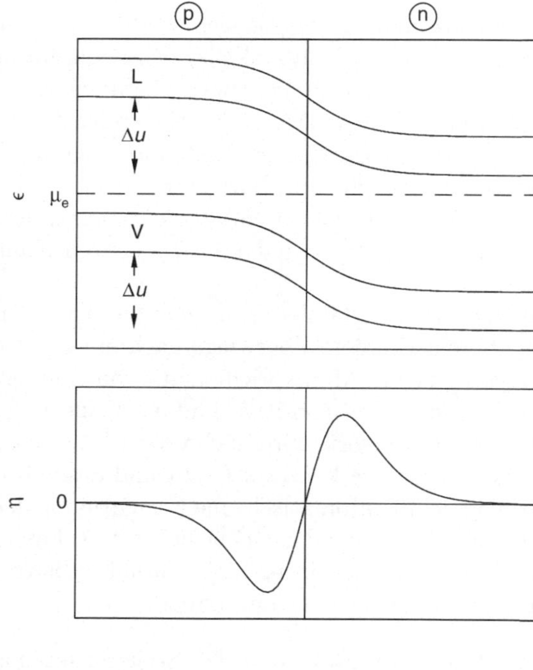

Abb. 4.15. pn-Übergang im stromlosen Gleichgewichtszustand: Ortsabhängiger Verlauf der Energie ϵ der Elektronen im Leitungs- und Valenzband (*oben*) und Ladungsdichteverteilung $\eta(x)$ (*unten*).

tential einen Beitrag. Das Bänderschema in der Abbildung zeigt die Energie der Elektronen im Valenz- und Leitungsband mit den Änderungen im Übergangsbereich. Der elektrostatische Teil der Energie

$$u(x) = -eV(x) \qquad (4.180)$$

zeigt genau denjenigen Verlauf, welcher erforderlich ist, um das elektrochemische Potential auf gleichbleibendem Niveau zu halten. Das elektrostatische Potential $V(x)$ im Bereich der Doppelschicht ist dabei über die Poisson-Gleichung

$$\frac{\mathrm{d}^2V}{\mathrm{d}x^2} = -\frac{\eta(x)}{\varepsilon_0} \qquad (4.181)$$

mit der Ladungsverteilung $\eta(x)$ verknüpft. Die Höhe Δu der Stufe in der potentiellen elektrostatischen Energie der Elektronen, wie sie sich insgesamt ergibt, ist in der Abbildung eingetragen. Eine Stufe derselben Höhe ergibt sich auch für die Löcher, als Folge ihrer potentiellen Energie im Feld der elektrischen Doppelschicht

$$u_\mathrm{h}(x) = eV(x) \quad . \qquad (4.182)$$

Das sich einstellende Gleichgewicht ist dynamischer Natur. Sowohl bei den Elektronen, als auch den Löchern gibt es Ströme in beide Richtungen. Das Gleichgewicht ist dadurch ausgezeichnet, daß sie sich jeweils kompensieren. Der (Teilchen-)Strom der Elektronen in positiver x-Richtung, **Generationsstrom** genannt, erfolgt spontan, da bei abnehmender potentieller Energie keinerlei Barrieren zu überwinden sind. Er hängt allein von der Dichte der Elektronen im p-Bereich ab:

$$j_{eg}(0) \sim \rho_e^p \ . \tag{4.183}$$

Der Gegenstrom in umgekehrter Richtung geht von einem Gebiet mit hoher Elektronendichte, ρ_e^n, aus, hat aber gegen den Potentialberg anzulaufen. Die Stufe in der potentiellen Energie hoch zu steigen, gelingt nur mit einer bestimmten Wahrscheinlichkeit, so, wie sie durch die Boltzmann-Statistik beschrieben ist. Dementsprechend schreiben wir für den (negativen) Strom von n nach p

$$j_{er}(0) \sim -\rho_e^n \cdot \exp -\frac{\Delta u}{k_B T} \ . \tag{4.184}$$

Dieser Stromanteil trägt in der Literatur den Namen **Rekombinationsstrom**. Im Gleichgewicht gilt

$$j_{eg}(0) + j_{er}(0) = 0 \ . \tag{4.185}$$

Steuerelemente reagieren mit spezifischen Stromänderungen auf das Anlegen einer äußeren Spannung. Der pn-Übergang besitzt Gleichrichter-Eigenschaften, d. h., ist in seiner Leitfähigkeit von der Richtung der angelegten Spannung abhängig. Daß dies so ist, ist leicht zu erkennen. Wenn an das pn-Element von Abb. 4.15 über Metallelektroden eine Spannung V mit Abfall in $+x$-Richtung angelegt wird, so läßt sich die Stufe in der potentiellen Energie der Elektronen am Übergang verkleinern, nehmen wir einmal an, um den Betrag $e\delta V$. In der Folge erhöht sich der Rekombinationsstrom und wird jetzt zu

$$j_{er}(\delta V) = j_{er}(0) \exp \frac{e\delta V}{k_B T} \ . \tag{4.186}$$

Auf der anderen Seite bleibt der Generationsstrom, für den die Stufe ja nichts bedeutet, unverändert

$$j_{eg}(\delta V) = j_{eg}(0) \ . \tag{4.187}$$

Für die Summe der beiden Ströme, j_e, ergibt sich

$$j_e = j_{er} + j_{eg} = j_{er}(0) \exp \frac{e\delta V}{k_B T} + j_{eg}(0) = j_{er}(0)(\exp \frac{e\delta V}{k_B T} - 1) \ . \tag{4.188}$$

Bei einer Spannung, die in positiver x-Richtung abfällt, nimmt die Stromdichte also exponentiell mit δV zu. Gl. (4.188) ist auch für die umgekehrte

Spannungsrichtung, d. h. ein negatives δV, anwendbar. Wir sehen, daß in diesem Fall der Strom bis zum Grenzwert $j_{\mathrm{eg}}(0)$, der niedrig ist, ansteigt und dann stehen bleibt.

Analoge Gleichungen lassen sich für die Löcher formulieren. Der Generationsstrom der Löcher, vom n- in den p-Bereich in negativer Richtung verlaufend, hat die durch die Dichte der Löcher im n-Bereich $\rho_{\mathrm{h}}^{\mathrm{n}}$ festgelegte Größe

$$j_{\mathrm{hg}}(0) \sim -\rho_{\mathrm{h}}^{\mathrm{n}} \; , \tag{4.189}$$

der Rekombinationsstrom in positiver Richtung wird wie bei den Elektronen durch die Höhe der Stufe in der potentiellen Energie Δu beeinflußt und ist durch

$$j_{\mathrm{hr}}(0) \sim \rho_{\mathrm{h}}^{\mathrm{p}} \cdot \exp -\frac{\Delta u}{k_{\mathrm{B}}T} \tag{4.190}$$

gegeben ($\rho_{\mathrm{h}}^{\mathrm{p}}$ ist die Löcher-Dichte im p-Bereich). Im Gleichgewicht kompensieren sich beide Ströme. Legt man eine Spannung mit Abfall in positiver x-Richtung an, erhöht sich der Rekombinationsstrom entsprechend der Beziehung

$$j_{\mathrm{hr}}(\delta V) = j_{\mathrm{hr}}(0) \exp \frac{e\delta V}{k_{\mathrm{B}}T} \; , \tag{4.191}$$

der Generationsstrom der Löcher bleibt unverändert,

$$j_{\mathrm{hg}}(\delta V) = j_{\mathrm{hg}}(0) \; , \tag{4.192}$$

und der Gesamtteilchenstrom der Löcher wird zu

$$j_{\mathrm{h}} = j_{\mathrm{hr}} + j_{\mathrm{hg}} = j_{\mathrm{hr}}(0)(\exp \frac{e\delta V}{k_{\mathrm{B}}T} - 1) \; . \tag{4.193}$$

Die Ladungsstromdichte j_η ergibt sich als Summe der Beiträge von Elektronen und Löchern als

$$j_\eta = e j_{\mathrm{h}} + (-e) j_{\mathrm{e}} = e j(0)(\exp \frac{e\delta V}{k_{\mathrm{B}}T} - 1) \; , \tag{4.194}$$

mit

$$j(0) = j_{\mathrm{hr}}(0) - j_{\mathrm{er}}(0) \; . \tag{4.195}$$

Auch in der Summe von Elektronen und Löchern wirkt der pn-Übergang also wie ein Gleichrichter, mit hoher, sowie mit wachsender Spannung immer größer werdender Durchlässigkeit in der einen Richtung, und einer nur verschwindend kleinen Durchlässigkeit in der anderen Richtung.

So, wie die Einstellung des Gleichgewichts an einem pn-Übergang erfolgt, nämlich durch den Aufbau einer Ladungs-Doppelschicht, deren Potentialstufe das elektrochemische Potential auf einen konstanten Wert bringt, geschieht dies auch allgemein beim Kontaktieren zweier verschiedener leitfähiger Stoffe. Wir wollen hier noch die sehr häufig anzutreffenden Kontakte zwischen Metallen und Halbleitern ansprechen. Abb. 4.16 bezieht sich als Beispiel auf den

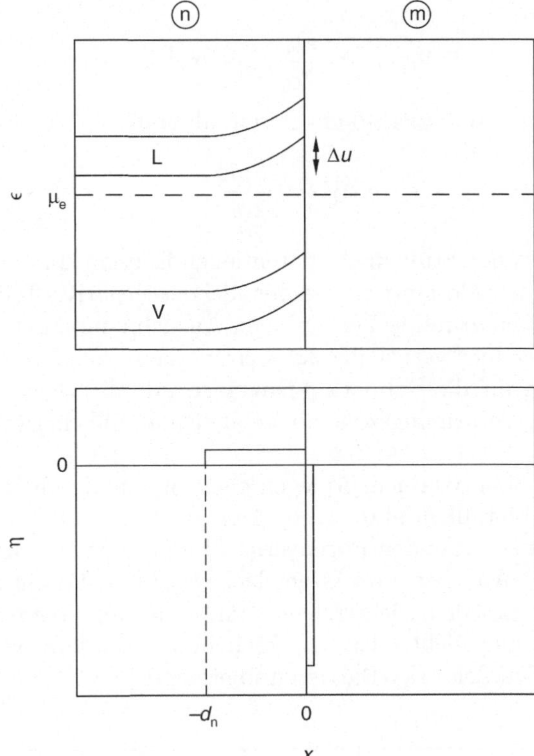

Abb. 4.16. Schottky-Barriere am Übergang von einem n-dotierten Halbleiter zu einem Metall. Verlauf von Leitungs- und Valenzband im stromlosen Gleichgewichtszustand (*oben*) und Ladungsdichteverteilung in Schottkyscher Näherung (*unten*).

Fall eines Metalls in Verbindung mit einem n-dotierten Halbleiter mit höher liegendem chemischen Potential. Dargestellt ist wieder der Gleichgewichtszustand, oben der Verlauf von Valenz- und Leitungsband im Halbleiterteil, zusammen mit dem elektrochemischen Potential, welches mit gleichbleibendem Wert in den metallischen Teil übergeht, und unten die Ladungsdichteverteilung. Die Doppelschicht besteht jetzt aus einer positiv geladenen Schicht der Dicke d_n im Halbleiterteil und einer im Vergleich dazu nur sehr dünnen, negativ geladenen Schicht auf der Seite des Metalls.

Das Kastenprofil stellt dabei nur eine Näherung dar. Diese wurde von Schottky vorgeschlagen und erlaubt eine Abschätzung der Breite d_n des Übergangsbereichs. Es kann angenommen werden, daß nach der Herstellung des Kontakts zum Metall alle durch n-Dotierung erzeugten Ladungsträger aus einer Schicht der Dicke d_n ins Metall fließen und dort an der Grenzfläche festgehalten werden. Für eine Konzentration ρ_d an Donatoratomen und demnach auch an Elektronen im Leitungsband ergibt sich durch eine zweimalige Integration der Poisson-Gleichung (4.181) der Potentialverlauf für

$-d_\mathrm{n} < x < 0$ als

$$V(x) = -\frac{e\rho_\mathrm{d}}{2\epsilon_0}(d_\mathrm{n} + x)^2 \quad . \tag{4.196}$$

Bis zur Grenzfläche stellt sich so ein Potentialabfall

$$\Delta V = \frac{e\rho_\mathrm{d} d_\mathrm{n}^2}{2\epsilon_0} \tag{4.197}$$

und eine entsprechende Stufe in der potentiellen Energie $\Delta u = e\Delta V$ ein. Dies gibt auch schon den Gesamtwert wieder, da der negative Teil der Doppelschicht im Metall aufgrund seiner geringen Ausdehnung einen viel kleineren Beitrag liefert, der hier vernachlässigt werden kann. Schätzt man mit Hilfe gemessener Werte für die **Schottky-Barriere** ΔV die Dicke der von Elektronen entblößten Verarmungszone ab, gelangt man üblicherweise zu Werten im μm-Bereich.

Wir sprachen oben von dem Anlegen einer Spannung an ein pn-Element über beidseitige Metallkontakte. Abb. 4.17 zeigt den für eine solche **Heterostruktur** anzutreffenden Potialverlauf im Gleichgewichtszustand ohne äußere Spannung. An allen drei Grenzflächen gibt es Potentialstufen. Wie man sieht, treten die Gleichrichtereigenschaften des pn-Übergangs beim Anlegen einer Spannung nicht allein in Erscheinung, sondern werden von der Wirkung der beiden Schottky-Barrieren überlagert.

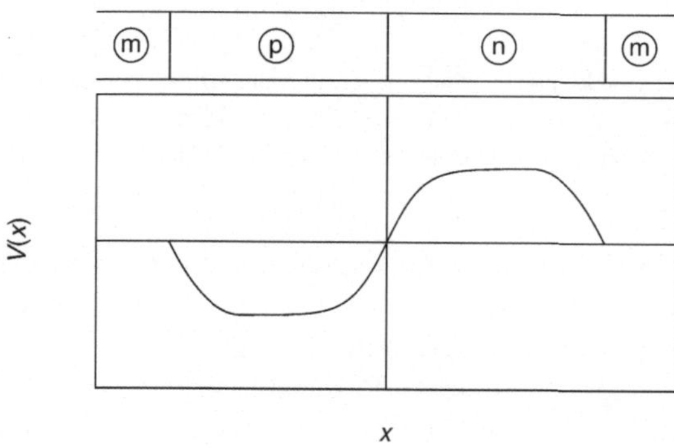

Abb. 4.17. Potentialverlauf in einer Metall-p-Halbleiter-n-Halbleiter-Metall-Heterostruktur ohne äußere Spannung.

Beim Vergleich der chemischen Potentiale der Elektronen in verschiedenen Stoffen hat man einen gemeinsamen Nullpunkt zu wählen. Als Bezugspunkt bietet sich der Zustand eines Elektrons ohne kinetische Energie außerhalb des Probekörpers an. Chemische Potentiale nehmen dann negative Werte an und beschreiben die Energie, mit der die den Strom tragenden Elektronen im Festkörper gebunden sind, bzw., die Austrittsarbeit, welche bei der Freisetzung dieser Elektronen aufzubringen ist. Letztere läßt sich über den photoelektrischen Effekt bestimmen, also die Beobachtung, daß bei Bestrahlung mit elektromagnetischen Wellen variabler Frequenz eine Freisetzung von Elektronen erst erfolgt, wenn die Photonenenergie $\hbar\omega$ die Bindungsenergie überschreitet. Wie wir feststellten, tritt beim Verbinden zweier leitfähiger Stoffe der Unterschied im chemischen Potential über das Kontaktpotential ΔV nach außen in Erscheinung. Die zugehörige Stufe $e\Delta V$ in der elektrostatischen Energie der Elektronen zeigt also an, wie groß der Unterschied in der Austrittsarbeit ist. Aus dem Kontaktieren verschiedener Metalle ergibt sich so die **Voltasche Spannungsreihe**, welche eine Reihung der Metalle in Bezug auf die Austrittsarbeit vornimmt.

4.3 Magnetfeld-Effekte

Magnetische Felder wirken über die Lorentz-Kraft auf bewegte Ladungen ein. Da sie senkrecht zur Geschwindigkeit gerichtet ist, erfolgt die Änderung im Bahnverlauf bei Erhaltung der kinetischen Energie. Die Anwesenheit eines magnetischen Feldes ändert die elektronischen Eigenzustände. Dabei können sich für ein Elektronensystem auch Änderungen in der Gesamtenergie ergeben, als ein Quanteneffekt, der klassisch nicht zu erwarten ist. In diesem Abschnitt sollen entsprechende Beobachtungen an Metallen und Halbleitern behandelt werden. Sie zeigen Eigenschaften der Elektronen und Löcher nahe der Fermi-Grenze an, und vermitteln so auch einen Eindruck von der Form der Fermi-Oberfläche.

4.3.1 Zyklotronresonanz

Zu Beginn wollen wir uns vergegenwärtigen, wie ein magnetisches Feld die Bewegungen in einem klassischen Elektronengas verändert. Aufgrund der Lorentz-Kraft verläuft die Bewegung zwischen zwei Stößen nicht mehr geradlinig, sondern gekrümmt auf einer Kreisbahn in einer Ebene senkrecht zur Richtung des Magnetfelds. Die Lorentz-Kraft

$$\mathbf{f} = -e(\mathbf{v} \times \mathbf{B}) \tag{4.198}$$

wirkt als Zentripetalkraft

$$m\omega_c^2 r = e\omega_c r B \ . \tag{4.199}$$

Wie man sieht, wird der Kreis unabhängig vom Radius immer mit der Frequenz

$$\omega_c = \frac{eB}{m_e} \ , \tag{4.200}$$

der **Zyklotronfrequenz**, durchlaufen, eine Erhöhung der Bahngeschwindigkeit vergrößert nur den Radius.

Welche Änderungen ergeben sich, wenn man von der klassischen Situation zu einem Fermi-Gas, bzw. Elektronen oder Löchern im Bändermodell übergeht? Wie immer wieder betont, sind hier allein Ladungen in der Nähe der Fermi-Oberfläche beweglich. Auf diese wirkt das Magnetfeld ein und verändert die Trajektorie von einer geradlinigen in eine gekrümmte Bewegungsform. Zur Beschreibung können wir wieder den halbklassischen Ansatz heranziehen, den wir schon bei der Erörterung der elektrischen Leitfähigkeit genutzt haben. Wir stellen ein einzelnes Elektron als Wellenpaket dar, bei Metallen gebildet aus den ebenen Wellen freier Teilchen, bei Halbleitern aufgebaut aus Bloch-Wellen. Die zugeordnete Geschwindigkeit ist durch die Gruppengeschwindigkeit

$$v_\mathrm{g} = \frac{1}{\hbar}\frac{\mathrm{d}}{\mathrm{d}\boldsymbol{k}}\epsilon \tag{4.201}$$

gegeben. Die Bewegungsgleichung für den (Quasi-)Impuls

$$\boldsymbol{p} = \hbar\boldsymbol{k} \tag{4.202}$$

des Elektrons in Anwesenheit eines Magnetfelds $\boldsymbol{B}$ lautet, der klassischen Gleichung entsprechend, jetzt

$$\hbar\frac{\mathrm{d}\boldsymbol{k}}{\mathrm{d}t} = -\frac{e}{\hbar}\frac{\mathrm{d}}{\mathrm{d}\boldsymbol{k}}\epsilon \times \boldsymbol{B} \ . \tag{4.203}$$

Wir haben hier eine Bewegungsgleichung im $\boldsymbol{k}$-Raum vorliegen. Da die Energie erhalten bleibt, erfolgt die Bewegung auf der Fermi-Oberfläche, und dabei so, daß die Ebene der Trajektorie senkrecht zu $\boldsymbol{B}$ steht. Abb. 4.18 zeigt am Beispiel der Fermi-Oberfläche von Kupfer zwei mögliche Bahnen. Sie sind insofern ausgezeichnet, als sie mit ihren Umläufen eine maximale oder minimale Fläche im $\boldsymbol{k}$-Raum umschließen, und gehören so zur Gruppe der **Extremal-Bahnen**. Der Zeitverlauf im $\boldsymbol{k}$-Raum legt auch die Zeitabhängigkeit der Gruppengeschwindigkeit fest und bestimmt so eine Bahn im direkten

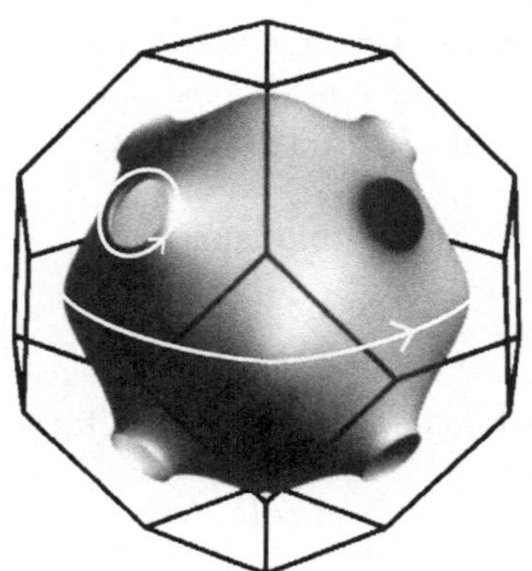

Abb. 4.18. Fermi-Oberfläche in der ersten Brillouin-Zone von Kupfer. Die Fläche erreicht an einigen Stellen die Zonengrenze. Zwei Trajektorien, die von Elektronen beim Anlegen eines Magnetfelds durchlaufen werden, sind eingetragen. Beide repräsentieren „Extremalbahnen".

Raum. Für jede Bahn läßt sich die Umlaufzeit τ aus der Bewegungsgleichung ausrechnen. Diese liefert, wie man unmittelbar erkennt, hierfür den Ausdruck

$$\tau = \frac{\hbar^2}{eB} \oint \frac{|\mathrm{d}\boldsymbol{k}|}{|\frac{\mathrm{d}}{\mathrm{d}\boldsymbol{k}}\epsilon \times \frac{\boldsymbol{B}}{B}|} \; . \tag{4.204}$$

Dabei ist das Wegintegral über die geschlossene Trajektorie auszurechnen.

Man kann sich auf der Grundlage dieser Gleichung leicht vergewissern, daß für ein ideales Fermi-Gas mit kugelförmiger Fermi-Oberfläche für alle Trajektorien die der Zyklotronfrequenz Gl. (4.200) entsprechende Umlaufzeit folgt. Für reale Systeme, und insbesonders bei Halbleitern, können sich für verschiedene Bahnen aber ganz unterschiedliche Umlaufzeiten ergeben. Durch Resonanzexperimente lassen sich diese Umlaufzeiten bestimmen. Dabei hat man wie bei der Elektronenspinresonanz senkrecht zum stationären Magnetfeld elektromagnetische Wellen so einzustrahlen, daß das elektrische Feld beschleunigend auf die Elektronen wirkt, also auch senkrecht zu $\boldsymbol{B}$ ausgerichtet ist. Energieaufnahme, und das heißt Absorption der Strahlung, erfolgt dann, wenn sie in ihrer Frequenz mit der Umlauffrequenz von Elektronen im Material übereinstimmt. Bei den üblichen magnetischen Feldstärken im Tesla-Bereich liegen diese Frequenzen, wie im Fall der Elektronenspinresonanz, im Mikrowellenbereich (man beachte, daß die Larmorfrequenz, welche die Einwirkung eines magnetischen Feldes auf atomar gebundene Elektronen beschreibt, halb so groß wie die Zyklotronfrequenz freier Elektronen ist). Daß man in Zyklotronresonanzexperimenten trotz variierender Umlaufzeiten in der Regel eine klare Struktur erkennt, ist Ausweis für eine ungleichmäßige Verteilung mit ausgeprägten Maxima. Abb. 4.19 gibt ein Beispiel, erhalten

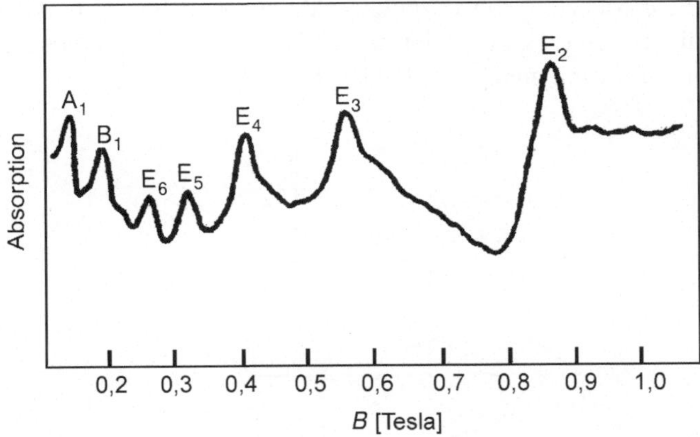

Abb. 4.19. Zyklotronresonanzkurve, erhalten für Aluminium. Die Maxima lassen sich drei verschiedenen Extremalbahnen (A, B, E) zuordnen. Bei der Extremalbahn E werden auch Resonanzen höherer Ordnung beobachtet (von Moore and Spong [30]).

für Aluminium. Die Maxima sind ganz allgemein mit den schon erwähnten Extremalbahnen verknüpft. Im Bereich dieser Bahnen ändern sich die Umlaufzeiten nur langsam, wenn man zu benachbarten Bahnen in parallel versetzten Ebenen übergeht, und sie erhalten so ein größeres statistisches Gewicht. Das Experiment zeigt noch, daß Resonanz auch dann erzielt wird, wenn die Frequenz der Strahlung einem Vielfachen der Umlauffrequenz entspricht.

Bisher hatten wir nur Elektronen betrachtet. Natürlich reagieren Löcher auf analoge Art und Weise auf das Anlegen eines Magnetfelds. Sie durchlaufen ebenfalls geschlossene Trajektorien auf der Fermi-Oberfläche, unterscheiden sich von den Elektronen aber durch die Umlaufrichtung. Mit Hilfe zirkularpolarisierter elektromagnetischer Wellen kann deshalb in Zyklotronresonanzexperimenten zwischen Elektronen und Löchern unterschieden werden.

4.3.2 Hall-Effekt

Wenn gleichzeitig mit einem Magnetfeld B auch ein elektrisches Feld E angelegt und die Geometrie richtig gewählt wird, läßt sich erreichen, daß die Trajektorien der Ladungsträger gerade bleiben. Das Magnetfeld führt dann zu einer meßbaren Ladungstrennung, bekannt als **Hall-Effekt**. Abb. 4.20 stellt die zu wählende Anordnung dar. Das Magnetfeld ist längs z ausgerichtet, das elektrische Feld ist über eine Spannung in x-Richtung angelegt. Setzt der Stromfluß unter der Einwirkung des elektrischen Feldes ein, so wird beobachtet, daß auch ein elektrisches Feld in y-Richtung entsteht. Ursache hierfür ist die Auslenkung der Ladungen durch das Magnetfeld und der daraus resultierende Aufbau von Flächenladungen an den beiden Oberflächen senkrecht zur y-Achse. Die Flächenladungen nehmen so lange zu, bis das hieraus resultierende Feld in y-Richtung die Lorentz-Kraft ausgeglichen hat. Allgemein ist die Kraft auf ein Elektron unter der gemeinsamen Wirkung eines elektrischen Feldes E und eines magnetischen Feldes B durch

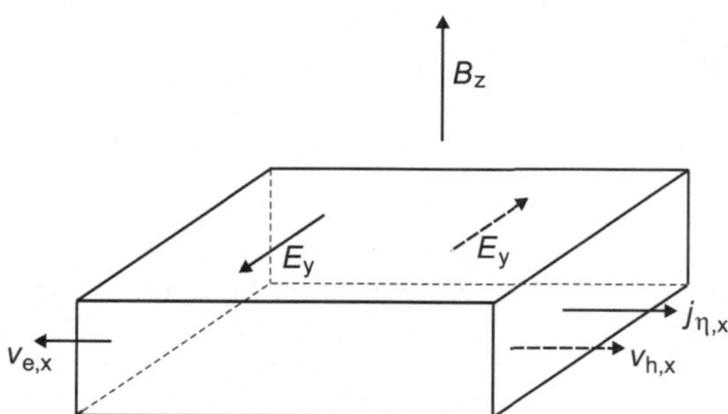

Abb. 4.20. Felder und Ströme bei einer Hall-Effekt Messung: Ladungsstromdichte j_η, Geschwindigkeiten der Elektronen ($v_{e,x}$) und Löcher ($v_{h,x}$) sowie elektrisches Transversalfeld E_y bei Elektronenleitung und Lochleitung (*strichliert*).

$$\mathbf{f} = -e(\boldsymbol{E} + \boldsymbol{v} \times \boldsymbol{B}) \tag{4.205}$$

gegeben. Der stationäre Zustand ist erreicht, wenn die Kraft in y-Richtung verschwindet,

$$f_y = 0 \ , \tag{4.206}$$

was für

$$E_y = v_x B_z \tag{4.207}$$

der Fall ist.

Der Hall-Effekt erlaubt unterschiedliche Anwendungen. So läßt sich zum einen, nach dem Anlegen des Magnetfelds und der Spannung, die Dichte des Stroms in x-Richtung $j_{\eta,x}$ und das induzierte elektrische Feld in y-Richtung messen. Bestimmt man die beiden Größen, kann man den **Hall-Koeffizienten**

$$R_\mathrm{H} = \frac{E_y}{j_{\eta,x} B_z} \tag{4.208}$$

ermitteln. Seine Bedeutung folgt aus

$$j_{\eta,x} = -e\rho_\mathrm{e} v_x \tag{4.209}$$

und Gl. (4.207), als

$$R_\mathrm{H} = -\frac{1}{e\rho_\mathrm{e}} \ . \tag{4.210}$$

Handelt es sich bei den Ladungsträgern um Löcher, ergibt sich für den Hall-Koeffizienten

$$R_\mathrm{H} = \frac{1}{e\rho_\mathrm{h}} \ . \tag{4.211}$$

Schon vom Vorzeichen eines gemessenen Hall-Koeffizienten her ist es also möglich, zu unterscheiden, welcher der beiden Ladungsträger dominiert.

Andererseits läßt sich der Hall-Effekt auch zur Bestimmung der Stärke eines Magnetfelds verwenden. Wenn der Hall-Koeffizient bekannt ist, kann man für einen aufgeprägten Strom die Querfeldstärke E_y messen und daraus B ermitteln.

4.3.3 Magnetisierungsoszillationen

Wir hatten in den letzten beiden Abschnitten erörtert, wie ein magnetisches Feld auf Bahnen von Elektronen einwirkt. Man kann sich auch die Frage stellen, wie das magnetische Feld die Eigenzustände der Elektronen im feldfreien Fall verändert und ob es Einfluß auf die energetische Zustandsdichte nimmt. Wir betrachten dies hier für ein metallisches Fermi-Gas.

Bei der Behandlung eines freien Elektrons im Magnetfeld im Rahmen der klassischen Mechanik geht man von der Hamilton-Funktion

$$H = \frac{1}{2m_\mathrm{e}}(\boldsymbol{p} - (-e)\boldsymbol{A})^2 \tag{4.212}$$

aus. Sie enthält neben dem kanonischen Impuls $\boldsymbol{p}$ das Vektorpotential $\boldsymbol{A}$. Für ein magnetisches Feld in z-Richtung kann das Vektorpotential mit

$$A_y = Bx \tag{4.213}$$

als einziger, nicht-verschwindender Komponente gewählt werden. Wir erhalten dann für die Hamilton-Funktion

$$H = \frac{1}{2m_\mathrm{e}}[p_x^2 + (p_y + eBx)^2 + p_z^2] \ , \tag{4.214}$$

bzw., beim Einsetzen der Zyklotronfrequenz ω_c aus Gl. (4.200),

$$H = \frac{1}{2m_\mathrm{e}}p_x^2 + \frac{m_\mathrm{e}\omega_c^2}{2}(x + \frac{p_y}{m_\mathrm{e}\omega_c})^2 + \frac{p_z^2}{2m_\mathrm{e}} \ . \tag{4.215}$$

Mit der Einführung des Impulsoperators

$$\mathbf{p} = -\mathrm{i}\hbar\frac{\partial}{\partial \boldsymbol{r}} \tag{4.216}$$

erfolgt der Übergang zur entsprechenden Schrödinger-Gleichung

$$\mathbf{H}\psi = \epsilon\psi \ . \tag{4.217}$$

Sie kann mit Hilfe des Separationsansatzes

$$\psi \sim \exp(\mathrm{i}k_z z)\exp(\mathrm{i}k_y y)\phi(x) \tag{4.218}$$

gelöst werden. Der Hamilton-Operator wirkt auf diesen Ansatz wie

$$\mathbf{H}\psi = \frac{\hbar^2}{2m_\mathrm{e}}k_z^2\psi + \left(-\frac{\hbar^2}{2m_\mathrm{e}}\frac{\partial^2}{\partial x^2} + \frac{m_\mathrm{e}\omega_c^2}{2}(x - x_0)^2\right)\psi \ , \tag{4.219}$$

wobei der Ortsparameter x_0 als

$$x_0 = -\frac{\hbar k_y}{m_\mathrm{e}\omega_c} \tag{4.220}$$

eingeführt ist und die Wellenvektorkomponente k_y enthält. Beim Blick auf den Ausdruck erkennt man, wie die Funktion $\phi(x)$ zu wählen ist: Der in Klammern stehende, x-abhängige Teil des Hamilton-Operators stimmt mit dem Hamilton-Operator eines harmonischen Oszillators mit der Eigenfrequenz ω_c überein. Als $\phi(x)$ können wir deshalb die polynomialen Eigenfunktionen des harmonischen Oszillators wählen. Die Anwendung des oszillatorischen Teils des Hamilton-Operators auf $\phi(x)$ liefert Energieeigenwerte

$$\epsilon_\mathrm{L} = (n_\mathrm{L} + \frac{1}{2})\hbar\omega_c \ , \tag{4.221}$$

also äquidistante Niveaus mit einem Abstand $\hbar\omega_c$. Sie werden **Landau-Niveaus** genannt. Die zugeordneten Eigenzustände, $\phi_{n_{\mathrm{L}}}$, erhalten ihre Kennzeichnung durch die Quantenzahl n_{L}.

Wir haben damit die Wellenfunktion eines Elektrons in einem magnetischen Feld gefunden, und sie lautet

$$\psi_{k_z,k_y,n_{\mathrm{L}}} \sim \exp(\mathrm{i}k_z z)\exp(\mathrm{i}k_y y)\phi_{n_{\mathrm{L}}}(x - x_0(k_y)) \ . \tag{4.222}$$

Wendet man hierauf den Gesamt-Hamilton-Operator an, erhält man die Eigenenergien als

$$\epsilon(k_z, n_{\mathrm{L}}) = \frac{\hbar^2}{2m_{\mathrm{e}}}k_z^2 + (n_{\mathrm{L}} + \frac{1}{2})\hbar\omega_c \ . \tag{4.223}$$

Das Einschalten des magnetischen Feldes hat also die Eigenzustände verändert. Mit n_{L} tritt eine neue Quantenzahl auf; die Quantenzahl k_x ist dafür weggefallen. Wichtig ist die Feststellung, daß die Energieeigenwerte nur von zweien der drei Quantenzahlen abhängen; k_y ist nicht vertreten. Alle Niveaus sind, der Anzahl möglicher k_y-Werte entsprechend, entartet.

Daß sich die Eigenfunktionen verändert haben, ist nicht überraschend, wenn man bedenkt, daß wir von einem isotropen System zu einem System mit uniaxialer Symmetrie, festgelegt durch die Richtung von $\boldsymbol{B}$, übergegangen sind. Interessant ist die Frage, ob dies auch zu Änderungen in der energetischen Zustandsdichte führt. Im Rahmen der klassischen Physik sind keine Energieänderungen zu erwarten. Wie wir sehen werden, verursacht die Quantenmechanik aber nun doch charakteristische Veränderungen. Erkennbar wird dies, wenn wir nach der energetischen Zustandsdichte bei einem fest gewählten k_z fragen, und die Situation im feldfreien Fall mit derjenigen bei einem angelegten Feld vergleichen.

Als erstes geben wir die energetische Zustandsdichte, die sich für ein Fermi-Gas aus allen Zuständen k_x, k_y bei festgehaltenem k_z ergibt, an. Diese, $\mathcal{D}'(\epsilon)$ genannt, kann analog zur Ableitung der dreidimensionalen Zustandsdichte in Gl. (4.37) erhalten werden, als

$$\mathcal{D}' = 2\frac{\mathcal{N}_1\mathcal{N}_2 a^2}{(2\pi)^2}2\pi k\frac{1}{(\hbar^2 k/m_{\mathrm{e}})} = \frac{\mathcal{N}_1\mathcal{N}_2 a^2 m_{\mathrm{e}}}{\pi\hbar^2} \ . \tag{4.224}$$

Das Ergebnis besagt, daß die Zustandsdichte eines zweidimensionale Fermi-Gases einen konstanten Wert besitzt.

Für die Elektronen im Magnetfeld gibt es Zustände entsprechend Gl. (4.221), also eine diskrete Verteilung mit Beiträgen im Abstand

$$\Delta\epsilon = \hbar\omega_c$$

der Landau-Niveaus. Abb. 4.21 zeigt für 3 Magnetfeldstärken einen Vergleich der beiden Verteilungen. Bei einer Beurteilung der Unterschiede haben wir die Entartung der Landau-Niveaus zu berücksichtigen. Zu jedem n_{L} gehören viele unterschiedliche Werte k_y, welche die Energie nicht beeinflussen, und wir

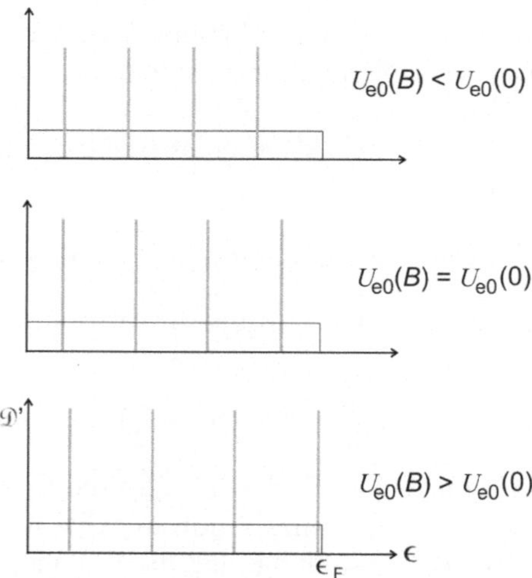

Abb. 4.21. Zustandsdichten eines Fermi-Gases bei $k_z = 0$, in einem Vergleich des feldfreien Falles (homogene Verteilung) mit den Situationen in drei Magnetfeldern unterschiedlicher Stärke (diskrete Verteilungen).

haben ihre Zahl zu bestimmen. Wie immer bei Probekörpern mit endlichem Volumen werden die möglichen Werte von k_y durch zyklische Randbedingungen selektiert. Wenn der Kristall in y-Richtung $\mathcal{N}_2$ Zellen enthält, lautet die Auswahl

$$k_y = i\frac{2\pi}{\mathcal{N}_2 a} \quad , \quad i \quad \text{ganzzahlig} \ . \tag{4.225}$$

Der Abstand zwischen benachbarten k_y-Werten beträgt so

$$\Delta k_y = \frac{2\pi}{\mathcal{N}_2 a} \ . \tag{4.226}$$

Daraus ergibt sich eine Änderung in der Schwerpunktslage der Oszillatorwellenfunktion, in der Größe von

$$\Delta x_0 = \frac{\hbar 2\pi}{m_e \omega_c \mathcal{N}_2 a} \ . \tag{4.227}$$

x_0 muß innerhalb der Probe liegen, und dies bedeutet bei $\mathcal{N}_1$ Zellen in x-Richtung

$$-\frac{\mathcal{N}_1 a}{2} < x_0 < \frac{\mathcal{N}_1 a}{2} \ . \tag{4.228}$$

Für den Entartungsgrad der Landau-Niveaus ergibt sich somit der einheitliche Wert

$$2\frac{\mathcal{N}_1 a}{\Delta x_0} = 2\frac{\mathcal{N}_1 \mathcal{N}_2 a^2 m_e \omega_c}{2\pi\hbar} \ , \tag{4.229}$$

wobei der Faktor 2 noch der Tatsache Rechnung trägt, daß es immer zwei Spin-Orientierungen gibt. Mit der Kenntnis des Entartungsgrads können wir jetzt den Mittelwert der energetischen Zustandsdichte des zweidimensionalen Elektronengases im Magnetfeld berechnen. Er ergibt sich als

$$\overline{\mathcal{D}'} = \frac{1}{\hbar\omega_{\mathrm{c}}} 2 \frac{\mathcal{N}_1 \mathcal{N}_2 a^2 m_{\mathrm{e}} \omega_{\mathrm{c}}}{2\pi\hbar} = \frac{\mathcal{N}_1 \mathcal{N}_2 a^2 m_{\mathrm{e}}}{\pi\hbar^2} \ . \tag{4.230}$$

Wie der Vergleich mit Gl. (4.224) zeigt, stimmt diese mittlere Zustandsdichte mit der Zustandsdichte des freien Elektronengases ohne Feld überein. Das Feld führt also nur zu einer Diskretisierung der energetischen Zustandsdichte, bei Erhaltung des mittleren Werts.

Experimente, deren Ergebnis nur von der mittleren energetischen Zustandsdichte abhängt, würden die Anwesenheit des magnetischen Feldes nicht feststellen können. Es gibt aber auch Beobachtungen, bei denen die Diskretisierung nach außen sichtbar wird. Ein Beispiel hierfür sind die als **de Haas-van Alphen-Effekt** bekannt gewordenen Oszillationen der Magnetisierung, die beim Einschalten und nachfolgendem Erhöhen eines magnetischen Feldes bei tiefen Temperaturen beobachtet werden können. Abb. 4.22 gibt hierfür ein Beispiel, in Form der Schwankungen der magnetischen Suszeptibilität, welche bei tiefen Temperaturen in einer Messung an Gold sichtbar werden. Zur Erklärung betrachten wir noch einmal Gl. (4.223). Wir können unter Verwendung des Bohrschen Magnetons (Gl. (2.150))

$$\hbar\omega_{\mathrm{c}} = 2\mu_{\mathrm{B}} B \tag{4.231}$$

schreiben und erkennen dann, daß die Eigenenergie des Zustands (k_z, n_{L}) neben der kinetischen Energie der freien Bewegung in z-Richtung einen zweiten Teil

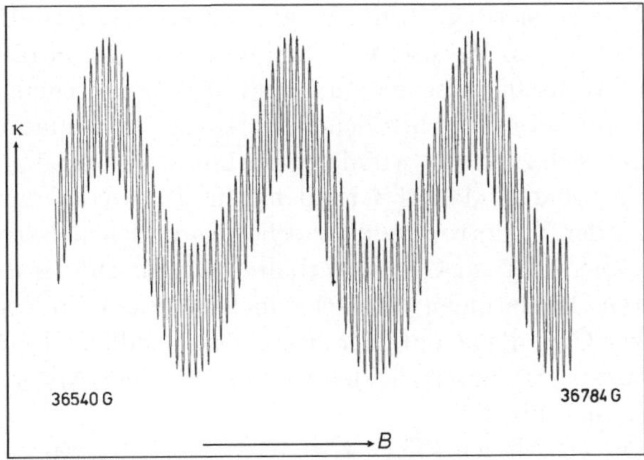

Abb. 4.22. de Haas-van Alphen Effekt, gemessen an Gold bei 2 K. Man beobachtet eine zweifach-periodische Schwankung in der magnetischen Suszeptibilität (aus Ibach und Lüth [31]).

$$(2n_{\mathrm{L}} + 1)\mu_{\mathrm{B}} B$$

enthält, der als Wechselwirkungsenergie eines magnetischen Dipolmoments

$$m_z = -(2n_{\mathrm{L}} + 1)\mu_{\mathrm{B}} \qquad (4.232)$$

mit dem äußeren Feld B angesehen werden kann. Die Energie des elektronischen Grundzustands, $U_{\mathrm{e,o}}$, mit Beiträgen aller Elektronen läßt sich dementsprechend als

$$U_{\mathrm{e,o}} = U_{\mathrm{e,kin}} - \mathcal{V} M_z B \qquad (4.233)$$

darstellen, wobei $\mathcal{V} M_z$ die Summe der magnetischen Dipolmomente aller Elektronen repräsentiert. Wir können dieser Darstellung entnehmen, daß Schwankungen in der Magnetisierung beim Einschalten eines äußeren Feldes, so wie sie in Abb. 4.22 auftreten, gleichbedeutend mit Schwankungen in der elektronischen Energie sind. Daß bei der durch ein Magnetfeld erzeugten Diskretisierung der energetischen Zustandsdichte tatsächlich Schwankungen im Energiegehalt der Elektronen auftreten können, verdeutlicht Abb. 4.21 anhand der drei dargestellten Fälle. Alle drei beziehen sich auf die Gesamtmenge der Elektronen, die keinen Quasi-Impuls in z-Richtung besitzen ($k_z = 0$). Im feldfreien Fall endet hier die energetische Zustandsdichte $\mathcal{D}'$ bei der Fermi-Energie ϵ_{F}. Schaltet man ein magnetisches Feld ein, kann man alle angezeigten Situationen vorfinden. In der Zeichnung oben ist das letzte besetzte Landau-Niveau fast um $\hbar\omega_c$ von der Fermi-Grenze entfernt, in der unteren Zeichnung liegt es ganz knapp unterhalb der Fermi-Grenze. Wie man unmittelbar erkennt, ergibt sich im ersten Fall beim Vergleich mit der feldfreien Situation eine Erniedrigung der Gesamtenergie, im zweiten Fall eine Erhöhung. Nur bei dem Feld, welches zu der in der Mitte gezeigten Anordnung der Landau-Niveaus führt, bleibt die Energie unverändert. Mit ansteigender Feldstärke B durchläuft man immer wieder diese Situationen, und entsprechend schwankt die Magnetisierung. In der magnetischen Suszeptibilität beobachtet man einen dauernden Wechsel zwischen positiven und negativen Werten, somit quasi ein Wechseln zwischen para- und diamagnetischem Verhalten.

Da der Wechsel bei unterschiedlichen Werten k_z auch unterschiedlich erfolgt, könnte man sich zunächst wundern, warum insgesamt überhaupt Fluktuationen beobachtbar sind. Der Grund hierfür ist wieder die dominierende Rolle der bei der Zyklotronresonanz schon gefundenen Extremalbahnen. Sie setzen sich auch hier im Gesamtverhalten durch. Die Beobachtung von zwei überlagerten Oszillationen unterschiedlicher Periode im Experiment von Abb. 4.22 hat zur Grundlage, daß hier zwei unterschiedliche Extremalbahnen angesprochen waren. Sie unterscheiden sich in ähnlicher Art, wie die beiden Extremalbahnen in Abb. 4.18.

Der de Haas-van Alphen-Effekt tritt so wie bei den Metallen auch bei Halbleitern auf, und kann dort qualitativ auf ähnliche Art beschrieben werden, auch wenn die Lösung der Schrödinger-Gleichung zur Bestimmung der Landau-Niveaus dann im allgemeinen exakt nicht mehr möglich ist.

4.4 Supraleitung

Der Holländer Kamerlingh Onnes beobachtete im Jahre 1911 bei einer Messung des elektrischen Widerstands von Quecksilber bei sehr tiefen Temperaturen ein ganz unerwartetes, spektakuläres Phänomen, so wie es in Abb. 4.23 wiedergegeben ist: Beim Unterschreiten einer Temperatur von 4.2 K fällt der Widerstand unvermittelt auf unmeßbar kleine Werte ab. Damit war der **supraleitende Zustand** entdeckt. In den anschließenden Jahren wurde herausgefunden, daß viele Leiter, sowohl reine Metalle als auch Legierungen, bei tiefen Temperaturen in diesen Zustand übergehen und daß er noch eine ganze Reihe weiterer ungewöhnlicher Eigenschaften besitzt. Wir beginnen mit einem Überblick über die wichtigsten Beobachtungen und befassen uns dann, unter Beschränkung auf einfache Abhandlungen und Benutzung qualitativer Bilder, mit dem heutigen Verständnis.

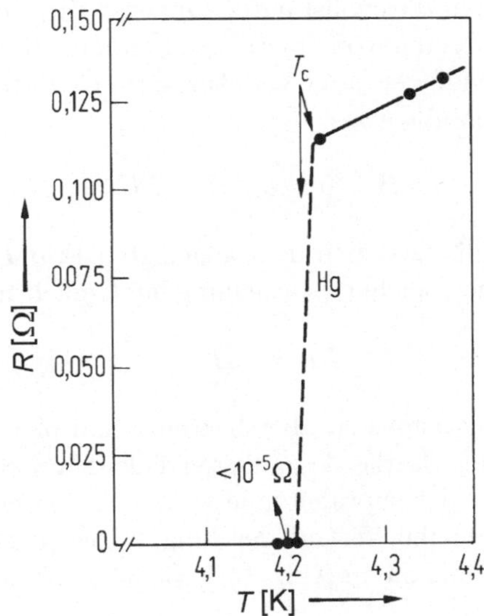

Abb. 4.23. Erstmalige Beobachtung des Übergangs in den supraleitenden Zustand durch Kamerlingh Onnes am Quecksilber [32].

4.4.1 Meissner-Effekt und Energielücke

Daß im supraleitenden Zustand bei der Möglichkeit, beim Anlegen eines Magnetfelds verlustfreie Ströme zu induzieren, welche der Lenzschen Regel gemäß das Feld schwächen, ein starker Diamagnetismus auftritt, würde der Erwartung entsprechen, doch geht die Beobachtung darüber noch hinaus. Abb. 4.24 zeigt den **Meissner-Effekt**: Auch wenn man das Magnetfeld schon

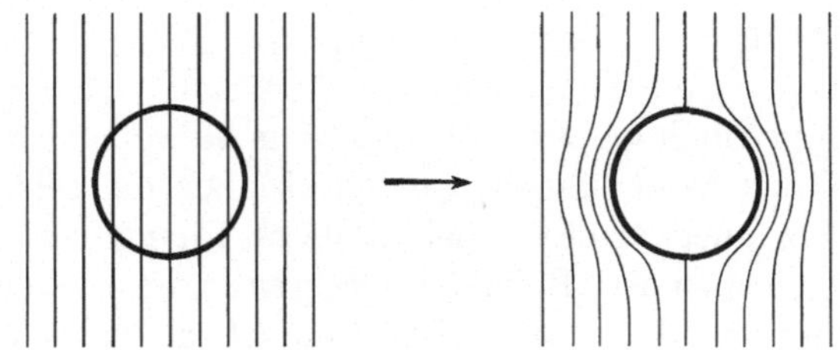

Abb. 4.24. Meissner-Effekt: Beim Abkühlen einer Probe in einem Magnetfeld wird das Feld beim Übergang in den supraleitenden Zustand vollständig aus dem Probeninnern verdrängt.

im normalleitenden Zustand anlegt, wo es die Probe bei dem üblicherweise gegebenen, schwachen Diamagnetismus praktisch ungeschwächt durchdringt, wird beim Übergang in den supraleitenden Zustand das Feld aus dem Probekörper verdrängt, und dies vollständig. Offensichtlich führt auch ein reiner Abkühlprozess zur Anregung von Oberflächenströmen, welche genau die Stärke besitzen, die notwendig ist, um das äußere Feld im Probeninneren auf Null zu bringen. Im Inneren gilt also

$$B = 0 = \mu_0(H + M) \tag{4.234}$$

bzw., für das Verhältnis zwischen dem angelegten Feld H und der Probenmagnetisierung M, die Gleichheitsbeziehung bei Umkehrung des Vorzeichens

$$M = -H \ . \tag{4.235}$$

Dieser ideale Diamagnetismus ist aber begrenzt und bleibt nur bis zu einem kritischen Wert H_c der Stärke des äußeren Feldes aufrecht erhalten. Wird H_c überschritten, geht der supraleitende wieder in den normalleitenden Zustand über. Der allgemeine Verlauf der Magnetisierungskurve $M(H)$ eines Supraleiters besitzt somit die in Abb. 4.25 wiedergegebene Form.

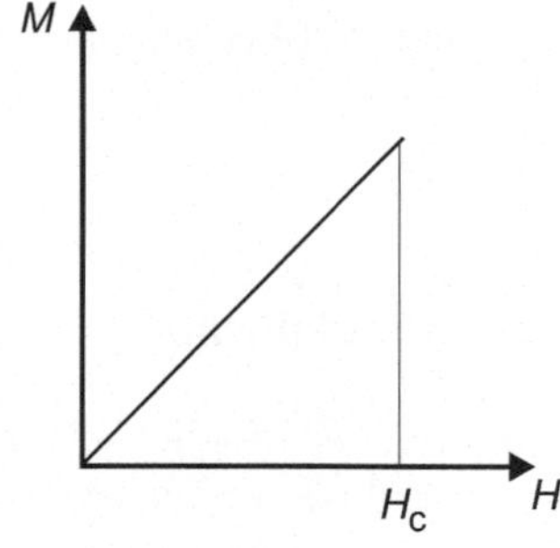

Abb. 4.25. Magnetisierungskurve eines Supraleiters mit kritischer Feldstärke H_c.

Mit Hilfe eines genügend starken Magnetfelds läßt sich also auch unterhalb der **Sprungtemperatur** T_c der supraleitende wieder in den normalleitenden Zustand zurückversetzen. Dabei ist festzustellen, daß die kritische Feldstärke temperaturabhängig ist. Abb. 4.26 zeigt diese Abhängigkeit für verschiedene Metalle. Wie man sieht, steigt H_c, beim Wert Null am Sprungpunkt beginnend, beim weiteren Abkühlen kontinuierlich an. Dabei gilt über einen größeren Bereich hinweg die lineare Beziehung

$$H_c(T) \sim T_c - T \ . \tag{4.236}$$

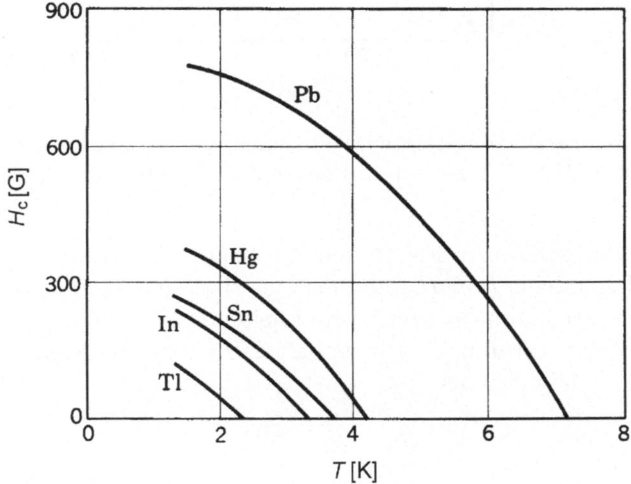

Abb. 4.26. Kritische Feldstärken H_c am Übergang vom supraleitenden in den normalleitenden Zustand: Temperaturabhängigkeit von H_c für verschiedene Metalle.

Auch wenn der Übergang in den supraleitenden Zustand von keinerlei Änderungen im Kristallgitter begleitet ist, handelt es sich wegen der Änderung der elektronischen Eigenschaften doch um eine Phasenumwandlung im Sinne der Thermodynamik. Angesichts des Sprungs auf Null im elektrischen Widerstand könnte man zunächst denken, daß die Phasenumwandlung von erster Ordnung ist, doch ist dies nicht richtig. Dies belegt nicht nur der sprunglose, bei Null einsetzende Wert der kritischen Feldstärke, sondern wird auch in Messungen der Temperaturabhängigkeit der Wärmekapazität deutlich. Abb. 4.27 zeigt als ein typisches Beispiel Meßergebnisse für Gallium. Der Übergang in den supraleitenden Zustand tritt als Sprung in der Wärmekapazität c_a in Erscheinung; eine latente Wärme, wie sie bei Phasenübergängen 1. Ordnung abzuführen ist, wird nicht gefunden. Die Abbildung enthält auch den Vergleich mit der zu T proportionalen elektronischen Wärmekapazität

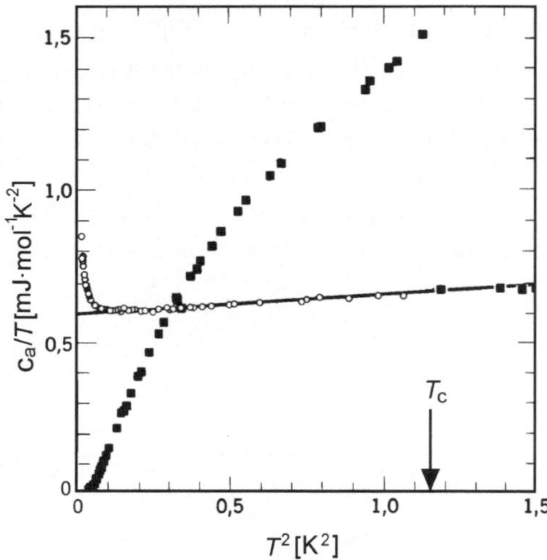

Abb. 4.27. Temperaturabhängigkeit der molaren Wärmekapazität von Gallium im normalleitenden $(H > H_{\mathrm{c}})$ und supraleitenden Zustand $(H = 0)$ (von Phillips [33]).

eines Fermi-Gases normaler Elektronen (Gl. (4.56)), gemessen unter dem Einfluß eines Magnetfelds $H > H_{\mathrm{c}}$, und demonstriert so die Andersartigkeit der Eigenschaften der Ladungsträger im supraleitenden Zustand. Der Verlauf bei den tiefsten Temperaturen, $T \to 0$, enthält dabei etwas für Supraleiter Kennzeichnendes. Er läßt sich als

$$c_{\mathrm{a}} \sim \exp -\frac{\Delta\epsilon_{\mathrm{s}}}{k_{\mathrm{B}}T} \qquad (4.237)$$

beschreiben, wobei größenordnungsmäßig

$$\Delta\epsilon_{\mathrm{s}} \simeq k_{\mathrm{B}}T_{\mathrm{c}} \qquad (4.238)$$

gilt. Eine Temperaturabhängigkeit dieser Art kennt man von 2-Niveau-Systemen, beispielsweise Molekülen, die zwei konformative Zustände einnehmen können. Die Änderung der Besetzungszahlen und der Temperatur, geregelt durch die Boltzmann-Statistik, führt bei einem Energieunterschied $\Delta\epsilon$ zu einem solchen Verlauf $c_{\mathrm{a}}(T)$.

Daß zum Wesen des supraleitenden Zustands die Existenz einer **Energielücke** $\Delta\epsilon_{\mathrm{s}}$, die ihn vom normalleitenden Zustand trennt, als Kernbestandteil dazu gehört, zeigen auch die beiden in den Abb. 4.28 und 4.29 präsentierten Meßergebnisse. Die Kurven in Abb. 4.28 geben Messungen der Reflektivität für elektromagnetische Strahlung im Mikrowellen- und Infrarot-Bereich für drei Metalle wieder und zeigen dabei, daß die Erhöhung relativ zum Normalzustand, welche für den supraleitenden Zustand zunächst gefunden wird, bei einer charakteristischen Frequenz verschwindet. Die Ergebnisse von Abb. 4.29 folgten aus **Elektronen-Tunnel-Experimenten**. Hier wurde ein

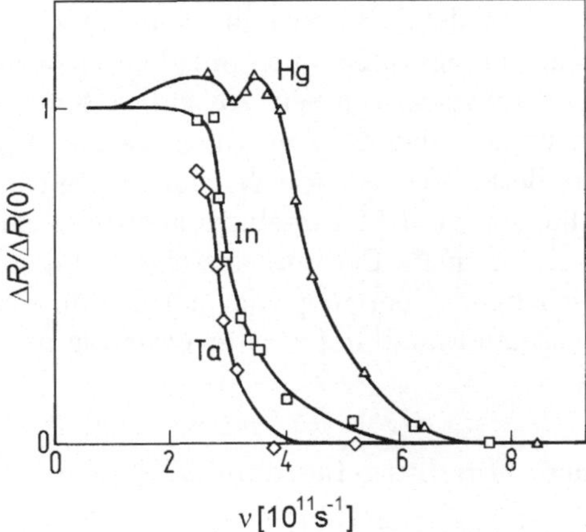

Abb. 4.28. Frequenzabhängigkeit der Infrarot-Reflektivität verschiedenener Supraleiter, in normierten Auftragungen des Unterschieds ΔR zum jeweiligen normalleitenden Zustand (von Richards und Tinkham [34]).

normalleitendes Metall über eine Isolatorschicht mit einer Dicke im Å-Bereich mit einem Supraleiter in Verbindung gebracht. Grundsätzlich können Elektronen dann mittels des Tunnel-Effekts zwischen beiden Materialien hin- und herwechseln, doch stellt man in Messungen fest, daß Stromfluß erst einsetzt, wenn eine charakteristische Mindestspannung ΔV_{min} überschritten wird. Die Punkte in der Abbildung repräsentieren Werte $e\Delta V_{min}$, erhalten wieder für verschiedene Metalle bei verschiedenen Temperaturen unterhalb T_c, in einer Auftragung reduzierter Größen. Warum $e\Delta V_{min}$ mit einer Anregungsenergie $\Delta\epsilon_s$ gleichzusetzen ist, wird später noch erläutert werden. An dieser Stelle sei nur darauf hingewiesen, daß $\Delta\epsilon_s = e\Delta V_{min}$ in den Frequenzbe-

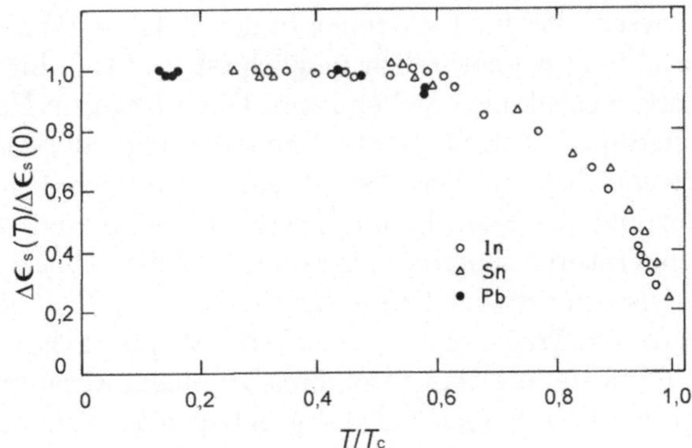

Abb. 4.29. Energieabsenkung $\Delta\epsilon_s$ des supraleitenden Zustands als Funktion der Temperatur, abgeleitet aus Elektronen-Tunnel-Experimenten an drei verschiedenen Stoffen (von Giaver und Megerle [35]).

reich der Stufen in den Reflektivitäten fällt, wenn $\Delta\epsilon_s = \hbar\omega$ gesetzt wird, und daß beide größenordnungsmäßig auch mit dem kalorimetrischen Ergebnis Gln. (4.237), (4.238) übereinstimmen. Als ein weiterer, wichtiger Befund ist Abb. 4.29 zu entnehmen, daß die Anregungsenergie $\Delta\epsilon_s$ keinen konstanten Wert besitzt, sondern, genauso wie H_c, an der Sprungtemperatur bei Null einsetzt (was die gezeigten Meßergebisse allerdings nur andeuten) und dann kontinuierlich bis zu einem Endwert ansteigt. All diese Beobachtungen zeigen an, daß es sich beim Übergang vom normal- in den supraleitenden Zustand um eine Phasenumwandlung zweiter Ordnung mit T_c als kritischer Temperatur handelt.

4.4.2 Cooper-Paare. Ginzburg-Landau-Wellenfunktion

Die Beschreibung der elektronischen Eigenschaften von Metallen und Halbleitern im Fermi-Gas bzw. Bänder-Modell gründete auf der Annahme, daß die Elektronen so behandelt werden können, als ob sie unabhängige Teilchen wären. Natürlich gibt es Coulombsche Wechselwirkungskräfte zwischen den Elektronen, doch war es bisher möglich, diese, wie bei der Behandlung der Elektronen eines Atoms im Rahmen der Hartree-Näherung, insgesamt durch ein stationäres mittleres Feld zu erfassen. Die Eigenzustände ließen sich dann für Einzelelektronen in einem mittleren Feld berechnen, und anschließend konnte dann die Fermi-Dirac-Verteilungsfunktion Gl. (4.45) benutzt werden. Die Rechtfertigung für das Vorgehen liefern die Ergebnisse der Theorien, mit denen man die Eigenschaften der Elektronen in Metallen und Halbleitern ja gut beschreiben kann. Mit dem Übergang in den supraleitenden Zustand stoßen wir nun auf eine veränderte Situation. Jetzt treten Wechselwirkungskräfte auf, die nicht mehr durch ein mittleres Feld erfaßt werden können. Die Beobachtung einer charakteristischen Energie $\Delta\epsilon_s$ deutet an, daß Elektronen jetzt gebundene Zustände einnehmen, und der einfachste denkbare Fall ist derjenige einer paarweisen Kopplung. Cooper hat 1956 mit einer theoretischen Analyse nachgewiesen, daß für Elektronen in der Nähe der Fermi-Oberfläche eine solche Paarbildung grundsätzlich möglich ist und sich hieraus, wie gefordert, eine Energieabsenkung ergeben kann. Diese **Cooper-Paare** sind die Ladungsträger im Supraleiter. Sie besitzen eine Ladung $-2e$, eine Masse $2m_e$ und, was sich als entscheidend herausstellt, einen verschwindenden Spin. Ihre Konzentration und die Paarbindungsenergien sind temperaturabhängig. Ansteigende Temperaturen innerhalb der supraleitenden Phase führen zu einer wachsenden Dissoziation der Paare, bis sie dann bei T_c völlig verschwinden. Cooper-Paare sind Träger eines verlustfreien Stroms. Schon in geringster Konzentration führen sie in einem Stromkreis zu einem Zusammenbruch der Spannung, was erklärt, daß auch bei der gegebenen Kontinuität des Übergangs sich eine Größe wie der elektrische Widerstand sprunghaft ändern kann.

Wie kommt in einem Supraleiter ein permanenter Stromfluß zustande, und wie läßt sich dies beschreiben? Die Eigenschaft der Cooper-Paare, keinen Spin zu besitzen, führt zu einer vollständigen Änderung im Verhalten gegenüber den Einzel-Elektronen. Elementarteilchen mit verschwindendem oder ganzzahligem Spin sind Bosonen, und diese können im Unterschied zu den Fermionen quantenmechanische Zustände in beliebiger Zahl besetzen. Wir erinnern hier nur an die Photonen, welche die Schwingungszustände in einem Strahlungshohlraum in unbeschränkter Zahl besetzen können und es so ermöglichen, daß ein makroskopischer Prozess, eine elektromagnetische Schwingung mit einer Amplitude E_0 der elektrischen Feldstärke, entsteht. Der Zusammenhang zwischen E_0 und der Dichte ρ_{ph} der Photonen ist dabei als

$$\frac{\varepsilon_0}{2} E_0^2 = \rho_{\mathrm{ph}} \hbar \omega \qquad (4.239)$$

gegeben. Die Ladungsträger im Supraleiter, die Cooper-Paare, verhalten sich wie Bosonen, was besagen soll, daß sie, wie die Photonen, einen einzelnen quantenmechanischen Zustand in großer Zahl besetzen können. Ginzburg und Landau haben schon 1950, vor der Postulierung der möglichen Existenz der Cooper-Paare, vorgeschlagen, die von den Ladungsträgern in einem Supraleiter zu besetzenden stationären Zustände durch eine komplexwertige Wellenfunktion $\Psi(\boldsymbol{r})$ zu beschreiben. Die Wellenfunktion bestimmt über

$$|\Psi|^2 = \rho_{\mathrm{s}} \quad , \qquad (4.240)$$

und damit über ihren Betrag, deren lokale Dichte ρ_{s}. Ψ enthält darüber hinaus, wie die elektromagnetische Schwingung, noch als wichtiges Attribut einen Phasenfaktor:

$$\Psi(\boldsymbol{r}) = |\Psi(\boldsymbol{r})| \exp[\mathrm{i}\theta(\boldsymbol{r})] \quad . \qquad (4.241)$$

Eigenzustände können mit einem Teilchenstrom verknüpft werden. Die Schrödingersche Wellenmechanik liefert hierfür Ausdrücke, und sie werden in der **Ginzburg-Landauschen Wellenmechanik** des Supraleiters in der allgemeinen Form genutzt, die auch bei Anwesenheit eines magnetischen Feldes gilt:

$$\boldsymbol{j}_{\mathrm{s}} = \frac{1}{2} \left(\Psi^* \frac{-\mathrm{i}\hbar\nabla - (-2e)\boldsymbol{A}}{2m_{\mathrm{e}}} \Psi + \Psi [\frac{-\mathrm{i}\hbar\nabla - (-2e)\boldsymbol{A}}{2m_{\mathrm{e}}} \Psi]^* \right) \quad . \qquad (4.242)$$

$\boldsymbol{j}_{\mathrm{s}}$ ist die Teilchenstromdichte der Cooper-Paare (Ladung $-2e$, Masse $2m_{\mathrm{e}}$), und $\boldsymbol{A}$ bezeichnet das Vektorpotential. Ein häufiger Fall ist ein Supraleiter mit einer innerhalb makroskopischer Bereiche konstanten Dichte an Ladungsträgern. Dann ändert sich allein die Phase θ der Wellenfunktion, und die elektrische Stromdichte

$$\boldsymbol{j}_{\eta\mathrm{s}} = -2e\boldsymbol{j}_{\mathrm{s}} \qquad (4.243)$$

ergibt sich als

$$\boldsymbol{j}_{\eta\mathrm{s}} = -2e \left(\frac{\hbar}{2m_{\mathrm{e}}} \nabla\theta(\boldsymbol{r}) - \frac{(-2e)}{2m_{\mathrm{e}}} \boldsymbol{A} \right) |\Psi|^2 \quad . \qquad (4.244)$$

Insbesonders folgt für eine ebene Welle

$$\Psi(\boldsymbol{r}) = |\Psi| \exp(\mathrm{i}\boldsymbol{k}\boldsymbol{r}) \tag{4.245}$$

die elektrische Stromdichte

$$\boldsymbol{j}_{\eta\mathrm{s}} = -2e|\Psi|^2 \left(\frac{\hbar\boldsymbol{k}}{2m_\mathrm{e}} + \frac{2e}{2m_\mathrm{e}} \boldsymbol{A} \right) \; . \tag{4.246}$$

Hiermit haben wir eine Beschreibung der Situation, wie sie in einem kreisförmig geschlossenen Supraleiter und permanentem Stromfluß vorliegt, gewonnen. Stromfluß ist mit Eigenzuständen verbunden, welche mit einer nichtverschwindenden Geschwindigkeit verknüpft sind. Der Ausdruck in Klammern besitzt, wie man unmittelbar erkennt, diese Bedeutung. Die Cooper-Paare, welche den Zustand besetzen, haben alle gemeinsam diese Geschwindigkeit.

Der wellenmechanische Ansatz von Ginzburg und Landau kann also Zustände mit permanentem Stromfluß und, wie in den nächsten Abschnitten noch deutlich wird, auch den Meissner-Effekt sowie weitere Phänomene erklären, ist aber empirischer Natur in dem Sinn, daß die Existenz des supraleitenden Zustands mit quasi-bosonischen Ladungsträgern schon vorausgesetzt wird. Will man die Existenz erklären, so muß dies auf einer mikroskopischen Grundlage geschehen. Insbesonders stellt sich dabei die Frage nach der Natur der Bindungskraft, welche die Cooper-Paare schafft. Bindungskräfte werden in der Physik häufig durch den Austausch von Teilchen bewirkt, und die Bindungsenergien gleichen dann der Energie der Austauschteilchen. Die Bindungsenergien $\Delta\epsilon_\mathrm{s}$, wie sie als Anregungsenergien in den Messungen auftreten, welche in den Abb. 4.27, 4.28, 4.29 dargestellt sind, entsprechen durchweg Frequenzen im Infrarot-Bereich. In diesem Bereich sind die Gitterschwingungen angesiedelt, und so liegt die Schlußfolgerung nahe, daß es Phononen sind, welche als Austauschteilchen die Elektron-Elektron-Bindungskraft erzeugen, welche dem supraleitenden Zustand zugrunde liegt. Weiter bekräftigt wird dies durch Beobachtungen der Art, wie sie in Abb. 4.30 wiedergegeben sind. Dargestellt sind Änderungen in der Lage der Umwandlungstemperatur, wie sie sich bei Zinn als Funktion des Atomgewichts A, welches über die Isotopenwahl variiert werden kann, einstellen. Der Verlauf zeigt die Abhängigkeit

$$T_\mathrm{c} \sim A^{-\alpha} \quad \text{mit} \quad \alpha \approx 1/2 \; , \tag{4.247}$$

und entspricht so der Änderung der Gitterschwingungsfrequenzen. In einem vereinfachten, anschaulichen Bild besteht die bindungsvermittelnde Rolle des Kristallgitters darin, von einem ersten Elektron so deformiert zu werden, daß über eine lokale Polarisation ein elektrisches Feld entsteht, welches auf ein zweites Elektron eine anziehende Kraft ausübt.

Die theoretische Begründung, daß derartige Phononen-vermittelte Kräfte tatsächlich auftreten und dabei, trotz ihrer geringen Stärke, einen Bindungszustand zweier Elektronen erzeugen können, wurde 1957 von Bardeen, Cooper und Schrieffer geliefert. Die Darstellung der **BCS-Theorie** ist hier nicht möglich, und es sei nur kurz skizziert, auf welche Art das Cooper-Paar

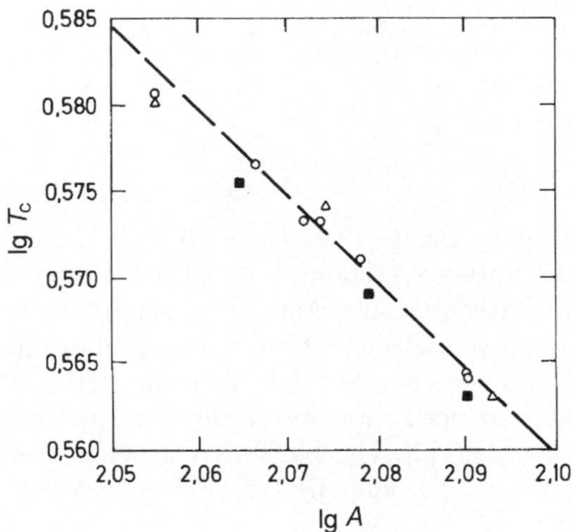

Abb. 4.30. Sprungtemperaturen T_c für verschiedene Isotope des Zinns. Abhängigkeit vom Atomgewicht (aus Ibach und Lüth [36]) .

beschrieben wird. Die zugehörige 2-Elektronen-Wellenfunktion $\psi_2(\boldsymbol{r}_1, \boldsymbol{r}_2)$ hat die Form

$$\psi_2(\boldsymbol{r}_1, \boldsymbol{r}_2) = \sum_{\boldsymbol{k}} c_{\boldsymbol{k}} \cos[\boldsymbol{k}(\boldsymbol{r}_1 - \boldsymbol{r}_2)](\sigma_{\uparrow 1}\sigma_{\downarrow 2} - \sigma_{\uparrow 2}\sigma_{\downarrow 1}) \ . \qquad (4.248)$$

Sie ist aus Beiträgen mit Wellenvektoren $\boldsymbol{k}$ aus einem engen Bereich um die Fermi-Oberfläche herum, mit

$$\epsilon_F - \Delta\epsilon_s/2 < \frac{\hbar^2 k^2}{2m_e} < \epsilon_F + \Delta\epsilon_s/2 \ , \qquad (4.249)$$

zusammengesetzt. In der Breite $\Delta\epsilon_s$ zeigt sich die Wechselwirkungsenergie. Sie führt zur Mischung von 2-Elektronenzuständen mit Amplituden $c_{\boldsymbol{k}}$. Dabei besteht jeder einzelne 2-Elektronenzustand aus einem symmetrischen ortsabhängigen Teil, $\cos[\boldsymbol{k}(\boldsymbol{r}_1 - \boldsymbol{r}_2)]$, und einer antisymmetrischen Spinfunktion, $\sigma_{\uparrow 1}\sigma_{\downarrow 2} - \sigma_{\uparrow 2}\sigma_{\downarrow 1}$, mit verschwindendem Gesamtspin.

Auf der Grundlage der Wellenfunktion $\psi_2(\boldsymbol{r}_1, \boldsymbol{r}_2)$ des Cooper-Paares läßt sich seine räumliche Ausdehnung abschätzen. Wir nutzen dabei nur die Reziprozitätseigenschaft zweier durch eine Fouriertransformation verknüpfter Funktionen. Die räumliche Ausdehnung δr_{12} der Wellenfunktion $\psi_2(\boldsymbol{r}_1 - \boldsymbol{r}_2)$ und die Breite δk der Verteilung der Amplituden $c_{\boldsymbol{k}}$ im $\boldsymbol{k}$-Raum sind umgekehrt proportional zueinander:

$$\delta r_{12} \simeq \frac{1}{\delta k} \ . \qquad (4.250)$$

δk folgt aus der Bedingung Gl. (4.249), aus welcher sich

$$\Delta\epsilon_s \simeq \Delta\frac{\hbar k^2}{2m_e} = \frac{\hbar^2 k_F}{m_e}\delta k \simeq \frac{\epsilon_F}{k_F}\delta k \tag{4.251}$$

ergibt. Dies führt auf

$$\delta r_{12} \simeq \frac{\epsilon_F}{\Delta\epsilon_s k_F} \quad . \tag{4.252}$$

Typische Werte sind $\epsilon_F/\Delta\epsilon_s \simeq 10^3$, $k_F \simeq 10^{10}$ m^{-1}, und so erhalten wir $\delta r_{12} \simeq 10^2$ nm. Der mittlere Abstand der beiden Elektronen ist somit groß, weit größer als die Gitterkonstante. Man hat deshalb im allgemeinen mit einem starken Überlapp verschiedener Cooper-Paare zu rechnen. Um Bosonen im strengen Sinn, wie sie entsprechende Elementarteilchen repräsentieren, kann es sich bei den Cooper-Paaren also nicht handeln. Trotzdem vermögen sie es, auf kohärente, d. h. phasengerechte Art, einen gemeinsamen Vielteilchenzustand aufzubauen, der dann als Träger eines makroskopischen Stroms in Erscheinung tritt.

Londonsche Eindringtiefe, Flußquantisierung und Elektronentunneln. Ausgehend von der wellenmechanischen Gl. (4.244) kann der Meissner-Effekt abgeleitet und auch ein weiteres auffallendes Phänomen, die **Flußquantisierung** erklärt werden. Die Berechnung der Rotation auf beiden Seiten der Gleichung liefert

$$\nabla \times \boldsymbol{j}_{\eta s} = -\rho_s\frac{(-2e)^2}{2m_e}\boldsymbol{B} \quad . \tag{4.253}$$

Die Beziehung ist als **London-Gleichung** bekannt und drückt eine für alle supraleitenden Materialien gültige Eigenschaft aus. So wie zu Leitern das Ohmsche Gesetz $\boldsymbol{j}_\eta = \sigma\boldsymbol{E}$ gehört, gilt für Supraleiter die London-Gleichung. Kombiniert man die London-Gleichung mit der aus der Maxwellschen Gleichung

$$\nabla \times \boldsymbol{B} = \mu_0\boldsymbol{j}_{\eta s} \tag{4.254}$$

folgenden Beziehung

$$\nabla \times (\nabla \times \boldsymbol{B}) = \nabla(\nabla \cdot \boldsymbol{B}) - \Delta\boldsymbol{B} = -\Delta\boldsymbol{B} = \mu_0\nabla \times \boldsymbol{j}_{\eta s} \quad , \tag{4.255}$$

erhält man

$$\Delta\boldsymbol{B} = \mu_0\frac{\rho_s(-2e)^2}{2m_e}\boldsymbol{B} \quad . \tag{4.256}$$

Mit Hilfe dieser Differentialgleichung läßt sich jetzt der Abfall eines Magnetfelds im Supraleiter, das auf seine Oberfläche trifft, beschreiben. Der Abfall ist in Abb. 4.31 dargestellt und ergibt sich aus Gl. (4.256) als die Lösung

$$\boldsymbol{B} \sim \exp -\frac{x}{\lambda_L} \quad , \tag{4.257}$$

wobei λ_L die **Londonsche Eindringtiefe**, gegeben durch

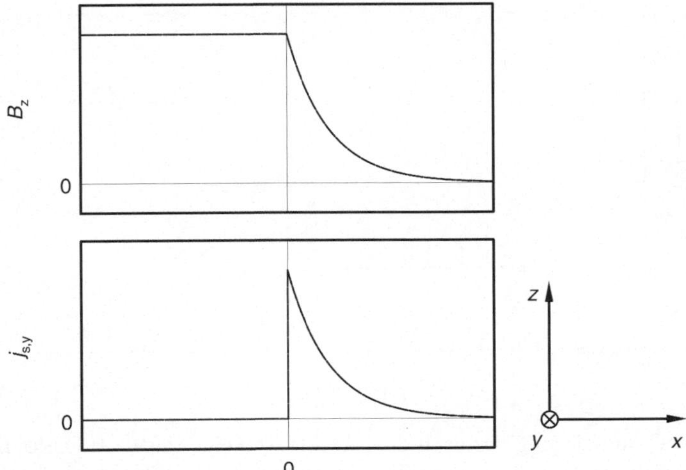

Abb. 4.31. Oberfläche eines Supraleiters $(x > 0)$bei angelegtem äußeren Magnetfeld: Exponentieller Abfall der magnetischen Feldstärke B_z und des Stroms $j_{\mathrm{s},y}$ der Cooper-Paare.

$$\lambda_{\mathrm{L}}^2 = \frac{2m_{\mathrm{e}}}{\mu_0 \rho_{\mathrm{s}}(-2e)^2} \ , \tag{4.258}$$

beschreibt. Mit dem abfallenden, in z-Richtung polarisierten Magnetfeld ist ein Strom der Supra-Ladungsträger in y-Richtung verknüpft. Er fließt dementsprechend nur in einer Oberflächenzone der Dicke λ_{L}.

Abb. 4.32 zeigt, was geschieht, wenn ein zunächst vorhandenes äußeres magnetisches Feld, welches durch eine supraleitende, geschlossene Leiterschleife hindurchtritt, abgeschaltet wird. Man beobachtet dann im allgemeinen das Fortbestehen von Oberflächenströmen von Supra-Ladungsträgern, sichtbar werdend anhand eines verbleibenden magnetischen Feldes. Dabei wird festgestellt, daß der erzeugte Fluß, der durch die von der Schleife umschlossene Fläche tritt, quantisiert ist, und in diskreten Schritten immer wieder um

$$\Phi_0 = \frac{\pi \hbar}{e} \tag{4.259}$$

ansteigt. Gl. (4.244) vermag auch dieses Phänomen der Flußquantisierung zu beschreiben. Wir betrachten dazu einen geschlossenen Weg im Inneren des schleifenförmigen Leiters, dort wo kein Strom fließt. Dann gilt wegen

$$j_{\eta,\mathrm{s}} = 0 \tag{4.260}$$

für das Integral längs eines Kreises

$$\oint \hbar \nabla \theta \mathrm{d}\boldsymbol{r} = \oint (-2e)\boldsymbol{A}\mathrm{d}\boldsymbol{r} = (-2e)\int \boldsymbol{B}\mathrm{d}^2\boldsymbol{r} = (-2e)\Phi \ , \tag{4.261}$$

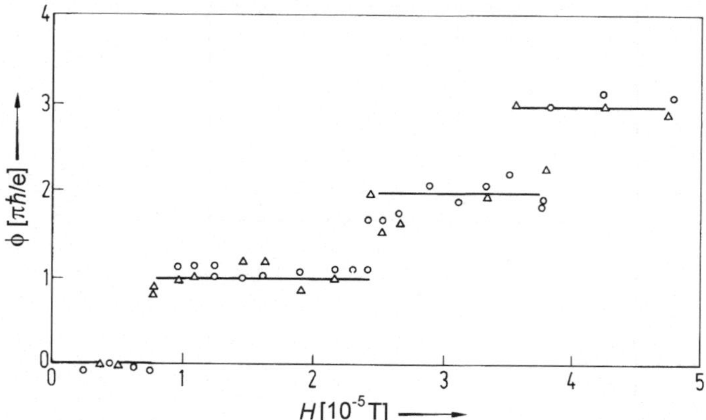

Abb. 4.32. Quantisierung des nach dem Abschalten eines äußeren Feldes in einem Ring aus supraleitendem Zinn verbleibenden magnetischen Flusses Φ. Sprunghafte Änderungen des Flusses bei einer Variation der Stärke des vor dem Übergang in die supraleitende Phase angelegten Feldes H (von Deaver und Fairbank [37]).

wobei $\mathrm{d}^2 r$ ein Element der vom Kreis umschlossenen Fläche ist. Für die Änderung des Phasenwinkels beim einmaligen Durchlaufen des Kreises ergibt sich dabei

$$\hbar(\theta_2 - \theta_1) = (-2e)\Phi \ . \tag{4.262}$$

Da die Wellenfunktion in einem stationären Zustand eindeutig ist, muß

$$\theta_2 - \theta_1 = p2\pi \tag{4.263}$$

sein, was für $p = 1$ auf Gl. (4.259) führt.

Wir kommen jetzt noch einmal auf das Experiment von Abb. 4.29 zu sprechen. Abb. 4.33 skizziert auf der linken Seite, was ein Aneinanderfügen von einem normalleitenden Metall und einem Supraleiter, getrennt durch eine dünne Isolatorschicht, für die Ladungsträger energetisch bedeutet. Wenn beidseitig dasselbe Potential anliegt, stellen sich die Fermi-Oberfläche im normalleitenden Metall und das Energieniveau der Ladungsträger im Supraleiter auch auf dieselbe Höhe ein. Das Termschema des Supraleiters unterscheidet sich vom Normalleiter in zweifacher Hinsicht. Zum einen besetzen alle Supra-Ladungsträger gemeinsam dasselbe Niveau, zum anderen ist dieses durch eine Energielücke der Größe $\Delta\epsilon_s/2$ von den nächsthöheren Zuständen getrennt (die Energien im Termschema sind immer, für Elektronen und Cooper-Paare einheitlich, als Energie pro Einzel-Elektron zu verstehen, weswegen die Bandlücke zu $\Delta\epsilon_s/2$ wird). Die höheren Zustände können nur besetzt werden, wenn ein Cooper-Paar dissoziiert. Die Einzel-Elektronen des Metalls können sich prinzipiell auch im Supraleiter fortbewegen, wo es eigene Einzel-Elektronen gibt. Sie haben dazu zunächst die Isolationsschicht zu durchdringen, was mittels des Tunneleffekts bei mikroskopischen Schichtdicken möglich ist. Allerdings können die Elektronen dies nur dann tun, wenn sie auf der Seite des

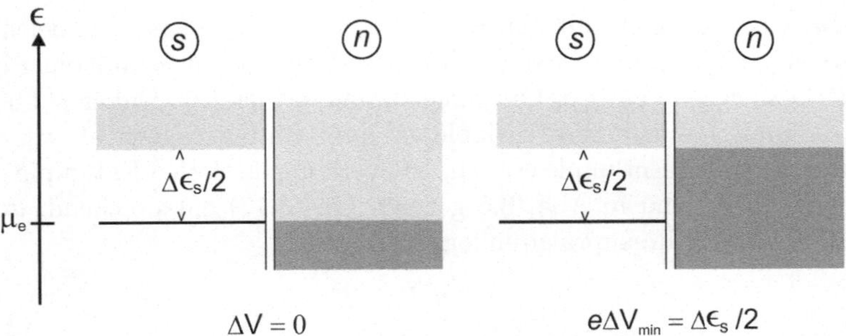

Abb. 4.33. Grundlage des Elektronentunnel-Experiments zur Bestimmung von $\Delta\epsilon_s$. Unter 's' ist das Termschema des Supraleiters, unter 'n' das Energietermschema des normalleitenden Metalls gezeigt, in beiden Fällen, d. h. auch beim Supraleiter, unter Angabe der Energie pro Einzelelektron. Bei gleichem Potential liegen das Energieniveau der Cooper-Paare und die Fermi-Energie des Metalls auf gleicher Höhe (*links*), nach einem Anheben des Potentials des Metalls um $\Delta V = \Delta\epsilon_s/(2e)$ setzt Elektronentunneln ein (*rechts*).

Supraleiters bei derselben Energie ein für Einzel-Elektronen grundsätzliches zugängliches, nicht besetztes Niveau vorfinden. Im Ausgangszustand ist dies offensichtlich nicht der Fall, und dies gilt, beim Anlegen einer Spannung, solange fort, bis die rechts gezeichnete Situation erreicht wird. Dies bedeutet aber, daß Stromfluß erst einsetzt, wenn mit Hilfe der angelegten Spannung die Energielücke beim Erreichen des Mindestwerts

$$e\Delta V_{\min} = \frac{\Delta\epsilon_s}{2} \qquad (4.264)$$

überwunden wird.

4.4.3 Kritisches Magnetfeld. Supraleiter zweiter Art

Ginzburg und Landau haben auch einen Weg gewiesen, wie man auf der Grundlage der Zustandsbeschreibung von Supraleitern durch die Wellenfunktion Ψ über eine thermodynamische Theorie zu einer Beschreibung der Phasenumwandlung gelangen kann. Die Vorgehensweise gleicht dabei derjenigen, mit welcher wir schon die anderen Phasenumwandlungen zweiter Ordnung, wie die Übergänge in den ferromagnetischen oder ferroelektrischen Zustand, behandelt hatten: Man wählt eine geeignete Entwicklung der freien Enthalpie nach Potenzen des Ordnungsparameters, welcher die Phasenumwandlung kontrolliert. Dieser Ordnungsparameter ist jetzt die Wellenfunktion Ψ. Da Ψ beim Abkühlen am Sprungpunkt T_c bei Null einsetzt, und dann kontinuierlich ansteigt, besitzt die Größe das gewünschte Verhalten. Tatsächlich wird mit dem folgenden Ansatz die Phasenumwandlung richtig erfaßt:

$$g(\Psi) = g(0) + b(T - T_c)|\Psi|^2 + c_4|\Psi|^4 \quad , \quad \text{mit } b > 0 \text{ und } c_4 > 0 \; . \quad (4.265)$$

Der Ansatz ist identisch mit den Gln. (3.15) und (3.31) für Ferroelektrika und Ferromagnete, und so lassen sich die dort gezogenen Schlußfolgerungen auch direkt übernehmen. Der Ordnungsparameter, jetzt Ψ, früher P und M, thermodynamisch eine innere Variable, ist dann im Gleichgewicht, wenn das Minimum der freien Enthalpie erreicht ist. Verläufe der freien Enthalpie ober- und unterhalb T_c sind in Abb. 3.5 gezeigt. Gl. (3.17) entsprechend, ist der Gleichgewichtswert im supraleitenden Zustand

$$|\Psi|_{\mathrm{eq}}^2 = \frac{b(T_c - T)}{2c_4} \tag{4.266}$$

und im normalleitenden Zustand, wie es sein muß, gleich Null. Das Ergebnis besagt, daß die Konzentration der Supra-Ladungsträger, d. h. der Cooper-Paare, linear mit der Unterkühlung unter T_c ansteigt

$$\rho_{\mathrm{s}} = |\Psi|_{\mathrm{eq}}^2 \sim T_c - T \quad . \tag{4.267}$$

Die Absenkung der freien Enthalpie des supraleitenden gegenüber dem normalleitenden Zustand beträgt

$$g(0) - g(|\Psi|_{\mathrm{eq}}) = \frac{b^2}{2c_4}(T_c - T)^2 \quad . \tag{4.268}$$

In einem zweiten Schritt kann in die Beschreibung auch die Wirkung eines angelegten magnetischen Feldes miteinbezogen und die **kritische Feldstärke** H_c bestimmt werden. Allgemein gilt für die Änderung von g beim Anlegen eines Magnetfeldes (Gl. (A.10))

$$\mathrm{d}g = -B\mathrm{d}H \quad . \tag{4.269}$$

Im normalleitenden Zustand, der nur schwach diamagnetisch ist ($B \approx \mu_0 H$), ergibt sich so

$$g(H) = g(0) - \frac{\mu_0}{2}H^2 \quad , \tag{4.270}$$

im supraleitenden Zustand aber, wegen $B = 0$,

$$g(H) = g(0) \quad . \tag{4.271}$$

Bei der kritischen Feldstärke stimmen die beiden freien Enthalpien überein, d. h. es gilt

$$g(|\Psi|_{\mathrm{eq}}) - g(0) = -\frac{b^2}{2c_4}(T_c - T)^2 = -\frac{\mu_0}{2}H_c^2 \quad , \tag{4.272}$$

und damit

$$H_c = \frac{b}{(\mu_0 c_4)^{1/2}}(T_c - T) \quad , \tag{4.273}$$

im Einklang mit der Beobachtung (Abb. 4.26, Gl. (4.236)). Wie die Ableitung deutlich macht, gibt der Ausdruck $\mu_0 H_c^2/2$ bei jeder Temperatur an, wie stark

der supraleitende gegenüber dem normalleitenden Zustand in seiner freien
Enthalpie abgesenkt ist.

Es gibt supraleitende Materialien, die auf das Anlegen eines Magnetfelds
nicht auf die bisher erläuterte Art, Abb. 4.25 entsprechend, reagieren, sondern einen Verlauf der Magnetisierung zeigen, wie er in Abb. 4.34 wiedergegeben ist. Hier endet das ideal-diamagnetische Verhalten bei einer ersten
kritischen Feldstärke H_{c1} nicht so, daß ein sprunghafter Übergang in den normalleitenden Zustand erfolgen würde, sondern man beobachtet von da an eine
kontinuierliche Abnahme der Magnetisierung. Diese endet bei einer zweiten
kritischen Feldstärke, H_{c2}, wo der Nullwert erreicht wird. Man nennt solche
Materialien **Supraleiter zweiter Art** und Abb. 4.35 zeigt, was diese struk-
turell von den bisher besprochenen **Supraleitern erster Art** unterscheidet.
Das Bild, aufgenommen für eine magnetische Feldstärke im Zwischenbereich
$H_{c1} < H < H_{c2}$, gibt einen zweiphasigen Zustand wieder, bestehend aus
einer supraleitenden Matrix, die von normalleitenden Schläuchen durchdrun-
gen wird. Die Schläuche sind dabei regelmäßig in Art eines zweidimensionalen
Gitters angeordnet.

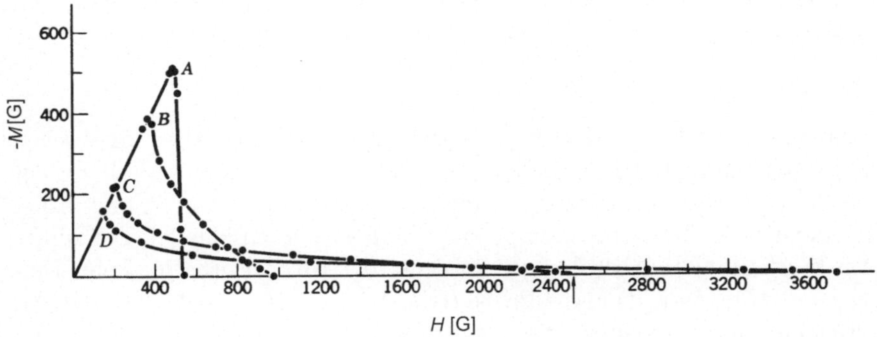

Abb. 4.34. Magnetisierungskurven von Blei (A) und verschiedenen Blei-Indium
(2.8-20.4%) -Legierungen (B,C,D). Die Legierungen sind Supraleiter zweiter Art
(nach Livingston aus [23]).

Ginzburg und Landau, zusammen mit Abrikosov, haben auch für das Auftreten solch zweiphasiger Strukturen eine Erklärung geliefert, wieder ausgehend von der Wellenfunktion Ψ, jetzt durch Formulierung einer Gleichung für
die Dichte der freien Enthalpie, welche die Möglichkeit räumlicher Variationen der Konzentration der Supra-Ladungsträger und der Anwesenheit eines
äußeren Magnetfelds H vorsieht. Die Gleichung erweitert Gl. (4.265) auf die
folgende Art:

$$g(\Psi(\boldsymbol{r})) = g(0) + b(T-T_c)|\Psi|^2 + c_4|\Psi|^4 + \frac{1}{4m_e}|(-i\hbar\nabla - (-2e)\boldsymbol{A})\Psi|^2 - \int_0^H B\,dH'$$

$$(4.274)$$

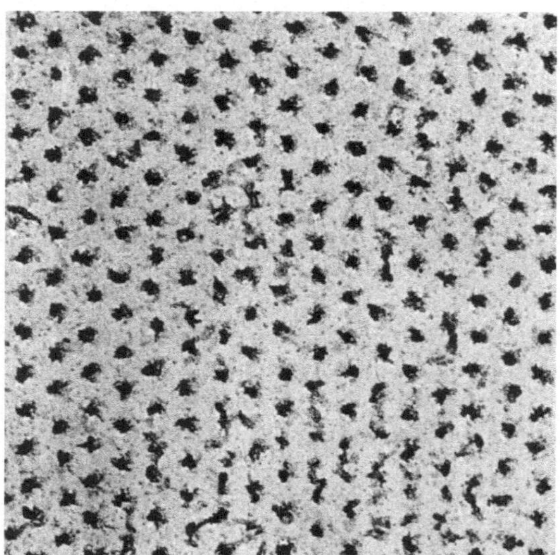

Abb. 4.35. Supraleiter zweiter Art mit regelmäßig angeordneten normalleitenden Schläuchen, sichtbar gemacht an der Oberfläche einer zylinderförmigen Probe mit Hilfe ferromagnetischer Partikel (von Träuble und Essmann aus [23]).

Quantenmechanisch hat der vierte Term die Bedeutung einer kinetischen Energie der Supra-Teilchen (Ladung $-2e$, Masse $2m_\mathrm{e}$), in empirischer Sicht ist es der einfachste Term, mit dem räumliche Variationen von Ψ, und insbesonders auch der Konzentration $\rho_\mathrm{s} = |\Psi|^2$ erfaßt werden können. Der fünfte Term beschreibt die Absenkung der Dichte der freien Enthalpie beim Eindringen des Magnetfelds in die Probe (Gl. (A.10)), was bei den zweiphasigen Zuständen von Supraleitern zweiter Art in den normalleitenden Bereichen und einer Randzone mit einer der Londonschen Eindringtiefe entsprechenden Dicke geschieht.

Auf der Grundlage der Ginzburg-Landau-Gleichung (4.274) kann mit zweiphasigen Zuständen umgegangen und auch erklärt werden, unter welchen Bedingungen sie auftreten. Dies hier genauer darzustellen, würde zu weit führen, und so beschränken wir uns auf einige wenige, kurze Erläuterungen. Grundsätzlich hat man bei der Bestimmung des Gleichgewichtszustands nach derjenigen Wellenfunktion $\Psi(\boldsymbol{r})$ suchen, welche, bei vorgegebenen Randbedingungen, mit dem Minimum der gesamten freien Enthalpie der Probe

$$\mathcal{G} = \int\limits_{\mathcal{V}} g(\Psi(\boldsymbol{r}))\mathrm{d}^3\boldsymbol{r} \qquad (4.275)$$

verbunden ist. Zur Lösung der Aufgabe lassen sich Standard-Methoden der Variationsrechnung nutzen. Abb. 4.36 zeigt schematisch eine der dabei zu findenden Lösungen. Sie stellt einen einzelnen normalleitenden Schlauch in einer supraleitenden Matrix dar. Im oberen Bild ist dabei die Konzentrationsverteilung der Supra-Ladungsträger $\rho_\mathrm{s}(\boldsymbol{r}) = |\Psi|^2(\boldsymbol{r})$, im unteren Bild das magnetische Feld B in seinem Verlauf gezeichnet. Für beide Größen erfolgt der Übergang zwischen den beiden Phasen nicht abrupt. Wie schon festgestellt wurde, dringt ein äußeres Magnetfeld auch in supraleitende Bereiche ein, und zwar nach Maßgabe der Londonschen Eindringtiefe λ_L. Die Ginzburg-Landau Theorie liefert jetzt noch eine zweite charakteristische Länge, bekannt als **Kohärenzlänge** ξ_G. Sie kennzeichnet die Breite des Bereichs, innerhalb welchem sich die Änderung in der Konzentration der Supra-Ladungsträger, vom Wert Null im Normalleiter zum Endwert $|\Psi|^2_\mathrm{eq}$ im Supraleiter, vollzieht. Die Größe ξ_G kann mit einem plausiblen Argument der Ginzburg-Landau-Gleichung (4.274) entnommen werden. Wenn wir von allen Feldbeiträgen absehen, läßt sich g wie folgt umformulieren:

$$g(\Psi(\boldsymbol{r})) - g(0) \sim -\frac{|\Psi|^2(\boldsymbol{r})}{|\Psi|^2_\mathrm{eq}} + \frac{|\psi|^4(\boldsymbol{r})}{2|\Psi|^4_\mathrm{eq}} + \xi_\mathrm{G}^2 \frac{|\nabla\Psi|^2(\boldsymbol{r})}{|\Psi|^2_\mathrm{eq}} \qquad (4.276)$$

mit, nach Gl. (4.266),

$$|\Psi|^2_\mathrm{eq} = \frac{b(T_\mathrm{c} - T)}{2c_4}$$

als Endwert der Supra-Ladungsträgerkonzentration, sowie

$$\xi_\mathrm{G}^2 = \frac{\hbar^2}{4m_\mathrm{e}b(T_\mathrm{c} - T)} \ . \qquad (4.277)$$

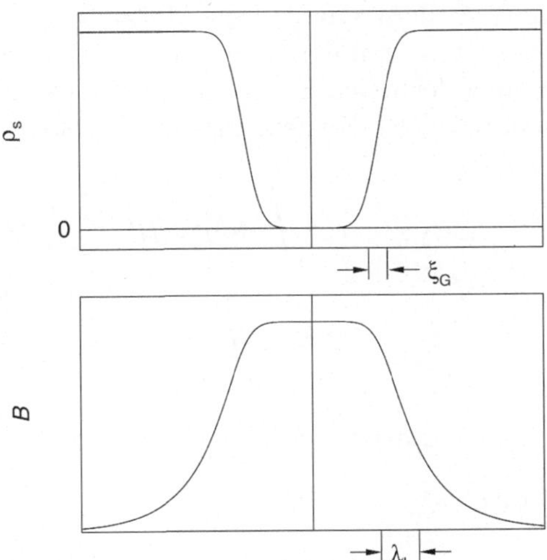

Abb. 4.36. Verteilung des Magnetfelds B and der Dichte der Cooper-Paare ρ_s im Bereich um einen normalleitenden Schlauch. Londonsche Eindringtiefe λ_L und Kohärenzlänge ξ_G.

In dem Ausdruck tritt ξ_G als einziger Parameter auf, und er besitzt die Dimension einer Länge. In Abb. 4.36 gibt es als einzige Länge die Breite des Übergangsbereichs. Sie muß deshalb notwendigerweise durch ξ_G bestimmt sein. Gl. (4.277) sagt aus, daß ξ_G bei Annäherung an T_c divergiert, und dabei dem Potenzgesetz

$$\xi_G \sim (T_c - T)^{-1/2} \tag{4.278}$$

folgt.

In der Abbildung ist λ_L größer als ξ_G gewählt. Tatsächlich ist dies eine Grundvoraussetzung für das Auftreten von Zweiphasenstrukturen, d. h. Supraleiter zweiter Art. Der Grund hierfür ist qualitativ leicht zu erkennen. Ein normalleitender Schlauch wird sich in einer supraleitenden Matrix nur dann spontan bilden, wenn sich bei einem angelegten Magnetfeld H dabei eine Erniedrigung der freien Enthalpie des Systems ergibt. Bei der Prüfung sind zwei Beiträge in Rechnung zu stellen, die gegenläufig wirken, zum einen die Erhöhung der freien Enthalpie aufgrund des höheren Werts in der normalleitenden Phase entsprechend Gl. (4.272), und zum anderen ihre Erniedrigung beim Eindringen des Magnetfelds, wie durch Gl. (A.10) beschrieben. Auch wenn der Kernbereich des normalleitenden Schlauchs verschwindend klein sein sollte, ist wegen der davon unabhängigen Kohärenzlänge ξ_G doch ein zylindrischer Bereich mit der Querschnitts-Fläche $\simeq \pi\xi_G^2$ mit einer erhöhten freien Enthalpie versehen. Pro Längeneinheit des Schlauchs folgt so eine Erhöhung

$$\Delta\mathcal{G}_1 \simeq \pi\xi_G^2 \frac{\mu_0}{2} H_c^2 \ . \tag{4.279}$$

Auch das eindringende Magnetfeld bleibt nicht auf den Kernbereich des Schlauchs beschränkt, sondern erfaßt nach Maßgabe der Eindringtiefe λ_L einen größeren Zylinder, etwa mit der Querschnittsfläche $\pi\lambda_L^2$. Die daraus resultierende Erniedrigung der freien Enthalpie, wieder pro Längeneinheit des Schlauchs genommen, beträgt bei einem angelegten Feld H

$$\Delta\mathcal{G}_2 \simeq -\pi\lambda_L^2 \int_0^H B(H')\mathrm{d}H' \ . \tag{4.280}$$

Setzen wir

$$B \approx \mu_0 H \tag{4.281}$$

an, erhalten wir

$$\Delta\mathcal{G}_2 \simeq -\pi\lambda_L^2 \frac{\mu_0}{2} H^2 \ . \tag{4.282}$$

In der Summe ergibt sich so

$$\Delta\mathcal{G} = \Delta\mathcal{G}_1 + \Delta\mathcal{G}_2 \tag{4.283}$$

$$= \pi\xi_G^2 \frac{\mu_0}{2} H_c^2 - \pi\lambda_L^2 \frac{\mu_0}{2} H^2 \tag{4.284}$$

Das Ergebnis zeigt, daß sich in der Tat schon vor Erreichen der kritischen Feldstärke H_c ein Schlauch bilden kann, aber nur dann, wenn

$$\lambda_{\mathrm{L}} > \xi_{\mathrm{G}} \tag{4.285}$$

ist.

Tatsächlich ist die Argumentation noch nicht ganz richtig. Wir hatten außer Acht gelassen, daß der magnetische Fluß quantisiert ist, und das trifft auch für den von den normalleitenden Schläuchen getragenen Fluß zu. Gl. (4.281), welche ein kontinuierliches Anwachsen von B proportional zum äußeren Feld H beschreibt, bedarf also einer Korrektur. In Wirklichkeit ändert sich B sprunghaft. Eindringen kann das Feld erst, wenn ein Flußquant Φ_0 geschaffen werden kann, d. h.

$$\pi \lambda_{\mathrm{L}}^2 \mu_0 H \geq \Phi_0 \tag{4.286}$$

gilt. Der Gewinn an freier Enthalpie, bis dahin Null, beträgt von da an zunächst

$$\Delta \mathcal{G}_2 = \frac{\Phi_0 H}{2} \ . \tag{4.287}$$

Wir können jetzt $H_{\mathrm{c}1}$, die Feldstärke, bei welcher in einem Supraleiter zweiter Art erstmals normalleitende Schläuche entstehen, abschätzen. Der Wert folgt aus

$$0 = \Delta \mathcal{G} = \pi \xi_{\mathrm{G}}^2 \frac{\mu_0}{2} H_{\mathrm{c}}^2 - \frac{\Phi_0 H_{\mathrm{c}1}}{2} \tag{4.288}$$

als

$$H_{\mathrm{c}1} = \frac{\pi \xi_{\mathrm{G}}^2 \mu_0 H_{\mathrm{c}}^2}{\Phi_0} \ . \tag{4.289}$$

4.5 Ionenleitung in Elektrolytsystemen

Alle bisherigen Ausführungen in diesem Kapitel betrafen elektrische Ströme in Kristallen, die von Elektronen, im Leitungs- oder Valenzband oder im Supraleiter im gebundenem Zustand der Cooper-Paare, getragen werden. In Flüssigkeiten liegen ganz andere Bedingungen vor. Bei der hohen, räumlich unbeschränkten Beweglichkeit der Atome oder Moleküle im flüssigen Zustand können Ströme nicht nur elektronischer Natur sein, sondern auch auf der Bewegung positiv und negativ geladener Ionen gründen.

In **Elektrolytsystemen** findet man Ionen in besonders hoher Konzentration, und so lassen sich hier Ströme auslösen, deren Stärke zwar nicht diejenige guter metallischer Leiter erreicht, aber doch weit oberhalb der Werte von Halbleitern liegt. Abbildung 4.37 zeigt eine typische Anordnung, mit der die Stromleitung in einem Elektrolytsystem untersucht werden kann. In einen Trog, gefüllt mit einer Ionen enthaltenden Elektrolyt-Flüssigkeit, tauchen zwei Elektroden ein. Elektrolyte sind häufig Stoffe, die schon im festen Zustand aus Ionen aufgebaut sind, d. h. als Ionenkristalle vorliegen, und den ionischen Charakter dann im flüssigen Zustand, in einer Lösung oder auch als Schmelze, weiter bewahren. **Starke Elektrolyte** bleiben auch in flüssigem Zustand so gut wie vollständig dissoziiert, bei **schwachen Elektroly-**

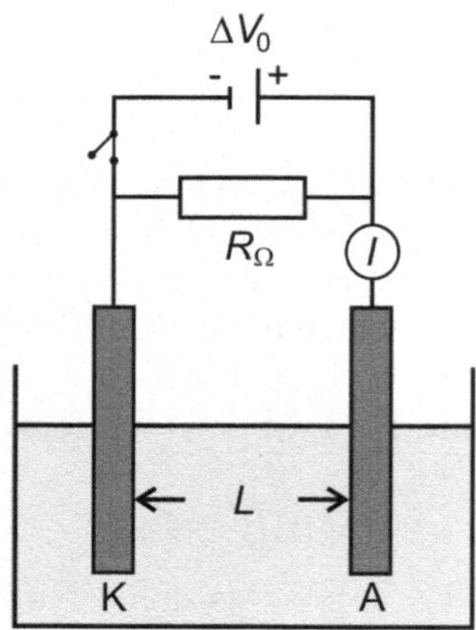

Abb. 4.37. Elektrolytzelle mit Anode (A) und Kathode (K).

ten ist der Dissoziiationsgrad begrenzt und dementsprechend auch temperaturabhängig. Da an den Elektroden, wie wir gleich sehen werden, chemische Reaktionen ablaufen, wählt man hierfür ein chemisch inertes Material, beispielsweise Platin. Die Elektrode, welche mit dem Plus-Pol der Gleichspannungsquelle verbunden wird, heißt **Anode**, die andere, verbunden mit dem Minus-Pol, trägt den Namen **Kathode**.

Was wird beim Anlegen der Spannung beobachtet? Abb. 4.38 zeigt schematisch den Verlauf der Stromspannungskurve, registriert beim Hochfahren der Gleichspannung ΔV_0 durch eine Messung des Stroms I. Die Kurve besagt, daß zunächst, bei niedrigen Spannungen, nur ein sehr schwacher Strom fließt und sich dies erst beim Überschreiten eines kritischen Werts, der **inneren Zellspannung** ΔV_z, ändert. Von ΔV_z an steigt die Stromstärke linear:

$$I \sim \Delta V_0 - \Delta V_z \ . \tag{4.290}$$

Gleichzeitig setzen an den Elektroden chemische Reaktionen ein. Bei einer wässrigen Lösung von Salzsäure (HCl), die wir auch im folgenden als Beispiel wählen wollen, entweichen an der Kathode gasförmiger Wasserstoff und an der Anode Chlor-Gas. Bei festgehaltener Spannung laufen diese chemischen Reaktionen zunächst mit einer konstanten Rate ab und verlangsamen sich dann später als Folge der zurückgehenden Elektrolytkonzentration in der Lösung. Was hier geschieht, die kontrollierte Durchführung einer chemischen Reaktion durch Ladungszufuhr bei einer Mindestspannung, ist als **Elektrolyse** bekannt.

Schaltet man, nachdem die chemische Reaktion eine gewisse Zeit gelaufen ist, die Spannung durch Öffnen des Schalters plötzlich ab, bricht der Strom nicht ab, sondern fließt für eine begrenzte Zeit weiter, dies aber in umgekehrter Richtung, unter Nutzung der Verbindung über den Widerstand R_Ω hinweg. Der Spannungsabfall am Widerstand, identisch mit der Potentialdifferenz zwischen Anode und Kathode, beträgt ΔV_z. Die Beobachtung be-

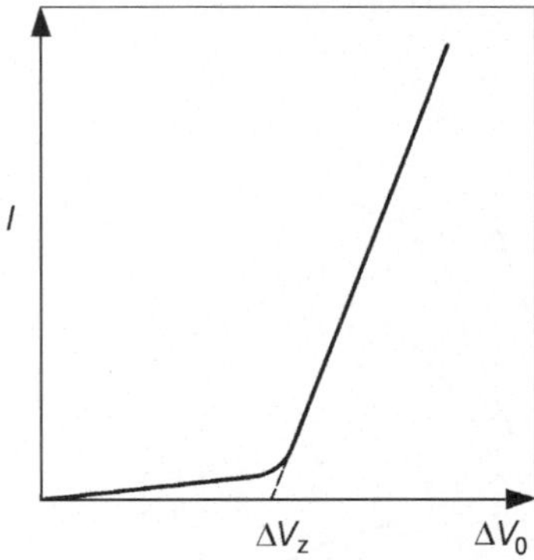

Abb. 4.38. Änderung der Stärke I des durch eine Elektrolytzelle fließenden Stromes bei einer kontinuierlichen Erhöhung der äußeren Gleichspannung ΔV_0: Ein merkbarer Stromfluß setzt erst beim Überschreiten der inneren Zellspannung ΔV_z ein. Er ist mit dem Ablauf chemischer Reaktionen an den Elektroden verknüpft.

deutet, daß die Elektrolytzelle zu einer Spannungsquelle mit der Kathode als Minus- und der Anode als Plus-Pol geworden ist. Eine Überprüfung zeigt, daß im Falle der HCl-Lösung der Stromfluß mit einer Wiederauflösung von Wasserstoff- und Chlor-Gas einhergeht, und dementsprechend nur erfolgt, solange vor der Kathode Wasserstoff und vor der Anode Chlor anzutreffen sind. Der Vorgang ist als **galvanische Stromerzeugung** bekannt; die Elektrolytzelle ist jetzt zu einer „galvanischen Zelle" geworden.

Abb. 4.39 stellt dar, wie sich die elektrische Leitfähigkeit σ_{el} verschiedener wässriger Lösungen mit der molaren Konzentration $\tilde{c}$ des Elektrolyten ändert. σ_{el} ergibt sich bei einer Eintauchfläche A und einem Abstand L der Elektroden als

$$\sigma_{\mathrm{el}} = \frac{IL}{A(\Delta V_0 - \Delta V_z)} \tag{4.291}$$

Die Kurve zeigt, daß die Leitfähigkeit keineswegs mit wachsender Ionenkonzentration immerzu ansteigt. Man beobachtet nicht nur ein Maximum, sondern stellt fest, daß auch bei geringer Konzentration kein proportionaler Anstieg erfolgt. Kohlrausch fand als empirisches Gesetz für die Konzentrationsabhängigkeit der **molaren Leitfähigkeit**

$$\tilde{\sigma}_{\mathrm{el}} = \frac{\sigma_{\mathrm{el}}}{\tilde{c}} \tag{4.292}$$

für verdünnte Elektrolytlösungen den Ausdruck

$$\tilde{\sigma}_{\mathrm{el}}(\tilde{c}) = \tilde{\sigma}_{\mathrm{el}}(0) - \mathrm{const}\ \tilde{c}^{1/2}\ . \tag{4.293}$$

Was bedeutet dies alles? Einige Schlußfolgerungen können unmittelbar gezogen werden. Da der Strom in den Zuleitungsdrähten von Elektronen und in der Elektrolytlösung von Ionen bei einer durchgängig konstanten Stromstärke getragen wird, stellt sich die Frage, wie der Wechsel im Ladungsträgertyp vollzogen wird. Die Antwort hierauf lautet: Genau dies bewerkstel-

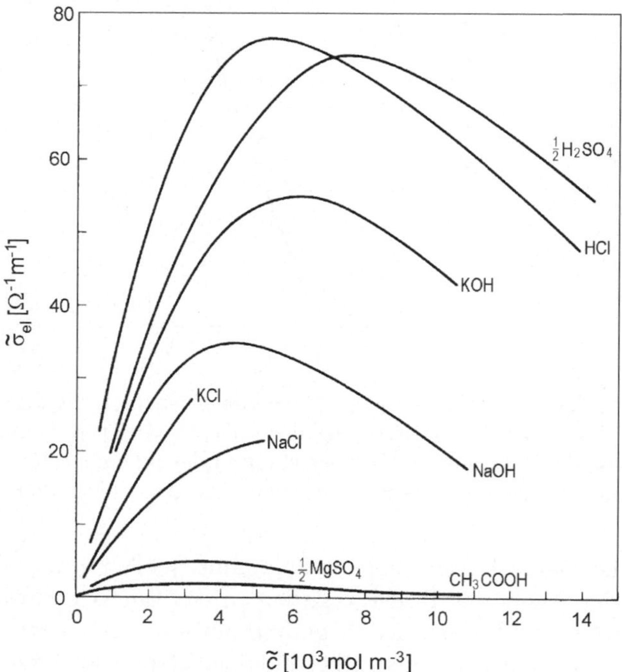

Abb. 4.39. Abhängigkeit der elektrischen Leitfähigkeit verschiedene wässriger Elektrolytlösungen von der molaren Konzentration des Elektrolyten (aus Wedler [38]).

ligen die chemischen Reaktionen an Anode und Kathode. Sie sind deshalb keine Sekundärphänomene, sondern unverzichtbar und ein wesentlicher Teil des Vorgangs. Hieraus ergibt sich aber sofort auch eine Anforderung: Da die Reaktionen nur unter Zufuhr von elektrischer Arbeit ablaufen können, kann Stromfluß in dem gemischten Elektronen-Ionen-Stromkreis auch nicht bei beliebig kleiner Spannung einsetzen, sondern erst, wenn diese Arbeit verrichtet werden kann. Das zugehörige Kriterium liefert uns die Thermodynamik, und wir werden es formulieren.

Die Abhängigkeit Gl. (4.291) deutet an, wie die angelegte Spannung ΔV_0 im Stromkreis verteilt ist. Da in den metallischen Zuleitungsdrähten kein Spannungsabfall, der bedeutungsvoll wäre, erfolgt, und im Elektrolyten Stromfluß mit dem begleitenden Spannungsabfall erst oberhalb von ΔV_z einsetzt, muß es so sein, daß am Übergang von der Platinelektroden in die Elektrolytflüssigkeit Potentialstufen auftreten. Bis zu einer angelegten Spannung ΔV_z tragen sie die Spannung insgesamt, danach bleiben die Stufenhöhen, bei ΔV_z in der Summe, stehen. Wir haben zu erkären, wie diese Potentialstufen entstehen.

Wenn die Leitfähigkeit nicht proportional zur Ladungsträgerkonzentration in der Lösung wächst, heißt dies, daß Wechselwirkungen zwischen den

Ladungsträgern existieren, welche ihre Beweglichkeit herabsetzen. Wie das **Kohlrausch-Gesetz** aussagt, verstärkt sich der Effekt mit wachsender Konzentration. Daß Coulombsche Wechselwirkungskräfte zwischen den Ionen einer Elektrolytlösung bestehen, ist selbstverständlich, warum diese behindernd wirken, bedarf einer Erklärung.

Im folgenden wollen wir die genannten Fragen, beschränkt auf das Wesentlichste und im Rahmen des hier Möglichen, behandeln. Wie wir sehen werden, können wir dabei zu einem Teil auch auf schon Bekanntes zurückgreifen.

4.5.1 Innere Zellspannung und freie Reaktionsenthalpie

Chemische Reaktionen laufen, ob im Reagenzglas oder großtechnisch in einem Kessel, normalerweise spontan ab, im Sinne der Thermodynamik als irreversibler Prozeß unter Abnahme der freien Enthalpie. Grundsätzlich sind sie aber umkehrbar, doch muß dann die Abnahme der freien Enthalpie rückgängig gemacht und durch eine entsprechende Arbeitsleistung wieder aufgebracht werden. Genau dies geschieht bei einer Elektrolyse, und zwar auf kontrollierbare Art und Weise. Im Falle unseres Beispiels ist die Reaktion bei der Elektrolyse als

$$H^+ + Cl^- \; (\textit{in Lösung}) \xrightarrow{\Delta \mathcal{G}_r > 0} \frac{1}{2}H_2 + \frac{1}{2}Cl_2 \; (\textit{Gase bei Normalbedingungen})$$

$$(4.294)$$

zu beschreiben. Die dabei pro Mol Umsatz zu erbringende Arbeit ΔW stimmt unter den vorliegenden, isotherm-isobaren Verhältnissen mit der Zunahme der freien Enthalpie bei der Reaktion überein:

$$\Delta W = \Delta \mathcal{G}_r \; . \qquad (4.295)$$

Das Einsetzen der Reaktion bei der inneren Zellspannung ΔV_z zeigt an, daß genau da die notwendige Arbeit als elektrische Leistung erbracht werden kann und

$$\Delta W_{el} = e N_A \Delta V_z = \Delta \mathcal{G}_r \qquad (4.296)$$

gilt.

Wir haben in der Reaktionsformel auch die Aggregatzustände vermerkt. Dies ist notwendig, weil sie die freie Reaktionsenthalpie beeinflussen. So ist zu beachten, daß die molare freie Enthalpie einer gelösten Verbindung von der Konzentration in der Lösung abhängt. Im Falle unseres Beispiels mit einem einwertigen Elektrolyten haben wir für die chemischen Potentiale der beiden Komponenten

$$\tilde{\mu}_+ = \tilde{\mu}_+^0 + \tilde{R}T \ln \phi_+ + \tilde{R}T \ln \gamma_+ \qquad (4.297)$$

$$\tilde{\mu}_- = \tilde{\mu}_-^0 + \tilde{R}T \ln \phi_- + \tilde{R}T \ln \gamma_- \qquad (4.298)$$

anzusetzen. Dabei beschreibt der zweite Term mit $\phi_{+/-}$ als Volumenanteil jeweils die mit zunehmender Verdünnung ansteigende Entropie (vgl. Gl. (3.69)). Die dritten Terme mit den **Aktivitätskoeffizienten** $\gamma_{+/-}$ erfassen alle Abweichungen vom Verhalten einer idealen Lösung, in der die gelösten Atome statistisch regellos verteilt wären ($\gamma_{+/-}$(ideal) $= 1$). Die Abweichungen sind Ausdruck wechselwirkungsbedingter Ordnungsphänomene, wie sie aufgrund der Coulombschen Kräfte in Elektrolytlösungen immer zu erwarten sind. Da die ersten Terme, $\mu^0_{+/-}$, per definitionem konzentrationsunabhängig sind, kann das Produkt der Aktivitätskoeffizienten $\gamma_+\gamma_-$ auf der Grundlage von

$$eN_\mathrm{A}\Delta V_\mathrm{z} = \Delta\mathcal{G}_\mathrm{r}$$
$$= \Delta\mathcal{G}_\mathrm{r}^0 - \tilde{R}T\ln\phi_+\phi_- - \tilde{R}T\ln\gamma_+\gamma_- \qquad (4.299)$$

aus der inneren Zellspannung ΔV_z abgeleitet werden. Die entsprechende, für Elektrolyte beliebiger Wertigkeit gültige Beziehung ist in der Elektrochemie als **Nernstsche Gleichung** bekannt; der konzentrationsunabhängige Grundanteil $\Delta\mathcal{G}_\mathrm{r}^0$ wird **freie Standard-Reaktionsenthalpie** genannt.

Wird die Arbeitszufuhr unterbrochen, durch Öffnen des Schalters in Abb. 4.37, kehrt die chemische Reaktion sofort um, in die Richtung, in der sie, angetrieben durch die Abnahme der freien Enthalpie, von selbst abläuft

$$\frac{1}{2}\mathrm{H}_2 + \frac{1}{2}\mathrm{Cl}_2\ (\textit{Gase}) \xrightarrow{-\Delta\mathcal{G}_\mathrm{r}} \mathrm{H}^+ + \mathrm{Cl}^-\ (\textit{in Lösung})\ . \qquad (4.300)$$

In der Anordnung der Zelle wird die Reaktionsenthalpie aber nicht vergeudet, d. h. in regellose thermische Bewegung umgewandelt, sondern steht zur kontrollierten Abgabe von elektrischer Arbeit zur Verfügung. Im Beispiel muß hierfür nur Wasserstoff- und Chlor-Gas in Kontakt mit der Kathode und Anode gebracht werden. Dann läßt sich Arbeit solange entnehmen, wie beide Gase zur Verfügung stehen.

Bei äußeren Spannungen ΔV_0 oberhalb der inneren Zellspannung fällt der ΔV_z übersteigende Teil der Spannung innerhalb der Elektrolytlösung ab und hält so einen konstanten Strom aufrecht. Die zugehörige elektrische Leistung $I(\Delta V_0 - \Delta V_\mathrm{z})$ wird, ganz wie in einem Ohmschen Festkörper-Widerstand, in thermische Bewegung umgewandelt. Die Verwandlung geschieht über die Reibungskräfte, welche die Ionen bei ihrer Bewegung in der fluiden Umgebung erfahren. Dabei ist zunächst festzustellen, daß wie bei den Elektronen in Metallen und Halbleitern Proportionalität zwischen der Stärke des am Ion angreifenden elektrischen Feldes E und der sich einstellenden stationären Geschwindigkeit besteht. Wir können deshalb den schon eingeführten Begriff der elektrischen Beweglichkeit ν_el (Gl. (4.158)) verwenden, der, bezogen auf die Ionen, deren Geschwindigkeiten v_+ und v_- als

$$v_+ = \nu_{\mathrm{el},+}E \ \text{ und } \ v_- = \nu_{\mathrm{el},-}E \qquad (4.301)$$

beschreibt. Für die elektrische Leitfähigkeit ergibt sich dann, bei Übernahme von Gl. (4.157) für die Elektronen und Löcher in Halbleitern, die Beziehung

$$\sigma_{\text{el}} = e(\rho_+ \nu_{\text{el},+} + \rho_- \nu_{\text{el},-}) \tag{4.302}$$

mit den Ionendichten

$$\rho_+ = \rho_- = N_A \tilde{c} \ . \tag{4.303}$$

Wie wir feststellten, muß zwischen dem Inneren der Elektroden und der Elektrolytlösung in unmittelbarer Nähe der Elektroden ein sprunghafter Spannungsabfall erfolgen, mit einer Gesamtstufenhöhe von ΔV_z für $\Delta V_0 > \Delta V_z$ und ΔV_0 für $\Delta V_0 < \Delta V_z$. Verursacht werden die Sprünge durch die Ausbildung von Ladungsdoppelschichten, und der Grund hierfür ist genau derselbe wie bei den Ladungsdoppelschichten an pn-Übergängen, Metall-Metall- oder Metall-Halbleiter-Kontakten: Wenn gleiche Ladungsträger in zwei verschiedenen Materialien, und damit unterschiedlichem chemischen Potential vorhanden sind, setzen beim Kontaktieren Diffusionsprozesse über die Grenzfläche hinweg ein. Sie dauern solange an, bis sich eine elektrische Doppelschicht aus einem Anreicherungs- und Verarmungsbereich gebildet hat, welche die grundsätzlich in beide Richtungen erfolgenden Diffusionsströme auf den gleichen Wert bringt. Beim pn-Übergang (Abb. 4.15) hatten wir die Natur dieses Gleichgewichtszustands im einzelnen erörtert und auch die thermodynamische Gleichgewichtsbedingung genannt: die Doppelschicht bildet sich so aus, daß das elektrochemische Potential der Ladungsträger in beiden kontaktierten Materialien auf dasselbe Niveau gelangt. All dies gilt jetzt wieder, d. h. auch dann, wenn es sich, wie bei Elektrolytzellen, um Festkörper-Flüssigkeit-, Festkörper-Gas- oder Flüssigkeit-Gas-Grenzflächen handelt. Die über die Grenzflächen hinweg wechselnden Ladungsträger können dabei Ionen oder Elektronen sein.

Bei diesen Gegebenheiten können wir zur Beschreibung der Strom-Spannungskurve oberhalb der inneren Zellspannung ΔV_z auf die Gln. (4.183) bis (4.188) zurückgreifen, die wir bei der Erfassung des Stromflusses am pn-Übergang formuliert hatten. Dabei betrachten wir zuerst den Gleichgewichtszustand bei

$$\Delta V_0 = \Delta V_z \ ,$$

d. h., am Übergang zwischen dem galvanischen und dem elektrolytischen Betrieb der Zelle. An der Anode fließen, transportiert von Cl^--Ionen, Elektronenströme in beide Richtungen, beim Übertritt von der Lösung in das Gas ein Elektronenstrom der Dichte $j_{\text{e,ox}}$ und beim umgekehrten Übergang eines zuvor durch Aufnahme eines Elektrons aus der Anode ionisierten Chloratoms ein Strom der Dichte $j_{\text{e,red}}$. Die Indices drücken aus, daß der eine Strom auf die Lösung oxidierend, d. h. Elektronen abziehend, und der andere Strom reduzierend, also Elektronen zuführend wirkt. Da allein $j_{\text{e,red}}$ gegen die an der Anode bestehende Potentialstufe $e\Delta V_A$ anlaufen muß, schreiben wir

$$j_{\text{e,ox}}(0) \sim \rho^E \ , \tag{4.304}$$

$$j_{\text{e,red}}(0) \sim -\rho^A \cdot \exp{-\frac{N_A e \Delta V_A}{k_B T}} \ . \tag{4.305}$$

wobei ρ^E und ρ^A die Dichten der die Elektronen mit sich führenden Cl^--Ionen im Elektrolyten und dem Gas bezeichnen. Im Gleichgewicht ist

$$j_{e,\text{red}}(0) + j_{e,\text{ox}}(0) = 0 \ , \tag{4.306}$$

analog zu Gl. (4.185). Erhöht man jetzt durch Anlegung einer äußeren Spannung die Potentialstufe auf

$$\Delta V_A + \delta V_A \tag{4.307}$$

wird der Reduktionsstrom auf

$$j_{e,\text{red}}(\delta V_A) = j_{e,\text{red}}(0) \exp\left(-\frac{N_A e \delta V_A}{\tilde{R}T}\right) \tag{4.308}$$

herabgesetzt. In der Bilanz ergibt sich

$$j_e(\delta V_A) = j_{e,\text{ox}}(\delta V_A) + j_{e,\text{red}}(\delta V_A) \tag{4.309}$$

$$= j_{e,\text{ox}}(0)\left(1 - \exp-\frac{N_A e \delta V_A}{\tilde{R}T}\right) \ , \tag{4.310}$$

und das heißt, für kleine **Überspannungen** δV_A die beobachtete lineare Beziehung

$$j_e \sim \delta V_A \ . \tag{4.311}$$

Dasselbe gilt für die Kathode. Die Überspannung $\Delta V_0 - \Delta V_z$, welche an der Zelle anliegt, teilt sich so auf Anode und Kathode auf, daß sich dieselbe Stromstärke einstellt.

Im Bereich höherer Überspannungen findet man häufig Abweichungen von der Linearität und einen Übergang in eine exponentielle Abhängigkeit

$$j_e \sim \exp(\text{const } \delta V_A) \ . \tag{4.312}$$

Dies deutet darauf hin, daß der Oxidationsstrom im Unterschied zum Generationsstrom des pn-Übergangs keine konstante Größe ist, sondern bei wachsender Überspannung exponentiell zunimmt. In der **Butler-Volmer-Gleichung** wird

$$j_{e,\text{ox}} = j_0 \exp\left[-\frac{\tilde{g}^* - \alpha N_A e(\Delta V_A + \delta V_A)}{\tilde{R}T}\right] = j_{e,\text{ox}}(0) \exp\frac{\alpha N_A e \delta V_A}{\tilde{R}T} \tag{4.313}$$

angesetzt, dies auf der Grundlage der Vorstellung, daß der Oxidationsstrom beim Übergang von der Lösung in die Anode eine Aktivierungsschwelle überwinden muß, auf deren Höhe aber die Spannungsstufe an der Anode Einfluß nimmt. Ohne Spannungsstufe hat die Barrierenhöhe, gegeben durch die molare freie Enthalpie eines bestimmten aktivierten Zustands den das Cl^--Ion beim Übergang durchlaufen muß, den Wert $\tilde{g}^*$. Beim Anlegen der Spannung nimmt die Barrierenhöhe dann wie im Ansatz beschrieben ab. Der Ansatz Gl. (4.313) mit dem empirischen Parameter α, eingesetzt in Gl. (4.310) anstelle der konstanten Größe $j_{e,\text{ox}}(0)$, beschreibt korrekt den als **Tafel-Gesetz** schon seit über 100 Jahren bekannten exponentiellen Stromanstieg bei hohen Überspannungen.

Bei der formalen Beschreibung der Ströme zwischen Elektrolytlösung und den Elektroden hatten wir von einer Einbeziehung der Details des Übergangsprozesses abgesehen. Es sind diese häufig schwer aufzuklärenden Details, welche die Werte von $\tilde{g}^*$ und α bestimmen.

4.5.2 Debye-Hückel-Theorie und Ionenbeweglichkeit

Debye und Hückel haben 1923 in einer für die weitere Entwicklung der Elektrochemie entscheidend wichtigen Arbeit aufgezeigt, wie man die in verdünnten Elektrolytlösungen existierenden Coulomb-Wechselwirkungskräfte in einem Modell quantitativ erfassen kann. Die Vorgehensweise wurde später in verallgemeinerter Form auch auf Probleme außerhalb der Elektrochemie übertragen und erlangte so weitreichende Bedeutung. Das Ziel der Debye-Hückel-Theorie ist die Berechnung der Änderung der freien Enthalpie der Elektrolytlösung, welche sich, ausgehend von einer idealen Lösung, aufgrund der Coulomb-Kräfte zwischen den Ionen ergibt. Ausgangspunkt hierfür ist die Gleichung

$$\Delta\mathcal{G} = \tilde{R}T \ln \gamma_+ \gamma_- = \frac{1}{2} N_{\text{A}} e \bar{V}(0) \; . \tag{4.314}$$

Sie besagt, daß die Absenkung $\Delta\mathcal{G} < 0$ bezogen auf 1 Mol Elektrolytsubstanz, und nach Gln. (4.297), (4.298) ausdrückbar über Änderungen der Aktivitätskoeffizienten, durch das elektrische Potential bestimmt ist, das am Ort eines herausgegriffenen positiven Ions durch alle anderen Ionen erzeugt wird. Da dieses Potential aufgrund der Bewegung der Ionen zeitlich schwankt, muß der zeitliche Mittelwert genommen werden, und wir nennen ihn $\bar{V}(0)$. Die Division durch zwei ist notwendig, da sonst alle Paar-Wechselwirkungen doppelt gezählt würden.

$\bar{V}(0)$ wird durch die Ladungsverteilung um das herausgegriffene Ion bestimmt. Für ein negatives Ion ist in der Umgebung eine Anhäufung positiver Ionen und für ein positives Ion das Umgekehrte zu erwarten. Daß beides gleichzeitig bei Erhaltung der globalen Ladungsneutralität möglich ist, zeigen die Ionenkristalle, bei denen eine solche gleichzeitige Bevorzugung des jeweils anderen geladenen Partners auch existiert. Bei der Erörterung von Flüssigkeitsstrukturen in Abschnitt 1.2.2 hatten wir die Paarverteilungsfunktion $g_2(r)$ eingeführt. Hiernach haben wir jetzt in einer etwas verallgemeinerten Form wieder zu fragen. Unser Interesse gilt den zwei Paarverteilungsfunktionen

$$g_2^{+-}(r) = g_2^{-+}(r) \tag{4.315}$$

$$g_2^{++}(r) = g_2^{--}(r) \; , \tag{4.316}$$

welche die mittlere lokale Struktur um ein Ion herum beschreiben. $g_2^{+-}(r)$ gibt die Dichte negativer Ionen im Abstand r vom herausgegriffenen positiven Ion an, $g_2^{-+}(r), g_2^{--}(r)$ und $g_2^{++}(r)$ beschreiben analog die anderen Paarungen. Aus der Bedeutung folgt:

$$g_2^{+-}(r) + g_2^{++}(r) = 1 \ . \tag{4.317}$$

$\bar{V}(0)$ kann ausgerechnet werden, wenn die mittlere Ladungsverteilung um das Ion bekannt ist. Wir nennen sie $\bar{\eta}(r)$. Für das von uns gewählte Beispiel eines einwertigen Elektrolyten folgt sie aus der Paarverteilungsfunktion als

$$\bar{\eta}(r) = -e g_2^{+-}(r) + e g_2^{++}(r) \ . \tag{4.318}$$

Aufgrund der Elektroneutralität muß

$$\int \bar{\eta}(r) \mathrm{d}^3 \boldsymbol{r} = -e \qquad \text{d. h.} \qquad \int [g_2^{+-}(r) - g_2^{++}(r)] \mathrm{d}^3 \boldsymbol{r} = 1 \tag{4.319}$$

gelten. Für eine gegebene Ladungsverteilung $\bar{\eta}(r)$ läßt sich $\bar{V}(0)$ durch die Lösung der Poisson-Gleichung

$$\nabla^2 \bar{V}(\boldsymbol{r}) = -\frac{\bar{\eta}(\boldsymbol{r})}{\varepsilon_0 \varepsilon} \tag{4.320}$$

in der für isotrope Systeme geltenden Form

$$\frac{1}{r^2} \frac{\mathrm{d}}{\mathrm{d}r} \left(r^2 \frac{\mathrm{d}}{\mathrm{d}r} \right) \bar{V}(r) = -\frac{\bar{\eta}(r)}{\varepsilon_0 \varepsilon} \tag{4.321}$$

bestimmen. Dabei kann den Polarisationseigenschaften des Lösungsmittels Wasser durch Einfügung seiner Dielektrizitätskonstanten ε Rechnung getragen werden.

Wie läßt sich $\bar{\eta}(r)$ ermitteln? Hier muß als erstes noch einmal gesagt werden, daß die Bestimmung von Paarverteilungsfunktionen, eine zentrale Aufgabe der Theorie der Flüssigkeiten, exakt nicht zu bewerkstelligen ist. Debye und Hückel wählten einen Zugang, der grundsätzlich Näherungscharakter besitzt, sich dabei aber als sehr erfolgreich erwies. Bei der Darstellung beginnen wir mit einem Blick auf das Verhalten eines Systems nicht-wechselwirkender, dabei aber geladener Teilchen, die sich in einem vorgegebenen elektrischen Potentialfeld $V(\boldsymbol{r})$ befinden. Hier stellt sich eine Teilchen-Dichteverteilung ein, die durch die Boltzmann-Statistik festgelegt ist. Bei einer 1:1-Mischung jeweils einwertiger positiver und negativer Ionen, wie sie in unserer Beispiel-Elektrolytlösung gegeben ist, gilt für die lokalen Dichten $\rho_+(\boldsymbol{r})$ und $\rho_-(\boldsymbol{r})$

$$\rho_+(\boldsymbol{r}) = \bar{\rho}_+ \exp -\frac{eV(\boldsymbol{r})}{k_\mathrm{B} T} \tag{4.322}$$

$$\rho_-(\boldsymbol{r}) = \bar{\rho}_- \exp \frac{eV(\boldsymbol{r})}{k_\mathrm{B} T} \ . \tag{4.323}$$

Dabei ist angenommen, daß bei verschwindendem Potential die Dichten

$$\bar{\rho}_+ = \bar{\rho}_-$$

vorliegen. Für die Ladungsdichteverteilung $\eta(\boldsymbol{r})$ ergibt sich so

$$\eta(\boldsymbol{r}) = e\bar{\rho}_+ \exp{-\frac{eV(\boldsymbol{r})}{k_\mathrm{B}T}} - e\bar{\rho}_- \exp{\frac{eV(\boldsymbol{r})}{k_\mathrm{B}T}} \ . \tag{4.324}$$

Wenn die kinetische Energie groß gegenüber der potentiellen Energie ist, d. h.

$$\frac{eV}{k_\mathrm{B}T} \ll 1 \tag{4.325}$$

gilt, können wir in linearer Näherung

$$\eta(\boldsymbol{r}) \approx -2e\bar{\rho}_+ \frac{eV(\boldsymbol{r})}{k_\mathrm{B}T} \tag{4.326}$$

schreiben. Der Vorschlag von Debye und Hückel bestand nun darin, diese Gleichung für die Ladungs- und Potentialverteilung in der Umgebung eines Ions zu übernehmen, d. h. $\bar{\eta}(r)$ und $\bar{V}(r)$ miteinander per

$$\bar{\eta}(r) = -2e\bar{\rho}_+ \frac{e\bar{V}(r)}{k_\mathrm{B}T} \tag{4.327}$$

zu verknüpfen. Wie läßt sich dies rechtfertigen? Kann man denn ein System wechselwirkender Teilchen als ein System von Einzelteilchen in einem gemeinsamen Potentialfeld behandeln? Tatsächlich haben wir diese Vorgehensweise schon wiederholt gewählt, nämlich immer wieder in Kapitel 3: Es wird dabei angenommen, daß die Kräfte, die von allen anderen Teilchen auf ein herausgegriffenes Teilchen einwirken, ein **Molekularfeld** erzeugen, in welchem sich die Teilchen dann als unabhängige Einzelteilchen bewegen. Repräsentanten des Molekularfelds waren beim Ferroelektrikum die Polarisation, beim Ferromagneten die Magnetisierung oder beim Flüssigkristall das nematische Potential. Jetzt stellt $\bar{V}(r)$ ein solches Molekularfeld dar, in dem sich nun die Ionen als individuelle Teilchen bewegen. In der Folge stellt sich die durch Gl. (4.327) beschriebene Ladungsverteilung $\bar{\eta}(r)$ ein.

Zur **Molekularfeldnäherung** gehört auch immer eine Selbstkonsistenzbedingung, insofern, als die Stärke des Molekularfelds immer proportional zum zugehörigen Ordnungsparameter ist, und umgekehrt der Ordnungsparameter sich im Feld einstellt. Dies gilt auch jetzt, wo zwei verschiedene Beziehungen zwischen dem **Ordnungsparameter** $\bar{\eta}(r)$ und dem Molekularfeld $\bar{V}(r)$ vorliegen, gegeben durch die Gln. (4.321) und (4.327). Zur Lösung können wir $\bar{\eta}(r)$ eliminieren und erhalten so die als **Poisson-Boltzmann-Gleichung** bekannte Differentialgleichung

$$\frac{1}{r^2}\frac{\mathrm{d}}{\mathrm{d}r}(r^2 \frac{\mathrm{d}}{\mathrm{d}r})\bar{V}(r) = \frac{1}{\xi_\mathrm{D}^2}\bar{V}(r) \ . \tag{4.328}$$

Die Gleichung enthält als einzigen Koeffizienten die **Debye-Länge** ξ_D, gegeben durch

$$\xi_D = \left(\frac{\varepsilon_0 \varepsilon k_B T}{2 \bar{\rho}_+ e^2} \right)^{1/2} \ . \tag{4.329}$$

Führt man dieselbe Ableitung für den Fall eines beliebig zusammengesetzten Elektrolyten mit Ionen-Dichten $\bar{\rho}_i$ und -Ladungen $z_i e$ aus, gelangt man zu

$$\xi_D = \left(\frac{\varepsilon_0 \varepsilon k_B T}{2 I_s N_A} \right)^{1/2} \ , \tag{4.330}$$

wobei

$$I_s = \frac{1}{2 N_A} \Sigma_i \bar{\rho}_i z_i^2 e^2 \tag{4.331}$$

die **Ionenstärke** bezeichnet.

Die Poisson-Boltzmann-Gleichung kann exakt gelöst werden. Wie man durch Einsetzen verifizieren kann, lautet die allgemeine Lösung

$$\bar{V}(r) = \frac{c_1}{r} \exp - \frac{r}{\xi_D} + \frac{c_2}{r} \exp \frac{r}{\xi_D} \ . \tag{4.332}$$

Aufgrund der Forderung $\bar{V}(r \to \infty) = 0$ kann der zweite Term keinen Beitrag liefern, und so erhalten wir

$$\bar{V}(r) = \frac{c_1}{r} \exp - \frac{r}{\xi_D} \ . \tag{4.333}$$

Man erkennt sofort die physikalische Bedeutung des Ergebnisses: Die Anreicherung von entgegengesetzt geladenen Ionen in der Umgebung eines Ions hat einen Abschirmeffekt zur Folge, welcher das Coulomb-Feld des Ions in Abständen, die groß gegenüber der Debye-Länge sind, völlig zum Verschwinden bringt. In einem Elektrolyten gibt es also keine langreichweitigen Wechselwirkungen mehr. Die Abschirmung setzt mit wachsender Ionenstärke auf immer kürzere Distanzen ein. Beim Blick auf Gl. (4.327) erkennt man, daß ξ_D gleichzeitig die Ausdehnung der Ionenwolke kennzeichnet.

In unmittelbarer Nähe des Ions, für $r \ll \xi_D$, ist das Coulomb-Potential noch voll wirksam. Dies legt den Wert der Integrationskonstanten c_1 fest, und so finden wir als Endlösung

$$\bar{V}(r) = \frac{e}{4 \pi \varepsilon_0 \varepsilon r} \exp - \frac{r}{\xi_D} \ , \tag{4.334}$$

dies für ein einfach positiv geladenes Ion als Probeteilchen.

Wir hatten eingangs nach dem Potential gefragt, welche alle anderen Ionen an der Stelle des Probeteilchens erzeugen. Mit Gl. (4.334) haben wir eine Lösung erhalten, die offensichtlich sowohl den Beitrag des Zentralions als auch den Beitrag der induzierten, abschirmend wirkenden negativen Ladungswolke enthält. Ziehen wir den Beitrag des Zentralions ab, gelangen wir mit

$$\bar{V}(r) = \frac{e^2}{4\pi\varepsilon_0\varepsilon r}\left(\exp(-\frac{r}{\xi_{\mathrm{D}}}) - 1\right) \tag{4.335}$$

zu dem allein von der Ladungswolke erzeugten Potential, und für $\bar{V}(0)$ mit einer Potenzreihen-Entwicklung zum Ergebnis

$$\bar{V}(0) = -\frac{e^2}{4\pi\varepsilon_0\varepsilon\xi_{\mathrm{D}}} \ . \tag{4.336}$$

Wie erwartet, führt die Ion-Ion-Wechselwirkung zu einer Absenkung der Energie und somit des chemischen Potentials. Der Absenkungsbetrag wächst, Gl. (4.330) entsprechend, mit der Ionenstärke, und wir erhalten

$$\tilde{R}T\ln\gamma_+\gamma_- \sim -I_{\mathrm{s}}^{1/2} \ . \tag{4.337}$$

Diese Vorhersage kann überprüft werden. Änderungen der Aktivitätskoeffizienten werden in Messungen von inneren Zellspannungen sichtbar, so wie es die Nernstsche Gleichung (4.299) beschreibt. Es wurden viele derartige Untersuchungen durchgeführt, und sie zeigen, daß die Debye-Hückel Theorie die Gegebenheiten in verdünnten Elektrolytlösungen sehr gut wiederzugeben vermag. Abbildung 4.40 zeigt als Beispiel das Ergebnis elektrochemischer Untersuchungen an verdünnten Salzsäurelösungen mit einer perfekten Übereinstimmung zwischen Theorie und Experiment.

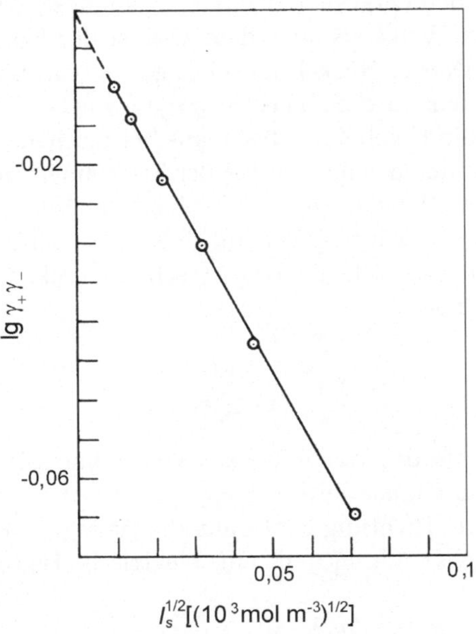

Abb. 4.40. Änderung des Produkts der Aktivitätskoeffizienten einer HCl-Lösung mit wachsender Elektrolytkonzentration. I_{s} bezeichnet die Ionenstärke (aus Bockris und Reddy [39]).

Bewegung von Ionenwolken. Zieht man Gl. (4.302) heran, so besagt das Kohlrausch-Gesetz Gl. (4.293), daß die Ionenbeweglichkeit in einer Elektrolytlösung mit wachsender Konzentration dem Wurzelgesetz

$$\nu_{\mathrm{el},+}(\tilde{c}) + \nu_{\mathrm{el},-}(\tilde{c}) = \nu_{\mathrm{el},+}(0) + \nu_{\mathrm{el},-}(0) - \beta\tilde{c}^{1/2} \tag{4.338}$$

entsprechend abnimmt. Dies ist eine Folge der Strukturierung der Lösung, genauer gesagt mit Blick auf das Debye-Hückel-Ergebnis, der Ausbildung von Ion-Ionenwolke-Nahordnungsstrukturen. Der charakteristische Parameter der Struktur ist die Debye-Länge. Da sich ξ_{D} ebenfalls nach Maßgabe eines Wurzelgesetzes mit der Konzentration ändert, als

$$\xi_{\mathrm{D}} \sim \tilde{c}^{-1/2} \;, \tag{4.339}$$

und einziger Strukturparameter im System ist, liegt es nahe, die Beweglichkeitsverminderung unmittelbar mit ξ_{D} zu verknüpfen. Man kann dabei an zwei verschiedene Effekte denken. Beim Anlegen eines elektrischen Feldes wird die lokale Struktur in Elektrolyten, Ion mit entgegengesetzt geladener, abschirmender Ionenwolke, aufgrund der entgegengesetzten Kräfte auf die beiden Teile zwangsläufig gestört. Zwar stellt sich auch jetzt ein stationärer Zustand ein, er wird aber von Ionen eingenommen, die eine konstante mittlere Geschwindigkeit längs bzw. entgegen der Feldrichtung besitzen, und die Nahordnungsstrukturen, welche weiterhin existieren, sind nicht länger isotrop. Sowohl aus den entgegengesetzten Strömungsgeschwindigkeiten von Ion und umgebender Wolke als auch dem Verlust der Isotropie ergeben sich zusätzliche Kräfte. Debye, Hückel und Onsager haben diese Kräfte in einer statistischen, hydrodynamischen Theorie ausgerechnet. Wir können diese hier nicht wiedergeben, die Ergebnisse aber plausibel machen.

Ein einfaches Argument läßt sich bei der Strömungskraft anwenden. Wir behandeln die Ionenwolke (*ion cloud*), als ob sie ein Kolloid mit dem Radius ξ_{D} und der Ladung $-e$ wäre. Wirkt auf dieses Kolloid in der Lösung eine Kraft $-eE$, so bewegt es sich, dem Stokesschen Gesetz Gl. (5.172) gemäß, mit einer Geschwindigkeit

$$v_{\mathrm{cl}} = \frac{-eE}{6\pi\xi_{\mathrm{D}}\eta_{\mathrm{w}}} \;, \tag{4.340}$$

wobei η_{w} die Viskosität des Wassers bezeichnet. Ohne seine positive Ladung würde das Zentralion einfach mitgeschleppt. Erst auf diese Grundgeschwindigkeit in umgekehrter Richtung baut dann die Bewegung des Ions auf. Seine Geschwindigkeit wird so um v_{cl} und seine elektrische Beweglichkeit um

$$\Delta\nu_{\mathrm{el},+} = -\frac{e}{6\pi\xi_{\mathrm{D}}\eta_{\mathrm{w}}} \tag{4.341}$$

verändert. Die Verminderung ist umgekehrt proportional zu ξ_{D} und so im Einklang mit dem Kohlrausch-Gesetz.

Ursache der zweiten Kraft ist die Asymmetrie der mittleren Ladungsverteilung in der Wolke, die sich bei der gegenläufigen Bewegung von Ion und Abschirmwolke notwendigerweise einstellt. Dabei werden Ladungen umverteilt, von der Bewegungs-Front in die rückwärtige Region, mit der Folge einer entgegen der Bewegungsrichtung wirkenden Kraft. Die Ionenwolke ist jetzt einer andauernden Reorganisation unterworfen. Bestimmend für die Asymmetrie ist die Reorganisationszeit. Bei einem sehr schnellen Umbau könnte die Isotropie fast erhalten bleiben, und andererseits ist zu erwarten, daß die Wolke immer ausgedehnter in umgekehrter Bewegungsrichtung wird, je mehr Zeit die Reorganisation benötigt. Die Reorganisationszeit läßt sich abschätzen. Wir fragen uns, wie lange es dauern würde, bis sich nach einer gedachten, schnellen Entnahme des Zentralions die Wolke aufgelöst hat. Für eine solche Auflösung müssen die Teilchen der Wolke über Distanzen der Größenordnung ξ_D hinweg diffundieren. Wie im Abschnitt 5.2.1 genauer erklärt wird, ist hierfür eine Zeit der Größenordnung

$$\tau \simeq \frac{\xi_\mathrm{D}^2}{6D_\mathrm{s}} \tag{4.342}$$

erforderlich. Dabei bezeichnet D_s den Selbstdiffusionskoeffizienten. Entscheidend für die Asymmetrie ist die Strecke Δx, welche sich das Zentralion in dieser Zeit weiterbewegt. Sie beträgt, bei einer Geschwindigkeit v

$$\Delta x \simeq v\tau \tag{4.343}$$

$$= \frac{v\xi_\mathrm{D}^2}{6D_\mathrm{s}} \tag{4.344}$$

In der durchgeführten Störungsbetrachtung können wir für v und D_s diejenigen Werte wählen, welche sich in einer Lösung ohne Coulomb-Wechselwirkungen, d. h. bei verschwindender Konzentration, einstellen würden. Dann gilt

$$v = \nu_{\mathrm{el},+}(0)E \tag{4.345}$$

und für D_s, auf der Grundlage der Einstein-Relation Gl. (5.171),

$$D_\mathrm{s} = k_\mathrm{B}T\nu_-(0) = k_\mathrm{B}T\frac{\nu_{\mathrm{el},-}(0)}{e} \ . \tag{4.346}$$

Wir erhalten so unter der Annahme

$$\nu_{\mathrm{el},+} \approx \nu_{\mathrm{el},-} \ , \tag{4.347}$$

für Δx das Ergebnis

$$\Delta x \simeq \frac{e\xi_\mathrm{D}^2 E}{6k_\mathrm{B}T} \ . \tag{4.348}$$

Die Kraft f_asy auf das Zentralion wird mit wachsender Asymmetrie ansteigen. In Ermangelung genauerer Kenntnisse über die Form der deformierten Wolke führen wir nun $\Delta x/\xi_\mathrm{D}$ als „Asymmetrie-Koeffizient" ein, denken an eine

Potenzreihenentwicklung der Kraft nach diesem Koeffizienten, und schreiben in linearer Näherung

$$f_{\mathrm{asy}} \simeq -f_0 \frac{\Delta x}{\xi_{\mathrm{D}}} = -f_0 \frac{e\xi_{\mathrm{D}}E}{6k_{\mathrm{B}}T} \quad . \tag{4.349}$$

Bei ξ_{D} als einzigem Strukturparameter liegt es nahe, für die Größe f_0, welche die Stärke der Kraft bestimmt, ausgehend vom Coulomb-Gesetz

$$f_0 = \frac{e^2}{4\pi\varepsilon_0\varepsilon\xi_{\mathrm{D}}^2} \tag{4.350}$$

anzusetzen. Dies führt auf

$$f_{\mathrm{asy}} \simeq -\frac{e^3}{24\pi\varepsilon_0\varepsilon k_{\mathrm{B}}T\xi_{\mathrm{D}}}E \quad . \tag{4.351}$$

f_{asy} setzt die gesamte Kraft auf

$$f + f_{\mathrm{asy}} = eE\left(1 - \frac{e^2}{24\pi\varepsilon_0\varepsilon k_{\mathrm{B}}T\xi_{\mathrm{D}}}\right) \tag{4.352}$$

herab und führt dementsprechend zu einer Verminderung der elektrische Beweglichkeit

$$\Delta\nu_{\mathrm{el},+} = -\frac{e^2}{24\pi\varepsilon_0\varepsilon\xi_{\mathrm{D}}k_{\mathrm{B}}T}\nu_{\mathrm{el},+}(0) \tag{4.353}$$

Auch hier finden wir somit eine umgekehrte Proportionalität zu ξ_{D}. Beide Effekte, in der Literatur bekannt als **elektrophoretischer Effekt** und **Relaxationseffekt**, führen zusammengenommen, sowie in der Summe über positive und negative Ionen auf

$$\nu_{\mathrm{el},+} + \nu_{\mathrm{el},-} = \nu_{\mathrm{el},+}(0) + \nu_{\mathrm{el},-}(0) - \frac{\beta_1}{\xi_{\mathrm{D}}} - [\nu_{\mathrm{el},+}(0) + \nu_{\mathrm{el},-}(0)]\frac{\beta_2}{\xi_{\mathrm{D}}} \quad . \tag{4.354}$$

Die vollständige Debye-Hückel-Onsager-Theorie ergibt dieselben Abhängigkeiten bei etwas veränderten numerischen Vorfaktoren. Sie kann Meßergebnisse sehr gut beschreiben. Abb. 4.41 zeigt im Sinne des Kohlrausch-Gesetzes Auftragungen molarer Leitfähigkeit $\tilde{\sigma}_{\mathrm{el}}$ als Funktion von $\tilde{c}^{1/2}$ für verschiedene Elektrolyte in wässriger Lösung. Die Steigungen der Geraden stimmen mit den Vorhersagen der Theorie mit einer Genauigkeit im Prozentbereich überein.

Wir schließen mit einer Bemerkung bezüglich der für die elektrische **Grenzbeweglichkeit** $\nu_{\mathrm{el},+/-}(0)$ aus Messungen der molaren **Grenzleitfähigkeit**

$$\tilde{\sigma}_{\mathrm{el}}(\tilde{c} \to 0) \sim \nu_{\mathrm{el},+}(0) + \nu_{\mathrm{el},-}(0) \tag{4.355}$$

wässriger Lösungen abgeleiteten Werte. Bei Abwesenheit von Ion-Ion-Wechselwirkungen würde man zunächst erwarten, daß sich die elektrische Beweglichkeit auf der Grundlage des Stokes-Gesetzes als

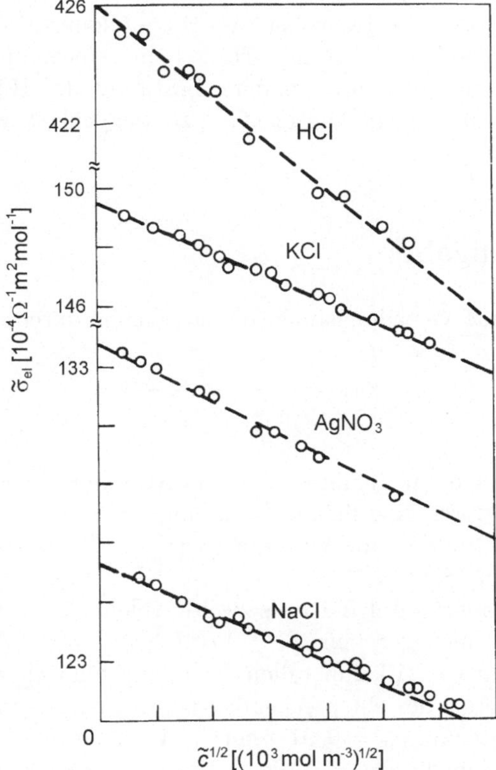

Abb. 4.41. Abnahme der molaren Leitfähigkeit verschiedener wässriger Elektrolytlösungen mit wachsender Elektrolytkonzentration entsprechend dem Kohlrausch-Gesetz Gl. (4.293)(aus Bockris und Reddy [40]).

$$\nu_{\mathrm{el},+/-}(0) \approx \frac{\pm e}{6\pi\eta_{\mathrm{w}}a_{\mathrm{I}}} \ , \tag{4.356}$$

mit dem Radius des Ions, a_{I}, verknüpfen und abschätzen ließe. Ein Wert für a_{I} kann der Packungsdichte in Ionenkristallen entnommen werden. Tatsächlich liefern die Messungen Werte, die hiervon deutlich abweichen. Ein direkter Widerspruch entsteht beispielsweise beim Vergleich der Grenzbeweglichkeiten der Alkali-Ionen Li^+, Na^+, K^+, Rb^+. Hier würde man eine bei zunehmendem Radius von Li^+ bis Rb^+ abnehmende Grenzbeweglichkeit erwarten, gemessen wird aber das Gegenteil, mit der niedrigsten elektrische Beweglichkeit bei Li^+. Ursache für dieses zunächst überraschende Verhalten ist die **Hydratisierung** der Ionen. In der wässrigen Lösung umgeben sich die Ionen mit einer Hülle assoziierter Wassermoleküle, bedingt durch deren starkes Dipolmoment. Die Coulomb-Kraft an und in der Nähe der Oberfläche der Ionen wirkt auf das H_2O-Dipolmoment orientierend und führt so zur Hüllen-Ausbildung. Diese Coulomb-Kraft ist, bei konstanter Ladung e, umso stärker, je kleiner der Ionenradius ist. Als Folge bilden Li^+-Ionen die ausgedehnteste Hydrat-Hülle aus. Da diese Hülle beim Anlegen eines elektrischen Feldes zusammen mit dem Ion wandert, bestimmt der Hüllendurchmesser und nicht der Ionenradius die ionische Grenzbeweglichkeit, was die Beobachtungen erklärt.

4.6 Übungsaufgaben

1. Die Fermi-Dirac-Verteilungsfunktion ist gegeben durch

$$w(\epsilon) = \frac{1}{\exp\left(\frac{\epsilon - \mu_\mathrm{e}}{k_\mathrm{B} T}\right) + 1} \ .$$

   Machen Sie sich ein ungefähres Bild vom Aussehen der Funktion für $T \neq 0$, $k_\mathrm{B} T \ll \mu_\mathrm{e}$ durch eine lineare Näherung um $\epsilon = \mu_\mathrm{e}$ herum. Wie breit ist der Bereich, in dem die Verteilung $w(\epsilon)$ für $T \neq 0$ von derjenigen für $T = 0$ abweicht (Skizze)?

2. Der Kompressionsmodul K ist als zweite Ableitung der freien Energie $\mathcal{F}$ nach dem Volumen gegeben: $K = \mathcal{V} \partial^2 \mathcal{F} / \partial \mathcal{V}^2$. Man schätze den Kompressionsmodul von Alkalimetallen ab, indem man als freie Energie die kinetische Energie des entsprechenden Fermi-Elektronengases bei $T = 0$ annimmt. (Natrium: $\rho_\mathrm{m} = 0,97$ g cm^{-3}, $A = 23$ g mol^{-1}).

3. a) Man berechne die Zustandsdichte eines zweidimensionalen Gases freier Elektronen in einem „Quantentopf". Die Randbedingungen für die elektronischen Wellenfunktionen sind $\psi(x, y, z) = 0$ für $|x| > a$, wobei a atomare Dimensionen hat; in der y, z-Ebene erstrecke sich das Gas makroskopisch über eine Fläche A. In x -Richtung wird dann eine stehende Welle im Grundzustand erhalten, in y- und z-Richtung ergeben sich laufende Wellen.

   b) Man berechne die Zustandsdichte eines eindimensionalen Gases freier Elektronen in einem „Quantendraht" mit den Randbedingungen $\psi(x, y, z) = 0$ für $|x| > a$ und $|y| > b$, wobei a und b atomare Dimensionen haben. Der Quantendraht erstrecke sich in z-Richtung über einer makroskopischen Länge L. In x- und y-Richtung ergeben sich stehende Wellen im Grundzustand, in z-Richtung eine laufende Welle.

4. Bei genügend dünnen metallischen Filmen zeigt sich eine Abhängigkeit der elektrischen Leitfähigkeit σ_el von der Schichtdicke d. Der Effekt beginnt deutlich zu werden, sobald die Schichtdicke die Größenordnung der mittleren freien Weglänge λ_f erreicht. Man zeige, daß man für $d < \lambda_\mathrm{f}$ folgende Abhängigkeit zu erwarten hat:

$$\frac{\sigma_\mathrm{el}}{\sigma_\mathrm{el,0}} = \frac{3d}{4\lambda_\mathrm{f}} + \frac{d}{2\lambda_\mathrm{f}} \ln\left(\frac{\lambda_\mathrm{f}}{d}\right)$$

Anleitung: Elektronen fern von der Oberfläche legen zwischen zwei Stößen im Mittel die Strecke λ_f zurück. Elektronen in Oberflächennähe können schon vor Erreichen dieser Distanz an der Oberfläche gestreut werden. Das bedeutet im Mittel über alle Elektronen der Schicht eine Verkleinerung der mittleren freien Weglänge und damit wegen $\sigma_{el} \sim \lambda_f$ auch der Leitfähigkeit. Zur Errechnung von $\lambda_f(d)$ wende man einfache statische Überlegungen an.

5. a) Berechnen Sie die Plasmafrequenz ω_{pl} von Natrium. Bei welcher Wellenlänge wird das Metall transparent für elektromagnetische Strahlung ($\rho_m = 0,97$ g cm^{-3}, $A = 23$ g mol^{-1}).

   b) Berechnen Sie die dielektrische Suszeptibilität χ, die Dielektrizitätskonstante ε und den Brechungsindex $n = \sqrt{\varepsilon}$ von Natrium für Röntgenstrahlen der Energie 10 keV.

6. An der Oberfläche eines Plasmas können gebundene Lösungen der Maxwell-Gleichungen der folgenden Form („Oberflächenplasmonen") existieren (Plasma für $z > 0$, Vakuum für $z < 0$):

$$z > 0 : \quad V(x,z)_+ = V_0 \cos(kx)e^{-kz} \ ;$$
$$z < 0 : \quad V(x,z)_- = V_0 \cos(kx)e^{kz}$$

Berechnen Sie $\boldsymbol{E} = -\nabla V$. Die Tangentialkomponente von $\boldsymbol{E}$ und die Normalkomponente von $\boldsymbol{D}$ muß stetig sein. Für welche Frequenz lassen sich diese Bedingungen erfüllen? Benutzen Sie den Ausdruck für $\varepsilon(\omega)$ für Metalle für den Fall $\omega\tau \gg 1$.

7. Befindet sich ein Elektron in einem schwachen, periodischen Potential mit der Periode a, ändern sich in erster Näherung vor allem die Wellenfunktionen der Elektronen mit Wellenvektoren k an den Rändern der Brillouin-Zonen, (p ganzzahlig) $k = p\pi/a$. Die Störungsrechnung ergibt, daß sich die modifizierten Wellenfunktionen durch stehende Wellen beschreiben lassen. Am Rand der 1. Brillouin-Zone haben die Wellenfunktionen die folgende Form:

$$\psi_+(x) = A \cos\frac{\pi}{a}x \qquad\qquad \psi_- = A \sin\frac{\pi}{a}x$$

Normieren Sie ψ_+ und ψ_- auf das Intervall a, sodaß

$$\int_0^a |\psi_+(x)|^2 \mathrm{d}x = \int_0^a |\psi_-(x)|^2 \mathrm{d}x = 1$$

gilt, und berechnen Sie die Energie der beiden Lösungen ψ_+ und ψ_-:

$$\epsilon = \int_0^a \psi_\pm^* \left(\frac{-\hbar^2}{2m_e} \frac{\mathrm{d}^2}{\mathrm{d}x^2} + u(x) \right) \psi_\pm \mathrm{d}x \quad \text{mit} \quad u(x) = -u_0 \cos\frac{2\pi}{a}x.$$

Skizzieren Sie den Verlauf von $u(x)$, $|\psi_+(x)|^2$ und $|\psi_-(x)|^2$ und diskutieren Sie das Ergebnis der obigen Rechnung anhand der Skizzen.

8. Elektronen im Magnetfeld bewegen sich auf geschlossenen Bahnen. Aus der Bewegungsgleichung $\hbar\,\mathrm{d}\boldsymbol{k}/\mathrm{d}t = \mathbf{f}$ folgt für die Umlaufzeit τ entlang einer geschlossenen Bahn auf der Fermioberfläche

$$\tau = \frac{\hbar^2}{e} \oint \frac{|\mathrm{d}\boldsymbol{k}|}{\left|\frac{\mathrm{d}}{\mathrm{d}\boldsymbol{k}}\epsilon \times \boldsymbol{B}\right|}.$$

Berechnen Sie τ für ein Fermi-Elektronengas und zeigen Sie, daß $\tau = 2\pi/\omega_{\mathrm{c}}$ gilt, wobei ω_{c} die Zyklotronfrequenz ist.

5 Mikroskopische Dynamik

Auch wenn bisher fast nur die strukturellen Charakteristika von Festkörpern, Flüssigkristallen und Flüssigkeiten behandelt wurden und wir in diesem Kapitel nun die mikroskopische Dynamik in den verschiedenen Aggregatzuständen erörtern werden, muß doch zunächst festgestellt werden, daß diese Aufteilung im Grunde etwas künstlich ist. Struktur und mikroskopische Dynamik stehen in einem wechselseitigen Abhängigkeitsverhältnis und lassen sich nicht voneinander trennen. Zu jedem strukturellen Zustand gehört, fest damit verknüpft, auch eine charakteristische Form der Bewegung; das eine läßt sich ohne das andere nicht richtig verstehen. Wir holen hier also den wichtigen zweiten Teil nach und haben zu diskutieren, welches die Charakteristika der mikroskopischen Bewegung in den verschiedenen Zuständen kondensierter Materie sind und mit welchen Konzepten und Modellen man sie richtig erfassen kann. Dabei werden wir uns mit den folgenden zustandsbedingten Bewegungsformen befassen:

Kristalle sind durch Bewegungsmoden ausgezeichnet, welche, ganz unabhängig von der Art der Anregung, immer als propagierende Wellen zu beschreiben sind. Wir werden drei besonders wichtige Anregungen herausgreifen, erstens die Gitterschwingungen, zum zweiten die in Ferromagnetika auftretenden Spinwellen, sowie als drittes die in Kristallen mit elektronischen Anregungen einhergehenden Exzitonenwellen. Wellenförmige Anregungen trifft man in Kristallen für alle Längenskalen an, bis hinunter in den Å-Bereich. Typischerweise bleiben sie in ihren Amplituden aber beschränkt. Dies gilt insbesonders für die Gitterschwingungen. Auslenkungen der Gitterbausteine aus ihren Gleichgewichtslagen, welche mehr als etwa 15% der Gitterkonstante betragen, kommen im kristallinen Zustand nicht vor. Offensichtlich überschreitet ein Kristall dann die Grenze seiner inneren Stabilität und kann als Gleichgewichtszustand nicht mehr existieren.

Wellenförmige Anregungen findet man auch in der nematischen Phase flüssigkristalliner Substanzen. Lokale Änderungen der Direktorrichtung führen in einem ansonsten homogenen Direktorfeld zu elastischen Kräften, welche rücktreibend wirken. Aufgrund der hohen inneren Viskosität wird dadurch aber keine propagierende Schwingungsbewegung ausgelöst. Die Rückkehr in den Gleichgewichtszustand erfolgt an Stelle dessen in der Art eines Relaxators. Dies gilt auch für nicht-lokale, wellenförmige Störungen des Direktorfeldes. Sie stellen die Eigenmoden des Systems dar und sind mit einer Dynamik verknüpft, die einem einfachen Exponentialgesetz folgt.

Eigenmoden, die nicht schwingungsförmig, sondern von relaxatorischer Natur sind, trifft man auch in Polymerschmelzen an. Die Konnektivität führt hier beim Strecken von Teilsequenzen innerhalb der Kette zu entropieelastischen Rückstellkräften. Die Dynamik der einzelnen Ketten in der Schmelze kann als Überlagerung von wellenförmigen relaxatorischen Eigenmoden, den „Rouse-Moden", beschrieben werden.

Sowohl die Rouse-Moden der Polymere als auch die Direktorfluktuationen in Flüssigkristallen sind Anregungen, welche dem mesoskopischen Bereich, d. h. Längenskalen von nm bis μm, zuzuordnen sind. Bei einfachen atomaren Flüssigkeiten ist die Dynamik in diesem Bereich von komplexer Natur. Im Unterschied zu den Kristallen, bei denen wellenförmige mechanische Anregungen bis in den mikroskopischen Bereich hinein existieren, werden in Flüssigkeiten die akustischen Wellen bei einer Verkürzung der Wellenlänge immer mehr gestört. Aufgrund der strukturellen Inhomogenitäten können sie sich im nm-Bereich nicht mehr ausbreiten. Zwar gibt es hier immer noch Schwingungen, doch sind diese lokaler Natur und zeitlich eingeschränkt. So führen Atome und Moleküle in dem Käfig, welchen ihre Nachbarn ausbilden, Schwingungen aus. Diese werden aber, wenn sich der Käfigaufbau ändert, immer wieder unterbrochen. Wenn die Änderung soweit geht, daß sich der Käfig kurzzeitig öffnet, erfolgt ein diffusiver Schritt, und es sind diese diffusiven Schritte, welche prägend für Flüssigkeiten sind. Mit der Diffusion wird ein langreichweitiger Teilchentransport möglich.

All die genannten Bewegungsformen sollen in diesem Kapitel besprochen werden. Der letzte Abschnitt ist experimentell ausgerichtet. Er behandelt zeitaufgelöste Streuexperimente und damit diejenige Methode, welche, umfassend einsetzbar, die verschiedenen Bewegungsformen in allen Aggregatzuständen zu analysieren vermag.

5.1 Kristalle: Propagierende Wellen

5.1.1 Gitterschwingungen

Die thermische Energie äußert sich in einem Kristall in der Auslenkung aller Atome aus ihren Gleichgewichtslagen. Aufgrund der Kopplung zwischen den Nachbarn im Kristall erfolgen diese Auslenkungen nicht für jedes Atom separat, sondern auf kooperative Art. Wie schon erwähnt, können diese Auslenkungen im kristallinen Zustand eine gewisse Obergrenze nicht überschreiten. Innerhalb dieses Bereichs lassen sich die Wechselwirkungspotentiale aber in guter Näherung durch einen harmonischen Ansatz beschreiben, d. h. die Kräfte als Federkräfte mit einem linearen Kraftgesetz behandeln. Ein Kristall gleicht so einem System von Massen mit Federkopplungen, und wir haben bei der theoretischen Analyse nach den Eigenmoden dieses schwingungsfähigen

Systems zu fragen. Wie schon erwähnt, besitzen die Eigenschwingungen Wellencharakter, und wir werden sehen, daß dies eine Folge der Translationssymmetrie des Kristalls ist. Kennt man alle Eigenmoden, so ist die Dynamik des Kristalls theoretisch erfaßt. Wie immer bei schwingungsfähigen, durch lineare Kräfte angetriebenen Systemen, kann jeder Bewegungszustand als Überlagerung von Eigenmoden, hier wellenförmiger Gitterschwingungen, beschrieben werden. Für die Beschreibung ist es notwendig, die Gitterschwingungen zu klassifizieren. Dabei tritt dann insbesonders auch die Frage nach dem Zusammenhang zwischen dem Wellenvektor und der Frequenz einer Schwingung, d. h. nach der **Dispersionsrelation** $\omega(\mathbf{k})$ auf.

Dynamik der linearen zweiatomigen Kette. Es gibt ein einfaches System, welches alle wesentlichen Charakteristika des Schwingungsverhaltens von Kristallen schon erfasst. Dies ist die lineare, zweiatomige Kette. Wir werden sie einführend behandeln und dann den Übergang zum dreidimensionalen Kristall einfach über naheliegende Verallgemeinerungen vollziehen. Abb. 5.1 gibt eine Darstellung des Modellsystems. Die Zeichnung enthält alle Parameter sowie die Koordinaten, mit denen wir umzugehen haben. Die Einheitszelle der Kette mit der Länge a ist von zwei Atomen mit den Massen m_A und m_B besetzt. b repräsentiert die Kraftkonstante der Feder, welche nächste Nachbarn miteinander koppelt. $z_A(l)$ und $z_B(l)$ beschreiben für der beiden Atome in der Zelle l die Auslenkungen aus der Ruhelage.

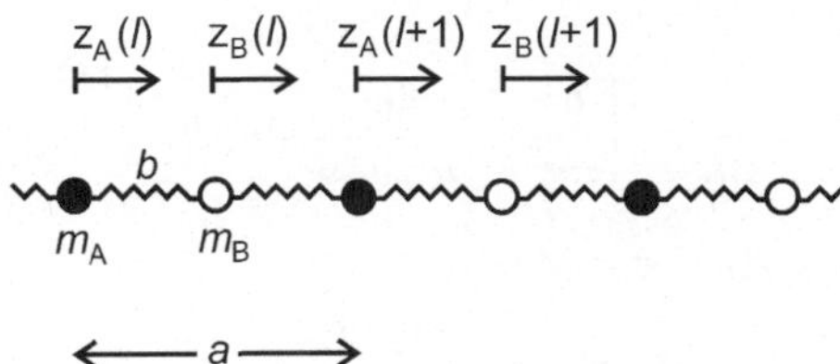

Abb. 5.1. Lineare Kette mit zwei Atomen pro Elementarzelle.

Wir haben die Bewegungsgleichungen für dieses lineare System zu formulieren, und sie lauten wie folgt

$$m_A \ddot{z}_A(l) = b[z_B(l) - z_A(l)] + b[z_B(l-1) - z_A(l)]$$
$$m_B \ddot{z}_B(l) = b[z_A(l+1) - z_B(l)] + b[z_A(l) - z_B(l)] \ . \tag{5.1}$$

Wir wählen als Lösungsansatz eine Welle mit der Frequenz ω und der Wellenzahl k und schreiben

$$z_A(l) = Z_A \exp[-\mathrm{i}\omega t + \mathrm{i}kla]$$
$$z_B(l) = Z_B \exp[-\mathrm{i}\omega t + \mathrm{i}k(l + \tfrac{1}{2})a] \ . \tag{5.2}$$

Dabei bezeichnen Z_A und Z_B die Amplituden der beiden Teilwellen. Das Einsetzen in die Bewegungsgleichungen führt auf

$$-m_A Z_A \omega^2 = Z_B b \left(\exp ik\frac{a}{2} + \exp -ik\frac{a}{2} \right) - 2Z_A b$$

$$-m_B Z_B \omega^2 = Z_A b \left(\exp ik\frac{a}{2} + \exp -ik\frac{a}{2} \right) - 2Z_B b \ . \tag{5.3}$$

Die Exponentialterme auf den rechten Seiten der Gln. (5.2) erscheinen nach dem Einsetzen auf beiden Seiten der Gln. (5.3) und können eliminiert werden. Genau dies zeigt aber, daß wellenförmige Lösungen tatsächlich existieren. Wie man unschwer erkennt, ist dies allein eine Folge der Periodizität. Bei schwankenden Abständen, Massen oder Kraftkonstanten wäre das Ergebnis nicht erhalten worden.

Bei den Gln. (5.3) handelt es sich um ein homogenes, lineares Gleichungssystem für die Amplituden Z_A und Z_B. Nicht-triviale Lösungen existieren für

$$\begin{vmatrix} m_A \omega^2 - 2b & 2b\cos(ka/2) \\ 2b\cos(ka/2) & m_B \omega^2 - 2b \end{vmatrix} = 0 \ , \tag{5.4}$$

d. h.

$$(m_A \omega^2 - 2b)(m_B \omega^2 - 2b) - 4b^2 \cos^2 k\frac{a}{2} = 0 \ . \tag{5.5}$$

Wir haben somit eine quadratische Gleichung für ω^2 erhalten, und sie besitzt die beiden Lösungen

$$\omega^2 = \frac{b}{m_r} \pm \left[\frac{b^2}{m_r^2} - \frac{4b^2}{m_A m_B} \sin^2 k\frac{a}{2} \right]^{1/2} \ . \tag{5.6}$$

Dabei haben wir die reduzierte Masse

$$m_r = \frac{m_B m_A}{m_B + m_A} \tag{5.7}$$

eingeführt.

An den Lösungen fällt auf, daß sich die Frequenz mit der Wellenzahl periodisch ändert. Es gilt für jedes ganzzahlige p

$$\omega^2(k) = \omega^2(k + p\frac{2\pi}{a}) \ . \tag{5.8}$$

Der physikalische Hintergrund dieses Verhaltens wird klar, wenn man die Auslenkungsmuster zweier Wellen, die sich in der Wellenzahl um ein ganzzahliges Vielfaches von $2\pi/a$ unterscheiden, miteinander vergleicht:

$$z_A(l) \sim \exp[-i\omega t + i(k + p\frac{2\pi}{a})la] = \exp[-i\omega t + ikla] \ . \tag{5.9}$$

Wie man sieht, unterscheiden sich die beiden überhaupt nicht, weswegen natürlich auch die Frequenz gleich sein muß. Dies führt aber zu einer wichtigen

Folgerung: Da Wellenzahlen, die sich um ein ganzzahliges Vielfaches von $2\pi/a$ unterscheiden, völlig gleichwertig sind, ist es sinnvoll, sich von vornherein auf den Bereich

$$-\frac{\pi}{a} < k \leq \frac{\pi}{a} \tag{5.10}$$

zu beschränken. Man erfaßt damit alle voneinander unterschiedenen Gitterschwingungen. Auf den durch Gl. (5.10) definierten Bereich waren wir schon bei der Diskussion der Elektroneneigenschaften in einem eindimensionalen Gitter gestoßen und hatten ihn **erste Brillouin-Zone** genannt. Seine Ausdehnung wird durch die Periode des reziproken Gitters (vgl. Abschnitt 1.5.3) festgelegt. Für einen eindimensionalen Kristall sind die Vektoren G_h des reziproken Gitters, Gl. (1.131) entsprechend, als

$$G_h = \frac{2\pi}{a}h \tag{5.11}$$

gegeben, und die Einschränkung Gl. (5.10) ist gleichbedeutend mit

$$-G_1/2 < k \leq G_1/2 \ . \tag{5.12}$$

Gl. (5.9) besagt, daß Wellen, deren Wellenvektoren sich um einen Vektor des reziproken Gitters G_h unterscheiden, zu gleichen Auslenkungsmustern führen.

Zu jedem k liefert Gl. (5.6) zwei Lösungen. Abb. 5.2 zeigt den Verlauf dieser beiden Zweige für alle k-Werte innerhalb der ersten Brillouin-Zone. Es ist nicht schwer, den Typ beider Lösungen zu erkennen. Beim unteren Zweig geht für eine verschwindende Wellenzahl auch die Frequenz gegen Null. Genau dies ist aber eine Grundeigenschaft akustischer Wellen, und diese stellt die Lösung auch dar. Der Proportionalitätsfaktor zwischen der Frequenz und der

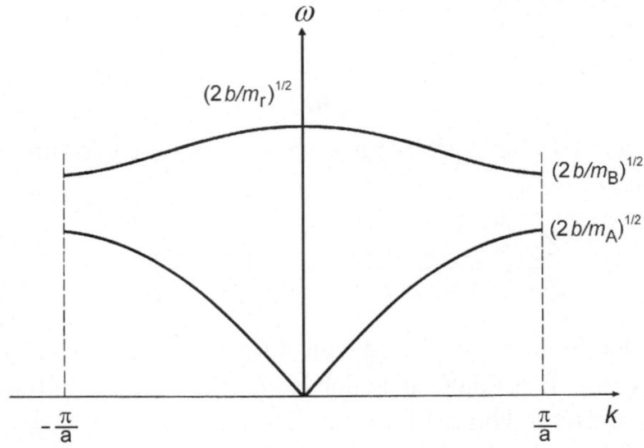

Abb. 5.2. Wellenförmige Anregungen einer zweiatomigen linearen Kette: Dispersionsrelationen $\omega(k)$ für den akustischen und den optischen Zweig. Darstellung in der ersten Brillouin-Zone.

Wellenzahl, wie er sich in der Steigung am Ursprung zeigt, sollte der Schallgeschwindigkeit entsprechen. Daß dies der Fall ist, ist leicht zu verifizieren. Eine Potenzreihen-Entwicklung überführt Gl. (5.6) in

$$\omega^2 = \frac{2bm_\mathrm{r}}{m_\mathrm{B}m_\mathrm{A}} \left(\frac{ka}{2}\right)^2 = \frac{ba/2}{(m_\mathrm{B} + m_\mathrm{A})/a}k^2 \ . \tag{5.13}$$

Da der Zähler den Elastizitätsmodul der linearen Kette repräsentiert

$$b\frac{a}{2} = E_\mathrm{t} \tag{5.14}$$

(die Übertragung von Gl. (2.3) auf die lineare Kette führt für die Kraft f auf den Ausdruck $f = E_\mathrm{t}z/(a/2)$) und der Nenner die lineare Massendichte beschreibt,

$$\frac{m_\mathrm{B} + m_\mathrm{A}}{a} = \rho_\mathrm{m} \ , \tag{5.15}$$

ergibt sich

$$\omega = \sqrt{\frac{E_\mathrm{t}}{\rho_\mathrm{m}}}k \ . \tag{5.16}$$

Der Proportionalitätsfaktor entspricht dem bekannten Ausdruck für die Schallgeschwindigkeit. Akustische Wellen müssen im Grenzfall unendlich großer Wellenlängen zu übereinstimmenden Auslenkungen beider Atome in der Elementarzelle führen, und dies ist auch der Fall:

$$\frac{Z_\mathrm{A}}{Z_\mathrm{B}} = \lim_{k,\omega \to 0} \frac{-2b\cos(ka/2)}{m_\mathrm{A}\omega^2 - 2b} = 1 \ . \tag{5.17}$$

Der obere Zweig besitzt einen ganz anderen Charakter. Typischerweise findet man hier im Grenzfall $k \to 0$ eine nicht-verschwindende Frequenz, gegeben als

$$\omega^2 = \frac{2b}{m_\mathrm{r}} \ . \tag{5.18}$$

Errechnet man wieder das Verhältnis zwischen den Amplituden der beiden Atome, so erhält man

$$\frac{Z_\mathrm{A}}{Z_\mathrm{B}} = \frac{-2b}{(m_\mathrm{A}2b/m_\mathrm{r}) - 2b} = -\frac{m_\mathrm{B}}{m_\mathrm{A}} \ . \tag{5.19}$$

Der Charakter der Schwingung wird von daher klar: Die Auslenkungen der beiden Atome A und B erfolgen in jeder Elementarzelle in entgegengesetzter Richtung. Auch wenn es keine Phasenunterschiede zwischen den Elementarzellen gibt ($k = 0$), stellt sich dann eine rücktreibende Kraft und somit eine nicht-verschwindende Frequenz ein. Wenn Schwingungen dieser Art in einem Ionenkristall auftreten, entsteht in jeder Zelle ein schwingender Dipol. Dieser kann mit einem elektrischen Feld in Wechselwirkung treten, d. h. aber, ist „optisch aktiv". Aus diesem Grund wird der Zweig mit der nicht-verschwindenen Frequenz bei $k = 0$ ganz allgemein, auch wenn die Atome keine Ladung tragen, als **optischer Zweig** bezeichnet.

Bei unseren bisherigen Betrachtungen hatten wir, ohne es ausdrücklich zu erwähnen, unterstellt, daß die Kette unendlich lang sei; nur dann können sich Wellen ungestört ausbreiten. Reale Systeme besitzen immer eine endliche Ausdehnung. Die Folge ist, daß auch die Zahl der Eigenschwingungen endlich bleibt. Bei der Modellierung der Eigenschaften muß die Begrenztheit der Zahl der Eigenmoden, auch wenn die Anzahl sehr groß sein sollte, immer miteinbezogen werden. Wenn man davon absieht, ist es zum Beispiel nicht möglich, thermische Eigenschaften wie spezifische Wärmen auszurechnen. Für eine endliche, gestreckte Kette ändert sich aber der Charakter der Eigenschwingungen. Sowohl für freie als auch für feste Enden treten als Eigenschwingungen stehende Wellen auf und somit nicht mehr die Lösungen Gl. (5.2). Glücklicherweise gibt es auch hier wieder die uns schon von der Behandlung der Elektronen im Gitter her bekannte Möglichkeit, dieses Problem zu lösen: Wenn man sich die Kette zu einem Kreis geschlossen denkt, bleiben die laufenden Wellen als Eigenmoden erhalten. Der Kreisschluß läßt sich wieder auf dieselbe einfache Art in unsere Gleichungen einführen. Für eine kreisförmige Kette aus $\mathcal{N}_\mathrm{c}$ Zellen, lautet die Forderung

$$z_\mathrm{A}(l + \mathcal{N}_\mathrm{c}) = z_\mathrm{A}(l) \tag{5.20}$$

und analog für z_B, was uns wieder auf die zyklische Randbedingung

$$\exp(ikla) = \exp[ik(l + \mathcal{N}_\mathrm{c})a] \tag{5.21}$$

führt. Sie ist für

$$\exp(ik\mathcal{N}_\mathrm{c}a) = 1 \tag{5.22}$$

erfüllt. Hiermit haben wir eine Selektionsregel gewonnen: Bei der zyklisch geschlossenen Kette treten nur Eigenschwingungen mit den Wellenzahlen

$$k = i\frac{2\pi}{\mathcal{N}_\mathrm{c}a} \qquad (i \text{ ganzzahlig}) \tag{5.23}$$

auf, und die Beschränkung auf die erste Brillouin-Zone bedeutet dabei

$$-\frac{\mathcal{N}_\mathrm{c}}{2} < i \leq \frac{\mathcal{N}_\mathrm{c}}{2} \ . \tag{5.24}$$

Insgesamt ergeben sich so $\mathcal{N}_\mathrm{c}$ unterschiedliche Werte für die Wellenzahl k, und da wir zwei Äste haben, $2\mathcal{N}_\mathrm{c}$ unterschiedliche Eigenschwingungen. Dies entspricht, wie gefordert, der Anzahl der Freiheitsgrade.

Eigenschwingungen im Kristall. Es liegt auf der Hand, wie man die für die lineare zweiatomige Kette gewonnenen Ergebnisse zu verallgemeinern hat, wenn wir jetzt zum dreidimensionalen Kristall übergehen. Eine ebene Welle im dreidimensionalen Gitter kann als

$$z_j(\boldsymbol{R}_{uvw}) = z_j \exp(-\mathrm{i}\omega t + \mathrm{i}\boldsymbol{k}\boldsymbol{R}_{uvw}) \tag{5.25}$$

beschrieben werden. $\boldsymbol{k}$ ist der Wellenvektor und $\boldsymbol{R}_{uvw}$ gibt die Lage des Eckpunkts der Elementarzelle uvw an. Wenn die Zelle n Atome enthält, benötigen wir zur Beschreibung der Auslenkungen in einer Zelle $3n$ Koordinaten, die wir als z_j mit

$$j = 1, \ldots, 3n \tag{5.26}$$

bezeichnen. Entsprechend der Anzahl der Freiheitsgrade pro Zelle erwarten wir $3n$ verschiedene Äste mit unterschiedlichen Dispersionsrelationen $\omega_j(\boldsymbol{k})$.

Eine Verschiebung des Wellenvektors $\boldsymbol{k}$ um einen Vektor des reziproken Gitters, also ein Übergang von $\boldsymbol{k}$ zu $\boldsymbol{k} + \boldsymbol{G}_{hkl}$, läßt die Auslenkungen aller Atome völlig unverändert: Es gilt

$$z_j(\boldsymbol{R}_{uvw}) \sim \exp[\mathrm{i}(\boldsymbol{k} + \boldsymbol{G}_{hkl})\boldsymbol{R}_{uvw}] = \exp(\mathrm{i}\boldsymbol{k}\boldsymbol{R}_{uvw}) \tag{5.27}$$

da

$$\boldsymbol{G}_{hkl}\boldsymbol{R}_{uvw} = p2\pi \qquad (p \text{ ganzzahlig}) \tag{5.28}$$

Es ist deshalb auch im dreidimensionalen Fall angebracht, die Wellenvektoren einer entsprechenden Beschränkung zu unterwerfen. Wie die Wahl getroffen werden kann, hatten wir schon beim Bändermodell der Elektronenzustände erörtert: Wenn man die $\boldsymbol{k}$-Vektoren auf die erste Brillouin-Zone beschränkt, hat man schon alle Möglichkeiten erfaßt.

Im letzten Schritt bei der Verallgemeinerung haben wir jetzt auch beim dreidimensionalen Kristall der Endlichkeit der Ausdehnung und der Anzahl der Freiheitsgrade Rechnung zu tragen. Dies gelingt, wie beim Fermi-Elektronengas, wieder durch Auferlegung der Born-von Karmanschen zyklischen Randbedingungen. Für einen Kristall, bestehend aus $\mathcal{N}_1$, $\mathcal{N}_2$ und $\mathcal{N}_3$ Elementarzellen in Richtung der drei Grundvektoren des Bravais-Gitters und damit

$$\mathcal{N}_{\mathrm{c}} = \mathcal{N}_1\mathcal{N}_2\mathcal{N}_3 \tag{5.29}$$

Elementarzellen insgesamt, lauten sie

$$z_j(\boldsymbol{R}_{uvw}) = z_j(\boldsymbol{R}_{uvw} + \mathcal{N}_1\boldsymbol{a}_1) = z_j(\boldsymbol{R}_{uvw} + \mathcal{N}_2\boldsymbol{a}_2) = z_j(\boldsymbol{R}_{uvw} + \mathcal{N}_3\boldsymbol{a}_3) \ . \tag{5.30}$$

Sie sind erfüllt, wenn die Wellenvektoren $\boldsymbol{k}$ so ausgewählt werden, daß

$$\exp(\mathrm{i}\boldsymbol{k}\mathcal{N}_1\boldsymbol{a}_1) = \exp(\mathrm{i}\boldsymbol{k}\mathcal{N}_2\boldsymbol{a}_2) = \exp(\mathrm{i}\boldsymbol{k}\mathcal{N}_3\boldsymbol{a}_3) = 1 \tag{5.31}$$

gilt. Dies ist der Fall, wenn k die Form

$$k_{i_1 i_2 i_3} = i_1 \frac{\widehat{a}_1}{\mathcal{N}_1} + i_2 \frac{\widehat{a}_2}{\mathcal{N}_2} + i_3 \frac{\widehat{a}_3}{\mathcal{N}_3} \quad \text{mit} \quad i_1, i_2, i_3 \quad \text{ganzzahlig} \qquad (5.32)$$

besitzt. Die Zahlentripel i_1, i_2, i_3 sind dabei so zu wählen, daß k in der ersten Brillouin-Zone liegt, was auf $\mathcal{N}_c$ verschiedene Wellenvektoren führt. Der große Vorteil der Born-von Karmanschen Bedingung besteht darin, daß die laufenden Wellen Gl. (5.25) als Lösung erhalten bleiben.

Wir haben somit ein klares Schema für die Klassifikation der Gitterschwingungen in einem dreidimensionalen Kristall erhalten. Jede Gitterschwingung besitzt einen von $\mathcal{N}_c$ unterschiedlichen Wellenvektoren

$$k_i \quad , \quad i = 1, \dots, \mathcal{N}_c \ .$$

Jede Gitterschwingung gehört außerdem zu einem der $3n$ Zweige, wobei der Zweig den Zusammenhang zwischen Frequenz und Wellenvektor festlegt:

$$\omega_j(k_i) \quad , \quad j = 1, \dots, 3n \ .$$

Insgesamt gibt es so in Übereinstimmung mit der Anzahl der räumlichen Freiheitsgrade aller Atome im Kristall

$$3n\mathcal{N}_1\mathcal{N}_2\mathcal{N}_3 = 3n\mathcal{N}_c \qquad (5.33)$$

verschiedene Gitterschwingungen. Stellt man die selektierten Wellenvektoren als Punkte im reziproken Raum dar, beträgt die Punktedichte, wie schon früher ausgesagt (Gl. (4.35)),

$$\frac{\mathcal{N}_c}{\widehat{V}_c} = \frac{\mathcal{N}_c V_c}{(2\pi)^3} = \frac{\mathcal{V}}{(2\pi)^3} \ , \qquad (5.34)$$

wobei V_c das Elementarvolumen, $\hat{V}_c$ das Zellvolumen des reziproken Gitters und $\mathcal{V}$ das Volumen des Kristalls bezeichnen.

Klarerweise ist zu erwarten, daß bei den $3n$ verschiedenen Zweigen wieder zwei verschiedene Typen gefunden werden. Drei der Zweige gehen für $k \to 0$ in die drei in einem Kristall auftretenden, akustischen Wellen über. Diese drei akustischen Wellen unterscheiden sich in ihrer Polarisationsrichtung, wobei für kubische Kristalle immer, und sonst häufig, längs bestimmter Ausbreitungsrichtungen, gefunden wird, daß eine der Wellen longitudinal ist und zwei der Wellen transversal polarisiert sind. Der gesamte Rest, bestehend aus $3n$-3 Zweigen hat den Charakter optischer Schwingungen und zeigt auch für verschwindendes k eine von Null verschiedene Frequenz. Abb. 5.3 zeigt ein Beispiel. Dargestellt sind die verschiedenen Zweige, die bei Silizium für in 100-Richtung orientierte Wellenvektoren gefunden werden. Es treten hier ein longitudinal- und ein (zweifach entarteter) transversal-akustischer Zweig (LA und TA) sowie ein longitudinal- und ein (zweifach entarteter) transversal-optischer Zweig (LO und TO) auf. Die Daten wurden mit inelastischer Neutronenstreuung gemessen, auf eine Art, die im letzten Abschnitt dieses Kapitels noch erläutert wird.

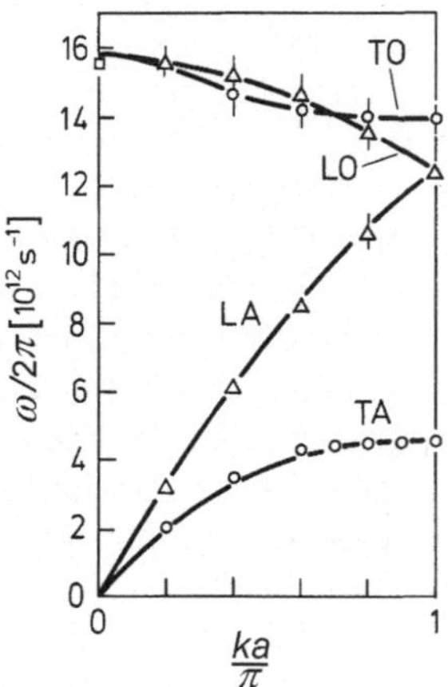

Abb. 5.3. Gitterschwingungsspektrum von Silizium mit zwei akustischen (LA, TA) und zwei optischen (LO, TO) Zweigen, bestimmt durch inelastische Neutronenstreuung (k in [100]-Richtung; von Dolling und Cowley aus [41]) .

Phononen. Debyesche Theorie der spezifischen Wärme. Wir wollen jetzt danach fragen, welche Energie von den Gitterschwingungen im thermischen Gleichgewicht aufgenommen wird. Im Rahmen der klassischen Physik kann hierauf eine direkte Antwort gegeben werden. Da jede Gitterschwingung für sich genommen einen harmonischen Oszillator repräsentiert, auch wenn sie von einer riesigen Anzahl von Atomen getragen wird, gilt für ihre Energieaufnahme im thermischen Gleichgewicht

$$< u_{\mathrm{pot}} >=< u_{\mathrm{kin}} >= \frac{k_{\mathrm{B}}T}{2} \tag{5.35}$$

und in der Summe von potentieller und kinetischer Energie

$$< u_{\mathrm{pot}} > + < u_{\mathrm{kin}} >= k_{\mathrm{B}}T \ . \tag{5.36}$$

Dies würde bedeuten, daß die Energieaufnahme immer dieselbe wäre, unabhängig von Wellenvektor und Frequenz. Für die gesamte Schwingungsenergie $\mathcal{U}_{\mathrm{vib}}$ des Kristalls ergäbe sich so

$$\mathcal{U}_{\mathrm{vib}} = 3n\mathcal{N}_{\mathrm{c}}k_{\mathrm{B}}T \ . \tag{5.37}$$

Für die spezifische Wärme $c_{v,\mathrm{vib}}$ wäre dann ein temperaturunabhängiger Wert,

$$c_{v,\mathrm{vib}} = \frac{1}{V}\frac{\partial \mathcal{U}_{\mathrm{vib}}}{\partial T} = 3n\rho_{\mathrm{c}}k_{\mathrm{B}} \ , \tag{5.38}$$

zu erwarten (ρ_{c} ist wie immer die Anzahl der Elementarzellen pro Volumeneinheit). Tatsächlich liefern Messungen aber ein ganz anderes Ergebnis, und zwar insbesonders dann, wenn sie den Bereich tiefer Temperaturen miterfassen. Abb. 5.4 zeigt den Temperaturverlauf der spezifischen Wärmen von

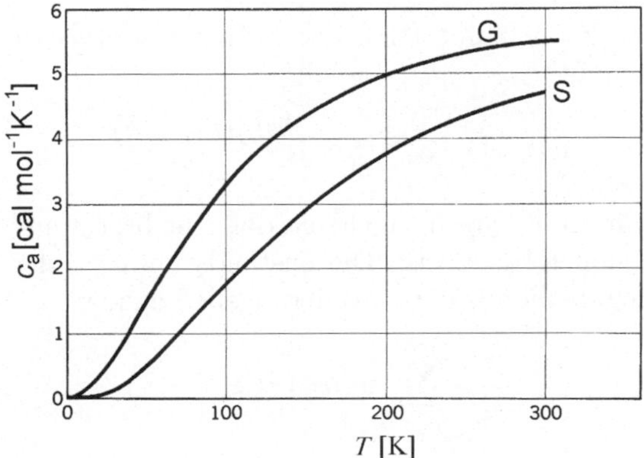

Abb. 5.4. Spezifische Wärmen von Germanium (G) und Silizium (S) im Tieftemperaturbereich.

Germanium und Silizium. Wie man sieht, ist die spezifische Wärme keineswegs konstant, sondern beginnt bei tiefen Temperaturen bei verschwindenden Werten und steigt dann allmählich auf einen Endwert an. Bemerkenswerterweise wird der Endwert hier und bei vielen anderen atomaren Kristallen recht gut durch Gl. (5.38) wiedergegeben. Dieser Sachverhalt ist als **Dulong-Petitsches-Gesetz** bekannt.

Ursache für das völlige Versagen der klassischen Vorhersage sind Quanteneffekte. Wie die Quantenmechanik lehrt, läßt sich die Energie eines harmonischen Oszillators nicht kontinuierlich, sondern nur in Quantenschritten der Größe $\hbar\omega$ verändern. Dies bedeutet aber, daß schon für die erste Anregung ein gewisses Mindestmaß an thermischer Energie verfügbar sein muß, und dies stellt sich erst bei einer entsprechenden Temperatur ein. Betrachten wir eine herausgegriffene Gitterschwingung ij (Wellenvektor $\boldsymbol{k}_i$, Zweig j) und nutzen hierfür die Aussage der Quantenmechanik bezüglich der Energieeigenwerte ϵ_{ij} dieses harmonischen Oszillators, so gilt

$$\epsilon_{ij} = \hbar\omega_{ij}\left(n_{ij} + \frac{1}{2}\right) \tag{5.39}$$

mit der Kurzschreibweise

$$\omega_{ij} = \omega_j(\boldsymbol{k}_i) \ . \tag{5.40}$$

n_{ij} gibt die Anzahl der Schwingungsquanten an, mit welchen der Zustand besetzt ist. Man bezeichnet diese Energiequanten der Gitterschwingungen als **Phononen**. Die gesamte Schwingungsenergie $\mathcal{U}_{\mathrm{vib}}$, die ein Kristall bei einer bestimmten Temperatur enthält, ergibt sich als Summe der Mittelwerte der Energien aller Eigenschwingungen und somit aus den Mittelwerten aller Phononenbesetzungszahlen:

$$\mathcal{U}_{\mathrm{vib}} = \sum_{ij} <\epsilon_{ij}> = \sum_{ij} \hbar\omega_{ij}\left(<n_{ij}> + \frac{1}{2}\right) \ . \tag{5.41}$$

Diese Mittelwerte können mit Hilfe der Boltzmann-Statistik ausgerechnet werden. Sie liefert mit

$$w(n_{ij}) = \mathcal{Z}^{-1} \exp - \frac{\hbar\omega_{ij}(n_{ij} + \frac{1}{2})}{k_\mathrm{B}T} \tag{5.42}$$

einen Ausdruck für die Wahrscheinlichkeit, daß eine bestimmte Gitterschwingung mit n_{ij} Phononen besetzt ist. Die Zustandssumme $\mathcal{Z}$ der Gitterschwingung ij ergibt sich dabei aus der Normierungsbedingung

$$\sum_{n_{ij}=0}^{\infty} w(n_{ij}) = 1 \tag{5.43}$$

als

$$\mathcal{Z} = \sum_{n_{ij}=0}^{\infty} \exp - \frac{\hbar\omega_{ij}(n_{ij} + \frac{1}{2})}{k_\mathrm{B}T} = \frac{\exp - (\hbar\omega_{ij}/2k_\mathrm{B}T)}{1 - \exp - (\hbar\omega_{ij}/k_\mathrm{B}T)} \ . \tag{5.44}$$

Der Mittelwert der Besetzungszahl kann direkt errechnet werden. Er folgt als

$$
\begin{aligned}
< n_{ij} > &= \frac{1 - \exp - (\hbar\omega_{ij}/k_\mathrm{B}T)}{\exp - (\hbar\omega_{ij}/2k_\mathrm{B}T)} \sum_{n_{ij}=0}^{\infty} n_{ij} \exp -\left(\frac{\hbar\omega_{ij}n_{ij}}{k_\mathrm{B}T} + \frac{\hbar\omega_{ij}}{2k_\mathrm{B}T}\right) \\
&= \left(1 - \exp - \frac{\hbar\omega_{ij}}{k_\mathrm{B}T}\right) \frac{\mathrm{d}}{\mathrm{d}\left(-\frac{\hbar\omega_{ij}}{k_\mathrm{B}T}\right)} \sum_{n_{ij}=0}^{\infty} \exp - \frac{\hbar\omega_{ij}n_{ij}}{k_\mathrm{B}T} \\
&= \left(1 - \exp - \frac{\hbar\omega_{ij}}{k_\mathrm{B}T}\right) \frac{\mathrm{d}}{\mathrm{d}\left(-\frac{\hbar\omega_{ij}}{k_\mathrm{B}T}\right)} \frac{1}{1 - \exp - \frac{\hbar\omega_{ij}}{k_\mathrm{B}T}} \\
&= \frac{\exp - (\hbar\omega_{ij}/k_\mathrm{B}T)}{1 - \exp - (\hbar\omega_{ij}/k_\mathrm{B}T)} = \frac{1}{\exp(\hbar\omega_{ij}/k_\mathrm{B}T) - 1} \ .
\end{aligned}
\tag{5.45}
$$

Der letzte Ausdruck ist auch das Grundgesetz der Bose-Einstein-Statistik und hätte, auf der Grundlage der Feststellung, daß es sich bei Phononen um Bose-Teilchen handelt, auch ganz unmittelbar zur Angabe von $< n_{ij} >$ genutzt werden können. Für die mittlere Energie ergibt sich so

$$< \epsilon_{ij} > = \left(< n_{ij} > + \frac{1}{2}\right) \hbar\omega_{ij} = \frac{\hbar\omega_{ij}}{\exp(\hbar\omega_{ij}/k_\mathrm{B}T) - 1} + \frac{\hbar\omega_{ij}}{2} \ . \tag{5.46}$$

Die Summe über alle Gitterschwingungen liefert wieder die gesamte Schwingungsenergie, jetzt in der Form

$$\mathcal{U}_\mathrm{vib} - \mathcal{U}_\mathrm{vib}(T = 0) = \sum_{ij} < \epsilon_{ij} > = \sum_{ij} \frac{\hbar\omega_{ij}}{\exp(\hbar\omega_{ij}/k_\mathrm{B}T) - 1} \ . \tag{5.47}$$

Debye hat einen Weg gewiesen, wie diese Summe zur Ermittlung der Wärmekapazität bei tiefen Temperaturen ausgerechnet werden kann. Wir schreiben sie zunächst in einer kontinuierlichen Form, als

$$\mathcal{U}_{\mathrm{vib}} - \mathcal{U}_{\mathrm{vib}}(0) = \int_{\omega} \mathcal{D}(\omega) \frac{\hbar\omega}{\exp(\hbar\omega/k_\mathrm{B}T) - 1} \, \mathrm{d}\omega \quad . \tag{5.48}$$

Dabei gibt

$$\mathcal{D}(\omega)\mathrm{d}\omega$$

an, wieviele Gitterschwingungen mit Frequenzen im Intervall zwischen ω und $\omega + \mathrm{d}\omega$ existieren. $\mathcal{D}$ hat demgemäß die Bedeutung einer **spektralen Zustandsdichte**. Aus Gl. (5.45) ist zu schließen, daß hochfrequente Schwingungen mit

$$\hbar\omega_{ij} \gg k_\mathrm{B}T$$

nicht angeregt werden können, da hierfür

$$< n_{ij} > \approx \exp - \frac{\hbar\omega_{ij}}{k_\mathrm{B}T} \approx 0 \tag{5.49}$$

gilt. Dies bedeutet aber, daß im Bereich tiefer Temperaturen allein die akustischen Schwingungen, und hiervon auch nur solche in der Nähe von $k = 0$, Energie aufnehmen können. Hier gilt aber das Dispersionsgesetz für Schallwellen,

$$\omega_1(\boldsymbol{k}_i) = c_{\mathrm{sl}}|\boldsymbol{k}_i| \tag{5.50}$$

für longitudinal polarisierte und

$$\omega_2(\boldsymbol{k}_i) = \omega_3(\boldsymbol{k}_i) = c_{\mathrm{st}}|\boldsymbol{k}_i| \tag{5.51}$$

für transversal polarisierte Wellen. Dabei bezeichnen c_{sl} und c_{st} die entsprechenden Phasengeschwindigkeiten. Debye hat vorgeschlagen, bei der Berechnung der spezifischen Wärme bei tiefen Temperaturen allein diese Schallwellen zu berücksichtigen. Hierbei stellt sich als erstes die Aufgabe, die zugeordnete spektrale Zustandsdichte zu berechnen. Sofort angebbar ist die damit verknüpfte, entsprechende Dichte im $\boldsymbol{k}$-Raum. Für die Anzahl von Gitterschwingungen, für welche der Betrag des Wellenvektors im Bereich $k \to k+\mathrm{d}k$ liegt, gilt unter Benutzung von Gl. (5.34)

$$\mathcal{D}(k)\mathrm{d}k = 4\pi k^2 \frac{\mathcal{V}}{(2\pi)^3} \mathrm{d}k \quad . \tag{5.52}$$

Daraus folgt bei einer Summierung über alle drei akustischen Zweige

$$\mathcal{D}(\omega)\mathrm{d}\omega = \sum_{j=1,2,3} \mathcal{D}(k) \frac{\mathrm{d}k}{\mathrm{d}\omega_j} \mathrm{d}\omega \tag{5.53}$$

und als Ergebnis

$$\mathcal{D}(\omega) = \frac{\mathcal{V}}{2\pi^2} \left(\frac{\omega^2}{c_{\mathrm{sl}}^2} \frac{1}{c_{\mathrm{sl}}} + 2\frac{\omega^2}{c_{\mathrm{st}}^2} \frac{1}{c_{\mathrm{st}}} \right) \quad . \tag{5.54}$$

Die Debyesche Näherung für die spektrale Dichte gibt $\mathcal{D}(\omega)$ bei niedrigen Frequenzen richtig wieder, führt aber dann zu Abweichungen. Abb. 5.5 zeigt die sich so ergebende Situation und gleichzeitig auch noch ein weiteres Erfordernis: Da bei der Berechnung der spezifischen Wärme, auch wenn ein Näherungsverfahren angewandt wird, die Gesamtzahl der Freiheitsgrade auf dem richtigen Wert gehalten werden muß, ist es notwendig, die Verteilungsfunktion an der richtigen Stelle auf Null zu setzen. Die Forderung lautet

$$\int\limits_0^{\omega_D} \mathcal{D}(\omega)\mathrm{d}\omega = 3\mathcal{N}_c \ , \tag{5.55}$$

und sie liefert eine Bestimmungsgleichung für die Abbruchfrequenz ω_D. Setzt man den Ausdruck Gl. (5.54) ein, erhält man für die **Debyesche Grenzfrequenz** die Gleichung

$$\frac{\mathcal{V}}{2\pi^2}\left(\frac{1}{3c_{sl}^3} + \frac{2}{3c_{st}^3}\right)\omega_D^3 = 3\mathcal{N}_c \ . \tag{5.56}$$

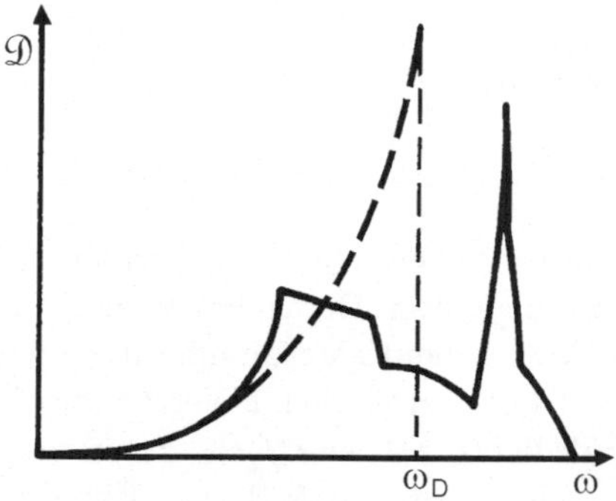

Abb. 5.5. Wirklichkeitsnahe spektrale Zustanddichte der akustischen Schwingungen und Ansatz der Debye-Theorie. Spitzen stellen sich ein, wenn die Dispersionsrelation eines Zweiges eine horizontale Tangente besitzt.

Die Energieaufnahme ergibt sich jetzt durch eine Verwendung der Debyeschen Näherung in der allgemeinen Gl. (5.48). Dies führt auf

$$\frac{\mathcal{U}_{vib} - \mathcal{U}_{vib}(0)}{\mathcal{V}} = \frac{1}{2\pi^2}\left(\frac{1}{c_{sl}^3} + \frac{2}{c_{st}^3}\right)\int\limits_0^{\omega_D} \frac{\hbar\omega^3}{\exp(\hbar\omega/k_BT) - 1}\mathrm{d}\omega$$

$$= \frac{1}{2\pi^2}\left(\frac{1}{c_{sl}^3} + \frac{2}{c_{st}^3}\right)\frac{(k_BT)^4}{\hbar^3}\int\limits_0^{x_D} \frac{x^3}{\exp x - 1}\mathrm{d}x \ , \tag{5.57}$$

wobei im zweiten Schritt die Substitutionen

$$x = \frac{\hbar\omega}{k_B T} \tag{5.58}$$

$$x_D = \frac{\hbar\omega_D}{k_B T} \tag{5.59}$$

vorgenommen wurden. Das Integral stellt eine wohldefinierte Funktion Φ dar, und wir schreiben

$$\frac{\mathcal{U}_{\mathrm{vib}} - \mathcal{U}_{\mathrm{vib}}(0)}{\mathcal{V}} = 9\frac{\mathcal{N}_c}{\mathcal{V}} \frac{(k_B T)^4}{(\hbar\omega_D)^3} \Phi\left(\frac{\hbar\omega_D}{k_B T}\right)$$

$$= 9\rho_c k_B T_D \left(\frac{T}{T_D}\right)^4 \Phi\left(\frac{T_D}{T}\right) \ . \tag{5.60}$$

Hierbei haben wir die **Debye-Temperatur** T_D eingeführt. Sie ist durch

$$\hbar\omega_D = k_B T_D \tag{5.61}$$

definiert. Für tiefe Temperaturen kann der Grenzwert

$$\lim_{T\to 0} \Phi = \frac{\pi^4}{15} \tag{5.62}$$

der Funktion Φ verwendet werden. Wir erhalten so als Endergebnis

$$c_{v,\mathrm{vib}} = \frac{1}{T_D} \frac{\partial(\mathcal{U}_{\mathrm{vib}}/\mathcal{V})}{\partial(T/T_D)} = \frac{36\pi^4}{15} \rho_c k_B \left(\frac{T}{T_D}\right)^3 \ . \tag{5.63}$$

Dies ist das **Debyesche T^3-Gesetz**. Es beschreibt sehr gut den Verlauf der spezifischen Wärme bei tiefen Temperaturen, unter Verwendung von T_D als einzigem Stoffparameter. Die Werte der Debye-Temperatur überstreichen einen großen Bereich. Für Cäsium wird 36 K, für Blei 105 K, für Kochsalz 321 K, für Germanium 370 K, für Eisen 467 K und für Beryllium 1460 K gefunden.

5.1.2 Spinwellen

In Ferromagnetika tritt neben die Auslenkung der Atome aus ihren Gleichgewichtslagen als weiterer Freiheitsgrad die Reorientierung der Spins, ausgehend von dem bei sehr tiefen Temperaturen nahe 0 K eingenommenen Grundzustand der vollständigen, einheitlichen Ausrichtung. In diesem Abschnitt soll die Natur dieser weiteren Gruppe elementarer Anregungen genauer erörtert werden. Sie werden in einem Ferromagneten thermisch aktiviert und führen so mit wachsender Temperatur zu einer Abnahme der Magnetisierung. Wir werden diese Abnahme berechnen.

Für einen Kristall ist von vornherein zu erwarten, daß die Eigenmoden des Spinsystems aufgrund der konstanten Kopplungskräfte so wie die Gitterschwingungen einen wellenförmigen Charakter besitzen. In Abb. 5.6 ist eine solche **Spinwelle** dargestellt, und zwar für den einfach wiederzugebenden Fall einer linearen Kette. Alle Spins führen Präzessionsbewegungen um eine feste, gemeinsame Richtung aus, und zwar so, daß sich eine konstante Winkeldifferenz zwischen Nachbarn einstellt. Jede Spinwelle besitzt eine bestimmte (Präzessions-)Frequenz ω und Wellenlänge, im Kristall dann noch eine festgelegte Ausbreitungsrichtung, d. h. einen gewissen Wellenvektor k.

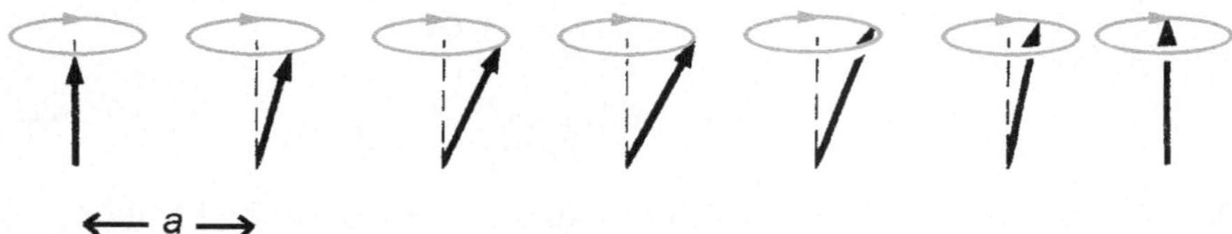

Abb. 5.6. Spinwelle in einer linearen Atomkette im ferromagnetischen Zustand.

Zur Ermittlung des Zusammenhangs zwischen ω und k, also der Dispersionsrelation der Spinwellen, hat man die Bewegungsgleichungen aufzustellen und dann nach wellenförmigen Lösungen zu suchen. Wir betrachten auch hier wieder zunächst das eindimensionale System, d. h. die Rotationsauslenkungen in einer linearen Kette von Spins, so wie es die Abbildung zeigt. Der für Ferromagnetika gültige Ausdruck für die Energie der Wechselwirkung zwischen zwei benachbarten Spins war in Abschnitt 3.2 genannt worden (Gl. (3.30)). Für die Spins an den Plätzen l und $l + 1$ beträgt die Wechselwirkungsenergie

$$u(l, l + 1) = -\beta_{\mathrm{ex}} S(l) \cdot S(l + 1) \ . \tag{5.64}$$

In der Bewegungsgleichung tritt das hieraus resultierende, zwischen den beiden Spins wirkende Drehmoment auf. Es beträgt

$$T(l, l + 1) = \beta_{\mathrm{ex}} S(l) \times S(l + 1) \ . \tag{5.65}$$

Zur Erklärung sei nur daran erinnert, daß für ein magnetisches Moment m, welches sich in einem äußeren Magnetfeld B befindet, für die potentielle Energie der Wechselwirkung und das Drehmoment die beiden Gleichungen

$$u = -m \cdot B \tag{5.66}$$

und

$$T = m \times B \tag{5.67}$$

gelten. Genauso wie in diesem bekannten Fall ergibt sich auch für das Spinsystem aus einer Wechselwirkungsenergie, die als Skalarprodukt zu beschreiben ist, ein Drehmoment in der Form eines Vektorprodukts aus denselben Größen. Auf jeden Spin $\boldsymbol{S}(l)$ wirken Drehmomente von den beiden Nachbarn her. Wir erhalten somit als Bewegungsgleichung

$$\frac{\mathrm{d}}{\mathrm{d}t}\boldsymbol{S}(l) = \beta_{\mathrm{ex}}[\boldsymbol{S}(l) \times \boldsymbol{S}(l-1) + \boldsymbol{S}(l) \times \boldsymbol{S}(l+1)] \ . \tag{5.68}$$

Es sollen hier die elementaren Anregungen in Form von Spinwellen mit kleinen Amplituden diskutiert werden. Wenn die Präzessionsachse in z-Richtung steht, bedeutet dies

$$S_x(l), S_y(l) \ll S_z(l) \approx |\boldsymbol{S}| \ . \tag{5.69}$$

Für die Lateralkomponenten des Spins, S_x und S_y, erhalten wir dann

$$\begin{aligned}
\frac{\mathrm{d}}{\mathrm{d}t}S_x(l) &= \beta_{\mathrm{ex}}[S_y(l)S_z(l-1) - S_z(l)S_y(l-1) \\
&\quad +S_y(l)S_z(l+1) - S_z(l)S_y(l+1)] \\
&\approx \beta_{\mathrm{ex}}|\boldsymbol{S}|[2S_y(l) - S_y(l-1) - S_y(l+1)] \\
\frac{\mathrm{d}}{\mathrm{d}t}S_y(l) &= -\beta_{\mathrm{ex}}|\boldsymbol{S}|[2S_x(l) - S_x(l-1) - S_x(l+1)] \ .
\end{aligned} \tag{5.70}$$

Die Differentialgleichung für die Longitudinalkomponente S_z enthält auf der rechten Seite Produkte der kleinen Größen S_x und S_y. Dies bedeutet aber, daß wir in linearer Näherung

$$\frac{\mathrm{d}}{\mathrm{d}t}S_z(l) \approx 0 \tag{5.71}$$

schreiben und in diesem Rahmen S_z durch den Betrag von $\boldsymbol{S}$ ersetzen können. Bei der Suche nach den Eigenschaften wellenförmiger Lösungen setzen wir

$$\begin{aligned}
S_x(l) &= S_{x0}\exp(-\mathrm{i}\omega t + \mathrm{i}kla) \\
S_y(l) &= S_{y0}\exp(-\mathrm{i}\omega t + \mathrm{i}kla) \\
S_z(l) &\approx \mathrm{const} \approx |\boldsymbol{S}|
\end{aligned} \tag{5.72}$$

an. Ein Einsetzen bestätigt, daß es, wie erwartet, wellenförmige Lösungen gibt, und führt für die Amplituden S_{x0} und S_{y0} auf das lineare Gleichungssystem

$$\begin{aligned}
\mathrm{i}\omega S_{x0} &= 2\beta_{\mathrm{ex}}|\boldsymbol{S}|(1 - \cos ka)S_{y0} \\
\mathrm{i}\omega S_{y0} &= -2\beta_{\mathrm{ex}}|\boldsymbol{S}|(1 - \cos ka)S_{x0} \ .
\end{aligned} \tag{5.73}$$

Nicht-triviale Lösungen folgen aus dem Nullsetzen der Säkulardeterminante

$$\begin{vmatrix} \mathrm{i}\omega & -2\beta_{\mathrm{ex}}|\boldsymbol{S}|(1 - \cos ka) \\ 2\beta_{\mathrm{ex}}|\boldsymbol{S}|(1 - \cos ka) & \mathrm{i}\omega \end{vmatrix} = 0 \ . \tag{5.74}$$

Wir erhalten so die Dispersionsrelation, und sie lautet

$$\omega = \pm 2\beta_{\text{ex}}|\boldsymbol{S}|(1 - \cos ka) \ . \tag{5.75}$$

Die unterschiedlichen Vorzeichen gehören dabei zu Spinwellen mit unterschiedlicher Ausbreitungsrichtung.

Wie man feststellt, hat die Dispersionsrelation einen periodischen Verlauf, da

$$\omega(k) = \omega(k + p\frac{2\pi}{a}) \qquad (p \text{ ganzzahlig}) \tag{5.76}$$

gilt. Der Grund für dieses Verhalten ist uns von den Gitterschwingungen her schon bekannt: Eine Änderung der Wellenzahl um ein ganzzahliges Vielfaches des Grundvektors $G_1 = 2\pi/a$ des reziproken Gitters ändert nichts am Auslenkungsmuster der Spinwelle. Wie bei den Gitterschwingungen ist es deshalb sinnvoll, die Wellenzahlen k auf die erste Brillouinzone

$$-\frac{G_1}{2} < k \leq \frac{G_1}{2} \tag{5.77}$$

zu beschränken.

Beim Vergleich der Dispersionsrelationen von Spinwellen und Gitterschwingungen stellt man einen qualitativen Unterschied fest. Zwar verschwindet wie bei den akustischen Gitterschwingungen für $k \to 0$ auch die Frequenz der Spinwellen, doch ist der Anstieg der Frequenz mit k jetzt nicht linear, sondern, wie eine Potenzreihen-Entwicklung zeigt, quadratisch:

$$\omega \approx \beta_{\text{ex}}|\boldsymbol{S}|(ka)^2 \ . \tag{5.78}$$

Dies bedeutet aber, daß weder die Phasengeschwindigkeit ω/k noch die Gruppengeschwindigkeit $\mathrm{d}\omega/\mathrm{d}k$ konstant sind, und ein Wellenpaket, d. h. eine lokale Anregung, schnell zerfließt. Abb. 5.7 zeigt die quadratische Abhängigkeit an einem Beispiel. Die Dispersionsbeziehung wurde für eine Kobald-Eisen-Legierung erhalten, durch Messungen mit inelastischer Neutronenstreuung längs dreier Richtungen im (kubischen) Kristall, welche untereinander gleichwertig sind.

Daß die Skizze in Abb. 5.6 die Spinwelle richtig beschreibt, wird bei einem Blick auf das Verhältnis der Amplituden

$$\frac{S_{x0}}{S_{y0}} = \frac{2\beta_{\text{ex}}|\boldsymbol{S}|(1 - \cos ka)}{-\mathrm{i}\omega} = \pm \mathrm{i} \tag{5.79}$$

deutlich. Da beide gleich groß sind, schreiben wir

$$S_{x0} = S_{y0} = S_\perp \tag{5.80}$$

und erhalten

$$S_x(l) = S_\perp \exp(-\mathrm{i}\omega t + \mathrm{i}kla)$$
$$S_y(l) = \pm \mathrm{i}S_\perp \exp(-\mathrm{i}\omega t + \mathrm{i}kla) \tag{5.81}$$

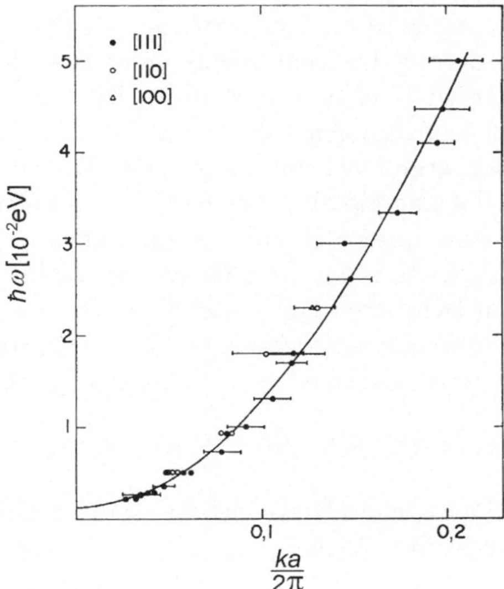

Abb. 5.7. Dispersionsbeziehung für Spinwellen in einer Kobald-Eisen-Legierung, gemessen durch inelastische Neutronenstreuung (von Sinclair und Brockhouse [42]).

bzw. in reeller Schreibweise

$$S_x(l) = S_\perp \cos(-\omega t + kla)$$
$$S_y(l) = \pm S_\perp \sin(-\omega t + kla) \ . \tag{5.82}$$

Die Spinwelle von Abb. 5.6 entspricht einem diesem Muster.

Bisher hatten wir eine unendlich lange Kette ins Auge gefaßt. Wollen wir die Spinwelle als Lösung erhalten und trotzdem die Zahl der Freiheitsgrade begrenzen, so gelingt dies wie im Fall der Gitterschwingungen wieder durch Einführung zyklischer Randbedingungen. Bei einer Kette aus $\mathcal{N}_c$ Spins lauten sie

$$\boldsymbol{S}(l + \mathcal{N}_c) = \boldsymbol{S}(l) \ . \tag{5.83}$$

Hieraus ergibt sich wieder eine Auswahl diskreter Werte für k. Diese sind wie in Gl. (5.23)

$$k = i\frac{2\pi}{\mathcal{N}_c a} \qquad (i \ \text{ganzzahlig}) \ . \tag{5.84}$$

Die Beschränkung auf die erste Brillouinzone bedeutet dabei

$$-\frac{\mathcal{N}_c}{2} < i \leq \frac{\mathcal{N}_c}{2} \ . \tag{5.85}$$

Magnonen. Blochsches $T^{3/2}$-Gesetz. Auch bei Spinwellen stellt sich die Frage nach Quanteneffekten, d. h. die Frage, ob die Amplitude $S_\perp$, von Null beginnend, kontinuierlich vergrößert werden kann. Die Antwort hierauf lautet

Nein, und die Ursache dafür ist die Quantisierung des Drehimpulses. Entsprechend einer Grundforderung der Quantenmechanik kann sich der Gesamtdrehimpuls eines Systems in einer ausgezeichneten Richtung, und dies ist hier die z-Richtung, immer nur um ganzzahlige Vielfache von $\hbar$ ändern. Wie wir gleich erkennen werden, ergibt sich daraus auch eine Diskretisierung der Energieaufnahme. Wenn die Energie aber nur in Quanten aufgenommen werden kann, entsteht auch eine untere Grenze für die aufzubringende thermische Energie. Wir haben deshalb, wie bei den Gitterschwingungen, wieder bei tiefen Temperaturen mit sichtbaren Quanteneffekten zu rechnen.

Die Wechselwirkungsenergie zwischen zwei benachbarten Spins hängt in einer Spinwelle nur vom Unterschied φ im Präzessionswinkel ab und beträgt

$$u(l, l+1) = -\beta_{\text{ex}} \boldsymbol{S}(l) \cdot \boldsymbol{S}(l+1) = -\beta_{\text{ex}} |\boldsymbol{S}|^2 \cos \varphi \ . \tag{5.86}$$

Da der Wert für alle Paare in der Kette gleich ausfällt, ergibt sich die gesamte Wechselwirkungsenergie einfach als

$$U = -\beta_{\text{ex}} \sum_l \boldsymbol{S}(l) \cdot \boldsymbol{S}(l+1) = -\beta_{\text{ex}} \mathcal{N}_{\text{c}} |\boldsymbol{S}|^2 \cos \varphi \approx -\beta_{\text{ex}} \mathcal{N}_{\text{c}} |\boldsymbol{S}|^2 (1 - \frac{\varphi^2}{2})$$
$$\tag{5.87}$$

Abb. 5.8 erläutert einen geometrischen Zusammenhang. Sie enthält die Spins von zwei Nachbarn in einer gemeinsamen Darstellung und verdeutlicht, daß die folgende Beziehung gilt:

$$|\boldsymbol{S}|\varphi \approx S_\perp ka \ . \tag{5.88}$$

Wir können deshalb für die Energieaufnahme bei der Anregung einer Spinwelle mit der Wellenzahl k und der Amplitude $S_\perp$ beginnend beim Energieminimum entsprechend $\varphi = 0$

$$U - U(\varphi = 0) = \frac{\beta_{\text{ex}} \mathcal{N}_{\text{c}} S_\perp^2 (ka)^2}{2} \tag{5.89}$$

schreiben. Die Anregungen mit niedrigster Energie treten für kleine Wellenzahlen k auf. Hier gilt die Dispersionsrelation in der quadratischen Näherung von Gl. (5.78) und deshalb

$$U - U(0) = \frac{\mathcal{N}_{\text{c}} S_\perp^2}{2|\boldsymbol{S}|} \omega \ . \tag{5.90}$$

Bei der Anregung einer Spinwelle ändert sich notwendigerweise die Spinkomponente in z-Richtung. Die Änderung ist sehr klein und konnte bei der Ableitung der Dispersionsrelation vernachlässigt werden. Bei der Analyse der Quanteneffekte kommt sie aber jetzt doch ins Spiel. Wir können näherungsweise

$$S_z = (|\boldsymbol{S}|^2 - S_\perp^2)^{1/2} \approx |\boldsymbol{S}| - \frac{S_\perp^2}{2|\boldsymbol{S}|} \tag{5.91}$$

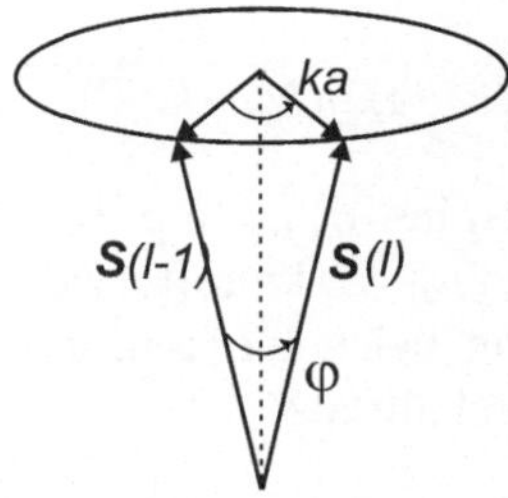

Abb. 5.8. Erläuterung der Beziehung Gl. (5.88).

schreiben. Für das gesamte Drehmoment in z-Richtung, aufgebracht von allen Spins in der Kette, erhalten wir somit

$$S_{z,\text{tot}} = \mathcal{N}_\text{c} S_z = \mathcal{N}_\text{c} |\boldsymbol{S}| - \mathcal{N}_\text{c} \frac{S_\perp^2}{2|\boldsymbol{S}|} \quad . \tag{5.92}$$

Hierfür, für den Gesamtspin, gilt aber nun die Forderung, daß er sich nur in Schritten $\hbar$ verändern kann. Dies bedeutet aber, daß die Amplitude der Spinwelle $S_\perp$ nur Werte annehmen kann, für welche

$$\Delta \left(\mathcal{N}_\text{c} \frac{S_\perp^2}{2|\boldsymbol{S}|} \right) = n\hbar \quad , \qquad n = 1, 2, \dots \tag{5.93}$$

gilt.

Für die mit einer Änderung von $S_{z,\text{tot}}$ um $\hbar$ verknüpfte Energieaufnahme hat dies eine überraschend einfache Konsequenz: Die Gln. (5.93) und (5.90) bedeuten zusammen genommen, daß sich auch die Energie einer Spinwelle in immer gleichen Stufen erhöht, und für die Eigenenergie U_i einer Spinwelle mit der Frequenz ω_i

$$U_i - U(0) = n\hbar\omega_i \tag{5.94}$$

gilt. Das Termschema gleicht somit demjenigen eines harmonischen Oszillators. Die Grundlage ist allerdings von ganz anderer Natur und bei den Spinwellen, im Unterschied zu den Gitterschwingungen, durch die Quantisierung des Gesamtdrehimpulses gegeben. Die Quanten mit Drehimpuls $\hbar$ und Energie $\hbar\omega$, welche eine Spinwelle besetzen und ihre Amplitude und Energie bestimmen, werden **Magnonen** genannt.

Wir können jetzt ausrechnen, wie sich in einem Ferromagneten die Magnetisierung bei tiefen Temperaturen ausgehend vom Maximum des Grundzustandswerts her aufgrund der thermischen Anregung von Spinwellen zu verkleinern beginnt. Die mittlere Zahl von Magnonen, welche bei einer gegebenen Temperatur eine bestimmte Spinwelle besetzen und so deren Amplitude bestimmen, kann mit Hilfe der Boltzmann-Statistik ausgerechnet werden. Da hier allein die Energieeigenwerte der Zustände eingehen, gelten dieselben Beziehungen wie beim harmonischen Oszillator. Wir übernehmen deshalb Gl. (5.45) und erhalten für die mittlere Anzahl von Magnonen einer Spinwelle i mit der Frequenz ω_i den Wert

$$< n_i >= \frac{1}{\exp(\hbar\omega_i/k_\mathrm{B}T) - 1} \quad . \tag{5.95}$$

Eine Änderung des Gesamtspins $S_{z,\mathrm{tot}}$ um $\hbar$ ist mit einer Änderung des magnetischen Moments um $2\mu_\mathrm{B}$ verknüpft (vgl. Gl. (2.155)). Die gesamte Abnahme der Magnetisierung bei einer Temperatur T ergibt sich aus den Beiträgen aller Spinwellen deshalb als

$$M(0) - M(T) = \Delta M(T) = 2\mu_\mathrm{B} \sum_{k_i} < n_i > (T) \quad . \tag{5.96}$$

In unserer Betrachtung hatten wir uns bisher auf eine lineare Kette bezogen. Der Übergang zu einem dreidimensionalen Kristall läßt sich unmittelbar vollziehen und bedeutet nichts weiter, als daß wir jetzt von Spinwellen zu sprechen haben, die in allen Richtungen durch den Kristall laufen. Für die möglichen Wellenvektoren k_i gilt genau das Gleiche wie für die Gitterschwingungen

– Es sind alle möglichen Spinwellen erfaßt, wenn allein Wellenvektoren aus der ersten Brillouinzone (jetzt diejenige im dreidimensionalen reziproken Raum) zugelassen werden.
– Auch bei Spinwellen kann der endlichen Ausdehnung eines Kristalls, d. h. der endlichen Zahl von Freiheitsgraden, jetzt gegeben durch die Anzahl rotierender Spins, Rechnung getragen werden, indem man dem System zyklische Randbedingungen auferlegt.

In die Summe in Gl. (5.96) sind alle Spinwellen, welche in einem Ferromagneten endlicher Ausdehnung angeregt werden können, aufzunehmen. Zur Berechnung überführen wir sie wieder in ein Integral

$$\sum_{k_i} < n_i >= \int \frac{\mathcal{D}(\omega)}{\exp(\hbar\omega/k_\mathrm{B}T) - 1} \mathrm{d}\omega \quad . \tag{5.97}$$

Es enthält wieder eine Zustandsdichte im Frequenzraum, und diese errechnet sich nun wie folgt. Analog zur Debyeschen Näherung bei der Errechnung des Beitrags der Gitterschwingungen zur spezifischen Wärme setzen wir für die Dispersionsrelation die für kleine Wellenvektoren gültige Näherung

$$\omega = \beta k^2 \tag{5.98}$$

an. Für die Zustandsdichte im k-Raum gilt wieder Gl. (5.34) und deshalb

$$\mathcal{D}(\omega)\mathrm{d}\omega = \frac{\mathcal{V}}{2\pi^2} k^2 \mathrm{d}k \quad . \tag{5.99}$$

Aus der Dispersionsrelation folgt

$$\mathrm{d}\omega = 2\beta k \mathrm{d}k \tag{5.100}$$

und damit

$$k^2 \mathrm{d}k = \frac{\omega^{1/2}}{2\beta^{3/2}} \mathrm{d}\omega \ . \tag{5.101}$$

Wie bei der Debyeschen Behandlung haben wir auch hier wieder eine Abbruchfrequenz im Näherungsansatz für die Zustandsdichte im Frequenzraum einzuführen, und zwar so, daß sich die richtige Anzahl unabhängiger Gitterschwingungen einstellt. Für einen Kristall aus $\mathcal{N}_\mathrm{c}$ Zellen ergibt sich die Abbruchfrequenz, $\omega_{\max}$, aus

$$\int\limits_0^{\omega_{\max}} \mathcal{D}(\omega)\mathrm{d}\omega = \mathcal{N}_\mathrm{c} \ . \tag{5.102}$$

Faßt man alle Beziehungen zusammen, erhält man für die Gesamtzahl aller Magnonen den Ausdruck

$$\sum_{\boldsymbol{k}_i} <n_i> = \frac{\mathcal{V}}{4\pi^2\beta^{3/2}} \int\limits_0^{\omega_{\max}} \frac{\omega^{\frac{1}{2}}}{\exp(\hbar\omega/k_\mathrm{B}T) - 1}\mathrm{d}\omega$$

$$\sim T^{\frac{3}{2}} \int\limits_0^{\hbar\omega_{\max}/k_\mathrm{B}T} \frac{x^{\frac{1}{2}}}{\exp x - 1}\mathrm{d}x \ . \tag{5.103}$$

Die zweite Zeile folgte hier nach der Substitution

$$x = \frac{\hbar\omega}{k_\mathrm{B}T} \tag{5.104}$$

Im Tieftemperaturbereich kann das Integral wieder durch seinen Wert im Grenzfall $T \to 0$ ersetzt werden. Wir erhalten so für die Abnahme der Magnetisierung ein einfaches Ergebnis. Im Bereich tiefer Temperaturen gilt ein Potenzgesetz

$$\Delta M \sim T^{3/2} \tag{5.105}$$

und es ist als **Blochsches $T^{3/2}$-Gesetz** bekannt. Experimentelle Ergebnisse werden durch das Blochsche Gesetz allgemein gut wiedergegeben. Die Temperaturabhängigkeit der Magnetisierung von Nickel, welche in Abb. 3.8 gezeigt ist, entspricht bei tiefen Temperaturen der theoretischen Kurve.

5.1.3 Exzitonen

Aufgrund der Kopplungen im Kristall sind lokale Anregungen nie stationär. Sie breiten sich aus und vermögen so die aufgenommene Energie an andere Orte zu übertragen. Dies gilt nicht nur für die Auslenkung eines einzelnen Atoms aus seiner Ruhelage oder die Richtungsumkehr eines einzelnen Spins in einem Ferromagneten, sondern ist auch dann der Fall, wenn ein Kristall eine lokale elektronische Anregung erfährt. **Exzitonen** bieten hierfür ein Beispiel. Sie repräsentieren elektronische Anregungen, welche nach ihrer Erzeugung, meistens durch die Absorption eines Photons, im Kristall propagieren können. Man findet dabei zwei Typen, bekannt als **Mott-Wannier-Exziton** und **Frenkel-Exziton**, und sie werden in unterschiedlichen Materialien angetroffen. Mott-Wannier-Exzitonen gibt es in Halbleitern, Frenkel-Exzitonen kommen in Isolatoren wie Ionenkristallen und atomaren oder molekularen van der Waals-Kristallen vor. Wir wollen ihre Eigenschaften, d. h. die Form der Anregung und die zugehörigen Bewegungsmechanismen, im folgenden erörtern.

Mott-Wannier-Exzitonen. Abb. 5.9 zeigt das Absorptionsspektrum von GaAs im Frequenzbereich der Energielücke ϵ_g zwischen Valenz- und Leitungsband. Man beobachtet eine scharfe Bande bei einer Frequenz ω_{exc}, welche knapp unterhalb des Bandlückenwerts liegt. Die Absorption von Photonen mit Frequenzen $\omega \geq \epsilon_g/\hbar$ führt zur Erzeugung frei beweglicher Elektronen und Löcher, ein Effekt, der bei anliegender Spannung als „Photostrom" in Erscheinung tritt. Im Gegensatz dazu wird im Anschluß an die Absorption eines Photons der Frequenz ω_{exc} kein Photostrom beobachtet. Es bildet sich ein Elektron-Loch-Paar, in dem die beiden Teilchen einen Bindungszustand eingehen. Ein solches Exziton ist elektrisch neutral und reagiert nicht auf die anliegende Spannung.

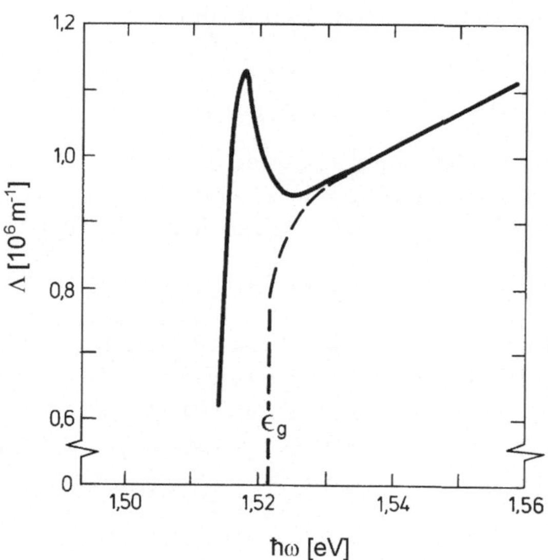

Abb. 5.9. Absorptionskurve mit Exzitonenbande, gemessen bei 21 K an GaAs im Frequenzbereich der Bandlücke. Ohne Exzitonen würde die strichlierte Kurve gemessen (von Sturge [43]).

Der vom Exziton verkörperte Zustand einer Coulomb-Bindung zwischen
einem einfach-positiv und einem einfach-negativ geladenen Teilchen gleicht
dem Grundzustand des Wasserstoff-Atoms, mit Modifikationen aufgrund der
Massenunterschiede und aufgrund von Umgebungseinflüssen. Für die Bindungsenergien kann man

$$\epsilon_{\mathrm{exc}} = -\frac{e^2}{4\pi\varepsilon_0\varepsilon r_1}\frac{1}{2n^2} \tag{5.106}$$

ansetzen, mit

$$r_1 = \frac{4\pi\varepsilon_0\varepsilon\hbar^2}{e^2 m_{\mathrm{r,eff}}} \tag{5.107}$$

als Radius der innersten Bahn und $m_{\mathrm{r,eff}}$ als der reduzierten Masse des
Elektron-Loch-Systems

$$m_{\mathrm{r,eff}}^{-1} = m_{\mathrm{e,eff}}^{-1} + m_{\mathrm{h,eff}}^{-1} \ . \tag{5.108}$$

Der Umgebung ist durch Einbeziehung der Dielektrizitätskonstanten $\varepsilon(\simeq 10)$
Rechnung getragen. Die Einbeziehung beinhaltet einen durch die anderen
bandgebundenen Elektronen und Löcher verursachten Abschirmeffekt, der
zu einer Abnahme der Coulomb-Wechselwirkung im Exziton führt. Die Folge ist eine wesentliche Vergrößerung des Elektron-Loch-Abstands im Exziton
im Vergleich zum Bohr-Radius des H-Atoms. Der dem Bohr-Radius entsprechende Abstandswert beträgt beim GaAs-Exziton 4.7 nm. Gemeinsam damit verkleinert sich die Bindungsenergie, auf einen Wert von 2.5 meV. Diese
Energie ist aufzubringen, wenn aus einem Exziton ein Elektron und ein Loch
als freie Ladungsträger erzeugt werden sollen. In Abb. 5.9 bestimmt sie den
Abstand der Exziton-Bande vom Einsatzpunkt der Bandübergänge.

Für die Beschreibung der Zustände eines Mott-Wannier-Exzitons kann
man die H-Atom-Wellenfunktionen mit den Quantenzahlen n, l, m in die
Zweiteilchen-Wellenfunktionen des Exzitons, $\psi_2(\boldsymbol{r}_{\mathrm{e}}, \boldsymbol{r}_{\mathrm{h}})$, als

$$\psi_2(\boldsymbol{r}_{\mathrm{e}}, \boldsymbol{r}_{\mathrm{h}}) = \psi_{nlm}(\boldsymbol{r}_{\mathrm{e}} - \boldsymbol{r}_{\mathrm{h}}) \tag{5.109}$$

übernehmen. Im Beispiel des GaAs wurden nur Exzitonen im Grundzustand
$n = 1$ erzeugt, bei anderen Halbleitern können sich auch Exzitonen in angeregten Zuständen bilden.

So, wie Elektronen und Löcher in ihren jeweiligen Bändern frei beweglich
sind, können sich auch Exzitonen in einem ungestörten Kristall frei bewegen.
Die obige Wellenfunktion ist deshalb als Zustandsbeschreibung unvollständig
und muß noch erweitert werden, zu

$$\psi_2(\boldsymbol{r}_{\mathrm{e}}, \boldsymbol{r}_{\mathrm{h}}) \sim \exp i\boldsymbol{k}\boldsymbol{r}_{\mathrm{s}} \cdot \psi_{nlm}(\boldsymbol{r}_{\mathrm{e}} - \boldsymbol{r}_{\mathrm{h}}) \ , \tag{5.110}$$

wobei

$$\boldsymbol{r}_{\mathrm{s}} = \frac{m_{\mathrm{e,eff}}\boldsymbol{r}_{\mathrm{e}} + m_{\mathrm{h,eff}}\boldsymbol{r}_{\mathrm{h}}}{m_{\mathrm{e,eff}} + m_{\mathrm{h,eff}}} \tag{5.111}$$

den Schwerpunkt des Exzitons angibt. Das Exziton besitzt als freies Teilchen einen scharfen Gesamtimpuls $\hbar k$ und eine kinetische Energie der Translationsbewegung

$$\epsilon_{\text{kin}} = \frac{\hbar^2 k^2}{2(m_{\text{e,eff}} m_{\text{h,eff}})^{1/2}} \; . \tag{5.112}$$

Will man ein lokalisiertes Exziton darstellen, hat man aus den Eigenzuständen Gl. (5.110) ein Wellenpaket aufzubauen. Die Dynamik der Energiefortpflanzung nach einer lokalen optischen Anregung ergibt sich dann aus der zeitlichen Entwicklung des Wellenpakets. Da der Impulsübertrag vom absorbierten Photon vernachlässigbar klein ist, zeigt sich dabei allein die Geschwindigkeit, mit der das Wellenpaket zerfließt. Diese würde, kontrolliert durch die Dispersionsrelation Gl. (5.112), in einem perfekten Kristall allein durch die Exzitonenmasse bestimmt. Kristalle sind aber schon wegen der Gitterschwingungen und zudem wegen immer vorhandener Fehlstellen nie perfekt, und so werden Exzitonenwellen genauso wie die Elektronen-(Bloch-)Wellen gestreut, was die Energieübertragungsgeschwindigkeit verändert. Bei der Behandlung der Frenkel-Exzitonen werden wir darauf noch zu sprechen kommen.

Exzitonen besitzen nur eine begrenzte Lebensdauer, da sie jederzeit durch Elektron-Loch-Rekombination unter Emission eines Photons wieder vernichtet werden können. Im Experiment beobachtbar wird die Dynamik von Exzitonen dann, wenn die Vernichtungsrate an Defekten oder Fremdatomen erhöht ist. Dann kann man an der Zeitabhängigkeit der Fremdatom-Fluoreszenzstrahlung nach einer Erzeugung von Exzitonen durch einen kurzen Strahlungspuls ablesen, wie viele Exzitonen während ihrer natürlichen Lebensdauer an Fremdatome oder Defekte gelangen und hieraus Rückschlüsse auf die Wanderungsgeschwindigkeit ziehen.

Frenkel-Exzitonen. Auch in Isolatoren besteht die Möglichkeit, bei Absorption eines geeigneten Photons ein Elektron-Loch-Paar in einem gebundenen Zustand zu erzeugen, doch sind die beiden Teilchen hier viel stärker gekoppelt. Ihr Abstand liegt im gleichen Bereich wie der Atom- bzw. Moleküldurchmesser. Unter diesen Gegebenheiten erscheint es als gerechtfertigt, nicht mehr von einem Elektron-Loch-Zweiteilchensystem, sondern einfach von einem einzelnen elektronisch angeregten Atom oder Molekül zu sprechen. Dies ist insbesonders dann naheliegend, wenn sich das Absorptionsspektrum im Kristalls vom Absorptionsspektrum der Atome oder Moleküle in der Gasphase nicht wesentlich unterscheidet. Bei „Frenkel-Exzitonen", die beispielsweise in KBr-Kristallen, Ar-Kristallen oder Anthracen-Kristallen zu finden sind, wird diese Situation angetroffen.

Die Grundeigenschaft der Exzitonen, in einem lokalisierten Zustand nicht zu verharren, sondern sich fortzubewegen, ist auch dem angeregten Atom im Kristall zu eigen. So besteht die Möglichkeit, die Anregungsenergie per **Resonanzübergang** auf ein anderes Atom zu übertragen. Dabei handelt es sich um einen gekoppelten Emissions-Absorptionsprozeß, bewerkstelligt durch den

Austausch eines Photons zwischen zwei gleichen Atomen. Die Übergangsrate wird durch das Übergangsdipolmoment und den Abstand (bei größeren Abständen $\sim 1/r^6$) bestimmt. Wenn das Matrixelement des Dipolüber-
gangs vom angeregten Zustand in den Grundzustand verschwindet und der
Photonen-vermittelte Resonanzübergang nicht existiert, gibt es noch einen
weiteren Weg zur Energieweitergabe. Zwischen Nachbarn können Elektronen
per Tunnelprozeß die Plätze tauschen, und wenn dies korreliert geschieht,
den Anregungszustand weiterreichen. **Triplett-Exzitonen**, die einen Anregungszustand mit nichtverschwindendem Elektronenspin transportieren, nutzen diesen zweiten Mechanismus.

Im Unterschied zum im Raum kontinuierlich verschiebbaren Mott-Wannier-Exziton ist das Frenkel-Exziton an den Gitterplätzen lokalisiert. Wir
berücksichtigen dies in der quantenmechanischen Zustandsbeschreibung und
behandeln hierbei eine lineare Kette mit dem Atomabstand a. Die Nutzung
von Erzeugungs- und Vernichtungs-Operatoren, $\mathbf{b}_l^+$ und $\mathbf{b}_l$, führt beim vorliegenden Vielteilchensystem zu einer übersichtlichen Schreibweise. Die Besetzung des Gitterplatzes l mit einem Exziton schreiben wir als

$$|l> = \mathbf{b}_l^+|\psi_0> \tag{5.113}$$

wobei ψ_0 den Grundzustand ohne Exziton bezeichnet. Der Vernichtungsope-
rator $\mathbf{b}_{l'}$ hat allgemein die Wirkung

$$\mathbf{b}_{l'}|l''> = \delta_{l'l''}|\psi_0> \tag{5.114}$$

mit der Folge, daß

$$\mathbf{b}_l^+\mathbf{b}_{l'}|l''> = \delta_{l'l''}|l> \tag{5.115}$$

gilt. Der allgemeine Zustand, der vorliegt, wenn ein Exziton erzeugt wurde
und sich dann in seiner Aufenthaltswahrscheinlichkeit über die lineare Kette
verteilt, ist als

$$|\psi> = \sum_l c_l|l> \tag{5.116}$$

zu beschreiben. Wir denken im folgenden wieder an eine lineare Kette aus $\mathcal{N}_\mathrm{c}$
Atomen oder Molekülen und wählen zyklische Randbedingungen. Die Normierungsbedingung für die Wellenfunktion lautet dann

$$<\psi|\psi> = 1 = \sum_{l=0}^{\mathcal{N}_\mathrm{c}-1} |c_l|^2 \ . \tag{5.117}$$

Der Hamilton-Operator unseres Systems hat die Form

$$\mathbf{H} = \hbar \sum_{l'=0}^{\mathcal{N}_\mathrm{c}-1} \sum_{l''=0}^{\mathcal{N}_\mathrm{c}-1} \Omega_{l'l''}\mathbf{b}_{l'}^+\mathbf{b}_{l''} \ . \tag{5.118}$$

Die Matrixelemente $\Omega_{l'l''}$ beschreiben für $l' \neq l''$ die Wechselwirkungsenergien und bestimmen gleichzeitig, wie ein Blick auf die zeitabhängige Schrödingergleichung

$$i\hbar\frac{\partial}{\partial t}\psi = \mathbf{H}\psi \tag{5.119}$$

lehrt, die Raten der Übergänge zwischen den Plätzen l', l'' in der Kette. Wegen der Translationssymmetrie gilt

$$\Omega_{l'l''} = \Omega_{l'-l''} \quad , \tag{5.120}$$

d. h., die Raten hängen allein vom Abstand zweier Plätze ab.

Es fällt nicht schwer, die Eigenfunktionen der Hamilton-Operators anzugeben. Sie sind bei der vorliegenden Translationssymmetrie wellenförmig und besitzen die Form

$$|\psi> = \mathcal{N}_{\mathrm{c}}^{-1/2} \sum_{l=0}^{\mathcal{N}_{\mathrm{c}}-1} \exp(ikal)|l> = |k> \quad . \tag{5.121}$$

Da sie durch die Quantenzahl k gekennzeichnet sind, nennen wir sie $|k>$; k nimmt bei den auferlegten zyklischen Randbedingungen innerhalb der ersten Brillouin-Zone die $\mathcal{N}_{\mathrm{c}}$ Werte

$$-\frac{\pi}{a} \leq k = i\frac{2\pi}{\mathcal{N}_{\mathrm{c}}a} \quad (i \text{ ganzzahlig}) \; < \frac{\pi}{a} \tag{5.122}$$

(vgl. Gl. (5.23)). Daß dies tatsächlich Eigenfunktionen sind, kann man durch Einsetzen in die Schrödingergleichung verifizieren. Wir finden so

$$\mathbf{H}|k> = \hbar \sum_{l'=0}^{\mathcal{N}_{\mathrm{c}}-1} \sum_{l''=0}^{\mathcal{N}_{\mathrm{c}}-1} \Omega_{l'-l''}\mathbf{b}_{l'}^{+}\mathbf{b}_{l''}\mathcal{N}_{\mathrm{c}}^{-1/2} \sum_{l=0}^{\mathcal{N}_{\mathrm{c}}-1} \exp(ikal)|l> \tag{5.123}$$

$$= \hbar \sum_{l'=0}^{\mathcal{N}_{\mathrm{c}}-1} \sum_{l''=0}^{\mathcal{N}_{\mathrm{c}}-1} \Omega_{l'-l''}\mathcal{N}_{\mathrm{c}}^{-1/2} \exp(ikal'')|l'>$$

$$= \hbar \sum_{l'=0}^{\mathcal{N}_{\mathrm{c}}-1} \sum_{l''=0}^{\mathcal{N}_{\mathrm{c}}-1} \Omega_{l'-l''} \exp[ika(l''-l')]\mathcal{N}_{\mathrm{c}}^{-1/2} \exp(ikal')|l'>$$

$$= \hbar \sum_{l=0}^{\mathcal{N}_{\mathrm{c}}-1} \Omega_{l} \exp(-ikal)|k> \quad ,$$

was die Richtigkeit des Ansatzes bestätigt. Dabei erhalten wir als Energieeigenwerte

$$\epsilon(k) = \hbar \sum_{l=0}^{\mathcal{N}_{\mathrm{c}}-1} \Omega_{l} \exp -ikal \quad . \tag{5.124}$$

Wenn nur Übergänge zwischen Nachbarn möglich sind, lautet die Dispersionsrelation

$$\epsilon(k) = \hbar\Omega_0 + \hbar 2\Omega_1 \cos ka \ . \tag{5.125}$$

Aus den Anregungen einzelner Atome wird ein Band, dessen Breite durch die Übergangsrate zwischen Nachbarn, Ω_1, bestimmt ist.

Mit der Eigenenergie erhalten wir als stationäre Lösungen der zeitabhängigen Schrödingergleichung die Funktionen

$$|k(t)> \ = \exp(-\mathrm{i}\frac{\epsilon(k)t}{\hbar})|k> \tag{5.126}$$

$$= \mathcal{N}_c^{-1/2} \sum_{l=0}^{\mathcal{N}_c-1} \exp(-\mathrm{i}\frac{\epsilon(k)t}{\hbar} + \mathrm{i}kal)|l> \ \ .$$

Sie haben Wellencharakter und beschreiben **Exzitonenwellen**.

Wie im Falle der Mott-Wannier-Exzitonenwelle Gl. (5.110) ist auch in diesem Zustand das Exziton delokalisiert, mit einer konstanten Antreffwahrscheinlichkeit

$$| <l|k(t)> |^2 = \mathcal{N}_c^{-1} \tag{5.127}$$

längs der Kette. Fragt man nach der Energiefortpflanzung im Anschluß an eine lokale Anregung, müssen wir wieder von einem Wellenpaket am Beginn ausgehen. Eine Anregung am Molekül $l = 0$ ist als

$$|l = 0> \ = \mathcal{N}_c^{-1/2} \sum_{k'} \exp\left(-\mathrm{i}\frac{\epsilon(k')}{\hbar}t\right)|k'> \tag{5.128}$$

zu beschreiben, wobei sich die Summe über alle Wellenzahlen entsprechend Gl. (5.122) erstreckt. Die Wahrscheinlichkeit, das Exziton nach einer Zeit t an Ort l anzutreffen, ergibt sich dann als Betragsquadrat des Matrixelements

$$<l|\psi(t)> \ = \mathcal{N}_c^{-1} \sum_{k''} \exp(-\mathrm{i}k''al) <k''| \sum_{k'} \exp\left(-\mathrm{i}\frac{\epsilon(k')}{\hbar}t\right)|k'>$$

$$= \mathcal{N}_c^{-1} \sum_{k'} \exp\left(-\mathrm{i}\frac{\epsilon(k')t}{\hbar} - \mathrm{i}k'al\right) \ \ . \tag{5.129}$$

Im Matrixelement sind die Beiträge aller Wellen kohärent überlagert.

Übergang zu Hüpfprozessen. Die wellenförmige Ausbreitung einer lokalen elektronischen Anregung läßt sich also im Bilde eines von Exzitonenwellen getragenen Prozesses sehr gut beschreiben, doch muß festgestellt werden, daß man unter realen Verhältnissen diesen Prozeß nur selten vorfindet. Wellenförmige Prozesse basieren auf festen Phasenrelationen in Raum und Zeit, und bei Exzitonenwellen, die von Wechselwirkungskräften getragen werden, die im Vergleich zu Gitterschwingungen oder Spinwellen nur sehr schwach sind, lassen sich diese allzu leicht zerstören. Die Störungen gehen dabei von den

Gitterschwingungen aus. Übergangsraten, und dabei insbesonders die von Tunnelprozessen getragenen Energieüberträge beim Triplettexziton, hängen sehr empfindlich vom Abstand der Moleküle ab, und auch die Anregungsenergien werden durch Änderungen der mikroskopischen Umgebung beeinflußt. Es ist klar, daß bei derartigen Fluktuationen die Phasenbeziehungen in der Exzitonenwellenfunktion nicht mehr erhalten bleiben können und sich der Ausbreitungsmechanismus verändern muß. Experimente deuten an, daß ein Wechsel hin zu einem Prozeß erfolgt, der als ein **Hüpfen** lokalisierter Frenkel-Exzitonen, ungerichtet und zeitlich regellos, verstanden werden kann. Ein Modell vermag den Übergang vom kohärenten, wellenförmigen Modus zum inkohärenten, diffusiven Hüpfmodus theoretisch zu erfassen. Wir wollen es hier einführen, müssen dann aber bei der Umsetzung auf die meisten Ableitungen verzichten und werden nur die wichtigsten Ergebnisse nennen.

Wir gehen wieder vom Hamilton-Operator Gl. (5.118) für eine lineare Kette aus und tragen den Fluktuationen Rechnung, indem wir die bisher konstanten Matrixelemente $\Omega_{l'l''}$ durch einen fluktuierenden Teil $\omega_{l'l''}(t)$ ergänzen, d. h. durch

$$\Omega_{l'l''} + \omega_{l'l''}(t)$$

ersetzen. Im Sinne der Statistik handelt es sich bei $\omega_{l'l''}(t)$ um stochastische Funktionen mit verschwindendem Mittelwert

$$< \omega_{l'l''}(t) >= 0 \ , \tag{5.130}$$

zu verstehen als Zeit oder Ensemble-Mittel. Für die zeitliche Autokorrelationsfunktion soll

$$< \omega_{l'l''}(t' + t)\omega_{l'l''}(t') >=< \omega^2_{l'l''} > \tau_{\mathrm{vib}}\delta(t) \tag{5.131}$$

gelten, d. h., wir ordnen den Fluktuationen eine charakteristische Zeit τ_{vib} zu, die klein gegenüber allen für die Exzitonenbewegung relevanten Zeiten ist. Zwischen den Fluktuationen der Matrixelemente von verschiedenen Paaren l', l'' soll keine Korrelation bestehen. Wir schreiben kurz

$$< \omega^2_{l'l''} > \tau_{\mathrm{vib}} = 2\gamma_{l'l''} \tag{5.132}$$

und können aus Symmetriegründen von

$$\gamma_{l'l''} = \gamma_{l''l'} = \gamma_{|l''-l'|} \tag{5.133}$$

ausgehen, also der Annahme, daß die Koeffizienten allein vom Betrag des Abstands in der Kette abhängen. Hiermit ist das Modell eingeführt. Wir wollen die für Triplett-Exzitonen vorliegende Situation erörtern, wo nur Übergänge zwischen benachbarten Molekülen möglich sind. Dann enthält das Modell nur die 3 Parameter $\Omega_1 = \Omega_{-1}$, γ_0 und $\gamma_1 = \gamma_{-1}$, wenn wir, was möglich ist,

$$\Omega_0 = 0$$

setzen.

Bei der Erörterung der Exzitonendynamik kann man wieder nach der Wahrscheinlichkeit fragen, das Exziton, erzeugt am Ort $l = 0$, nach einer Zeit t an einem anderen Ort zu finden. Daß wir nur Wahrscheinlichkeiten angeben können, ist jetzt nicht mehr allein die Folge der Quantenmechanik, sondern auch Folge der Wirkung von Fluktuationen mit stochastischem Charakter. In einer solchen Situation muß immer von einer Bewegungsbeschreibung durch eine zeitabhängige Wellenfunktion

$$\psi(t) = \sum_l c_l(t)|l>$$

zu einer Bewegungsbeschreibung mittels der Dichtematrix $\boldsymbol{\rho}(t)$ mit den Elementen

$$\rho_{l'l''}(t) =< c_{l'}(t)c_{l''}^*(t) > \tag{5.134}$$

übergegangen werden. Die Wahrscheinlichkeit, das Exziton zur Zeit t am Ort l zu finden, ist jetzt durch $\rho_{ll}(t)$ gegeben.

Für das Modell kann die Bewegungsgleichung ausgehend von allgemeinen Gleichungen nach der Durchführung von Mittelwertberechnungen (vgl. [44]) angegeben werden, und sie lautet, für die Diagonal- und Nichtdiagonal-Elemente separat formuliert

$$\frac{\partial}{\partial t}\rho_{l'l'} = \frac{i}{\hbar}\sum_l(\Omega_{l'l}\rho_{ll'} - \rho_{l'l}\Omega_{ll'})$$
$$-4\gamma_1\rho_{l'l'} + 2\gamma_1\rho_{l'+1,l'-1} + 2\gamma_1\rho_{l'-1,l'-1} \tag{5.135}$$
$$\frac{\partial}{\partial t}\rho_{l'\neq l''} = -\frac{i}{\hbar}\sum_l(\Omega_{l'l}\rho_{ll''} - \rho_{l'l}\Omega_{ll''})$$
$$-2(\gamma_0 + 2\gamma_1)\rho_{l'l''} + (\delta_{l'',l'+1} + \delta_{l'',l'-1})2\gamma_1\rho_{l''l'} \tag{5.136}$$

Dabei gilt für die Elemente $\Omega_{l'l''}$ des zeitunabhängigen Hamiltonoperators Gl. (5.118) im betrachteten Fall

$$\Omega_{l'l''} = \hbar(\delta_{l'',l'+1} + \delta_{l'',l'-1})\Omega_1 \tag{5.137}$$

Die Gleichungen haben rechtsseitig zwei verschiedene Anteile, deren physikalische Bedeutung man sofort erkennt. Der den zeitunabhängigen Hamilton-Operator enthaltende Teil würde, wenn er allein dastände, zu der für ein starres Gitter realisierten Energieausbreitung mit Hilfe von Exzitonenwellen führen, also dem schon behandelten kohärenten Prozeß, hier ausgedrückt im Dichtematrixformalismus. Der zweite Teil der Bewegungsgleichung für die Diagonalelemente bewirkt einen Hüpfprozeß. Ziehen wir ihn heraus, würde die Bewegungsgleichung

$$\frac{\partial}{\partial t}\rho_{l'l'} = -4\gamma_1\rho_{l'l'} + 2\gamma_1\rho_{l'+1,l'+1} + 2\gamma_1\rho_{l'-1,l'-1} \tag{5.138}$$

lauten. Sie besagt, daß sich die Besetzung des Orts l' durch Sprünge hin zu den beiden Nachbarn, jeweils mit der Rate $2\gamma_1$, verringert und andererseits durch Sprünge in umgekehrter Richtung, von den beiden Nachbarn her, vergrößert. Eben ein solches Verhalten kennzeichnet einen Hüpfprozeß. Der inkohärente Teil in der Bewegungsgleichung für die Nichtdiagonal-Elemente, der allein $\rho_{l'l''}$ und $\rho_{l''l'}$ im Falle $l'' = l' \pm 1$ koppelt, läßt sich nicht in einfachen Worten deuten. Er bewirkt einen generellen zeitlichen Abfall der Werte von $\rho_{l' \neq l''}$, im Unterschied zu den Diagonalelementen, wo die Hüpfprozesse immer nur zu einer Umverteilung der Besetzungswahrscheinlichkeiten führt. Die Werte von $\rho_{l' \neq l''}$ messen die zur Zeit t noch verbliebene Kohärenz im Ausbreitungsprozeß, und diese verschwindet umso schneller, je größer die Fluktuationskoeffizienten γ_0 und γ_1 sind.

Die Bewegungsgleichung beschreibt korrekt das Grenzverhalten bei verschwindender Störung und sagt andererseits, für den anderen Grenzfall starker Störungen, einen Hüpfprozeß voraus. Wenn er so abläuft, wie durch Gl. (5.138) beschrieben, erwartet man, daß die Sprungrate und damit die Energiefortpflanzungsgeschwindigkeit zusammen mit γ_1, und das heißt mit wachsender Temperatur, ansteigt. Tatsächlich wird dies erst bei höheren Temperaturen beobachtet. Geht man von tiefen Temperaturen aus, nimmt die Sprungrate zunächst ab. Abb. 5.10 zeigt dies am Beispiel der Exzitonen-Hüpfprozesse in Anthracen-Kristallen. Eingetragen sind hier Werte, die spektroskopisch bei verschiedenen Temperaturen für den zur Sprungrate proportionalen Diffusionskoeffizienten D_{s} gemessen wurden. Die vollständigen Bewegungsgleichungen (5.135), (5.136) vermögen auch dies zu beschreiben. Führt man ausgehend vom Grenzfall des Hüpfprozesses entsprechend Gl. (5.138) eine störungstheoretische Analyse durch, und fragt, welche Änderungen sich beim „Zuschalten" des kohärenten Teils für $\Omega_1^2/\gamma_0 \ll 1$ ergeben, so wird festgestellt, daß unter Erhaltung des Hüpfcharakters des Fortbewegungsprozesses eine Zunahme der Sprungrate auf

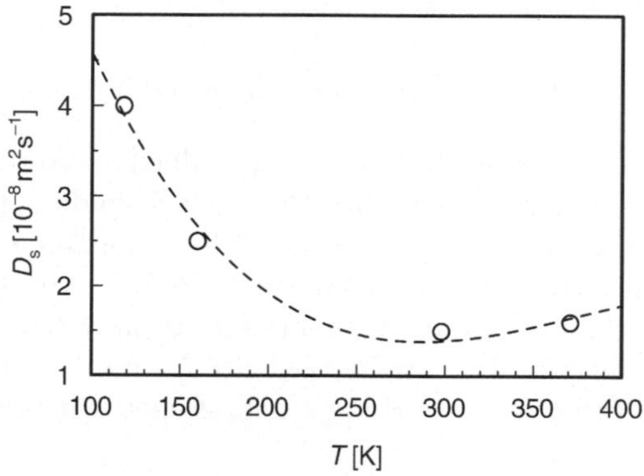

Abb. 5.10. Diffusionskoeffizient von Triplett-Exzitonen in Anthracen, spektroskopisch bei verschiedenen Temperaturen gemessen (von Ern u. a. [45]).

$$2\gamma_1 + \frac{\Omega_1^2}{\gamma_0} \tag{5.139}$$

eintritt. Der ergänzende Term nimmt wegen der Abnahme von γ_0 beim Abkühlen zu und liefert so eine Erklärung für die Beobachtungen.

5.2 Flüssigkeiten: Diffusive Bewegung

In Flüssigkeiten gibt es in Form der Schallwellen auch propagierende wellenförmige Anregungen. Im Unterschied zu den Kristallen ist jedoch nicht zu erwarten, daß diese Wellen bis in meso- und mikroskopische Bereiche hinein fortbestehen. Flüssigkeiten verlieren auf diesen Längenskalen die makroskopisch gegebene homogene Struktur. Dies führt mit abnehmender Wellenlänge zuerst zu einer zunehmenden Streuung, damit verbunden zu einer Herabsetzung der Lebensdauer der Schallwellen und schließlich zum völligen Verschwinden ihres Auftretens. Wie eingangs schon erwähnt, treten im mikroskopischen Bereich in Flüssigkeiten nur noch lokale Schwingungen auf, ausgeführt von einzelnen Molekülen in der Umgebung ihrer Nachbarn, doch sind diese wegen der dauernden Veränderungen nur kurzlebig. Als qualitativ neue Komponente der Dynamik tritt jetzt die Diffusion der Moleküle auf. Sie ermöglicht einen langreichweitigen materiellen Transport, der im Kristall ja nicht möglich ist. Wie dies geschieht, soll im folgenden erörtert werden.

5.2.1 Diffusionskoeffizient

Die Trajektorien, welche einzelne Moleküle in einer Flüssigkeit oder Kolloide in einer Lösung durchlaufen, sind statistischen Gesetzen unterworfen. Wie immer bei Vorgängen, die nicht in eindeutig vorhersagbarer Weise ablaufen, sondern bei denen eine Vielzahl unterschiedlicher Realisierungsmöglichkeiten existiert, hat man zur Beschreibung zeitlicher Entwicklungen eine geeignete Verteilungsfunktion einzuführen. Bei der diffusiven Bewegung einzelner Teilchen ist dies die **zeitabhängige Selbstkorrelationsfunktion** $g_1(\boldsymbol{r}, t)$. Sie ist wie folgt definiert:

$$g_1(\boldsymbol{r}, t)\mathrm{d}^3\boldsymbol{r}$$

beschreibt die Wahrscheinlichkeit, daß sich das Teilchen innerhalb einer Zeit t von einem Ausgangspunkt in das um $\boldsymbol{r}$ entfernte Volumenelement $\mathrm{d}^3\boldsymbol{r}$ hineinbewegt. Als Wahrscheinlichkeitsverteilung muß g_1 normiert sein:

$$\int g_1(\boldsymbol{r}, t)\mathrm{d}^3\boldsymbol{r} = 1 \ . \tag{5.140}$$

Einstein hat einen Weg gewiesen, wie $g_1(\boldsymbol{r}, t)$ errechnet werden kann und hierfür eine Differentialgleichung aufgestellt. Als Ausgangspunkt dient die folgende Grundbeziehung

$$g_1(\boldsymbol{r}, t + \Delta t) = \int g_1(\boldsymbol{r} - \boldsymbol{r}', t) g_1(\boldsymbol{r}', \Delta t) \mathrm{d}^3 \boldsymbol{r}' \ . \qquad (5.141)$$

Die Fortbewegung über eine Distanz $\boldsymbol{r}$ innerhalb der Zeit $t + \Delta t$ wird hier in zwei aufeinanderfolgende Schritte zerlegt. Der erste Schritt, vollzogen während einer Zeit t, bringt eine Fortbewegung um $\boldsymbol{r} - \boldsymbol{r}'$ mit sich, und der zweite Schritt, in der restlichen Zeit Δt, führt dann zum Punkt $\boldsymbol{r}$. Die Besonderheit der Integralschreibweise besteht darin, daß für die Wahrscheinlichkeit der Hintereinanderfolge dieser beiden Schritte das Produkt der zugeordneten Einzelwahrscheinlichkeiten angesetzt und dann über alle möglichen Schrittkombinationen integriert wird. Genau diese Produktschreibweise ist aber Ausdruck für die Grundeigenschaft aller diffusiven Bewegungen, nämlich in Schritten zu erfolgen, zwischen denen es keinerlei Korrelation gibt. Nur wenn dies der Fall ist, kann die Gesamtwahrscheinlichkeit als Produkt der Einzelwahrscheinlichkeiten geschrieben werden.

Die Integralbeziehung läßt sich über eine Potenzreihen-Entwicklung in eine Differentialgleichung überführen. Nimmt man auf der linken Seite eine Entwicklung nach der Zeit und auf der rechten Seite für den Ausdruck unter dem Integral eine Entwicklung nach dem Ort vor, erhält man die Gleichung

$$g_1(\boldsymbol{r}, t) + \Delta t \frac{\partial g_1}{\partial t} \approx \int [g_1(\boldsymbol{r}, t) - \sum_i r'_i \frac{\partial g_1}{\partial r_i}(\boldsymbol{r}, t)$$

$$+ \frac{1}{2} \sum_{ij} r'_i r'_j \frac{\partial^2 g_1}{\partial r_i \partial r_j}(\boldsymbol{r}, t)] g_1(\boldsymbol{r}', \Delta t) \mathrm{d}^3 \boldsymbol{r}' \ . \quad (5.142)$$

Führt man die Integration auf der rechten Seite aus, verschwinden eine Reihe von Beiträgen. So gilt aus Symmetriegründen

$$\int g_1(\boldsymbol{r}', \Delta t) r'_i \mathrm{d}^3 \boldsymbol{r}' = 0 \qquad (5.143)$$

und auch

$$\int g_1(\boldsymbol{r}', \Delta t) r'_i r'_{j \neq i} \mathrm{d}^3 \boldsymbol{r}' = 0 \ . \qquad (5.144)$$

$g_1(\boldsymbol{r}, t)$ erscheint auf beiden Seiten und kann entsprechend entfernt werden. Auf der rechten Seite verbleibt so als einziger Beitrag das Integral

$$\int g_1(\boldsymbol{r}', \Delta t) r'^2_i \mathrm{d}^3 \boldsymbol{r}' = \frac{1}{3} \int g_1(\boldsymbol{r}', \Delta t) |\boldsymbol{r}'|^2 \mathrm{d}^3 \boldsymbol{r}' \qquad (5.145)$$

und wir erhalten

$$\Delta t \frac{\partial g_1}{\partial t} = \nabla^2 g_1(\boldsymbol{r}, t) \cdot \frac{1}{6} \int g_1(\boldsymbol{r}', \Delta t) |\boldsymbol{r}'|^2 \mathrm{d}^3 \boldsymbol{r}' \ . \qquad (5.146)$$

Die Beziehung enthält als einzigen Parameter die Größe

$$D_{\mathrm{s}} = \frac{1}{6\Delta t} \int g_1(\boldsymbol{r}', \Delta t)|\boldsymbol{r}'|^2 \mathrm{d}^3 \boldsymbol{r}' = \frac{<|\boldsymbol{r}'|^2>}{6\Delta t} \ . \tag{5.147}$$

D_{s} wird **Selbstdiffusionskoeffizient** genannt. Unter Verwendung von D_{s} erhalten wir für die Selbstkorrelationsfunktion $g_1(\boldsymbol{r}, t)$ somit die Differentialgleichung

$$\frac{\partial g_1}{\partial t}(\boldsymbol{r}, t) = D_{\mathrm{s}} \nabla^2 g_1(\boldsymbol{r}, t) \ . \tag{5.148}$$

Der Selbstdiffusionskoeffizient gibt die mittlere quadratische Verschiebung an, welche diffundierende Teilchen pro Zeiteinheit vollziehen. Daß diese Größe tatsächlich als eine zeitunabhängige Konstante existiert, wird aus einer einfachen Betrachtung klar. Bei der diffusiven Bewegung ergibt sich jede Gesamtverschiebung $\boldsymbol{r}'$ als Summe vieler unkorrelierter Einzelschritte $\boldsymbol{a}_j$. Führt man p Schritte aus, jeweils in gleichen Zeiten Δt, erhält man für die mittlere quadratische Verschiebung des Teilchens insgesamt

$$<|\boldsymbol{r}'|^2(p\Delta t)> = <|\sum_{j=1}^{p} \boldsymbol{a}_j|^2> = <\sum_{j,j'=1}^{p} \boldsymbol{a}_j \cdot \boldsymbol{a}_{j'}> \ . \tag{5.149}$$

Da unterschiedliche Schritte nicht korreliert sind, gilt

$$<\boldsymbol{a}_j \cdot \boldsymbol{a}_{j'}> = <|\boldsymbol{a}_j|^2> \delta_{jj'} \tag{5.150}$$

und deshalb

$$<|\boldsymbol{r}'|^2(p\Delta t)> = p <|\boldsymbol{a}_j|^2> = p <|\boldsymbol{r}'|^2(\Delta t)> \ . \tag{5.151}$$

Dies bedeutet aber, daß die mittlere quadratische Verschiebung tatsächlich, wie bei der Bildung des Begriffs „Selbstdiffusionskoeffizient" unterstellt, linear mit der Zeit anwächst:

$$\frac{<|\boldsymbol{r}'|^2(p\Delta t)>}{p\Delta t} = \frac{<|\boldsymbol{r}'|^2(\Delta t)>}{\Delta t} = \mathrm{const} = 6D_{\mathrm{s}} \ . \tag{5.152}$$

Im Falle kolloidaler Teilchen, d. h. dispergierter Partikel mit Durchmessern im 10nm-μm-Bereich, die unabhängig voneinander in einer Flüssigkeit diffundieren und so die bei ausreichender Größe im Mikroskop direkt beobachtbare Brownsche Bewegung durchführen, gibt es noch einen anderen, alternativen Zugang zur Erfassung der Situation. Man stelle sich vor, daß alle Kolloide am Anfang in einem sehr kleinen Volumen eingesperrt sind, und dann die Schranken entfernt werden und die Bewegung einsetzt. Man würde dann Teilchenströme beobachten, deren Stärke durch das Ficksche Gesetz

$$\boldsymbol{j} = -D\nabla\rho \tag{5.153}$$

beschrieben werden kann. Auch hier tritt als Parameter ein Diffusionskoeffizient auf, jetzt als Proportionalitätsfaktor zwischen der Teilchenstromdichte j und dem Gradienten in der Teilchendichte $\rho(r,t)$. Kombiniert man das Ficksche Gesetz mit dem Erhaltungssatz für die Teilchenmasse

$$\frac{\partial \rho}{\partial t} + \nabla j = 0 \ , \tag{5.154}$$

erhält man für die Orts- und Zeitabhängigkeit der Dichte der Kolloide die Differentialgleichung

$$\frac{\partial \rho}{\partial t}(r,t) = D\nabla^2 \rho(r,t) \ . \tag{5.155}$$

Daß diese Bewegungsgleichung für $\rho(r,t)$ in der Form mit der Gl. (5.148) für $g_1(r,t)$ übereinstimmt, kann nicht überraschen. Da jedes Kolloid eine der möglichen Trajektorien realisiert, ist die Dichteverteilung $\rho(r,t)$ ein Abbild der Verteilungsfunktion $g_1(r,t)$.

Im Falle freier, nicht wechselwirkender Kolloide stimmen der Selbstdiffusionskoeffizient D_s und der Diffusionskoeffizient D des Fickschen Gesetzes notwendigerweise miteinander überein. Die Situation verändert sich, wenn es sich um Teilchen mit Wechselwirkung handelt. Im Fickschen Gesetz hat man dann den Gradienten der Teilchendichte durch den Gradienten des chemischen Potentials zu ersetzen. D wird dann zu einem **kooperativen Diffusionskoeffizienten**, welcher sich vom Selbstdiffusionskoeffizienten unterscheidet. Die Definition des Selbstdiffusionskoeffizienten bleibt unverändert; D_s gibt immer entsprechend der Definition in Gl. (5.147) die mittlere quadratische Verschiebung pro Zeiteinheit an.

Zur Bestimmung der Selbstkorrelationsfunktion $g_1(r,t)$ haben wir die Differentialgleichung (5.148) für die Anfangsbedingung

$$g_1(r,t=0) = \delta(r) \tag{5.156}$$

zu lösen. Die Lösung ist als „Quell-Lösung" wohlbekannt und hat die Form einer Gauß-Funktion:

$$g_1(r,t) = \frac{1}{(4\pi D_\mathrm{s} t)^{3/2}} \exp -\frac{|r|^2}{4D_\mathrm{s} t} \ . \tag{5.157}$$

Der Ausdruck im Nenner des Exponenten ist proportional zur mittleren quadratischen Verschiebung. Die Auswertung ergibt, wie erwartet,

$$< |r|^2(t) > = \int g_1(r,t)|r|^2 \mathrm{d}^3 r = 6D_\mathrm{s} t \ . \tag{5.158}$$

Genau dasselbe gilt für die zeitliche Entwicklung der Dichteverteilung $\rho(r,t)$. Wenn am Anfang N Teilchen am Ursprung lokalisiert sind, bedeutet dies

$$\rho(r,0) = N\delta(r) \ , \tag{5.159}$$

und wir können für die Beschreibung der Zeitentwicklung der Dichtefunktion
wieder die obige Gauß-Funktion,

$$\rho(\boldsymbol{r},t) = \frac{N}{(4\pi Dt)^{3/2}} \exp - \frac{|\boldsymbol{r}|^2}{4Dt} \quad , \tag{5.160}$$

verwenden.

5.2.2 Beweglichkeit und Einstein-Beziehung

Es mag zunächst erscheinen, daß über den Wert des Selbstdiffusionskoeffizienten nichts weiter ausgesagt werden kann. Tatsächlich geht dies doch. Einstein
hat auf der Grundlage eines Gedankenexperiments für den Fall nicht wechselwirkender, gelöster kolloidaler Teilchen einen direkt umsetzbaren Ausdruck
abgeleitet. Das Gedankenexperiment betrifft die Situation einer kolloidalen
Lösung in einem Potentialfeld. Dies kann einfach das Schwerefeld, oder, bei
geladenen Teilchen, auch ein elektrisches Feld sein. Ganz allgemein wird beobachtet, daß sich ein Kolloid in einer Lösung unter dem Einfluß einer äußeren Kraft mit einer konstanten Geschwindigkeit bewegt, die proportional zur
Kraft ist

$$\boldsymbol{v} \sim \mathbf{f} \quad . \tag{5.161}$$

Der Proportionalitätsfaktor

$$\nu = \frac{v}{f} \tag{5.162}$$

wird **Beweglichkeit** genannt, sein Reziprokwert

$$\zeta = \frac{1}{\nu} = \frac{f}{v} \tag{5.163}$$

hat die Bedeutung eines Reibungskoeffizienten .

Trotz der durch das Feld verursachten Bewegung stellt sich für die Kolloide in der Dichteverteilung ein stationärer Zustand, $\rho_{\mathrm{eq}}(\boldsymbol{r})$, ein. Nach Maßgabe
der Boltzmann-Statistik ist er als

$$\rho_{\mathrm{eq}} \sim \exp - \frac{u_{\mathrm{pot}}}{k_{\mathrm{B}}T} \tag{5.164}$$

gegeben. Einstein erklärt die Stationarität durch die Feststellung, daß hier
ein dynamisches Gleichgewicht, aus zwei sich ausgleichenden Teilchenströmen
entstehend, vorliegt. Der Teilchenstrom, der durch die Kräfte des Potentialfeldes ausgelöst wird, ist allgemein mit einer Stromdichte

$$\boldsymbol{j}_f = \rho \boldsymbol{v} = \rho \nu \mathbf{f} \tag{5.165}$$

verknüpft. Mit der Kraft

$$\mathbf{f} = -\nabla u_{\mathrm{pot}} \tag{5.166}$$

ergibt sich

$$\boldsymbol{j}_f = -\rho \nu \nabla u_{\mathrm{pot}} \quad . \tag{5.167}$$

Der zweite Teilchenstrom, in umgekehrter Richtung, wird durch den Gradienten in der Teilchendichte angetrieben, und hierfür gilt das Ficksche Gesetz. Für nicht wechselwirkende Kolloide brauchen wir nicht zwischen D und D_s zu unterscheiden,

$$D = D_\mathrm{s} \; ,$$

und erhalten für den diffusiven Teilchenstrom

$$\boldsymbol{j}_D = -D_\mathrm{s}\nabla\rho \; . \tag{5.168}$$

Im Gleichgewicht, d. h. für $\rho = \rho_\mathrm{eq}$, kompensieren sich die beiden Ströme:

$$\boldsymbol{j}_D + \boldsymbol{j}_f = 0 \; . \tag{5.169}$$

Demzufolge gilt

$$D_\mathrm{s}\nabla\rho_\mathrm{eq} + \rho_\mathrm{eq}\nu\nabla u_\mathrm{pot} = 0 \; . \tag{5.170}$$

Setzt man die Gleichgewichtsverteilung (5.164) ein, erhält man eine allgemein gültige Beziehung zwischen dem Selbstdiffusionskoeffizienten und der Beweglichkeit. Sie ist als **Einstein-Relation** bekannt und lautet

$$D_\mathrm{s} = k_\mathrm{B}T\nu \; . \tag{5.171}$$

Auf der rechten Seite steht mit der Beweglichkeit eine Reaktionsgröße, welche die Wirkung beschreibt, die eine äußere Kraft von beliebiger Natur auf die Bewegung eines Kolloids in der Lösung ausübt. Ergebnis der Krafteinwirkung ist eine Bewegung mit konstanter Geschwindigkeit. Die linke Seite der Beziehung enthält eine Größe rein statistischen Charakters, welche eine Aussage über die mittlere quadratische Verschiebung eines Kolloids trifft, wie sie ohne jede äußere Kraft, allein angetriebend durch die Stöße der Lösungsmoleküle, abläuft. Die Einstein-Relation besagt, daß diese beiden so unterschiedlichen Größen durch den Faktor $k_\mathrm{B}T$ verbunden sind.

Ausgehend von der Einstein-Relation kann noch ein weiterer Schritt getan werden. Das aus Grundgesetzen der Hydrodynamik ableitbare **Stokessche Gesetz** gibt an, wie groß die Kraft ist, welche bei der Bewegung eines kugelförmigen Teilchens, das mit einer konstanten Geschwindigkeit $\boldsymbol{v}$ durch eine Flüssigkeit der Viskosität η gezogen wird, entsteht. Die Kraft hängt vom Radius des Teilchens ab und beträgt

$$\mathbf{f} = 6\pi R\eta\boldsymbol{v} \; . \tag{5.172}$$

Da viskose Kraft und äußere Kraft einander das Gleichgewicht halten, liefert das Stokessche Gesetz auch einen Ausdruck für die Beweglichkeit. Setzen wir ihn in die Einstein-Relation ein, erhalten wir

$$D_\mathrm{s} = \frac{k_\mathrm{B}T}{6\pi R\eta} \; . \tag{5.173}$$

Dies ist aber eine direkt umsetzbare Gleichung für den Selbstdiffusionskoeffizienten, den ein Kolloid mit Radius R in einer Lösung der Viskosität η bei einer Temperatur T besitzt.

Es stellt sich die Frage, ob diese Gleichung auch noch sinnvolle Werte liefert, wenn man sie auf die Diffusion einzelner Moleküle in einer molekularen Flüssigkeit anwendet und zusammen mit der makroskopischen Viskosität, als einen Schätzwert für R, den Molekülradius mit einer Größe im nm-Bereich einsetzt. Tatsächlich zeigt der Vergleich mit experimentellen Ergebnissen, daß die so erhaltenen Werte im allgemeinen zumindest größenordnungsmäßig richtig sind.

5.3 Flüssigkristalle: Orientierungsfluktuationen

Auch in Flüssigkristallen treten, thermisch angeregt, alle die eben angesprochenen Bewegungsformen des flüssigen Zustands auf, doch gibt es darüber hinaus noch einen ganz spezifischen Beitrag zur Dynamik. Er gründet auf zwei Charakteristika von Nematen, dem Entstehen rücktreibender, elastischer Kräfte bei einer Deformation des Direktorfelds und den viskosen Kräften, die bei einer Drehung des Direktors merkbar werden. Deformationen des Direktorfelds ergeben sich spontan durch thermische Anregung. Wir werden im folgenden zeigen, daß sie als Überlagerungen wellenförmiger Deformationsmoden beschrieben werden können. Die Dynamik ist dabei diejenige eines einfachen Relaxators; die Viskosität im Medium läßt keine Schwingungsbewegungen zu.

5.3.1 Spreiz-, Verdrillungs- und Biege-Moden

Wir betrachten einen einheitlich orientierten nematischen Flüssigkristall mit dem Direktor n_0 parallel zur z-Richtung. Kleine Auslenkungen des Direktors aus der Gleichgewichtsrichtung führen zu nichtverschwindenden, kleinen Transversalkomponenten $n_x(r)$, $n_y(r)$. Die damit verknüpfte Erhöhung der elastischen freien Energie läßt sich aus der Frankschen Gleichung (2.8) ableiten. Man erhält bei Integration über das Volumen $\mathcal{V}$ den Ausdruck

$$\mathcal{F}_{\mathrm{el}} = \frac{1}{2} \int_{\mathcal{V}} \left(K_1 (\frac{\partial n_x}{\partial x} + \frac{\partial n_y}{\partial y})^2 + K_2 (\frac{\partial n_x}{\partial y} - \frac{\partial n_y}{\partial x})^2 + K_3 (\frac{\partial n_x}{\partial z} + \frac{\partial n_y}{\partial z})^2 \right) \mathrm{d}^3 r \ .$$

$$(5.174)$$

Wir stellen das Deformationsfeld als Summe wellenförmiger Beiträge dar und schreiben

$$n_i(r) = \mathcal{V}^{-1/2} \sum_{k} \exp(\mathrm{i}kr) n_i(k) \qquad i = x, y \ . \qquad (5.175)$$

Dabei wählen wir die Wellenvektoren k so, daß für eine Probe mit dem als würfelförmig angenommenen Volumen $\mathcal{V} = L^3$ zyklische Randbedingungen erfüllt sind, d. h.

$$n_i(x, y, z) = n_i(x + L, y, z) = n_i(x, y + L, z) = n_i(x, y, z + L) \qquad (5.176)$$

gilt, was für

$$\boldsymbol{k}_{i_1, i_2, i_3} = \frac{2\pi}{L}(i_1\boldsymbol{e}_1 + i_2\boldsymbol{e}_2 + i_3\boldsymbol{e}_3) \qquad (5.177)$$

der Fall ist ($\boldsymbol{e}_i$ sind die Einheitsvektoren des kartesischen Koordinationssystems). Da die Auslenkungen reellwertig sind, gilt für die komplex angesetzten Amplituden $n(\boldsymbol{k})$ jeweils zwischen den beiden Wellen mit umgekehrtem Wellenvektor die Beziehung

$$n_i(-\boldsymbol{k}) = n_i(\boldsymbol{k})^* \ . \qquad (5.178)$$

Beim Einsetzen der Wellendarstellung in Gl. (5.174) erhalten wir für den ersten Term

$$\int_{\mathcal{V}} \left(\frac{\partial n_x}{\partial x} + \frac{\partial n_y}{\partial y}\right)^2 \mathrm{d}^3\boldsymbol{r} = \mathcal{V}^{-1} \int_{\mathcal{V}} \sum_{\boldsymbol{k},\boldsymbol{k}'} [\mathrm{i}k_x n_x(\boldsymbol{k}) + \mathrm{i}k_y n_y(\boldsymbol{k})] \cdot [\mathrm{i}k_x' n_x(\boldsymbol{k}')$$
$$+ \mathrm{i}k_y' n_y(\boldsymbol{k}')] \exp[\mathrm{i}(\boldsymbol{k} + \boldsymbol{k}')r]\mathrm{d}^3\boldsymbol{r} \qquad (5.179)$$

und bei Berücksichtigung von

$$\int_{\mathcal{V}} \exp[\mathrm{i}(\boldsymbol{k} + \boldsymbol{k}')r] \ \mathrm{d}^3\boldsymbol{r} = \mathcal{V}\delta_{\boldsymbol{k}, -\boldsymbol{k}'} \qquad (5.180)$$

den Ausdruck

$$\int_{\mathcal{V}} \left(\frac{\partial n_x}{\partial x} + \frac{\partial n_y}{\partial y}\right)^2 \mathrm{d}^3\boldsymbol{r} = \sum_{\boldsymbol{k}} |k_x n_x(\boldsymbol{k}) + k_y n_y(\boldsymbol{k})|^2 \ . \qquad (5.181)$$

Die anderen Terme errechnen sich auf ähnliche Art. Man gelangt so zu

$$\mathcal{F}_{\mathrm{el}} = \frac{1}{2}\sum_{\boldsymbol{k}} \left(K_1 |k_x n_x(\boldsymbol{k}) + k_y n_y(\boldsymbol{k})|^2 + K_2 |k_y n_x(\boldsymbol{k}) - k_x n_y(\boldsymbol{k})|^2\right.$$
$$\left. + K_3 k_z^2(|n_x(\boldsymbol{k})|^2 + |n_y(\boldsymbol{k})|^2)\right) \ . \qquad (5.182)$$

Eine weitere Vereinfachung ergibt sich, wenn wir das Koordinatensystem nicht als fixiert betrachten, sondern für jeden Wellenvektor $\boldsymbol{k}$ die y-Richtung senkrecht zu $\boldsymbol{k}$ und $\boldsymbol{n}_0$ wählen. In diesem angepaßt-variablen Koordinatensystem gilt immer

$$k_y = 0 \ , \qquad (5.183)$$

und deshalb

$$\mathcal{F}_{\mathrm{el}} = \frac{1}{2}\sum_{\boldsymbol{k}} |n_x(\boldsymbol{k})|^2(K_3 k_z^2 + K_1 k_x^2) + |n_y(\boldsymbol{k})|^2(K_3 k_z^2 + K_2 k_x^2) \ . \qquad (5.184)$$

Dies führt uns bezüglich der freien Energie zu dem einfachen Endergebnis

$$\mathcal{F}_{\mathrm{el}} = \frac{1}{2} \sum_{\boldsymbol{k}} \sum_{\alpha=1,2} |n_\alpha(\boldsymbol{k})|^2 K_{\mathrm{eff},\alpha}(\boldsymbol{k}) \tag{5.185}$$

mit

$$K_{\mathrm{eff},\alpha}(\boldsymbol{k}) = K_3 k_\parallel^2 + K_\alpha k_\perp^2 \ . \tag{5.186}$$

Wie wir sehen, sind jetzt alle Kopplungen zwischen verschiedenen Variablen beseitigt. Die freie Energie besteht aus unabhängigen Beiträgen von wellenförmigen Deformationsmoden, wobei zu jedem Wellenvektor $\boldsymbol{k}$ zwei unabhängige Moden existieren. Diese sind mit Direktor-Auslenkungsrichtungen innerhalb und senkrecht zur $(\boldsymbol{k}, \boldsymbol{n}_0)$-Ebene versehen, d. h. senkrecht zueinander polarisiert. $K_{\mathrm{eff},\alpha}(\boldsymbol{k})$ beschreibt in der Art eines Moduls die elastische Steifigkeit der Mode $(\boldsymbol{k}, \alpha)$, und enthält neben den Frankschen Moduli die Komponenten des Wellenvektors parallel und senkrecht zum Direktor, $k_\parallel$ und $k_\perp$. Wie Gl. (5.186) zu entnehmen ist, stellt jeweils eine der Moden eine Überlagerung von Biege- und Spreiz-Wellen und die andere eine Überlagerung von Biege- und Verdrillungs-Deformationen dar. Für spezielle Richtungen von $\boldsymbol{k}$ ergeben sich auch Deformationen von nur einem Typus. Abb. 5.11 zeigt vier solcher Fälle, jeweils mit der Angabe der zugehörigen Linien des deformierten Direktorfelds.

5.3.2 Gleichgewichts-Nematodynamik

Die thermische Energie regt die Moden unabhängig voneinander an, und so lassen sich für alle Moden die mittleren quadratischen Amplituden $< |n_\alpha(\boldsymbol{k})|^2 >$ über die Boltzmann-Statistik errechnen. Sie folgen als

$$< |n_\alpha(\boldsymbol{k})|^2 > = \frac{\int |n_\alpha(\boldsymbol{k})|^2 \exp -\frac{\delta\mathcal{F}(|n_\alpha(\boldsymbol{k})|)}{k_\mathrm{B}T} \mathrm{d}|n_\alpha(\boldsymbol{k})|}{\int \exp -\frac{\delta\mathcal{F}(|n_\alpha(\boldsymbol{k})|)}{k_\mathrm{B}T} \mathrm{d}|n_\alpha(\boldsymbol{k})|} \tag{5.187}$$

wobei $\delta\mathcal{F}(|n_\alpha(\boldsymbol{k})|)$ den Beitrag der Mode $(\boldsymbol{k}, \alpha)$ zu $\mathcal{F}_{\mathrm{el}}$ beschreibt. Mit Gl. (5.185) ergibt sich so

$$< |n_\alpha(\boldsymbol{k})|^2 > = \frac{k_\mathrm{B}T}{K_{\mathrm{eff},\alpha}(\boldsymbol{k})} \quad , \qquad \alpha = 1, 2 \ . \tag{5.188}$$

Dynamisch verhält sich jede Deformationsmode wie ein überdämpfter harmonischer Oszillator, in dem die elastischen Kräfte nicht beschleunigend wirken, sondern von den viskosen Kräften aufgezehrt werden. Betrachten wir als ein Beispiel die reine Verdrillungsmode in Abb. 5.11 rechts oben. Sie entspricht einem Direktor-Deformationsfeld

$$n_y(x) = n_\perp \cos(k_x x) \ . \tag{5.189}$$

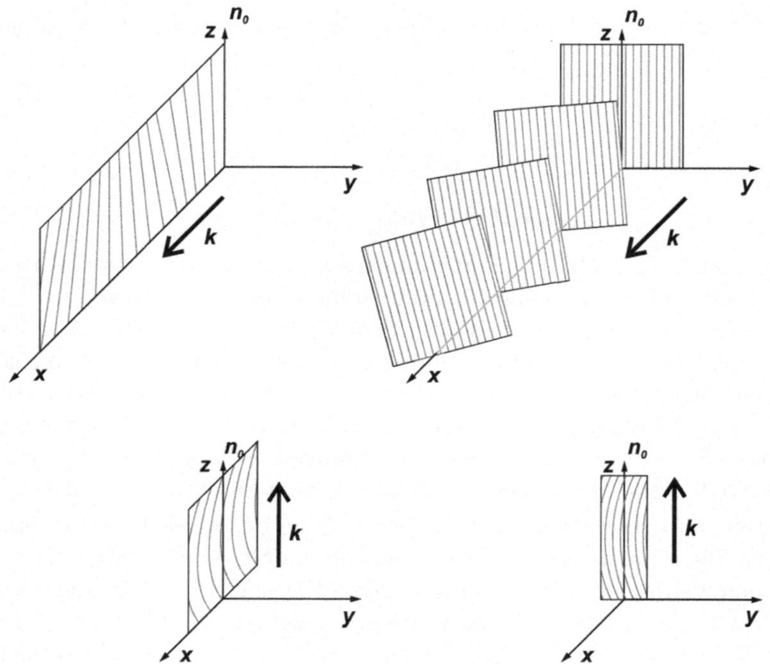

Abb. 5.11. Fluktuations-Moden des Direktorfelds mit Wellenvektor $\boldsymbol{k}$ senkrecht zu $\boldsymbol{n}_0$ (*oben*): Spreiz- und Verdrillungs-Mode und parallel zu $\boldsymbol{n}_0$ (*unten*): 2 Biege-Moden. Für jede der vier Moden sind Augenblicksaufnahmen der Direktorfelder in herausgegriffenen Ebenen skizziert.

Eine Anpassung an die Fourier-Darstellung Gl. (5.175) als

$$n_y(x) = \mathcal{V}^{-1/2}\left[\frac{\mathcal{V}^{1/2}n_\perp}{2}\exp(\mathrm{i}k_x x) + \frac{\mathcal{V}^{1/2}n_\perp}{2}\exp(-\mathrm{i}k_x x)\right] \qquad (5.190)$$

liefert die Werte der zugehörigen Fourier-Amplitude. Wir können Gl. (5.185) verwenden, um die mit der Verdrillungswelle verbundene elastische Energie zu bestimmen und erhalten

$$\mathcal{F}_{\mathrm{el}} = \frac{\mathcal{V}K_{\mathrm{eff},2}n_\perp^2}{4} \ . \qquad (5.191)$$

Eine Amplitudenerhöhung $\mathrm{d}n_\perp$ führt zu einer Erhöhung

$$\mathrm{d}\mathcal{F}_{\mathrm{el}} = \frac{\mathcal{V}K_{\mathrm{eff},2}n_\perp}{2}\mathrm{d}n_\perp \qquad (5.192)$$

der freien Energie und gleichzeitig zu einer Erhöhung der rücktreibenden lokalen Drehmomente $\mathrm{d}T_x/\mathrm{d}^3\boldsymbol{r}$. Die Arbeit pro Volumeneinheit $\mathrm{d}w$, welche vom Drehmoment bei einer Drehung des Direktors verrichtet wird, beträgt

$$dw = \frac{dT_x}{d^3\boldsymbol{r}}\frac{dn_y}{dt}dt \ . \tag{5.193}$$

Mit Gl. (2.42), welche die Rotationsviskosität γ_1 definiert, erhalten wir

$$dw = \gamma_1 \left(\frac{dn_y}{dt}\right)^2 dt \ . \tag{5.194}$$

Die Integration über das Probenvolumen unter Berücksichtigung von Gl. (5.189) führt für die Gesamtarbeit $\mathcal{W}$ auf

$$d\mathcal{W} = \frac{\gamma_1 \mathcal{V}}{2} \left(\frac{dn_\perp}{dt}\right)^2 dt \ . \tag{5.195}$$

Da die Arbeit von der gespeicherten elastischen Energie erbracht wurde, gilt

$$-\frac{\mathcal{V}K_{\text{eff},2}n_\perp}{2}\frac{dn_\perp}{dt} = \frac{\mathcal{V}\gamma_1}{2}\left(\frac{dn_\perp}{dt}\right)^2 \ . \tag{5.196}$$

Daraus ergibt sich die Bewegungsgleichung für $n_\perp$. Sie lautet

$$\frac{dn_\perp}{dt} = -\frac{K_{\text{eff},2}n_\perp}{\gamma_1} \ , \tag{5.197}$$

und besitzt die Lösung

$$n_\perp(t) \sim \exp{-\frac{t}{\tau}} \tag{5.198}$$

mit

$$\tau = \frac{\gamma_1}{K_{\text{eff},2}} \ . \tag{5.199}$$

Wir sehen daraus, daß die betrachtete Verdrillungsmode nach einer thermischen Anregung immer wieder exponentiell abklingt, innerhalb einer Zeit, welche durch die Rotationsviskosität und den zugehörigen effektiven Modul

$$K_{\text{eff},2} = K_2 k^2 \tag{5.200}$$

bestimmt wird.

Auch für alle anderen Moden wird eine gleichartige Dynamik, einer einfachen Relaxation entsprechend, gefunden. Die Relaxationszeit ist immer durch eine Beziehung der Form

$$\tau_\alpha(\boldsymbol{k}) = \frac{\eta_\alpha(\boldsymbol{k})}{K_{\text{eff},\alpha}(\boldsymbol{k})} \tag{5.201}$$

gegeben, wobei $\eta_\alpha(\boldsymbol{k})$ die für die Mode $(\boldsymbol{k}, \alpha)$ wirksame Viskosität bezeichnet. Dabei weisen experimentelle Ergebnisse aber darauf hin, daß es im allgemeinen, wenn keine reine Verdrillungsmode vorliegt, nicht ganz richtig ist, die Dynamik nur als Direktor-Reorientierung zu verstehen. Tatsächlich lösen die in Abb. 5.11 gezeigten Biege- und Spreizmoden Fließvorgänge aus, sodaß Moden entstehen, die als gekoppelte Reorientierungs-Fließprozesse anzusprechen sind. Eine entsprechende Erweiterung der Theorie führt für die bei Spreiz- und Biegemoden wirksamen Viskositäten auf die beiden Ausdrücke

$$\eta_{\text{splay}} = \gamma_1 - \frac{\alpha_3^2}{\eta_{\text{b}}} \tag{5.202}$$

und

$$\eta_{\text{bend}} = \gamma_1 - \frac{\alpha_2^2}{\eta_{\text{c}}} \ . \tag{5.203}$$

Die Beiträge, welche zur Rotationsviskosität γ_1 hinzutreten, enthalten neben den Miesowicz-Viskositäten η_{b} , η_{c} (vgl. Abb. 2.5) mit α_2 und α_3 noch zwei weitere, als **Leslie-Viskositätskoeffizienten** bekannt gewordene, ebenfalls mit Fließvorgängen verknüpfte Parameter. Diese setzen, wie das negative Vorzeichen des zusätzlichen Beitrags zeigt, die wirksame Viskosität herab. Wie dies geschieht, deutet Abb. 5.12 an, welche die Strömungsfelder $v(r)$ für eine Biege- und eine Spreiz-Mode zeigt. Man erkennt die Wirkung gut an den Nulldurchgangs-Stellen: Der Flußwirbel unterstützt und erleichtert so die Direktorreorientierung zurück ins Gleichgewicht.

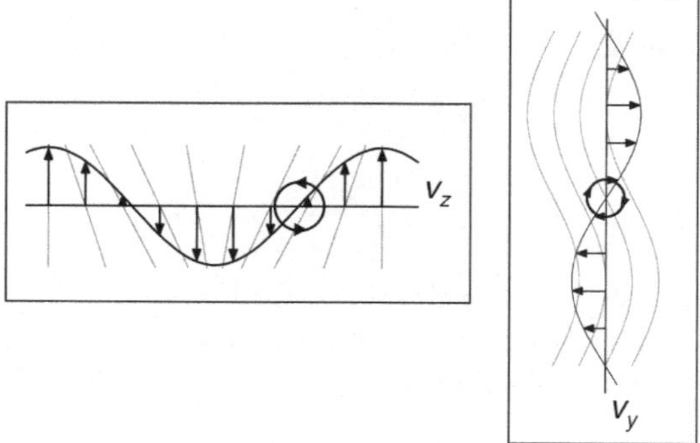

Abb. 5.12. Mit der Direktorfeld-Deformation (*strichliert* gezeichnet) einhergehendes Strömungsfeld im Falle der Spreiz-Mode (*links*) und der Biege-Mode (*rechts*). Die Pfeile geben die lokalen Fließgeschwindigkeiten an. Die Strömungswirbel (zwei sind eingetragen) unterstützen die Reorientierung zurück ins Gleichgewicht.

Die beschriebene **Nematodynamik** ist mit Schwankungen der Orientierung der optischen Indikatrix, bzw. des Dielektrizitätstensor verbunden und führt deshalb zur Streuung von Licht. Daß die Transparenz von Flüssigkristallproben, auch wenn sie einheitlich orientiert sind, gegenüber Flüssigkeiten herabgesetzt ist, findet so seine Erklärung. Andererseits kann man Lichtexperimente nutzen, um die Nematodynamik genau zu analysieren. Führt man ein Streuexperiment beim Streuvektor q aus, greift man die beiden Moden mit $\boldsymbol{k} = \boldsymbol{q}$ heraus. Die Streufunktion $S(\boldsymbol{q})$ ist dann mit ihren mittleren quadratischen Amplituden verknüpft, d. h., man findet

$$S(\boldsymbol{q}) \sim (\Delta\varepsilon)^2 \sum_{\alpha=1,2} \frac{F_{\mathrm{p},\alpha}}{K_3 q_\parallel^2 + K_\alpha q_\perp^2} \;. \tag{5.204}$$

Dabei ist $\Delta\varepsilon$ die Anisotropie der Dielektrizitätskonstanten (vgl. Gl. (1.65)), und $F_{\mathrm{p},\alpha}$ ist ein Polarisationsfaktor, welcher von den für das einfallende und gestreute Licht gewählten Polarisationsrichtungen und der Direktororientierung abhängt. Einblick in die Dynamik vermitteln, wie im letzten Abschnitt dieses Kapitels noch besprochen wird, dynamische Lichtstreuexperimente durch die Bestimmung der zeitabhängigen Streufunktion $S(\boldsymbol{q}, t)$. Bei Flüssigkristallen liefert diese als

$$S(\boldsymbol{q}, t) = S(\boldsymbol{q}) \exp - \frac{t}{\tau_\alpha(\boldsymbol{q})} \tag{5.205}$$

direkt die der selektierten Mode zugehörige Relaxationszeit. Abb. 5.13 gibt als ein Beispiel typische Meßergebnisse wieder, welche für einen handelsüblichen Flüssigkristall erhalten wurden. Den Gln (5.186), (5.201), (5.204) entsprechend, findet man sowohl für I^{-1} als auch τ^{-1} einen Anstieg proportional zum Quadrat des Wellenvektors.

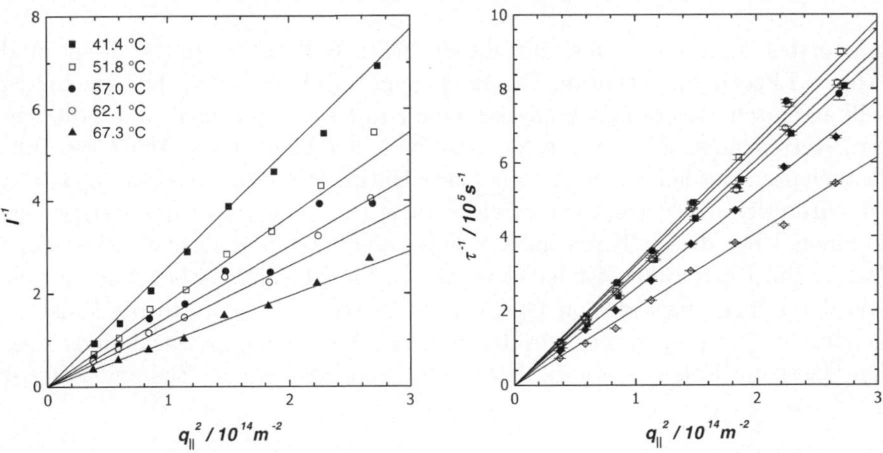

Abb. 5.13. Ergebnis eines Lichtstreuexperiments an einem handelsüblichen Flüssigkristall (Probe ZLI1132 der Fa. Merck). $\boldsymbol{q}$-Abhängigkeit der durch Biege-Moden verursachten Lichtstreuung: Intensität (*links*) und inverse Relaxationszeit (*rechts*).

5.4 Polymer-Schmelzen: Kettendynamik

Polymere sind in der Schmelze dauernden Änderungen ihres konformativen Zustands unterworfen. Es erfolgen Übergänge zwischen den vielfältigen Formen, welche ein Knäuel einnehmen kann, und im Laufe der Zeit werden so alle zugänglichen Konformationen durchlaufen. Es stellt sich die Frage, auf welche Art diese Dynamik erfaßt werden kann, und dies ist Thema dieses Abschnitts.

Es ist klar, daß Trägheitskräfte bei der Beschreibung der konformativen Dynamik einer Polymerkette außer Acht gelassen werden können. Allein zu berücksichtigen sind die folgenden beiden Faktoren:

– Jedes Monomer spürt bei seiner Bewegung durch die Schmelze als Folge der Wechselwirkung mit seiner Umgebung eine Reibungskraft. Wie bei Kolloiden in einer Flüssigkeit ist diese proportional zur Geschwindigkeit des Monomers.
– Im Unterschied zum schon behandelten Fall der Diffusion freier Kolloide können sich die Monomeren in einer Kette nicht unabhängig voneinander bewegen. Die Konnektivität erzeugt innerhalb der Kette zusätzliche Kräfte. Es sind diejenigen, welche auch in Gummis, und dies sind vernetzte Polymere, zur Rückstellkraft führen.

5.4.1 Gummielastische Kräfte und Rouse-Modell

Als erstes haben wir uns mit diesen Rückstellkräften zu befassen, und Abb. 5.14 zeigt die Situation für ein einzelnes Makromolekül. Die Zeichnung will andeuten, daß es notwendig ist, eine Kraft f aufzubringen, wenn die beiden Kettenenden in einem festen Abstand, hier längs der y-Achse gewählt, festgehalten werden sollen. Anders ausgedrückt: Wenn man das Ende losläßt, so würde sich die Kette, die zunächst etwas gestreckt ist, wieder stärker verknäulen. Eben diesen Trend spürt man bei einem Gummi als elastische Kraft. Woher die Kraft rührt, ist leicht zu sehen. Sie ist entropischer Natur, ganz wie der Druck eines idealen Gases. Eine Streckung der Kette bei konstant gehaltener Temperatur erniedrigt wie die isotherme Kompression eines idealen Gases die Entropie, da die Kette in diesem gestreckten Zustand weniger

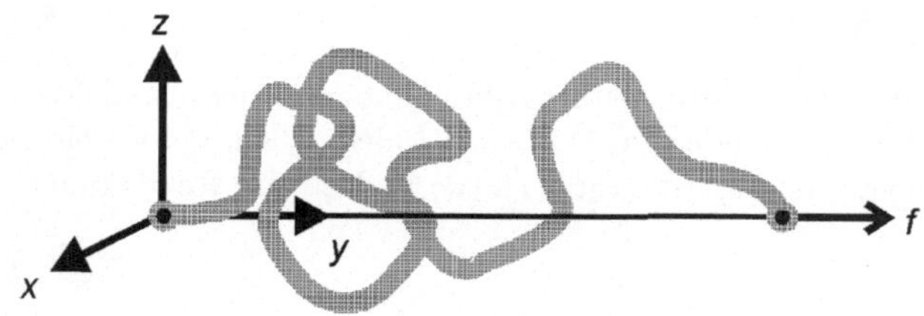

Abb. 5.14. Wenn die beiden Enden eines Makromoleküls in einem festen Abstand gehalten werden sollen, ist eine Kraft f erforderlich .

Konformationen einnehmen kann, als in einer Situation, wo die Kettenenden nahe beieinander liegen. Tendenziell wird eine Kette immer in einen Zustand mit geringerem End-zu-End-Abstand übergehen, so wie ein Gas bei einer Vergrößerung des zugänglichen Volumens dieses spontan ausfüllt, und wenn man dies durch ein Festhalten der Kettenenden verhindern will, tritt eine Kraft auf.

Die Stärke dieser Kraft kann ausgehend von der für isotherme Streckprozesse allgemein gültigen Beziehung

$$f = \frac{\partial \mathcal{F}}{\partial y} = \frac{\partial \mathcal{U}}{\partial y} - T\frac{\partial \mathcal{S}}{\partial y} \tag{5.206}$$

(vgl. Gl. (A.6), welche einen analogen Ausdruck für die Spannung σ liefert) errechnet werden. Wie im Abschnitt 1.4.2 erläutert wurde, lassen sich Polymere im flüssigen Zustand als ideale Knäuel mit Gaußschen Verteilungsfunktionen für alle Abstände beschreiben. Wir haben auszurechnen, wie sich die Anzahl der Konformationen als Funktion des End-zu-End-Abstands y ändert. Genauer gesagt, benötigen wir einen Ausdruck für die Entropie des in Abb. 5.14 gezeigten Makromoleküls in Abhängigkeit von y. Energetische Beiträge spielen in dieser modellhaften Darstellung keine Rolle. Bei einem idealen Knäuel wird die Gesamtenergie $\mathcal{U}$ so wie bei einem idealen Gas allein von der kinetischen Energie getragen, und diese ändert sich nicht beim isothermen Strecken. Da die rücktreibende Kraft also allein entropischen Ursprungs ist, können wir für die äußere Kraft, welche benötigt wird, um sie auszugleichen, die kürzere Beziehung

$$f = \frac{\partial \mathcal{F}}{\partial y} = -T\frac{\partial \mathcal{S}}{\partial y} \tag{5.207}$$

ansetzen. Bei der Berechnung der Entropie $\mathcal{S}$ des Makromoleküls im gestreckten Zustand gehen wir von der allgemeinen Beziehung

$$\mathcal{S} = k_\mathrm{B} \ln \mathcal{Z}(y) \tag{5.208}$$

aus. Sie verknüpft $\mathcal{S}$ mit der Zustandssumme $\mathcal{Z}$. Letztere kann direkt den statistischen Eigenschaften eines idealen Knäuels entnommen werden. Wie in Abschnitt 1.4.2 erläutert wurde, ist die Wahrscheinlichkeit, daß die beiden Enden einer Polymerkette um x, y, z voneinander getrennt sind, durch die Gauß-Funktion

$$w(x, y, z) = \left(\frac{3}{2\pi R_0^2}\right)^{3/2} \exp\left(-\frac{3(x^2 + y^2 + z^2)}{2R_0^2}\right)$$

gegeben (Gl. (1.73)). Dabei bezeichnet R_0^2 den mittleren quadratischen End-zu-End-Abstand

$$R_0^2 = <x^2> + <y^2> + <z^2> \ . \tag{5.209}$$

Die Zustandssumme, welche die Zahl der Konformationen, die mit einem festen End-zu-End-Abstand verträglich sind, abzählt, ist proportional zu dieser Wahrscheinlichkeit. Für die Kette von Abb. 5.14 gilt deshalb

$$\mathcal{Z}(y) \sim w(0, y, 0) \sim \exp{-\frac{3y^2}{2R_0^2}} \;.$$
(5.210)

Für die y-Abhängigkeit der Entropie ergibt sich so

$$\mathcal{S}(y) = \mathcal{S}(0) - \frac{3k_\mathrm{B}y^2}{2R_0^2} \;.$$
(5.211)

Die Kraft folgt durch Differentiation, und wir erhalten hierfür ein überraschend einfaches Ergebnis:

$$f = \frac{3k_\mathrm{B}T}{R_0^2}y = by \;.$$
(5.212)

Es besagt, daß ein lineares Kraftgesetz gilt, genauso wie bei einer Feder mit der Federkonstanten b. Gleichzeitig erkennen wir, welche Parameter die **gummielastische Rückstellkraft** beeinflussen: Es sind dies, wie immer bei Kräften rein entropischer Natur, die absolute Temperatur, und zusätzlich der mittlere quadratische End-zu-End-Abstand R_0^2.

Man könnte sich jetzt fragen, warum ein Knäuel, in welchem diese entropieelastischen Kräfte wirksam sind, nicht kollabiert, d. h., die Kettenenden zum Abstand Null zusammengeführt werden, der ja der einzige ist, in dem keine Kräfte wirken. Daß dies nicht der Fall ist, ist Folge der thermischen Energie. Auch für die entropieelastische Feder errechnet sich die mittlere quadratische Auslenkung im thermischen Gleichgewicht über die allgemein, für alle elastischen Federn, gültige Beziehung

$$\frac{b}{2} < y^2 > = \frac{k_\mathrm{B}T}{2} \;.$$
(5.213)

Setzt man die Federkonstante ein, erhält man

$$< y^2 > = \frac{R_0^2}{3} \;,$$
(5.214)

somit einen nicht-verschwindenden Wert von eben der Größe, welche für ein isotropes Knäuel zu erwarten ist.

Rouse hat ein Modell entwickelt, welches Reibungskräfte und entropieelastische Kräfte bei der Beschreibung der Kettendynamik auf geeignete Art zusammenführt. Abb. 5.15 zeigt die vom **Rouse-Modell** gewählte Darstellung der Polymerkette: Sie besteht einfach aus einer Reihe von Kugeln, welche über Federkräfte miteinander wechselwirken. Die Kugeln repräsentieren die Angriffspunkte für die Reibungskräfte, die Federn sind Träger der entropieelastischen Rückstellkräfte. Will man eine gegebene Polymerkette durch

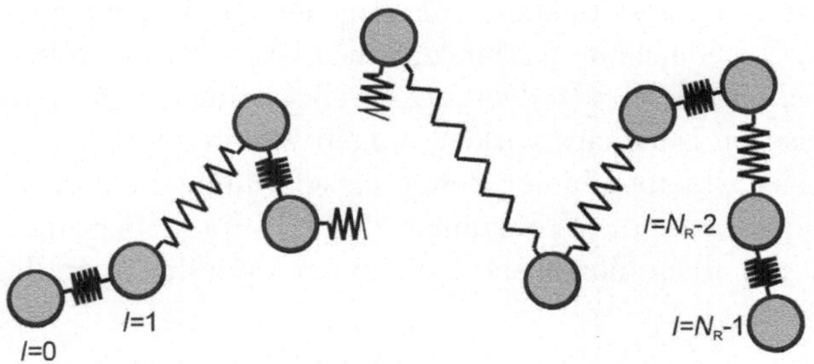

Abb. 5.15. Darstellung einer Polymerkette im Rahmen des Rouse-Modells: N_R trägheitsfreie Kugeln, gekoppelt durch elastische Federn.

das Rouse-Modell darstellen, hat man diese in **Rouse-Sequenzen** zu zerlegen. Die Länge der Rouse-Sequenzen liegt im mesoskopischen Bereich, ist aber ansonsten nicht genauer festgelegt. Bedingung ist alleine, daß die Rouse-Sequenzen lang genug sind, daß die bei der Dehnung der Sequenzen auftretenden entropieelastischen Kräfte tatsächlich durch die einfache Gleichung (5.212) richtig beschrieben werden. Wählt man eine bestimmte Unterteilung, so ist der mittlere End-zu-End-Abstand $< \Delta r^2 >$ jeder Rouse-Sequenz festgelegt, und wir schreiben hierfür

$$< \Delta r^2 > = a_R^2 \ . \tag{5.215}$$

Für jede einzelne Feder des Rouse-Modells gilt dann als Kraftgesetz

$$\mathbf{f} = b_R \Delta \mathbf{r} \ , \tag{5.216}$$

mit einer Federkonstanten b_R entsprechend Gl. (5.212):

$$b_R = \frac{3k_B T}{a_R^2} \ . \tag{5.217}$$

Zur Beschreibung der Reibungskräfte, welche auf die bewegte Kugeln wirken, wählen wir den Gl. (5.163) entsprechenden Ansatz

$$\mathbf{f} = \zeta_R \mathbf{v} \tag{5.218}$$

mit einem Reibungskoeffizienten ζ_R. Beide Parameter, ζ_R und b_R, ändern sich mit der Länge der gewählten Rouse-Sequenz.

Damit haben wir alle Größen genannt, die zur Formulierung der Bewegungsgleichungen der **Rouse-Kette** benötigt werden. Da wir, wie schon erwähnt, keine Trägheitseffekte zu berücksichtigen haben, lautet die Bewegungsgleichung einfach

$$\zeta_R \frac{d\mathbf{r}_l}{dt} = b_R(\mathbf{r}_{l+1} - \mathbf{r}_l) + b_R(\mathbf{r}_{l-1} - \mathbf{r}_l) \ . \tag{5.219}$$

Die Koordinaten r_l beschreiben die Lagen der N_R Kugeln mit Indizes $l = 0, \dots, N_R - 1$. Die Gleichung besagt, daß die viskose Kraft, welche eine Kugel durch die Schmelze zieht, von den entropieelastischen Kräften, die innerhalb der Kette zwischen Nachbarn wirken, aufgebracht wird.

Wie man sieht, bleiben in der Bewegungsgleichung die drei Raumrichtungen voneinander getrennt. Wir können deshalb die z-Richtung als Beispiel herausziehen und allein die zugehörige Dynamik auf der Grundlage der Gleichung

$$\zeta_R \frac{\mathrm{d}z_l}{\mathrm{d}t} = b_R(z_{l+1} - z_l) + b_R(z_{l-1} - z_l) \tag{5.220}$$

analysieren.

Ein geeigneter Lösungsansatz ist leicht zu finden. Wir wählen den Ausdruck

$$z_l \sim \exp -\frac{t}{\tau} \cdot \exp(\mathrm{i}l\delta) \ . \tag{5.221}$$

Er beschreibt einen einfachen Relaxationsprozeß mit einem wellenförmigen Auslenkungsmuster für die Kugeln; δ gibt die Phasendifferenz zwischen Nachbarn an. Ein Einsetzen bestätigt, daß der Ansatz die Gleichung löst und zwar genau dann, wenn der folgende Zusammenhang zwischen der Relaxationsrate τ^{-1} und der Phasenverschiebung δ gilt:

$$\tau^{-1} = \frac{b_R}{\zeta_R}(2 - 2\cos\delta) = \frac{4b_R}{\zeta_R}\sin^2\frac{\delta}{2} \ . \tag{5.222}$$

Makromoleküle besitzen immer ein bestimmtes Molekulargewicht und deshalb eine endliche Gesamtlänge. Die Enden sind dabei kräftefrei, was zur Randbedingung

$$z_1 - z_0 = z_{N_R-1} - z_{N_R-2} = 0 \tag{5.223}$$

führt. Mit Blick auf die große Anzahl der Monomereinheiten im Makromolekül kann der diskrete Index l durch eine kontinuierliche Variable ersetzt werden. Wir können dann die Randbedingung auch in der Form

$$\frac{\mathrm{d}z}{\mathrm{d}l}(l = 0) = \frac{\mathrm{d}z}{\mathrm{d}l}(l = N_R - 1) = 0 \tag{5.224}$$

schreiben. Sowohl der Realteil als auch der Imaginärteil des komplexen Ansatzes Gl. (5.221) stellen für sich eine Lösung dar

$$z_l \sim \cos(l\delta) \cdot \exp -\frac{t}{\tau} \tag{5.225}$$

$$z_l \sim \sin(l\delta) \cdot \exp -\frac{t}{\tau} \ . \tag{5.226}$$

Allein die Erstgenannte erfüllt die Randbedingung an der Stelle $l = 0$. Am anderen Ende ist für diese Lösung die Randbedingung dann befriedigt, wenn

$$\frac{\mathrm{d}z_l}{\mathrm{d}l}(l = N_R - 1) \sim \sin((N_R - 1)\delta) = 0 \tag{5.227}$$

gilt. Dies liefert uns eine Reihe diskreter Werte für den Phasenunterschied δ. Offensichtlich gibt es hierfür N_R Möglichkeiten

$$\delta_p = \frac{\pi}{N_R - 1} p \quad , \quad p = 0, 1, 2, \cdots, N_R - 1 \quad , \tag{5.228}$$

im Einklang mit der Anzahl der Kugeln und somit der Freiheitsgrade (dabei ist mit $p = 0$ auch eine Bewegung der gesamten Kette ohne innere Deformation miteingeschlossen).

Die längste Relaxationszeit, τ_1, tritt für die **Rouse-Grundmode** mit der kleinsten Phasendifferenz, δ_1, auf. Sie beträgt

$$\tau_1^{-1} \approx \frac{b_R}{\zeta_R} \frac{\pi^2}{(N_R - 1)^2} \quad . \tag{5.229}$$

Abb. 5.16 zeigt am rechten Rand das zugehörige Auslenkungsmuster. Ausgehend vom kollabierten Ruhezustand, in dem alle Kugeln bei $z = 0$ sitzen, sind die Endpunkte der Kette voneinander weg bewegt. Die größte Dehnung tritt im Zentrum beim unverrückten Schwerpunkt auf. An den beiden freien Enden bleiben die Kugeln beisammen, so daß keine Kräfte entstehen. Die Rouse-Moden höherer Ordnung zeigen auch im Inneren kräftefreie Stellen.

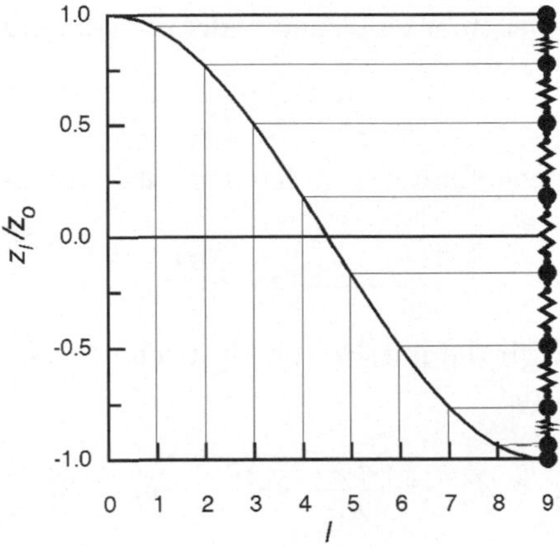

Abb. 5.16. Auslenkungsmuster der Rouse-Grundmode, ausgehend vom kollabierten Ruhezustand mit allen Kugeln bei $z = 0$.

Das Rouse-Modell basiert auf einer linearen Bewegungsgleichung. Jeder Bewegungszustand der Kette kann deshalb als Überlagerung von Rouse-Moden, den Eigenmoden des Systems, beschrieben werden. Insgesamt gibt es, der Anzahl der Freiheitsgrade entsprechend, bei N_R Moden pro Raumrichtung $3N_R$ Rouse-Moden. Jede Mode vollführt für sich eine relaxatorische Bewegung mit einer bestimmten Relaxationszeit. Wir haben also eine einfach zu beschreibende Dynamik.

In der Schmelze sind alle Rouse-Moden thermisch angeregt, wobei die Amplituden der Moden mit wachsender Ordnungszahl p abnehmen. Eine kurze Betrachtung zeigt, wie diese Abnahme ausfällt. Wir haben dazu als erstes zu überlegen, wie sich für die Rouse-Mode der Ordnung p die freie Energie der Rouse-Kette mit der Anregungsamplitude ändert. Die Amplitude Z_p legt die Auslenkungen aller Perlen über

$$z_l = Z_p \cos(l\delta_p) \tag{5.230}$$

fest. Der mit einer Auslenkung verknüpfte Anstieg $\Delta\mathcal{F}$ der freien Energie beträgt

$$\begin{aligned}
\Delta\mathcal{F} &= \frac{b_\mathrm{R}}{2} \sum_{l=0}^{N_\mathrm{R}-2} (z_{l+1} - z_l)^2 \\
&= \frac{b_\mathrm{R}}{2} Z_p^2 \sum_{l=0}^{N_\mathrm{R}-2} (\cos[(l+1)\delta_p] - \cos[l\delta_p])^2 \\
&= \frac{b_\mathrm{R}}{2} Z_p^2 \delta_p^2 \sum_{l=0}^{N_\mathrm{R}-2} \sin^2(\delta_p l) = \frac{b_\mathrm{R}}{2} Z_p^2 \delta_p^2 \frac{N_\mathrm{R}-1}{2} \quad .
\end{aligned} \tag{5.231}$$

Wir finden also wie bei einer einfachen Feder eine quadratische Abhängigkeit

$$\Delta\mathcal{F} \sim Z_p^2 \quad . \tag{5.232}$$

Da wie bei der Energieaufnahme durch einen harmonischen Oszillator in thermischen Gleichgewicht

$$< \Delta\mathcal{F} >= \frac{k_\mathrm{B}T}{2} \tag{5.233}$$

gelten muß, können wir die mittlere quadratische Amplitude $< Z_p^2 >$ errechnen. Sie ergibt sich aus

$$\frac{b_\mathrm{R}}{2} \cdot \frac{N_\mathrm{R}-1}{2} \delta_p^2 < Z_p^2 >= \frac{3k_\mathrm{B}T}{2a_\mathrm{R}^2} \cdot \frac{N_\mathrm{R}-1}{2} \delta_p^2 < Z_p^2 >= \frac{k_\mathrm{B}T}{2} \tag{5.234}$$

zu

$$< Z_p^2 >= \frac{2a_\mathrm{R}^2}{3(N_\mathrm{R}-1)\delta_p^2} \sim \frac{1}{p^2} \quad , \tag{5.235}$$

unabhängig von der Temperatur. Die schnelle Abnahme der Amplituden der Rouse-Moden mit wachsender Ordnung p bedeutet, daß die Hauptbeiträge zur relaxatorischen Bewegung von Polymerketten in einer Schmelze von den 3 Rouse-Grundmoden herrühren. Sie werden immer wieder thermisch angeregt und relaxieren dann mit einer Zeit, welche sich nach Gl. (5.229) quadratisch mit der Anzahl der Rouse-Sequenzen, d.h. aber quadratisch mit dem Molekulargewicht, ändert.

5.4.2 Verschlaufungseffekte und Röhren-Modell

Das Rouse-Modell eröffnet einen einfachen Zugang zur Beschreibung der Dynamik von Makromolekülen in der Schmelze, seine Anwendbarkeit ist aber doch beschränkt. Wenn das Molekulargewicht M eines Polymers einen kritischen Wert überschreitet, setzen Verschlaufungseffekte ein, welche die freie Beweglichkeit, die im Rouse-Model unterstellt wird, verhindern. Abb. 5.17 gibt eine schematische Darstellung der dann anzutreffenden Situation. Als Folge der gegenseitigen Durchdringung der Makromoleküle in der Schmelze bilden sich Verschlaufungen aus, die umso langlebiger sind, je größer das Molekulargewicht ist. Sie schaffen Bewegungsbeschränkungen, welche die Dynamik der Moleküle qualitativ verändern. Das von Edwards eingeführte **Röhren-Modell** vermag die vorliegende Situation in ihren wesentlichen Zügen richtig zu erfassen. Wie in der Abbildung angedeutet, wird die Röhre durch diejenigen Schlaufen aufgebaut, welche die seitliche Bewegung der herausgegriffenen Kette behindern. Die Schlaufen begrenzen lokal die laterale Bewegung auf Distanzen von einigen Nanometern, und dieser Wert tritt dann als Durchmesser der Röhre auf. Rouse-Moden existieren weiterhin, jedoch nur innerhalb der Röhre, und das bedeutet, nur mit höheren Ordnungszahlen, entsprechend geringen Auslenkungen und kurzen Relaxationszeiten. Die langwelligen Rouse-Moden werden durch die Röhre unterdrückt und durch eine andere Bewegungsform ersetzt.

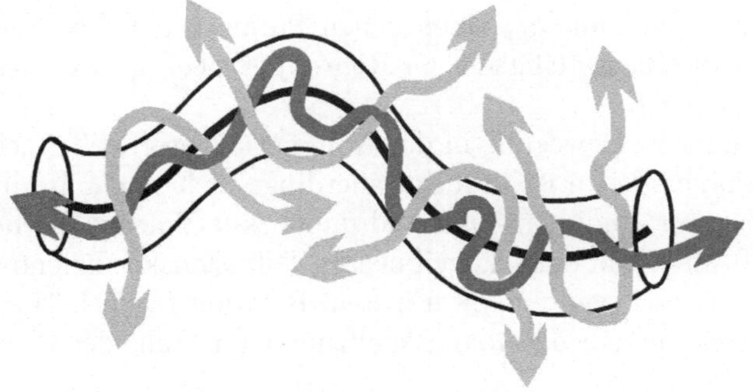

Abb. 5.17. Röhren-Modell der Bewegung einer Polymerkette in einer verschlauften Schmelze. Fluktuation der Kette (*dunkelgrau*) um den primitiven Pfad in Röhrenzentrum (*schwarz*).

Wie sieht diese neue Bewegungsform aus? Sie gleicht derjenigen eines Reptils, welches durch eine Röhre kriecht, und wird deshalb, einem Vorschlag von De Gennes folgend, **Reptation** genannt. Es ist möglich, die Kinetik der Reptationsbewegung im Rahmen des Röhren-Modells zu analysieren und auf einfache Art einige Grundeinsichten zu gewinnen. Neben den Strukturparametern der Einzelkette, im Rouse-Modell der Anzahl der Sequenzen N_{R} und dem quadratischen End-zu-End-Abstand pro Sequenz a_{R}^2, treten in der verschlauften Schmelze zwei weitere Parameter auf, welche die Röhrenstruktur kennzeichnen. Einen davon haben wir mit dem Röhrendurchmesser schon kennengelernt. Bei der Einführung der zweiten Größe ist zunächst darauf aufmerksam zu machen, daß die Röhre zwar die Dynamik der Ketten stark beeinflußt, ihre räumlichen Eigenschaften aber unverändert läßt. Für den End-zu-End-Abstand gilt weiterhin die für Gauß-Ketten gültige Beziehung

$$R_0^2 = N_{\mathrm{R}} a_{\mathrm{R}}^2 = l_{\mathrm{c}} a_{\mathrm{R}} \ . \tag{5.236}$$

Dabei wurde im zweiten Schritt die Anzahl N_{R} der Rouse-Sequenzen durch die Konturlänge der Rouse-Kette, gegeben als

$$l_{\mathrm{c}} = N_{\mathrm{R}} a_{\mathrm{R}}, \tag{5.237}$$

ersetzt. Innerhalb der Röhre fluktuiert die Kette um eine mittlere Lage, die, wie in der Zeichnung angegeben, im Zentrum der Röhre verläuft. Edward hat für diese mittlere Lage die Bezeichnung **primitiver Pfad** eingeführt. Auch der primitive Pfad verknüpft die Endpunkte einer Kette in der Art einer Kurve, welche in ihrem statistischen Charakter gaußförmig ist, dies aber auf einem kürzeren Weg. Für den End-zu-End-Abstand der Kette gilt deshalb zusammen mit Gl. (5.236) auch die Beziehung

$$R_0^2 = l_{\mathrm{pr}} a_{\mathrm{pr}} \ . \tag{5.238}$$

Die Gleichung enthält mit a_{pr} einen neuen Parameter. Offensichtlich kennzeichnet dieser die Biegesteifigkeit der Röhre; je größer a_{pr} ist, umso weniger ist die Röhre gebogen.

Wie kann nun die Bewegung in der Röhre erfaßt werden? Auch die Reptation einer Polymerkette ist diffusiv, allerdings nicht mehr in drei Dimensionen, sondern nur eindimensional und dabei „kurvilinear". Zu beschreiben ist sie deshalb mit Hilfe eines kurvilinearen Diffusionskoeffizienten $\hat{D}$. Welchen Wert $\hat{D}$ besitzt, sagt uns die Einstein-Relation (5.171). Wir schreiben sie unter Verwendung eines Reibungskoeffizienten anstelle der Beweglichkeit, als

$$\hat{D} = \frac{k_{\mathrm{B}} T}{\zeta_{\mathrm{p}}} \ . \tag{5.239}$$

Der Reibungskoeffizient ζ_{p} ist der gesamten, aus N_{R} Rouse-Kugeln bestehenden Polymerkette zugeordnet. Da sich alle Kugeln auf einmal bewegen, hat er den Wert

$$\zeta_{\mathrm{p}} = N_{\mathrm{R}} \zeta_{\mathrm{R}} \ . \tag{5.240}$$

Wir können jetzt abschätzen, welche Zeit vergeht, bis eine Kette sich vollständig aus der ursprünglich besetzten und von ihr auch stabilisierten Röhre entfernt hat. Wie dieser Prozeß abläuft, ist in Abb. 5.18 angedeutet. Mit jedem Herausschlupfen geht ein Stück der Röhre verloren, und am Ende befindet sich die Kette in einer ganz neuen, von einer anderen Röhre gebildeten

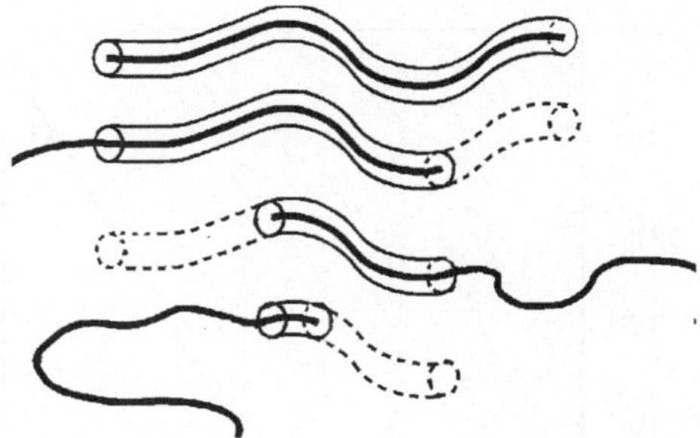

Abb. 5.18. Reptations-Modell: Diffusive Bewegung des primitiven Pfads einer Kette und Zerfall der Röhre.

Umgebung. Die hierfür notwendige Zeit τ_d kann größenordnungsmäßig angegeben werden. Sie beträgt

$$\tau_\mathrm{d} \simeq \frac{l_\mathrm{pr}^2}{\hat{D}} \ . \tag{5.241}$$

Wir benutzen hier allein die Grundeigenschaft diffusiver Bewegungen, daß die mittlere quadratische Verschiebung, jetzt des Zentrums der Kette, proportional zur Zeit zunimmt. Zusammen mit den Gln. (5.239) und (5.240) sowie der Proportionalität $l_\mathrm{pr} \sim N_\mathrm{R}$ führt dies auf

$$\tau_\mathrm{d} \simeq \zeta_\mathrm{R} N_\mathrm{R}^3 \ . \tag{5.242}$$

Dies ist ein wichtiges Ergebnis. Es sagt uns, daß die Entschlaufungszeit mit steigendem Molekulargewicht sehr schnell, der dritten Potenz von M entsprechend, zunimmt.

Eine Vielzahl von Experimenten bestätigt, daß ein solcher Anstieg der Entschlaufungszeit mit dem Molekulargewicht tatsächlich vorliegt. Abb. 5.19 gibt als ein erstes Beispiel das Ergebnis von Untersuchungen der dielektrischen Relaxation an Polyisoprenen mit unterschiedlichem Molekulargewicht wieder. Wie in Abschnitt 2.2.2 erläutert wurde, können durch frequenzabhängige dielektrische Messungen Dipol-Reorientierungszeiten bestimmt werden. Hier wurde so die Zeit ermittelt, die eine Kette benötigt, um ihre gesamte Orientierung vollständig zu verändern, und genau dies entspricht der Entschlaufungszeit τ_d. Wie man sieht, beginnt diese Zeit oberhalb des Molekulargewichts $M{=}10^4$ g mol^{-1} schnell anzusteigen, mit einer Potenz, die sogar noch etwas größer als drei ist. Im unteren Molekulargewichtsbereich, wo Kettenverschlaufungen noch nicht existieren, findet man eine quadratische Beziehung. Die Reorientierung geschieht dort mittels der Rouse-Grundmode, und deren Molekulargewichtsabhängigkeit gehorcht einem quadratischen Gesetz. Dies folgt aus Gl. (5.229) zusammen mit den Gln. (5.217), (5.236), und (5.240):

$$\tau_1 \sim \frac{\zeta_\mathrm{R}(N_\mathrm{R}-1)^2}{b_\mathrm{R}} \sim a_\mathrm{R}^2 \zeta_\mathrm{R}(N_\mathrm{R}-1)^2$$
$$\approx R_0^2 \zeta_\mathrm{p} \sim M^2 \ . \tag{5.243}$$

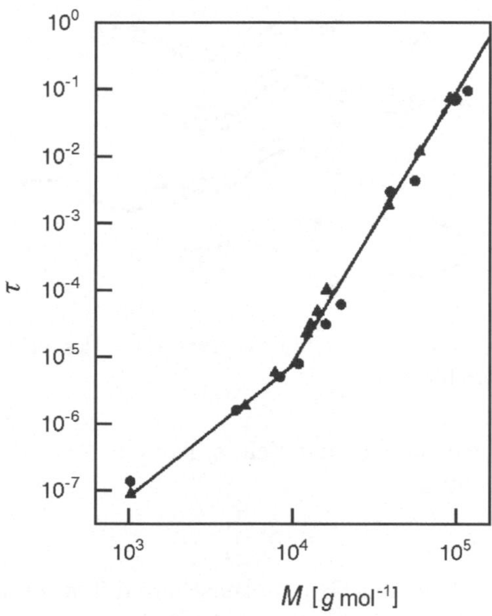

Abb. 5.19. Molekulargewichtsabhängigkeit der Entschlaufungszeit von Polyisopren, bestimmt über die dielektrische Relaxationszeit (von Boese und Krämer [46]).

Ein besonders empfindlicher Test sind Messungen der Viskosität. Solange ein Makromolekül in einer Röhre festgehalten ist, kann es auch nicht wegfließen. Die Entschlaufungszeit τ_d bestimmt damit auch die Fließgeschwindigkeit; je größer τ_d ist, umso größer ist die Viskosität. Abb. 5.20 zeigt für eine Reihe unterschiedlicher Polymerer die Änderungen der Viskosität η mit dem Molekulargewicht. Auch hier ergibt sich oberhalb des kritischen Wertes, bei welchem Verschlaufungseffekte einsetzen, ein Anstieg mit einer Potenz von etwa drei.

Reptationsbewegungen von Makromolekülen lassen sich auch direkt im Mikroskop beobachten, dann, wenn die Kette sehr steif und lang, und auch der Röhrendurchmesser groß ist. Derartige Bedingungen kann man in konzentrierten Lösungen von Biopolymeren antreffen. Abb. 5.21 zeigt dies am Beispiel einer mit einem Fluoreszenzstoff markierten DNA-Kette, die sich in einer konzentrierten Lösung gleichartiger, nicht markierter Ketten befindet. Das eine, mit einer Kugel versehene Ende der Kette wurde zu Beginn mit Hilfe einer optischen Pinzette schnell nach unten gezogen. Wie man sieht, löst die dabei aufgebaute entropieelastische Kraft eine Diffusionsbewegung der Kette längs ihrem eigenen Kontur aus, und genau dies stellt ja das Charakteristikum der Reptation dar.

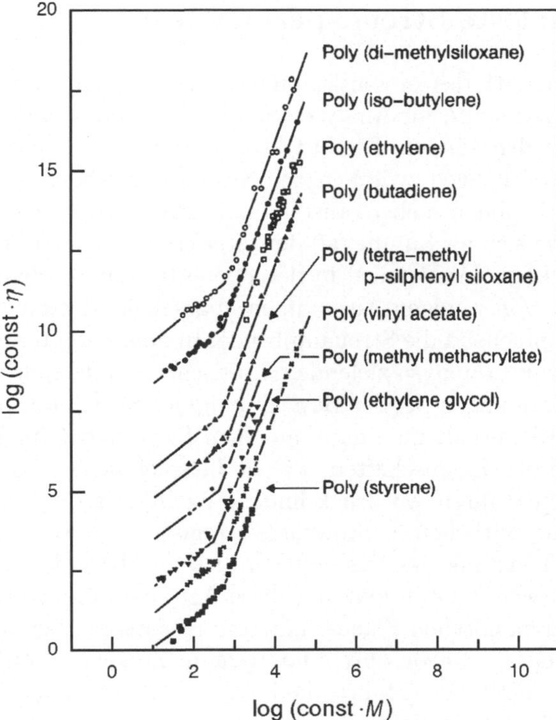

Abb. 5.20. Molekulargewichtsabhängigkeit der Viskosität von verschiedenen Polymeren. Zur besseren Vergleichbarkeit wurden die Kurven in vertikaler und horizontaler Richtung verschoben (Daten von Berry und Fox [47]).

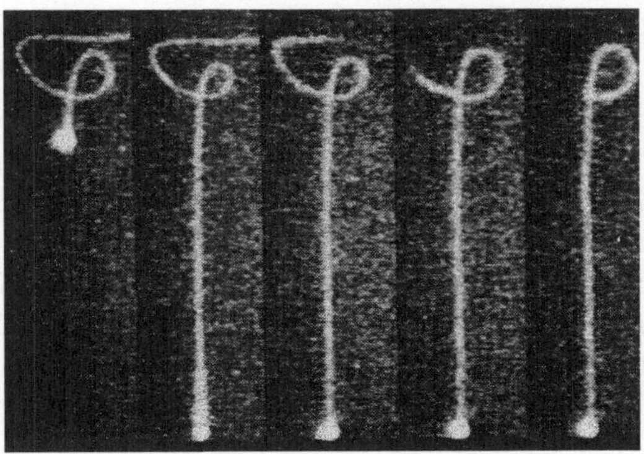

Abb. 5.21. Bilder einer mit einem Fluoreszenzmittel markierten DNA-Kette in einer konzentrierten Lösung gleichartiger, nicht markierter Ketten. Ursprüngliche Kettenform (*links*), Streckung mit Hilfe einer Laser-Pinzette und nachfolgendes Hindurchziehen durch die Röhre (von Perkins u. a. [48]).

5.5 Zeitaufgelöste Streuexperimente

Im letzten Abschnitt des ersten Kapitels war dargelegt worden, wie und warum Streuexperimente zur Analyse von Strukturen in kondensierter Materie eingesetzt werden können. Die Strukturinformation ist in den Interferenzen enthalten, welche sich zwischen den Streuwellen, die von den einzelnen Partikeln in der Probe ausgehen, ausbilden. Die Amplitude der Gesamtstreustrahlung, welche sich als Summe all der interferierenden Streuwellen ergibt, wird durch die Lage der Partikel in der Probe bestimmt. Bewegen sich die Partikel, was ja, von wenigen Ausnahmen abgesehen, allgemein der Fall ist, variiert dementsprechend die Streuamplitude. In den schon besprochenen, allein auf eine Strukturanalyse zielenden „statischen Streuexperimenten" wird über diese Schwankungen bei der Bestimmung der Streuintensität gemittelt. Wie gezeigt wurde, erhält man dann aus dem Experiment Information über mittlere strukturelle Eigenschaften, wie sie beispielsweise in der Paarverteilungsfunktion $g_2(r)$ ihren Ausdruck finden. Wenn man die Messung nun so gestaltet, daß die zeitlichen Schwankungen registriert werden, gewinnt man Einblick in die Dynamik des Systems. In diesem Abschnitt soll dies erläutert und gezeigt werden, daß man auf diese Art eine raum-zeitliche Analyse der strukturell-dynamischen Eigenschaften in mesoskopischen und mikroskopischen Bereichen der Probe durchführen kann. Zunächst werden hierzu einige allgemeine Begriffe eingeführt, die bei der Auswertung der Experimente Verwendung finden. Anschließend werden drei Beispiele von Bewegungen behandelt, die sich mit dynamischen Streuexperimenten untersuchen lassen:

- die Diffusion einzelner Kolloide in Lösung, untersucht mit **dynamischer Lichtstreuung**
- thermisch angeregte Schall- und Wärmewellen in Flüssigkeiten, zu analysieren durch **Rayleigh-Brillouin**-Streuung
- Gitterschwingungen, deren Dispersionskurven durch **inelastische Streuexperimente** an Kristallen bestimmt werden können

Die Auswertung der in den beiden ersten Beispielen erörterten Lichtstreuexperimente basiert auf einer klassischen, zeitabhängigen Streutheorie. Inelastische Streuexperimente an Kristallen werden am besten mit Neutronen durchgeführt. Bei der Auswertung müssen Quanteneffekte berücksichtigt und die Streuphänomene dementsprechend als quantenmechanischer Stoßprozeß behandelt werden.

5.5.1 Zeit- und frequenzabhängiger Strukturfaktor

In dem zumeist vorliegenden Fall der Streuung an einem Einkomponentensystem, es mag flüssig oder fest sein, kann die Amplitude der Streustrahlung, ganz unabhängig davon, ob elektromagnetische Wellen oder Neutronen verwendet werden, als eine Summe von Phasenfaktoren ausgedrückt werden. Gl. (1.98) stellt dies dar, und formuliert den Zusammenhang mit den Orten, an denen sich die Teilchen befinden. Wir wollen die Bewegung der Teilchen jetzt ausdrücklich in die Gleichung einbeziehen und schreiben deshalb

$$C(\boldsymbol{q}, t) = \sum_{j=1}^{\mathcal{N}} \exp[-\mathrm{i}\boldsymbol{q}\boldsymbol{r}_j(t)] \ . \tag{5.244}$$

Bei einer Bewegung der Teilchen variiert der Phasenfaktor und damit die Streuamplitude in der Zeit.

Bei der riesigen Zahl von Teilchen, die bei einem Streuexperiment angesprochen sind, kann die Summe auch durch ein Integral ersetzt werden. Die integrale Schreibweise verknüpft dann die Streuamplitude mit den raumzeitlichen Schwankungen der lokalen Teilchendichte $\rho(\boldsymbol{r}, t)$, und zwar als

$$C(\boldsymbol{q}, t) = \int_{\mathcal{V}} \exp(-\mathrm{i}\boldsymbol{q}\boldsymbol{r})\rho(\boldsymbol{r}, t)\mathrm{d}^3\boldsymbol{r} \ . \tag{5.245}$$

Wir ziehen die mittlere Dichte, ρ, von der lokalen Dichte ab, ergänzen zum Ausgleich den Ausdruck durch ein zweites Integral und schreiben

$$C(\boldsymbol{q}, t) = \int_{\mathcal{V}} \exp(-\mathrm{i}\boldsymbol{q}\boldsymbol{r})(\rho(\boldsymbol{r}, t) - \rho)\mathrm{d}^3\boldsymbol{r} + \int_{\mathcal{V}} \exp(-\mathrm{i}\boldsymbol{q}\boldsymbol{r})\rho\mathrm{d}^3\boldsymbol{r} \ . \tag{5.246}$$

Wie früher schon angemerkt wurde, liefert das zweite Integral nur einen Beitrag, der ganz nahe an der Ausgangsrichtung des Primärstrahls liegt, nicht detektiert wird, und deshalb unberücksichtigt bleiben kann. Das verbleibende erste Integral zeigt, daß im experimentell zugänglichen Bereich Streustrahlung nur dann angetroffen wird, wenn es in der Probe Schwankungen in der Teilchendichte gibt. Von einer homogenen Probe gehen keinerlei Streueffekte aus.

Die Streuamplitude $C(\boldsymbol{q}, t)$ ist eine zeitabhängige komplexe Größe, bestehend aus einem Betrag und einer Phase. Es ist unmöglich, sie in einem Experiment direkt zu bestimmen, meßbar sind aber bestimmte statistische Eigenschaften. Von zentraler Bedeutung für dynamische Streuexperimente, weil ermittelbar und verwertbar, ist dabei die zeitliche Autokorrelationsfunktion. Diese Funktion, als $S(\boldsymbol{q}, t)$ bezeichnet, ist als der Mittelwert

$$S(\boldsymbol{q}, t) = \frac{1}{\mathcal{N}} < C(\boldsymbol{q}, t' + t)C^*(\boldsymbol{q}, t') > \tag{5.247}$$

definiert. Die Mittelung, ausgedrückt durch die eckigen Klammern, besitzt im Experiment die Bedeutung eines Mittelwerts über alle möglichen Anfangszeiten t', dabei zu errechnen für das Produkt von zwei Streuamplituden, die zu zwei Zeitpunkten gemessen werden, welche um t versetzt sind. Durch die Division mit der Gesamtzahl der Teilchen in der Probe, $\mathcal{N}$, wird $S(\boldsymbol{q}, t)$ zu einer volumenunabhängigen, genau definierten Größe. Man bezeichnet sie als

zeitabhängigen Strukturfaktor oder auch aus Gründen, die später klar werden, als **intermediäres Streugesetz**.

Zwei Experimente führen zu einer Bestimmung von $S(\boldsymbol{q}, t)$, die dynamische Lichtstreuung, durchgeführt mit Hilfe von digital operierenden Korrelatoren, und, im Falle von Neutronenstreuexperimenten, Messungen mit dem „Spinecho-Spektrometer". Genau gesagt, errechnet man in der dynamischen Lichtstreuung zunächst die zeitliche Autokorrelationsfunktion der zusammen mit der Amplitude schwankenden Streuintensität und leitet hieraus dann $S(\boldsymbol{q}, t)$ ab, im Unterschied zum Neutronen-Spinecho-Spektrometer, welches das intermediäre Streugesetz direkt als Meßergebnis liefert.

Wenn man $C(\boldsymbol{q}, t)$ wieder über die Summe von Gl. (5.244) ausdrückt, gelangt man zu einem zweiten allgemeinen Ausdruck für $S(\boldsymbol{q}, t)$:

$$S(\boldsymbol{q}, t) = \frac{1}{\mathcal{N}} \sum_{j,k=1}^{\mathcal{N}} < \exp[-\mathrm{i}\boldsymbol{q}(\boldsymbol{r}_j(t + t') - \boldsymbol{r}_k(t'))] > \quad . \tag{5.248}$$

Es hängt von der Fragestellung ab, ob es günstiger ist, Gl. (5.248) oder Gl. (5.247) zusammen mit Gl. (5.245) zu verwenden.

Bei statischen Streuexperimenten konnte dem Strukturfaktor über eine Fourier-Analyse die Paarverteilungsfunktion $g_2(\boldsymbol{r})$ entnommen werden. Zeitaufgelöste Streuexperimente ermitteln die **van Hove-Funktion** $g(\boldsymbol{r}, t)$, welche wie folgt definiert ist:

$$g(\boldsymbol{r}, t)\mathrm{d}^3\boldsymbol{r}$$

gibt an, wieviel Teilchen man im Mittel in einem Volumenelement $\mathrm{d}^3\boldsymbol{r}$ vorfindet, wenn man ausgehend von einem Teilchen, welches sich zur Zeit $t = 0$ am Ursprung befindet, im Abstand $\boldsymbol{r}$ nachschaut, und zwar nicht sofort, sondern erst, nachdem eine Zeit t verstrichen ist. Die van Hove-Funktion $g(\boldsymbol{r}, t)$ ist aus zwei Bestandteilen,

$$g(\boldsymbol{r}, t) = g_1(\boldsymbol{r}, t) + g_2(\boldsymbol{r}, t) \quad , \tag{5.249}$$

zusammengesetzt. Der erste Anteil, $g_1(\boldsymbol{r}, t)$, ist mit der Wahrscheinlichkeit verknüpft, daß sich ein bestimmtes, herausgegriffenes Teilchen in der Zeit t um $\boldsymbol{r}$ fortbewegt. Der zweite Teil, $g_2(\boldsymbol{r}, t)$, ist die zeitliche Erweiterung der schon früher genutzten Paarverteilungsfunktion $g_2(\boldsymbol{r})$ und erfaßt raumzeitliche Korrelationen zwischen verschiedenen Teilchen. Wie man nach einer kurzen Überlegung erkennt, kann Gl. (5.248) mit Hilfe der van Hove-Funktion als Integral geschrieben werden, und zwar in der Form

$$S(\boldsymbol{q}, t) = \int_{\mathcal{V}} \exp(-\mathrm{i}\boldsymbol{q}\boldsymbol{r})(g(\boldsymbol{r}, t) - \rho)\mathrm{d}^3\boldsymbol{r} \quad . \tag{5.250}$$

Dabei wurde wieder, wie in Gl. (5.246), der asymptotische Wert, den die van Hove-Funktion sowohl für große Abstände $\boldsymbol{r}$ als auch große Zeitintervalle t erreicht, bei der Formulierung des Integrals in Abzug gebracht.

Auch wenn es die beiden genannten Techniken, Verwendung digitaler Korrelatoren in der Lichtstreuung und Messungen mit dem Neutronen-Spinecho-Spektrometer, zur Bestimmung des intermediären Streugesetzes gibt, werden dynamische Streuexperimente im Regelfall doch anders ausgeführt. Anstelle der Bestimmung der zeitlichen Korrelationsfunktion wird üblicherweise mit Hilfe geeigneter Monochromatoren eine Frequenzanalyse der Streustrahlung vorgenommen. Das Ergebnis einer solchen Messung ist der **doppeltdifferentielle Wirkungsquerschnitt**

$$\frac{\mathrm{d}^2\sigma}{\mathrm{d}\omega'\mathrm{d}\Omega}(\omega', \Omega) \ .$$

Dabei gibt Ω wie immer die Raumrichtung an, in welcher der Detektor steht, $\mathrm{d}\Omega$ ist der vom Detektor erfaßte Raumwinkel und $\mathrm{d}\omega'$ das vom Monochromator bei der Aufnahme der Streustrahlung gewählte Intervall mit Zentrum bei der Frequenz ω'.

Wie sieht der Zusammenhang zwischen dem doppelt-differentiellen Wirkungsquerschnitt und der zuerst eingeführten zeitlichen Autokorrelationsfunktion der Streuamplitude, also dem Ergebnis von frequenz- und zeitaufgelösten Messungen aus? Bei der Beantwortung dieser Frage haben wir die bisher unberücksicht gebliebene Frequenz der einfallenden Primärstrahlung, ω_0, in die Betrachtung miteinzubeziehen. Im Falle von elektromagnetischer Strahlung trifft auf den Monochromator eine zeitlich schwankendes Feld $E'(t)$ auf, welches dort einer Fourier-Analyse

$$E'(\omega') \sim \int\limits_{t=-\infty}^{\infty} \exp(\mathrm{i}\omega't)E'(t)\mathrm{d}t \tag{5.251}$$

unterzogen wird. Der Detektor hinter dem Monochromator liefert dabei mit seiner Intensitätsbestimmung das **Leistungsspektrum** $< |E'(\omega')|^2 >$, und dies bedeutet für den doppelt-differentiellen Wirkungsquerschnitt:

$$\frac{\mathrm{d}^2\sigma}{\mathrm{d}\omega'\mathrm{d}\Omega}(\omega', \Omega) \sim < |E'(\omega')|^2 > \ . \tag{5.252}$$

$< |E'(\omega')|^2 >$ steht in einem Fourier-Zusammenhang mit der Zeitkorrelationsfunktion $< E'(t' + t)E'^*(t') >$, da

$$< |E'(\omega')|^2 > \sim \int\limits_{t'=-\infty}^{\infty} \int\limits_{t''=-\infty}^{\infty} \exp(\mathrm{i}\omega't' - \mathrm{i}\omega't'') < E'(t')E'^*(t'') > \mathrm{d}t'\mathrm{d}t''$$

$$\sim \int\limits_{t=-\infty}^{\infty} \exp(\mathrm{i}\omega't) < E'(t' + t)E'^*(t') > \mathrm{d}t \tag{5.253}$$

gilt. Dabei wird allein unterstellt, daß es sich bei $E'(t)$ um eine statistisch schwankende, dabei aber stationäre, d. h., in allen Mittelwerten zeitunabhängig bleibende Funktionen handelt, d. h. insbesondere auch

$< E'(t' + t)E'^*(t') >$ unabhängig von t' ist. Gl. (5.253) ist als **Wiener-Khinchin-Theorem** bekannt. Wenn wir nun $< E'(t' + t)E'^*(t') >$ über

$$< E'(t' + t)E'^*(t') > \sim < C(\boldsymbol{q}, t' + t)\exp[-i\omega_0(t' + t)]C^*(\boldsymbol{q}, t')\exp(i\omega_0 t') >$$
$$\sim \exp(-i\omega_0 t)S(\boldsymbol{q}, t) \tag{5.254}$$

mit $S(\boldsymbol{q}, t)$ verknüpfen, erhalten wir aus den Gln. (5.252) und (5.253) bei Bildung eines Faltungsprodukts

$$\frac{\mathrm{d}^2\sigma}{\mathrm{d}\omega'\mathrm{d}\Omega} \sim \int\limits_{t=-\infty}^{\infty} \exp(i\omega' t)\,\exp(-i\omega_0 t)\,\mathrm{d}t \otimes \int\limits_{t=-\infty}^{\infty} \exp(i\omega' t)\,S(\boldsymbol{q}, t)\mathrm{d}t$$
$$\sim \delta(\omega' - \omega_0) \otimes S(\boldsymbol{q}, \omega')\ . \tag{5.255}$$

Dabei haben wir mit

$$S(\boldsymbol{q}, \omega) = \int\limits_{t=-\infty}^{\infty} \exp(i\omega t)S(\boldsymbol{q}, t)\mathrm{d}t \tag{5.256}$$

den frequenzabhängigen **dynamischen Strukturfaktor** $S(\boldsymbol{q}, \omega)$ eingeführt und so den gesuchten Zusammenhang gefunden:

- Frequenzaufgelöste Streuexperimente liefern den dynamischen Struktur-faktor $S(\boldsymbol{q}, \omega)$. Die Frequenz ω bezeichnet dabei im Experiment die Abweichung von der Frequenz ω_0 des Primärstrahls.
- Zwischen den Ergebnissen einer zeit- und einer frequenzabhängigen Messung, ausgedrückt über die Streufunktionen $S(\boldsymbol{q}, t)$ und $S(\boldsymbol{q}, \omega)$, besteht der Fourier-Zusammenhang Gl. (5.256) bzw. umgekehrt

$$S(\boldsymbol{q}, t) = \frac{1}{2\pi} \int\limits_{\omega=-\infty}^{\infty} \exp(-i\omega t)S(\boldsymbol{q}, \omega)\mathrm{d}\omega\ . \tag{5.257}$$

Aus Gl. (5.256) zusammen mit Gl. (5.250) ergibt sich jetzt die folgende Beziehung zwischen dem dynamischen Strukturfaktor und der van Hove-Funktion:

$$S(\boldsymbol{q}, \omega) = \int\limits_{V} \int\limits_{t=-\infty}^{\infty} \exp(-i\boldsymbol{q}\boldsymbol{r} + i\omega t)(g(\boldsymbol{r}, t) - \rho)\mathrm{d}^3\boldsymbol{r}\mathrm{d}t\ . \tag{5.258}$$

Sie sagt aus, daß mit frequenzabhängig geführten Streuexperimenten eine raum-zeitliche Fourier-Analyse der van Hove-Funktion vollzogen wird. Wird allein die räumliche Fourier-Transformation durchgeführt, die zeitliche Fourier-Transformation aber unterlassen, gelangt man, Gl. (5.250) entsprechend, zum **intermediären Streugesetz**.

Es ist nützlich, sich den Zusammenhang zwischen dem Ergebnis zeitaufgelöster oder frequenzabhängiger Streuexperimente und einem statischen Experiment an derselben Probe klarzumachen. Offensichtlich gilt

$$S(\boldsymbol{q}) = S(\boldsymbol{q}, t = 0) \tag{5.259}$$

bzw.

$$S(\boldsymbol{q}) = \frac{1}{2\pi} \int\limits_{\omega=-\infty}^{\infty} S(\boldsymbol{q}, \omega)\mathrm{d}\omega \ . \tag{5.260}$$

Die letzte Gleichung besagt, daß bei einem statischen Experiment nur darauf verzichtet wird, eine Analyse der im allgemeinen durch den Streuprozeß geänderten Frequenzverteilung der Strahlung vorzunehmen.

5.5.2 Dynamische Lichtstreuung an Flüssigkeiten

Kolloid-Diffusion. Abb. 5.22 zeigt das Resultat eines dynamischen Lichtstreuexperiments, durchgeführt an einer verdünnten Lösung von Polystyrol in Toluol. Das Ergebnis wurde erhalten, nachdem von der Streuung der Lösung zuerst die Streuung von reinem Toluol abgezogen wurde und repräsentiert so allein die dynamischen Streueffekte, welche die Polymermoleküle zusätzlich verursachen. Wie schon erwähnt, liefert das dynamische Lichtstreuexperiment das intermediäre Streugesetz $S(\boldsymbol{q}, t)$. Die Abbildung zeigt im oberen Teil die für unterschiedliche Streuwinkel gemessenen zeitlichen Verläufe von $S(\boldsymbol{q}, t)$. Alle lassen sich durch einfache Exponentialfunktionen wiedergeben, und man sieht, daß die charakteristische Zeit τ mit wachsendem Streuwinkel immer kleiner wird. Die Abhängigkeit gehorcht dem im unteren Teil der Abbildung wiedergegebenen quadratischen Gesetz $\tau^{-1} \sim q^2$. Woher dieses Ergebnis rührt und was es bedeutet, ist schnell zu erkennen. Polymermoleküle führen in einer verdünnten Lösung wie Kolloide voneinander unabhängige, diffusive Bewegungen aus. Zur Beschreibung der Bewegung hatten wir im Abschnitt 5.2 die zeitabhängige Selbstkorrelationsfunktion $g_1(\boldsymbol{r}, t)$ eingeführt und ausgerechnet. Nach Gl. (5.249) ist $g_1(\boldsymbol{r}, t)$ Teil der van Hove-Funktion und im gegebenen Fall der Abwesenheit von Paarkorrelationen auch der einzige Beitrag. Zur Berechnung von $S(\boldsymbol{q}, t)$ können wir jetzt einfach Gl. (5.250) benutzen, unter Verwendung des errechneten Ausdrucks für die Selbstkorrelationsfunktion (Gl. (5.157))

$$g_1(\boldsymbol{r}, t) = \frac{1}{(4\pi D_\mathrm{s} t)^{3/2}} \exp -\frac{|\boldsymbol{r}|^2}{4D_\mathrm{s} t} \ .$$

Wenn wir weiterhin berücksichtigen, daß in einer verdünnten Lösung bei Abwesenheit von Wechselwirkungskräften zwischen den Polymeren für den Paarkorrelations-Beitrag g_2 einfach

$$g_2 = \rho \tag{5.261}$$

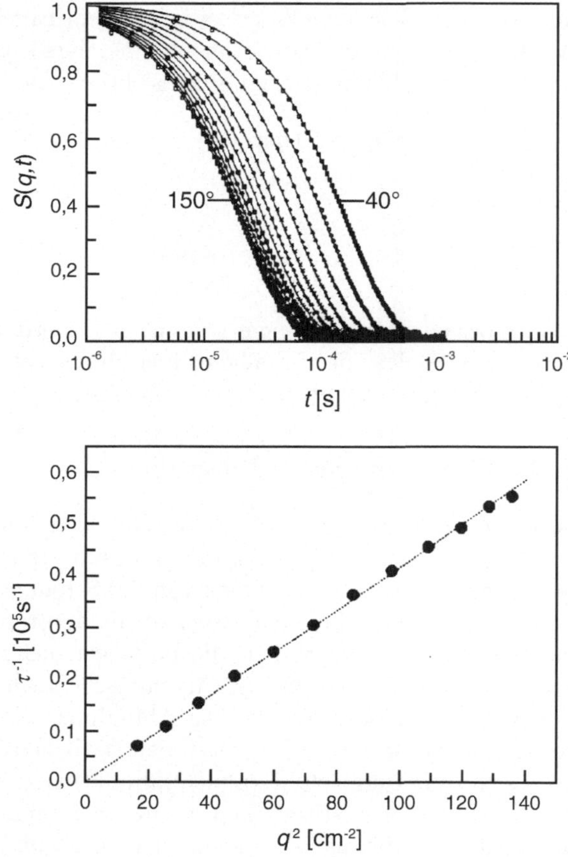

Abb. 5.22. Dynamische Lichtstreuung an einer verdünnten Lösung von Polystyrol in Toluol. Zeitabhängige Streufunktionen bei verschiedenen Streuvektoren (*oben*). Abhängigkeit der Zerfallszeit τ vom Streuvektor (*unten*).

anzusetzen ist, erhalten wir

$$S(\boldsymbol{q},t) = \int_{\mathcal{V}} \exp(-\mathrm{i}\boldsymbol{q}\boldsymbol{r})\mathrm{g}_1(\boldsymbol{r},t)\mathrm{d}^3\boldsymbol{r} = \exp(-D_\mathrm{s}q^2 t) \ . \tag{5.262}$$

Dies entspricht exakt dem gezeigten experimentellen Ergebnis, $\tau^{-1} \sim q^2$. Wie uns die theoretische Analyse zeigt, kann der Steigung der Geraden in der Abbildung der Selbstdiffusionskoeffizient D_s entnommen werden.

Dichtefluktuationen. Abb. 5.23 zeigt als Beispiel eines frequenzaufgelösten „Rayleigh-Brillouin-Streuexperiments" an einer Flüssigkeit Ergebnisse, welche für CCl_4 erhalten wurden. Die Flüssigkeit, in einer Rundküvette ent-

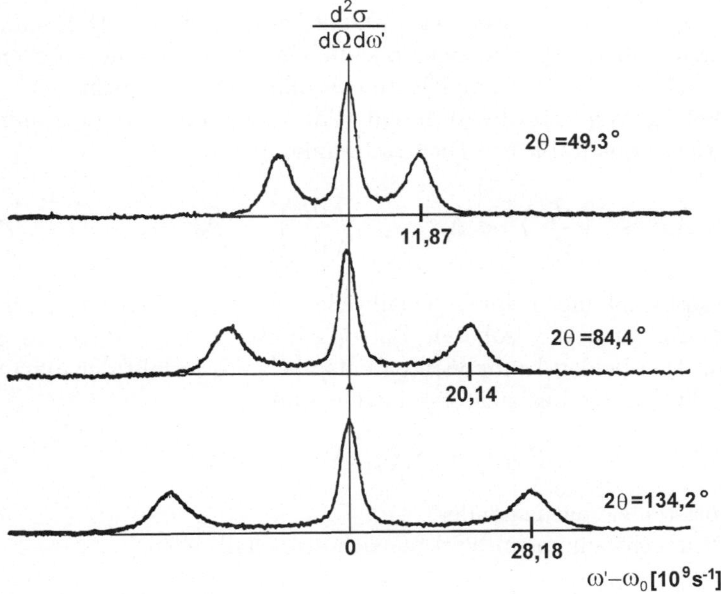

Abb. 5.23. Rayleigh-Brillouin Spektren von CCl_4 bei Raumtemperatur, gemessen bei verschiedenen Streuwinkeln 2θ.

halten, wurde von einem Laser mit einer Frequenz ω_0 im sichtbaren Bereich durchstrahlt. Das Streulicht wurde für verschiedene Streuwinkel 2θ registriert und mit Hilfe eines Fabry-Perot-Monochromators einer Frequenzanalyse unterzogen. Drei Spektren sind wiedergegebenen. Es ist jeweils eine zentrale **Rayleigh**-Linie mit Maximum an der Anregungsfrequenz und ein **Brillouin**-Dublett frequenzverschobener Linien zu sehen, und die Verschiebung wächst mit zunehmendem Streuwinkel.

Wie sind die Spektren zu verstehen? Wie eingangs erläutert wurde und durch Gl. (5.246) ausgedrückt wird, detektieren Streuexperimente Dichtefluktuationen. Streuexperimente zerlegen die Dichtefluktuationen in wellenförmige Bestandteile und wählen über den Streuwinkel einen bestimmten Wellenvektor aus. Dementsprechend stellen die Spektren in der Abbildung die Dynamik bestimmter Dichtewellen dar. Offensichtlich gibt es dabei in Flüssigkeiten im erfaßten Frequenzbereich zwei verschiedene Typen. Ihren Charakter zu erkennen fällt nicht schwer. Das Brillouin-Dublett ist Schallwellen zuzuordnen. Sie sind in jeder Flüssigkeit thermisch angeregt, mit allen möglichen Wellenlängen und den zugehörigen, durch die Schallgeschwindigkeit festgelegten Frequenzen. Die Dichtefluktuationen, welche die zentrale Rayleigh-Linie verursachen, sind anderer Natur. Da sie keine Frequenzverschiebung verursachen, können sie im Unterschied zu den Schallwellen auch nicht propagierend sein. Hier handelt es sich um Fluktuationen in der Entropiedichte, und Wärme breitet sich bekanntlich diffusiv aus. Daß man diese Fluktuationen überhaupt beobachten kann, beruht auf der thermischen Ausdehnung, welche entsprechende Dichteschwankungen verursacht.

Die Beiträge von **Schallwellen** und **Wärmewellen** führen zusammen zu einer mittleren quadratischen Dichteschwankung

$$< \Delta\rho^2 > = \left(\frac{\partial\rho}{\partial p}\right)_s^2 < \Delta p^2 >_s + \left(\frac{\partial\rho}{\partial s}\right)_p^2 < \Delta s^2 >_p \quad . \tag{5.263}$$

Die Druckschwankungen durch Schallwellen erfolgen adiabatisch mit einer Stärke $< \Delta p^2 >_s$, die isobaren Entropiefluktuationen haben die Stärke $< \Delta s^2 >_p$. Den beiden Komponenten entsprechend, zerfällt der dynamische Strukturfaktor in die beobachteten beiden Anteile

$$S(\boldsymbol{q},\omega) = S_p(\boldsymbol{q},\omega) + S_s(\boldsymbol{q},\omega) \tag{5.264}$$

Wir diskutieren sie nacheinander.

Die Druckschwankungen bewegen sich als Schallwellen

$$\Delta p(\boldsymbol{r},t) = \Delta p_0(t)\exp(\pm\mathrm{i}\omega_p t + \mathrm{i}\boldsymbol{k}_p\boldsymbol{r}) \tag{5.265}$$

durch die Flüssigkeit, und es gilt dabei die Dispersionsrelation

$$\omega_p(k_p) = c_\mathrm{s} k_p \tag{5.266}$$

mit c_s als Schallgeschwindigkeit. Das Experiment selektiert mit der Wahl des Streuvektors eine bestimmte Schallwelle, diejenige mit dem Wellenvektor

$$\boldsymbol{k}_p = \boldsymbol{q} \quad . \tag{5.267}$$

Würde man bei einem Streuvektor $\boldsymbol{q}$ den zeitabhängigen Strukturfaktor messen, lautete das Ergebnis

$$S_p(\boldsymbol{q},t) \sim (\exp[\mathrm{i}\omega_p(q)t] + \exp[-\mathrm{i}\omega_p(q)t] < \Delta p_0(t+t')\Delta p_0^*(t') > \quad . \tag{5.268}$$

Die Amplitude der Schallwelle Δp_0 wird immer wieder thermisch angeregt und klingt dann infolge von Streuprozessen ab. Wir erwarten deshalb für die Korrelationsfunktion der Amplitude der Schallwelle einen Verlauf

$$< \Delta p_0(t+t')\Delta p_0^*(t') > \sim \exp-\frac{|t|}{\tau_p(q)} \quad . \tag{5.269}$$

Die Zeitkonstante τ_p beschreibt die Lebensdauer der Schallwelle, d.h. die mittlere Zeit, während der sie sich ungestört ausbreiten kann. Es ist damit zu rechnen, daß mit abnehmender Wellenlänge, d.h. wachsendem q, die Lebensdauer abnimmt.

Der Übergang vom zeit- zum frequenzabhängigen Strukturfaktor durch eine Fourier-Transformation liefert zunächst

$$S_p(\boldsymbol{q},\omega) \sim \mathrm{Ftr}(\exp[\mathrm{i}\omega_p(q)t] + \exp[-\mathrm{i}\omega_p(q)t]) \otimes \mathrm{Ftr}\exp-\frac{|t|}{\tau_p(q)} \quad . \tag{5.270}$$

Für den zweiten Term des Faltungsprodukts erhalten wir

$$\mathrm{Ftr}\exp-\frac{|t|}{\tau_p(q)} = \int_0^\infty \exp(\mathrm{i}\omega t)\exp-\frac{t}{\tau_p(q)}\,\mathrm{d}t + \int_0^\infty \exp(-\mathrm{i}\omega t)\exp-\frac{t}{\tau_p(q)}\,\mathrm{d}t$$

$$= \frac{1}{-\mathrm{i}\omega + \tau_p^{-1}(q)} + \frac{1}{\mathrm{i}\omega + \tau_p^{-1}(q)} = \frac{2\tau_p^{-1}(q)}{\omega^2 + \tau_p^{-2}(q)} \quad . \tag{5.271}$$

Insgesamt ergibt sich so

$$S_p(\boldsymbol{q},\omega) \sim [\delta(\omega + \omega_p(q)) + \delta(\omega - \omega_p(q))] \otimes \frac{2\tau_p^{-1}(q)}{\omega^2 + \tau_p^{-2}(q)}$$

$$= \frac{2\tau_p^{-1}(q)}{(\omega - \omega_p(q))^2 + \tau_p^{-2}(q)} + \frac{2\tau_p^{-1}(q)}{(\omega + \omega_p(q))^2 + \tau_p^{-2}(q)} \quad . \tag{5.272}$$

Genau dies ist aber die Beschreibung des Brillouin-Dubletts.Die Frequenzverschiebung entspricht der Frequenz der selektierten Schallwelle; die Linienbreiten sind mit der Lebensdauer der Welle verknüpft.

Bei der Analyse der Rayleigh-Linie ist zunächst festzustellen, daß Entropie- und Temperatur-Fluktuationen zueinander proportional sind,

$$\Delta s = \frac{c_p}{T}\Delta T \quad , \tag{5.273}$$

wobei c_p die Wärmekapazität bei konstantem Druck bezeichnet

$$c_p = \frac{1}{V}\frac{\partial \mathcal{H}}{\partial T} \quad . \tag{5.274}$$

Wir können deshalb anstelle der Entropiefluktuationen auch Temperaturfluktuationen $\Delta T(\boldsymbol{r},t)$ diskutieren. Deren Dynamik wird durch die Differentialgleichung

$$\frac{\partial \Delta T}{\partial t} = D_T \nabla^2 \Delta T \tag{5.275}$$

erfaßt. Dabei ist D_T der **Thermodiffusionskoeffizient**, welcher durch c_p und die Wärmeleitfähigkeit λ_Q als

$$D_T = \frac{\lambda_Q}{c_p} \tag{5.276}$$

festgelegt ist. Für die Analyse des Streuexperiments benötigen wir eine Beschreibung der Dynamik von Temperaturwellen. Wir schreiben, eine entsprechende Darstellung wählend,

$$\frac{\partial}{\partial t}\frac{1}{(2\pi)^3}\int \Delta T(\boldsymbol{k},t)\exp(\mathrm{i}\boldsymbol{kr})\,\mathrm{d}^3\boldsymbol{k} = D_T\nabla^2\frac{1}{(2\pi)^3}\int \Delta T(\boldsymbol{k},t)\exp(\mathrm{i}\boldsymbol{kr})\,\mathrm{d}^3\boldsymbol{k}$$

$$= -D_T\frac{1}{(2\pi)^3}\int k^2\Delta T(\boldsymbol{k},t)\exp(\mathrm{i}\boldsymbol{kr})\,\mathrm{d}^3\boldsymbol{k}$$

Dies führt uns zu der Differentialgleichung

$$\frac{\partial}{\partial t}\Delta T(\boldsymbol{k},t) = -D_T k^2\,\Delta T(\boldsymbol{k},t) \tag{5.277}$$

für die Amplitude der Wärmewelle mit Wellenvektor $\boldsymbol{k}$. Die Lösung lautet

$$\Delta T(\boldsymbol{k},t) \sim \exp-\frac{t}{\tau_s(k)}\quad, \tag{5.278}$$

mit

$$\tau_s = \frac{1}{D_T k^2}\quad. \tag{5.279}$$

Wärmewellen besitzen also eine relaxatorische Dynamik, mit einer Relaxationszeit τ_s, die von der thermischen Diffusivität bestimmt wird. Für die Zeitkorrelationsfunktion der Amplituden der immer wieder neu angeregten Temperaturwellen gilt dementsprechend

$$< \Delta T(\boldsymbol{k},t'+t)\Delta T(\boldsymbol{k},t') >\sim \exp-\frac{|t|}{\tau_s(k)}\quad. \tag{5.280}$$

Das Lichtstreuexperiment selektiert den Wellenvektor der thermischen Welle wieder über

$$\boldsymbol{k} = \boldsymbol{q}\quad,$$

und wir erhalten über die Fourier-Transformation den Temperaturwellenanteil im dynamischen Strukturfaktor S_s als

$$S_s(\boldsymbol{q},\omega) \sim \frac{2\tau_s^{-1}(q)}{\omega^2 + \tau_s^{-2}(q)}\quad. \tag{5.281}$$

Das Ergebnis, welches die Rayleigh-Linie darstellt, zeigt, daß diese gegenüber dem Laserlicht verbreitert ist. Genau in dieser Verbreiterung, bestimmt durch τ_s, steckt die Information, da der Breite die thermische Diffusivität entnommen werden kann.

Rayleigh-Brillouin Spektren kann man nicht nur für Flüssigkeiten, sondern auch für Kristalle erhalten. Abb. 5.24 zeigt als Beispiel ein für Quarz gemessenes Spektrum. Im Unterschied zur Flüssigkeit treten jetzt drei Paare von frequenzverschobenen Linien auf. Ihre Zuordnung ist offensichtlich: In Kristallen gibt es allgemein drei unterschiedliche akustische Schwingungen, im Quarz sind sie einmal longitudinal und zweimal transversal polarisiert. Man könnte sich fragen, wieso die transversal-akustischen Schwingungen, die

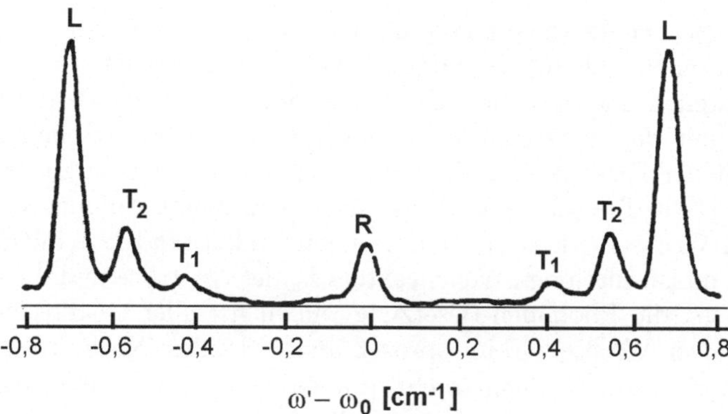

Abb. 5.24. Rayleigh-Brillouin Spektrum eines Quarz-Kristalls mit 3 Banden, die longitudinalen und transversalen akustischen Schwingungen zuzuordnen sind (von Shapiro u. a. [49]).

ja mit Scherdeformationen einhergehen und deshalb keine Dichteschwankungen erzeugen, überhaupt sichtbar sind. Tatsächlich reagiert Licht bei der Streuung auf alle Schwankungen der optischen Indikatrix, und Scherdeformationen ändern im allgemeinen die Richtung von deren Hauptachsen. Die zu Beginn dieses Abschnitts angegebenen Gleichungen haben diesen Effekt nicht miterfaßt. Er tritt naturgemäß auch nur bei Streuexperimenten mit Licht auf.

5.5.3 Inelastische Neutronenstreuung an Kristallen

Bisher haben wir Streuexperimente ausschließlich auf klassische Art behandelt. Dies gilt sowohl für die Einführung der Grundstreufunktionen $S(\boldsymbol{q},t)$ und $S(\boldsymbol{q},\omega)$, als auch für die beiden Beispiele Diffusion von Kolloiden und Dichtefluktuation in Flüssigkeiten. Bei beiden Beispielen waren die Voraussetzungen für eine klassische Behandlung gegeben. Die durch den Streuprozeß hervorgerufenen Änderungen in der Frequenz des Lichts sind vernachlässigbar klein im Vergleich zur Ausgangsfrequenz, und Schallwellen sind bei Raumtemperatur mit einer sehr großen Zahl von Phononen besetzt; unter diesen Bedingungen werden Quanteneffekte nicht wirksam. Untersucht man akustische Gitterschwingungen mit Wellenvektoren, die weiter weg vom Ursprung liegen, oder Schwingungen, die zu optischen Zweigen gehören, trifft man eine ganz andere Situation an. Hier sind Quanteneffekte überhaupt nicht mehr zu übersehen sind und unbedingt zu berücksichtigen.

Zur Analyse des Schwingungsverhaltens von Kristallen eignen sich besonders gut Streuexperimente mit Neutronen. Deren Frequenz kann nämlich so gewählt werden, daß sie größenordnungsmäßig mit der Frequenz der Gitterschwingungen übereinstimmt, in welchem Fall sich ein hoher, gut meßbarer Energieübertrag ergibt.

Streuexperimente, die quantenmechanisch geprägt sind, erfordern bei der Diskussion einen Zugang, welcher sich vom klassischen Bild der Auslösung von Streuwellen unterscheidet. Es ist hier angebracht, ins **Teilchenbild** zu wechseln und den Streuprozeß als einen quantenmechanischen Stoß, verknüpft mit der Erzeugung und Vernichtung von Phononen, zu beschreiben. Abb. 5.25 stellt dies schematisch dar. Ein bestimmter Anfangszustand wird durch den Wechselwirkungsprozeß in einen Endzustand überführt. Der Anfangszustand ist durch den Wellenvektors $\boldsymbol{k}_\mathrm{n}$ des Neutrons und, bezüglich des Streukörpers, die Phononen-Besetzungszahlen n_{ij} aller Gitterschwingungen festgelegt. Der Wechselwirkungsprozeß ändert beides. Nach erfolgter Streuung findet man im allgemeinen einen anderen Neutronen-Wellenvektor, $\boldsymbol{k}_\mathrm{n}'$, und andere Besetzungszahlen, n_{ij}', für die Gitterschwingungen. Im Teilchenbild zu sprechen bedeutet, daß wir beim Neutronen-Wellenvektor $\boldsymbol{k}_\mathrm{n}$ an den zugehörigen Impuls

$$\boldsymbol{p}_\mathrm{n} = \hbar \boldsymbol{k}_\mathrm{n} \tag{5.282}$$

denken und bei der Frequenz der Neutronenwelle an die kinetische Energie des Neutrons

$$\epsilon_\mathrm{n} = \hbar \omega_\mathrm{n} \ . \tag{5.283}$$

Zwischen ω_n und dem Betrag des Wellenvektors k_n, bzw. ϵ_n und p_n besteht der Zusammenhang

$$\hbar \omega_\mathrm{n} = \epsilon_\mathrm{n} = \frac{p_\mathrm{n}^2}{2m_\mathrm{n}} = \frac{\hbar^2 k_\mathrm{n}^2}{2m_\mathrm{n}} \ , \tag{5.284}$$

mit m_n als Masse des Neutrons.

Der Haupteffekt der Wechselwirkung des Neutrons mit dem Streukörper besteht in der Erzeugung oder Vernichtung von Phononen, und zwar in erster Linie in Form eines Ein-Phononen-Prozesses. Hierbei muß der Gesamtimpuls und die Gesamtenergie erhalten bleiben. Wird ein Phonon mit dem Wellenvektor $\boldsymbol{k}_i$ und der Frequenz $\omega_j(\boldsymbol{k}_i)$ vernichtet, so gilt

$$\hbar \boldsymbol{k}_\mathrm{n} + \hbar \boldsymbol{k}_i = \hbar \boldsymbol{k}_\mathrm{n}' \tag{5.285}$$

$$\hbar \omega_\mathrm{n} + \hbar \omega_j = \hbar \omega_\mathrm{n}' \ . \tag{5.286}$$

Auch bei einem inelastischen Streuprozeß kann der Streuvektor $\boldsymbol{q}$ als zentrale Größe zur Beschreibung der geometrischen Verhältnisse weiterverwendet werden, mit der gleichen Definition wie im Falle der elastischen Streuung:

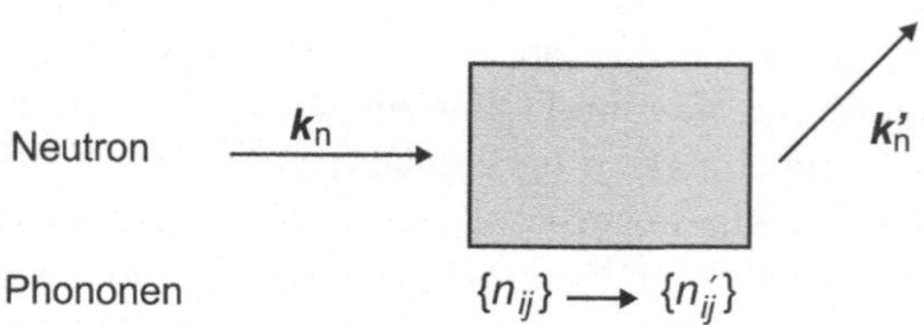

Abb. 5.25. Beschreibung der Streuung von Neutronen an einem Kristall als quantenmechanischer Stoßprozeß.

$$k'_\mathrm{n} - k_\mathrm{n} = q \ . \tag{5.287}$$

Er besitzt allgemein die Bedeutung eines Impulsübertrags. Gl. (5.285) läßt sich somit auch als

$$q = k_i \tag{5.288}$$

ausdrücken.

Wird ein Phonon beim Stoß erzeugt, führen die Forderungen der Impuls- und Energieerhaltung auf

$$\hbar k_\mathrm{n} = \hbar k'_\mathrm{n} + \hbar k_i \tag{5.289}$$

$$\hbar \omega_\mathrm{n} = \hbar \omega'_\mathrm{n} + \hbar \omega_j \ . \tag{5.290}$$

Im Unterschied zum Fall der Phononenvernichtung gilt jetzt aber

$$q = -k_i \ , \tag{5.291}$$

d. h. der Streuvektor entspricht dem negativen Wert des k-Vektors des erzeugten Phonons. Streuprozesse, die zur Erzeugung eines Phonons führen, werden **Stokes-Prozesse** genannt, solche, bei denen ein Phonon vernichtet wird, heißen **Anti-Stokes-Prozesse**.

Es stellt sich die Frage, ob eine Impulsänderung des Neutrons ohne die Erzeugung oder Vernichtung eines Phonons, d. h. aber, ohne gleichzeitige Energieänderung überhaupt möglich ist. Nur so käme ein **elastischer Streuprozeß**, d. h. ein Prozeß, der die Frequenz unverändert läßt und allein eine Richtungsänderung des Wellenvektors nach sich zieht, zustande. Tatsächlich gibt es dies. Die Voraussetzung hierfür lautet

$$k'_\mathrm{n} - k_\mathrm{n} = G_{hkl} \tag{5.292}$$

d. h. der Streuvektor muß mit einem reziproken Gittervektor übereinstimmen. Dies ist aber genau die Bedingung, unter welcher, der Laue-Gleichung (1.132) entsprechend, die Bragg-Reflexe eines Kristalls entstehen. Daß Bragg-Reflektionen tatsächlich rein elastisch erfolgen, wird verständlich, wenn man sich vergegenwärtigt, daß in der Darstellung der Gitterschwingungen im auf die erste Brillouin-Zone reduzierten Schema alle Wellenvektoren, die, zunächst außerhalb liegend, mit reziproken Gittervektoren übereinstimmen, in den Ursprung des Systems nach $k = 0$ fallen. Hier findet man aber für die drei akustischen Zweige eine verschwindende Frequenz

$$\omega_j = 0 \ . \tag{5.293}$$

Das Neutron stößt sozusagen auf den Kristall insgesamt, d. h. ein makroskopisches Objekt.

Inelastische Streuexperimente mit Neutronen können auf unterschiedliche Art durchgeführt werden. Im einfachsten Fall wählt man eine feste Streurichtung Ω und analysiert die Frequenzverteilung der gestreuten Neutronen mit

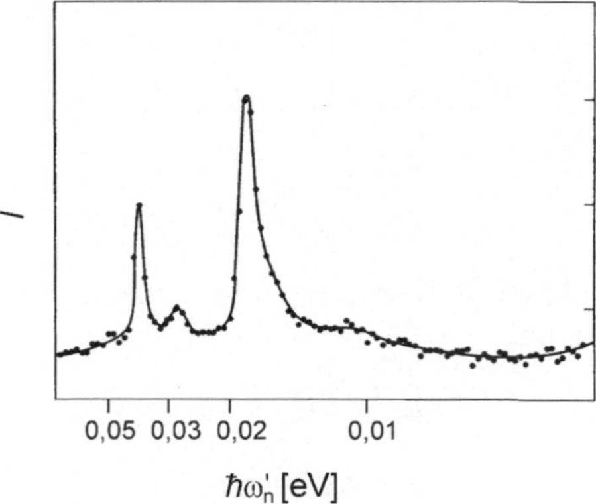

Abb. 5.26. Inelastische Neutronenstreuung an Germanium. Ergebnis einer Messung der Streuintensität in fester Richtung bei Variation der Monochromatorstellung (nach Pelah [50]).

Hilfe eines Monochromators. Abb. 5.26 zeigt ein typisches Ergebnis eines solchen Experiments. Die Messung, hier an Germanium durchgeführt, liefert ein Spektrum mit einer Reihe von Banden. Eine Bande tritt genau dann auf, wenn sowohl der Energie- als auch der Impuls-Erhaltungssatz erfüllt sind. Abb. 5.27 erläutert etwas detaillierter, wie dies erreicht wird und ein solches Spektrum auszuwerten ist. Längs des Pfeils in Ω-Richtung ändern sich ge-

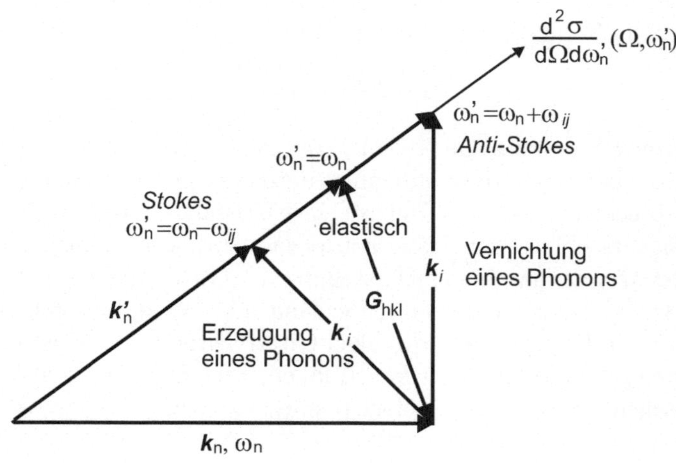

Abb. 5.27. Kinematik des Streuprozeßes bei festgehaltener Streurichtung. Die in Ω-Richtung gestreuten Neutronen werden einer Frequenzanalyse unterworfen. Wird eine Bande bei einer Frequenz ω_n' gefunden, sind gleichzeitig der Wellenvektor der gestreuten Neutronen sowie Wellenvektor und Frequenz der erzeugten (für $\omega_n' < \omega_n$) oder vernichteten (für $\omega_n' > \omega_n$) Phononen festgelegt. Hierfür ist je ein Beispiel gegeben. Außerdem ist der Fall einer elastischen Streuung am Bragg-Reflex G_{hkl} gezeigt.

meinsam, durch Gl. (5.284) verbunden, der Impuls k'_n und die Energie ω'_n des gestreuten Neutrons. Im Stokes-Bereich findet man eine verkleinerte und im Anti-Stokes-Bereich eine vergrößerte Energie. Jeder Punkt legt aber auch den Impuls eines möglicherweise erzeugten, bzw. vernichteten Phonons fest. Genau dann, wenn die zugehörige Phononenfrequenz auf irgendeinem der Äste mit der Frequenzänderung des Neutrons übereinstimmt, tritt eine Bande im Spektrum auf. Jeder Bande läßt sich so auf eindeutige Art der Wellenvektor und die Frequenz eines Phonons zuordnen. Wie schon erwähnt, tritt elastische Streuung nur ausnahmsweise auf, nämlich dann, wenn, wie in der Abbildung noch einmal gezeigt, die Bragg-Bedingung $q = G_{hkl}$ erfüllt ist.

Tatsächlich werden Messungen normalerweise nicht auf diese Weise durchgeführt. Will man eine Dispersionskurve äquidistant abtasten, ist es notwendig, den Streuvektor fest vorzugeben und ihn dann in gleichbleibenden Schritten zu verändern. Abb. 5.28 erläutert, wie man eine derartige Messung „bei konstantem q" und einer vorgebenen Energie der einfallenden Neutronen durchführen kann. Alle gezeigten Paare von Wellenvektoren einfallender (k_n) und gestreuter (k'_n) Neutronen sind durch denselben Streuvektor verknüpft. Zu jedem Paar gehört eine bestimmte Stellung des Kristalls relativ zum einfallenden Neutronenstrahl, eine bestimmte Richtung, in der die Streustrahlung gemessen wird, und eine bestimmte Durchlaßfrequenz des Monochromators. Durch eine entsprechende Steuerung kann eine solche Abfolge exakt verwirklicht werden. Die in Abb. 5.29 wiedergegebenen Dispersionsrelationen von Aluminium sind auf diese Art gemessen worden. Sie erfassen Gitterschwingungen mit Wellenvektoren längs zweier herausgegriffener Richtungen im k-Raum, so wie sie in der Mitte, zusammen mit den Grenzen der ersten Brillouin-Zone, angegeben sind.

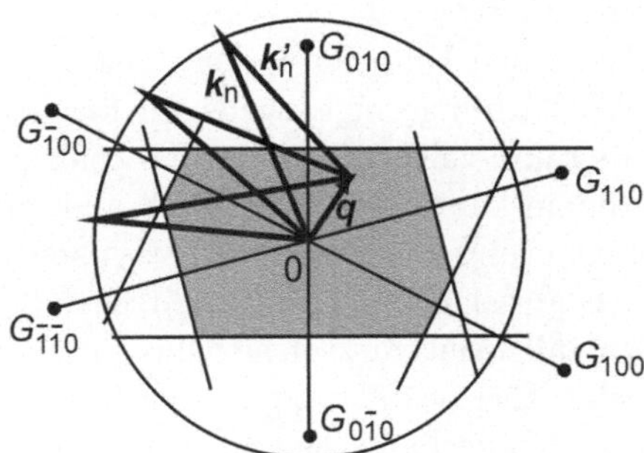

Abb. 5.28. Messung bei festem Streuvektor q und einer festen Frequenz ω_n der einfallenden Neutronen, unter Variation des Energieübertrags. Dies kann durch eine Drehung des Kristalls um eine Achse senkrecht zu q, begleitet von einer gekoppelten Änderung der Stellungen von Detektor und Monochromator bewerkstelligt werden.

Jede einzelne Messung, vorgenommen in einer bestimmten Richtung bei einer bestimmten Durchlaßfrequenz des Monochromators, selektiert einen

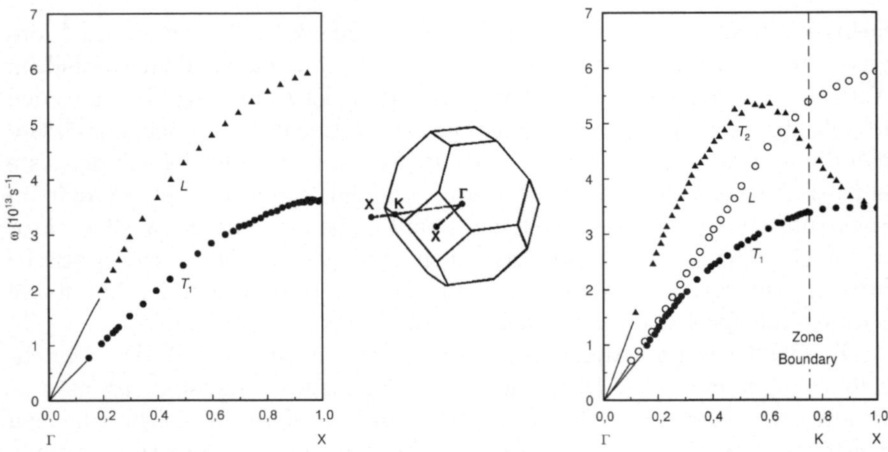

Abb. 5.29. Phononen-Dispersionsrelationen von Aluminium, erhalten durch inelastische Neutronenstreuung entlang der [100]-(*links*) und der [110]-(*rechts*) Richtung. *k*-Raum mit erster Brillouin-Zone des kubisch-flächenzentrierten Gitters (*Mitte*), mit Eintrag der beiden Richtungen und der speziellen Punkte Γ (Ursprung), K und X. Die Wellenzahlen längs der beiden vermessenen Richtungen sind als Relativwerte angegeben. Entlang ΓX sind die beiden transversal-akustischen Zweige aus Symmetriegründen entartet, längs $\Gamma K X$ findet man sie getrennt (nach Yarnell in [51]).

Streuvektor

$$\boldsymbol{q} = \boldsymbol{k}'_{\mathrm{n}} - \boldsymbol{k}_{\mathrm{n}}$$

und eine Frequenz

$$\omega = \omega'_{\mathrm{n}} - \omega_{\mathrm{n}} \ , \tag{5.294}$$

mit welchen das System abgefragt wird. Wie die Antwort hierauf aussieht, wird, wie schon im klassischen Fall, durch den dynamischen Strukturfaktor $S(\boldsymbol{q}, \omega)$ beschrieben. Wir hatten gezeigt, wie er für klassische Systeme zu errechnen ist, nämlich als raum-zeitliche Fourier-Transformierte der van-Hove Funktion. Beim quantenmechanischen Stoßprozeß ändern sich der theoretische Zugang und die Bedeutung von $S(\boldsymbol{q}, \omega)$. Der dynamische Strukturfaktor ist jetzt mit quantenmechanischen Übergangswahrscheinlichkeiten verknüpft, und zwar der Wahrscheinlichkeit für solche Übergänge, die mit einer Impulsänderung $\boldsymbol{q}$ und einer Energieänderung ω einher gehen. Übergangswahrscheinlichkeiten bei quantenmechanischen Stoßprozessen werden allgemein durch **Fermis Goldene Regel** erfaßt. Um die Notation einfach zu halten, greifen wir genau eine Gitterschwingung ij (Wellenvektor $\boldsymbol{k}_i$, j-ter Ast) in einem wohldefinierten Quantenzustand, d. h. besetzt mit n_{ij} Phononen, heraus, und stellen die Frage, ob aus der Vernichtung eines Phonons ein Beitrag zum dynamischen Strukturfaktor resultiert. Fermis Goldene Regel lautet in Anwendung auf diese Situation

$$S(\boldsymbol{q}, \omega) \sim |< \boldsymbol{k}_{\mathrm{n}}, n_{ij} |\mathbf{V}| \boldsymbol{k}_{\mathrm{n}} + \boldsymbol{q}, n_{ij} - 1 >|^2 \, \delta(\omega - \omega_j) \ . \tag{5.295}$$

Die Gleichung enthält das Betragsquadrat des Matrixelements des durch ein Wechselwirkungspotential **V** verursachten Übergangs im Zustand von Streukörper und Neutron. Die δ-Funktion ist Ausdruck der Energieerhaltung. Die Impulserhaltung ist im Übergangsmatrixelement enthalten und Folge der symmetriebedingten Eigenschaft

$$< \boldsymbol{k}_{\mathrm{n}}, n_{ij} | \mathbf{V} | \boldsymbol{k}_{\mathrm{n}} + \boldsymbol{q}, n_{ij} - 1 > \sim \delta(\boldsymbol{q} - \boldsymbol{k}_i + \boldsymbol{G}_{hkl}) \ , \tag{5.296}$$

die hier nicht weiter abgeleitet werden kann. Für den Fall der Erzeugung eines Phonons gilt entsprechend

$$S(\boldsymbol{q}, \omega) \sim |< \boldsymbol{k}_{\mathrm{n}}, n_{ij} | \mathbf{V} | \boldsymbol{k}_{\mathrm{n}} + \boldsymbol{q}, n_{ij} + 1 >|^2 \, \delta(\omega + \omega_j) \tag{5.297}$$

und

$$< \boldsymbol{k}_{\mathrm{n}}, n_{ij} | \mathbf{V} | \boldsymbol{k}_{\mathrm{n}} + \boldsymbol{q}, n_{ij} + 1 > \sim \delta(\boldsymbol{q} + \boldsymbol{k}_i + \boldsymbol{G}_{hkl}) \ . \tag{5.298}$$

Wie gesagt, haben wir hier zunächst eine einzelne Gitterschwingung bei einer bestimmten Phononen-Besetzungszahl herausgegriffen. Der dynamische Strukturfaktor ergibt sich nun durch Summation über alle Besetzungszahlen und alle Gitterschwingungen, unter Berücksichtigung von Gewichtsfaktoren, doch dies soll hier nicht mehr aufgeschrieben werden. Nur auf eine wichtige Eigenschaft sei noch aufmerksam gemacht: Die Beobachtung einer gleichen Intensität beider Komponenten des Brillouin-Dubletts in den Abb. 5.23 und 5.24 ist typisch für den klassischen Fall, und sie verändert sich bei inelastischen Neutronenstreuexperimenten. Hier fällt die Bande auf der Anti-Stokes-Seite häufig sichtbar schwächer aus als diejenige auf der Stokes-Seite. Das Verhältnis ist allgemein durch den Boltzmann-Ausdruck

$$\frac{I_{\mathrm{AS}}}{I_{\mathrm{S}}} = \exp - \frac{\hbar \omega_j}{k_{\mathrm{B}} T} \tag{5.299}$$

festgelegt. Bei optischen Phononen hoher Frequenz gibt er an, wie groß die Wahrscheinlichkeit ist, überhaupt ein Phonon anzutreffen, welches im Stoß vernichtet werden kann.

5.6 Übungsaufgaben

1. Untersuchen Sie die Schwingungsmoden einer linearen Kette aus Atomen der Masse m, die im Abstand a aufeinanderfolgen und durch Federn mit der Federkonstante b verbunden sind. Die Wechselwirkung übernächster Nachbarn sei durch zusätzliche Federn mit der Federkonstante b' zwischen jeweils übernächsten Atomen berücksichtigt.
   a) Leiten Sie die Dispersionsrelation her.
   b) Zeichnen Sie die Dispersionskurve für $b' = b/2$.

2. Um in einer einfachen Art und Weise Wärmeausdehnung zu verstehen, betrachten wir einen klassischen Oszillator mit anharmonischen Termen im Potential $u(x)$. Berechnen Sie die mittlere Ausdehnung mit Hilfe einer Boltzmann-Verteilung:

$$< x >= \frac{\int\limits_{-\infty}^{\infty} x \, \exp -\frac{u(x)}{k_{\mathrm{B}}T} \, \mathrm{d}x}{\int\limits_{-\infty}^{\infty} \exp -\frac{u(x)}{k_{\mathrm{B}}T} \, \mathrm{d}x} \qquad \text{mit} \qquad u(x) = c_2 x^2 - c_3 x^3 - c_4 x^4 \ .$$

Entwickeln Sie die Exponentialfunktion bezüglich des anharmonischen Anteils und berechnen Sie $< x >$ näherungsweise für Ausdehnungen, bei denen die anharmonischen Terme klein gegen $k_{\mathrm{B}}T$ sind.

Hinweis: Der gegebene Ausdruck für $u(x)$ beschreibt das Potential nur lokal in der richtigen Weise. Vernachlässigen Sie den anharmonischen Anteil des Potentials im Nenner des obigen Ausdrucks. Verwenden Sie

$$\int\limits_{-\infty}^{\infty} \exp(-\alpha x^2) \, \mathrm{d}x = \left(\frac{\pi}{\alpha}\right)^{1/2} \ .$$

3. Berechnen Sie die Wärmekapazität $c(T) = \partial \mathcal{U}/\partial T$ eines Systems von $\mathcal{N}$ harmonischen Oszillatoren der gleichen Eigenfrequenz ω. Ermitteln Sie außerdem das Grenzverhalten von $c(T)$ für niedrige Temperaturen $T \ll \hbar\omega/k_{\mathrm{B}}$ und vergleichen Sie es mit dem Verhalten entsprechend der Debyeschen Theorie der spezifischen Wärme.

4. Bei welcher Temperatur T_0 wird die Wärmekapazität der freien Elektronen eines Metalls größer als die Wärmekapazität der Gitterschwingungen? Man drücke diese Temperatur durch die Debye-Temperatur T_{D} und die Elektronenkonzentration aus. Man berechne T_0 für Kupfer.

5. Auf Teilchen, die in einer Flüssigkeit ($T = 20$ °C) den Selbstdiffusionskoeffizienten $D_{\mathrm{s}} = 8 \cdot 10^{-11}$ m^{2}s^{-1} besitzen und jeweils eine elektrische Elementarladung $+e$ tragen, wirke ein elektrisches Feld der Stärke $E = 750$ Vm^{-1}.

   a) Mit welcher Geschwindigkeit bewegen sich die Teilchen in Richtung Kathode?

   b) Die Viskosität der Flüssigkeit betrage $\eta = 10^{-3}$ Pa s. Wie groß ist der Teilchenradius?

6. Eine kolloidale Lösung von Teilchen der Massendichte ρ_{m} in einer Flüssigkeit der Massendichte $\rho_{\mathrm{m,f}} < \rho_{\mathrm{m}}$ wird in einer Ultrazentrifuge durch Rotation mit der Winkelgeschwindigkeit ω einer hohen Zentrifugalbeschleunigung ausgesetzt. Die Teilchen haben die Form von Kugeln mit dem Radius a. Die Lösung befinde sich in einem Volumen mit einem maximalen Abstand r_{max} von der Rotationsachse. Welche radiale Verteilung der Teilchendichte $\rho(r)$ stellt sich in der Zentrifuge ein?

7. Ein Polymermolekül in Lösung mit $R_0 = 10$ nm sei am oberen Ende bei $z = 0$ befestigt, am unteren Ende hänge ein Goldteilchen ($\rho_{m,Au} \approx 19$ g cm^{-3}) mit einem Radius von 1 μm. Welchen Wert nimmt z im Mittel an ($T = 300$ K, vernachlässigen Sie die Auftriebskraft)? Was passiert, wenn die Temperatur erhöht wird?

8. Man zeige über Energie- und Impulserhaltung, daß Neutronen mit sehr kleiner Einfallsenergie ($\hbar\omega_n \to 0, \hbar k_n \to 0$) aus jedem Zweig des Gitterschwingungsspektrums Phononen absorbieren können (Anti-Stokes-Linien).

A Thermodynamische Potentiale

Die Thermodynamik stellt zur Beschreibung von Eigenschaften kondensierter Materie Gleichungen für verschiedene thermodynamische Potentiale zur Verfügung. Sie werden im Buch immer wieder genutzt und sollen hier zusammengefaßt genannt werden.

Da wir häufig an Vorgängen interessiert sind, welche sich bei Einwirkung eines äußeren Feldes, es kann mechanischer, elektrischer oder magnetischer Natur sein, vollziehen, benötigen wir die thermodynamischen Potentiale in der Form, welche die Feldvariablen enthält. Bekanntlich gehören zu einem bestimmten thermodynamischen Potential auch immer ganz bestimmte Variable. Wir haben dabei mit den folgenden Größen umzugehen:

$$s = \frac{\mathcal{S}}{\mathcal{V}} \, , \, \frac{\Delta \mathcal{V}}{\mathcal{V}_0} \, , \, e(e_{zz} \text{ oder } e_{zx}) \, , \, P \, , \, D \, , \, M \, , \, B$$

und

$$T \, , \, p \, , \, \sigma(\sigma_{zz} \text{ oder } \sigma_{zx}) \, , \, E \, , \, H \, .$$

Bei den Variablen der zweiten Gruppe handelt es sich durchweg um intensive Größen. Die erste Gruppe enthält mit der Ausnahme von D und B Variable, welche die Bedeutung von Dichten besitzen und deshalb nach einer Multiplikation mit dem Volumen zu extensiven Größen werden. Zur Dichte der inneren Energie

$$u = \frac{\mathcal{U}}{\mathcal{V}} \, ,$$

dem primären thermodynamischen Potential, gehört die Abhängigkeit

$$u(s, \Delta \mathcal{V}/\mathcal{V}_0, e, B, D) \, .$$

u enthält im allgemeinen einen materiellen Teil zusammen mit der Energiedichte des makroskopischen elektromagnetischen Feldes.

Anstelle von u benützt man manchmal eine „reduzierte innere Energie" $\hat{u}$, definiert als

$$\hat{u} = u - \frac{\mu_0}{2}H^2 - \frac{\varepsilon_0}{2}E^2 \, . \tag{A.1}$$

Sie entsteht aus u durch einen Abzug der Beiträge angelegter, äußerer elektromagnetischer Felder, so wie sie vor dem Einbringen der Probe in einen

Kondensator, bestimmt durch die festgehaltene Spannung, oder in eine Spule, bestimmt durch den festgehaltenen Spulenstrom, vorliegen.

Für die Änderung der Dichte der inneren Energie bei infinitesimalen Variationen der Variablen gilt

$$du = Tds - p\frac{d\mathcal{V}}{\mathcal{V}_0} + \sigma de + HdB + EdD \quad , \tag{A.2}$$

für die Arbeit pro Volumeneinheit ist dementsprechend der differentielle Ausdruck

$$dw = -p\frac{d\mathcal{V}}{\mathcal{V}_0} + \sigma de + HdB + EdD \quad . \tag{A.3}$$

anzuwenden. Für $d\hat{u}$ ergibt sich aus den Gln. (A.1), (A.2)

$$d\hat{u} = Tds - p\frac{d\mathcal{V}}{\mathcal{V}_0} + \sigma de + \mu_0 HdM + EdP \quad . \tag{A.4}$$

Bei einer Behandlung isothermer Systeme muß s gegen T ausgetauscht und mittels der Legendre-Transformation

$$f(T, \Delta\mathcal{V}/\mathcal{V}_0, e, B, D) = u - \frac{\partial u}{\partial s}s = u - Ts \tag{A.5}$$

von der inneren Energie zur Dichte der freien Energie f (*Helmholtz free energy*) übergegangen werden. Für die Änderung df gilt jetzt

$$df = -sdT - p\frac{d\mathcal{V}}{\mathcal{V}_0} + \sigma de + HdB + EdD \quad . \tag{A.6}$$

Analog läßt sich eine reduzierte Form der freien Energie als

$$\hat{f}(T, \Delta\mathcal{V}/\mathcal{V}_0, e, M, P) = \hat{u} - \frac{\partial \hat{u}}{\partial s}s = \hat{u} - Ts \tag{A.7}$$

einführen, für welche dann die differentielle Gleichung

$$d\hat{f} = -sdT - p\frac{d\mathcal{V}}{\mathcal{V}_0} + \sigma de + \mu_0 HdM + EdP \tag{A.8}$$

Anwendung findet.

Bei der Betrachtung von Vorgängen, die bei einem angelegten mechanischen, elektrischen oder magnetischen Feld mit der Stärke σ, E oder H ablaufen, benötigt man ein Potential, welches diese Feldstärke als Variable enthält. Dies ist die Dichte der freien Enthalpie g (*Gibbs free energy*), und der Variablentausch läßt sich durch eine mehrfache Legendre-Transformation der freien Energie vollziehen, als

$$g(T, p, \sigma, H, E) = f + p\frac{\mathcal{V}}{\mathcal{V}_0} - \sigma e - BH - ED \quad . \tag{A.9}$$

Für die Änderung dg finden wir jetzt

$$\mathrm{d}g = -s\mathrm{d}T + \frac{\mathcal{V}}{\mathcal{V}_0}\mathrm{d}p - e\mathrm{d}\sigma - B\mathrm{d}H - D\mathrm{d}E \ . \tag{A.10}$$

Wir können dementsprechend auch eine reduzierte Form der freien Enthalpie $\hat{g}$ einführen, als

$$\hat{g}(T, p, \sigma, H, E) = \hat{f} + p\mathcal{V}/\mathcal{V}_0 - \sigma e - \mu_0 H M - E P \ , \tag{A.11}$$

mit der differentiellen Abhängigkeit

$$\mathrm{d}\hat{g} = -s\mathrm{d}T + \frac{\mathcal{V}}{\mathcal{V}_0}\mathrm{d}p - e\mathrm{d}\sigma - \mu_0 M\mathrm{d}H - P\mathrm{d}E \ . \tag{A.12}$$

Auch wenn die genannten thermodynamischen Potentiale häufig benötigt werden, hat sich doch keine einheitliche Namensgebung eingestellt. Tatsächliche wird in der Literatur oft gar nicht zwischen $f, g, \hat{f}$ und $\hat{g}$ unterschieden und allgemein von einer „Dichte der freien Energie" (*free energy density*) gesprochen.

Bei der Aufstellung der verschiedenen Beziehungen dachten wir bisher an Systeme mit einer festen Teilchenzahl $\mathcal{N}$. Die freie Enthalpie läßt sich bekanntlich auch bei der Behandlung offener Systeme mit variabler Teilchenzahl nutzen, beispielsweise bei der Diskussion von Phasengleichgewichten. Hierfür wird das chemischen Potentials eingeführt, als

$$\mu = \frac{\partial \mathcal{G}}{\partial \mathcal{N}} \ . \tag{A.13}$$

Die entsprechende molare Größe ist

$$\tilde{\mu} = N_\mathrm{A}\mu \ . \tag{A.14}$$

B Lösungen der Aufgaben

Kapitel 1

1. Elementarzelle mit Gitterparameter a, Kugelradius b, n Kugeln pro Zelle:
   $\phi = n\frac{4\pi}{3}b^3/a^3$.
   a) $a = 2b$, $\quad \phi = \frac{\pi}{6} = 0,52$, $\quad z = 6$.
   b) $a = 4b/\sqrt{3}$, $\quad \phi = \frac{\pi\sqrt{3}}{8} = 0,68$, $\quad z = 8$.
   c) $a = 2\sqrt{2}b$, $\quad \phi = \frac{\pi}{3\sqrt{2}} = 0,74$, $\quad z = 12$.

2. a) C_{2v} : 1 zweizählige Drehachse C_2,
   $\qquad$ 2 vertikale Spiegelebenen σ_v.

   b) $D_{\infty h}$: 1 unendlichzählige Drehachse C_∞,
   $\qquad\qquad \infty$ vertikale Spiegelebenen σ_v,
   $\qquad\qquad$ 1 horizontale Spiegelebene σ_h,
   $\qquad\qquad$ 1 Inversionszentrum i.

   c) C_{3v} : 1 dreizählige Drehachse C_3,
   $\qquad\qquad$ 3 vertikale Spiegelebenen σ_v.

   d) T_d : 3 4-zählige Drehspiegelachsen S_4,
   $\qquad\qquad$ 4 3-zählige Drehachsen C_3,
   $\qquad\qquad$ 6 diedrische Spiegelebenen σ_d.

   e) D_{6h} : 1 6-zählige Drehachse C_6,
   $\qquad\qquad$ 6 2-zählige Drehachsen C_2,
   $\qquad\qquad$ 1 horizontale Spiegelebene σ_h,
   $\qquad\qquad$ 6 vertikale Spiegelebenen σ_v,
   $\qquad\qquad$ 1 Inversionszentrum i.

   f) D_{3d} : 1 3-zählige Drehachse C_3,
   $\qquad\qquad$ 3 2-zählige Drehachsen C_2,
   $\qquad\qquad$ 3 diedrische Spiegelebenen σ_d,
   $\qquad\qquad$ 1 Inversionszentrum i.

   $\qquad C_{2v}$: 1 2-zählige Drehachse C_2,
   $\qquad\qquad$ 2 vertikale Spiegelebenen σ_v.

g) C_{2h} : 1 2-zählige Drehachse C_2,
      1 horizontale Spiegelebene σ_h,
      1 Inversionszentrum i.

h) D_{4h} 1 4-zählige Drehachse C_4,
      4 2-zählige Drehachsen C_2,
      4 vertikale Spiegelebenen σ_v,
      1 horizontale Spiegelebene σ_h,
      1 Inversionszentrum i.

3. Siehe Abb. B.1

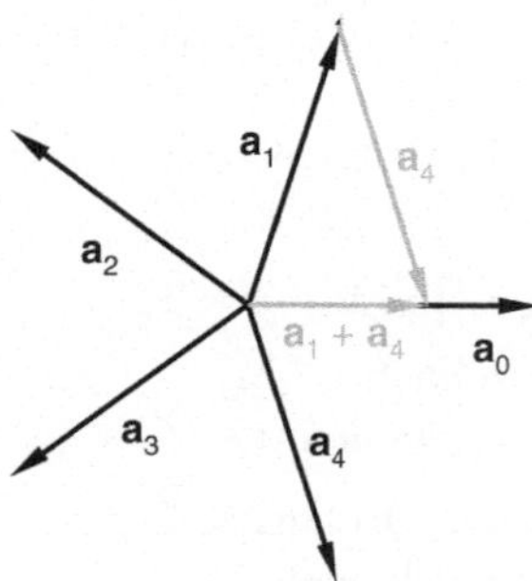

Abb. B.1. Seien a_0 ein Vektor mit minimaler Länge und $a_1 \ldots a_4$ Vektoren, die hieraus durch Drehungen um ganzzahlige Vielfache von $2\pi/5$ entstanden sind, dann ist $a_1 + a_4$ parallel zu a_0, dabei aber kürzer!

4. a) Molekülachsen parallel zur Bezugsachse: $\vartheta = 0$,

$$S_2 = \Big\langle \frac{3\cos^2 \vartheta - 1}{2} \Big\rangle = \frac{3-1}{2} = 1 \ .$$

b) Molekülachsen senkrecht zur Bezugsachse: $\vartheta = \pi/2$,

$$S_2 = \Big\langle \frac{3\cos^2 \vartheta - 1}{2} \Big\rangle = -\frac{1}{2} \ .$$

c) isotrope Verteilung: $P(\vartheta) = \text{const.}$

$$S_2 = \frac{\int_0^\pi \frac{3\cos^2 \vartheta - 1}{2} P(\vartheta) \sin \vartheta \, d\vartheta}{\int_0^\pi P(\vartheta) \sin \vartheta \, d\vartheta}$$

$$= \frac{\frac{3}{2} \int_0^\pi \cos^2 \vartheta \sin \vartheta \, d\vartheta - \frac{1}{2} \int_0^\pi \sin \vartheta \, d\vartheta}{\int_0^\pi \sin \vartheta \, d\vartheta}$$

$$= \frac{\frac{3}{2} \big[\frac{1}{3} \cos^3 \vartheta\big]_0^\pi - \frac{1}{2} [-\cos \vartheta]_0^\pi}{[-\cos \vartheta]_0^\pi} = \frac{-1+1}{2} = 0 \ .$$

5. Die Erwartungswerte ergeben sich aus der Poisson-Verteilung

$$\hat{w}(N) \quad = \exp(-\bar{N})\frac{\bar{N}^N}{N!} \quad :$$

$$\sigma^2 \quad = <(N - <N>)^2> = <N^2> - <N>^2 \quad ,$$

$$<N> \quad = \sum_{N=1}^{\infty} w(N)N = \sum_{N=1}^{\infty} N\exp(-\bar{N})\frac{\bar{N}^N}{N!}$$

$$= \exp(-\bar{N})\bar{N}\sum_{N=1}^{\infty}\frac{\bar{N}^{(N-1)}}{(N-1)!} = \bar{N}\exp(-\bar{N})\exp(\bar{N}) = \bar{N} \quad ,$$

$$<N^2> = \bar{N}^2 + \bar{N} \quad ,$$

$$\sigma^2 \quad = \bar{N} \quad .$$

Mit dem Molekulargewicht M_{m} des Monomeren erhält man die mittleren Molekulargewichte M_{n} und M_{w}:

$$M_{\mathrm{n}} = M_{\mathrm{m}} <N> \quad ,$$

$$M_{\mathrm{w}} = M_{\mathrm{m}}^2 <N^2> /M_{\mathrm{m}} <N> \quad ,$$

$$U \quad = \frac{M_{\mathrm{w}}}{M_{\mathrm{n}}} - 1 = \frac{<N^2>}{<N><N>} - 1 = \frac{\sigma^2}{<N>^2} = \frac{1}{\bar{N}} \quad .$$

Für $\bar{N} = 100$ ergibt sich

$$U = \frac{1}{100} = 0,01 \quad .$$

6. Die Entwicklung ergibt in quadratischer Näherung:

$$I(q) \sim \sum_{j,k=1}^{N} f^2 <\exp(\mathrm{i}\boldsymbol{q}\cdot(\boldsymbol{r}_j - \boldsymbol{r}_k))>$$

$$= \sum_{j,k=1}^{N} f^2 <1 + \mathrm{i}\boldsymbol{q}\cdot(\boldsymbol{r}_j - \boldsymbol{r}_k) - \tfrac{1}{2}(\boldsymbol{q}\cdot(\boldsymbol{r}_j - \boldsymbol{r}_k))^2 + \ldots >$$

$$\approx f^2 N^2 (1 - \tfrac{q^2}{3}\tfrac{1}{2N^2}\sum_{j,k=1}^{N^2} <(\boldsymbol{r}_j - \boldsymbol{r}_k)^2>) = f^2 N^2 (1 - \tfrac{R_{\mathrm{g}}^2 q^2}{3}) \quad .$$

$$R_{\mathrm{g}}^2 = \tfrac{1}{2N^2}\sum_{j,k}^{N} \left\langle(\boldsymbol{r}_j - \boldsymbol{r}_k)^2\right\rangle = \tfrac{1}{2N^2}\sum_{j,k}^{N} \left\langle[(\boldsymbol{r}_j - \boldsymbol{r}_c) - (\boldsymbol{r}_k - \boldsymbol{r}_c)]^2\right\rangle$$

$$= \tfrac{1}{N}\sum_{j}^{N} \left\langle(\boldsymbol{r}_j - \boldsymbol{r}_c)^2\right\rangle \quad .$$

7. Die Grundvektoren des Bravais-Gitters sind

$$\boldsymbol{a}_1 = (1/2\ \mathrm{nm}, 0, 0) \quad ,$$
$$\boldsymbol{a}_2 = (\cos 120°, \sin 120°, 0)\ \mathrm{nm} = (-1/2\ \mathrm{nm}, \sqrt{3}/2\ \mathrm{nm}, 0) \quad ,$$
$$\boldsymbol{a}_3 = (0, 0, 3/2\ \mathrm{nm}) \quad .$$

Die Grundvektoren des reziproken Gitters ergeben sich aus

$$\hat{\boldsymbol{a}}_1 = 2\pi\frac{\boldsymbol{a}_2 \times \boldsymbol{a}_3}{(\boldsymbol{a}_1 \times \boldsymbol{a}_2)\cdot\boldsymbol{a}_3} \quad \text{usw. als} :$$

$$\hat{a}_1 = \frac{4\pi}{\sqrt{3}} \begin{pmatrix} \sqrt{3} \\ 1 \\ 0 \end{pmatrix} \text{nm}^{-1} \quad , \quad \hat{a}_2 = \frac{4\pi}{\sqrt{3}} \begin{pmatrix} 0 \\ 1 \\ 0 \end{pmatrix} \text{nm}^{-1}$$

$$\hat{a}_3 = \frac{4\pi}{\sqrt{3}} \begin{pmatrix} 0 \\ 0 \\ \frac{1}{\sqrt{3}} \end{pmatrix} \text{nm}^{-1} \quad .$$

Mit den Millerschen Indices werden daraus Streuvektor, Netzebenenabstand und Streuwinkel erhalten:

$$\boldsymbol{q}_{321} = 3\hat{a}_1 + 2\hat{a}_2 + \hat{a}_3 = \frac{4\pi}{\sqrt{3}} \begin{pmatrix} 3\sqrt{3} \\ 5 \\ \frac{1}{\sqrt{3}} \end{pmatrix} \text{nm}^{-1} \quad ,$$

$$|\boldsymbol{q}_{321}| = \frac{4\pi}{3}\sqrt{157} \text{ nm}^{-1} = 52,48 \text{ nm}^{-1} \quad ,$$

$$d_{321} = \frac{2\pi}{q_{321}} = 0,1197 \text{ nm} \quad ,$$

$$2\theta = 2\arcsin\left(\frac{q\lambda}{4\pi}\right) = 2\arcsin\left(\frac{\sqrt{157}}{3} \cdot 0,154\right) = 80,06° \quad .$$

8. Der Zellstrukturfaktor ist über die Lage der Gitterbausteine gegeben:

$$f_\text{c}(hkl) = f \sum_{j=1}^{4} \exp[\mathrm{i}2\pi(hx_1^j + kx_2^j + lx_3^j)] \quad ,$$

$$\{x_i^1\} = (0,0,0) \quad , \quad \{x_i^2\} = (\tfrac{1}{2},\tfrac{1}{2},0) \quad , \quad \{x_i^3\} = (\tfrac{1}{2},0,\tfrac{1}{2}) \quad , \quad \{x_i^4\} = (0,\tfrac{1}{2},\tfrac{1}{2}) \quad ,$$

$$f_\text{c}(hkl) = f\{1 + \exp[\mathrm{i}\pi(h+k)] + \exp[\mathrm{i}\pi(h+l)] + \exp[\mathrm{i}\pi(k+l)]\}$$

$$= \begin{cases} 4 \text{ für: } h,k,l \text{ alle gerade} \\ 4 \text{ für: } h,k,l \text{ alle ungerade} \\ 0 \text{ für: nur ein Index gerade} \\ 0 \text{ für: nur ein Index ungerade} \end{cases} \quad .$$

Kapitel 2

1.   Elastisches Element: Viskoses Element:

$$\sigma_{zx} = G \cdot \tan\gamma \approx G \cdot \gamma \qquad\qquad \sigma_{zx} = \eta\frac{\mathrm{d}}{\mathrm{d}t}\tan\gamma \approx \eta\dot{\gamma}$$

$$\gamma = \frac{\sigma_{zx}}{G} \qquad\qquad\qquad\qquad \dot{\gamma} = \frac{\sigma_{zx}}{\eta}$$

Maxwell-Element: $\gamma = \gamma_\text{el} + \gamma_\text{vis} \quad ,$

Kelvin-Element: $\sigma = \sigma_\text{el} + \sigma_\text{vis} \quad .$

a) Kriechexperiment

Maxwell-Element: Kelvin-Element:

$$\gamma = \frac{\sigma_0}{G} + \int\limits_0^t \frac{\sigma_0}{\eta}\,\mathrm{d}t \qquad\qquad \sigma = G\gamma + \eta\dot\gamma = \sigma_0 \quad,$$

$$\quad = \frac{\sigma_0}{G} + \frac{\sigma_0}{\eta}t \quad. \qquad\qquad G\dot\gamma + \eta\ddot\gamma = 0$$

$$\Rightarrow \gamma(t) = \frac{\sigma_0}{G}\left(1 - \exp(-\frac{G}{\eta}t)\right) \quad.$$

b) Spannungsrelaxationsexperiment für Maxwell-Element:

$$\gamma_0 = \frac{\sigma}{G} + \int\limits_0^t \frac{\sigma}{\eta}\,\mathrm{d}t' \quad, \quad \dot\gamma = 0 = \frac{\dot\sigma}{G} + \frac{\sigma}{\eta} \quad,$$

$$\sigma = \sigma(0)\exp(-\frac{G}{\eta}t) \quad \text{mit } \sigma(0) = \gamma_0 G \quad.$$

c) Dynamisches Experiment

Ansatz: $\sigma(t) = \sigma_0 \exp(-\mathrm{i}\omega t), \quad \gamma(t) = \gamma_0 \exp(-\mathrm{i}\omega t)$

Maxwell-Element: $\dot\gamma = \frac{\dot\sigma}{G} + \frac{\sigma}{\eta}$,

einsetzen : $\Rightarrow \qquad \gamma_0 = \frac{\sigma_0}{G} + \mathrm{i}\frac{\sigma_0}{\eta\omega}$

$$|\gamma_0|^2 = \sigma_0^2\left(\frac{1}{G^2} + \frac{1}{\eta^2\omega^2}\right) \quad, \quad \tan\delta = \frac{G}{\eta\omega} \quad.$$

Kelvin-Element: $\sigma = G\gamma + \eta\dot\gamma$,

einsetzen : $\Rightarrow \qquad \gamma_0 = \frac{\sigma_0}{G - \mathrm{i}\eta\omega}$

$$|\gamma_0|^2 = \frac{\sigma_0^2}{G^2 + \eta^2\omega^2} \quad, \quad \tan\delta = \frac{\eta\omega}{G} \quad.$$

2. a) Bei der gegebenen Geometrie sind Geschwindigkeitsgradient und Scherspannung σ_s konstant und es gilt:

$$\sigma_\mathrm{s} = \frac{\mathrm{d}f}{\mathrm{d}A} = \eta\frac{\mathrm{d}v}{\mathrm{d}z} \quad,$$

$$\frac{\mathrm{d}v}{\mathrm{d}z} = \frac{\omega\cdot r}{r\tan\alpha} = \frac{\omega}{\tan\alpha} = \frac{\dot\varphi}{\tan\alpha} \quad.$$

Das Drehmoment wird durch Integration über die gesamte Fläche erhalten:

$$M = \int r\frac{\mathrm{d}f}{\mathrm{d}A}\,\mathrm{d}A = \frac{2\pi\eta\omega R^3}{3\tan\alpha} \quad.$$

b) Bei oszillatorischer Rotation ergibt sich M über die zeitliche Ableitung des Drehwinkels:

$$M(t) = \frac{2\pi\eta R^3}{3\tan\alpha}\frac{\mathrm{d}}{\mathrm{d}t}[\varphi_0\cos(\omega t)]$$

$$\quad = -\frac{2\pi\eta R^3}{3\tan\alpha}\varphi_0\omega\sin(\omega t) \quad.$$

3. Für die Wertebereiche von Real- und Imaginärteil erhält man:

$$\chi(\omega) = \chi_0\frac{1 + \mathrm{i}\omega\tau}{1 + \omega^2\tau^2}; \quad 0 \le \Re(\frac{\chi}{\chi_0}) \le 1; \quad 0 \le \Im(\frac{\chi}{\chi_0}) \le \frac{1}{2}$$

Halbkreis um Mittelpunkt $(\frac{1}{2},\ 0)$, da :

$$\left(\tfrac{1}{1+\omega^2\tau^2}-\tfrac{1}{2}\right)^2+\left(\tfrac{\omega\tau}{1+\omega^2\tau^2}\right)^2=\frac{(\frac{1}{2}-\frac{1}{2}\omega^2\tau^2)^2+\omega^2\tau^2}{(1+\omega^2\tau^2)^2}=\frac{(\frac{1}{2})^2(1+\omega^2\tau^2)^2}{(1+\omega^2\tau^2)^2}=(\tfrac{1}{2})^2 \ .$$

4. $<r^2>=\frac{1}{\pi a_0^3}\int r^2 e^{-2r/a_0}\,\mathrm{d}\Omega\, r^2\mathrm{d}r=3a_0^2$,

$$\kappa_{\mathrm{dia}}=-\mu_0\frac{N_A e^2}{6m_e}3a_0^2 \ ,$$

$$\kappa_{\mathrm{dia}}=2,98\cdot 10^{-5}\mathrm{cm}^3\ \mathrm{mol}^{-1} \ .$$

5. a) Die Besetzungszahlen sind den Boltzmann-Faktoren proportional:

$$\mathcal{N}_\uparrow \sim \exp\left(\tfrac{\mu_B B}{k_B T}\right) \ ,$$

$$\mathcal{N}_\downarrow \sim \exp\left(-\tfrac{\mu_B B}{k_B T}\right) \ ,$$

$$\frac{\mathcal{N}_\uparrow-\mathcal{N}_\downarrow}{\mathcal{N}}=\frac{\mathcal{N}_\uparrow-\mathcal{N}_\downarrow}{\mathcal{N}_\uparrow+\mathcal{N}_\downarrow}=\frac{\exp x-\exp(-x)}{\exp x+\exp(-x)}=\tanh(x) \ , \quad x=\tfrac{\mu_B B}{k_B T}$$

$$\mu_B=\tfrac{e\hbar}{2m_e}=\tfrac{eh}{4\pi m_e}=9,273\cdot 10^{-24}\mathrm{Am}^2 \ ,$$

$$x=\tfrac{\mu_B B}{k_B T}=2,238\cdot 10^{-3} \ ,$$

$$\frac{\mathcal{N}_\uparrow-\mathcal{N}_\downarrow}{\mathcal{N}}=\tanh(x)\approx x=2,238\cdot 10^{-3} \ .$$

b) $M=(\mathcal{N}_\uparrow-\mathcal{N}_\downarrow)\mu_B=\mathcal{N}\mu_B\tanh(x)\approx\mathcal{N}\mu_B x$
$\qquad\ =207,6\ \mathrm{A/m}$.

6. a) Zusatzfeld durch benachbartes magnetisches Moment $\boldsymbol{m}$ im Abstand $\boldsymbol{r}$ (mit $\boldsymbol{B}_0 \parallel \boldsymbol{z}$):

$$\Delta\boldsymbol{B}=\frac{\mu_0}{4\pi}\frac{3(\boldsymbol{m}\cdot\boldsymbol{r})\boldsymbol{r}-\boldsymbol{m}r^2}{r^5} \ ,$$

$$\Delta B_z=\tfrac{\mu_0 m_z}{4\pi r^3}(3\cos^2\vartheta-1) \ ,$$

$$\vartheta_{\max}=0 \ .$$

b) $\Delta B_{z,\max}=\tfrac{\mu_0 m_z}{2\pi r^3}$,

$$m_z=g_n\mu_n m \ , \qquad m=\pm 1/2 \ ,$$

$$\Delta B_{z,\max}=\pm\tfrac{\mu_0 g_n\mu_n}{4\pi r^3} \ ,$$

$$g_n=5,588 \ , \mu_n=\tfrac{e\hbar}{2m_p}=5,049\cdot 10^{-27}\mathrm{Am}^2 \ ,$$

$$\Delta E=g_n\mu_n\Delta m(B_0+\Delta B_{z,\max})=h\nu=g\mu_n(B_0+\Delta B_{z,\max}) \ .$$

Frequenzaufspaltung symmetrisch um ν_0:

$$h(\nu_0\pm\Delta\nu/2)=g_n\mu_n\left(B_0\pm\tfrac{\mu_0 g_n\mu_n}{4\pi r^3}\right) \ ,$$

$$\Delta\nu=\tfrac{\mu_0 g_n^2\mu_n^2}{2\pi r^3 h}=3,003\cdot 10^4\ \mathrm{s}^{-1} \ .$$

c) Bedingung für verschwindende Aufspaltung:

$$3\cos^2\vartheta - 1 = 0 \ ,$$

$$\vartheta = \arccos\frac{1}{\sqrt{3}} = 54{,}74° \ .$$

Kapitel 3

1. a) Dipol und Verbindungsachse parallel: $E(a) = \frac{2p_1}{4\pi\varepsilon_0 a^3}$.
   Selbststabilisierungskriterium: $p_2 = \beta E(a) \geq p_1 \ \Rightarrow \ \beta \geq 2\pi\varepsilon_0 a^3$.

   b) Bei Orientierung der Dipole senkrecht zur Verbindungsachse wäre eine antiferroelektrische Anordnung bevorzugt. Eine Rechnung analog zu (a) zeigt , daß die ferroelektrische Selbststabilisierung bei der Annäherung der Atome früher eintritt.

   c) Dipol und Verbindungsachse parallel: $E(a) = \frac{2p_1}{4\pi\varepsilon_0 a^3}\sum\frac{2}{n^3}$.
   Selbststabilisierungskriterium: $p_2 = \beta E(a) > p_1$
   $\Rightarrow \ \beta > \pi\varepsilon_0 a^3 / \sum\frac{1}{n^3}$.

2. elektrischer Dipol: $\Delta u = \frac{4p_0^2}{4\pi\varepsilon_0 r^3} = 3{,}21 \cdot 10^{-21}\mathrm{J}$,

   magnetischer Dipol: $\Delta u = \frac{4\mu_0 \mathrm{m}_0^2}{4\pi r^3} = 2{,}75 \cdot 10^{-25}\ \mathrm{J}$,

   z. Vgl: thermische Energie bei 300 K: $k_\mathrm{B}T = 4{,}1 \cdot 10^{-21}\mathrm{J}$.

3. Gleichgewichtsbedingung:
   $\frac{\partial}{\partial M}g = 2b(T - T_\mathrm{c})M + 4c_4 M^3 = 0$.

   1. Lösung $\ M = 0\ $ (Gleichgewicht für $T > T_\mathrm{c}$) ,

   2. Lösung $\ M = \pm\sqrt{\frac{b}{2c_4}(T_\mathrm{c} - T)}\ $ (Gleichgewicht für $T < T_\mathrm{c}$) .

   Dichte der freien Enthalpie g:

   $T > T_\mathrm{c}:\ \ g = g_0$,
   $T < T_\mathrm{C}:\ \ g = g_0 - \frac{b^2}{4c_4}(T - T_\mathrm{c})^2$.

   Entropiedichte s:

   $T > T_\mathrm{c}:\ \ s = s_0 = -\frac{\partial}{\partial T}g_0$,
   $T < T_\mathrm{c}:\ \ s = s_0 - \frac{\partial}{\partial T}\left(-\frac{b^2}{4c_4}(T - T_\mathrm{c})^2\right) = s_0 - \frac{b^2}{2c_4}(T_\mathrm{c} - T)$.

   Wärmekapazität c_v:

   $T > T_\mathrm{c}:\ \ c_v = c_{v0} = T\frac{\partial s_0}{\partial T}$,
   $T < T_\mathrm{c}:\ \ c_v = c_{v0} + T\frac{b^2}{2c_4}$.

Kapitel 4

1. Fermi-Dirac-Verteilungsdichte

   bei $T = 0$: für $\epsilon < 0 \Rightarrow w(\epsilon) = 1$,

   $\qquad\qquad$ für $\epsilon > 0 \Rightarrow w(\epsilon) = 0$;

   bei $T \neq 0, k_\mathrm{B}T \ll \mu_\mathrm{e}$:

   Entwicklung um $\epsilon = \mu_\mathrm{e}$,

   $$w|_{\epsilon=\mu_\mathrm{e}} = \tfrac{1}{2} \ ,$$

   $$\frac{\mathrm{d}}{\mathrm{d}\epsilon}w\,\Big|_{\epsilon=\mu_\mathrm{e}} = \frac{-\exp\frac{\epsilon-\mu_\mathrm{e}}{k_\mathrm{B}T}}{(\exp\frac{\epsilon-\mu_\mathrm{e}}{k_\mathrm{B}T}+1)^2} \cdot \frac{1}{k_\mathrm{B}T}\,\Big|_{\epsilon=\mu_\mathrm{e}} = -\frac{1}{4k_BT} \ .$$

   Breite des abweichenden Bereichs bei linearer Extrapolation:

   $$\tfrac{1}{2} - \frac{\Delta\epsilon}{4k_\mathrm{B}T} = 0 \Rightarrow \Delta\epsilon = 2k_\mathrm{B}T \ .$$

2. Freie Energie des Fermi-Elektronengases:

   $$\mathcal{F} = \tfrac{3}{5}\mathcal{N}_\mathrm{e}\epsilon_\mathrm{F} = \tfrac{3}{5}\mathcal{N}_\mathrm{e}\frac{\hbar^2}{2m_\mathrm{e}} \left(\frac{3\pi^2\mathcal{N}_\mathrm{e}}{\mathcal{V}}\right)^{2/3} = \frac{3\hbar^2\mathcal{N}_\mathrm{e}^{5/3}(3\pi^2)^{2/3}}{10m_\mathrm{e}}\mathcal{V}^{-2/3} \ ,$$

   $$\frac{\partial\mathcal{F}}{\partial\mathcal{V}} = -\tfrac{2}{3}\frac{3\hbar^2\mathcal{N}_\mathrm{e}^{5/3}(3\pi^2)^{2/3}}{10m_\mathrm{e}}\mathcal{V}^{-5/3} \ ,$$

   $$\frac{\partial^2\mathcal{F}}{\partial\mathcal{V}^2} = +\tfrac{10}{9}\frac{3\hbar^2\mathcal{N}_\mathrm{e}^{5/3}(3\pi^2)^{2/3}}{10m_\mathrm{e}}\mathcal{V}^{-8/3} \ ,$$

   $$K = \mathcal{V}\frac{\partial^2\mathcal{F}}{\partial\mathcal{V}^2} = \frac{\hbar^2(3\pi^2)^{2/3}}{3m_\mathrm{e}}\left(\frac{\mathcal{N}_\mathrm{e}}{\mathcal{V}}\right)^{5/3} = \frac{\pi^{4/3}\hbar^2}{3^{1/3}m_\mathrm{e}}\left(\frac{N_\mathrm{A}\rho_\mathrm{m}}{M}\right)^{5/3} = 8,55 \cdot 10^9 \ \mathrm{Pa} \ .$$

3. a) Lösungsansatz für Schrödinger-Gleichung $-\frac{\hbar^2}{2m}\Delta\psi = \epsilon\psi$
      unter der Randbedingung $\psi(x,y,z) = 0$ für $|x| \geq a$:
      $\psi(x,y,z) = C\exp[\mathrm{i}(k_y y + k_z z)]\cos(k_x x)$ für $|x| \leq a$,
      $k_x a = n_x\pi + \pi/2$,
      $k_y L = n_y 2\pi$,
      $k_z L = n_z 2\pi$,
      $\Delta\psi = -(k_x^2 + k_y^2 + k_z^2)\psi = k^2\psi$,
      $\epsilon = \frac{\hbar^2 k^2}{2m_\mathrm{e}}$.
      Für $n_x = 0$:
      $k_x = \frac{\pi}{2a}$,
      ϵ nur noch von k_y und k_z abhängig.
      Integration im k-Raum in y,z-Ebene:
      $\mathcal{D}(\epsilon)\mathrm{d}\epsilon = \mathcal{D}(\epsilon)\frac{\mathrm{d}\epsilon}{\mathrm{d}k}\mathrm{d}k = \mathcal{D}(k)\mathrm{d}k = \frac{A}{(2\pi)^2}2\pi k\mathrm{d}k$,
      $\mathcal{D}(\epsilon) = \frac{A}{2\pi}k\frac{\mathrm{d}k}{\mathrm{d}\epsilon}$,
      $k = \frac{\sqrt{2m_\mathrm{e}\epsilon}}{\hbar}$,

$$\frac{\mathrm{d}k}{\mathrm{d}\epsilon} = \frac{1}{2\hbar}\sqrt{\frac{2m_\mathrm{e}}{\epsilon}} = \frac{1}{\hbar}\sqrt{\frac{m_\mathrm{e}}{2\epsilon}} \ ,$$

$$k\frac{\mathrm{d}k}{\mathrm{d}\epsilon} = \frac{m_\mathrm{e}}{\hbar^2} \ ,$$

$$\mathcal{D}(\epsilon) = \frac{Am_\mathrm{e}}{2\pi\hbar^2} \ .$$

b) Lösungsansatz unter der Randbedingung

$\psi(x,y,z) = 0$ für $|x| \geq a$ und $|y| \geq b$:

$\psi(x,y,z) = C\exp(\mathrm{i}k_z z)\cos(k_x x)\cos(k_y y)$ für $|x| \leq a$ und $|y| \leq b$,

$k_x a = n_x \pi + \pi/2$,

$k_y b = n_y \pi + \pi/2$,

$k_z L = n_z 2\pi$.

Für $n_x = n_y = 0$:

$k_x = \frac{\pi}{2a}$, $k_y = \frac{\pi}{2b}$,

ϵ nur noch von k_z abhängig.

Integration im k-Raum in z-Richtung:

$$\mathcal{D}(\epsilon)\mathrm{d}\epsilon = \mathcal{D}(\epsilon)\frac{\mathrm{d}\epsilon}{\mathrm{d}k}\mathrm{d}k = \mathcal{D}(k)\mathrm{d}k = \frac{L}{2\pi}\mathrm{d}k \ ,$$

$$\mathcal{D}(\epsilon) = \frac{L}{2\pi}\frac{\mathrm{d}k}{\mathrm{d}\epsilon} = \frac{L}{2\pi\hbar}\sqrt{\frac{m_\mathrm{e}}{2\epsilon}} \ .$$

4. Elektronen, die sich mit Winkeln $\vartheta_1 \leq \vartheta \leq \vartheta_2$ gegen die Schichtnormale bewegen, erreichen nicht die Grenzflächen vor Durchlaufen der Strecke λ_f:

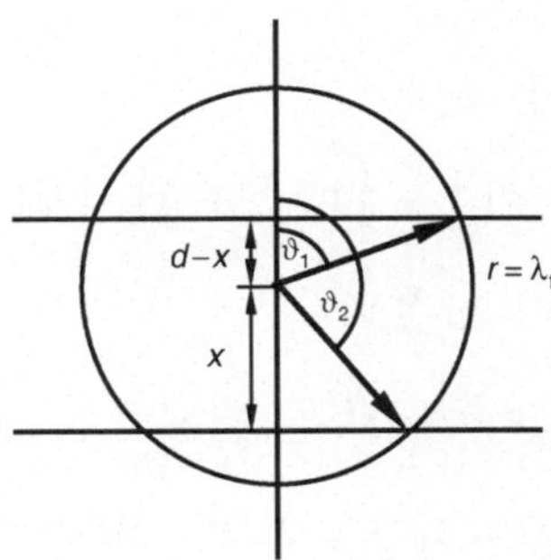

Abb. B.2. Winkelabhängige Einschränkung der freien Weglänge.

$$\left.\begin{array}{l} \cos\vartheta_1 = \frac{d-x}{\lambda_\mathrm{f}} \\ \cos\vartheta_2 = -\frac{x}{\lambda_\mathrm{f}} \end{array}\right\} \quad \text{für} \quad d \leq \lambda_\mathrm{f} \ .$$

Weglänge λ ist Funktion von x und ϑ:

$$\lambda(x,\vartheta) = \begin{cases} \frac{d-x}{\cos\vartheta} & \text{für } 0 \leq \vartheta < \vartheta_1 \\ \lambda_\mathrm{f} & \text{für } \vartheta_1 \leq \vartheta \leq \vartheta_2 \\ -\frac{x}{\cos\vartheta} & \text{für } \vartheta_2 < \vartheta \leq \pi \end{cases} \ .$$

Mittlere Weglänge als Integral über ganze Schicht und alle Raumwinkel:

$$\lambda_{\mathrm{f}}(d) = \frac{1}{2d} \int\limits_0^d \int\limits_0^\pi \lambda(x,\vartheta)\sin\vartheta \mathrm{d}\vartheta \mathrm{d}x$$

$$= \frac{1}{2d}\int\limits_0^d \left[(d-x)\int\limits_0^{\vartheta_1}\tan\vartheta \mathrm{d}\vartheta + \lambda_{\mathrm{f}}\int\limits_{\vartheta_1}^{\vartheta_2}\sin\vartheta \mathrm{d}\vartheta - x\int\limits_{\vartheta_2}^\pi \tan\vartheta \mathrm{d}\vartheta \right]\mathrm{d}x$$

$$= \frac{1}{2d}\int\limits_0^d [(d-x)(\ln|\cos 0| - \ln|\cos\vartheta_1|) + \lambda_{\mathrm{f}}(\cos\vartheta_1 - \cos\vartheta_2)$$

$$- x(\ln|\cos\vartheta_2| - \ln|\cos\pi|)]\mathrm{d}x$$

$$= \frac{1}{2d}\int\limits_0^d [-(d-x)\ln\tfrac{d-x}{\lambda_{\mathrm{f}}} + d - x\ln\tfrac{x}{\lambda_{\mathrm{f}}}]\mathrm{d}x \ ,$$

$$u = \tfrac{d-x}{\lambda_{\mathrm{f}}} \ , \quad \mathrm{d}u = -\tfrac{\mathrm{d}x}{\lambda_{\mathrm{f}}} \ , \quad \mathrm{d}x = -\lambda_{\mathrm{f}}\mathrm{d}u \ ,$$

$$I_1 = \int_0^d -(d-x)\ln\tfrac{d-x}{\lambda_{\mathrm{f}}}\mathrm{d}x = \lambda_{\mathrm{f}}^2 \int\limits_{d/\lambda_{\mathrm{f}}}^0 u\ln u \mathrm{d}u = -\lambda_{\mathrm{f}}^2 \int\limits_0^{d/\lambda_{\mathrm{f}}} u\ln u \mathrm{d}u \ ,$$

$$v = \tfrac{x}{\lambda_{\mathrm{f}}} \ , \quad \mathrm{d}x = \lambda_{\mathrm{f}}\mathrm{d}v \ ,$$

$$\int\limits_0^d -x\ln\tfrac{x}{\lambda_{\mathrm{f}}}\mathrm{d}x = -\lambda_{\mathrm{f}}^2 \int\limits_0^{d/\lambda_{\mathrm{f}}} v\ln v \mathrm{d}v = I_1 \ ,$$

$$\int u\ln u \mathrm{d}u = u^2\left(\tfrac{\ln u}{2} - \tfrac{1}{4}\right) \ ,$$

$$I_1 = -d^2\left(\frac{\ln\tfrac{d}{l_{\mathrm{f}}}}{2} - \tfrac{1}{4}\right) \ ,$$

$$\lambda_{\mathrm{f}}(d) = \tfrac{1}{2d}(2I_1 + d^2) = d\left(\tfrac{1}{4} - \tfrac{1}{2}\ln\tfrac{d}{\lambda_{\mathrm{f}}} + \tfrac{1}{2}\right) = d\left(\tfrac{3}{4} + \tfrac{1}{2}\ln\tfrac{\lambda_{\mathrm{f}}}{d}\right) \ ,$$

$$\frac{\sigma_{\mathrm{el}}(d)}{\sigma_0} = \frac{\lambda_{\mathrm{f}}(d)}{\lambda_{\mathrm{f}}} = \frac{d}{\lambda_{\mathrm{f}}}\left(\tfrac{3}{4} + \tfrac{1}{2}\ln\tfrac{\lambda_{\mathrm{f}}}{d}\right) \ .$$

5. a) Plasmafrequenz : $\omega_{\mathrm{pl}}^2 = \frac{\rho_e e^2}{\varepsilon_0 m_e} = \frac{N_A \rho_m e^2}{M\varepsilon_0 m_e} = (8{,}99\cdot 10^{15}\mathrm{s}^{-1})^2$,

$$k = \tfrac{\omega}{c_1} \ , \qquad \lambda = \tfrac{2\pi}{k} = 2\pi\tfrac{c_1}{\omega} = 2{,}095\cdot 10^{-7}\ \mathrm{m} = 209{,}5\ \mathrm{nm} \ .$$

b) $\varepsilon(\omega) = 1 + \chi(\omega) = 1 - \frac{\rho_e e^2}{\varepsilon_0 m_e \omega^2}$,

$$\chi(\omega) = -\frac{N_A \rho_m e^2 \hbar^2}{M\varepsilon_0 m_e \epsilon^2} = -3{,}5\cdot 10^{-7} \ ,$$

$$\varepsilon = 1 + \chi = 0{,}99999965 \ , \qquad n = \sqrt{\varepsilon} \approx 1 + \tfrac{1}{2}\chi = 0{,}999999825 \ .$$

$n < 1$: Totalreflexion bei Einfall aus Vakuum möglich ($\rho_{\mathrm{m}} = 970$ kg m^{-3}, $M = 23\cdot 10^{-3}$ kg mol^{-1}).

6. Elektrisches Feld für

$z > 0:$ $E_z^+ = kV_0\cos(kx)\exp(-kz)$, $E_x^+ = kV_0\sin(kx)\exp(-kz)$,
$z < 0:$ $E_z^- = -kV_0\cos(kx)\exp(kz)$, $E_x^- = kV_0\sin(kx)\exp(kz)$.

Stetigkeit der Tangentialkomponenten von $\boldsymbol{E}$ ist gegeben.

Stetigkeit der Normalkomponenten von $\boldsymbol{D}$:

$$\varepsilon_0\varepsilon(\omega)E^+_{z=0} = \varepsilon_0 E^-_{z=0} \quad \Rightarrow \quad \varepsilon(\omega) = -1 \ ,$$

$$\varepsilon(\omega) \approx 1 - \frac{\rho_e e^2}{\varepsilon_0 m_e \omega^2} = 1 - \frac{\omega^2_{\mathrm{pl}}}{\omega^2} \quad \Rightarrow \quad \omega^2 = \tfrac{1}{2}\omega^2_{\mathrm{pl}} \ .$$

7. Benötigte Formeln:

$$\int \cos^2 x\, \mathrm{d}x = \tfrac{1}{2}\sin x \cos x + \tfrac{x}{2} + C \ ,$$
$$\int \sin^2 x\, \mathrm{d}x = -\tfrac{1}{2}\sin x \cos x + \tfrac{x}{2} + C \ ,$$
$$\cos^2 x = \tfrac{1}{2}(1 + \cos 2x) \ ,$$
$$\sin^2 x = \tfrac{1}{2}(1 - \cos 2x) \ .$$

Normierung:

$$\int\limits_0^a A^2 \cos^2(\tfrac{\pi}{a}x)\mathrm{d}x = A^2 \frac{a}{\pi} \int\limits_0^\pi \cos^2 u\, \mathrm{d}u = A^2 \frac{a}{2} = 1 \Rightarrow A = \sqrt{2/a} \ ;$$

Normierung für ψ_- analog.

Für $\psi_+, k_1 = \tfrac{\pi}{a}$:

$$\epsilon = \frac{2}{a} \int\limits_0^a \cos(\tfrac{\pi}{a}x) \left[\frac{-\hbar^2}{2m}\frac{\mathrm{d}^2}{\mathrm{d}x^2} - u_0 \cos(\tfrac{2\pi}{a}x)\right] \cos(\tfrac{\pi}{a}x)\mathrm{d}x$$

$$= \frac{2}{a}\frac{\hbar^2 k_1^2}{2m} \int\limits_0^a \cos^2(\tfrac{\pi}{a}x)\mathrm{d}x - \frac{2}{a}u_0 \int\limits_0^a \cos(\tfrac{2\pi}{a}x)\cos^2(\tfrac{\pi}{a}x)\mathrm{d}x$$

$$= \frac{\hbar^2 k_1^2}{2m} - \frac{2}{a}u_0 \int\limits_0^a \cos(\tfrac{2\pi}{a}x)\tfrac{1}{2}[1 + \cos(\tfrac{2\pi}{a}x)]\mathrm{d}x$$

$$= \frac{\hbar^2 k_1^2}{2m} - \frac{u_0}{a} \int\limits_0^a \cos^2(\tfrac{2\pi}{a}x)\mathrm{d}x = \frac{\hbar^2 k_1^2}{2m} - \frac{u_0}{a}\frac{a}{2\pi} \int\limits_0^{2\pi} \cos^2 u\, \mathrm{d}u$$

$$= \frac{\hbar^2 k_1^2}{2m} - \frac{u_0}{2} \ .$$

Für $\psi_-, k_1 = \tfrac{\pi}{a}$:

$$\epsilon = \frac{2}{a} \int \sin(\tfrac{\pi}{a}x) \left[\frac{\hbar^2}{2m}\frac{\mathrm{d}^2}{\mathrm{d}x^2} - u_0 \cos(\tfrac{2\pi}{a}x)\right] \sin(\tfrac{\pi}{a}x)\mathrm{d}x$$

$$= \frac{\hbar^2 k_1^2}{2m} - \frac{2}{a}u_0 \int\limits_0^a \cos(\tfrac{2\pi}{a}x)\sin^2(\tfrac{\pi}{a}x)\mathrm{d}x$$

$$= \frac{\hbar^2 k_1^2}{2m} - \frac{2}{a}u_0 \int\limits_0^a \cos(\tfrac{2\pi}{a}x)\tfrac{1}{2}\left[1 - \cos(\tfrac{2\pi}{a}x)\right] \mathrm{d}x$$

$$= \frac{\hbar^2 k_1^2}{2m} + \frac{u_0}{2} \ .$$

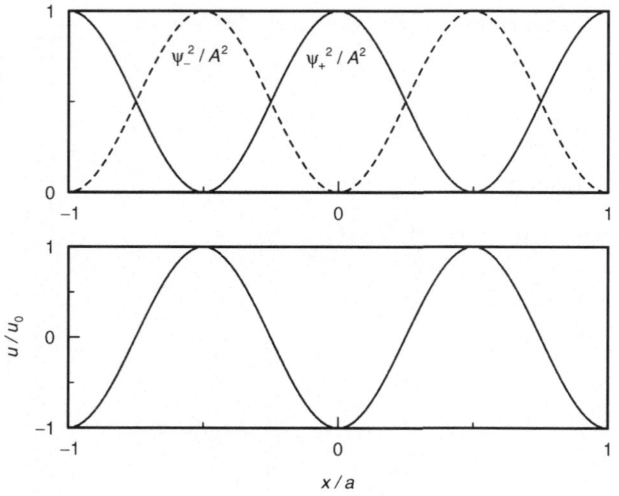

Abb. B.3. Die Lösung ψ_- hat die Maxima der Aufenthaltswahrscheinlichkeit an den Maxima des Potentials und besitzt deshalb die höhere Energie.

8. Energie des Elektrons: $\epsilon = \frac{\hbar^2 k^2}{2m_e}$,

$$\Rightarrow \frac{\mathrm{d}}{\mathrm{d}\boldsymbol{k}}\epsilon = \frac{\hbar^2}{m_e}\boldsymbol{k} \ ,$$

$$\tau = \frac{\hbar^2}{e} \oint \frac{|\mathrm{d}\boldsymbol{k}|}{\left|\dfrac{\mathrm{d}}{\mathrm{d}\boldsymbol{k}}\epsilon \times B\right|} = \frac{\hbar^2}{e} \oint \frac{|\mathrm{d}\boldsymbol{k}|}{\left|\dfrac{\hbar^2}{m_e}\boldsymbol{k}\times\boldsymbol{B}\right|} = \frac{m_e}{eB}\frac{2\pi k_\perp}{k_\perp} = 2\pi\frac{m_e}{eB} \ ,$$

$$\Rightarrow \frac{2\pi}{\tau} = \frac{eB}{m_e} = \omega_c \ .$$

Kapitel 5

1. a) Bewegungsgleichung für Atom n mit Auslenkung z_l aus der Ruhelage:

$$m\ddot{z}_l = b(z_{l+1} - z_l + z_{l-1} - z_l) + b'(z_{l+2} - z_l + z_{l-2} - z_l)$$
$$= b(z_{l+1} + z_{l-1} - 2z_l) + b'(z_{l+2} + z_{l-2} - 2z_l) \ .$$

Ansatz: $z_l = Z\exp[\mathrm{i}(\omega t - kal)]$,

$$m\ddot{z}_l = -m\omega^2 z_l = -m\omega^2 Z\exp[\mathrm{i}(\omega t - kal)]$$
$$= Z\{b\exp[\mathrm{i}(\omega t - ka(l+1))] + b\exp[\mathrm{i}(\omega t - ka(l-1))]$$
$$+b'\exp[\mathrm{i}(\omega t - ka(l+2))] + b'\exp[\mathrm{i}(\omega t - ka(l-2))]$$
$$-2(b+b')\exp[\mathrm{i}(\omega t - kal)]\} \ ,$$

$$\omega^2 = \tfrac{1}{m}\{2(b+b') - b[\exp(\mathrm{i}ka) + \exp(-\mathrm{i}ka)]$$
$$-b'[\exp(2\mathrm{i}ka) + \exp(-2\mathrm{i}ka)]\}$$
$$= \tfrac{b}{m}\{2 - 2\cos(ka) + \tfrac{b'}{b}[2 - 2\cos(2ka)]\}$$
$$= \tfrac{2b}{m}\{1 - \cos(ka) + \tfrac{b'}{b}[1 - \cos(2ka)]\} \; ,$$
$$\omega = \sqrt{\tfrac{2b}{m}} \cdot \sqrt{1 - \cos(ka) + \tfrac{b'}{b}[1 - \cos(2ka)]\;} \; .$$

b) Verlauf für $b' = b/2$

Abb. B.4 zeigt den Ausdruck

$$\omega\sqrt{\tfrac{m}{b}} = \sqrt{2}\sqrt{1 - \cos(ka) + \tfrac{1}{2}[1 - \cos(2ka)]\;} \; .$$

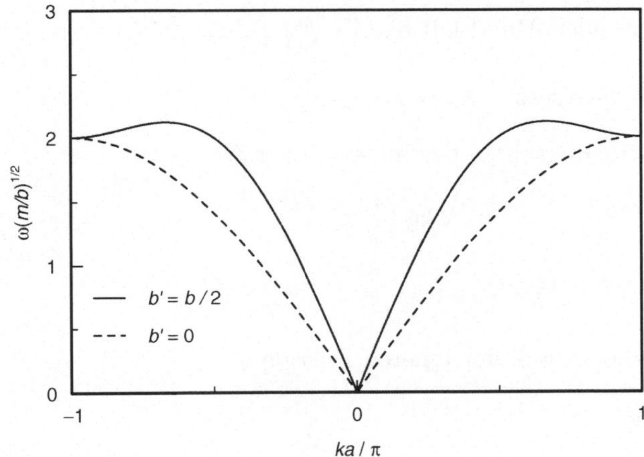

Abb. B.4. Dispersionsrelation für eine lineare Kette mit Wechselwirkungen zwischen übernächsten Nachbarn.

2. Integration der Entwicklung für kleine Auslenkungen:

$$\int x\, e^{-\beta u}\mathrm{d}x \approx \int e^{-\beta c_2 x^2}(x + \beta c_3 x^4 + \beta c_4 x^5)\mathrm{d}x =$$

$$\int e^{-\beta c_2 x^2}\beta c_3 x^4 \mathrm{d}x = \beta c_3 \frac{\mathrm{d}^2}{\mathrm{d}(\beta c_2)^2}\int e^{-\beta c_2 x^2}\mathrm{d}x = \frac{3\sqrt{\pi}\; c_3}{4 c_2^{5/2}\beta^{3/2}} \; ,$$

$$\int e^{-\beta u}\mathrm{d}x \approx \int e^{-\beta c_2 x^2}\mathrm{d}x = \left(\frac{\pi}{\beta c_2}\right)^{1/2}$$

$$\Rightarrow < x > = \frac{3 c_3}{4 c_4^2} k_\mathrm{B} T \; .$$

3. Innere Energie ist gegeben durch die Erwartungswerte $< n >$ der Phononenbesetzungszahl der Oszillatoren:

$$\mathcal{U} = \mathcal{N}\hbar\omega(< n > + \tfrac{1}{2}) \; , \quad < n > = \frac{1}{\exp\left(\frac{\hbar\omega}{k_\mathrm{B}T}\right) - 1}$$

$$\Rightarrow \mathcal{U} = \mathcal{N}\hbar\omega \left[\frac{1}{\exp\left(\frac{\hbar\omega}{k_\mathrm{B}T}\right)-1} + \frac{1}{2}\right]$$

$$c_v = \frac{\partial \mathcal{U}}{\partial T} = \mathcal{N}\hbar\omega \left[\frac{-\exp\left(\frac{\hbar\omega}{k_\mathrm{B}T}\right)\left(-\frac{\hbar\omega}{k_\mathrm{B}T^2}\right)}{[\exp\left(\frac{\hbar\omega}{k_\mathrm{B}T}\right)-1]^2}\right]$$

$$= \mathcal{N}\frac{(\hbar\omega)^2}{k_\mathrm{B}T^2}\frac{\exp\left(\frac{\hbar\omega}{k_\mathrm{B}T}\right)}{\left[\exp\left(\frac{\hbar\omega}{k_\mathrm{B}T}\right)-1\right]^2} = \mathcal{N}k_\mathrm{B}\left(\frac{\hbar\omega}{k_\mathrm{B}T}\right)^2\frac{\exp\left(\frac{\hbar\omega}{k_\mathrm{B}T}\right)}{\left[\exp\left(\frac{\hbar\omega}{k_\mathrm{B}T}\right)-1\right]^2} \quad .$$

Für $T \ll \hbar\omega/k_\mathrm{B}$:

$$c_v \approx \mathcal{N}k_\mathrm{B}\left(\frac{\hbar\omega}{k_\mathrm{B}T}\right)^2 \lim_{x\to\infty}\frac{e^x}{(e^x-1)^2} = \mathcal{N}k_\mathrm{B}\left(\frac{\hbar\omega}{k_\mathrm{B}T}\right)^2 \exp\left(-\frac{\hbar\omega}{k_\mathrm{B}T}\right)$$

: exponentieller Abfall mit $\exp\left(-\frac{\hbar\omega}{k_\mathrm{B}T}\right)$.

z.Vgl. Debye-Gesetz : $c_v \sim T^3$.

4. Gitterschwingungsanteil der inneren Energie:

$$\mathcal{U}_\mathrm{vib} = 9\mathcal{N}\frac{k_\mathrm{B}^4 T^4}{\hbar^3\omega_\mathrm{D}^3}\frac{\pi^4}{15} = \frac{3\pi^4}{5}\mathcal{N}k_\mathrm{B}\frac{T^4}{T_\mathrm{D}^3} \quad ,$$

$$c_{v,\mathrm{vib}} = \frac{\mathrm{d}\mathcal{U}_\mathrm{vib}}{\mathrm{d}T} = \frac{12\pi^4}{5}\mathcal{N}k_\mathrm{B}\left(\frac{T}{T_\mathrm{D}}\right)^3 \quad .$$

elektronischer Anteil der inneren Energie:

$$c_{v,\mathrm{e}} = \frac{\pi^2}{2}\mathcal{N}k_\mathrm{B}\frac{T}{T_\mathrm{F}} \quad .$$

Gleichheit bei:

$$\frac{12\pi^4}{5}\mathcal{N}k_\mathrm{B}\left(\frac{T_0}{T_\mathrm{D}}\right)^3 = \frac{\pi^2}{2}\mathcal{N}k_\mathrm{B}\frac{T_0}{T_\mathrm{F}} \quad ,$$

$$T_0^2 = \frac{5T_\mathrm{D}^3}{24\pi^2 T_\mathrm{F}} \quad ,$$

$$T_\mathrm{F} = \frac{\hbar^2}{2m_\mathrm{e}k_\mathrm{B}}\left(\frac{3\pi^2\mathcal{N}}{\mathcal{V}}\right)^{2/3} \quad ,$$

$$T_0 = \frac{T_\mathrm{D}^{3/2}}{\pi\hbar}\left(\frac{5m_\mathrm{e}k_\mathrm{B}}{12}\right)^{1/2}\left(3\pi^2\frac{\mathcal{N}}{\mathcal{V}}\right)^{-1/3} \quad ,$$

im Falle von Kupfer:

$$\rho_\mathrm{m} = 8,96\ \mathrm{g\ cm}^{-3} \quad , \quad M = 63,54\ \mathrm{g\ mol}^{-1}$$

$$T_\mathrm{D} = 343\ \mathrm{K} \quad , \quad \frac{\mathcal{N}}{\mathcal{V}} = \frac{\rho_\mathrm{m}N_\mathrm{A}}{M} \quad ,$$

$$T_0 = 3,23\ \mathrm{K} \quad .$$

5. a) Beweglichkeit, Einstein-Relation:
$$v = \nu e E = \frac{eE}{k_{\mathrm{B}}T} D_s \ ,$$

$$v = 2,38 \cdot 10^{-6} \tfrac{\mathrm{m}}{\mathrm{s}} \ .$$

   b) $a = \frac{k_{\mathrm{B}}T}{6\pi\eta D} = 2{,}68$ nm.

6. Teilchenstrombilanz:

$$j = \nu \tfrac{4\pi}{3} a^3 (\rho_{\mathrm{m}} - \rho_{\mathrm{m,f}}) \omega^2 r \rho(r) - D \tfrac{\mathrm{d}\rho}{\mathrm{d}r} = 0 \ ,$$

$$\frac{\mathrm{d}\rho}{\rho} = \frac{\nu 4\pi a^3 (\rho_{\mathrm{m}} - \rho_{\mathrm{m,f}}) \omega^2 r}{3D} \mathrm{d}r$$

$$= \frac{4\pi a^3 (\rho_{\mathrm{m}} - \rho_{\mathrm{m,f}}) \omega^2}{3k_{\mathrm{B}}T} r\,\mathrm{d}r \ ,$$

$$\ln \frac{\rho(r_{\max})}{\rho(r)} = \frac{4\pi a^3 (\rho_{\mathrm{m}} - \rho_{\mathrm{m,f}}) \omega^2}{3k_{\mathrm{B}}T} \int\limits_{r}^{r_{\max}} r'\,\mathrm{d}r'$$

$$= \frac{4\pi a^3 (\rho_{\mathrm{m}} - \rho_{\mathrm{m,f}}) \omega^2 (r_{\max}^2 - r^2)}{6k_{\mathrm{B}}T} \ ,$$

$$\rho(r) = \rho(r_{\max}) \exp\left[\frac{2\pi a^3 (\rho_{\mathrm{m}} - \rho_{\mathrm{m,f}}) \omega^2 (r^2 - r_{\max}^2)}{3k_{\mathrm{B}}T} \right] \ .$$

7. Freie Energie im Gleichgewicht:

$$\mathcal{F} = mgz + kT \frac{3z^2}{2R_0^2}$$

$$\frac{\mathrm{d}\mathcal{F}}{\mathrm{d}z} = mg + kT \frac{3z}{R_0^2} = 0 \quad \Rightarrow z = -\tfrac{1}{3} \frac{mgR_0^2}{kT} \ ,$$

$a = 1 \ \mu\mathrm{m}: \quad m = 8,0 \cdot 10^{-14}$ kg , $\quad z = -6,3$ nm .

8. Kinetische Energie des Neutrons:

$$\epsilon_{\mathrm{n}} = \frac{(\hbar k_{\mathrm{n}})^2}{2m_{\mathrm{n}}} \ .$$

Energie- und Impulserhaltung:

Neutron übernimmt Energie $\hbar\omega$ und Impuls $\hbar k$ des Phonons. Wie Abb. B.5 zeigt, ist dies für alle k's möglich, bei denen die Bedingung $\epsilon_{\mathrm{n}}(k) = \hbar\omega(k)$ erfüllt ist.

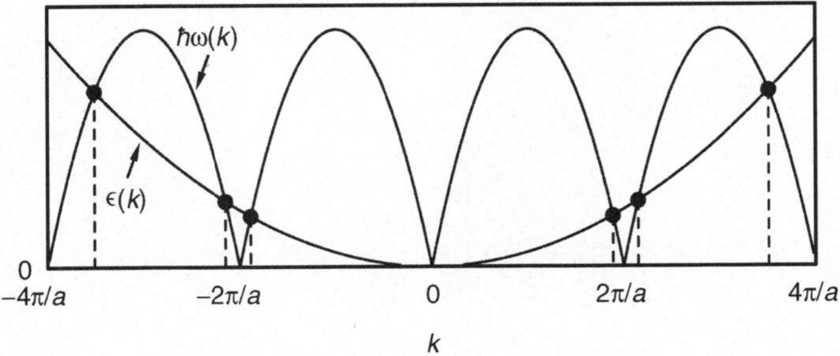

Abb. B.5. Dispersionsrelationen von Neutron und Phonon.

C Kleine Auswahl weiterführender Literatur

Physik kondensierter Materie

P.M. Chaikin, T.C. Lubensky: *Principles of Condensed Matter Physics*, Cambridge University Press, 1995.

Kristalline Festkörper

N.W. Ashcroft, N.D. Mermin: *Festkörperphysik*, Oldenbourg, 2001.

J.R. Christman: *Festkörperphysik*, Oldenbourg, 1992.

H. Ibach, H. Lüth: *Festkörperphysik*, Springer 1999.

J.M. Ziman: *Prinzipien der Festkörpertheorie*, Harri Deutsch, 1992.

Supraleiter

W. Buckel: *Supraleitung*, Verlag Chemie, 1993.

Einfache Flüssigkeiten

P.A. Egelstaff: *An Introduction to the Liquid State*, Oxford University Press, 1992.

J.-P. Hansen, I.R. McDonald: *Theory of Simple Liquids*, Academic Press, 1986.

Elektrolyte

J.O.M. Bockris, A.K.N. Reddy: *Modern Electrochemistry*, Plenum Press, 2000.

Flüssigkristalle

S. Chandrasekhar: *Liquid Crystals*, Cambridge University Press, 1992.

P.G. de Gennes, J. Prost: *The Physics of Liquid Crystals*, Oxford University Press, 1993.

G. Vertogen, W. de Jeu: *Thermotropic Liquid Crystals*, Springer, 1988.

Polymere

P.G. de Gennes: *Scaling Concepts in Polymer Physics*, Cornell University Press, 1979.

A.Y. Grosberg, A.R. Khokhlov: *Statistical Physics of Macromolecules*, AIP Press, 1994

G. Strobl: *The Physics of Polymers*, Springer, 1997.

Licht-, Röntgen- und Neutronenstreuung

B. Berne, R. Pecora: *Dynamic Light Scattering*, Dover, 2000.

A. Guinier: *X-ray Diffraction*, Dover, 1994.

S.W. Lovesey *Theory of Neutron Scattering from Condensed Matter*, Oxford University Press, 1984.

D Nomenklatur

a_0	effektive Länge pro Monomer (Gl. (1.80))
a_{I}	Ionenradius
a_{R}	Größe einer Rouse-Sequenz (Gl. (5.215))
a_T	Verschiebungsfaktor in Masterkurven
$\mathrm{a}(t)$	allgemeiner zeitabhängiger Modul
$\boldsymbol{a}_i$	Grundvektoren des Bravais-Gitters (Gl. (1.1))
$\widehat{\boldsymbol{a}}_i$	Grundvektoren des reziproken Gitters (Gl. (1.129))
A	Atomgewicht
$\boldsymbol{A}(\boldsymbol{r})$	Vektorpotential
b_{R}	Rouse-Federkonstante (Gl. (5.217))
$\mathbf{b}_l^+, \mathbf{b}_l$	Exzitonen-Erzeugungs- und -Vernichtungs-Operator
$\boldsymbol{B}, B$	magnetische Flußdichte
c_{l}	Lichtgeschwindigkeit
c_{s}	Schallgeschwindigkeiten
c_{a}	Wärmekapazität pro Mol Atome
c_v	Wärmekapazität pro Volumeneinheit
$c_{v,\mathrm{e}}$	elektronischer Anteil von c_v
$c_{v,\mathrm{vib}}$	Gitterschwingungsanteil von c_v
$c_{\boldsymbol{k}}$	Impulsdarstellung der Wellenfunktion
$\tilde{c}$	molare Konzentration
$C(\boldsymbol{q})$	Streuamplitude (Gln. (1.98) und (5.244))
d_{hkl}	Abstand in der Netzebenenschar hkl
D	Diffusionskoeffizient (Gl. (5.153))
D_{s}	Selbstdiffusionskoeffizient (Gl. (5.147))
D_T	Thermodiffusionskoeffizient (Gl. (5.276))
$D_{\mathrm{t}}, D_{\mathrm{t}}(t), D_{\mathrm{t}}(\omega)$	Zugnachgiebigkeit (Gln. (2.4), (2.45), (2.49))
$\mathcal{D}(\omega)$	energetische Zustandsdichte (Gl. (4.36))
$\boldsymbol{D}$	dielektrische Verschiebung
e	Elementarladung

e_{zz}	Dehnung (Gl. (2.2))
$E_{\mathrm{t}}, E_{\mathrm{t}}(t), E_{\mathrm{t}}(\omega)$	Elastizitätsmodul (Gln. (2.3), (2.46), (2.51))
$\boldsymbol{E}, E$	Elektrische Feldstärke
f	Dichte der freien Energie (Gl. (A.5))
$\hat{f}$	Dichte der reduzierten freien Energie (Gl. (A.7))
f_{c}	Zellstrukturfaktor (Gl (1.120))
f_j	Atom- und Molekül-Formfaktor (Gl. (1.89))
$\mathbf{f}, f$	Kraft
F_{p}	Polarisationsfaktor (Gln. (1.89) und (5.204))
$\mathcal{F}$	Freie Energie einer Probe
g	Dichte der freien Enthalpie (Gl. (A.9))
$\hat{g}$	Dichte der reduzierten freien Enthalpie (Gl. (A.11))
g	g-Faktor der Elektronenhülle (Gl. (2.149))
g_{n}	g-Faktor des Kerns (Gl (2.168))
$g_2(\boldsymbol{r})$	Paarverteilungsfunktion
$g(\boldsymbol{r}, t)$	van Hove-Funktion
$g_1(\boldsymbol{r}, t)$	Selbstkorrelationsfunktion
$G, G(t), G(\omega)$	Schermodul (Gl. (2.5))
$\mathcal{G}$	freie Enthalpie einer Probe
$\Delta \mathcal{G}_{\mathrm{mix}}$	freie Mischungsenthalpie einer Probe
$\Delta \mathcal{G}_{\mathrm{r}}$	freie Reaktionsenthalpie
$\boldsymbol{G}_{hkl}, G_h$	Vektor des reziproken Gitters (Gl. (1.130))
$\tilde{h}$	molare Enthalpie
H	Hamilton-Funktion
H_{c}	kritische Feldstärke (Abb. 4.25)
$\mathcal{H}$	Enthalpie einer Probe
$\mathbf{H}$	Hamilton-Operator
$\boldsymbol{H}, H$	magnetische Feldstärke
H_{c}	kritische magnetische Feldstärke beim Supraleiter
I	Stromstärke
I	Intensität einer Strahlung
I	Kernspin-Quantenzahl
$\boldsymbol{I}$	Kernspin
$\boldsymbol{j}, j, j_i$	Teilchenstromdichte (allgemein, Sorte i)
$\boldsymbol{j}_\eta, j_\eta$	Ladungsstromdichte
j_Q	Wärmestromdichte
J	Quantenzahl des elektronischen Gesamtdrehimpulses
$J, J(t), J(\omega)$	Schernachgiebigkeit

$\boldsymbol{J}$	Gesamtdrehimpuls der Elektronenhülle
k_{B}	Boltzmann-Konstante
k_{F}	Radius der Fermi-Kugel (Abb. 4.5)
$\boldsymbol{k}$	Wellenvektor
K_j	Frank-Moduli von Nematen (Gl. (2.8))
l_{c}	Konturlänge eines Polymermoleküls
L	Quantenzahl des elektronischen Gesamtbahndrehimpulses
m_{e}	Elektronenmasse
$m_{\mathrm{e,eff}}$	effektive Masse des Elektrons (Gl. (4.147))
$m_{\mathrm{h,eff}}$	effektive Masse des Lochs (Gl. (4.152))
m_{p}	Protonenmasse
m_I	Quantenzahl der z-Komponente des Kernspins
m_J	Quantenzahl der z-Komponente des elektronischen Gesamtdrehimpulses
m_S	Quantenzahl der z-Komponente des elektronischen Gesamtspins
$\boldsymbol{m}, m, m_z$	magnetisches Dipolmoment
M_{w}	Molekulargewicht
$\boldsymbol{M}, M$	Magnetisierung
n	Brechungsindex
n_{B}	effektive Magnetonenzahl (Gl. (2.162))
n_{L}	Landau-Niveau-Quantenzahl (Gl. (4.221))
n_{ij}	Phononenbesetzungszahl der Gitterschwingung ij
$\tilde{n}$	molare Anzahl
$\boldsymbol{n}$	nematischer Direktor
N	Polymerisationsgrad
N_{A}	Avogadro-Loschmidt-Zahl
N_{s}	Anzahl von Segmenten in einer Polymerkette
$\mathcal{N}$	Zahl von Atomen, Molekülen, Zellen in einer Probe
p	Druck
$\mathbf{p}$	Impuls-Operator
$\boldsymbol{p}, p$	elektrisches Dipolmoment
$\boldsymbol{p}, p_i$	Impuls
$\boldsymbol{P}, P$	Polarisation
$\boldsymbol{q}$	Streuvektor (Gl. (1.93))
Q	Ladung
$\mathcal{Q}$	Wärme
r_{e}	klassischer Elektronenradius (Gl. (1.88))

R_0	Größe eines Polymerknäuels (Gl. (1.80))
R_H	Hall-Koeffizient (Gl. (4.208))
R_Ω	Ohmscher Widerstand
$\tilde{R}$	Gaskonstante
$\boldsymbol{R}_{uvw}$	Vektoren des Bravais-Gitters (Gl. (1.1))
s	Dichte der Entropie
$\tilde{s}$	molare Entropie
S_2	nematischer Ordnungsparameter
S	Quantenzahl des elektronischen Gesamtspins
S_D	Debye-Streufunktion (Gl. (1.117))
S_L	Interferenzfunktion des idealen Gitters
$S(\boldsymbol{q})$	Streufunktion, Strukturfaktor
$S(\boldsymbol{q},t)$	zeitabhängiger Strukturfaktor
$S(\boldsymbol{q},\omega)$	dynamischer Strukturfaktor
$\mathcal{S}$	Entropie einer Probe
$\boldsymbol{S}$	Spin
T	Temperatur
T_1, T_2	longitudinale und transversale Relaxationszeit bei magnetischen Resonanzexperimenten (Gl. (2.180))
T_A	Aktivierungstemperatur (Gl. (1.82))
T_c	kritische Temperatur
T_D	Debye-Temperatur (Gl. (5.61))
T_F	Fermi-Temperatur (Gl. (4.55))
T_g	Glastemperatur
T_m	Schmelztemperatur
T_V	Vogel-Temperatur (Gl. (1.82))
$\boldsymbol{T}$	Drehmoment
u	Dichte der inneren Energie
$\hat{u}$	Dichte der reduzierten inneren Energie (Gl. (A.1))
u_{kin}	kinetische Energie einzelner Teilchen
u_{pot}	potentielle Energie einzelner Teilchen
$u(r)$	Paar-Wechselwirkungsenergie
$u(\varphi)$	Rotationspotential
U_b	Gitterbindungsenergie (Gl. (1.5))
U_{e0}	Grundzustandsenergie der Elektronen einer Probe
$\mathcal{U}$	Innere Energie einer Probe
$\mathcal{U}_{vib}$	Gitterschwingungsanteil von $\mathcal{U}$
$\mathcal{U}_e$	elektronischer Anteil von $\mathcal{U}$

$\tilde{v}$	Molvolumen
$\boldsymbol{v}, v$	Geschwindigkeit
$\boldsymbol{v}_\mathrm{g}, v_\mathrm{g}$	Gruppengeschwindigkeit
$V, \Delta V$	elektrostatisches Potential, Potentialdifferenz
V_c	Elementarzellvolumen
$\widehat{V}_\mathrm{c}$	Zellvolumen des reziproken Gitters
$\mathcal{V}$	Volumen einer Probe
$\mathbf{V}$	Wechselwirkungsoperator
w	Wahrscheinlichkeitsdichte
w_i	Besetzungswahrscheinlichkeit
w	Arbeit pro Volumeneinheit
$\mathcal{W}$	Arbeit
X	allgemeine Auslenkung
z	komplexe Frequenz (Gl. (2.209))
$\mathcal{Z}$	Zustandssumme
$\alpha(\omega)$	allgemeine Suszeptibilität
$\alpha_\mathrm{p}(t)$	allgemeine Puls-Antwortfunktion
$\alpha_\mathrm{c}(t)$	allgemeine Kriechnachgiebigkeit
β	Polarisierbarkeit
β_M	Madelung-Konstante (Gl. (1.13))
β_ex	Koeffizient der Spin-Spin-Austauschwechselwirkung (Gl. (3.30))
γ	gyromagnetisches Verhältnis
γ	Scherwinkel
γ_1	Rotationsviskosität von Nematen (Gl. (2.42))
γ_1	Exzitonen-Hüpfrate (Gl. (5.138))
γ_i	Aktivitätskoeffizient (Gl. (4.297))
ϵ_i	Eigenenergie
ϵ_F	Fermi-Energie
ϵ_g	Energielücke beim Halbleiter (Abb. 4.14)
$\Delta\epsilon_\mathrm{s}$	Energielücke beim Supraleiter
ε	Dielektrizitätskonstante
$\Delta\varepsilon$	dielektrische Anisotropie (Gl. (1.65))
ε_0	Influenzkonstante
ζ	Teilchen-Reibungskoeffizient (Gl. (5.163))
ζ_R	Reibungskoeffizient einer Rouse-Sequenz (Gl. (5.218))
η	elektrische Ladungsdichte
η	Viskosität

$\eta_{\mathrm{a,b,c}}$	Miesowicz-Viskositätskoeffizienten (Gl. (2.41))
θ	Braggscher Winkel (Abb. 1.35)
κ	magnetische Suszeptibilität
κ_{n}	magnetische Suszeptibilität der Kernspins (Gl. (2.173))
λ	Wellenlänge
λ_{f}	mittlere freie Weglänge
λ_{L}	Londonsche Eindringtiefe (Gl. (4.257))
λ_Q	Wärmeleitfähigkeit (Gl. (4.15))
μ	magnetische Permeabilität (Gl. (2.135))
μ	chemisches Potential
$\tilde{\mu}$	molares chemisches Potential (Gl. (A.14))
μ_{e}	(elektro-)chemisches Potential von Elektronen
μ_{B}	Bohrsches Magneton
μ_0	magnetische Feldkonstante
μ_{n}	Kernmagneton (Gl. (2.169))
ν	Frequenz $[\mathrm{s}^{-1}]$
ν	Beweglichkeit (Gl. (5.162))
ν_{el}	elektrische Beweglichkeit (Gl. (4.158))
$\nu_{\mathrm{el,e}}, \nu_{\mathrm{el,h}}$	elektrische Beweglichkeit von Elektronen und Löchern (Gl. (4.158))
$\nu_{\mathrm{el,+}}, \nu_{\mathrm{el,-}}$	elektrische Beweglichkeit von Anionen und Kationen (Gl. (4.301))
ξ	allgemeine Kraft
ξ_{D}	Debye-Abschirmlänge (Gl. (4.329))
ξ_{G}	Ginzburg-Landau-Kohärenzlänge (Abb. 4.36)
ξ_{H}	magnetische Kohärenzlänge (Gl. (2.32))
ξ_ϕ	Korrelationslänge von Konzentrationsschwankungen (Gl. (3.64))
ρ	mittlere Teilchendichte
ρ_{e}	mittlere Elektronendichte
ρ_{h}	mittlere Löcherdichte
ρ_{c}	Anzahl der Elementarzellen pro Volumeinheit
$\rho(\boldsymbol{r})$	lokale Teilchendichte
$\rho_{\mathrm{e}}(\boldsymbol{r})$	lokale Elektronendichte
$\boldsymbol{\rho}, \rho_{l'l''}$	Dichtematrix
σ	Wirkungsquerschnitt
σ_i	Flächenladungsdichte
σ_{el}	elektrische Leitfähigkeit (Gln. (4.5)), (4.291))

$\tilde{\sigma}_{\mathrm{el}}$	molare elektrische Leitfähigkeit eines Elektrolyten (Gl. (4.292))
σ_{ij}	Zug- bzw. Scherspannung
τ	Relaxationszeit
τ_{f}	Zeit zwischen zwei Stößen im Elektronengas
ϕ_i	Volumenanteil der Spezies i
Φ	magnetischer Fluß
Φ_0	Flußquant (Gl. (4.259))
χ_{F}	Flory-Huggins-Parameter (Gl. (3.70))
χ	dielektrische Suszeptibilität
$\psi(\boldsymbol{r})$	Wellenfunktion
$\psi_2(\boldsymbol{r}_1, \boldsymbol{r}_2)$	2-Teilchen-Wellenfunktion (Cooper-Paare, Exzitonen)
$\Psi(\boldsymbol{r})$	Wellenfunktion der Supraladungsträger
ω	Frequenz [rad s^{-1}]
ω_{c}	Zyklotron-Frequenz (Gl. (4.200))
ω_{D}	Debyesche Grenzfrequenz (Abb. 5.5)
ω_{L}	Larmor-Frequenz (Gl. (2.139))
ω_{pl}	Plasmafrequenz (Gl. (4.94))
Ω	Raumrichtung
$\Omega_{l',l''}$	Übergangsmatixelement bei Exzitonenbewegung (Gl. (5.118))
$\boldsymbol{\Omega}$	Rotationsmatrix

Quellenverzeichnis

1. F. Kohler. *The Liquid State*, p. 5. Verlag Chemie, 1972.
2. G. Vertogen and W. de Jeu. *Thermotropic Liquid Crystals*, p. 24. Springer, 1988.
3. P. Cladis, M. Kleman, and P. Pieranski. *C.R.Acad.Sci.Paris*, B273:275, 1971.
4. P. Chatelain and M. Germain. *C.R.Acad.Sci.Paris*, 259:127, 1964.
5. G. Vertogen and W. de Jeu. *Thermotropic Liquid Crystals*, p. 175. Springer, 1988.
6. R. Eppe, E.W. Fischer, and H.A. Stuart. *J. Polym. Sci.*, 34:721, 1959.
7. B. Kanig. *Progr. Colloid Polym. Sci.*, 57:176, 1975.
8. A.J. Kovacs. *Fortschr. Hochpolym. Forsch.*, 3:394, 1966.
9. R. Kirste, W.A. Kruse, and K. Ibel. *Polymer*, 16:120, 1975.
10. Ch. Gähwiller. *Mol.Cryst.Liquid Cryst.*, 20:301, 1973.
11. A. Raviol, W. Stille, and G. Strobl. *J.Chem.Phys.*, 103:3788, 1995.
12. F.R. Schwarzl. *Polymermechanik*. Springer Verlag, 1990.
13. E. Castiff and T.S. Tobolsky. *J. Colloid Sci.*, 10:375, 1955.
14. J. Heijboer. *Kolloid Z.*, 148:36, 1956.
15. Y. Ishida, M. Matsuo, and K. Yamafuji. *Kolloid Z.*, 180:108, 1962.
16. E. Dormann, D. Hone, and V. Jaccarino. *Phys.Rev.B*, 7:2715, 1976.
17. V.J. McBrierty, and K.J.Packer . *Nuclear Magnetic Resonance in Solid Polymers*. Cambridge University Press, 1996.
18. G. Burns. *Solid State Physics*. Academic Press, 1985.
19. R.A. Cowley. *Phys.Rev.A*, 134:981, 1964.
20. M.E. Lines and A.M. Glass. *Ferroelectrics and Related Materials*. Oxford, 1977.
21. J.S. Kouvel and M.E. Fisher. *Phys.Rev.*, A136:1626, 1964.
22. P. Weiss and R. Porrer. *Ann.Phys.*, 5:153, 1926.
23. C. Kittel. *Introduction to Solid State Physics*, ch.16. John Wiley, 1966.
24. R.-J. Roe and W.-C. Zin. *Macromolecules*, 13:1221, 1980.
25. T. Hashimoto, M. Itakura, and H. Hasegawa. *J. Chem. Phys.*, 85:6118, 1986.
26. D. Schwahn, S. Janssen, and T. Springer. *J. Chem. Phys.*, 97:8775, 1992.
27. G.R. Strobl, J.T. Bendler, R.P. Kambour, and A.R. Shultz. *Macromolecules*, 19:2683, 1986.
28. A. Lien and B. Phillips. *Phys.Rev. A*, 133:1370, 1964.
29. D.K. McDonald and K. Mendelssohn. *Proc.Roy.Soc. A*, 202:103, 1950.
30. A. Moore and B. Spong. *Phys.Rev.*, 125:846, 1962.
31. H. Ibach and H. Lüth. *Festkörperphysik*, S. 223. Springer, 1995.
32. H.K. Onnes. *Akad.van Wetenschappen*, 14:113, 1911.
33. N.E. Phillips. *Phys.Rev.*, 134:385, 1964.
34. P.L. Richards and M. Tinkham. *Phys.Rev.*, 119:575, 1960.

35. I. Giaver and K. Megerle. *Phys.Rev.*, 122:1101, 1961.
36. H. Ibach and H. Lüth. *Festkörperphysik*, S. 249. Springer, 1995.
37. B.S. Deaver and W.M. Fairbank. *Phys.Rev.Lett.*, 7:43, 1961.
38. G. Wedler. *Lehrbuch der Physikalischen Chemie*, Kap.1.6. Verlag Chemie, 1982.
39. J.O.M. Bockris and A.K.N. Reddy. *Modern Electrochemistry*, ch.3. Plenum Press, 1970.
40. J.O.M. Bockris and A.K.N. Reddy. *Modern Electrochemistry*, ch.4. Plenum Press, 1970.
41. H. Ibach and H. Lüth. *Festkörperphysik*, S. 71. Springer, 1995.
42. R.N. Sinclair and B.N. Brockhouse. *Phys.Rev.*, 120:1638, 1960.
43. M.D. Sturge. *Phys.Rev.*, 127:768, 1962.
44. H. Haken and G. Strobl. *Z.Phys.*, 262:135, 1973.
45. V. Ern, A. Suna, Y. Tomkiewicz, P. Aviakan, and R.P. Groff. *Phys.Rev.B*, 5:3222, 1972.
46. D. Boese and F. Kremer. *Macromolecules*, 23:829, 1990.
47. G.C. Berry and T.G. Fox. *Adv. Polymer Sci.*, 5:261, 1968.
48. T. Perkins, D.E. Smith, and S. Chu. *Science*, 264:819, 1994.
49. S.M. Shapiro, R.W. Gammon, and H.Z. Cummins. *Appl.Phys.Lett.*, 9:157, 1966.
50. I. Pelah. *Phys.Rev.*, 108:1091, 1957.
51. R.F. Wallis. *Lattice Dynamics*. Pergamon, 1965.

Index

Festkörperphysik mit Übungen

6. Auflage

H. Ibach, H. Lüth

Festkörperphysik

Einführung in die Grundlagen

Die fünfte Auflage der **Festkörperphysik** wurde bereits um wesentliche Aspekte des Gebiets erweitert und auf den neuesten Stand gebracht. Die vorliegende sechste Auflage ist im wesentlichen unverändert. Das Buch behandelt gleichrangig theoretische wie experimentelle Aspekte. Es wendet sich an Studierende der Physik, der Materialwissenschaften sowie der Elektrotechnik mit Schwerpunkt Halbleiterphysik/Halbleiterbauelemente. Übersichtstafeln und Übungen runden das Buch ab.

Inhalt: Die chemische Bindung in Festkörpern. – Die Struktur von Festkörpern. – Die Beugung an periodischen Strukturen. – Dynamik von Atomen und Kristallen. – Thermische Eigenschaften von Kristallgittern. – „Freie" Elektronen im Festkörper. – Elektronische Bänder in Festkörpern. – Magnetismus. – Bewegung von Ladungsträgern und Transportphänomene. – Supraleitung. – Dielektrische Eigenschaften der Materie. – Halbleiter.

6. Aufl. 2002. XIV, 480 S. 263 Abb., 17 Tafeln und 98 Übungen. (Springer-Lehrbuch) Brosch. **€ 44,95**; sFr 69,50   ISBN 3-540-42738-4

Springer · Kundenservice
Haberstr. 7 · 69126 Heidelberg
Tel.: (0 62 21) 345 - 217/-218
Fax: (0 62 21) 345 - 229
e-mail: orders@springer.de

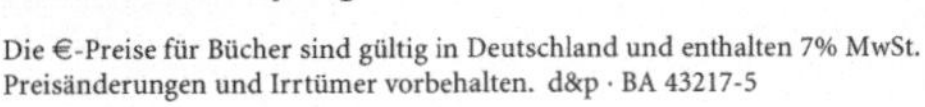

Die €-Preise für Bücher sind gültig in Deutschland und enthalten 7% MwSt. Preisänderungen und Irrtümer vorbehalten. d&p · BA 43217-5